18章 欧陆风情——欧式客厅日景
欧式客厅日景

16章 简约复式——现代别墅日景和夜景
现代别墅日景和夜景

17章 都市风情——现代家居空间日景
现代家居空间日景

07章 灯光技术
利用目标平行光制作日光

07章 灯光技术
利用VR太阳综合制作客厅一角灯光

09章 材质技术
利用VRayMtl材质制作水材质

09章 材质技术
利用VRayMtl材质制作玻璃材质

09章 材质技术
利用VRayMtl材质制作 玻璃材质

22章 简约雅居——简约欧式客厅
简约欧式客厅

19章 美式田园——卧室日景效果
卧室日景效果

09章 材质技术
利用标准材质制作墙面材质

07章 灯光技术
利用目标平行光制作阴影场景

07章 灯光技术
利用VR太阳制作黄昏光照

09章 材质技术
利用VR快速SSS2材质制作玉石材质

07章 灯光技术
利用目标灯光制作射灯

08章 摄影机技术
测试VRay物理相机的光圈数

09章 材质技术 利用多种材质制作餐桌上的材质

09章 材质技术 利用VRayMtl材质制作大理石材质

09章 材质技术 利用VRayMtl材质制作食物

11章 VRay渲染器
使用VRay渲染器制作厨房效果

08章 摄影机技术
使用剪切设置渲染特殊视角

14章 富丽堂皇——豪华欧式浴室
豪华欧式浴室

09章 材质技术
利用VRayMtl材质制作金属材质

10章 贴图
利用噪波贴图制作拉丝金属

08章 摄影机技术
利用目标摄影机制作景深效果

09章 材质技术
利用VRayMtl材质制作地板材质

10章 贴图
利用位图贴图制作布效果

09章 材质技术
利用VR材质包裹器制作耳机材质

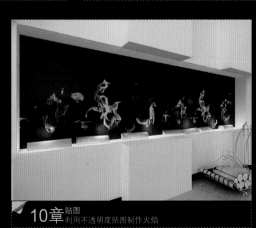

10章 贴图
利用不透明度贴图制作火焰

09章 材质技术
利用VR灯光材质制作灯带材质

24章 商业空间——中式古朴博物馆
中式古朴博物馆

15章 现代风格——卫生间夜景
卫生间夜景

15章 现代风格——卫生间夜景
卫生间夜景

10章 贴图
利用衰减贴图制作沙发

07章 灯光技术
利用VR灯光制作台灯

10章 贴图
利用平铺贴图制作地砖效果

07章 灯光技术
利用VR灯光综合制作客厅灯光

07章 灯光技术
利用泛光灯制作吊灯

09章 材质技术
利用VRayMtl材质制作皮革

20章 现代主义——简约风格厨房夜景
简约风格厨房夜景

12章 效果图的魔术师——Photoshop后期处理
合成窗外背景

07章 灯光技术
利用目标聚光灯制作落地灯

09章 材质技术
利用混合材质制作窗帘材质

12章 效果图的魔术师——Photoshop后期处理
使用照片滤镜调整颜色

11章 VRay渲染器
使用VRay渲染器制作休息室夜晚

11章 VRay渲染器
使用VRay渲染器制作休息室白天

21章 东方情怀——新中式卧室夜景
新中式卧室夜景

12章 效果图的魔术师——Photoshop后期处理
利用亮度对比度调节白天效果

12章 效果图的魔术师——Photoshop后期处理
校正偏灰效果图

07章 灯光技术
利用VR灯光综合制作书房夜景效果

07章 灯光技术
利用目标平行光制作日光

23章 宽敞明亮——会议室日景表现
会议室日景表现

12章 效果图的魔术师——Photoshop后期处理
利用外挂滤镜调节图像颜色

12章 效果图的魔术师——Photoshop后期处理
增加图像饱和度

12章 效果图的魔术师——Photoshop后期处理
矫正偏色图像

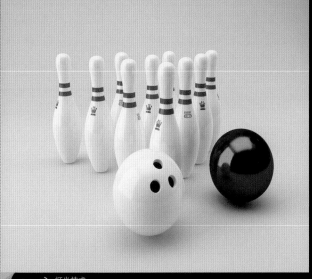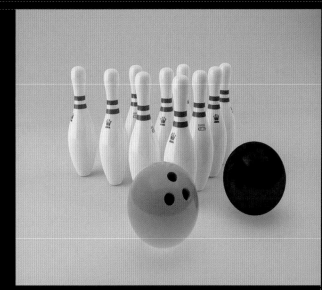

07章 灯光技术
测试VR灯光排除

05章 修改器建模
利用车削修改器制
作台灯

05章 修改器建模
利用倒角剖面修改
器制作公共椅子

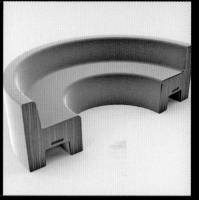

05章 修改器建模
利用挤出修改器
制作躺椅

05章 修改器建模
利用晶格修改器
制作水晶吊灯

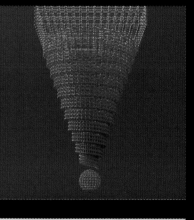

05章 修改器建模
利用扭曲修改器
制作创意书架

05章 修改器建模
利用网格平滑修
改器制作椅子

05章 修改器建模
利用弯曲修改器
制作水龙头

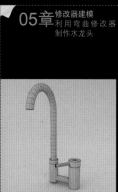

05章 修改器建模
利用多种修改器
综合制作水晶灯

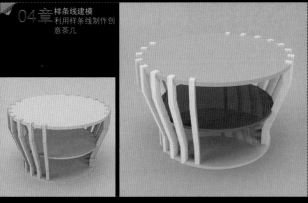

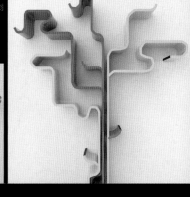

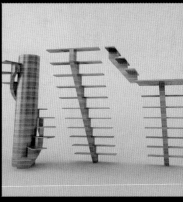

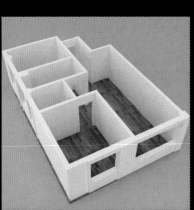

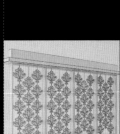
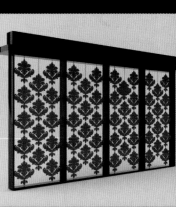

本书精彩案例欣赏

03章 几何体建模
利用标准基本体
制作台灯

06章 多边形建模
多边形建模制作
床头柜

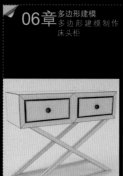

06章 多边形建模
多边形建模制作
橱柜

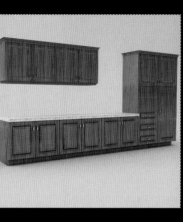

06章 多边形建模
多边形建模制作
书桌

06章 多边形建模
多边形建模制作
沙发

06章 多边形建模
多边形建模制作
浴缸

06章 多边形建模
多边形建模制作
中式茶几

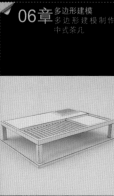

06章 多边形建模
多边形建模制作
餐桌

03章 几何体建模
利用放样制作花
瓶模型

03章 几何体建模
利用长方体制作
桌子

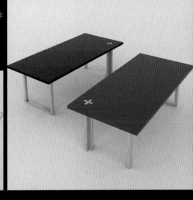

03章 几何体建模
利用VR毛发制作
地毯效果

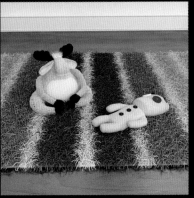
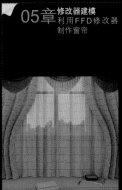

05章 修改器建模
利用FFD修改器
制作窗帘

06章 多边形建模
多边形建模制作
简约别墅

03章 几何体建模
创建多种室外
植物

03章 几何体建模
利用VRay代理制
作会议室

03章 几何体建模
利用标准基本体
制作台灯

■本书精彩案例欣赏

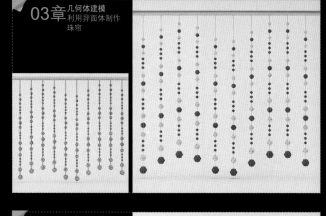

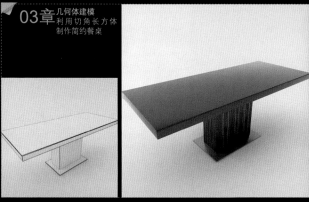

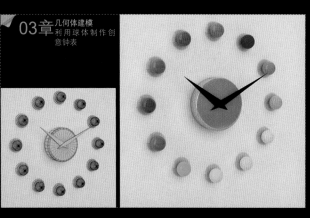

清华社"视频大讲堂"大系

CG 技 术 视 频 大 讲 堂

3ds Max 2016中文版+VRay 效果图制作从入门到精通

亿瑞设计　编著

清华大学出版社

北　京

内 容 简 介

《3ds Max 2016中文版+VRay效果图制作从入门到精通》一书结合3ds Max和VRay，详细介绍两者在效果图制作方面的完美搭配使用。全书共分25章，其中前12章详细介绍了3ds Max和VRay的基础知识、使用方法和操作技巧；后13章以13个大型综合案例的形式详细介绍了3ds Max和VRay在实际设计中的配合使用。在具体介绍过程中均穿插技巧提示等，帮助读者更好地理解知识点，使这些案例成为读者在以后实际学习工作的提前"练兵"。

本书适合3ds Max和VRay的初学者，同时对具有一定3ds Max和VRay使用经验的读者也有很好的参考价值，另外还可作为学校、培训机构的教学用书，以及各类读者自学3ds Max和VRay的参考用书。

本书和光盘有以下显著特点：

1. 132节同步案例视频+51节3ds Max 2016实战精讲视频+104节Photoshop新手学精讲视频，让学习更轻松、更高效。

2. 作者系经验丰富的专业设计师和资深讲师，确保图书"实用"和"好学"。

3. 讲解极为详细，中小实例达到116个，为的是能让读者深入理解、灵活应用。

4. 书后给出不同类型的综合商业案例13个，以便读者积累实战经验，为就业搭桥。

5. 包含15个大型场景的设计案例，7大类室内设计常用模型共计137个，10大类常用贴图共计403个，30款经典光域网素材，50款360度汽车背景极品素材，3ds Max常用快捷键索引、常用物体折射率、常用家具尺寸和室内物体常用尺寸，方便用户查询。

本书封面贴有清华大学出版社防伪标签，无标签者不得销售。

版权所有，侵权必究。侵权举报电话：010-62782989 13701121933

图书在版编目（CIP）数据

3ds Max 2016中文版+VRay效果图制作从入门到精通 /亿瑞设计编著.—北京：清华大学出版社，2018（2019.3重印）

（清华社"视频大讲堂"大系CG技术视频大讲堂）

ISBN 978-7-302-44883-9

I. ①3… II. ①亿… III. ①三维动画软件 IV. ①TP391.414

中国版本图书馆CIP数据核字（2016）第201650号

责任编辑：杨静华
封面设计：刘洪利
版式设计：文森时代
责任校对：王 颖
责任印制：宋 林

出版发行：清华大学出版社
　　　　　网　　　址：http://www.tup.com.cn, http://www.wqbook.com
　　　　　地　　　址：北京清华大学学研大厦A座　　　　　邮　　编：100084
　　　　　社 总 机：010-62770175　　　　　　　　　　　　邮　　购：010-62786544
　　　　　投稿与读者服务：010-62776969, c-service@tup.tsinghua.edu.cn
　　　　　质 量 反 馈：010-62772015, zhiliang@tup.tsinghua.edu.cn

印 装 者：三河市铭诚印务有限公司
经　　销：全国新华书店
开　　本：203mm×260mm　　　印　张：31.5　　插　页：10　　字　数：1275千字
　　　　　（附DVD光盘1张）
版　　次：2018年1月第1版　　　　　　　　　　　　　　　印　次：2019年3月第3次印刷
定　　价：118.00元

产品编号：063966-01

前　言

　　3ds Max是由Autodesk公司制作开发的，集造型、渲染和动画等于一身的三维制作软件，广泛应用于广告、影视、工业设计、建筑设计、游戏、辅助教学以及工程可视化等领域，深受广大三维动画制作爱好者的喜爱。VRay是由Chaos Group和Asgvis公司出品的一款高质量渲染软件，能够为不同领域的优秀3D建模软件提供高质量的图片和动画渲染，是目前业界最受欢迎的渲染引擎。VRay也可以提供单独的渲染程序，方便用户渲染各种图片。

本书内容编写特点

1.零起点、入门快

　　本书以入门者为主要读者对象，对基础知识进行了细致入微的介绍，同时辅以对比图示效果，结合中小实例，对常用工具、命令、参数等做了详细的介绍，并给出了技巧提示，确保零起点读者轻松快速入门。

2.内容细致、全面

　　本书内容涵盖了3ds Max和VRay的几乎全部工具、命令的常用功能，是市场上内容最为全面的图书之一，可以说是入门者的百科全书、有基础者的参考手册。

3.实例精美、实用

　　本书的实例均经过精心挑选，确保例子实用的基础上精美、漂亮，一方面熏陶读者朋友的美感，另一方面让读者在学习中享受美的世界。

4.编写思路符合学习规律

　　本书在讲解过程中采用了"知识点+实例练习+综合实例+技巧提示"的模式，符合轻松易学的学习规律。

本书显著特色

1.高清视频讲解，让学习更轻松、更高效

132节同步案例视频+51节3ds Max 2016实战精讲视频+104节Photoshop新手精讲视频，让学习更轻松、更高效！

2.资深讲师编著，让图书质量更有保障

作者系经验丰富的专业设计师和资深讲师，确保图书"实用"和"好学"。

3.大量中小实例，通过多动手来加深理解

讲解极为详细，中小实例达到116个，为的是能让读者深入理解、灵活应用。

4.多种商业案例，让实战成为终极目的

书后给出不同类型的综合商业案例13个，以便读者积累实战经验，为就业搭桥。

5.超值学习套餐，让学习更方便、更快捷

本书包含15个大型场景的设计案例，7大类室内设计常用模型共计137个，10大类常用贴图共计403个，30款经典光域网素材，50款360度汽车背景极品素材，3ds Max常用快捷键索引、常用物体折射率、常用家具尺寸和室内物体常用尺寸，方便用户查询。

本书光盘

本书附带一张DVD教学光盘，内容包括：
　　（1）本书中实例的教学视频、源文件、素材文件。读者可观看视频，调用光盘中的素材，完全按照书中操作步骤进行操作。

（2）附赠15个大型场景的设计案例、7大类室内设计常用模型137个、10大类常用贴图403个、30款经典光域网素材、50款360度汽车背景极品素材。

（3）附赠《色彩设计搭配手册》和常用颜色色谱表，色彩搭配不再烦恼。

本书服务

1.3ds Max 2016软件获取方式

本书提供的光盘文件包括教学视频和素材等，不包括进行建模、制作动画的3ds Max软件，读者朋友需获取3ds Max软件并安装后，才可以使用，可通过如下方式获取3ds Max软件：

（1）购买正版或下载试用版：登录http://www.autodesk.com.cn。

（2）可到当地电脑城咨询，一般软件专卖店有售。

（3）可到网上咨询、搜索购买方式。

2.交流答疑QQ群

为了方便解答读者提出的问题，我们特意建立了如下QQ群：

3ds Max 技术交流QQ群：191342542。（如果群满，我们将会建其他群，请留意加群时的提示）

3.手机在线学习

扫描书后二维码，可在手机中观看对应教学视频，充分利用碎片化时间，随时随地提升。

关于作者

本书由亿瑞设计工作室组织编写，瞿颖健和曹茂鹏参与了本书的主要编写工作。在编写的过程中，得到了吉林艺术学院副院长郭春方教授的悉心指导，得到了吉林艺术学院设计学院院长宋飞教授的大力支持，在此向他们表示诚挚的感谢。

另外，由于本书工作量巨大，以下人员也参与了本书的编写及资料整理工作，他们是：柳美余、李木子、葛妍、曹诗雅、杨力、王铁成、于燕香、崔英迪、董辅川、高歌、韩雷、胡娟、矫雪、鞠闯、李化、瞿玉珍、李进、李路、刘微微、瞿学严、马啸、曹爱德、马鑫铭、马扬、瞿吉业、苏晴、孙丹、孙雅娜、王萍、杨欢、曹明、杨宗香、曹玮、张建霞、孙芳、丁仁雯、曹元钢、陶恒兵、瞿云芳、张玉华、曹子龙、张越、李芳、杨建超、赵民欣、赵申申、田蕾、仝丹、姚东旭、张建宇、张芮等，在此一并表示感谢。

由于时间仓促，加之水平有限，书中难免存在错误和不妥之处，敬请广大读者批评和指正。

编　者

目录
contents

132节大型高清同步视频讲解

Chapter 1
第1章

效果图知识大盘点

　　光是一种人眼可见的电磁波（可见光谱）。在科学上的定义，光是指所有的电磁波谱，是由一种称为光子的基本粒子组成。正是因为现实中有光，我们才会看到缤纷的世界、绚丽的色彩，因此光是非常重要的。在效果图制作中，光同样重要，没有光或光的设置不合理，最终效果都会不真实。在真实世界中光的种类很多，主要有自然光和人造光等。

本章学习要点：

- 光、影之间的关系
- 构图技巧
- 色彩与风格
- 室内人体工程学
- 室内风水学

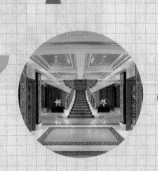

1.1 光与影

光是一种人眼可见的电磁波（可见光谱）。在科学上的定义，光是指所有的电磁波谱，是由一种称为光子的基本粒子组成。正是因为现实中有光，我们才会看到缤纷的世界、绚丽的色彩，因此光是非常重要的。在效果图制作中，光同样重要，没有光或光的设置不合理，最终效果都会不真实。在真实世界中光的种类很多，主要有自然光和人造光等。

光在传播过程中遇到不透明物体时，在背光面的后方会形成一片黑暗的区域，称为不透明物体的影，影可分为本影和半影，在本影区内看不到光源发出的光，在半影区内会看到光源发出的部分光，本影区的大小与光源的发光面大小及不透明物体的大小有关，发光体越大，遮挡物越小，本影区就越小。正是因为有影的存在，所有物体看起来才是立体的、真实的，而不是平面的、漂浮的。

1.1.1 光

光主要包括自然光和人造光，对光进行透彻的分析和了解，对效果图制作非常重要。使用3ds Max可以制作出各种光的效果，如清晨、黄昏、夜晚、阴天、烈日等。因此学好理论是非常重要的，可以为实践做铺垫。

1. 自然光

自然光又称天然光，是不直接显示偏振现象的光，它包括了垂直于光波传播方向的所有可能的振动方向，所以不显示出偏振性，从普通光源直接发出的天然光是无数偏振光的无规则集合，所以直接观察时不能发现光强偏于哪一个方向，这种沿着各个方向振动的光波强度都相同的光叫作自然光，自然光随着一天时间的变化产生不同的效果，如清晨、中午、下午、黄昏、夜晚等，同时根据天气的变化，自然光还可以分为天空光、薄云遮日和乌云密布等。

❶ 清晨
清晨指天亮到太阳刚出来不久的一段时间，通常指早上5:00～6:30这段时间，一日之计在于晨，清晨的第一缕阳光都是纯净的，此时的光效如图1-1所示。

图1-1

❷ 中午
中午，又名正午，指二十四小时制的12:00或十二小时制的中午12:00，为一天的正中，此时阳光非常强烈，物体产生的阴影也会比较实，如图1-2所示。

图1-2

❸ 下午
下午，与上午相对，指从正午12:00后到日落的一段时间，太阳在这段时间逐渐落下，逼近黄昏，如图1-3所示。

图1-3

❹ 黄昏
黄昏指日落以后到天完全黑的这段时间，也称昏黄，光色较暗，光线较柔和，如图1-4所示。

图1-4

❺ 夜晚

夜晚指下午6:00到次日的早晨5:00这一段时间，在这段时间内，天空通常为黑色，光效如图1-5所示。

图1-5

❻ 天空光

天空光主要是由于太阳光经过大气层时大气中的空气分子、尘埃和水蒸汽漫反射形成的柔和漫散射光。在日出和日落时，越靠近地面的天空光越明亮；离地面越远，天空光越暗。地面景物在这种散射光的作用下，普遍照度很低，很难表现物体的细微之处，如图1-6所示。

图1-6

❼ 薄云遮日

薄云遮日主要是指当太阳光被薄薄的云层遮挡时，便失去了直射光的性质，但仍有一定的方向性，如图1-7所示。

❽ 乌云密布

乌云密布是指雨天或阴天、下雪天，太阳光被厚厚的乌云遮挡，经大气层反射形成阴沉的漫射光，完全失去了方向性，光线分布均匀，如图1-8所示。

图1-7   图1-8

2. 光的基本方向

根据相机、被摄体和光源所处的方位，可从任何角度捕捉到被摄体，当主光源很强时（如明亮的阳光），从相机来看，光落在被摄体不同部位，会产生出不同的效果，光线可分为5种基本类型：正面光、前侧光、后侧光、正侧光、逆光。

❶ 正面光

正面光是指摄影者背对太阳由摄影机后面射来的光线，也称顺光，因为被摄体的所有部分都沐浴在直射光中，面对相机部分到处有光，所得结果是一张缺乏影调层次的影像，如图1-9所示。

❷ 前侧光

光线从被摄体的侧前方射来与被摄体成45°左右的角度，称为前侧光，也称斜侧光，如图1-10所示，这种光线比较符合人们日常的视觉习惯，在前侧光的照明下，被摄体大部分受光，投影落在斜侧面，有明显的影调对比，明暗面的比例也比较适中，可较好地表现被摄体的立体形态和表面质感，这种光线在人物摄影中使用比较普遍，在运用时，可以前侧光为主光，正面有辅助光补助，以取得轮廓线条清晰、影调层次丰富、明暗反差和谐的效果，从而较好地表现人物的外形特征和内心情绪。

图1-9   图1-10

❸ 后侧光

当光线与被摄体成135°左右的角度时，称为后侧光，此时被摄物的1/3面积受光，2/3面积在暗处，明暗对比强烈，投影很有表现力，能表现被摄物的轮廓，如图1-11所示。

❹ 正侧光

当光线与被摄体成90°左右的角度时，称为正侧光，在正侧光的照明下，投影落在侧面，景物的明暗阶调各占一半，能比较突出地表现被摄景物的立体感、表面质感和空间纵深感，造型效果较好，如图1-12所示。特别是在拍摄浮雕、石刻、水纹、沙漠以及各种表面结构粗糙的物体时，利用正侧光照明，可获得鲜明的质感。如采用正侧光拍摄风光照片，画面层次丰富，立体感和空间感很强，若景物光对比太大，应注意画面反差的调节。一般来说，90°的正侧光不宜拍人像，因为正侧光会使人的脸部形成一半明一半暗的阴阳脸，很不美观。但有时用正侧光，也能较好地表现人物的性格特征和精神面貌。

❺ 逆光

逆光是指被摄主体恰好处于光源和照相机之间的状况，这种状况极易造成被摄主体曝光不充分，在一般情况下，摄影者应尽量避免在逆光条件下拍摄物体，但是有时候逆光产生的特殊效果也不失为一种艺术摄影的技法，如图1-13所示。

图1-11   图1-12   图1-13

3. 人造光

人造光主要是指各种灯具发出的光。这种光是商品拍摄中主要使用的光源，其发光强度稳定，光源的位置和灯光的照射角度可以根据需要进行调节，一般来讲，布光至少需要两种类型的光源，一种是主光，一种是辅助光，在此基础上还可以根据需要打轮廓光。

❶ 室内住宅灯光

室内住宅灯光主要用来照亮居住的空间，一般以自然、舒服为主，如图1-14所示。

 技巧提示

通常情况下，白炽灯产生的光影都比较硬，为了得到一个柔和的光影，经常使用灯罩来让光照变得更加柔和。

图1-14

❷ 酒店等商业场所灯光

酒店照明把气氛的营造放在很重要的地位，一般情况下大堂都会安装吊灯，无论是用高级水晶灯还是用吸顶灯，都可以使酒店变得更加高雅和气派，但其造价却比较高。合理的灯光设置，可以使得装修较好的场所档次得到提升，灯光舒适、有层次，可以使消费者更容易喜欢并接受，如图1-15所示为酒店常用的灯光效果。

如图1-16所示为咖啡厅的灯光布置，主要为了烘托出犹如浓香咖啡般的气氛，这样人们在咖啡厅会有一种轻松的、小资的情调。

如图1-17所示为会议室灯光的布置，讲究明亮、清晰的效果。

图1-15   图1-16   图1-17

❸ KTV、酒吧、舞台等灯光

KTV、酒吧、舞台等灯光相对较为复杂，颜色使用较为大胆、另类，一般都会凸显该类场所的个性和特点。在一般室内住宅中常使用白色、黄色等暖色调的灯光，给人以舒适、柔和的感觉，而KTV、酒吧、舞台则多使用蓝色、粉色、绿色、紫色等对比强烈的颜色，给人以刺激、不一样的感受，因此人们可以尽情地举杯欢唱、释放压力。如图1-18所示为KTV的灯光效果。

一流的酒吧，必须要有好的设计和装修，其中灯光的设计更为重要，在较暗的环境中如何使用灯光为场景烘托气氛是一门学问。如图1-19所示为酒吧的灯光效果。

舞台灯光多为聚焦演唱者、观众为目的，因此多以聚光灯为主，灯光颜色搭配也比较大胆，色彩丰富、绚丽，同时舞台还可以搭配雾气等效果来烘托气氛。如图1-20所示为舞台灯光效果。

图1-18   图1-19   图1-20

❹ 混合灯光

很多情况下自然光和人造光是同时存在的，统称为混合灯光，如傍晚室外的灯光效果，既有强烈刺眼、色彩斑斓的人造光，又有夜色迷人的自然光，两种光混合到一起，产生出人与自然的和谐之美，如图1-21所示为某城市的夜景。

❺ 烛光和火光

烛光和火光的照射范围相对较小，但是照射的中心非常亮，因此把握好这类光的特点非常重要。在图1-22中，可以观察到烛光本身的色彩非常丰富，产生的光影也比较柔和。

❻ 其他灯光

还有很多物体可以发出光照效果，如电脑显示器、电视、手机屏幕等，如图1-23所示。

图1-21   图1-22   图1-23

1.1.2 影

影是由于物体遮住了光线的传播,光线不能穿过不透明物体而形成的较暗区域,它是一种光学现象。影子不是一个实体,只是一个投影,影子形成需要光和不透明物体两个必要条件,如图1-24所示。

影子的产生,与光的强度、角度等都有直接的关系,因此会产生出不同的阴影效果,如边缘实的影子、边缘虚化的影子、柔和的影子、全息投影等。

❶ 边缘实的影子

正午时阳光直射会产生强烈的阴影效果,当然在夜晚,有时也会产生边缘实的阴影,如图1-25所示。

| 图1-24 | 图1-25 |

❷ 边缘虚化的影子

在光照较为柔和时相对应产生的阴影效果也会比较虚化,如图1-26所示为边缘虚化的阴影效果。

❸ 柔和的影子

在光照非常柔和时,会产生非常微弱、柔和的阴影,几乎看不到,此时会给人以非常柔和、干净的感觉,如图1-27所示。

❹ 全息投影

全息投影技术是利用干涉和衍射原理记录并再现物体真实的三维图像的技术。全息投影技术在舞美中的应用,不仅可以产生立体的空中幻像,还可以使幻像与表演者产生互动,一起完成表演,产生令人震憾的演出效果,如图1-28所示。

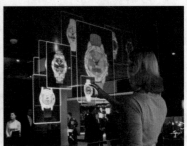

| 图1-26 | 图1-27 | 图1-28 |

1.2 构图技巧

与摄影一样,因为静帧效果图最终呈现在客户面前的是一幅图像,所以如何突出画面的主体,取得画面的平衡和协调尤为重要。而要达到这一目的,在构图时必须遵循一定的原则和规律,构图的法则就是多样统一,也称有机统一,也就是说在统一中求变化,在变化中求统一。

1.2.1　比例和尺度

一切造型艺术，都存在着比例关系和谐的问题，和谐的比例可以给人美感，最经典的比例关系理论是黄金分割。由于黄金分割计算方法过于复杂，人们将其进行了简化，形成了"三分法"构图原则。即把画面的长和宽都做三等分分割，形成9个边长相同的矩形，在横竖线交叉的地方会生成4个交叉点，这些点就是画面的关键位置，如图1-29所示。三分法构图适宜多形态平行焦点的主体，也可表现大空间，小对象，也可反相选择。这种画面构图表现鲜明，构图简练，可用于近景等不同景别。

构图时，我们还可以借鉴摄影中常用的构图方法，如三角形构图、S形构图、横线构图和竖线构图、米字形构图、框架形构图、布满形构图、对角线形构图、曲线构图、汇聚线构图、封闭式和开放式构图等。

和比例相关的另一个概念是尺度，要使室内空间协调，给人以美感，室内各物体的尺度应符合其真实情况，如图1-30所示为正常比例和错误比例的效果对比。

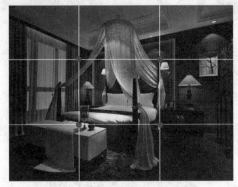

图1-29

图1-30

1.2.2　主角与配角

任何一个画面都应该有主角和配角，而不能一律对待，否则就会使画面失去统一和主题，变得松散，如图1-31所示。

1.2.3　均衡与稳定

室内构图中的均衡与稳定并不是追求绝对的对称，而是画面的视觉均衡。过多运用对称会使人感到呆板，缺乏活力，而均衡是为了打破较呆板的局面，它既有"均"的一面，又有灵活的一面。均衡的范围包括构图中形象的对比，大与小、动与静、明与暗、高与低、虚与实等的对比。结构的均衡是指画面中各部分的景物要有呼应，有对照，达到平衡和稳定。画面结构的均衡，除了大小、轻重以外，还包括明暗、线条、空间、影调等，如图1-32所示。

1.2.4　韵律与节奏

韵律是指以条理性、重复性和连续性为特征的美的形式。韵律美按其形式特点可以分为连续韵律、渐变韵律、起伏韵律等类型。合理地把握韵律和节奏会得到不错的画面效果，如图1-33所示。

图1-31　　　　　　　　　　　图1-32　　　　　　　　　　　图1-33

1.3 色彩与风格

没有难看的颜色，只有不和谐的配色。在室内装饰中，色彩的使用还蕴藏着健康的学问，如太强烈刺激的色彩，易使人产生烦躁的感觉或影响人的心理健康。因此把握一些基本原则对配色非常重要。另外，室内的装修风格非常多，合理地把握这些风格的大体特征并加以应用，同时了解最新、最流行的装修风格，对于设计师是非常有必要的。

1.3.1　常用室内色彩搭配

在介绍色彩搭配时，经常会用到一个术语——色环。色环其实就是在彩色光谱中所见的长条形的序列，通常包括12种不同的颜色，如图1-34所示。

如果能将色彩运用得和谐，就可以更加随心所欲地装扮自己的居室了。

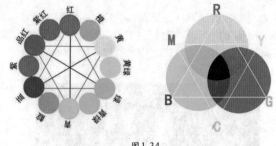

图1-34

1．黑+白+灰=永恒经典

一般人在居家中，不太敢尝试过于大胆的颜色，认为还是使用白色比较安全。其实黑加白可以营造出强烈的视觉效果，而将近年来流行的灰色融入其中，可以缓和黑与白的视觉冲突感觉，从而营造出另外一种不同的风格。三种颜色搭配出来的空间中，充满冷调的现代与未来感。在这种色彩情境中，会由简单而产生出理性、秩序与专业感，如图1-35所示。

2．银蓝+敦煌橙=现代+传统

以蓝色系与橙色系为主的色彩搭配，可以表现出现代与传统，古与今的交汇，碰撞出兼具超现实与复古风味的视觉感受。而蓝色系与橘色系原本又属于强烈的对比色系，只是在双方的色度上有些变化，所以这两种色彩能给予空间一种新的生命，如图1-36所示。

图1-35　　　　　　图1-36

3．蓝+白=浪漫温情

无论是淡蓝或深蓝，都可把白色的清凉与无瑕衬托出来，这样的白令人感到十分的自由，使人心胸开阔，似海天一色的开阔自在。蓝色与白色合理的搭配给人以放松、清净的感觉，如地中海风格主要就是以蓝色与白色为主进行搭配，如图1-37所示。

图1-37

4．黄+绿＝新生的喜悦

黄色和绿色的配色方案，搅动新生的喜悦，使用鹅黄色搭配紫蓝色或嫩绿色是一种很好的配色方案。鹅黄是一种清新、鲜嫩的颜色，代表的是新生命的喜悦。而绿色是让人内心感觉平静的色调，可以中和黄色的轻快感，让空间稳重下来，所以，这样的配色方法十分适合年轻夫妻，如图1-38所示。

图1-38

1.3.2　色彩心理

色彩心理学家认为，不同颜色对人的情绪和心理的影响有差别，色彩心理是客观世界的主观反映。不同波长的光作用于人的视觉器官而产生色感时，必然导致人产生某种带有情感的心理活动。事实上，色彩生理和色彩心理过程是同时交叉进行的，它们之间既相互联系，又相互制约。在有一定的生理变化时，就会产生一定的心理活动；在有一定的心理活动时，也会产生一定的生理变化。比如，红色能使人生理上脉搏加快，血压升高，心理上具有温暖的感觉。但长时间接受红光的刺激，会使人心理上产生烦躁不安，在生理上欲求相应的绿色来补充平衡。因此，色彩的美感与生理上的满足和心理上的快感有关。

1．色彩心理与年龄有关

根据实验心理学的研究，人随着年龄上的变化，生理结构也发生变化，色彩所产生的心理影响随之变化。有人作过统计：儿童大多喜爱极鲜艳的颜色。婴儿喜爱红色和黄色，4～9岁儿童最喜爱红色，9岁的儿童又喜爱绿色，7～15岁的小学生中男生的色彩爱好次序是绿、红、青、黄、白、黑，女生的爱好次序是绿、红、白、青、黄、黑。随着年龄的增长，人们的色彩喜好逐渐向复色过渡，逐渐向黑色靠近。因此，随着年龄愈近成熟，所喜爱色彩愈倾向成熟色，这是因为儿童刚走入这个大千世界，脑子思维一片空白，什么都是新鲜的，需要简单的、新鲜的、强烈刺激的色彩，他们神经细胞产生得快，补充得快，对一切都有新鲜感。而随着年龄的增长，成年人的阅历也增长，脑神经记忆库已经被其他刺激占去了许多，色彩感觉相应就成熟和柔和些，如图1-39所示。

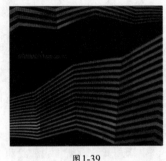

图1-39

2．色彩心理与职业有关

体力劳动者喜爱鲜艳色彩；脑力劳动者喜爱调和色彩；农牧民喜爱极鲜艳的、成补色关系的色彩；高级知识分子则喜爱复色、淡雅色、黑色等较成熟的色彩。

3．色彩心理与社会心理有关

由于不同时代在社会制度、意识形态、生活方式等方面的不同，人们的审美意识和审美感受也不同，古典时代认为不和谐的配色在现代却被认为是新颖的、美的配色。所谓反传统的配色在装饰色彩史上的例子是不胜枚举的。一个时期的色彩的审美心理受社会心理的影响很大，所谓"流行色"就是社会心理的一种产物，时代的潮流，现代科技的新成果，新的艺术流派的产生，甚至自然界某种异常现象所引起的社会心理都可能对色彩心理发生作用。当一些色彩被赋予时代精神的象征意义，符合了人们的认识、理想、兴趣、爱好、欲望时，那么这些具有特殊感染力的色彩就会流行开来。例如，20世纪60年代初，宇宙飞船的上天，给人类开拓了进入新的宇宙空间的新纪元，这个标志着新的科学时代的重大事件曾轰动过世界，各国人民都期待着宇航员从太空中带回新的趣闻。色彩研究家抓住了人们的心理，发布了所谓"流行宇宙色"，结果在一个时期内流行于全世界，这种宇宙色的特点是浅淡明快的高短调、抽象、无复色。不到一年，又开始流行低长调、成熟色、暗中透亮、几何形的格子花布。但一年后，又开始流行低短调、复色抽象、形象模糊、似是而非的时代色。这就是动态平衡的审美欣赏的循环。

4．共同的色彩感情

虽然色彩引起的复杂感情是因人而异的，但由于人类在生理构造和生活环境等方面存在着共性，因此对大多数人来说，无论是单一色，或者是几色的混合色，在色彩的心理方面，也存在着共同的色彩情感。根据实验心理学家的研究，主要有下列几个方面：色彩的冷暖、色彩的轻重感、色彩的软硬感、色彩的强弱感、色彩的明快感与忧郁感、色彩的兴奋感与沉静感、色彩的华丽感与朴素感。

正确地应用色彩美学，还有助于改善居住条件，宽敞的居室采用暖色装修，可以避免房间给人以空旷感；房间小的住户可以采用冷色装修，在视觉上让人感觉大些，人口少而感到寂寞的家庭居室，配色宜选暖色，人口多而觉喧闹的家庭居室则宜用冷色。同一家庭，在色彩上也有侧重，卧室装饰色调暖些，有利于增进夫妻情感的和谐；书房用淡蓝色装饰，使人能够集中精力学习、研究；餐厅里，红棕色的餐桌，有利于增进食欲。对不同的气候条件，运用不同的色彩也可一定程度地改变环境气氛。在严寒的北方，将室内墙壁、地板、家具、窗帘选用暖色装饰会有温暖的感觉；反之，南方气候炎热潮湿，采用青、绿、蓝色等冷色装饰居室，感觉上会比较凉爽些。

研究由色彩引起的共同感情，对于装饰色彩的设计和应用具有十分重要的意义。

- 恰当地使用色彩装饰在工作上能减轻疲劳，提高工作效率。
- 办公室朝北的房间，在冬天使用暖色能增加温暖感。
- 住宅采用明快的配色，能给人以宽敞、舒适的感觉。
- 娱乐场所采用华丽、兴奋的色彩能增强欢乐、愉快、热烈的气氛。
- 学校、医院采用明洁的配色能为学生、病员创造安静、清洁、卫生、幽静的环境。

1.3.3　风格

由于国家、地域的不同，人文生活习性的不同，从而会产生出多种丰富的装修风格，并且都是多年来累积出的适合人类居住的风格。不同的风格有不同的特点，同时不同的风格针对不同的人群，这里我们选择了时下热门的几种经典装修风格，将其特点一一道出。

1．现代风格

现代装饰艺术将现代抽象艺术的创作思想及其成果引入室内装饰设计中。现代风格极力反对从古罗马到洛可可等一系列旧的传统样式，力求创造出适应工业时代精神、独具新意的简化装饰，设计简朴、通俗、清新，更接近人们生活。其装饰特点由曲线和非对称线条构成，如花梗、花蕾、葡萄藤、昆虫翅膀以及自然界中各种优美、波状的形体图案等，体现在墙面、栏杆、窗棂和家具等装饰上。线条有的柔美雅致，有的遒劲而富于节奏感，整个立体形式都与有条不紊的、有节奏的曲线融为一体。大量使用铁制构件，将玻璃、瓷砖等新工艺，以及铁艺制品、陶艺制品等综合运用于室内。注意室内外沟通，竭力给室内装饰艺术引入新意。如图1-40所示即为现代化风格的装修。

图1-41

图1-40

2．田园风格

田园风格的装饰艺术将自然界的景点、景观移置运用在室内，室内室外情景交融，有整体回归自然的感觉，如图1-41所示。

3．中式风格

以宫廷建筑为代表的中国古典建筑的室内装饰设计艺术风格，气势恢弘、壮丽华贵、高空间、大进深、雕梁画栋、金碧辉煌，造型讲究对称，色彩讲究对比，装饰材料以木材为主，图案多龙、凤、龟、狮等，精雕细琢、瑰丽奇巧。但中国古典风格的装修造价较高，且缺乏现代气息，只能在家居中点缀使用，如图1-42所示。

图1-42

4. 东南亚风格

东南亚豪华风格是一个结合东南亚民族岛屿特色及精致文化品位的设计。它广泛地运用木材和其他的天然原材料，如藤条、竹子、石材、青铜和黄铜，室内多深木色的家具，局部会采用一些金色的壁纸或丝绸质感的布料，灯光的变化体现了稳重及豪华感，如图1-43所示。

图1-43

5. 欧式古典风格

人们在不断满足现代生活要求的同时，又萌发出一种向往传统、怀念古老饰品、珍爱有艺术价值的传统家具陈设的情绪。于是，曲线优美、线条流动的巴洛克和洛可可风格的家具常用来作为居室的陈设，再配以相同格调的壁纸、帘幔、地毯、家具外罩等装饰织物，给室内增添了端庄、典雅的贵族气氛，如图1-44所示。

图1-44

6. 美式风格

美国是一个崇尚自由的国家，这也造就了其自在、随意、不羁的生活方式，没有太多造作的修饰与约束，不经意中也成就了另外一种休闲式的浪漫。而美国的文化又是一个以移植文化为主导的脉络的文化，它有着欧罗巴的奢侈与

贵气，但又结合了美洲大陆这块水土的不羁，这样结合的结果是剔除了许多羁绊，但又能找寻文化根基的怀旧、贵气加大气而又不失自在与随意的风格。美式家居风格的这些元素也正好迎合了时下文化资产者对生活方式的需求，既有文化感、有贵气感，还不缺乏自在感与情调感，如图1-45所示。

7. 地中海风格

整体色调深，自然界材质的肌理效果运用在室内，陈设品古朴、自然，设计中运用欧式风格，如图1-46所示。

图1-45　　　　　　　　　　图1-46

8. 乡村风格

乡村风格主要表现为尊重民间的传统习惯、风土人情，注重保持民间特色，注意运用地方建筑材料或传说故事等作为装饰主题，在室内环境中力求表现悠闲、舒畅的田园生活情趣，创造自然、质朴、高雅的空间气氛，如图1-47所示。

图1-47

9. 洛可可风格

洛可可风格的总体特征是轻盈、华丽、精致、细腻，其室内装饰造型高耸纤细，不对称，频繁地使用形态方向多变的如C、S或旋涡形曲线、弧线，并常用大镜面作装饰，大量运用花环、花束、弓箭及贝壳图案纹样；善用金色和象牙白，色彩明快、柔和、清淡却豪华富丽；室内装修造型优

雅，制作工艺、结构、线条具有婉转、柔和等特点，以创造轻松、明朗、亲切的空间环境。如图1-48所示即为洛可可风格的装修。

图1-48

1.4 室内人体工程学

1.4.1 概论

人体工程学是一门重要的学科，不仅要求设计师会运用，并且随着效果图整体水平的提高，效果图表现师也需要了解这门学科。

人体工程学可以简单概括为工作学习和娱乐环境对人的生理、心理及行为的影响。为了让人的生理、心理及行为达到一个最合适的状态，就要求环境的尺寸、光线、色彩等因素要适合人们的生活的视觉习惯。

1.4.2 作用

研究室内人体工程学主要有以下4方面的作用。

（1）确定人在室内活动所需空间的主要依据

根据人体工程学中的有关计测数据，从人的尺度、动作域、心理空间以及人际交往的空间等，以确定空间范围。

（2）确定家具、设施的形体、尺度及其使用范围的主要依据

家具设施为人所使用，因此它们的形体、尺度必须以人体尺度为主要依据；同时，人们为了使用这些家具和设施，其周围必须留有活动和使用的最小余地，这些要求都由人体工程科学地予以解决。室内空间越小，停留时间越长，对这方面内容测试的要求也越高，例如车厢、船舱、机舱等交通工具内部空间的设计。

（3）提供适应人体的室内物理环境的最佳参数

室内物理环境主要有室内热环境、声环境、光环境、重力环境、辐射环境等，室内设计时有了上述要求的科学的参数后，在设计时就要根据这些参数作出正确的决策。

（4）对视觉要素的计测为室内视觉环境设计提供科学依据

人眼的视力、视野、光觉、色觉是视觉的要素，人体工程学通过计测得到的数据，对室内光照设计、室内色彩设计、视觉最佳区域等提供了科学的依据。

1.5 室内风水学

室内风水学是风水学的一种，包括客厅风水、餐厅风水、厨房风水和卧室风水，有一些"风水"有一定的科学依据，如错误的搭配（即风水），会影响我们的睡眠质量，进而影响我们的身体健康，而有一些"风水"虽没有科学依据，但在传统的室内设计中却是约定俗成并自觉遵守"法则"。本节将简单介绍一下这些内容，仅供读者参考。

1.5.1 客厅风水

客厅不仅是待客的地方，也是家人聚会、聊天的场所，应是热闹、和气的地方。客厅中的挂书、摆设从某种程度上也是品位、个性的象征，客厅的方位尤其重要，在传统"风水"中被称为"财位"，关系全家的财运、事业、名望等，所以客厅布局及摆设是不容忽视的，客厅如图1-49所示。

图1-49

1. 位置

客厅是家人共用的场所，宜设在房屋中央的位置。若因客厅宽敞而隔一部分做卧室，是最不理想的客厅。

2. 摆设

客厅沙发套数不可重复，最忌一套半，或是一方一圆两组沙发的并用。客厅中的鱼缸、盆景有"接气"的功用，使室内更富生机，而鱼种则以色彩缤纷的单数为好。

3. 财位

(1) 财位忌无靠：财位背后最好是坚固的墙，因为象征有靠山可倚，保证无后顾之忧，这样才可藏风聚气。

(2) 财位应平整：财位处不宜是走道或开门，并且财位上不宜有开放式窗户，开窗会导致室内财气外散。

(3) 财位忌凌乱振动：如果财位长期凌乱及受振动，则很难固守正财。

(4) 财位忌受污受冲：财位应该保持清洁，财位也不宜被尖角冲射，以免影响财运。

(5) 财位不宜受压：财位受压会导致家财无法增长。

(6) 财位宜亮不宜暗：财位明亮则家宅生气勃勃，如果财位昏暗，则有滞财运，需在此外安装长明灯来化解。

(7) 财位宜坐宜卧：财位是一家财气所聚的方位，因此应该善加利用，除了旋转生机茂盛的植物外，也可把睡床或者沙发放在财位上，在财位坐卧，日积月累，自会壮旺自身的财运。

(8) 财位宜放吉祥物：在那里摆放一些寓意吉祥的招财物件，例如福、禄、寿三星或是文武财神的塑像，这会吉上加吉，有锦上添花的作用。

(9) 财位忌水：财位忌水，因此不宜在此处摆放水生植物，也不可以把鱼缸摆放在财位，以免财化水。

(10) 财位植物要讲究：财位宜摆放生机茂盛的植物，不断生长，可令家中财气持续旺盛，运势更佳。

1.5.2 餐厅风水

餐厅最好单独一间或一个格局，如果一出厨房就是餐厅更好，这样比较方便，距离最短。一进大门就见餐桌会被认为不吉。这时可在餐厅间适当位置用屏风隔挡，也可调一板墙为间隔。餐厅与厨房共享一室不佳，因为炒菜时积留的油烟气会影响用餐卫生。餐厅如图1-50所示。

1.5.3 厨房风水

厨房与餐厅的布置要简单、洁净，千万不能杂乱或摆设太多装饰品。毕竟唯有浸溶于温馨的心绪，不受外物干扰，才能愉悦用餐。厨房与餐厅的构造还会影响到人的健康，因此居住者不仅要注意餐厅内的格局及摆设布置，尤其需注意保持厨房空气的流畅及清洁卫生，厨房如图1-51所示。

图1-50

图1-51

1.5.4 卧室风水

卧室风水是住宅风水中非常重要的组成部分，因为在家中人大部分时间是在睡眠，因此合理的卧室风水可以保持我们的身体健康。卧室如图1-52所示。

卧室风水注意十四原则：

（1）卧室形状适合方正，不适宜斜边或是多角形状。

（2）卧室白天应明亮、晚间应昏暗。白天可以采光，使人精神畅快，晚间挡住户外夜光，使人容易入眠。

（3）浴厕不宜改成卧室。

（4）房门不可对大门。

（5）房门不可正对卫生间。

（6）房门不可正对厨房或和厨房相邻。

（7）房门不可对镜子。

（8）镜子与落地门窗不宜对床。

（9）睡床或床头不宜正对房门。

（10）床头不可紧贴窗口。

（11）床头不可在横梁下。

（12）床头忌讳不靠墙壁。

（13）床应加高离开地面。

（14）卧室不宜摆过多的植物。

图1-52

1.6 优秀作品赏析

1.6.1 室内空间作品点评

如图1-53～图1-56所示为国内外优秀的室内空间表现作品，模型的合理选择展现了各个空间的风格，灯光的真实表现烘托出浓厚的气氛，材质的精细挑选凸显出每个物体的真实质感，而且很好地把握住了模型、灯光、材质之间的关系，充分地展示了丰富而不杂乱的效果。

图1-53

图1-54

图1-55

图1-56

1.6.2 室外空间作品点评

如图1-57和图1-58所示为国外优秀的室外表现作品，带有强烈设计感的模型设计，加上强烈透视感的角度，使得场景变得非常宏大，气氛制作得非常好，而且不失细节，将黄昏和正午的美景表现得淋漓尽致。

图1-57

图1-58

Chapter 02

第2章

3ds Max基本操作

　　若想利用3ds Max制作出需要的模型、场景，就必须熟练掌握3ds Max的基本操作和对象的基本操作，本章将详细介绍3ds Max的基础知识。

本章学习要点：

- 熟悉3ds Max 2016的工作界面
- 掌握3ds Max 2016的常用工具
- 掌握3ds Max 2016文件基本操作
- 掌握3ds Max 2016对象基本操作

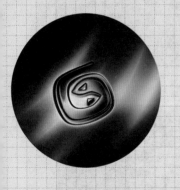
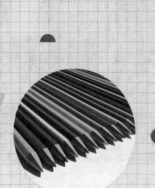

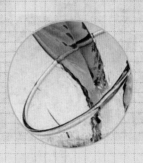

2.1 3ds Max 2016 工作界面

安装好3ds Max 2016后，可以通过以下两种方法来启动该软件。

方法01 双击桌面上的快捷方式图标⬛。

方法02 执行【开始】|【所有程序】| Autodesk | Autodesk 3ds Max 2016 | Autodesk 3ds Max 2016 Simplified Chinese命令，如图2-1所示。

在启动3ds Max 2016的过程中，可以观察到3ds Max 2016的启动画面，首次启动速度会稍慢，如图2-2所示。

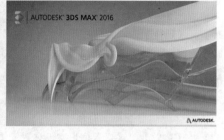

图2-1   图2-2

技术专题——如何使用教学影片

在初次启动3ds Max 2016时，系统会自动弹出对话框，其中包括学习、开始、扩展，如图2-3所示。单击【学习】即可观看相应的视频教程。

若不需要每次启动时都弹出该对话框，只需取消选中【在启动时显示此欢迎屏幕】复选框即可。

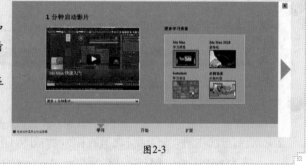

图2-3

3ds Max 2016的工作界面分为标题栏、菜单栏、主工具栏、视口区域、命令面板、时间尺、状态栏、时间控制按钮和视口导航控制按钮、场景资源管理器10大部分，如图2-4所示。

默认状态下，3ds Max的各个界面都是保持停靠状态的，可以将部分面板拖曳出来，如图2-5所示。

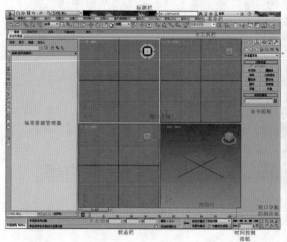
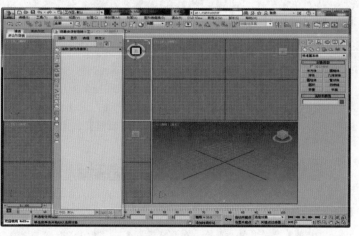

图2-4   图2-5

2.1.1 标题栏

3ds Max 2016的标题栏主要包括5个部分，分别为应用程序按钮、快速访问工具栏、版本信息、文件名称和信息中心，如图2-6所示。

图2-6

1. 应用程序按钮

单击【应用程序】按钮将会弹出一个用于管理文件的下拉菜单。该菜单主要包括【新建】、【重置】、【打开】、【保存】、【另存为】、【导入】、【导出】、【发送到】、【参考】、【管理】、【属性】、【最近使用的文档】、【选项】和【退出3ds Max】14个常用命令，如图2-7所示。

2. 快速访问工具栏

快速访问工具栏集合了用于管理场景文件的常用命令，便于用户快速管理场景文件，包括【新建】、【打开】、【保存】、【撤销】、【重做】、【设置项目文件夹】、【隐藏菜单栏】和【在功能区下方显示】工具，如图2-8所示。

图2-7

图2-8

3. 版本信息

版本信息为用户显示正在操作的版本，例如本书使用的3ds Max版本为Autodesk 3ds Max 2016，如图2-9所示。

图2-9

4. 文件名称

文件名称可以为用户显示正在操作的3ds Max文件的名称，若没有保存过该文件，则会显示为"无标题"，如图2-10所示；若之前保存过该文件，则会显示之前的名称，如图2-11所示。

图2-10

图2-11

5. 信息中心

信息中心用于访问有关3ds Max 2016和其他Autodesk产品的信息。

2.1.2 菜单栏

3ds Max 2016的菜单栏位于工作界面的顶端，其中包含13个菜单，分别为【编辑】、【工具】、【组】、【视图】、【创建】、【修改器】、【动画】、【图形编辑器】、【渲染】、【照明分析】、【自定义】、MAXScript和【帮助】，如图2-12所示。

图2-12

1. 【编辑】菜单

【编辑】菜单共20个命令，包括【撤销】、【重做】、【暂存】等，如图2-13所示。

2．【工具】菜单

　　【工具】菜单主要包括对物体进行操作的常用命令，这些命令在主工具栏中也可以找到并可以直接使用，如图2-14所示。

3．【组】菜单

　　【组】菜单中的命令可以将场景中的两个或两个以上的物体组合成一个整体，同样也可以将成组的物体拆分为单个物体，如图2-15所示。

4．【视图】菜单

　　【视图】菜单中的命令主要用来控制视图的显示方式以及视图的相关参数设置，如图2-16所示。

5．【创建】菜单

　　【创建】菜单中的命令主要用来创建几何物体、二维物体、灯光和粒子等，在【创建】面板中也可以实现相同的操作，如图2-17所示。

6．【修改器】菜单

　　【修改器】菜单中的命令包含了【修改】面板中的所有修改器，如图2-18所示。

7．【动画】菜单

　　【动画】菜单主要用来制作动画，包括【加载动画】、【保存动画】和【IK解算器】等命令，如图2-19所示。

8．【图形编辑器】菜单

　　【图形编辑器】菜单是场景元素之间用图形化视图方式来表达关系的菜单，如图2-20所示。

9．【渲染】菜单

　　【渲染】菜单主要用于设置渲染参数，包括【渲染】、【环境】和【效果】等命令，如图2-21所示。

10．【照明分析】菜单

　　【照明分析】菜单包括【照明分析助手】和【创建】两个命令，如图2-22所示。【照明分析助手】命令主要用来分析灯光；【创建】命令主要用来创建部分灯光。

11．【自定义】菜单

　　【自定义】菜单主要用来更改用户界面或系统设置。通过该菜单可以定制自己的界面，同时还可以对3ds Max系统进行设置，例如渲染和自动保存文件等，如图2-23所示。

图2-13　　　　图2-14　　　　图2-15

图2-16　　　图2-17　　　图2-18　　　图2-19

图2-20　　　　　　图2-21

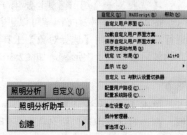

图2-22　　　　　　图2-23

12. MAXScript菜单

MAXScript菜单中包括新建、打开和运行脚本的一些命令，如图2-24所示。

13. 【帮助】菜单

【帮助】菜单中主要是一些帮助信息，如图2-25所示。

图2-24 　　　　图2-25

2.1.3 主工具栏

3ds Max的主工具栏由很多个按钮组成，例如可以通过单击【选择并移动】按钮，对物体进行移动，主工具栏中的大部分按钮都可以在其他位置找到，如菜单栏中。熟练掌握主工具栏会使得3ds Max操作更顺手、更快捷。3ds Max 2016的主工具栏如图2-26所示。

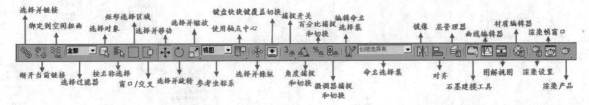

图2-26

当使用鼠标左键长时间单击一个按钮时会出现两种情况：一种是无任何反应，另外一种是会出现下拉列表，下拉列表中还包含其他按钮，如图2-27所示。

无下拉列表　　　　有下拉列表

图2-27

1. 【选择并链接】工具

【选择并链接】工具用于建立对象之间的父子链接关系与定义层级关系，但是只能父级物体带动子级物体。

2. 【断开当前链接】工具

【断开当前链接】工具与【选择并链接】工具的作用恰好相反，主要用来断开链接好的父子对象。

3. 【绑定到空间扭曲】工具

【绑定到空间扭曲】工具可以将使用空间扭曲的对象附加到空间扭曲中。选择需要绑定的对象，然后单击主工具栏中的【绑定到空间扭曲】按钮，接着将选定对象拖曳到空间扭曲对象上即可。

4. 过滤器

【过滤器】包括10多种类型，如图2-28所示。

当在【过滤器】中选择【S-图形】时，只能选择场景中的图形对象，而其他的对象将不会被选中，如图2-29所示。

5. 【选择对象】工具

【选择对象】工具主要用于选择一个或多个对象（快捷键为Q），按住Ctrl键可以进行加选，按住Alt键可以进行减选。当使用【选择对象】工具选择物体时，光标指向物体后会变成十字形，如图2-30所示。

6. 【按名称选择】工具

单击【按名称选择】按钮会弹出【从场景选择】对话框，在该对话框中可以按名称选择所需要的对象，如这里选择Text001，并单击【确定】按钮，如图2-31所示。

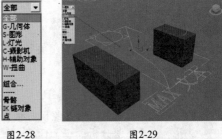

图2-28 　　　　　　　图2-29

选择对象之前　　　　　　　　选择对象之后

图2-30

此时可以发现，Text001对象已经被选中了，如图2-32所示。因此可以通过选择对象的名称，轻松地从大量对象中选择所需要的对象。

图2-31

图2-32

7. 【选择区域】工具

选择区域工具包含5种，分别是【矩形选择区域】工具、【圆形选择区域】工具、【围栏选择区域】工具、【套索选择区域】工具和【绘制选择区域】工具，如图2-33所示。

如图2-34所示为使用【围栏选择区域】工具选择场景中的对象。

图2-33

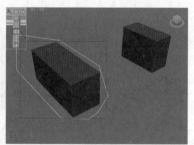
图2-34

8. 【窗口/交叉】工具

当【窗口/交叉】工具处于凸出状态（即未激活状态）时，如果在视图中选择对象，那么只要选择的区域包含对象的一部分即可选中该对象，如图2-35所示；当【窗口/交叉】

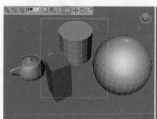
选择之前

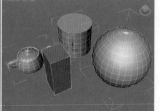
选择之后

图2-35

工具处于凹陷状态（即激活状态）时，如果在视图中选择对象，那么只有选择区域包含对象的全部才能选中该对象，如图2-36所示。

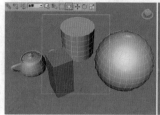
选择之前

选择之后

图2-36

9. 【选择并移动】工具

使用【选择并移动】工具，当将光标移动到坐标轴附近时，坐标轴会变为黄色，如图2-37所示。将光标移动到Y轴，待其变为黄色时，按住鼠标左键并拖曳，即可只沿Y轴移动物体。

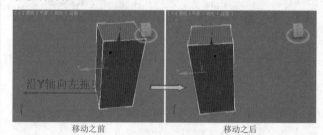
沿Y轴向左拖曳

移动之前　　　　　　　　　移动之后
图2-37

技术专题——如何精确移动对象

为了使操作更加精准，建议沿一个轴向或两个轴向移动物体，也可以在顶视图、前视图或左视图中沿某一轴向进行移动，如图2-38所示。

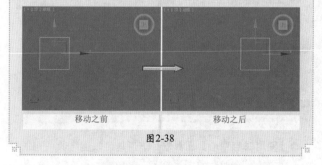
移动之前　　　　　　　　　移动之后
图2-38

10. 【选择并旋转】工具

【选择并旋转】工具的使用方法与【选择并移动】工具的使用方法相似，当该工具处于激活状态（选择状态）时，被选中的对象可以在X、Y、Z轴上进行旋转。

图2-39

11. 【选择并缩放】工具

【选择并缩放】工具包含【选择并均匀缩放】工具、【选择并非均匀缩放】工具和【选择并挤压】工具3种，如图2-40所示。

图2-40

12. 参考坐标系

参考坐标系可以用来指定变换操作（如移动、旋转、缩放等）所使用的坐标系统，如图2-41所示。

图2-41

- 视图：默认的【视图】坐标系。使用该坐标系时，可以相对于视口空间移动对象。
- 屏幕：将活动视口屏幕用作坐标系。
- 世界：使用世界坐标系。
- 父对象：使用选定对象的父对象作为坐标系。如果对象未链接至特定对象，则其为世界坐标系的子对象，其父坐标系与世界坐标系相同。
- 局部：使用选定对象的轴心点为坐标系。
- 万向：万向坐标系与Euler XYZ旋转控制器一同使用，它与局部坐标系类似，但其3个旋转轴相互之间不一定垂直。
- 栅格：使用活动栅格作为坐标系。
- 工作：使用工作轴作为坐标系。
- 拾取：使用场景中的另一个对象作为坐标系。

13. 轴点中心工具

轴点中心工具包含【使用轴点中心】工具、【使用选择中心】工具和【使用变换坐标中心】工具3种，如图2-42所示。

图2-42

- 【使用轴点中心】工具：该工具可以围绕其各自的轴点旋转或缩放一个或多个对象。
- 【使用选择中心】工具：该工具可以围绕其共同的几何中心旋转或缩放一个或多个对象。如果变换多个对象，该工具会计算所有对象的平均几何中心，并将该几何中心用作变换中心。

- 【使用变换坐标中心】工具：该工具可以围绕当前坐标系的中心旋转或缩放一个或多个对象。当使用【拾取】功能将其他对象指定为坐标系时，其坐标中心在该对象轴的位置上。

14. 【选择并操纵】工具

使用【选择并操纵】工具可以在视图中通过拖曳【操纵器】来编辑修改器、控制器和某些对象的参数。

15. 【捕捉开关】工具

【捕捉开关】工具包括【2D捕捉】工具、【2.5D捕捉】工具和【3D捕捉】工具3种。【2D捕捉】工具主要用于捕捉活动的栅格；【2.5D捕捉】工具主要用于捕捉结构或根据网格得到的几何体；【3D捕捉】工具可以捕捉3D空间中的任何位置。

在【捕捉开关】上单击鼠标右键，可以打开【栅格和捕捉设置】对话框，在该对话框中可以设置捕捉类型和捕捉的相关参数，如图2-43所示。

图2-43

16. 【角度捕捉切换】工具

【角度捕捉切换】工具可以用来指定捕捉的角度（快捷键为A）。激活该工具后，角度捕捉将影响所有的旋转变换，在默认状态下以5°为增量进行旋转。

若要更改旋转增量，可以在【角度捕捉切换】工具上单击鼠标右键，然后在弹出的【栅格和捕捉设置】对话框中选择【选项】选项卡，接着在【角度】选项后面输入相应的旋转增量即可，如图2-44所示。

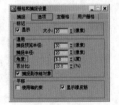

图2-44

17. 【百分比捕捉切换】工具

【百分比捕捉切换】工具可以将对象缩放捕捉到自定的百分比（快捷键为Shift+Ctrl+P），在缩放状态下，默认每次的缩放百分比为10%。

若要更改缩放百分比，可以在【百分比捕捉切换】工具上单击鼠标右键，然后在弹出的【栅格和捕捉设置】对话框中选择【选项】选项卡，接着在【百分比】选项后面输入相应的百分比数值即可，如图2-45所示。

18. 【微调器捕捉切换】工具

【微调器捕捉切换】工具■可以用来设置微调器单次单击的增加值或减少值。

若要设置微调器捕捉的参数，可以在【微调器捕捉切换】工具■上单击鼠标右键，然后在弹出的【首选项设置】对话框中选择【常规】选项卡，接着在【微调器】选项组下设置相关参数即可，如图2-46所示。

图2-45

图2-46

19. 【编辑命名选择集】工具

【编辑命名选择集】工具■可以为单个或多个对象进行命名。选中一个对象后，单击【编辑命名选择集】按钮■可以打开【命名选择集】对话框，在该对话框中就可以为选择的对象进行命名，如图2-47所示。

图2-47

技巧提示

【命名选择集】对话框中有7个管理对象的工具，分别为【创建新集】工具■、【删除】工具■、【添加选定对象】工具■、【减去选定对象】工具■、【选择集内的对象】工具■、【按名称选择对象】工具■和【高亮显示选定对象】工具■，如图2-48所示。

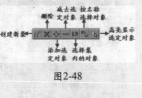

图2-48

20. 【镜像】工具

使用【镜像】工具■可以围绕一个轴心镜像出一个或多个副本对象。选中要镜像的对象后，单击【镜像】按钮■，可以打开【镜像：世界 坐标】对话框，在该对话框中可以对【镜像轴】、【克隆当前选择】和【镜像IK限制】进行设置，如图2-49所示。

图2-49

21. 【对齐】工具

图2-50

对齐工具包括6种，分别是【对齐】工具■、【快速对齐】工具■、【法线对齐】工具■、【放置高光】工具■、【对齐摄影机】工具■和【对齐到视图】工具■，如图2-50所示。

- 【快速对齐】工具■：快捷键为Shift+A，使用【快速对齐】方式可以立即将当前选择对象的位置与目标对象的位置进行对齐。如果当前选择的是单个对象，那么【快速对齐】需要使用两个对象的轴；如果当前选择的是多个对象或多个子对象，则使用【快速对齐】可以将选中对象的选择中心对齐到目标对象的轴。

- 【法线对齐】工具■：快捷键为Alt+N，【法线对齐】基于每个对象的面或是以选择的法线方向来对齐两个对象。要打开【法线对齐】对话框，首先要选择对齐的对象，然后单击对象上的面，接着单击第2个对象上的面，释放鼠标后就可以打开【法线对齐】对话框。

- 【放置高光】工具■：快捷键为Ctrl+H，使用【放置高光】方式可以将灯光或对象对齐到另一个对象，以便精确定位其高光或反射。在【放置高光】模式下，可以在任一视图中按住并拖动鼠标。

- 【对齐摄影机】工具■：使用【对齐摄影机】方式可以将摄影机与选定的面法线进行对齐。【对齐摄影机】工具■的工作原理与【放置高光】工具■类似。不同的是，它是在面法线上进行操作，而不是入射角，并在释放鼠标时完成，而不是在拖曳鼠标期间完成。

- 【对齐到视图】工具■：【对齐到视图】方式可以将对象或子对象的局部轴与当前视图进行对齐。【对齐到视图】模式适用于任何可变换的选择对象。

22. 【层管理器】工具

【层管理器】工具■可以用来创建和删除层，也可以用来查看和编辑场景中所有层的设置以及与其相关联的对象。单击【层管理器】工具■，可以打开【层】对话框，如图2-51所示。

图2-51

23. 【石墨建模】工具

【石墨建模】工具🔲是优秀的PolyBoost建模工具与3ds Max的完美结合，其工具摆放的灵活性与布局的科学性简化了多边形建模的流程。单击主工具栏中的【石墨建模】工具🔲即可调出【石墨建模】工具的工具栏，如图2-52所示。

图2-52

24. 【曲线编辑器】工具

单击主工具栏中的【曲线编辑器】按钮🔲，可以打开【轨迹视图-曲线编辑器】，【曲线编辑器】是一种【轨迹视图】模式，可以用曲线来表示运动，而【轨迹视图】模式可以使运动的插值以及软件在关键帧之间创建的对象变换更加直观，如图2-53所示。

图2-53

 技巧提示

使用曲线上关键点的切线控制手柄可以轻松地观看和控制场景对象的运动效果和动画效果。

25. 【图解视图】工具

【图解视图】🔲是基于节点的场景图，通过它可以访问对象的属性、材质、控制器、修改器、层次和不可见场景关系，同时在【图解视图】对话框中可以查看、创建并编辑对象间的关系，也可以创建层次、指定控制器、材质、修改器和约束等属性，如图2-54所示。

图2-54

 技巧提示

在【图解视图】对话框的列表视图的文本列表中可以查看节点，这些节点的排序是有规则性的，通过这些节点可迅速浏览极其复杂的场景。

26. 【材质编辑器】工具

【材质编辑器】🔲非常重要，基本上所有的材质设置都在【材质编辑器】窗口中完成，如图2-55所示。本书第7章对此有详细的讲解。

27. 【渲染设置】

单击主工具栏中的【渲染设置】按钮🔲（快捷键为F10）可以打开【渲染设置】窗口，所有的渲染设置参数基本上都是在该窗口中完成的，如图2-56所示。

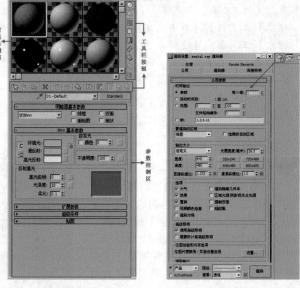

图2-55　　　　图2-56

 技巧提示

【材质编辑器】窗口和【渲染设置】窗口的重要程度不言而喻，在后面的内容中将进行详细讲解。

3ds Max 2016 中文版+VRay效果图制作从入门到精通

28. 【渲染帧窗口】

单击主工具栏中的【渲染帧窗口】按钮，可显示上一次渲染效果，在该窗口中可执行选择渲染区域、切换图像通道和储存渲染图像等任务，如图2-57所示。

29. 【渲染】工具

【渲染】工具包含【渲染产品】工具、【迭代渲染】工具和ActiveShade工具3种，如图2-58所示。

图2-57

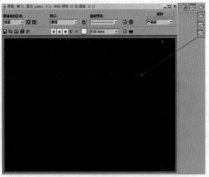

图2-58

2.1.4 视口区域

视口区域是操作界面中最大的一个区域，也是3ds Max中用于实际操作的区域，默认状态下为单一视图显示，通常使用的状态为四视图显示，包括顶视图、左视图、前视图和透视图4个视图，在这些视图中可以从不同的角度对场景中的对象进行观察和编辑。

每个视图的左上角都会显示视图的名称以及模型的显示方式，右上角有一个导航器（不同视图显示的状态也不同），如图2-59所示。

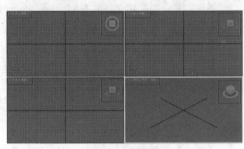

图2-59

技巧提示

常用的几种视图都有其相对应的快捷键，顶视图的快捷键是T，底视图的快捷键是B，左视图的快捷键是L，前视图的快捷键是F，透视图的快捷键是P，摄影机视图的快捷键是C。

3ds Max 2016中视图的名称被分为3个小部分，用鼠标右键分别单击这3个部分会弹出不同的菜单，如图2-60所示。

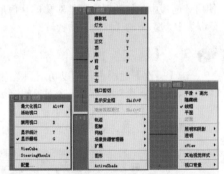

图2-60

2.1.5 命令面板

场景对象的操作都可以在命令面板中完成。该面板由6个用户界面面板组成，默认状态下显示的是【创建】面板，其他面板分别是【修改】面板、【层次】面板、【运动】面板、【显示】面板和【工具】面板，如图2-61所示。

1. 【创建】面板

【创建】面板主要用来创建几何体、摄影机和灯光等。在该面板中可以创建7种对象，分别是【几何体】、【图形】、【灯光】、【摄影机】、【辅助对象】、【空间扭曲】和【系统】，如图2-62所示。

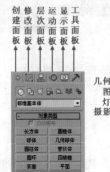

图2-61

图2-62

- 几何体：主要用来创建长方体、球体和锥体等基本几何体，同时也可以创建出高级几何体，例如布尔、阁楼以及粒子系统中的几何体等。
- 图形：主要用来创建样条线和NURBS曲线。

技巧提示

虽然样条线和NURBS曲线能够在2D空间或3D空间中存在，但是它们只有一个局部维度，可以为形状指定一个厚度以便于渲染。

- 灯光：主要用来创建场景中的灯光。
- 摄影机：主要用来创建场景中的摄影机。
- 辅助对象：主要用来创建有助于场景制作的辅助对象。
- 空间扭曲：使用空间扭曲可以在围绕其他对象的空间中产生各种不同的扭曲效果。
- 系统：可以将对象、控制器和层次对象组合在一起，提供与某种行为相关联的几何体，并且包含模拟场景中的阳光以及日照系统。

2. 【修改】面板

【修改】面板主要用来调整场景对象的参数，同样可以使用该面板中的修改器来调整对象的几何形体，如图2-63所示是默认状态下的【修改】面板。

3. 【层次】面板

在【层次】面板中，可以访问调整对象间层次链接的工具，通过将一个对象与另一个对象相链接，创建对象之间的父子关系，包括【轴】 轴 、【IK】 IK 和【链接信息】 链接信息 3种工具，如图2-64所示。

图2-63　　　　　　　　　图2-64

- 轴：该工具下的参数主要用来调整对象和修改器中心位置，以及定义对象之间的父子关系和反向动力学IK的关节位置等，如图2-65所示。
- IK：该工具下的参数主要用来设置动画的相关属性，如图2-66所示。
- 链接信息：该工具下的参数主要用来限制对象在特定轴中的移动关系，如图2-67所示。

图2-65　　　　　　图2-66　　　　　　图2-67

4. 【运动】面板

【运动】面板中的参数主要用来调整选定对象的运动属性，如图2-68所示。

技巧提示

可以使用【运动】面板中的工具来调整关键点时间及其缓入和缓出。另外，【运动】面板还提供了【轨迹视图】的替代选项来指定动画控制器，如果指定的动画控制器具有参数，则在该面板中可以显示其他卷展栏；如果【路径约束】指定给对象的位置轨迹，则【路径参数】卷展栏将添加到【运动】面板中。

图2-68

5. 【显示】面板

【显示】面板中的参数主要用来设置场景中的控制对象的显示方式，如图2-69所示。

6. 【工具】面板

在【工具】面板中可以访问各种工具程序，包含用于管理和调用的卷展栏。当使用【工具】面板中的工具时，将显示该工具的相应卷展栏，如图2-70所示。

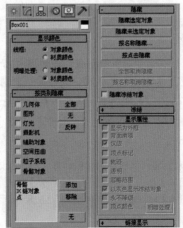 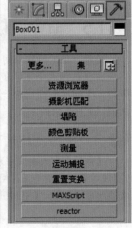

图2-69　　　　　　　　　　图2-70

2.1.6 时间尺

时间尺包括时间线滑块和轨迹栏两大部分。拖曳时间线滑块可以在帧之间迅速移动，单击时间线滑块左右的向左箭头图标◄与向右箭头图标►可以向前或者向后移动1帧，如图2-71所示；轨迹栏位于时间线滑块的下方，主要用于显示帧数和选定对象的关键点，在这里可以移动、复制、删除关键点以及更改关键点的属性，如图2-72所示。

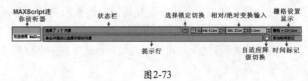

图2-71 图2-72

2.1.7 状态栏

状态栏位于轨迹栏的下方，提供选定对象的数目、类型、变换值和栅格数目等信息，如图2-73所示。

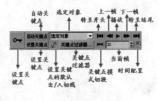

图2-73

2.1.8 时间控制按钮

时间控制按钮位于状态栏的右侧，主要用来控制动画的播放效果，包括关键点控制和时间控制等，如图2-74所示。

 技巧提示

关键点控制主要用于创建动画关键点，有两种不同的模式，分别是【自动关键点】自动关键点和【设置关键点】设置关键点，快捷键分别为键盘的N和'。时间控制提供了在各个动画帧和关键点之间移动的便捷方式。

图2-74

2.1.9 视图导航控制按钮

视图导航控制按钮在状态栏的最右侧，主要用来控制视图的显示和导航。使用这些按钮可以缩放、平移和旋转活动的视图，如图2-75所示。

图2-75

1. 所有视图中可用的控件

所有视图中可用的控件包含【所有视图最大化显示】/【所有视图最大化显示选定对象】和【最大化视口切换】。

● 【所有视图最大化显示】/【所有视图最大化显示选定对象】：【所有视图最大化显示】可以将场景中的对象在所有视图中居中显示出来；【所有视图最大化显示选定对象】可以将所有可见的选定对象或对象集在所有视图中以居中最大化的方式显示出来。

● 【最大化视口切换】：可以在正常大小和全屏大小之间进行切换，其快捷键为Alt+W。

技巧提示

以上3个控件适用于所有的视图，而有些控件只能在特定的视图中才能使用，下面将依次讲解。

2. 透视图和正交视图控件

透视图和正交视图（正交视图包括顶视图、前视图和左视图）控件包括【缩放】、【缩放所有】、【所有视图最大化显示】/【所有视图最大化显示选定对象】（适用于所有视图）、【视野】、【缩放区域】、【平移视图】、【环绕】/【选定的环绕】/【环绕子对象】和【最大化视口切换】（适用于所有视图），如图2-76所示。

图2-76

【缩放】⊞：使用该工具可以在透视图或正交视图中通过拖曳光标来调整对象的大小。

 【缩放所有】⊞：使用该工具可以同时调整所有透视图和正交视图中的对象。

 【视野】▷/【缩放区域】◰：【视野】工具可以用来调整视图中可见对象的数量和透视张角量。视野的效果与更改摄影机的镜头相关，视野越大，观察到的对象就越多（与广角镜头相关），而透视会扭曲。视野越小，观察到的对象就越少（与长焦镜头相关），而透视会展平；使用【缩放区域】工具可以放大选定的矩形区域，该工具适用于正交视图、透视和三向投影视图，但是不能用于摄影机视图。

 【平移视图】◰：使用该工具可以将选定视图平移到任何位置。

 技巧提示

在按住Ctrl键的同时可以随意移动对象；在按住Shift键的同时可以将对象在垂直和水平方向进行移动。

 【环绕】◪/【选定的环绕】◪/【环绕子对象】◪：使用这3个工具可以将视图围绕一个中心进行自由旋转。

3. 摄影机视图控件

创建摄影机后，按C键可以切换到摄影机视图，该视图中的控件包括【推拉摄影机】◈/【推拉目标】◈/【推拉摄影机和目标】◈、【透视】▽、【侧滚摄影机】◐、【所有视图最大化显示】⊞/【所有视图最大化显示选定对象】⊞（适用于所有视图）、【视野】▷、【平移摄影机】✋、【环绕摄影机】◉/【摇移摄影机】◈和【最大化视口切换】◳（适用于所有视图），如图2-77所示。

图2-77

 技巧提示

在场景中创建摄影机后，按C键可以切换到摄影机视图，若想从摄影机视图切换回原来的视图，可以按相应视图名称的首字母。

 【推拉摄影机】◈/【推拉目标】◈/【推拉摄影机和目标】◈：这3个工具主要用来移动摄影机或其目标，同时也可以移向或移离摄影机所指的方向。

 【透视】▽：使用该工具可以增加透视张角量，同时也可以保持场景的构图。

 【侧滚摄影机】◐：使用该工具可以围绕摄影机的视线来旋转【目标】摄影机，同时也可以围绕摄影机局部的Z轴来旋转【自由】摄影机。

 【视野】▷：使用该工具可以调整视图中可见对象的数量和透视张角量。视野的效果与更改摄影机的镜头相关，视野越大，观察到的对象就越多（与广角镜头相关），而透视会扭曲；视野越小，观察到的对象就越少（与长焦镜头相关），而透视会展平。

 【平移摄影机】✋：使用该工具可以将摄影机移动到任何位置。

 技巧提示

在按住Ctrl键的同时可以随意移动摄影机；在按住Shift键的同时可以将摄影机在垂直和水平方向进行移动。

 【环绕摄影机】◉/【摇移摄影机】◈：使用【环绕摄影机】工具◉可以围绕目标来旋转摄影机；使用【摇移摄影机】工具◈可以围绕摄影机来旋转目标。

 技巧提示

当一个场景中已经有了一台设置完成的摄影机，并且视图处于摄影机视图时，直接调整摄影机的位置很难达到预想的最佳效果，而使用摄影机视图控件来进行调整就方便多了。

2.2 3ds Max文件基本操作

 小实例：打开场景文件

场景文件	01.max
案例文件	小实例：打开场景文件.max
视频教学	多媒体教学/Chapter 02/小实例：打开场景文件.flv
难易指数	★☆☆☆☆
技术掌握	掌握打开场景文件的5种方法

实例介绍

打开场景文件的方法一般有以下5种。

方法01 直接找到文件并双击，如图2-78所示。

方法02 直接找到文件，使用鼠标左键将其拖曳到3ds Max 2016的图标上，如图2-79所示。

方法03 启动3ds Max 2016，然后单击界面左上角的软件图标，并在弹出的下拉菜单中单击【打开】图标，接着在弹出的对话框中选择本书配套光盘中的【场景文件/Chapter02/01.max】文件，最后单击【打开】按钮，如图2-80和图2-81所示。

方法04 启动3ds Max 2016，按Ctrl+O快捷键打开【打开文件】对话框，然后选择本书配套光盘中的【场景文件/Chapter02/01.max】文件，接着单击【打开】按钮，如图2-82所示。

方法05 启动3ds Max 2016，选择本书配套光盘中的【场景文件/Chapter02/01.max】文件，然后按住鼠标左键将其拖曳到视口区域中，接着释放鼠标并在弹出的菜单中选择相应的操作方式，如图2-83所示。

图2-78

图2-79

图2-80

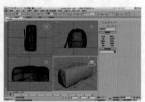
图2-81

图2-82

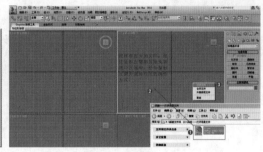
图2-83

小实例：保存场景文件

场景文件	02.max
案例文件	小实例：保存场景文件.max
视频教学	多媒体教学/Chapter 02/小实例：保存场景文件.flv
难易指数	★★★★★
技术掌握	掌握保存场景文件的两种方法

实例介绍

当创建完一个场景后，需要对场景进行保存。保存场景文件的方法有以下两种。

方法01 单击界面左上角的软件图标，然后在弹出的下拉菜单中单击【保存】图标，接着在弹出的对话框中为场景文件命名，最后单击【保存】按钮，如图2-84所示。

方法02 按Ctrl+S快捷键打开【文件另存为】对话框，然后为场景文件命名，接着单击【保存】按钮，如图2-85所示。

图2-84

图2-85

小实例：保存渲染图像

场景文件	03.max
案例文件	小实例：保存渲染图像.max
视频教学	多媒体教学/Chapter 02/小实例：保存渲染图像.flv
难易指数	★★★★★
技术掌握	掌握保存渲染图像的方法

实例介绍

制作完成一个场景后需要对场景进行渲染，那么在渲染完成后就要将渲染完成的图像保存起来。

操作步骤

步骤01 打开本书配套光盘中的【场景文件/Chapter02/03.max】文件，如图2-86所示。

步骤02 单击主工具栏中的【渲染产品】按钮 或按F9键渲染场景，渲染完成后的图像效果如图2-87所示。

图2-86　　　　　　　　图2-87

步骤03 在【渲染帧】对话框中单击【保存图像】按钮 ，弹出【保存图像】对话框，然后在该对话框的【文件名】文本框中为图像命名，接着在【保存类型】下拉列表框中选择要保存的文件格式，如图2-88所示。

小实例：在渲染前保存要渲染的图像

场景文件	04.max
案例文件	小实例：在渲染前保存要渲染的图像.max
视频教学	多媒体教学/Chapter 02/小实例：在渲染前保存要渲染的图像.flv
难易指数	★★★★★
技术掌握	掌握如何在渲染场景之前保存要渲染的图像

实例介绍

下面介绍的保存渲染图像的方法是在渲染场景之前就设置好图像的保存路径、文件名和文件类型，适于渲染师不在计算机旁时采用。

操作步骤

步骤01 打开本书配套光盘中的【场景文件/Chapter02/04.max】文件，如图2-89所示。

步骤02 在主工具栏中单击【渲染设置】按钮 或按F10键打开【渲染设置】对话框，然后选择【公用】选项卡，并展开【公用参数】卷展栏，如图2-90所示。

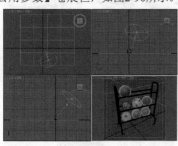 

图2-89　　　　　　　　图2-90

小实例：归档场景

场景文件	05.max
案例文件	小实例：归档场景.zip
视频教学	多媒体教学/Chapter 02/小实例：归档场景.flv
难易指数	★★★★★
技术掌握	掌握如何归档场景文件

实例介绍

归档场景是将场景中的所有文件压缩成一个.zip压缩包，可以防止丢失材质和光域网等文件。

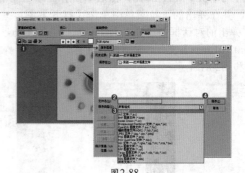

图2-88

步骤03 在【渲染输出】选项组下选中【保存文件】复选框，并单击【文件】按钮 文件... ，然后设置渲染图像的保存路径，接着将渲染图像命名为【小实例：在渲染前保存要渲染的图像.jpg】，并选择需要保存的文件格式，最后单击【保存】按钮 保存(S) ，如图2-91所示。

步骤04 此时按F9键进行渲染，如图2-92所示。

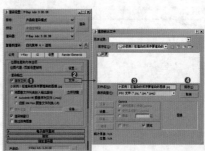 

图2-91　　　　　　　　图2-92

步骤05 按照上面保存的路径找到【实战——在渲染前保存要渲染的图像】文件夹，可以看到【小实例：在渲染前保存要渲染的图像.jpg】文件已经被保存了，如图2-93所示。

图2-93

操作步骤

步骤01 打开本书配套光盘中的【场景文件/Chapter02/05.max】文件，如图2-94所示。

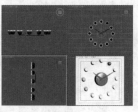

图2-94

3ds Max 2016 中文版+VRay效果图制作从入门到精通

步骤02 单击界面左上角的软件图标，并在弹出的下拉菜单中单击【另存为】图标，然后在右侧的列表中选择【归档】选项，接着在弹出的对话框中输入文件名，最后单击【保存】按钮，如图2-95所示。归档后的效果如图2-96所示。

图2-95　　　　图2-96

2.3 3ds Max 对象基本操作

小实例：导入外部文件

场景文件	无
案例文件	小实例：导入外部文件.max
视频教学	多媒体教学/Chapter 02/小实例：导入外部文件.flv
难易指数	★★
技术掌握	掌握如何导入外部文件

实例介绍

在场景制作中，经常需要将外部文件（如.3ds和.obj文件）导入到场景中进行操作。

操作步骤

步骤01 单击界面左上角的软件图标，然后在弹出的下拉菜单中单击【导入】图标，并在右侧的列表中选择【导入】选项，如图2-97所示。

图2-97

步骤02 执行上一步的操作后，系统会弹出【选择要导入的文件】对话框，在该对话框中选择本书配套光盘中的【场景文件/Chapter02/06.3ds】文件，如图2-98所示。导入到场景后的效果如图2-99所示。

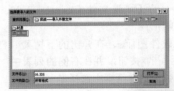

图2-98

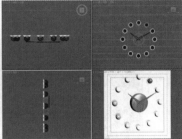

图2-99

小实例：导出场景对象

场景文件	06.max
案例文件	无
视频教学	多媒体教学/Chapter 02/小实例：导出场景对象.flv
难易指数	★★
技术掌握	掌握如何导出场景对象

实例介绍

创建完一个场景后，可以将场景中的所有对象导出为其他格式的文件，也可以将选定的对象导出为其他格式的文件。

操作步骤

步骤01 打开本书配套光盘中的【场景文件/Chapter02/06.max】文件，如图2-100所示。

图2-100

步骤02 选择场景中的抱枕模型，然后单击界面左上角的软件图标，在弹出的下拉菜单中单击【导出】按钮后面的按钮，接着选择【导出选定对象】选项，并在弹出的对话框中为导出文件命名为【06.obj】，最后单击【保存】按钮，如图2-101所示。

图2-101

技巧提示

在进行导出时，很多人习惯直接单击【导出】按钮，这样会将场景中所有的对象全部导出。而单击【导出】按钮后面的按钮，接着选择【导出选定对象】选项，只会将选中的对象进行导出，而其他未选中的对象则不被导出。

步骤03 此时会出现【正在导出obj】对话框，稍微等待，最后单击【完成】按钮，如图2-102所示。

步骤04 此时可以看到已经导出了【06.obj】文件，如图2-103所示。

图2-102 　　　　图2-103

小实例：合并场景文件

场景文件	07（1）.max和07（2）.max
案例文件	小实例：合并场景文件.max
视频教学	多媒体教学/Chapter 02/小实例：合并场景文件.flv
难易指数	★★★★★
技术掌握	掌握如何合并外部场景文件

实例介绍

合并文件就是将外部的文件合并到当前场景中。可以根据需要选择要合并的几何体、图形、灯光和摄影机等。

操作步骤

步骤01 打开本书配套光盘中的【场景文件/Chapter02/07（1）.max】文件，如图2-104所示。

步骤02 单击界面左上角的软件图标，在弹出的下拉菜单中单击【导入】按钮后面的按钮，并在右侧的列表中选择【合并】选项，接着在弹出的对话框中选择本书配套光盘中的【场景文件/Chapter02/07（2）.max】文件，最后单击【打开】按钮，如图2-105所示。

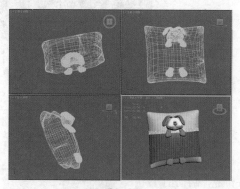

图2-104

图2-105

步骤03 系统弹出【合并】对话框，这里选择全部的文件，单击【确定】按钮，如图2-106所示。合并后的效果如图2-107所示。

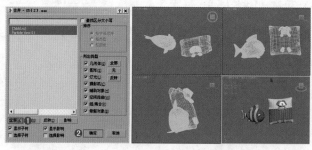

图2-106 　　　　图2-107

技巧提示

在实际工作中，一般合并文件都是有选择性的。例如场景中创建好了灯光和摄影机，若不想将灯光和摄影机合并进来，只需要在【合并】对话框中去掉对其的选中即可。

小实例：加载背景图像

场景文件	无
案例文件	小实例：加载背景图像.max
视频教学	多媒体教学/Chapter 02/小实例：加载背景图像.flv
难易指数	★☆☆☆☆
技术掌握	掌握加载与关闭背景图像的方法

实例介绍

在建模时经常会用到贴图来辅助操作。如图2-108所示是本例加载背景贴图后的前视图效果。

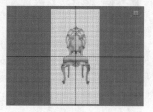

图2-108

操作步骤

步骤01 打开3ds Max 2016，单击并激活【前视图】，然后执行【视图】|【视口背景】命令，如图2-109所示。

步骤02 在弹出的【视口背景】对话框中单击【文件】按钮，然后在弹出的对话框中选择本书配套光盘中的【案例文件/Chapter02/小实例：加载背景图像/加载背景贴图.jpg】文件，接着单击【打开】按钮，最后设置【纵横比】为【匹配位图】，并选中【锁定缩放/平移】复选框，如图2-110所示。

3ds Max 2016 中文版+VRay效果图制作从入门到精通

步骤03 此时在【前视图】中已经有了刚才添加的参考图，而其他视图中则没有，如图2-111所示。

技巧提示

在加载背景图像时，需要特别注意以下两点。
- 一定要知道自己需要在哪个视图中显示加载的贴图，否则贴图加载到不合适的视图中，不是用户需要的。
- 推荐用户设置【纵横比】为【匹配位图】，并选中【锁定缩放/平移】复选框，因为当如此设置后，无论如何平移、缩放前视图，加载的贴图都会被正常地平移、缩放，而不会出现类似视图缩放而加载的贴图不缩放的错误效果。

图2-109

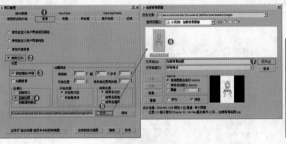

图2-110

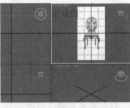

图2-111

技巧提示

打开【视口背景】对话框的快捷键是Alt+B。

步骤04 当不需要该图片在前视图中显示时，可以在前视图左上角的【线框】字样位置【+】【前】【线框】上单击鼠标右键，然后在弹出的菜单中选择【视口背景】命令，接着选择【显示背景】命令，如图2-112所示。

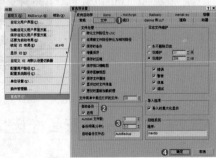

图2-112

小实例：设置文件自动备份

场景文件	无
案例文件	无
视频教学	多媒体教学/Chapter 02/小实例：设置文件自动备份.flv
难易指数	★★★★★
技术掌握	掌握自动备份文件的方法

实例介绍

3ds Max 2016在运行过程中对计算机的配置要求比较高，占用系统资源也比较大。在运行3ds Max 2016时，计算机配置较低和系统性能的不稳定性等因素会导致文件关闭或发生死机现象。一旦出现无法恢复的故障，就会丢失所做的各项操作，从而造成无法弥补的损失。

对于上述问题可以通过增强系统稳定性来解决。一般情况下，可以通过以下3种方法来提高系统的稳定性。

方法01 要养成经常保存场景的习惯。

方法02 在运行3ds Max 2016时，尽量不要或少启动其他程序，而且硬盘也要留有足够的缓存空间。

方法03 如果当前文件发生了不可恢复的错误，可以通过备份文件来打开前面自动保存的场景。

下面重点讲解方法03。

操作步骤

执行【自定义】|【首选项】命令，然后在弹出的【首选项设置】对话框中选择【文件】选项卡，接着在【自动备份】选项组下选中【启用】，再设置【Autobak文件数】为3，【备份间隔（分钟）】为5，最后单击【确定】按钮，如图2-113所示。

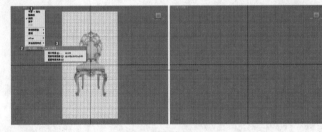

图2-113

技巧提示

如有特殊需要，可以适当增大或减小【Autobak文件数】和【备份间隔(分钟)】的数值。

小实例：调出隐藏的工具栏

场景文件	无
案例文件	无
视频教学	多媒体教学/Chapter02/小实例：调出隐藏的工具栏.flv
难易指数	★★★★★
技术掌握	掌握如何调出处于隐藏状态的工具栏

实例介绍

　　3ds Max 2016中有很多隐藏的工具栏，用户可以根据实际需要来调出处于隐藏状态的工具栏。

操作步骤

步骤01 选择【自定义】|【显示UI】|【显示浮动工具栏】命令，如图2-114所示，系统会弹出所有的浮动工具栏，如图2-115所示。

图2-114

步骤02 使用步骤01的方法适合一次性调出所有的隐藏工具栏，但在很多情况下只需要用到其中某一个工具栏，这时可以在主工具栏的空白处单击鼠标右键，然后在弹出的菜单中选择需要的工具栏，如图2-116所示。

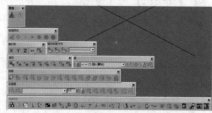

图2-115　　　　　　图2-116

> **技巧提示**
>
> 　　按Alt+6组合键可以隐藏主工具栏，再次按Alt+6组合键可以显示主工具栏。

小实例：使用过滤器选择场景中的灯光

场景文件	08.max
案例文件	无
视频教学	多媒体教学/Chapter 02/小实例：使用过滤器选择场景中的灯光.flv
难易指数	★★★★★
技术掌握	掌握如何使用过滤器选择对象

实例介绍

　　在较大的场景中，对象的类型可能会非常多，这时要想选择处于隐藏位置的对象就会很困难，而使用【过滤器】过滤掉不需要选择的对象后，选择相应的对象就很方便了。

操作步骤

步骤01 打开本书配套光盘中的【场景文件/Chapter02/08.max】文件，从视图中可以观察到本场景包含4盏灯光，如图2-117所示。

图2-117

步骤02 如果要选择灯光，可以在主工具栏的【过滤器】全部▼下拉列表中选择【L-灯光】选项，如图2-118所示。然后框选视图中的灯光，框选完毕后可以发现只选择了灯光，而椅子模型并没有被选中，如图2-119所示。

步骤03 如果要选择椅子模型，可以在主工具栏中的【过滤器】全部▼下拉列表中选择【G-几何体】选项，如图2-120所示。然后框选视图中的椅子模型，框选完毕后可以发现只选择了椅子模型，而灯光并没有被选中，如图2-121所示。

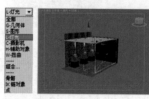

图2-118　　　　图2-119　　　　图2-120　　　　图2-121

小实例：使用【按名称选择】工具选择对象

场景文件	09.max
案例文件	无
视频教学	多媒体教学/Chapter 02/小实例：使用【按名称选择】工具选择对象.flv
难易指数	★★★★★
技术掌握	掌握如何使用【按名称选择】工具选择对象

实例介绍

　　按名称选择工具非常重要，它可以根据场景中的对象名称来选择对象。

操作步骤

步骤01 打开本书配套光盘中的【场景文件/Chapter02/09.max】文件，如图2-122所示。

步骤02 在主工具栏中单击【按名称选择】按钮■，打开【从场景选择】对话框，从该对话框中观察到场景中的对象名称，如图2-123所示。

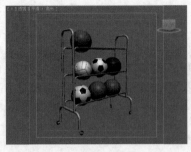

图2-122   图2-123

如果当前已经选择了部分对象，那么在按住Ctrl键的同时可以进行加选，按住Alt键的同时可以进行减选。

步骤05 如果要选择连续的多个对象，可以在按住Shift键的同时依次单击首尾的两个对象名称，如图2-126所示。

步骤03 如果要选择单个对象，可以在【从场景选择】对话框中单击该对象的名称，如图2-124所示。

步骤04 如果要选择隔开的多个对象，可以在按住Ctrl键的同时依次单击要选择对象的名称，如图2-125所示。

图2-124   图2-125

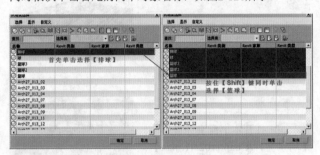

图2-126

【从场景选择】对话框中有一排按钮与【创建】面板中的部分按钮相同，这些按钮主要用来显示对象的类型。当激活相应的对象按钮后，在下面的对象列表中就会显示出与其相对应的对象，如图2-127所示。

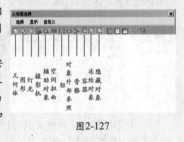

图2-127

小实例：使用【套索选择区域】工具选择对象

场景文件	10.max
案例文件	无
视频教学	多媒体教学/Chapter 02/小实例：使用【套索选择区域】工具选择对象.flv
难易指数	★★★★★
技术掌握	掌握如何使用【套索选择区域】工具选择场景中的对象

实例介绍

本例将利用【套索选择区域】工具来选择场景中的对象。

操作步骤

步骤01 打开本书配套光盘中的【场景文件/Chapter02/10.max】文件，如图2-128所示。

图2-128

步骤02 在主工具栏中单击【套索选择区域】按钮，然后在视图中绘制一个形状区域，将左下角的抱枕模型框选在其中，如图2-129所示。这样就选中了左下角的抱枕模型，如图2-130所示。

 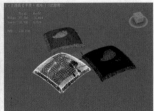

图2-129   图2-130

小实例：使用【选择并移动】工具制作彩色铅笔

场景文件	11.max
案例文件	小实例：使用【选择并移动】工具制作彩色铅笔.max
视频教学	多媒体教学/Chapter 02/小实例：使用【选择并移动】工具制作彩色铅笔.flv
难易指数	★★★★★
技术掌握	掌握移动复制功能的运用

实例介绍

本例使用【选择并移动】工具的移动、复制功能来制作彩色铅笔的效果，如图2-131所示。

图2-131

操作步骤

步骤01 打开本书配套光盘中的【场景文件/Chapter02/11.max】文件，如图2-132所示。

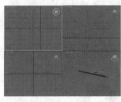

图2-132

步骤02 选择铅笔模型，在主工具栏中单击【选择并移动】按钮，然后按住Shift键的同时在顶视图中将铅笔沿X轴向右进行移动拖曳复制，接着在弹出的【克隆选项】对话框中设置【对象】为【复制】，最后单击【确定】按钮 确定 完成操作，如图2-133所示。

步骤03 复制后的效果如图2-134所示。

步骤04 使用同样的方法再次在顶视图沿X轴方向移动复制多个铅笔，最终效果如图2-135所示。

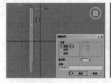 

图2-133　　　　　　图2-134　　　　　　图2-135

小实例：使用【选择并缩放】工具调整花瓶的形状

场景文件	12.max
案例文件	小实例：使用【选择并缩放】工具调整花瓶的形状.max
视频教学	多媒体教学/Chapter 02/小实例：使用【选择并缩放】工具调整花瓶的形状.flv
难易指数	★★★★★
技术掌握	掌握如何使用【选择并缩放】工具缩放和挤压对象

实例介绍

本例将使用选择并缩放工具中的3种工具来调整花瓶的形状，读者应熟练掌握这些工具的使用。

操作步骤

步骤01 打开本书配套光盘中的【场景文件/Chapter02/12.max】文件，如图2-136所示。

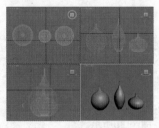

图2-136

步骤02 在主工具栏中单击【选择并均匀缩放】按钮，然后选择最左边的模型，接着在前视图中沿X轴正方向进行缩放，如图2-137所示，完成后的效果如图2-138所示。

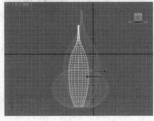 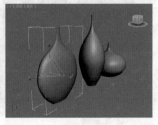

图2-137　　　　　　图2-138

步骤03 在主工具栏中单击【选择并非均匀缩放】按钮，然后选择中间的模型，接着在透视图中沿Y轴正方向进行缩放，如图2-139所示。

步骤04 在主工具栏中单击【选择并挤压】按钮，然后选择最右边的模型，接着在透视图中沿Z轴负方向进行挤压，如图2-140所示。

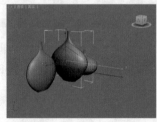 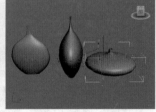

图2-139　　　　　　图2-140

 技巧提示

同样，【选择并缩放】工具也可以设定一个精确的缩放比例因子，具体操作方法是，在相应的工具上单击鼠标右键，然后在弹出的【缩放变换输入】对话框中输入相应的缩放比例数值，如图2-141所示。

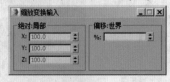

图2-141

小实例：使用【角度捕捉切换】工具制作创意时钟

场景文件	13.max
案例文件	小实例：使用【角度捕捉切换】工具制作创意时钟.max
视频教学	多媒体教学/Chapter 02/小实例：使用【角度捕捉切换】工具制作创意时钟.flv
难易指数	★★★★★
技术掌握	掌握【角度捕捉切换】工具的运用方法

实例介绍

【角度捕捉切换】工具使得在使用【选择并旋转】工具时的结果更精确，本例使用【角度捕捉切换】工具制作的挂钟效果如图2-142所示。

操作步骤

步骤01 打开本书配套光盘中的【场景文件/Chapter02/13.max】文件，如图2-143所示。

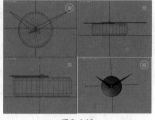

图2-142   图2-143

步骤02 在【创建】面板中单击【球体】按钮 ███ 球体 ███，然后创建一个大小合适的球体，如图2-144所示。

步骤03 将其移动到表盘【12点钟】位置，如图2-145所示。

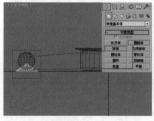
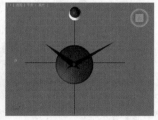

图2-144   图2-145

小实例：使用【镜像】工具镜像相框

场景文件	14.max
案例文件	小实例：使用【镜像】工具镜像相框.max
视频教学	多媒体教学/Chapter 02/小实例：使用【镜像】工具镜像相框.flv
难易指数	★★★★★
技术掌握	掌握镜像工具的运用方法

实例介绍

本例使用【镜像】工具镜像相框的效果如图2-150所示。

操作步骤

步骤01 打开本书配套光盘中的【场景文件/Chapter02/14.max】文件，可以观察到场景中有一个相框模型，如图2-151所示。

步骤04 在【命令】面板中单击【层次】按钮 ██，进入【层次】面板，然后单击【仅影响轴】按钮 ███ 仅影响轴 ███（此时球体上会增加一个较粗的坐标轴，该坐标轴主要用来调整球体的中心点位置），接着使用【选择并移动】工具 ✛ 将球体的中心点拖曳到表盘的中心位置，如图2-146所示。

步骤05 单击【仅影响轴】按钮 ███ 仅影响轴 ███，退出【仅影响轴】模式，然后在【角度捕捉切换】工具 ⚙ 上单击鼠标右键（注意，要使该工具处于激活状态），接着在弹出的【栅格和捕捉设置】对话框中选择【选项】选项卡，最后设置【角度】为30°，如图2-147所示。

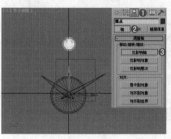

图2-146   图2-147

步骤06 在主工具栏中单击【选择并旋转】按钮 ↻，然后在前视图中，在按住Shift键的同时顺时针旋转30°，接着在弹出的【克隆选项】对话框中设置【对象】为【实例】，【副本数】为11，最后单击【确定】按钮 ███ 确定 ███，如图2-148所示。最终效果如图2-149所示。

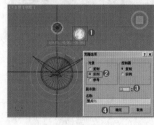

图2-148   图2-149

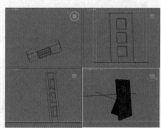

图2-150   图2-151

步骤02 选中相框模型，然后在主工具栏中单击【镜像】按钮■，接着在弹出的【镜像】对话框设置【镜像轴】为X，【偏移】值为40cm，再设置【克隆当前选择】为【复制】方式，最后单击【确定】按钮■■，具体参数设置如图2-152所示。

步骤03 最终效果如图2-153所示。

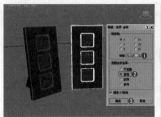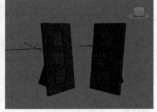

图2-152　　　　　　　　　　图2-153

小实例：使用【对齐】工具使花盆对齐到地面

场景文件	15.max
案例文件	小实例：使用【对齐】工具使花盆对齐到地面.max
视频教学	多媒体教学/Chapter 02/小实例：使用【对齐】工具使花盆对齐到地面.flv
难易指数	★★★★★
技术掌握	掌握【对齐】工具的运用方法

实例介绍

本例使用【对齐】工具将花盆和花对齐到地面的效果如图2-154所示。

操作步骤

步骤01 打开本书配套光盘中的【场景文件/Chapter02/15.max】文件，可以观察到场景中花盆和地面有一定的距离，没有对齐，如图2-155所示。

图2-154　　　　　　　　　　图2-155

步骤02 选中花盆和花，然后在主工具栏中单击【对齐】按钮■，接着单击地面，在弹出的对话框中设置【对齐位置（世界）】为【Z位置】，【当前对象】为【最小】，【目标对象】为【最小】，最后单击【确定】按钮■■，如图2-156所示。

步骤03 完成后的效果如图2-157所示。

图2-156　　　　　　　　　　图2-157

技术专题——对齐参数详解

X/Y/Z位置：用来指定要执行对齐操作的一个或多个坐标轴。同时选中这3个复选框可以将当前对象重叠到目标对象上。

最小：将具有最小X/Y/Z值对象边界框上的点与其他对象上选定的点对齐。

中心：将对象边界框中心与其他对象上的选定点对齐。

轴点：将对象的轴点与其他对象上的选定点对齐。

最大：将具有最大X/Y/Z值对象边界框上的点与其他对象上选定的点对齐。

对齐方向（局部）：包括X/Y/Z轴3个选项，主要用来设置选择对象与目标对象以哪个坐标轴进行对齐。

匹配比例：包括X/Y/Z轴3个选项，可以匹配两个选定对象之间的缩放轴的值。注意，该操作仅对变换输入中显示的缩放值进行匹配。

小实例：视口布局设置

场景文件	16.max
案例文件	小实例：视口布局设置.max
视频教学	多媒体教学/Chapter 02/小实例：视口布局设置.flv
难易指数	★★★★★
技术掌握	掌握如何设置视口的布局方式

实例介绍

在3ds Max 2016中，可以通过单击界面右下角的【最大化视口显示】按钮■将单一视图切换为四视图。视图的划分及显示在3ds Max 2016中是可以调整的，用户可以根据观察对象的需要来改变视图的大小或显示方式等。

操作步骤

步骤01 打开本书配套光盘中的【场景文件/Chapter02/16.max】文件，如图2-158所示。

步骤02 执行【视图/视口配置】命令，打开【视口配置】对话框，然后选择【布局】选项卡，在该选项卡下系统预设了一些视口的布局方式，如图2-159所示。

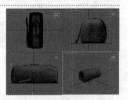

图2-158

步骤03 选择第6个布局方式，此时从下面的缩略图中可以观察到这个视图布局的划分方式，如图2-160所示。

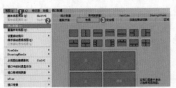

图2-159　　　　　　　　　图2-160

步骤04 在大缩略图的左视图上单击鼠标右键,然后在弹出的快捷菜单中选择【透视】命令,将该视图设置为透视图,接着单击【确定】按钮 ，如图2-161所示。重新划分后的视图效果如图2-162所示。

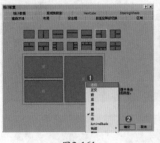
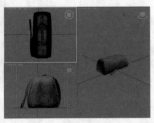

图2-161　　　　　　　　　图2-162

 技巧提示

将光标放置在视图与视图的交界处,当其变成【双向箭头】时,可以左右调整视图的大小;当其变成【十字箭头】时,可以上下左右调整视图的大小,如图2-163所示。

如果要将视图恢复到原始的布局方式,可以在视图交界处单击鼠标右键,然后在弹出的菜单中选择【重置布局】命令,如图2-164所示。

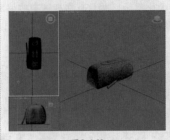

图2-163　　　　　　　　　图2-164

小实例：自定义界面颜色

场景文件	无
案例文件	无
视频教学	多媒体教学/Chapter 02/小实例:自定义界面颜色.flv
难易指数	★★★★★
技术掌握	掌握如何自定义用户界面的颜色

实例介绍

通常情况下,首次安装并启动3ds Max 2016时,界面是由多种不同的灰色构成的。如果用户不习惯系统预置的颜色,可以通过自定义的方式来更改界面的颜色。

操作步骤

步骤01 在菜单栏中执行【自定义】|【自定义用户界面】命令,打开【自定义用户界面】对话框,然后选择【颜色】选项卡,如图2-165所示。

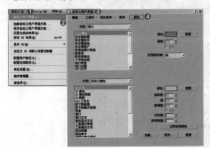

图2-165

步骤02 设置【元素】为【视口】,然后在其下拉列表中选择【视口背景】选项,接着单击【颜色】选项旁边的色块,在弹出的【颜色选择器】对话框中可以观察到【视口背景】默认的颜色为灰色,如图2-166所示。

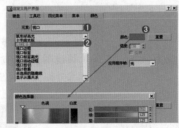

图2-166

步骤03 在【颜色选择器】对话框中设置颜色为黑色,然后单击【保存】按钮 ，接着在弹出的【保存颜色文件为】对话框中为颜色文件命名,最后单击【保存】按钮,如图2-167所示。

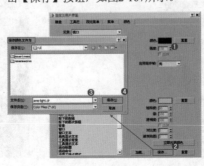

图2-167

步骤04 在【自定义用户界面】对话框中单击【加载】按钮 ，然后在弹出的【加载颜色文件】对话框中找到前面保存好的颜色文件,接着单击【打开】按钮,如图2-168所示。

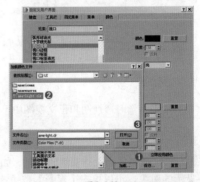

图2-168

步骤05 加载颜色文件后,用户界面颜色发生变化,如图2-169所示。

图2-169

 技巧提示

如果想要将自定义的用户界面颜色还原为默认的颜色,可以重复前面的步骤将【视口背景】的颜色设置为灰色。

场景文件	17.max
案例文件	无
视频教学	多媒体教学/Chapter 02/小实例：使用所有视图中可用的控件.flv
难易指数	★★★★★
技术掌握	掌握在所有视图中可用控件的使用方法

实例介绍

本例将学习所有视图中可用控件的使用方法。

操作步骤

步骤01 打开本书配套光盘中的【场景文件/Chapter02/17.max】文件，可以观察到场景中的物体在4个视图中并没有最大化显示，并且有些视图有些偏离，如图2-170所示。

步骤02 如果想要整个场景的对象都最大化居中显示，可以单击【所有视图最大化显示】按钮，效果如图2-171所示。

步骤03 如果想要中间的花盆单独最大化显示，可以在任意视图中选中花盆，然后单击【所有视图最大化显示选定对象】按钮（也可以按Z键），效果如图2-172所示。

步骤04 如果想要在单个视图中最大化显示场景中的对象，可以单击【最大化视图切换】按钮（或按Alt+W快捷键），效果如图2-173所示。

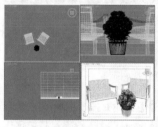

图2-170

图2-171

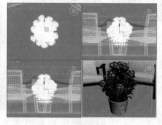

图2-172

图2-173

场景文件	18.max
案例文件	无
视频教学	多媒体教学/Chapter 02/小实例：使用透视图和正交视图控件.flv
难易指数	★★★★★
技术掌握	掌握透视图和正交视图中可用控件的使用方法

实例介绍

本例将学习透视图和正交视图中可用控件的使用方法。

操作步骤

步骤01 继续使用上一实例的场景。如果想要拉近视图中所显示的对象，可以单击【视野】按钮，然后在按住鼠标左键的同时进行适当拖曳，如图2-174所示。

步骤02 如果想要查看视图中未显示的对象，可以单击【平移视图】按钮，然后在按住Ctrl键的同时将未显示出来的部分拖曳到视图中，如图2-175所示。

图2-175

图2-174

小实例：使用摄影机视图控件

场景文件	19.max
案例文件	无
视频教学	多媒体教学/Chapter 02/小实例：使用摄影机视图控件.flv
难易指数	★★★★★
技术掌握	掌握摄影机视图中可用控件的使用方法

实例介绍

当一个场景已经有了一台设置完成的摄影机，并且视图处于摄影机视图时，如果直接调整摄影机的位置，则很难达到最佳效果，而使用摄影机视图控件来进行调整就方便多了。

操作步骤

步骤01 继续使用上一案例的场景，可以在顶视图、前视图和左视图中观察到摄影机的位置，如图2-176所示。

步骤02 如果想拉近摄影机镜头，可以单击【视野】按钮，然后按住鼠标左键的同时将光标向摄影机中心进行拖曳，如图2-177所示。

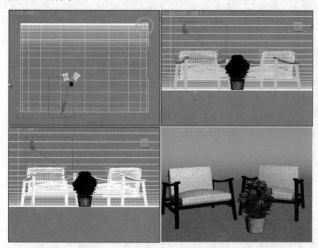

图2-176

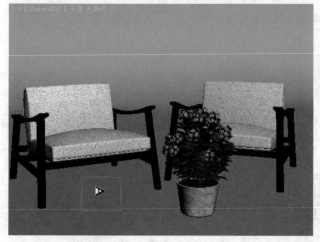

图2-177

步骤03 如果想要查看画面的透视效果，可以单击【透视】按钮，然后在按住鼠标左键的同时拖曳光标即可查看到对象的透视效果，如图2-178所示。

步骤04 如果想要一个倾斜的构图，可以单击【环绕摄影机】按钮，然后按住鼠标左键的同时拖曳光标，如图2-179所示。

图2-178   图2-179

步骤05 使用摄影机视图控件调整出一个正常的角度，然后按Shift+F组合键可打开安全框（安全框代表最终渲染的区域），如图2-180所示。

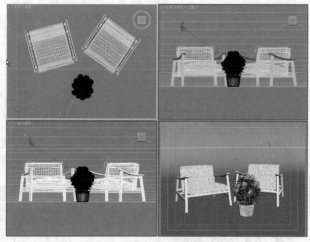

图2-180

Chapter 3
第3章

几何体建模

　　建模就是建立模型。建模的方式有很多，而且知识点相对较杂、琐碎，因此在学习时应注意养成清晰的制作思路。建模的重要性犹如盖楼时的地基，只有地基打得稳，后面的步骤才能进行得更加顺利。

本章学习要点：
- 什么是几何体建模
- 几何体的种类
- 几何体建模的应用

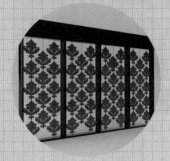

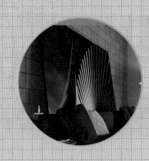

3.1 初识建模

建模就是建立模型。建模的方式有很多，而且知识点相对较杂、较碎，因此在学习时应注意养成清晰的制作思路。建模的重要性犹如盖楼时的地基，只有地基打得稳，后面的步骤才能进行得更加顺利。

3.1.1 什么是建模

3ds Max建模通俗来讲就是在三维制作软件中，通过虚拟三维空间构建出具有三维数据的模型，即建立模型的过程。如图3-1所示为优秀的效果图建模作品。

图3-1

3.1.2 为什么要建模

对于3ds Max初学者来说，建模是学习中的第一个步骤，也是基础，只有模型做得扎实、准确，在后面渲染的步骤中才能避免反复修改建模时的错误，从而节省大量的时间。

3.1.3 建模方式主要有哪些

建模的方法很多，主要包括几何体建模、复合对象建模、样条线建模、修改器建模、网格建模、面片建模、NURBS建模、多边形建模、石墨建模等，其中几何体建模、样条线建模、修改器建模、多边形建模应用最为广泛。下面分别进行简略地分析。

1. 几何体建模

几何体建模是使用3ds Max中自带的标准基本体、扩展基本体等模型进行建模，并将其参数进行合理的设置，最后调整模型的位置即可。如图3-2所示为使用几何体建模方式制作的置物架模型。

图3-2

2. 复合对象建模

复合对象建模是一种特殊的建模方法，使用复合对象可以快速制作出很多模型效果。复合对象包括 **变形** 工具、 **散布** 工具、 **一致** 工具、 **连接** 工具、 **水滴网格** 工具、 **图形合并** 工具、 **布尔** 工具、 **地形** 工具、 **放样** 工具、 **网格化** 工具、 **ProBoolean** 工具和 **ProCutter** 工具，如图3-3所示。

使用 **放样** 工具，通过绘制平面和剖面，可以快速制作出三维油画框模型，如图3-4所示。

图3-3   图3-4

使用 **图形合并** 工具可以制作出戒指表面的纹饰效果，如图3-5所示。

图3-5

3. 样条线建模

使用样条线可以快速地绘制复杂的图形，利用该图形我们可以将其修改为三维的模型，并可以使用绘制图形，添加修改器将其快速转化为复杂的模型效果。如图3-6所示为使用样条线建模制作的毛线模型。

4. 修改器建模

3ds Max的修改器种类很多,使用修改器建模可以快速修改模型的整体效果,以达到我们所需的模型效果。如图3-7所示为使用【车削】修改器建模制作的花瓶模型。

 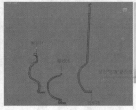

图3-6 　　　　　　　　图3-7

5. 网格建模

网格建模与多边形建模方法类似,是一种比较高级的建模方法。主要包括【顶点】、【边】、【面】、【多边形】和【元素】5种级别,并且通过分别调整某级别的参数等,可以达到调节模型的效果。如图3-8所示为使用网格建模制作的双人沙发的模型。

6. NURBS建模

NURBS是一种非常优秀的建模方式,在高级三维软件中都支持这种建模方式。NURBS能够比传统的网格建模方式更好地控制物体表面的曲线度,从而能够创建出更逼真、生动的造型。如图3-9所示为使用NURBS建模制作的瓷器模型。

7. 多边形建模

多边形建模是最为常用的建模方式之一,主要包括【顶点】、【边】、【边界】、【多边形】和【元素】5种级别,参数比较多,因此可以制作出多种模型效果。多边形建模也是后面章节中将重点讲解的一种建模类型。如图3-10所示为使用多边形建模制作的沙发模型。

图3-8 　　　　　　图3-9 　　　　　　图3-10

3.1.4　建模的基本步骤

一般来说,制作模型大致分为4个步骤,分别为清晰化思路并确定建模方式、建立基础模型、细化模型和完成模型,如图3-11所示。

步骤01 清晰化思路并确定建模方式。例如在这里我们选择样条线建模和修改器建模方式进行制作,如图3-12所示。

步骤02 建立基础模型。将模型的大致效果制作出来,如图3-13所示。

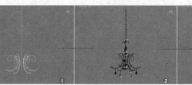 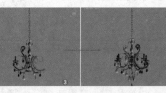

图3-11

步骤03 细化模型。对模型进行深入制作,如图3-14所示。

步骤04 完成模型。完成模型的制作,如图3-15所示。

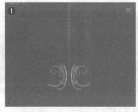 

图3-12 　　　　　　　图3-13

图3-14 　　　　　　　图3-15

3.1.5　认识创建面板

【创建】面板将所创建的对象分为7个类别。每一个类别有自己的按钮。一个类别内可能包含几个不同的对象子类别。使用下拉列表可以选择对象子类别,每一类对象都有自己的按钮,如图3-16所示。

【创建】面板提供的对象类别如下:

● 几何体：几何体是场景的可渲染几何体。其中包括多种类型,是本章的学习重点。

● 形状：形状是样条线或 NURBS 曲线。其中包括多种类型,是本章的学习重点。

● 灯光：灯光可以照亮场景,并且可以增加其逼真感。灯光种类很多,可模拟现实世界中不同类型的灯光。

图3-16

- 摄影机 ：摄影机对象提供场景的视图，可以对摄影机位置设置动画。
- 辅助对象 ：辅助对象有助于构建场景。
- 空间扭曲对象 ：空间扭曲在围绕其他对象的空间中产生各种不同的扭曲效果。
- 系统 ：系统将对象、控制器和层次组合在一起，提供与某种行为关联的几何体。

在建模中常用的两个类型是【几何体】 和【形状】 ，如图3-17所示。

单击【创建】 ，再单击【几何体】 ，然后选择【标准基本体】，再单击 长方体 按钮，并在视图中按住鼠标左键拖曳，可以创建出一个长方体模型，如图3-18所示。

图3-17 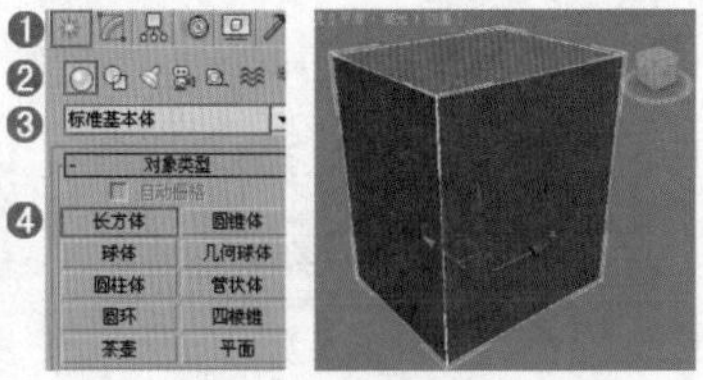　　　　　　　　图3-18

技巧提示

由此可见，创建一个长方体模型需要4个步骤，这也代表了4个级别。分别是【创建】、【几何体】、【标准基本体】和【茶壶】，了解了这些后，只需要记住这4个级别就会快速找到需要进行创建的对象。

3.2 创建几何基本体

【几何基本体】 一共包括14种对象子类别，分别为标准基本体、扩展基本体、复合对象、粒子系统、面片栅格、NURBS曲面、实体对象、门、窗、mental ray、AEC扩展、动力学对象、楼梯、VRay，如图3-19所示。

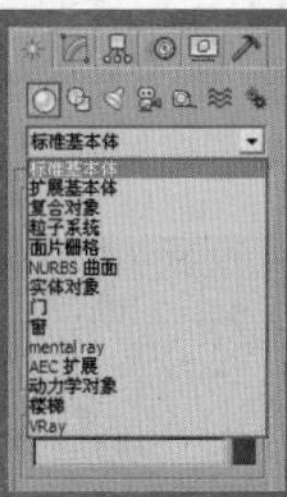

图3-19

3.2.1　标准基本体

标准基本体是3ds Max中自带的一些标准的模型，也是最常用的基本模型，如长方体、球体、圆柱体等。在3ds Max中，可以使用单个基本体对很多这样的对象建模。还可以将基本体结合到更复杂的对象中，并使用修改器进行进一步优化。如图3-20所示为标准基本体制作的作品。

标准基本体包含10种对象类型，分别是长方体、圆锥体、球体、几何球体、圆柱体、管状体、圆环、四棱锥、茶壶和平面，如图3-21所示。

图3-20　　　　　　　　图3-21

- 真实世界贴图大小：控制应用于该对象的纹理贴图材质所使用的缩放方法。

使用【长方体】工具可以快速创建出很多简易的模型，如书架等，如图3-23所示。

 1. 长方体

长方体是最常用的标准基本体。使用【长方体】工具可以制作长度、宽度、高度不同的长方体。长方体的参数比较简单，包括长度、高度、宽度以及相对应的分段，如图3-22所示。

- 长度、宽度、高度：设置长方体对象的长度、宽度和高度。默认值为0。
- 长度分段、宽度分段、高度分段：设置沿着对象每个轴的分段数量。在创建前后设置均可。
- 生成贴图坐标：生成将贴图材质应用于长方体的坐标。默认设置为选中状态。

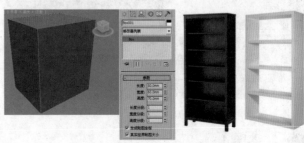

图3-22　　　　　　　　图3-23

小实例：利用长方体制作桌子

场景文件	无
案例文件	小实例：利用长方体制作桌子.max
视频教学	DVD/多媒体教学/Chapter 03/小实例：利用长方体制作桌子.flv
难易指数	★★★★★
建模方式	标准基本体建模
技术掌握	掌握【长方体】工具、【选择并移动】工具的运用

实例介绍

本例就来学习使用标准基本体下的【长方体】工具来完成模型的制作，最终渲染效果如图3-24所示。

图3-24

建模思路

01 使用长方体创建桌面模型。
02 使用长方体创建桌子腿模型。
桌子建模流程如图3-25所示。

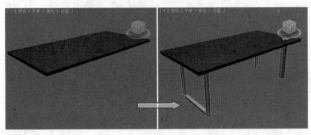

图3-25

操作步骤

Part 01 使用长方体创建桌面模型

❶ 启动3ds Max 2016中文版，选择菜单栏中的【自定义】|【单位设置】命令，弹出【单位设置】对话框，将【显示单位比例】和【系统单位比例】设置为【毫米】，如图3-26所示。

❷ 单击❈（创建）|〇（几何体）| **长方体** 按钮，在顶视图中拖曳并创建一个长方体，接着在【修改】面板中设置【长度】为380mm，【宽度】为800mm，【高度】为15mm，如图3-27所示。

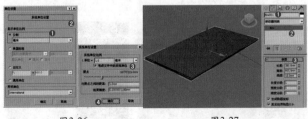

图3-26　　　　　　　　　　图3-27

🔘 2. 圆锥体

使用【圆锥体】工具可以创建直立或倒立的完整或部分圆形圆锥体，如图3-34所示。

Part 02 使用长方体创建桌子腿模型

❶ 接着使用【长方体】工具在顶视图中继续拖曳创建一个长方体，然后在【修改】面板中展开【参数】卷展栏，设置【长度】为18mm，【宽度】为18mm，【高度】为260mm，如图3-28所示。

❷ 选择上一步中创建的长方体，并使用【选择并移动】工具❈同时按住Shift键进行复制，在弹出的【克隆选项】对话框中选中【复制】单选按钮，此时场景效果如图3-29所示。

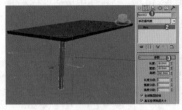

图3-28　　　　　　　　　　图3-29

❸ 继续使用【选择并移动】工具❈同时按住Shift键进行复制，然后使用【选择并旋转】工具〇将其旋转90°，此时场景的效果如图3-30所示。继续进行复制，如图3-31所示。

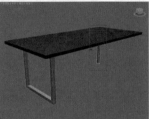

图3-30　　　　　　　　　　图3-31

❹ 使用【长方体】工具在顶视图中拖曳创建一个长方体，接着在【修改】面板中展开【参数】卷展栏，设置【长度】为50mm，【宽度】为10mm，【高度】为270mm，并将其旋转复制1份，使得这两个长方体交叉在一起，如图3-32所示。最终模型效果如图3-33所示。

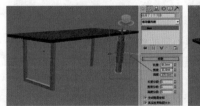

图3-32　　　　　　　　　　图3-33

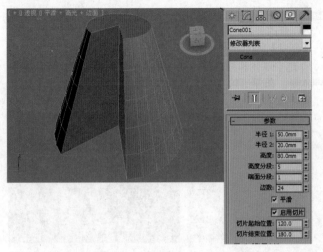

图3-34

- 半径1、半径2：设置圆锥体的第一个半径和第二个半径。两个半径的最小值都是0.0。如果输入负值，则系统会将其转换为0.0。可以组合这些设置以创建直立或倒立的尖顶圆锥体和平顶圆锥体。

- 高度：设置沿着中心轴的维度。负值将在构造平面下面创建圆锥体。

- 高度分段、端面分段：设置沿着圆锥体主轴的分段数、围绕圆锥体顶部和底部的中心的同心分段数。

- 边数：设置圆锥体周围边数。

- 平滑：混合圆锥体的面，从而在渲染视图中创建平滑的外观。

- 启用切片：启用切片功能。默认设置为取消选中状态。创建切片后，如果取消选中【启用切片】复选框，则将重新显示完整的圆锥体。

- 切片起始位置、切片结束位置：设置从局部 X 轴的零点开始围绕局部 Z 轴的度数。

- 生成贴图坐标：生成将贴图材质应用于圆锥体的坐标。默认设置为选中状态。

- 真实世界贴图大小：控制应用于该对象的纹理贴图材质所使用的缩放方法。

3．球体

使用【球体】工具可以制作完整的球体、半球体或球体的其他部分，还可以围绕球体的垂直轴对其进行切片修改，如图3-35所示。

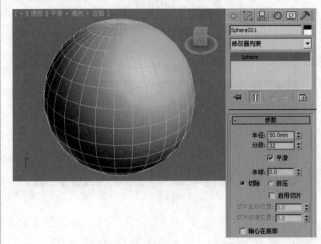

图3-35

- 半径：指定球体的半径。

- 分段：设置球体多边形分段的数目。

- 平滑：混合球体的面，从而在渲染视图中创建平滑的外观。

- 半球：过分增大该值将切断球体，如果从底部开始，将创建部分球体。

- 切除：通过在半球断开时将球体中的顶点和面切除来减少它们的数量。默认设置为选中状态。

- 挤压：保持原始球体中的顶点数和面数，将几何体向着球体的顶部挤压，直到体积越来越小。

- 启用切片：使用【从】和【到】切换可创建部分球体。

- 切片起始位置、切片结束位置：设置起始位置和停止位置。

- 轴心在底部：将球体沿着其局部 Z 轴向上移动，以便轴点位于其底部。

小实例：利用球体制作创意钟表

场景文件	无
案例文件	小实例：利用球体制作创意钟表.max
视频教学	DVD/多媒体教学/Chapter 03/小实例：利用球体制作创意钟表.flv
难易指数	★★★★★
建模方式	标准基本体建模
技术掌握	掌握【球体】工具、【切角圆柱体】工具的运用

实例介绍

本例来学习使用标准基本体下的【球体】工具、【切角圆柱体】工具来完成模型的制作，最终渲染效果如图3-36所示。

建模思路

01 使用球体和切角圆柱体制作表盘。

02 使用样条线制作指针。

创意闹钟建模流程如图3-37所示。

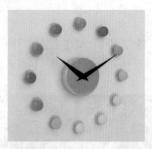

图3-36

图3-37

操作步骤

Part 01 使用球体和切角圆柱体制作表盘

❶ 启动3ds Max 2016中文版，在菜单栏中选择【自定义】|【单位设置】命令，弹出【单位设置】对话框，将【显示单位比例】和【系统单位比例】设置为【毫米】，如图3-38所示。

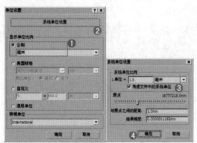

图3-38

❷ 单击 ■（创建）|○（几何体）| 扩展基本体 ▼ | 切角圆柱体 按钮，在顶视图中创建一个切角圆柱体，修改参数，设置【半径】为25mm，【高度】为16mm，【圆角】为2.5mm，【圆角分段】为3，【边数】为32，如图3-39所示。

❸ 激活顶视图，并创建一个球体，修改参数，设置【半径】为7mm，如图3-40所示。

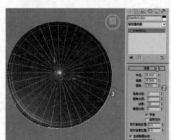

图3-39　　　　　　图3-40

❹ 继续在顶视图中创建一个圆锥体，将其放置在球体后方，修改参数，设置【半径1】为9mm，【半径2】为0mm，【高度】为6mm，【边数】为30，如图3-41所示。

❺ 选中球体和圆锥体，并选择菜单栏中的【组】|【成组】命令，在弹出的【组】对话框中将组命名为【整点】，如图3-42所示。

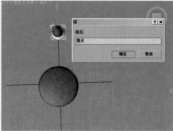

图3-41　　　　　　　　图3-42

❻ 选中上一步中的组，单击【层次】按钮 ■，并单击 仅影响轴 按钮，接着将轴心移动到切角圆柱体的中心，最后再次单击 仅影响轴 按钮，将其取消，如图3-43所示。

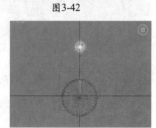

图3-43

❼ 单击【选择并旋转】工具 ■，单击【角度捕捉】工具 ■，并按住Shift键将该组旋转复制11个，如图3-44所示。此时模型效果如图3-45所示。

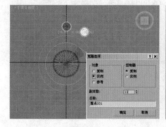

图3-44　　　　　　　图3-45

Part 02 使用样条线制作指针

❶ 使用【线】工具在顶视图中绘制如图3-46所示的图形，作为钟表的分针。

图3-46

3ds Max 2016 中文版+VRay 效果图制作从入门到精通

❷ 为上一步所绘制的图形加载【挤出】修改器，并设置【数量】为1mm。使用【选择并移动】工具 ✛ 同时按下Shift键复制一份，接着使用【选择并均匀缩放】工具 🔳 将其适当缩放，作为钟表的时针，如图3-47所示。

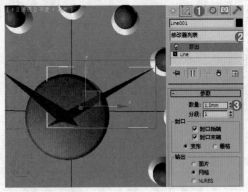

图3-47

❸ 最后使用【切角圆柱体】工具在顶视图中拖曳创建一个切角圆柱体。接着修改参数，设置【半径】为2mm，【高度】为0.5mm，【圆角】为0.13mm，【边数】为32，如图3-48所示。创意钟表最终建模效果如图3-49所示。

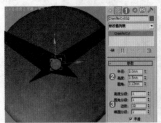 

图3-48   图3-49

🔶 4. 几何球体

使用【几何球体】工具可以创建三类规则多面体制作球体和半球，如图3-50所示。

- 🔵 半径：设置几何球体的大小。
- 🔵 分段：设置几何球体中的总面数。

小实例：利用圆柱体制作茶几

场景文件	无
案例文件	小实例：利用圆柱体制作茶几.max
视频教学	DVD/多媒体教学/Chapter 03/小实例：利用圆柱体制作茶几.flv
难易指数	
建模方式	标准基本体、样条线建模
技术掌握	掌握【圆柱体】工具、【选择并旋转】工具的运用

实例介绍

本例主要使用扩展基本体下的【圆柱体】工具来完成模型的制作，最终渲染效果如图3-52所示。

建模思路

01 使用圆柱体制作茶几桌面模型。

- 🔵 平滑：将平滑应用于球体的曲面。
- 🔵 半球：创建半个球体。

🔶 5. 圆柱体

使用【圆柱体】工具可以创建完整或部分圆柱体，还可以围绕其主轴进行切片修改，如图3-51所示。

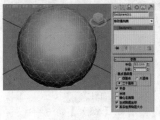 

图3-50   图3-51

- 🔵 半径：设置圆柱体的半径。
- 🔵 高度：设置沿着中心轴的维度。负数值将在构造平面下面创建圆柱体。
- 🔵 高度分段：设置沿着圆柱体主轴的分段数量。
- 🔵 端面分段：设置围绕圆柱体顶部和底部的中心的同心分段数量。
- 🔵 边数：设置圆柱体周围的边数。
- 🔵 平滑：将圆柱体的各个面混合在一起，从而在渲染视图中创建平滑的外观。

 技巧提示

由于每个标准基本体的参数中都会有重复的参数选项，而且这些参数的含义基本一样，如【启用切片】、【切片起始位置】、【切片结束位置】、【生成贴图坐标】、【真实世界贴图大小】等，在这里我们不再重复讲解。

02 使用线制作茶几腿模型。

图3-52

茶几建模流程如图3-53所示。

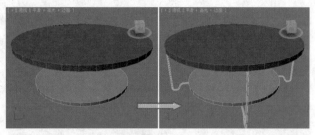

图3-53

操作步骤

Part 01 使用圆柱体制作茶几桌面模型

❶ 单击 ⚙（创建）｜ ◯（几何体）｜ 圆柱体 按钮，在顶视图中拖曳创建一个圆柱体，接着在【修改】面板中设置【半径】为300mm，【高度】为20mm，【高度分段】为1，【端面分段】为1，【边数】为36，如图3-54所示。

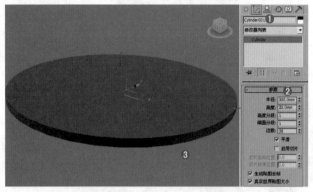

图3-54

❷ 继续使用【圆柱体】工具在顶视图中创建一个圆柱体，设置【半径】为220mm，【高度】为15mm，【高度分段】为1，【端面分段】为1，【边数】为36，如图3-55所示。

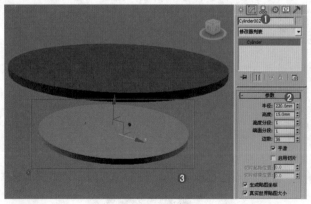

图3-55

Part 02 使用线制作茶几腿模型

❶ 使用【线】工具在前视图中绘制样条线，具体的尺寸可以参照前几步创建的圆柱体。此时模型效果如图3-56所示。

❷ 选择上一步创建的样条线，然后在【修改】面板选中【在渲染中启用】和【在视口中启用】复选框，接着选中【径向】单选按钮，并设置【厚度】为7mm，如图3-57所示。

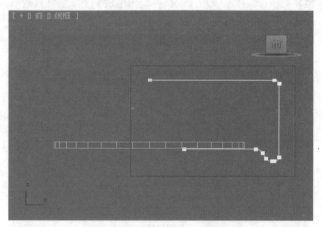

图3-56

图3-57

❸ 选中上一步修改的线，然后单击【层次】按钮 🔲，并单击 仅影响轴 按钮，接着将轴心移动到圆柱体的中心，最后再次单击 仅影响轴 按钮，将其取消，如图3-58所示。

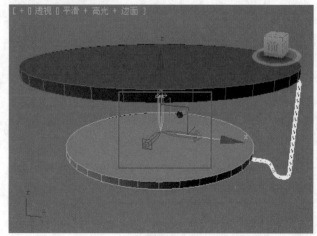

图3-58

3ds Max 2016 中文版+VRay 效果图制作从入门到精通

❹ 单击【选择并旋转】工具 ⟳ ，单击【角度捕捉】工具 ⟲ ，同时按住Shift键将该线旋转90度，并复制3份，如图3-59所示。模型最终效果如图3-60所示。

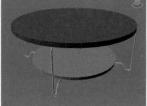

图3-59 　　　　　　图3-60

技巧提示

在这里使用【选择并旋转】工具 ⟳ ，单击【角度捕捉】工具 ⟲ ，同时按住Shift键将该线旋转90°，并复制3份，这样可以达到360°对称的效果。读者朋友可以按照以下公式来计算需要按多少度来进行旋转复制，以达到360°对称的效果：

复制个数＝[360÷（旋转度数）]-1

旋转角度＝360÷[（复制个数）+1]

6．管状体

使用【管状体】工具可以创建圆形和棱柱管道。管状体类似于中空的圆柱体，如图3-61所示。

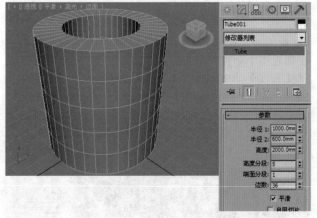

图3-61

- 半径1、半径2：较大的设置将指定管状体的外部半径，而较小的设置则指定内部半径。
- 高度：设置沿着中心轴的维度。负数值将在构造平面下面创建管状体。
- 高度分段：设置沿着管状体主轴的分段数量。
- 端面分段：设置围绕管状体顶部和底部的中心的同心分段数量。
- 边数：设置管状体周围边数。

7．圆环

使用【圆环】工具可以创建一个圆环或具有圆形横截面的环。可以将【平滑】选项与【旋转】和【扭曲】设置组合使用，以创建复杂的变体，如图3-62所示。

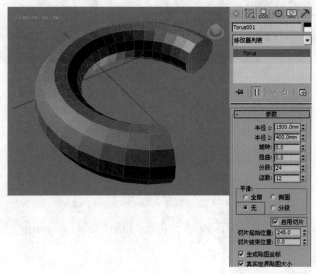

图3-62

- 半径1：设置从环形的中心到横截面圆形的中心的距离。这是环形环的半径。
- 半径2：设置横截面圆形的半径。每当创建环形时就会替换该值。默认设置为10。
- 旋转、扭曲：设置旋转、扭曲的度数。
- 分段：设置围绕环形的分段数目。
- 边数：设置环形横截面圆形的边数。

8．四棱锥

使用【四棱锥】工具可以创建底部为方形或矩形、侧面为三角形的物体，如图3-63所示。

- 宽度、深度、高度：设置四棱锥对应面的维度。
- 宽度分段、深度分段、高度分段：设置四棱锥对应面的分段数。

9．壶

茶壶在室内场景中是经常使用到的一种物体。使用【茶壶】工具可以方便快捷地创建出一个精度较低的茶壶，但是其参数可以在【修改】面板中进行修改，如图3-64所示。

10．平面

使用【平面】工具可以创建平面多边形网格，可在渲染时无限放大，如图3-65所示。

- 长度、宽度：设置平面对象的长度和宽度。
- 长度分段、宽度分段：设置沿着对象每个轴的分段数量。

● 渲染倍增：指定长度和宽度在渲染时的倍增因子。将从中心向外执行缩放。

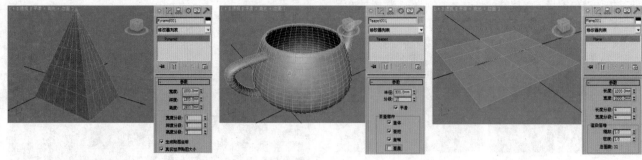

图3-63　　　　　　　　　　　图3-64　　　　　　　　　　　图3-65

综合实例：利用标准基本体制作台灯

场景文件	无
案例文件	综合实例：利用标准基本体制作台灯.max
视频教学	DVD/多媒体教学/Chapter 03/综合实例：利用标准基本体制作台灯.flv
难易指数	★★★★★
建模方式	标准基本体、修改器建模
技术掌握	掌握【长方体】、【管状体】、【圆环】、【球体】工具以及FFD修改器的运用

实例介绍

本例主要使用【长方体】、【球体】、【管状体】、【圆环】、【球体】工具来完成模型的制作，最终渲染效果如图3-66所示。

图3-66

建模思路

01 使用长方体、球体制作灯座模型。

02 使用管状体、圆环制作灯罩模型。
台灯建模流程如图3-67所示。

图3-67

操作步骤

Part 01 使用长方体制作灯座模型

❶ 单击 （创建） | （几何体） | **长方体** 按钮，在顶视图中创建一个长方体，接着在【修改】面板中设置【长度】为90mm，【宽度】为90mm，【高度】为9mm，如图3-68所示。

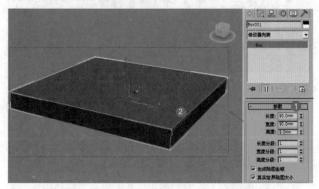

图3-68

❷ 在顶视图中创建一个长方体，接着在【修改】面板中设置【长度】为40mm，【宽度】为40mm，【高度】为6mm，如图3-69所示。

3ds Max 2016 中文版+VRay 效果图制作从入门到精通

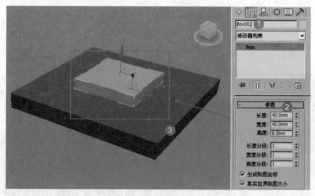

图3-69

❸ 使用【选择并旋转】工具 🔄 将上一步创建的长方体旋转复制一份，接着使用【选择并移动】工具 ✥ 将长方体拖曳到如图3-70所示的位置。

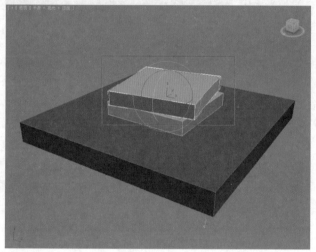

图3-70

❹ 继续使用【选择并移动】工具 ✥ 重复以上操作，此时模型效果如图3-71所示。

❺ 单击 ▓ （创建）｜ ◎ （几何体）｜ 球体 按钮，在顶视图中创建球体，并设置【半径】为12mm，【分段】为32，如图3-72所示。

图3-71   图3-72

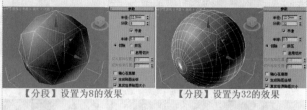

技巧提示

为了使球体变得更加平滑，可以将球体参数中的【分段】增大，在这里我们将其设置为32，效果会非常好。如图3-73所示为当【分段】分别设置为8和32的对比效果。

【分段】设置为8的效果   【分段】设置为32的效果

图3-73

Part 02 使用管状体、圆环制作灯罩模型

❶ 单击 ▓ （创建）｜ ◎ （几何体）｜ 管状体 按钮，在顶视图中创建一个管状体，设置【半径1】为100mm，【半径2】为99mm，【高度】为90mm，【高度分段】为1，【端面分段】为1，【边数】为36，如图3-74所示。

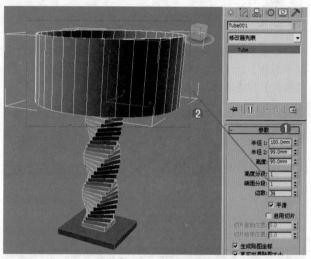

图3-74

❷ 选择刚创建的管状体，接着在【修改】面板中加载【FFD 2×2×2】命令修改器，并进入【控制点】级别，选择控制点，最后使用【选择并均匀缩放】工具 ▓ ，沿X轴和Y轴向内进行缩放，调节后的效果如图3-75所示。

图3-75

❸ 单击 ▓ （创建）｜ ◎ （几何体）｜ 圆环 按钮，在顶视图中创建一个圆环，设置【半径1】为99mm，【半径2】为1mm，【旋转】为0，【扭曲】为0，【分段】为36，【边数】为12，如图3-76所示。

第 3 章　几何体建模

53

❹ 在顶视图中再创建一个圆环，设置【半径1】为86mm，【半径2】为1mm，【旋转】为0，【扭曲】为0，【分段】为36，【边数】为12，如图3-77所示。

❺ 最终模型效果如图3-78所示。

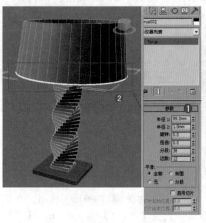

图3-76

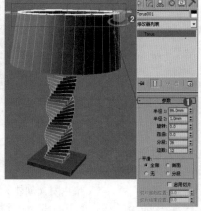

图3-77

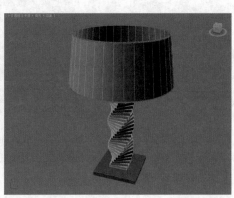

图3-78

3.2.2 扩展基本体

扩展基本体是3ds Max复杂基本体的集合。其中包括13种对象类型，分别是【异面体】、【环形结】、【切角长方体】、【切角圆柱体】、【油罐】、【胶囊】、【纺锤】、L-Ext、【球棱柱】、C-Ext、【环形波】、【棱柱】和【软管】，如图3-79所示。

图3-79

1. 异面体

使用【异面体】工具可以创建出多面体的对象，如图3-80所示。

◉ 【系列】选项组：使用该选项组可选择要创建的多面体的类型。

◉ 【系列参数】选项组：为多面体顶点和面之间提供两种方式变换的关联参数。

◉ 【轴向比率】选项组：控制多面体一个面反射的轴。

使用异面体可以快速创建出很多复杂的模型，如水晶、饰品等，如图3-81所示。

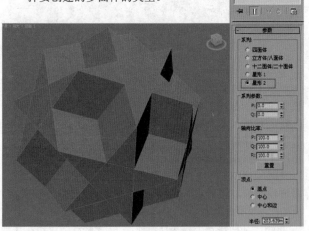

图3-80

图3-81

3ds Max 2016 中文版+VRay 效果图制作从入门到精通

小实例：利用异面体制作珠帘

场景文件	无
案例文件	小实例：利用异面体制作珠帘.max
视频教学	DVD/多媒体教学/Chapter 03/小实例：利用异面体制作珠帘.flv
难易指数	★★★★★
建模方式	扩展基本体建模
技术掌握	掌握【异面体】工具、【选择并移动】工具的运用

实例介绍

本例主要使用扩展基本体下的【异面体】工具来完成模型的制作，最终渲染效果如图3-82所示。

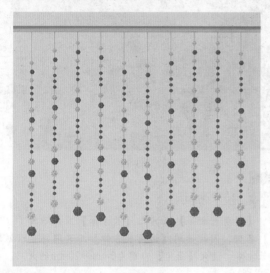

图3-82

建模思路

01 使用异面体制作一串珠帘。

02 使用异面体制作剩余珠帘。

珠帘建模流程如图3-83所示。

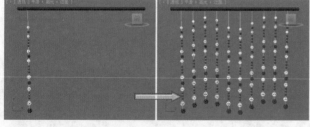

图3-83

操作步骤

Part 01 使用异面体制作一串珠帘

❶ 单击 （创建）| （几何体）| 扩展基本体 |切角圆柱体 按钮，在前视图中创建一个切角圆柱体，修改参数，设置【半径】为5mm，【高度】为400mm，【圆角】为2mm，如图3-84所示。

❷ 在前视图中创建一个异面体，设置【系列】为【星形2】，【半径】为4mm，如图3-85所示。

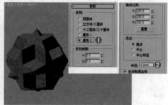

图3-84　　　　　　　　　　　图3-85

❸ 激活前视图，并选择上一步中创建的异面体，然后使用【选择并移动】工具 ，并按住Shift键进行复制，最后设置【副本数】为3，如图3-86所示。

❹ 继续使用【选择并移动】工具 ，并按住Shift键进行复制，并修改参数，依次增大其半径，此时模型效果如图3-87所示。

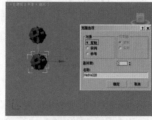
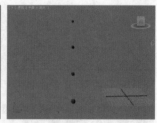

图3-86　　　　　　　　　　　图3-87

❺ 继续使用【异面体】工具创建一些异面体，将其摆放成如图3-88所示的形状。

❻ 使用【切角圆柱体】工具创建一个切角圆柱体，作为吊线。设置【半径】为0.5mm，【高度】为310mm，【圆角】为0.5mm，如图3-89所示。

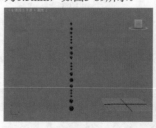
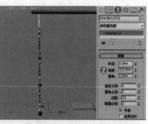

图3-88　　　　　　　　　　　图3-89

❼ 选择场景中较小的异面体，单击 选择了7个对象 按钮，并在弹出的【对象颜色】对话框中选择白色，如图3-90所示。

图3-90

技巧提示

为了操作时看起来较为清晰，可以使用上面的方法任意修改模型的颜色，但是该方法仅限于修改从创建面板中创建的物体，而对于经过编辑的物体（如进行过可编辑多边形的物体）是无效的。对于后者，利用该方法仅能修改模型外框的颜色，若需要修改其模型颜色，可以通过材质编辑器调节。

8 选择所有异面体，选择【组】|【成组】命令，并在弹出的【组】对话框中将其命名为【帘1】，如图3-91所示。

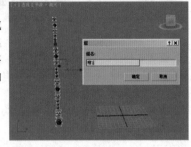

图3-91

Part 02 使用异面体制作剩余珠帘

选择上一步中的组，使用【选择并移动】工具❖，并按住Shift键复制9份，如图3-92所示。为了效果美观，适当调整其位置，最终模型效果如图3-93所示。

 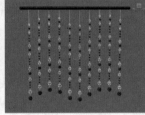

图3-92   图3-93

2. 切角长方体

使用【切角长方体】工具可以创建具有倒角或圆形边的长方体，如图3-94所示。

- 圆角：用来控制切角长方体边上的圆角效果。
- 圆角分段：设置长方体圆角边时的分段数。

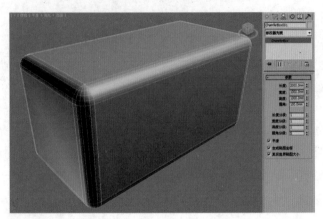

图3-94

技巧提示

【切角长方体】工具比【长方体】工具增加了【圆角】参数，因此使用【切角长方体】工具同样可以创建出长方体。设置【圆角】分别为0mm和20mm的效果，如图3-95所示。

图3-95

小实例：利用切角长方体制作简约餐桌

场景文件	无
案例文件	小实例：利用切角长方体制作简约餐桌.max
视频教学	DVD/多媒体教学/Chapter 03/小实例：利用切角长方体制作简约餐桌.flv
难易指数	★★★★★
建模方式	扩展基本体建模
技术掌握	掌握【切角长方体】工具、【选择并移动】工具的运用

实例介绍

本例主要使用扩展基本体下的【长方体】工具来完成模型的制作，最终渲染效果如图3-96所示。

建模思路

01 使用切角长方体制作简约餐桌桌面。

02 使用切角长方体制作简约餐桌剩余部分。简约餐桌建模流程如图3-97所示。

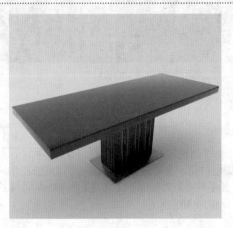

图3-96

3ds Max 2016 中文版+VRay 效果图制作从入门到精通

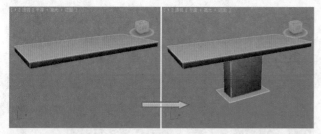

图3-97

操作步骤

Part 01 使用切角长方体制作简约餐桌桌面

❶ 单击 ▪（创建）| ▣（几何体）| 扩展基本体 ▼ |
切角长方体 按钮，在顶视图中创建一个切角长方体，接着在【修
改】面板中设置【长度】为600mm，【宽度】为1500mm，【高
度】为48mm，【圆角】为2mm，如图3-98所示。

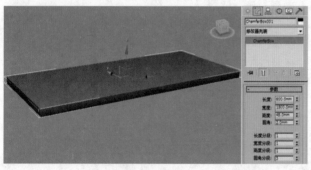

图3-98

❷ 再次在顶视图中创建一个切角长方体，接着在【修改】
面板中设置【长度】为598mm，【宽度】为1500mm，【高
度】为5mm，【圆角】为0.5mm，如图3-99所示。

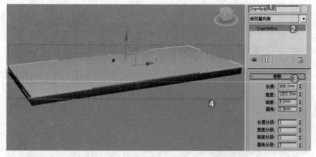

图3-99

Part 02 使用切角长方体制作简约餐桌剩余部分

❶ 在顶视图中创建一个切角长方体，设置【长度】为
180mm，【宽度】为420mm，【高度】为500mm，【圆
角】为1mm，如图3-100所示。

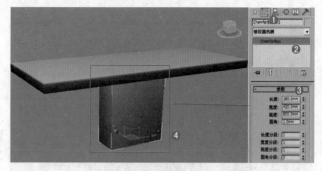

图3-100

❷ 在顶视图中创建一个切角长方体，设置【长度】为
350mm，【宽度】为550mm，【高度】为6mm，【圆角】
为0.8mm，如图3-101所示。简约方桌的最终模型如图3-102
所示。

图3-101

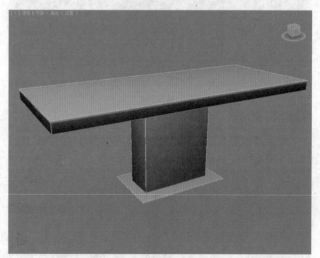

图3-102

3．切角圆柱体

使用【切角圆柱体】工具可以创建具有倒角或圆形封口
边的圆柱体，如图3-103所示。

● 圆角：斜切切角圆柱体的顶部和底部封口边。

● 圆角分段：设置圆柱体圆角边时的分段数。

图3-103

4. 油罐

使用【油罐】工具可以创建带有凸面封口的圆柱体,如图3-104所示。

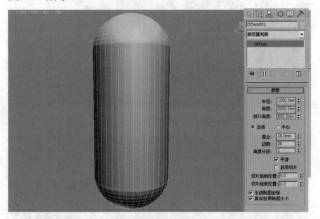

图3-104

5. 胶囊

使用【胶囊】工具可以创建带有半球状封口的圆柱体。如图3-105所示。

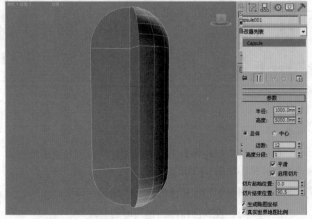

图3-105

6. 纺锤

使用【纺锤】工具可以创建带有圆锥形封口的圆柱体,如图3-106所示。

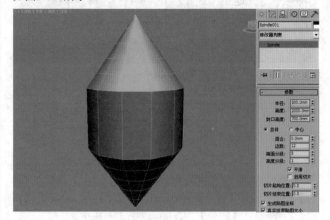

图3-106

- 半径:设置纺锤的半径。
- 高度:设置沿着中心轴的维度。
- 封口高度:设置凸面封口的高度。
- 总体/中心:决定【高度】值指定的内容。
- 混合:大于 0 时将在封口的边缘创建倒角。
- 边数:设置纺锤周围的边数。
- 高度分段:设置沿着纺锤主轴的分段数量。

7. L-Ext

使用L-Ext工具可以创建挤出的 L 形对象,如图3-107所示。

- 侧面/前面长度:指定L每个脚的长度。
- 侧面/前面宽度:指定L每个脚的宽度。
- 侧面/前面分段:指定该对象特定脚的分段数。
- 宽度/高度分段:指定整个宽度和高度的分段数。

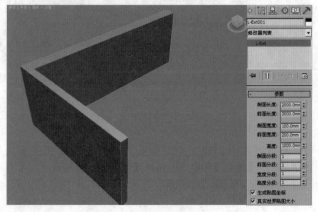

图3-107

8.球棱柱

使用【球棱柱】工具可以创建由圆角面边挤出的规则面多边形,如图3-108所示。

图3-108

9.C-Ext

使用C-Ext工具可以创建挤出的C形对象,如图3-109所示。

- 背面/侧面/前面长度:分别指定3个侧面的长度。
- 背面/侧面/前面宽度:分别指定3个侧面的宽度。
- 高度:指定对象的总体高度。
- 背面/侧面/前面分段:指定对象特定侧面的分段数。
- 宽度/高度分段:设置该分段以指定对象的整个宽度和高度的分段数。

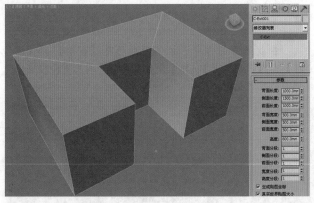

图3-109

10.棱柱

使用【棱柱】工具可以创建带有独立分段面的三面棱柱,如图3-110所示。

- 侧面n长度:设置三角形对应面的长度(以及三角形的角度)。
- 高度:设置棱柱体中心轴的维度。
- 侧面n分段:指定棱柱体每个侧面的分段数。
- 高度分段:设置沿着棱柱体主轴的分段数量。

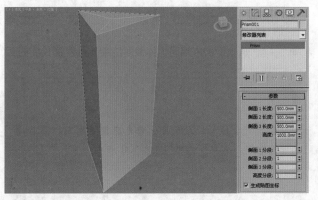

图3-110

11.软管

使用【软管】工具可以创建类似管状结构的模型,如图3-111所示。

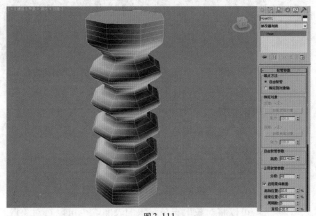

图3-111

❶ 端点方法

- 自由软管:如果只是将软管作为一个简单的对象,而不绑定到其他对象,则需要选中该单选按钮。
- 绑定到对象轴:如果要把软管绑定到对象中,则需要选中该单选按钮。

❷ 绑定对象

- 顶部/底部(标签):显示顶部/底部绑定对象的名称。
- 拾取顶部对象:单击该按钮,然后选择顶对象。
- 张力:确定当软管靠近底部对象时顶部对象附近的软管曲线的张力。

❸ 自由软管参数

- 高度:用于设置软管未绑定时的垂直高度或长度。

❹ 公用软管参数

- 分段:软管长度中的总分段数。
- 启用柔体截面:如果选中该复选框,则可以为软管的中心柔体截面设置下面的4个参数。

- 起始位置：从软管的始端到柔体截面开始处占软管长度的百分比。
- 末端：从软管的末端到柔体截面结束处占软管长度的百分比。

技巧提示

要设置合适的分段数目，首先应设置周期，然后增大分段数目，直到可见周期停止变化为止。

- 周期数：柔体截面中的起伏数目。可见周期的数目受限于分段的数目。
- 直径：周期【外部】的相对宽度。

❺ 软管形状

- 圆形软管：设置为圆形的横截面。
- 长方形软管：可指定不同的宽度和深度设置。
- D 截面软管：与矩形软管类似，但一个边呈圆形，形成 D 形状的横截面。

3.3 创建复合对象

复合对象通常将两个或多个现有对象组合成单个对象，并可以非常快速地制作出很多特殊的模型，若使用其他建模方法可能会花费更多的时间。复合对象包含12种类型，分别是【变形】、【散布】、【一致】、【连接】、【水滴网格】、【图形合并】、【布尔】、【地形】、【放样】、【网格化】、ProBoolean和ProCutter，如图3-112所示。

图3-112

- 变形：可以通过两个或多个物体间的形状来制作动画。
- 一致：可以将一个物体的顶点投射到另一个物体上，使被投射的物体产生变形。
- 水滴网格：水滴网格是一种实体球，它将近距离的水滴网格融合到一起，用来模拟液体。
- 布尔：运用布尔运算方法对物体进行运算。
- 放样：可以将二维的图形转化为三维物体。
- 散布：可以将对象散布在对象的表面，也可以将对象散布在指定的物体上。
- 连接：可以将两个物体连接成一个物体，同时也可以通过参数来控制这个物体的形状。
- 图形合并：可以将二维造型融合到三维网格物体上，还可以通过不同的参数来切掉三维网格物体的内部或外部对象。

- 地形：可以将一个或多个二维图形变成一个平面。
- 网格化：一般情况下都配合粒子系统一起使用。
- ProBoolean：可以将大量功能添加到传统的3ds Max布尔对象中。
- ProCutter：可以执行特殊的布尔运算，主要目的是分裂或细分体积。

技巧提示

在效果图制作中，最常用到的是【布尔】、【放样】、【图形合并】3种复合对象类型，因此下面将重点讲解这几种类型。

3.3.1 图形合并

使用【图形合并】工具可以创建包含网格对象和一个或多个图形的复合对象。这些图形嵌入在网格中（将更改边与面的模式），或从网格中消失。可以快速制作出物体表面带有花纹的效果，如图3-113所示，参数面板如图3-114所示。

- 拾取图形：单击该按钮，然后单击要嵌入网格对象中的图形。
- 参考/复制/移动/实例：指定如何将图形传输到复合对象中。

图3-113

图3-114

● 【操作对象】列表：在复合对象中列出所有操作对象。

● 删除图形：从复合对象中删除选中的图形。

● 提取操作对象：提取选中操作对象的副本或实例。在列表中选择操作对象时此按钮可用。

● 实例/复制：指定如何提取操作对象。可以作为实例或副本进行提取。

● 饼切：切去网格对象曲面外部的图形。

● 合并：将图形与网格对象曲面合并。

● 反转：切换【饼切】和【合并】效果。

● 更新：当选中除【始终】单选按钮之外的任一选项时更新显示。

3.3.2 布尔

使用【布尔】工具可以通过对两个以上的物体进行并集、差集、交集运算，从而得到新的物体形态。系统提供了5种布尔运算方式，分别是【并集】、【交集】、【差集（A-B）】、【差集（B-A）】和【切割】。

单击 布尔 按钮可以展开【布尔】工具的参数设置面板，如图3-115所示。

图3-115

● 拾取操作对象B：单击该按钮，可以在场景中选择另一个运算物体来完成布尔运算。以下4个选项用来控制运算对象B的属性，必须在拾取运算对象B之前确定采用哪种类型。

　● 参考：将原始对象的参考复制品作为运算对象B，在以后改变原始对象，同时也会改变布尔物体中的运算对象B，但改变运算对象B时，不会改变原始对象。

　● 复制：复制一个原始对象作为运算对象B，而不改变原始对象（当原始对象还要用在其他地方时采用这种方式）。

　● 移动：将原始对象直接作为运算对象B，而原始对象本身不再存在（当原始对象无其他用途时采用这种方式）。

　● 实例：将原始对象的关联复制品作为运算对象B，在以后对两者的任意一个对象进行修改时都会影响另一个。

● 操作对象：主要用来显示当前运算对象的名称。

● 操作：该选项组用于指定采用何种方式来进行布尔运算，共有以下5种。

　● 并集：将两个对象合并，相交的部分将被删除，运算完成后两个物体将合并为一个物体。

　● 交集：将两个对象相交的部分保留下来，删除不相交的部分。

　● 差集（A-B）：在A物体中减去与B物体重合的部分。

　● 差集（B-A）：在B物体中减去与A物体重合的部分。

● 切割：用B物体切除A物体，但不在A物体上添加B物体的任何部分，共有【优化】、【分割】、【移除内部】和【移除外部】4个选项。【优化】是在A物体上沿着B物体与A物体相交的面来增加顶点和边数，以优化A物体的表面；【分割】是在B物体上切割A物体的部分边缘，并且会增加一排顶点，利用这种方法可以根据其他物体的外形将一个物体分成两部分；【移除内部】是删除A物体在B物体内部的所有片段面；【移除外部】是删除A物体在B物体外部的所有片段面。

● 显示：该选项组中的参数用来决定是否在视图中显示布尔运算的结果。

● 更新：该选项组中的参数用来决定何时进行重新计算并显示布尔运算的结果。

　● 始终：每一次操作后都立即显示布尔运算的结果。

　● 渲染时：只有在最后渲染时才重新计算更新效果。

　● 手动：选中该单选按钮可以激活下面的 更新按钮。

　● 更新：当需要观察更新效果时，可以单击该按钮，系统将会重新进行计算。

技巧提示

在使用【布尔】工具时，一定要注意操作步骤，因为布尔运算极易出现错误，而且一旦执行布尔操作后，对模型修改非常不利，因此不推荐经常使用【布尔】工具。若需要使用【布尔】工具时，需将模型制作到一定精度，并确定模型不再修改时再进行操作。同时【布尔】工具与ProBoolean工具十分类似，而且ProBoolean工具的布线要比【布尔】工具好很多，在这里我们不重复进行讲解。

 读书笔记

小实例：利用布尔运算制作创意书桌

场景文件	无
案例文件	小实例：利用布尔运算制作创意书桌.max
视频教学	DVD/多媒体教学/Chapter 03/小实例：利用布尔运算制作创意书桌.flv
难易指数	★★★★★
建模方式	基本体建模
技术掌握	掌握【布尔】工具的应用

实例介绍

本例主要使用布尔运算来完成模型的制作，最终渲染效果如图3-116所示。

图3-116

建模思路

- 使用布尔运算制作桌面。
- 使用圆柱体制作桌子腿。

创意书桌建模流程如图3-117所示。

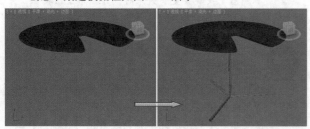

图3-117

操作步骤

Part 01 ▷ 使用布尔运算制作桌面

❶ 单击 ■（创建）|〇（几何体）|【扩展基本体】▼ |
【切角圆柱体】按钮，在顶视图中创建一个切角圆柱体，设置
【半径】为100mm，【高度】为2mm，【圆角】为1mm，
【圆角分段】为5，【边数】为36，如图3-118所示。

❷ 使用【线】工具在顶视图中绘制如图3-119所示闭合的图
形。选择绘制出的图形，然后在【修改】面板中加载【挤

出】命令修改器，并设置【数量】为6mm，如图3-120所示。

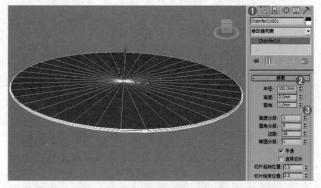

图3-118

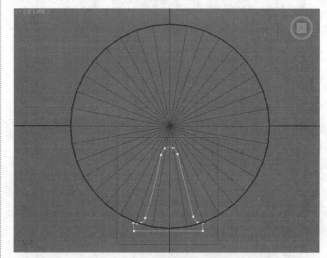

图3-119

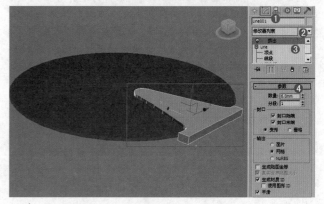

图3-120

❸ 选择切角圆柱体，单击 ■（创建）|〇（几何体）|
【复合对象】|【布尔】按钮，然后选中【差集（A-B）】
单选按钮，接着单击【拾取操作对象B】按钮，最后单击上一步中创
建的线，如图3-121所示。

❹ 执行布尔运算后的效果如图3-122所示。

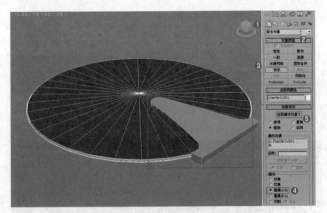

图3-121

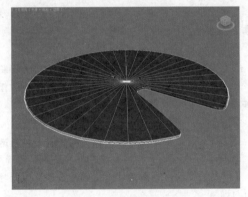

图3-122

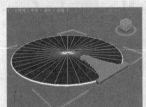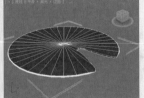 技巧提示

为了制作出上下完全通透、被抠除的效果，因此物体的位置必须要设置好。如图3-123所示为当线完全穿透切角圆柱体时产生的布尔运算效果。

如图3-124所示为当线部分穿透切角圆柱体时，产生的【布尔】运算效果。

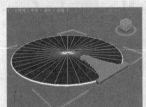

图3-123

图3-124

Part 02 使用圆柱体制作桌子腿

❶ 使用【圆柱体】工具创建一个圆柱体，将其移动到切角圆柱体的中心，作为书桌的支架。修改参数，设置【半径】为3mm，【高度】为 - 130mm，【高度分段】为1，如图3-125所示。

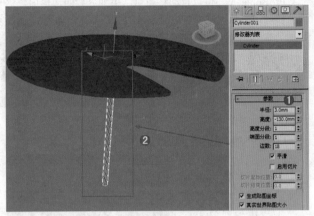

图3-125

❷ 继续在前视图中创建3个圆柱体，将其作为书桌的腿。设置【半径】为3mm，【高度】为80mm，【高度分段】为1，如图3-126所示。

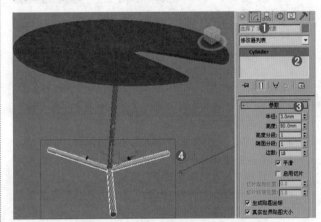

图3-126

❸ 创意书桌最终模型效果如图3-127所示。

图3-127

3.3.3 ProBoolean

ProBoolean工具通过对两个或多个其他对象执行超级布尔运算将它们组合起来。ProBoolean 将大量功能添加到传统的3ds Max布尔对象中（超级布尔），如每次使用不同的布尔运算，立刻组合多个对象的能力。这种计算方式比传统的布尔运算方式要好的多。具体步骤如图3-128所示。

ProBoolean 还可以自动将布尔结果细分为四边形面，这有助于将网格平滑和涡轮平滑。同时还可以从布尔对象中的多边形上移除边，从而减少多边形数目的边百分比，如图3-129所示。

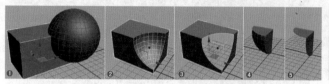

图3-128

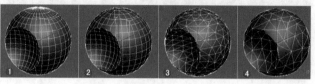

图3-129

ProBoolean工具的参数面板如图3-130所示。

● **开始拾取**：单击此按钮，然后依次单击要传输至布尔对象的每个运算对象。在拾取每个运算对象之前，可以更改【参考/复制/移动/实例】选择、【运算】选项和【应用材质】选项。

图3-130

● **运算**：这些设置确定布尔运算对象实际如何交互。
  ● 并集：将两个或多个单独的实体组合到单个布尔对象中。
  ● 交集：从原始对象之间的物理交集中创建一个"新"对象，移除未相交的体积。
  ● 差集：从原始对象中移除选定对象的体积。
  ● 合集：将对象组合到单个对象中，而不移除任何几何体。在相交对象的位置创建新边。
  ● 附加：将两个或多个单独的实体合并成单个布尔型对象，而不更改各实体的拓扑。
  ● 插入：先从第一个操作对象减去第二个操作对象的边界体积，然后再组合这两个对象。
  ● 切面：切割原始网格图形的面，只影响这些面。

  ● 盖印：将图形轮廓（或相交边）打印到原始网格对象上。
● **显示**：可以选择显示的模式。
  ● 结果：只显示布尔运算而非单个运算对象的结果。
  ● 运算对象：定义布尔结果的运算对象。使用该模式编辑运算对象并修改结果。
● **应用材质**：可以选择一个材质的应用模式。
  ● 运算对象材质应用：布尔运算产生的新面获取运算对象的材质。
  ● 保留原始材质：布尔运算产生的新面保留原始对象的材质。
● **子对象运算**：这些函数对在层次视图列表中高亮显示的运算对象进行运算。
  ● 提取所选对象：根据选中的单选按钮，有3种模式，分别为【移除】、【复制】和【实例】。
  ● 重排运算对象：在层次视图列表中更改高亮显示的运算对象的顺序。
  ● 更改运算：为高亮显示的运算对象更改运算类型。
● **更新**：这些选项确定在进行更改后，何时在布尔对象上执行更新。可以选择【始终】、【手动】、【仅限选定时】和【仅限渲染时】等方式。
● **四边形镶嵌**：这些选项启用布尔对象的四边形镶嵌。
● **移除平面上的边**：此选项确定如何处理平面上的多边形。

小实例：利用ProBoolean制作电脑桌

场景文件	无
案例文件	小实例：利用ProBoolean制作电脑桌.max
视频教学	DVD/多媒体教学/Chapter 03小实例：利用ProBoolean制作电脑桌.flv
难易指数	★★★★★
建模方式	标准基本体建模、扩展基本体建模
技术掌握	掌握【样条线】工具，ProBoolean工具的运用

实例介绍

本例主要使用ProBoolean工具来完成模型的制作，最终渲染效果如图3-131所示。

图3-131

建模思路

01 使用【线】工具、【挤出】修改器和【圆柱体】工具
制作电脑桌的支架部分。

02 使用【弧】工具、【挤出】修改器和ProBoolean工具
制作电脑桌模型。

电脑桌建模流程如图3-132所示。

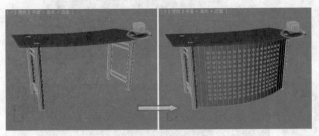

图3-132

操作步骤

Part 01 使用【线】工具、【挤出】修改器和
【圆柱体】工具制作电脑桌的支架部分

❶ 单击 ▣ （创建）｜ ◯ （几何体）｜ 样条线 ▢ ｜
线 按钮，在顶视图中绘制电脑桌桌面的形状，如
图3-133所示。

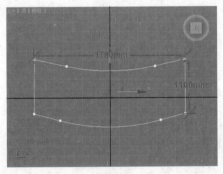

图3-133

❷ 选中上一步绘制的形状线，对其加载【挤出】修改器，
修改参数，设置【数量】为12mm，如图3-134所示。接着为
其加载【编辑多边形】修改器，进入 ◿ （边）级别，单击
【切角】按钮后面的设置按钮，并设置【数量】为3mm，
【分段】为3，如图3-135所示。

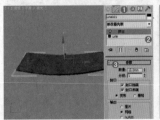

图3-134

图3-135

❸ 在顶视图中创建一个切角圆柱体，作为电脑桌腿。修改
参数，设置【半径】为35mm，【高度】为800mm，【圆
角】为3mm，如图3-136所示。

❹ 激活顶视图，确认上一步创建的切角圆柱体处于选择状
态，使用【选择并移动】工具 ✛ 并按住Shift键移动复制3
份，如图3-137所示。

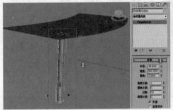

图3-136

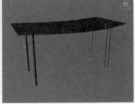

图3-137

❺ 继续创建切角圆柱体，修改参数，设置【半径】为
10mm，【高度】为480mm，【圆角】为2mm，如图3-138
所示。

❻ 将上一步创建的【切角圆柱体】复制7个，并分别放置到
合适的位置，如图3-139所示。

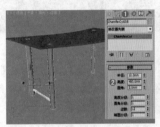

图3-138

图3-139

Part 02 使用【弧】工具、【挤出】修改器和
ProBoolean工具制作电脑桌模型

❶ 单击 ▣ （创建）｜ ◯ （几何体）｜ 样条线 ▢ ｜
弧 按钮，在顶视图绘制如图3-140所示的弧形。设置
【半径】为1300mm，【从】为240mm，【到】为300mm，
如图3-141所示。

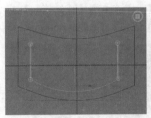

图3-140

图3-141

❷ 选择上一步中创建的弧，并为其加载【编辑样条线】修
改器，进入 ⌒ （样条线）级别，并选择如图3-142所示的样
条线，接着在 轮廓 按钮后面的数值框中输入8mm，最后
按Enter键确定。此时的弧形效果如图3-143所示。

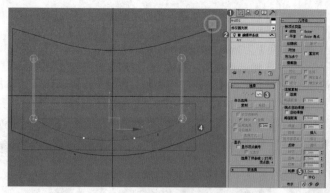
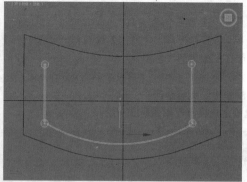

图3-142   图3-143

❸ 选择上一步中创建的弧形，如图3-144所示，为其加载【挤出】修改器，修改参数，设置【数量】为760mm，如图3-145所示。

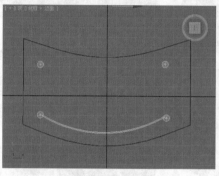
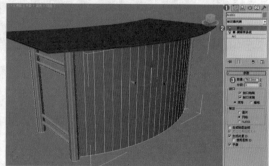

图3-144   图3-145

❹ 在前视图中创建一个圆柱体，并设置【半径】为15mm，【高度】为500mm，如图3-146所示。

❺ 使用【选择并移动】工具 ，并按住Shift键复制若干个，然后选择所有复制出的圆柱体，进入【工具】面板 ⤢，然后单击 塌陷 按钮，最后单击 塌陷选定对象 按钮，如图3-147所示。

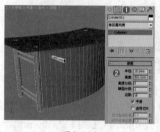

图3-146   图3-147

❻ 将弧选中，单击 ➕ （创建）| ◎ （几何体）| 复合对象 | ProBoolean 按钮，接着单击【开始拾取】按钮，最后单击上一步中塌陷过的圆柱体，如图3-148所示。

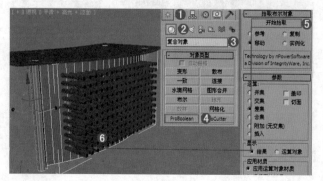

图3-148

技巧提示

在这里对复制出的所有圆柱体执行塌陷操作，其目的是使得这些圆柱体变为一个物体，这样在后面执行Pro-Boolean操作时会非常方便。若不执行塌陷操作，在后面操作时只能一次次地执行ProBoolean操作。

❼ 执行ProBoolean命令后的效果如图3-149所示。

❽ 电脑桌最终建模效果如图3-150所示。

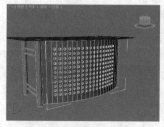

图3-149   图3-150

3.3.4 放样

放样对象是沿着第三个轴挤出的二维图形。从两个或多个现有样条线对象中创建放样对象，这些样条线之一会作为路径，其余的样条线会作为放样对象的横截面或图形。沿着路径排列图形时，3ds Max 会在图形之间生成曲面。放样是一种特殊的建模方法，能快速地创建出多种模型，如画框、石膏线、吊顶、踢脚线等，其参数设置面板如图3-151所示。

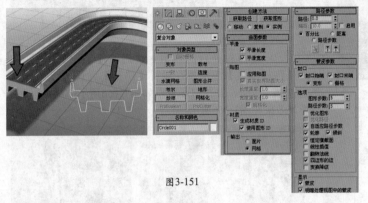

图3-151

技巧提示

【放样】建模是3ds Max中一种很强大的建模方法。在【放样】建模中可以对放样对象进行变形编辑，包括【缩放】、【旋转】、【倾斜】、【倒角】和【拟合】。

小实例。利用放样制作花瓶模型

场景文件	无
案例文件	小实例：利用放样制作花瓶模型.max
视频教学	DVD/多媒体教学/Chapter 03/小实例：利用放样制作花瓶模型.flv
难易指数	
建模方式	复合对象建模
技术掌握	掌握复合对象下的【放样】工具的运用

实例介绍

本例主要使用复合对象下的【放样】工具来完成模型的制作，最终渲染效果如图3-152所示。

图3-152

建模思路

使用样条线【放样】工具制作花瓶模型，如图3-153所示。

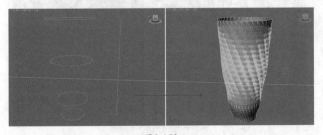

图3-153

操作步骤

步骤01 单击 ⊕（创建）|　（图形）|　圆　按钮，在顶视图中创建一个圆形，设置【半径】为58mm，如图3-154所示。

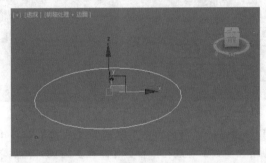

图3-154

步骤02 单击 ⊕（创建）|　（图形）|　星形　按钮，在顶视图中创建一个星形图形，设置【半径1】为55mm，【半径2】为46mm，【点】为18，【扭曲】为0，【圆角半径1】为4mm，【圆角半径2】为3mm，如图3-155所示。

步骤03 使用【圆】工具在顶视图中创建圆，然后在【修改】面板中设置【半径】为40mm，如图3-156所示。

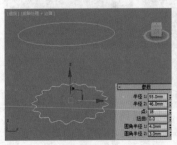

图3-155

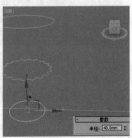

图3-156

步骤04 继续使用【圆】工具在顶视图中创建圆，设置【半径】为30mm，如图3-157所示。使用【线】工具在前视图中创建，如图3-158所示。

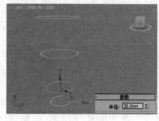 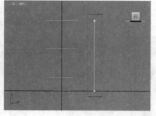

图3-157　　　　　　　　　　　图3-158

 技巧提示

在创建线时，可以按住Shift键绘制垂直、水平的线。

步骤05 选择上一步创建的线，然后单击 （创建）| （几何体）| 复合对象 | 放样 按钮，接着单击【获取图形】按钮，最后拾取场景中如图3-159所示的圆形。此时场景效果如图3-160所示。

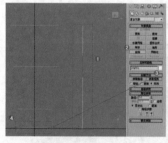 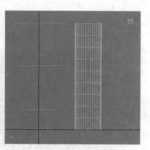

图3-159　　　　　　　　　　　图3-160

步骤06 选择放样后的模型，然后在【修改】面板中展开【路径参数】卷展栏，设置【路径】为18，然后单击【获取图形】按钮，并拾取场景中如图3-161所示的圆形。此时场景效果如图3-162所示。

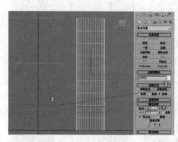 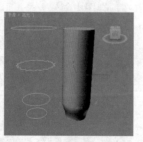

图3-161　　　　　　　　　　　图3-162

步骤07 选择放样后的模型，然后在【修改】面板中展开【路径参数】卷展栏，设置【路径】为60，然后单击【获取图形】按钮，并拾取场景中如图3-163所示的星形，此时场景效果如图3-164所示。

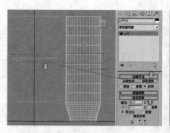 

图3-163　　　　　　　　　　　图3-164

步骤08 选择放样后的模型，然后在【修改】面板中展开【路径参数】卷展栏，设置【路径】为100，然后单击【获取图形】按钮，并拾取场景中如图3-165所示的星形，此时场景效果如图3-166所示。

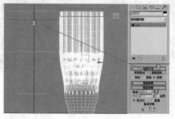 

图3-165　　　　　　　　　　　图3-166

步骤09 选择放样后的模型，然后展开【蒙皮参数】卷展栏，取消选中【封口末端】复选框，在【选项】选项组中设置【图形步数】为8，【路径步数】为8，如图3-167所示。

步骤10 展开【变形】卷展栏，单击【扭曲】按钮，并在【扭曲变形】对话框中调节曲线，调节后的效果如图3-168所示。

 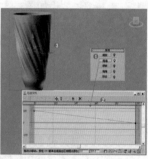

图3-167　　　　　　　　　　　图3-168

步骤11 选择刚创建的放样模型，然后在【修改】面板中选择并加载【壳】修改器，设置【外部量】为1mm，如图3-169所示。花瓶最终模型效果如图3-170所示。

图3-169　　　　　　　　　　　图3-170

3.4 创建建筑对象

3.4.1 AEC扩展

图3-171

AEC扩展专门用在建筑、工程和构造等领域，使用AEC扩展对象可以提高创建场景的效率。AEC扩展对象包括【植物】、【栏杆】和【墙】3种类型，如图3-171所示。

1. 植物

使用【植物】工具可以快速地创建出系统内置的植物模型。植物的创建方法很简单，首先将几何体类型切换为【AEC扩展】类型，然后单击 植物 按钮，接着在【收藏的植物】卷展栏中选择树种，最后在视图中拖曳光标就可以创建出相应的植物，如图3-172所示。植物参数如图3-173所示。

图3-172 　　　　　　　　　图3-173

- 高度：控制植物的近似高度，这个高度不一定是实际高度，它只是一个近似值。
- 密度：控制植物叶子和花朵的数量。
- 修剪：只适用于具有树枝的植物，可以用来删除与构造平面平行的不可见平面下的树枝。值为0表示不进行修剪；值为1表示尽可能修剪植物上的所有树枝。

技巧提示

3ds Max从植物上修剪植物取决于植物的种类，如果是树干，则永不进行修剪。

- 新建：显示当前植物的随机变体，其旁边是【种子】的显示数值。
- 生成贴图坐标：对植物应用默认的贴图坐标。
- 显示：该选项组中的参数主要用来控制植物的树叶、果实、花、树干、树枝和根的显示情况，选中相应复选框后，与其对应的对象就会在视图中显示出来。
- 视口树冠模式：该选项组用于设置树冠在视口中的显示模式。
  - 未选择对象时：当没有选择任何对象时以树冠模式显示植物。
  - 始终：始终以树冠模式显示植物。
  - 从不：从不以树冠模式显示植物，但是会显示植物的所有特性。

技巧提示

为了节省计算机的资源，使得在对植物操作时比较流畅，我们可以选中【未选择对象时】或【始终】单选

按钮；计算机配置较高的情况下可以选中【从不】单选按钮，如图3-174所示。

图3-174

- 详细程度等级：该选项组中的参数用于设置植物的渲染细腻程度。
  - 低：用来渲染植物的树冠
  - 中：用来渲染减少了面的植物。
  - 高：用来渲染植物的所有面。

小实例：创建多种室外植物

场景文件	无
案例文件	小实例：创建多种室外植物.max
视频教学	DVD/多媒体教学/Chapter 03/小实例：创建多种室外植物.flv
难易指数	★★★★★
建模方式	基本体建模
技术掌握	掌握植物的运用

实例介绍

本例主要使用【植物】工具来完成模型的制作，最终渲染效果如图3-175所示。

图3-175

建模思路

室外植物建模流程如图3-176所示。

图3-176

操作步骤

步骤01 单击 （创建） | （几何体） | AEC 扩展 ▼ | 植物 按钮，然后选择【孟加拉菩提树】，并在透视图中单击以进行植物的创建，如图3-177所示。

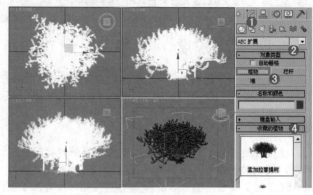

图3-177

步骤02 选择刚创建的植物，设置【高度】为5000mm，【种子】为1500000，最后选中【从不】单选按钮，如图3-178所示。

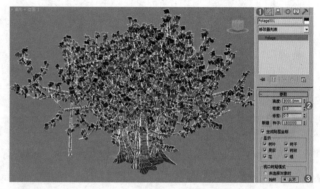

图3-178

 技巧提示

在这里选择【视口树冠模式】为【从不】，目的是在我们不选择树时，树仍然以实体显示，如图3-179所示。

而当保持默认，即选择【视口树冠模式】为【未选择对象时】时，若我们不选择树，树会以特殊方式显示，如图3-180所示。

这两种方法各有优劣，选择为【从不】在视觉上来看是方便的，选择为【未选择对象时】会大大节省计算机资源，运行起来较为流畅。

图3-179   图3-180

步骤03 单击 ■（创建）｜◉（几何体）｜ AEC 扩展 ▼ ｜ 植物 按钮，然后选择【苏格兰松树】，并在透视图中单击进行创建，如图3-181所示。

图3-181

步骤04 选择刚创建的植物，设置【高度】为15240mm，【种子】为2064719，最后选中【从不】单选按钮，如图3-182所示。最终模型效果如图3-183所示。

图3-182

图3-183

2. 栏杆

栏杆对象的组件包括栏杆、立柱和栅栏。栅栏包括支柱（栏杆）或实体填充材质，如玻璃或木条，如图3-184所示为栏杆制作的模型。

图3-184

栏杆的创建方法比较简单，首先将几何体类型切换为【AEC扩展】类型，然后单击 栏杆 按钮，接着在视图中拖曳光标即可创建出栏杆，如图3-185所示。栏杆的参数分为【栏杆】、【立柱】和【栅栏】3个卷展栏，如图3-186所示。

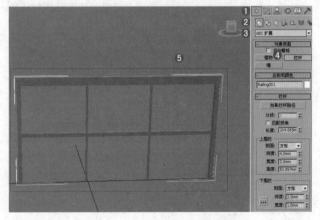

图3-185

❶ 栏杆

● 拾取栏杆路径：单击该按钮可以拾取视图中的样条线来作为栏杆的路径。

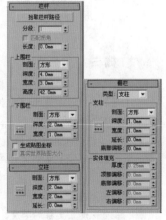

图3-186

● 分段：设置栏杆对象的分段数。

● 匹配拐角：在栏杆中放置拐角，以匹配栏杆路径的拐角。

● 长度：用于设置栏杆的长度。

- 上围栏：该选项组用于设置栏杆上围栏部分的相关参数。
  - 剖面：指定上栏杆的横截面形状。
  - 深度：设置上栏杆的深度。
  - 宽度：设置上栏杆的宽度。
  - 高度：设置上栏杆的高度。
- 下围栏：该选项组用于设置栏杆下围栏部分的相关参数。
  - 剖面：指定下栏杆的横截面形状。
  - 深度：设置下栏杆的深度。
  - 宽度：设置下栏杆的宽度。
- 【下围栏间距】按钮：设置下围栏之间的间距。单击该按钮可以打开【立柱间距】对话框，在该对话框中可设置下栏杆间距的一些参数。
- 生成贴图坐标：为栏杆对象分配贴图坐标。
- 真实世界贴图大小：控制应用于对象的纹理贴图材质所使用的缩放方法。

❷ 立柱

- 剖面：指定立柱的横截面形状。
- 深度：设置立柱的深度。
- 宽度：设置立柱的宽度。
- 延长：设置立柱在上栏杆底部的延长量。
- 【立柱间距】按钮：设置立柱的间距。单击该按钮可以打开【立柱间距】对话框，在该对话框中可设置立柱间距的一些参数。

技巧提示

如果将【剖面】设置为【无】，那么【立柱间距】按钮将不可用。

❸ 栅栏

- 类型：指定立柱之间的栅栏类型，有【无】、【支柱】和【实体填充】3个选项，如图3-187所示。
- 支柱：该选项组中的参数只有当栅栏类型设置为【支柱】时才可用。

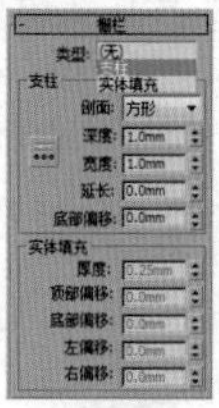

图3-187

  - 剖面：设置支柱的横截面形状，有【方形】和【圆形】两个选项。
  - 深度：设置支柱的深度。
  - 宽度：设置支柱的宽度。
  - 延长：设置支柱在上栏杆底部的延长量。
  - 底部偏移：设置支柱与栏杆底部的偏移量。
  - 【支柱间距】按钮：设置支柱的间距。单击该按钮可以打开【支柱间距】对话框，在该对话框中可设置支柱间距的一些参数。

- 实体填充：该选项组中的参数只有当栅栏的类型设置为【实体填充】时【实体填充】栏的参数才可用。
  - 厚度：设置实体填充的厚度。
  - 顶部偏移：设置实体填充与上栏杆底部的偏移量。
  - 底部偏移：设置实体填充与栏杆底部的偏移量。
  - 左偏移：设置实体填充与相邻左侧立柱之间的偏移量。
  - 右偏移：设置实体填充与相邻右侧立柱之间的偏移量。

3. 墙

墙对象由3个子对象构成，这些对象类型可以在【修改】面板中进行修改。编辑墙的方法和样条线比较类似，可以分别对墙本身，以及其顶点、分段和轮廓进行调整。

创建墙模型的方法比较简单，首先将几何体类型切换为【AEC扩展】，然后单击按钮，接着在顶视图中拖曳光标即可创建一个墙体，如图3-188所示。墙的参数如图3-189所示。

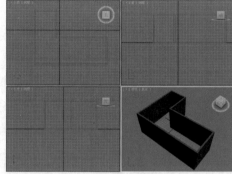

图3-188 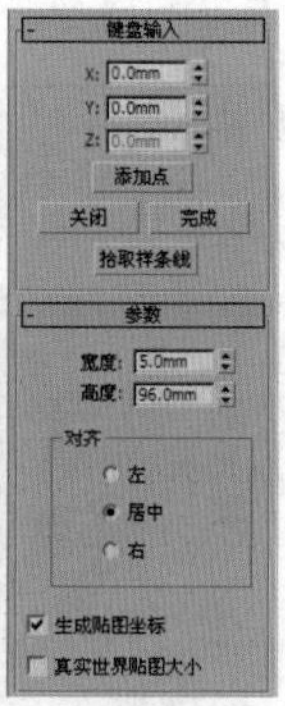　　　　　　　　图3-189

- X/Y/Z：设置墙分段在活动构造平面中的起点的X/Y/Z轴坐标值。
- 添加点：根据输入的X/Y/Z轴坐标值来添加点。
- 关闭：结束墙对象的创建，并在最后一个分段的端点与第一个分段的起点之间创建分段，以形成闭合的墙。
- 完成：结束墙对象的创建，使之呈端点开放状态。
- 拾取样条线：单击该按钮可以拾取场景中的样条线，并将其作为墙对象的路径。
- 宽度/高度：设置墙的厚度/高度。
- 对齐：该选项组指定墙的对齐方式，共有以下3种。
  - 左：根据墙基线的左侧边进行对齐。如果启用了【栅格捕捉】功能，则墙基线的左侧边将捕捉到栅格线。
  - 居中：根据墙基线的中心进行对齐。如果启用了【栅格捕捉】功能，则墙基线的中心将捕捉到栅格线。
  - 右：根据墙基线的右侧边进行对齐。如果启用了【栅格捕捉】功能，则墙基线的右侧边将捕捉到栅格线。

- 生成贴图坐标：为墙对象应用贴图坐标。
- 真实世界贴图大小：控制应用于对象的纹理贴图材质所使用的缩放方法。

3.4.2　楼梯

　　3ds Max 2016提供了4种内置的参数化楼梯模型，分别是【直线楼梯】、【L型楼梯】、【U型楼梯】和【螺旋楼梯】，如图3-190所示。以上4种楼梯都包括【参数】卷展栏、【支撑梁】卷展栏、【栏杆】卷展栏和【侧弦】卷展栏，而【螺旋楼梯】还包括【中柱】卷展栏，如图3-191所示。

图3-190 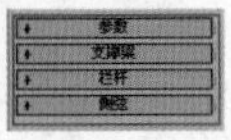　　　　　图3-191

　　【L型楼梯】、【U型楼梯】、【直线楼梯】和【螺旋楼梯】的【参数】卷展栏如图3-192所示。

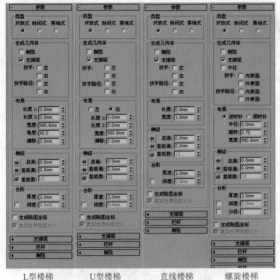

L型楼梯　　　U型楼梯　　　直线楼梯　　　螺旋楼梯

图3-192

1．参数

- 类型：该选项组主要用于设置楼梯的类型，包括以下3种类型。
  - 开放式：创建一个开放式的梯级竖板楼梯。
  - 封闭式：创建一个封闭式的梯级竖板楼梯。
  - 落地式：创建一个带有封闭式梯级竖板和两侧具有封闭式侧弦的楼梯。
- 生成几何体：该选项组中的参数主要用来设置楼梯生成哪种几何体。
- 侧弦：沿楼梯梯级的端点创建侧弦。
  - 支撑梁：在梯级下创建一个倾斜的切口梁，该梁支撑着台阶。
  - 扶手：创建左扶手和右扶手。
- 布局：该选项组中的参数主要用于设置楼梯的布局参数。
  - 长度1：设置第1段楼梯的长度。
  - 长度2：设置第2段楼梯的长度。

- 宽度：设置楼梯的宽度，包括台阶和平台。
- 角度：设置平台与第2段楼梯之间的角度，范围从-90°～90°。
- 偏移：设置平台与第2段楼梯之间的距离。
- 梯级：该选项组中的参数主要用于设置楼梯的梯级参数。
- 总高：设置楼梯级的高度。
- 竖板高：设置梯级竖板的高度。
- 竖板数：设置梯级竖板的数量（梯级竖板总是比台阶多一个，隐式梯级竖板位于上板和楼梯顶部的台阶之间）。

技巧提示

　　当调整这3个选项中的其中两个选项时，必须锁定剩下的一个选项，要锁定该选项，可以单击该选项前面的按钮。

- 台阶：该选项组中的参数主要用于设置楼梯的台阶参数。
  - 厚度：设置台阶的厚度。
  - 深度：设置台阶的深度。
- 生成贴图坐标：对楼梯应用默认的贴图坐标。
- 真实世界贴图大小：控制应用于对象的纹理贴图材质所使用的缩放方法。

2．支撑梁

　　【支撑梁】卷展栏如图3-193所示。

- 深度：设置支撑梁离地面的深度。
- 宽度：设置支撑梁的宽度。

图3-193

- 【支撑梁间距】按钮：设置支撑梁的间距。单击该按钮，可以打开【支撑梁间距】对话框，在该对话框中可设置支撑梁的一些参数。
- 从地面开始：控制支撑梁是从地面开始，还是与第1个梯级竖板的开始平齐，或是否将支撑梁延伸到地面以下。

【支撑梁】卷展栏中的参数只有在【参数】卷展栏的【生成几何体】选项组中选中【支撑梁】复选框时才可用。

3．栏杆

　　【栏杆】卷展栏如图3-194所示。

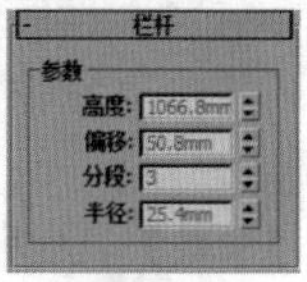

⬤ 高度：设置栏杆离台阶的高度。

⬤ 偏移：设置栏杆离台阶端点的偏移量。

⬤ 分段：设置栏杆中的分段数目。值越高，栏杆越平滑。

⬤ 半径：设置栏杆的厚度。

图3-194

 技巧提示

　　【栏杆】卷展栏中的参数只有在【参数】卷展栏的【生成几何体】选项组中选中【扶手】复选框时才可用。

4．侧弦

　　【侧弦】卷展栏如图3-195所示。

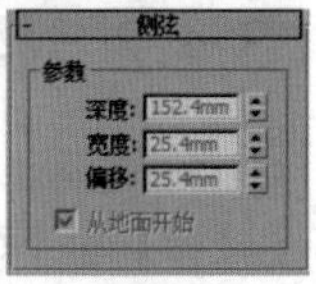

⬤ 深度：设置侧弦离地板的深度。

⬤ 宽度：设置侧弦的宽度。

⬤ 偏移：设置地板与侧弦的垂直距离。

⬤ 从地面开始：控制侧弦是从地面开始，还是与第1个梯级竖板的开始平齐，或是否将侧弦延伸到地面以下。

图3-195

 技巧提示

　　【侧弦】卷展栏中的参数只有在【生成几何体】选项组中选中【侧弦】复选框时才可用。

小实例：创建多种楼梯模型

场景文件	无
案例文件	小实例：创建多种楼梯模型.max
视频教学	DVD/多媒体教学/Chapter 03/小实例：创建多种楼梯模型.flv
难易指数	
建模方式	内置几何体建模
技术掌握	掌握【直线楼梯】工具、【螺旋楼梯】工具、【L型楼梯】工具的运用

实例介绍

　　本例主要使用内置几何体建模下的【直线楼梯】工具、【螺旋楼梯】工具和【L型楼梯】工具来完成模型的制作，最终渲染效果如图3-196所示。

建模思路

01 STEP 使用【直线楼梯】工具制作楼梯模型。

02 STEP 使用【螺旋楼梯】工具和【L型楼梯】工具制作楼梯模型。

　　创建多种楼梯建模流程如图3-197所示。

图3-196 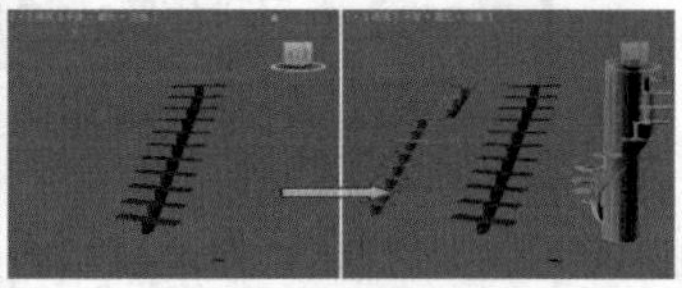　　　　　　图3-197

操作步骤

Part 01 使用【直线楼梯】工具制作楼梯模型

❶ 单击 ▓（创建）| ◎ （几何体）| 楼梯 ▼ | 直线楼梯 按

钮，在顶视图中拖曳创建直线楼梯，如图3-198所示。

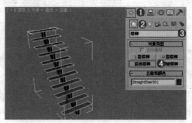

图3-198

❷ 确认直线楼梯处于选择状态，设置【类型】为【开放式】，选中【支撑梁】复选框，接着设置【长度】为2400mm，【宽度】为1000mm，在【梯级】选项组中设置【总高】为2400mm，【竖板高】为200mm，设置【厚度】为20mm，最后设置【支撑梁】的【深度】为200mm，【宽度】为80mm，如图3-199所示。

❸ 此时模型效果如图3-200所示。

图3-199　　　　　　图3-200

Part 02 使用【螺旋楼梯】工具和【L型楼梯】工具制作楼梯模型

❶ 单击 ▓（创建）| ◎ （几何体）| 楼梯 ▼ |

螺旋楼梯 按钮，在顶视图中拖曳创建螺旋楼梯，设置【类型】为【开放式】，在【生成几何体】选项组中选中【支撑梁】和【中柱】复选框，在【布局】选项组中设置【半径】为700mm，【旋转】为1，【宽度】为650mm，在【梯级】选项组中设置【总高】为2400mm，【竖板高】为200mm，【台阶】的【厚度】为20mm，最后设置【支撑梁】的【深度】为200mm，【宽度】为80mm，如图3-201所示。

❷ 此时场景效果如图3-202所示。

图3-201　　　　　　图3-202

❸ 单击 ■（创建）| ◎（几何体）| **楼梯** ▼ | **L型楼梯** 按钮，在顶视图中拖曳创建L型楼梯，设置【类型】为【开放式】，在【生成几何体】选项组中选中【支撑梁】复选框，在【布局】选项组中设置【长度1】为1400mm，【长度2】为650mm，【宽度】为800mm，【角度】为-90°，【偏移】为30mm，在【梯级】选项组中设置【总高】为2400mm，【竖板高】为200mm，【台阶】的厚

度为20mm，最后设置【支撑梁】的【深度】为130mm，【宽度】为100mm，如图3-203所示。

❹ 此时场景效果如图3-204所示。

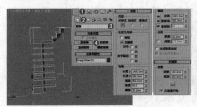

图3-203　　　　　　图3-204

 技巧提示

这些楼梯的参数比较繁多，但是这几种类型的楼梯有很多的相同之处，因此调节起来也会相对容易一些。

❺ 模型最终效果如图3-205所示。

图3-205

3.4.3　门

3ds Max 2016中提供了3种内置的门模型，分别是【枢轴门】、【推拉门】和【折叠门】，如图3-206所示。【枢轴门】是在一侧装有铰链的门；【推拉门】有一半是固定的，另一半可以推拉；【折叠门】的铰链装在中间以及侧端，就像壁橱门一样。这3种门在参数上大部分都是相同的，下面先对这3种门的相同参数进行讲解，如图3-207所示。

- 宽度/深度/高度：首先创建门的宽度，然后创建门的深度，接着创建门的高度。
- 宽度/高度/深度：首先创建门的宽度，然后创建门的高度，接着创建门的深度。

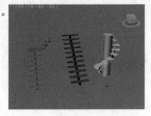

图3-206　　　　　　图3-207

 **技巧提示**

所有的门都有高度、宽度和深度，所以在创建之前要先选择创建的顺序。

- 高度：设置门的总体高度。
- 宽度：设置门的总体宽度。
- 深度：设置门的总体深度。
- 打开：使用【枢轴门】时，指定以角度为单位的门打开的程度；使用【推拉门】和【折叠门】时，指定门打开的百分比。
- 门框：该选项组用于控制是否创建门框以及设置门框的宽度和深度。

- 创建门框：控制是否创建门框。
- 宽度：设置门框与墙平行方向的宽度。
- 深度：设置门框从墙投影的深度。
- 门偏移：设置门相对于门框的位置，该值可以为正，也可以为负。
- 厚度：设置门的厚度。
- 门挺/顶梁：设置顶部和两侧的镶板框的宽度。
- 底梁：设置门脚处的镶板框的宽度。
- 水平窗格数：设置镶板沿水平轴划分的数量。
- 垂直窗格数：设置镶板沿垂直轴划分的数量。
- 镶板间距：设置镶板之间的间隔宽度。

- 镶板：指定在门中创建镶板的方式。
  - 无：不创建镶板。
  - 玻璃：创建不带倒角的玻璃镶板。
  - 厚度：设置玻璃镶板的厚度。
  - 有倒角：选中该单选按钮可以创建具有倒角的镶板。
  - 倒角角度：指定门的外部平面和镶板平面之间的倒角角度。
  - 厚度1：设置镶板的外部厚度。
  - 厚度2：设置倒角从起始处的厚度。
  - 中间厚度：设置镶板内的面部分的厚度。
  - 宽度1：设置倒角从起始处的宽度。
  - 宽度2：设置镶板内的面部分的宽度。

技巧提示

门参数除了这些公共参数外，每种类型的门还有一些细微的差别，下面依次讲解。

1. 枢轴门

枢轴门只在一侧用铰链进行连接，也可以制作成为双门，双门具有两个门元素，每个元素在其外边缘处用铰链进行连接，【枢轴门】包含3个特定的参数，参数和效果如图3-208所示。

- 双门：制作一个双门。
- 翻转转动方向：更改门转动的方向。
- 翻转转枢：在与门面相对的位置上放置门转枢（不能用于双门）。

图3-208

2. 推拉门

推拉门可以左右滑动，就像火车在轨道上前后移动一样。推拉门有两个门元素，一个保持固定，另一个可以左右滑动，推拉门包含两个特定的参数，参数和效果如图3-209所示。

图3-209

- 前后翻转：指定哪个门位于最前面。
- 侧翻：指定哪个门保持固定。

3. 折叠门

折叠门就是可以折叠起来的门，在门的中间和侧面有一个转枢装置，如果是双门，就有4个转枢装置。【折叠门】包含3个特定的参数，参数和效果如图3-210所示。

图3-210

- 双门：制作一个双门。
- 翻转转动方向：翻转门的转动方向。
- 翻转转枢：翻转侧面的转枢装置（该选项不能用于双门）。

3.4.4 窗

3ds Max 2016中提供了6种内置的窗户模型，分别为【遮篷式窗】、【平开窗】、【固定窗】、【旋开窗】、【伸出式窗】和【推拉窗】，使用这些内置的窗户模型可以快速地创建出所需要的窗户，如图3-211所示。

【遮篷式窗】有一扇通过铰链与其顶部相连的窗框，如图3-212（a）所示。【平开窗】有一到两扇像门一样的窗框，它们可以向内或向外转动，如图3-212（b）所示。【固定窗】是固定的，不能打开，如图3-212（c）所示。

【旋开窗】的轴垂直或水平位于其窗框的中心，如图3-213（a）所示。【伸出式窗】有三扇窗框，其中两扇窗框打开时像反向的遮篷，如图3-213（b）所示。【推拉窗】有两扇窗框，其中一扇窗框可以沿着垂直或水平方向滑动，如图3-213（c）所示。

图3-211

| (a) | (b) | (c) | | (a) | (b) | (c) |

图3-212　　　　　　　　　　　　　　　　　图3-213

这6种窗户的参数基本类似，如图3-214所示。

- 高度：设置窗户的总体高度。
- 宽度：设置窗户的总体宽度。
- 深度：设置窗户的总体深度。
- 窗框：控制窗框的宽度和深度。
  - 水平宽度：设置窗口框架在水平方向的宽度（顶部和底部）。
  - 垂直宽度：设置窗口框架在垂直方向的宽度（两侧）。
  - 厚度：设置框架的厚度。
- 玻璃：用来指定玻璃的厚度等参数。

图3-214

- 厚度：指定玻璃的厚度。
- 玻璃：用来指定玻璃的厚度等参数。
- 厚度：指定玻璃的厚度。
- 窗格：该选项控制窗格的基本参数，如窗格宽度、窗格个数。
  - 宽度：该选项用来控制窗格的宽度。
  - 窗格数：该选项用来控制窗格的个数。
- 开窗：该选项用来控制开窗的参数。
  - 打开：设置该选项可以通过调节开窗的百分比来控制开窗的程度。

3.5　创建VRay对象

在成功安装VRay渲染器后，在【创建】面板的几何体类型列表中就会出现VRay选项。VRay物体包括【VR代理】、【VR毛发】、【VR平面】、VRayScatter、VRSCollision和【VRay球体】6种，如图3-215所示。

图3-215

技术专题——加载VRay渲染器

按F10键打开【渲染设置】对话框，然后选择【公用】选项卡，展开【指定渲染器】卷展栏，接着单击【产品级】选项后的【选择渲染器】按钮，最后在弹出的对话框中选择渲染器为V-Ray Adv 3.00.08（本书的VRay渲染器均采用V-Ray Adv 3.00.08版本），如图3-216所示。

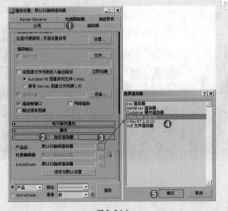

图3-216

3.5.1　VR代理

【VR代理】物体在渲染时可以从硬盘中将文件（外部）导入到场景中的【VR代理】网格内，场景中的代理物体的网格是一个低面物体，可以节省大量的内存及显示内存，一般在物体面数较多或重复较多时使用，其使用方法是在物体上单击鼠标右键，然后在弹出的快捷菜单中选择【VRay网格导出】命令，接着在弹出的【VRay网格导出】对话框中进行相应设置即可（该对话框主要用来保存VRay网格代理物体的路径），如图3-217所示。

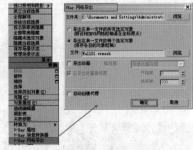

图3-217

- 文件夹：代理物体所保存的路径。
- 导出在单一文件的所有选定对象：可以将多个物体合并成一个代理物体进行导出。
- 导出在单一文件的每个选定对象：可以为每个物体创建一个文件来进行导出。
- 自动创建代理：是否自动完成代理物体的创建和导入，源物体将被删除。如果没有选中该复选框，则需要增加一个步骤，即在VRay物体中选择VRay代理物体，然后从网格文件中选择已导出的代理物体来实现代理物体的导入。

小实例：利用VR代理制作会议室

场景文件	01.max
案例文件	小实例：利用VR代理制作会议室.max
视频教学	DVD/多媒体教学/Chapter 03/小实例：利用VR代理制作会议室.flv
难易指数	★★★★★
技术掌握	掌握【VR代理】功能的使用方法

实例介绍

　　【VR代理】是一种非常特殊的建模方式，应用非常广泛。本例将使用【VR代理】功能，模拟制作大场景中的物体，效果如图3-218所示。

图3-218

建模思路

01 将桌椅组合执行【V-Ray网格体导出】。

02 使用【VR代理】制作桌椅组合。
　　利用VR代理制作会议室的流程如图3-219所示。

图3-219

操作步骤

Part 01 将桌椅组合执行【V-Ray网格体导出】

❶ 打开本书配套光盘中的【场景文件/Chapter 03/01.max】文件，如图3-220所示。

❷ 选择场景中的【桌椅组合】模型，然后单击鼠标右键，选择【V-Ray网格体导出】命令，如图3-221所示。

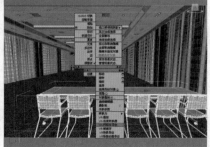

图3-220　　　　　　　　图3-221

❸ 在弹出的【V-Ray网格体导出】对话框中，单击第一个【浏览】按钮并设置文件夹的路径，接着单击第二个【浏览】按钮，并设置文件的名称为【桌椅组合.vrmesh】，最后单击【确定】按钮，如图3-222所示。

图3-222

❹ 为了后面步骤查看起来比较方便，在这里需要将刚才的【桌椅组合】模型进行隐藏。选择【桌椅组合】模型，然后单击鼠标右键，选择【隐藏选定对象】命令，如图3-223所示。

❺ 此时场景如图3-224所示。

图3-223　　　　　　　　图3-224

Part 02 使用【VRay_代理】制作桌椅组合

❶ 在【创建】面板中单击◎按钮，并设置几何体类型为VRay，接着单击 VR_代理 按钮，最后在弹出的对话框中选择【桌椅组合.vrmesh】，并单击【打开】按钮，如图3-225所示。

❷ 在场景中单击鼠标左键，可以看到已经创建出来VR代理对象，如图3-226所示。

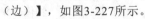

图3-225　　　　　　　　图3-226

❸ 选择刚创建出的VR代理对象，然后单击☑按钮进入【修改】面板，并设置【比例】为3.6，设置【显示】为【从文件预览（边）】，如图3-227所示。

图3-227

❹ 重新调整VR代理对象的位置，如图3-228所示。

❺ 按快捷键M，打开【材质编辑器】，为VR代理对象赋予【桌椅组合】的材质，如图3-229所示。

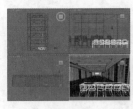

图3-228   图3-229

❻ 选择VR代理对象，按住Shift键，并使用【选择并移动】工具⊕进行移动复制，在弹出的【克隆选项】对话框中选择【对象】为【实例】，并设置【副本数】为7，最后单击【确定】按钮，此时模型效果如图3-230所示。

❼ 继续将剩余的桌椅组合进行复制，如图3-231所示。

图3-230   图3-231

技巧提示

有的读者会有疑问，为什么我们转了一个大圈子，先把桌椅组合导出为VR网格体，又创建VR代理对象，最后再复制，看似非常麻烦。为什么不直接将原始的桌椅组合模型进行复制呢？

答案很简单，那就是为了操作流畅。我们知道场景中物体多、多边形个数多会导致操作起来非常卡，而利用VR代理对象的方法就可以很好地解决该问题，通过对比可以发现，使用VR代理对象的场景操作起来非常流畅，而假如直接复制桌椅组合的场景，则操作起来会非常卡。

❽ 桌椅组合复制完成后，场景效果如图3-232所示。

❾ 最终渲染效果如图3-233所示。

图3-232   图3-233

3.5.2 VR-毛皮

【VR-毛皮】可以用来模拟数量较多的毛状物体效果，如地毯、皮草、毛巾、草地、动物毛发等，如图3-234所示，其参数设置如图3-235所示。

图3-234   图3-235

小实例。利用VR-毛皮制作地毯效果

场景文件	02.max
案例文件	小实例：利用VR-毛皮制作地毯效果.max
视频教学	DVD/多媒体教学/Chapter 03/小实例：利用VR-毛皮制作地毯效果.flv
难易指数	★★★★★
建模方式	基本体建模
技术掌握	掌握基本体建模下的【VR-毛皮】工具的运用

实例介绍

本例是一个卧室局部场景，主要用来讲解【VR-毛皮】工具的参数设置，最终渲染效果如图3-236所示。

图3-236

建模思路

地毯建模流程如图3-237所示。

图3-237

操作步骤

步骤01 启动3ds Max 2016中文版，打开本书配套光盘中的

【场景文件/Chapter 03/02.max】文件，如图3-238所示，接着选择如图3-239所示的模型。

步骤02 单击 （创建）| （几何体）| VRay ▼ | VR毛发 按钮，在视图中创建VR-毛皮，如图3-240所示。

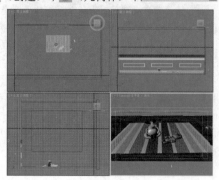

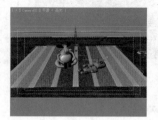

图3-238   图3-239   图3-240

步骤03 选择VR-毛皮，然后在【修改】面板中展开【参数】卷展栏，设置【长度】为3.5mm，【厚度】为0.05mm，【重力】为－5mm，【弯曲】为1，设置【结数】为8，在【分配】选项组中选中【每区域】单选按钮，并设置数量为55，如图3-241所示。

步骤04 模型最终效果如图3-242所示。

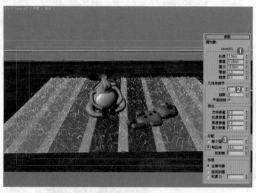

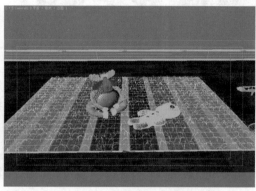

图3-241   图3-242

3.5.3 VR平面

VR平面可以理解为无限延伸的、没有尽头的平面，可以为这个平面指定材质，并且可以对其进行渲染，在实际工作中一般用来模拟地面和水面等，而且VR平面没有任何参数，如图3-243所示。

图3-243

3.5.4 VR球体

VR球体可以作为球来使用，但必须在VRay渲染器中才能渲染出来，参数如图3-244所示。

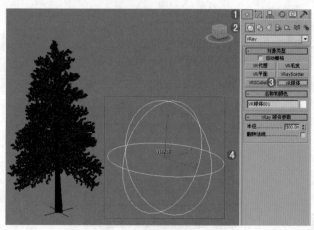

图3-244

Chapter 4
第4章

样条线建模

　　在通常情况下，3ds Max用来制作三维的物体，而不是二维，因此样条线被很多人忽略掉。但是使用样条线并借助相应的方法，可以快速制作或转化出三维的模型，制作效率会非常高，并且操作过程中可以返回到之前的样条线级别下，通过调节顶点、线段、样条线来方便地调整最终三维模型的效果。

本章学习要点：

- 创建样条线的方法
- 编辑样条线的方法
- 使用样条线制作模型

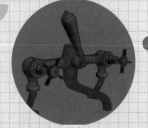

4.1 创建样条线

在通常情况下，3ds Max用来制作三维的物体，而不是二维，因此样条线被很多人忽略掉。但是使用样条线并借助相应的方法，可以快速制作或转化出三维的模型，制作效率会非常高，并且操作过程中可以返回到之前的样条线级别下，通过调节顶点、线段、样条线来方便地调整最终三维模型的效果。如图4-1所示为优秀的样条线建模作品。

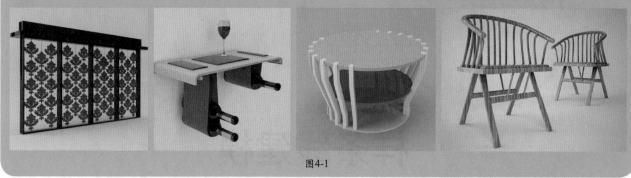

图4-1

4.1.1 样条线

在【创建】面板中单击【图形】按钮，然后设置图形类型为【样条线】，其中有11种样条线类型，分别是【线】、【矩形】、【圆】、【椭圆】、【弧】、【圆环】、【多边形】、【星形】、【文本】、【螺旋线】和【截面】，如图4-2所示。

图4-2

> **技巧提示**
>
> 样条线的应用非常广泛，其建模速度相当快。在3ds Max 2016中，制作三维文字时，可以直接使用【文本】工具输入字体，然后将其转换为三维模型。同时还可以导入AI矢量图形来生成三维物体。选择相应的样条线工具后，在视图中拖曳光标就可以绘制出相应的样条线，如图4-3所示。

图4-3

1. 线

线在建模中是最常用的一种样条线，其使用方法非常灵活，形状也不受约束，可以封闭也可以不封闭，拐角处可以是尖锐也可以是圆滑的，如图4-4所示。线中的顶点有4种类型，分别是【Bezier角点】、Bezier、【角点】和【平滑】。

【线】工具的参数包括5个卷展栏，分别是【渲染】卷展栏、【插值】卷展栏、【选择】卷展栏、【软选择】卷展栏和【几何体】卷展栏，如图4-5所示。

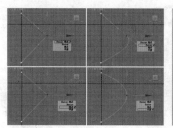

图4-4　　　　　图4-5

① 渲染

展开【渲染】卷展栏，如图4-6所示。

- 在渲染中启用：选中该复选框才能渲染出样条线；若取消选中，将不能渲染出样条线。

- 在视口中启用：选中该复选框后，样条线会以网格的形式显示在视图中。

- 使用视图设置：该选项只有在选中【在视口中启用】复选框时才可用，主要用于设置不同的渲染参数。

- 视口/渲染：当选中【在视口中启用】复选框时，样条线将显示在视图中；当同时选中【在视口中启用】复选框和【渲染】单选按钮时，样条线在视图中和渲染中都可以显示出来。

图4-6

3ds Max 2016 中文版+VRay效果图制作从入门到精通

● 径向：将3D网格显示为圆柱形对象，其参数包含【厚度】、【边】和【角度】。【厚度】选项用于指定视图或渲染样条线网格的直径，其默认值为1，范围从0~100；【边】选项用于在视图或渲染器中为样条线网格设置边数或面数（例如值为4表示一个方形横截面）；【角度】选项用于调整视图或渲染器中的横截面的旋转位置。

● 矩形：将3D网格显示为矩形对象，其参数包含【长度】、【宽度】、【角度】和【纵横比】。【长度】选项用于设置沿局部Y轴的横截面大小；【宽度】选项用于设置沿局部X轴的横截面大小；【角度】选项用于调整视图或渲染器中的横截面的旋转位置；【纵横比】选项用于设置矩形横截面的纵横比。

● 自动平滑：选中该复选框可以激活下面的【阈值】选项，调整【阈值】数值可以自动平滑样条线。

❷ 插值

展开【插值】卷展栏，如图4-7所示。

图4-7

● 步数：手动设置每条样条线的步数。

● 优化：选中该复选框后，可以从样条线的直线线段中删除不需要的步数。

● 自适应：选中该复选框后，系统会自适应设置每条样条线的步数，以生成平滑的曲线。

❸ 选择

展开【选择】卷展栏，如图4-8所示。

● 顶点：定义点和曲线切线。

● 分段：连接顶点。

● 样条线：一个或多个相连线段的组合。

● 复制：将命名选择放置到复制缓冲区。

● 粘贴：从复制缓冲区中粘贴命名选择。

图4-8

● 锁定控制柄：通常，每次只能变换一个顶点的切线控制柄，即使选择了多个顶点。

● 相似：拖动传入向量的控制柄时，所选顶点的所有传入向量将同时移动。

● 全部：移动任何控制柄将影响选中的所有控制柄，无论它们是否已断裂。

● 区域选择：允许自动选择所单击顶点的特定半径中的所有顶点。

● 线段端点：通过单击线段选择顶点。

● 选择方式：选择所选样条线或线段上的顶点。

● 显示顶点编号：选中该复选框，3ds Max将在任何子对象层级的所选样条线的顶点旁边显示顶点编号。

● 仅选定：选中该复选框，仅在所选顶点旁边显示顶点编号。

❹ 软选择

展开【软选择】卷展栏，如图4-9所示。

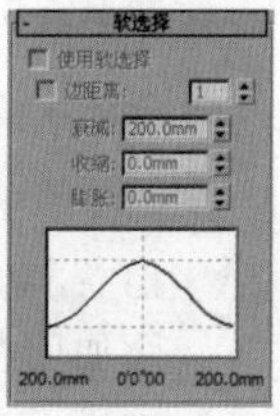

● 使用软选择：在可编辑对象或【编辑】修改器的子对象层级上影响【移动】、【旋转】和【缩放】功能的操作。

图4-9

● 边距离：选中该复选框后，将软选择限制到指定的面数，该选择在进行选择的区域和软选择的最大范围之间。

● 衰减：用以定义影响区域的距离，它是用当前单位表示的从中心到球体的边的距离。

● 收缩：沿着垂直轴提高或降低曲线的顶点。

● 膨胀：沿着垂直轴展开或收缩曲线。

❺ 几何体

展开【几何体】卷展栏，如图4-10所示。

● 创建线：向所选对象添加更多样条线。

● 断开：在选定的一个或多个顶点拆分样条线。

图4-10

● 附加：将场景中的其他样条线附加到所选样条线。

● 附加多个：单击此按钮可以显示【附加多个】对话框，它包含场景中所有其他图形的列表。

● 横截面：在横截面形状外面创建样条线框架。

● 优化：允许添加顶点，而不更改样条线的曲率值，相当于添加点的工具，如图4-11所示。

● 连接：选中该复选框时，通过连接新顶点创建一个新的样条线子对象。

● 自动焊接：选中【自动焊接】复选框后，会自动焊接在一定阈值距离范围内的顶点。

● 阈值距离：该数值框是一个近似设置，用于控制在自动焊接顶点之前，两个顶点接近的程度。

● 焊接：将两个端点顶点或同一样条线中的两个相邻顶点转化为一个顶点，如图4-12所示。

图4-11   图4-12

● 连接：连接两个端点顶点以生成一个线性线段，而无论端点顶点的切线值是多少。

● 设为首顶点：指定所选形状中的哪个顶点是第一个顶点。

- 熔合：将所有选定顶点移至它们的平均中心位置。
- 反转：单击该选项可以将选择的样条线进行反转。
- 循环：单击该选项可以进行选择循环的顶点。
- 相交：在属于同一个样条线对象的两个样条线的相交处添加顶点。
- 圆角：允许在线段会合的地方设置圆角，添加新的控制点，如图4-13所示。

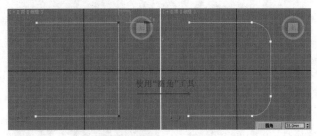

图4-13

- 切角：允许使用【切角】功能设置形状角部的倒角。
- 复制：单击此按钮，然后选择一个控制柄。此操作将把所选控制柄切线复制到缓冲区。
- 粘贴：单击此按钮，然后粘贴一个控制柄。此操作将把控制柄切线粘贴到所选顶点。
- 粘贴长度：选中该复选框后，还会复制控制柄长度。
- 隐藏：隐藏所选顶点和任何相连的线段。操作方法为选择一个或多个顶点，然后单击该按钮即可。
- 全部取消隐藏：显示任何隐藏的子对象。
- 绑定：允许创建绑定顶点。
- 取消绑定：允许断开绑定顶点与所附加线段的连接。
- 删除：删除所选的一个或多个顶点，以及与每个要删除的顶点相连的那条线段。
- 显示选定线段：选中该复选框后，顶点子对象层级的任何所选线段将高亮显示为红色。

2．矩形样条线

使用【矩形】工具可以创建方形和矩形样条线。【矩形】工具的参数包括【渲染】、【插值】和【参数】3个卷展栏，如图4-14所示。

图4-14

3．圆形样条线

使用【圆形】工具创建由4个顶点组成的闭合圆形样条线。【圆形】工具的参数包括【渲染】、【插值】和【参数】3个卷展栏，如图4-15所示。

图4-15

4．文本样条线

使用【文本】工具可以快速创建文本图形的样条线，并且可以更改字体类型和字体大小，如图4-16所示，其参数设置如图4-17所示。

图4-16　　　　　　图4-17

- 【斜体样式】按钮 *I*：单击该按钮可以将文本切换为斜体文本。
- 【下划线样式】按钮 U：单击该按钮可以将文本切换为下划线文本。
- 【左对齐】按钮：单击该按钮可以将文本对齐到边界框的左侧。
- 【居中】按钮：单击该按钮可以将文本对齐到边界框的中心。
- 【右对齐】按钮：单击该按钮可以将文本对齐到边界框的右侧。
- 【对正】按钮：分隔所有文本行以填充边界框的范围。
- 大小：设置文本高度，其默认值为100mm。
- 字间距：设置文字间的间距。
- 行间距：调整字行间的间距（只对多行文本起作用）。
- 文本：在此可输入文本，若要输入多行文本，可以按Enter键切换到下一行。
- 更新 按钮：单击该按钮可以将文本编辑框中修改的文字显示在视图中。
- 手动更新：选中该复选框可以激活上面的 更新 按钮。

技巧提示

其余的几种样条线工具与【线】和【文本】工具的使用方法基本相同，在这里就不多加讲解了。

3ds Max 2016 中文版+VRay效果图制作从入门到精通

小实例：利用样条线制作创意茶几

场景文件	无
案例文件	小实例：利用样条线制作创意茶几.max
视频教学	DVD/多媒体教学/Chapter 04/小实例：利用样条线制作创意茶几.flv
难易指数	★★★★★
建模方式	样条线建模
技术掌握	掌握【样条线】工具、【选择并均匀缩放】工具以及样条线的可渲染功能的运用

实例介绍

本例主要使用样条线来完成模型的制作，最终渲染效果如图4-18所示。

图4-18

建模思路

01 使用【圆】工具和【挤出】修改器，制作出3个茶几桌面模型。

02 使用样条线的可渲染功能制作一条茶几腿，并使用【选择并旋转】工具复制出剩余模型。

创意茶几的建模流程如图4-19所示。

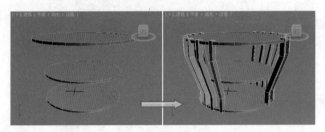

图4-19

操作步骤

Part 01 创建桌面模型

① 单击 （创建）| （图形）| 样条线 | 圆 按钮，在顶视图中创建一个圆，设置【半径】为400mm，如图4-20所示。

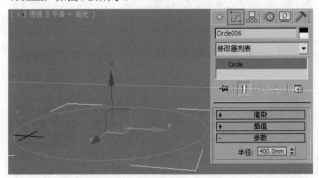

图4-20

② 为样条线加载【挤出】修改器，设置【数量】为20mm，如图4-21所示。

③ 激活顶视图，确认上一步创建的圆处于选择状态，使用【选择并移动】工具，并按住Shift键进行复制，此时会弹出【克隆选项】对话框，设置【对象】为实例，【副本数】为2，如图4-22所示。

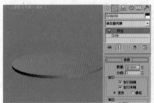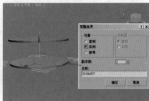

图4-21   图4-22

④ 选择上一步复制的圆，使用【选择并均匀缩放】工具缩放至合适大小，如图4-23所示。

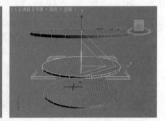

图4-23

Part 02 创建茶几腿模型

① 在前视图利用【线】工具，绘制如图4-24所示的形状。

② 选择上一步创建的样条线，在【渲染】选项组中分别选中【在渲染中启用】和【在视口中启用】复选框，激活【矩形】选项组，设置【长度】为25mm，【宽度】为35mm，如图4-25所示。

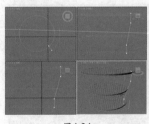

图4-24   图4-25

③ 选择线，单击 按钮进入【层次】面板，单击 仅影响轴 按钮，在顶视图中将线的轴心移动到圆的正中心，最后再次单击 仅影响轴 按钮，将其取消，如图4-26所示。

④ 选择线，使用【选择并旋转】工具，并按住Shift键旋转复制7条线，如图4-27所示。

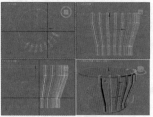

图4-26　　　　　　　　　　图4-27

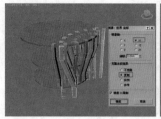
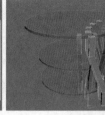

图4-28　　　　　　　　　图4-29

⑤ 将所有的线选中，然后单击【镜像】按钮，并设置【镜像轴】为XY，设置【克隆当前选择】为【复制】，最后单击【确定】按钮，如图4-28所示。

⑥ 此时模型效果如图4-29所示。

⑦ 使用【选择并移动】工具，将步骤⑤中镜像出的模型移动到正确的位置。最终模型效果如图4-30所示。

图4-30

小实例：利用样条线制作创意书架

场景文件	无
案例文件	小实例：利用样条线制作创意书架.max
视频教学	DVD/多媒体教学/Chapter04/小实例：利用样条线制作创意书架.flv
难易指数	★★★☆☆
建模方式	样条线建模
技术掌握	掌握【线】工具、样条线的可渲染功能的运用

实例介绍

本例主要使用【线】工具来完成模型的制作，最终渲染效果如图4-31所示。

建模思路

01 STEP 使用【线】工具绘制书架的线。

02 STEP 使用样条线的可渲染功能将线变为三维模型。

操作步骤

Part 01 使用【线】绘制书架的线

① 单击（创建）|（图形）| 线 按钮，在前视图中绘制出样条线，具体的尺寸可以使用长方体作为参照，如图4-32所示。

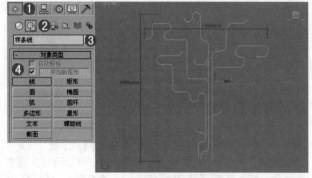

图4-32

② 选择其中一条线，然后在【修改】面板中单击 附加多个 按钮，并在弹出的【附加多个】对话框中选择所有的图形，

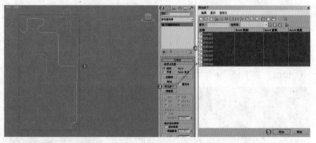

最后单击【附加】按钮，如图4-33所示。

图4-33

> **技巧提示**
>
> 选择其中一条线，并单击【附加多个】按钮，将所有的线附加到一起，这样所有的线会变为一条线，因此在后面选择线后添加修改器命令或修改参数时，所有的线都会受到影响，因此会方便操作。

③ 选择上一步的线，并进入【修改】面板，单击【顶点】级别，并选择所有的点，然后在【修改】面板中单击 圆角 按钮并进行适当的拖曳，此时所有的点将会产生圆角效果，如图4-34所示，此时场景效果如图4-35所示。

图4-31

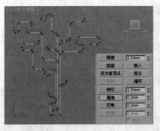

图4-34 图4-35

 技巧提示

一般情况下，选择顶点并使用 圆角 工具即可制作出圆角效果，但是有些时候我们无论如何操作点也不会有任何反应，这时需要检查一下这个点是否是两个点，如果是两个顶点，只需要将这两个顶点焊接为一个顶点即可，如图4-36所示，我们从视觉上看到的好像是一个顶点。但是我们将其移动时，会发现其实是两个顶点，如图4-37所示。

图4-36 图4-37

此时只需要选择这两个顶点，并设置 焊接 按钮后面的数字为比较大的数值，然后单击 焊接 按钮，便会看到两个点被焊接到了一起，如图4-38所示。

 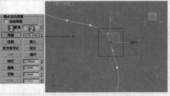

图4-38

 技巧提示

【线】的可控性非常强，可以任意地绘制出各式各样的效果，而且可以方便地进行添加点、删除点操作，当需要在某个位置添加点时，只需要进入【顶点】级别 ，然后单击 优化 按钮，最后在线上单击即可，如图4-39所示。

若要删除点，只需要选择点，然后按Delete键即可，如图4-40所示。

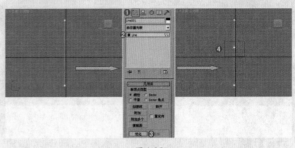

图4-39

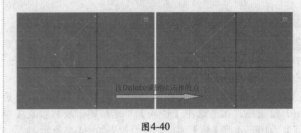

图4-40

Part 02 使用样条线的可渲染功能将线变为三维模型

❶ 选择上一步创建的样条线，选中【在渲染中启用】和【在视口中启用】复选框，接着选中【矩形】单选按钮，设置【长度】为280mm，【宽度】为18mm，如图4-41所示。

❷ 模型最终效果如图4-42所示。

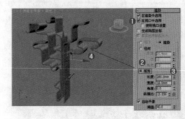 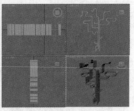

图4-41 图4-42

小实例：利用样条线制作椅子

场景文件	无
案例文件	实战——利用样条线制作椅子.max
视频教学	DVD/多媒体教学/Chapter 04/实战——利用样条线制作椅子.flv
难易指数	★★★★★
建模方式	样条线建模
技术掌握	【线】工具、样条线的可渲染功能的运用

实例介绍

本例主要使用【线】工具、样条线的可渲染功能来进行制作，效果如图4-43所示。

图4-43

建模思路

01 使用【线】工具以及样条线的可渲染功能创建椅子主体框架模型。

02 使用【线】工具以及样条线的可渲染功能创建椅子其他模型。

椅子的建模流程如图4-44所示。

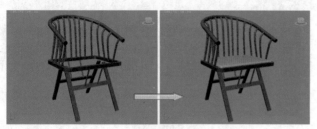

图4-44

操作步骤

Part 01 创建椅子框架模型

❶ 在【创建】面板中设置图形类型为【样条线】，然后单击 ▬▬ 线 ▬▬ 按钮，接着在顶视图中绘制一条如图4-45所示的样条线作为椅子顶部模型。

❷ 选择样条线，选中【在渲染中启用】和【在视口中启用】复选框，接着选中【径向】单选按钮，最后设置【厚度】为100mm，【边】为12，模型效果如图4-46所示。

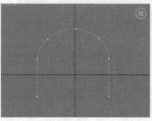

图4-45　　　　　　　　　　图4-46

❸ 选择上一步中的线，并使用【选择并旋转】工具 ⟳ 在左视图中将线旋转22°左右，如图4-47所示。

❹ 继续使用【线】工具在左视图中绘制一条如图4-48所示的样条线作为椅子靠背模型。

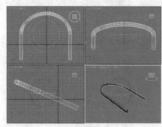

图4-47　　　　　　　　　　图4-48

❺ 选择样条线，选中【在渲染中启用】和【在视口中启用】

用】复选框，接着选中【径向】单选按钮，最后设置【厚度】为50mm，【边】为12，模型效果如图4-49所示。

❻ 再次使用【线】工具在视图中创建7条如图4-50所示的线。

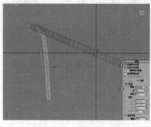
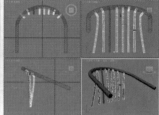

图4-49　　　　　　　　　　图4-50

❼ 再次使用【线】工具在视图中创建8条如图4-51所示的线。

❽ 使用【矩形】工具在顶视图中绘制一个与两侧扶手契合的矩形，然后在【渲染】卷展栏中选中【在渲染中启用】和【在

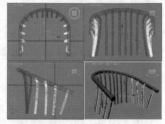

图4-51

视口中启用】复选框，接着选中【矩形】单选按钮，最后设置【长度】为100mm，【宽度】为95mm；展开【参数】卷展栏，然后设置【长度】为1400mm，【宽度】为1800mm，【角半径】为100mm，具体设置和效果如图4-52所示。

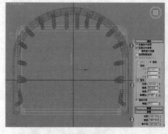

图4-52

Part 02 创建椅子其他模型

❶ 使用【线】工具在前视图中绘制一条样条线。进入【修改】面板，选中【在渲染中启用】和【在视口中启用】复选框，接着选中【矩形】单选按钮，最后设置【长度】为50mm，【宽度】为120mm，如图4-53所示。

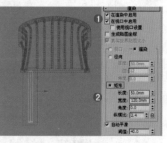

图4-53

❷ 使用【选择并移动】工具 ✛ 选择椅子腿模型，然后按住Shift键的同时移动复制出一个椅子腿到如图4-54所示的位置。

3ds Max 2016 中文版+VRay效果图制作从入门到精通

❸ 采用相同的方法创建出其他的椅子腿，完成后的效果如图4-55所示。

❹ 在【修改】面板中设置几何体类型为【扩展基本体】，然后单击 切角长方体 按钮，接着在顶视图中绘制一个切角长方体作为椅子坐垫模型，设置【长度】为1400mm，【宽度】为1750mm，【高度】为100mm，【圆角】为75mm，如图4-56所示。

❺ 模型最终效果如图4-57所示。

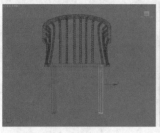
图4-54

图4-55

图4-56

图4-57

4.1.2 扩展样条线

扩展样条线有5种类型，分别是【墙矩形】、【通道】、【角度】、【T形】和【宽法兰】，如图4-58所示。

选择相应的扩展样条线工具后，在视图中拖曳光标就可以创建出不同的扩展样条线，如图4-59所示。

图4-58　　图4-59

> **技巧提示**
>
> 　　扩展样条线的创建方法和参数设置比较简单，与样条线的使用方法基本相同，因此在这里就不多加讲解了。

4.2 编辑样条线

　　虽然3ds Max 2016提供了很多种二维图形，但是也不能满足创建复杂模型的需求，因此就需要对样条线的形状进行修改，并且由于绘制出来的样条线都是参数化物体，只能对参数进行调整，所以这就需要将样条线转换为可编辑样条线。

4.2.1 将样条线转换为可编辑样条线

将样条线转换为可编辑样条线的方法有两种。

方法01　选择二维图形，然后单击鼠标右键，接着在弹出的快捷菜单中选择【转换为/转换为可编辑样条线】命令，如图4-60所示。

> **技巧提示**
>
> 　　将二维图形转换为可编辑样条线后，在【修改】面板的修改器堆栈中就只剩下【可编辑样条线】选项，并且没有了【参数】卷展栏，增加了【选择】、【软选择】和【几何体】卷展栏，如图4-61所示。

方法02　选择二维图形，然后在【修改器列表】中为其加载一个【编辑样条线】修改器，如图4-62所示。

图4-60

图4-61

图4-62

技巧提示

与第1种方法相比，第2种方法的修改器堆栈中不只包含【编辑样条线】选项，同时还保留了原始的二维图形。当选择【编辑样条线】选项时，其卷展栏包含【选择】、【软选择】和【几何体】，如图4-63所示；当选择二维图形选项时，其卷展栏包括【渲染】、【插值】和【参数】，如图4-64所示。

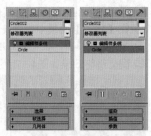

图4-63   图4-64

4.2.2 调节可编辑样条线

将样条线转换为可编辑样条线后，在修改器堆栈中单击【可编辑样条线】前面的+按钮，可以展开样条线的子对象层次，包括【顶点】、【线段】和【样条线】，如图4-65所示。

通过【顶点】、【线段】和【样条线】子对象层级可以分别对顶点、线段和样条线进行编辑。下面以【顶点】层级为例来讲解可编辑样条线的调节方法，选择【顶点】层级后，在视图中就会出现图形的可控制点，如图4-66所示。

使用【选择并移动】工具、【选择并旋转】工具和【选择并均匀缩放】工具可以对顶点进行移动、旋转和缩放调整，如图4-67所示。

图4-65

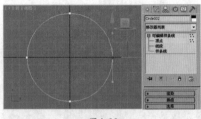

图4-66

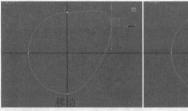

图4-67

顶点的类型有4种，分别是【Bezier角点】、Bezier、【角点】和【平滑】，可以通过四元菜单中的命令来转换顶点类型，其操作方法就是在顶点上单击鼠标右键，然后在弹出的快捷菜单中选择相应的类型即可，如图4-68所示。如图4-69所示是4种不同类型的顶点。

- Bezier角点：带有两个不连续的控制柄，通过这两个控制柄可以调节转角处的角度。
- Bezier：带有两个连续的控制柄，用于创建平滑的曲线，顶点处的曲率由控制柄的方向和量级确定。
- 角点：创建尖锐的转角，角度的大小不可以调节。
- 平滑：创建平滑的圆角，圆角的大小不可以调节。

Bezier 角点
Bezier ✓
角点
平滑

图4-68   图4-69

4.2.3 将二维图形转换为三维模型

将二维图形转换为三维模型有很多方法，常用的方法是为模型加载【挤出】、【倒角】或【车削】修改器，如图4-70所示是为二维文字加载【倒角】修改器后转换为三维文字的效果。

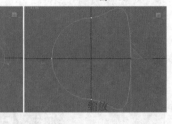

图4-70

小实例：利用样条线制作屏风

场景文件	无
案例文件	小实例：利用样条线制作屏风.max
视频教学	DVD/多媒体教学/Chapter 04/小实例：利用样条线制作屏风.flv
难易指数	★★★★★
建模方式	样条线建模、多边形建模
技术掌握	掌握【长方体】工具、【选择并移动】工具的运用

实例介绍

本例主要使用扩展基本体下的【长方体】工具来完成模型的制作，最终渲染效果如图4-71所示。

3ds Max 2016 中文版+VRay效果图制作从入门到精通

图4-71

建模思路

01
STEP 使用样条线制作屏风主体部分。

02
STEP 使用多边形建模制作屏风剩余部分。

屏风的建模流程如图4-72所示。

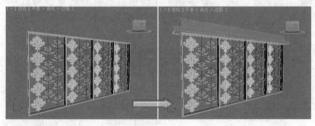

图4-72

操作步骤

Part 01 使用样条线制作屏风主体部分

❶ 使用矩形工具在前视图中创建一个矩形，接着在【修改】面板中展开【参数】卷展栏，设置【长度】为2600mm，【宽度】为1270mm，如图4-73所示。

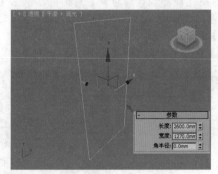

图4-73

❷ 展开【渲染】卷展栏，选中【在渲染中启用】和【在视口中启用】复选框，接着选中【矩形】单选按钮，设置【长度】为200mm，【宽度】为30mm，如图4-74所示。

❸ 使用【线】工具在前视图中绘制出如图4-75所示的图形。

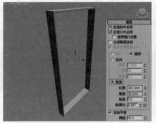

图4-74   图4-75

❹ 接着选择图形，在【修改】面板中加载【挤出】修改器，设置【参数】为10mm，如图4-76所示。

❺ 选择挤出后的模型，然后使用【选择并移动】工具，同时按下键盘上的Shift键复制4份，如图4-77所示。

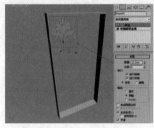

图4-76   图4-77

❻ 使用【线】工具在前视图中创建样条线，选中【在渲染中启用】和【在视口中启用】复选框，选中【径向】单选按钮，设置【厚度】为8mm，如图4-78所示。

❼ 此时的模型效果如图4-79所示。

❽ 继续使用【选择并移动】工具，同时按下Shift键复制3份，如图4-80所示。

 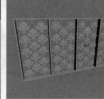 

图4-78   图4-79   图4-80

Part 02 使用多边形建模制作屏风剩余部分

❶ 使用【长方体】工具在顶视图中创建一个长方体，设置【长度】为600mm，【宽度】为5600mm，【高度】为110mm，如图4-81所示。

❷ 为刚创建的长方体添加【编辑多边形】修改器，如图4-82所示。

❸ 进入【多边形】级别，并选择如图4-83所示的多边形。

❹ 单击 插入 按钮后的【设置】按钮，并设置【插入数量】为180mm，如图4-84所示。

❺ 接着单击 挤出 按钮后的【设置】按钮，并设置【挤出数量】为300mm，如图4-85所示。

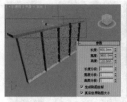

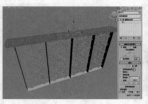
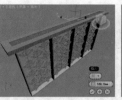
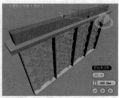

图4-81　　　　　　图4-82　　　　　　图4-83　　　　　　图4-84　　　　　　图4-85

⑥ 进入【边】级别 ⟍，并选择如图4-86所示的边。

⑦ 接着单击　切角　按钮后的【设置】按钮□，并设置【切角数量】为3mm，【分段】为2，如图4-87所示。

⑧ 模型最终效果如图4-88所示。

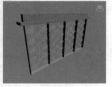

图4-86　　　　　　　图4-87　　　　　　　图4-88

小实例：利用样条线制作室内框架

场景文件	CAD户型图
案例文件	小实例：利用样条线制作室内框架.max
视频教学	DVD/多媒体教学/Chapter 04/小实例：利用样条线制作室内框架.flv
难易指数	★★★★★
建模方式	样条线建模和修改器建模
技术掌握	掌握【线】工具、【矩形】工具并加载【挤出】修改器的运用

实例介绍

本例主要使用【线】工具、【矩形】工具并加载【挤出】修改器来完成模型的制作，最终渲染效果如图4-89所示。

图4-89

建模思路

01
STEP 使用样条线绘制室内框架结构。

02
STEP 使用【挤出】修改器将二维结构转换为三维模型。室内框架的建模流程如图4-90所示。

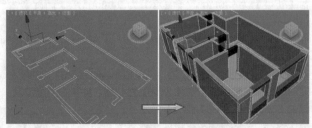

图4-90

操作步骤

Part 01 使用样条线绘制室内框架结构

① 单击 ⟦⟧ | ⟦导入⟧ | ⟦导入⟧ 按钮，在打开的对话框选择导入本书配套光盘中的【CAD户型图.dwg】文件，如图4-91所示。

图4-91

② 此时弹出【检测到代理对象】对话框，单击【是】按钮，接着弹出【AutoCAD DWG/DXF导入选项】对话框，单击【确定】按钮，如图4-92所示。

③ 此时场景效果如图4-93所示。

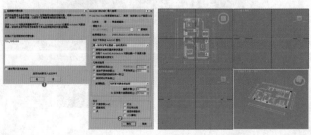

图4-92　　　　　　　　图4-93

④ 确认导入的CAD图形处于选择状态，单击鼠标右键，并在弹出的快捷菜单中执行【冻结当前选择】命令，如图4-94所示。

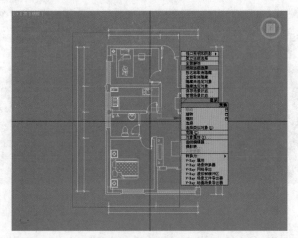

图4-94

技巧提示

在主工具栏中单击 （捕捉开关）工具，接着在工具上单击鼠标右键并在弹出的对话框中选择【选项】选项卡，选中【捕捉到冻结对象】复选框，如图4-95所示。

图4-95

⑤ 激活顶视图，单击 ▦（创建面板）｜ ▦（图形）｜ ▭▭▭ 按钮，按照CAD户型图进行绘制，如图4-96所示。

⑥ 继续进行绘制，如图4-97所示。

图4-96

图4-97

技巧提示

在使用图形创建时可以取消选中【开始新图形】复选框，这样我们所绘制的图形会自动附加成一个整体，如图4-98所示。

图4-98

⑦ 绘制完毕后的效果如图4-99所示。

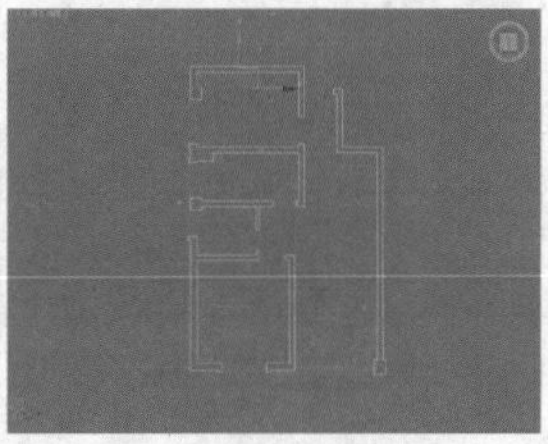

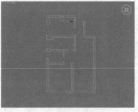

图4-99

技巧提示

使用【线】工具在视图中绘制线时，可能会出现由于显示器不够大、绘制的图形过于复杂或精细而造成的绘制不便，如图4-100所示，当我们想继续向右绘制时，发现只有使用鼠标中键将视图缩小，才能继续完成向右绘制，但是这种方法非常不好，因为视图缩小了，导致我们无法更仔细地绘制。因此在这里提供一个快捷的方法，如需要继续向右绘制时，可以按快捷键I，视图即可自动向右调整，因此就可以任意地绘制了，如图4-101所示。

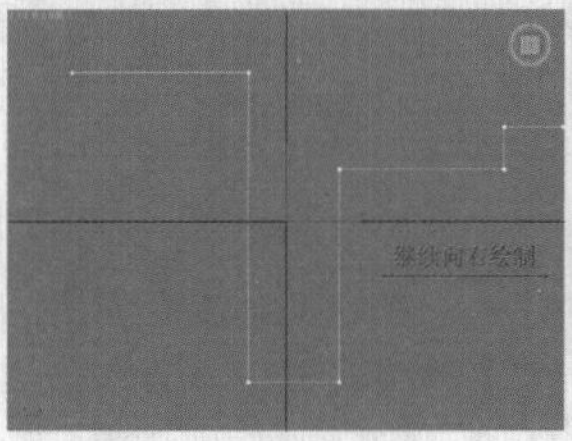

图4-100

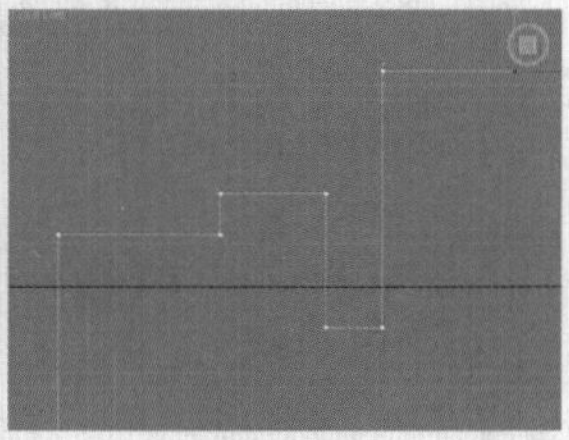

图4-101

Part 02 使用【挤出】修改器将二维结构转化为三维模型

① 选择 Part 01 部分创建的图形，在【修改器列表】中添加一个【挤出】修改器，并设置【数量】为2800mm，如图4-102所示。

② 使用【矩形】工具在顶视图中绘制一个矩形，作为门框上方的墙面，如图4-103所示。

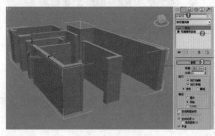

图4-102

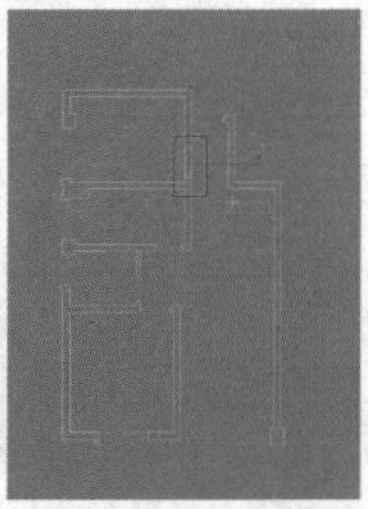

图4-103

③ 选择上一步中绘制的矩形，在【修改器列表】中添加一个【挤出】修改器，并设置【数量】为﹣600mm，如图4-104所示。

④ 使用同样的方法继续进行创建，此时场景效果如图4-105所示。

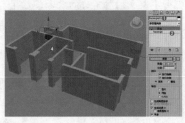

图4-104

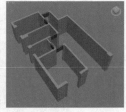

图4-105

⑤ 继续使用样条线并加载【挤出】修改器制作户型图窗台处模型,此时模型效果如图4-106所示。

⑥ 最后使用样条线并加载【挤出】修改器制作户型图地面模型,最终模型效果如图4-107所示。

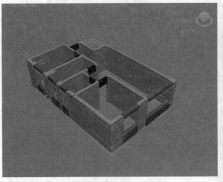

图4-106

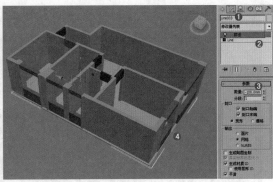

图4-107

小实例：利用样条线制作吊灯

场景文件	无
案例文件	小实例：利用样条线制作吊灯.max
视频教学	DVD/多媒体教学/Chapter 04/小实例：利用样条线制作吊灯.flv
难易指数	★★★★★
建模方式	样条线建模
技术掌握	掌握样条线的可渲染功能和【车削】修改器的运用

实例介绍

本例主要使用样条线的可渲染功能和【车削】修改器来完成模型的制作,最终渲染效果如图4-108所示。

图4-108

建模思路

吊灯建模流程如图4-109所示。

图4-109

操作步骤

步骤01 单击 ✥(创建)| ◘ (图形)| 线 按钮,在前视图中绘制出样条线,具体的尺寸可以使用长方体作为参照,如图4-110所示。

图4-110

步骤02 选择上一步创建的图形,在【修改】面板中加载【车削】修改器,设置【度数】为360,并设置【方向】为Y轴,如图4-111所示。

步骤03 在修改器堆栈下选择【轴】级别,在前视图中沿X轴向右适当拖曳,拖曳后的效果如图4-112所示。

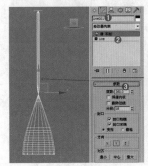

图4-111

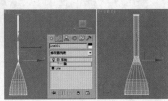

图4-112

 技巧提示

在为线加载【车削】修改器后,线会变为三维的外观,但是很多时候模型并不是我们所需要的效果,可能会出现模型太细、有穿插等问题。此时可以选择车削后的模型,并单击修改,选择【车削】修改器的【轴】层级,再使用【选择并移动】工具 ✥ 将【轴】层级进行移动即可调整其外观。如图4-113所示为选择【轴】层级,如图4-114所示为通过调整【轴】层级的位置而出现的不同效果。

图4-113

图4-114

3ds Max 2016 中文版+VRay效果图制作从入门到精通

步骤04 使用【线】工具在前视图中绘制一条线,选中【在渲染中启用】和【在视口中启用】复选框,并选中【径向】单选按钮,最后设置【厚度】为4.5mm,如图4-115所示。

步骤05 选择场景中的所有模型,然后执行【组】|【成组】命令,如图4-116所示。

步骤06 选择成组后的模型,然后使用【选择并移动】工具并复制5份,最终模型效果如图4-117所示。

图4-115

图4-116

图4-117

小实例：利用样条线制作创意酒架

场景文件	无
案例文件	小实例：利用样条线制作创意酒架.max
视频教学	DVD/多媒体教学/Chapter 04/小实例：利用样条线制作创意酒架.flv
难易指数	★★★★★
建模方式	扩展基本体建模
技术掌握	掌握【样条线】工具、【选择并移动】工具、【挤出】修改器的运用

实例介绍

本例主要使用样条线工具来完成模型的制作,最终渲染效果如图4-118所示。

图4-118

建模思路

01 使用样条线和【挤出】修改器制作酒架台面部分。

02 使用样条线和【挤出】修改器制作酒架剩余部分。
创意酒架的建模流程如图4-119所示。

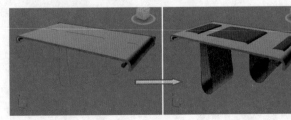
图4-119

操作步骤

Part 01 使用样条线和【挤出】修改器制作酒架台面部分

① 单击 （创建）| （图形）| 线 按钮,在前视图中绘制出样条线,具体的尺寸可以使用长方体作为参照,如图4-120所示。

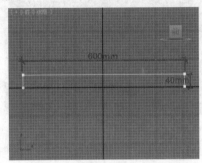
图4-120

② 在【顶点】级别 下选择如图4-121所示的两个点,然后在【修改】面板中单击 圆角 按钮并进行适当的拖曳。

③ 此时场景效果如图4-122所示。

图4-121   图4-122

④ 选择上一步创建的线,接着选中【在渲染中启用】和【在视口中启用】复选框,选中【矩形】单选按钮,设置【长度】为350mm,【宽度】为10mm,如图4-123所示。

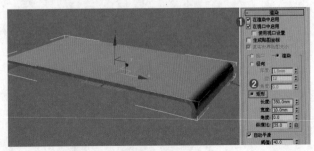
图4-123

⑤ 使用【矩形】工具在前视图中拖曳创建一个矩形，设置【长度】为50mm，【宽度】为635mm，【角半径】为10mm，如图4-124所示。

⑥ 选择刚创建的矩形，然后在【修改】面板中选择并加载【挤出】修改器，设置【数量】为15mm，如图4-125所示。

Part 02 使用样条线和【挤出】修改器制作酒架剩余部分

① 继续使用【线】工具在前视图中拖曳创建样条线，如图4-126所示。

② 选择如图4-127所示的样条线，选中【在渲染中启用】和【在视口中启用】复选框，选中【矩形】单选按钮，设置【长度】为200mm，【宽度】为2mm。

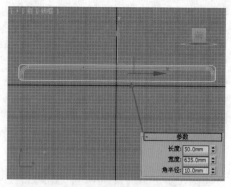

图4-124

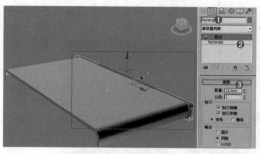

图4-125

图4-126

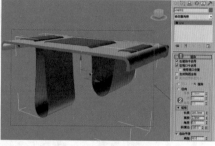

图4-127

③ 使用【圆】工具在前视图中拖曳创建一个圆，设置【半径】为8mm，如图4-128所示。

④ 选择刚创建的圆，然后在【修改】面板中选择并加载【挤出】修改器，设置【数量】为350mm，如图4-129所示。

⑤ 最终模型效果如图4-130所示。

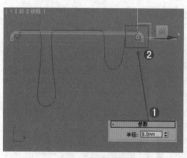

图4-128

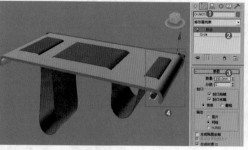

图4-129

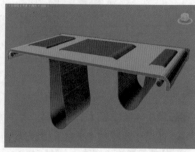

图4-130

 读书笔记

Chapter 5

第5章

修改器建模

修改器建模是在已有基本模型的基础上，在【修改】面板中添加相应的修改器，将模型进行塑形或编辑。这种方法可以快速打造特殊的模型效果，如扭曲、晶格等。

本章学习要点：

- 什么是修改器
- 常用修改器的种类
- 使用修改器制作模型

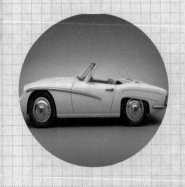

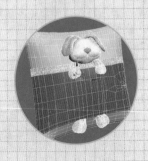

5.1 修改器

修改器建模是在已有基本模型的基础上,在【修改】面板中添加相应的修改器,将模型进行塑形或编辑。这种方法可以快速打造特殊的模型效果,如扭曲、晶格等。如图5-1所示为优秀的修改器建模作品。

图5-1

5.1.1 修改器堆栈

创建模型后,通常会进入到【修改】面板 来更改对象的原始创建参数,这种方法只可以调整物体的基本参数,如长度、宽度等,却无法对模型的本身做较大改变。

修改器堆栈是【修改】面板上的列表,上面有选定的对象以及应用它的所有修改器。如图5-2所示,创建一个长方体Box001,然后单击【修改】面板,最后在【修改器列表】中添加【弯曲(Bend)】和【晶格】修改器。

图5-2

- 【锁定堆栈】按钮 :激活该按钮可将堆栈和【修改】面板的所有控件锁定到选定对象的堆栈中。即使在选择了视图中的另一个对象之后,也可以继续对锁定堆栈的对象进行编辑。
- 【显示最终结果】按钮 :激活该按钮后,会在选定的对象上显示整个堆栈的效果。
- 【使唯一】按钮 :激活该按钮可将关联的对象修改成独立对象,这样可以对选择集中的对象单独进行编辑(只有在场景中拥有选择集时该按钮才可用)。
- 【从堆栈中移除修改器】按钮 :若堆栈中存在修改

器,单击该按钮可删除当前修改器,并清除该修改器引发的所有更改。

 技巧提示

如果想要删除某个修改器,不可以在选中某个修改器后按Delete键,那样会删除对象本身。

- 【配置修改器集】按钮 :单击该按钮可弹出一个菜单,该菜单中的命令主要用于配置在【修改】面板中如何显示和选择修改器。

5.1.2 为对象加载修改器

为对象加载修改器的步骤如下:

步骤01 使用修改器之前,一定要有已创建好的基础对象,如几何体、图形、多边形模型等。如图5-3所示,我们创建一个长方体模型,并设置合适的分段数值。

步骤02 选择创建出的长方体,然后单击进入 【修改】面板,接着在【修改器列表】中选择【弯曲】修改器,如图5-4所示。

步骤03 此时【弯曲】修改器已经添加给了长方体,然后在【修改】面板中将其参数进行适当设置,如图5-5所示。

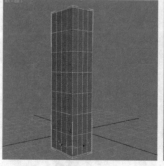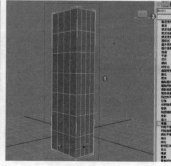

图5-3　　　　　　　　　　　　图5-4

3ds Max 2016 中文版+VRay效果图制作从入门到精通

步骤04 在【修改】面板中的【修改器列表】按钮中选择【晶格】修改器，如图5-6所示。

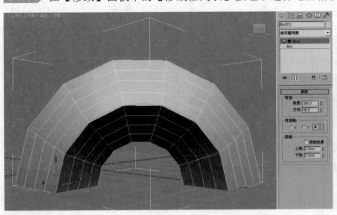

图5-5   图5-6

步骤05 此时长方体新增了一个【晶格】修改器，而且该修改器在最开始加载的修改器的上方。在【修改】面板中将其参数进行适当设置，如图5-7所示。

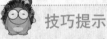 **技巧提示**

　　在添加修改器时一定要注意添加的次序，否则将会出现不同的效果。

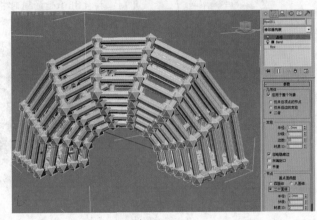

图5-7

5.1.3　修改器次序变化产生的效果

　　修改器对于次序而言遵循"据后"原则，即后添加的修改器会在修改器堆栈的顶部，从而作用于它下方的所有修改器和原始模型；而最先添加的修改器会在修改器堆栈的底部，从而只能作用于它下方的原始模型。如图5-8所示为模型先添加【弯曲】修改器、后添加【晶格】修改器的模型效果。

　　如图5-9所示为模型先添加【晶格】修改器、后添加【弯曲】修改器的模型效果。

　　不难发现，更改修改器的次序，会对最终的模型产生影响。但这不是绝对的，在有些情况下，更改修改器次序不会产生任何效果。

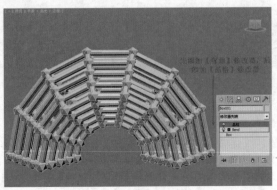

图5-8

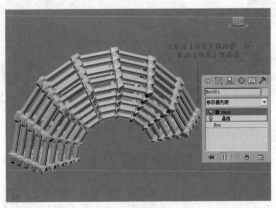

图5-9

第 5 章　修改器建模

99

5.1.4 编辑修改器

在修改器堆栈上单击鼠标右键会弹出一个修改器堆栈菜单，该菜单中的命令可以用来编辑修改器，如图5-10所示。

图5-10

技巧提示

从修改器堆栈菜单中可以看出修改器可以复制到另外的物体上，其操作方法有以下两种。

第1种：在修改器上单击鼠标右键，然后在弹出的快捷菜单中选择【复制】命令，接着在另外的物体上单击鼠标右键，并在弹出的快捷菜单中选择【粘贴】命令，如图5-11所示。

第2种：使用鼠标左键将修改器拖曳到视图中的某一物体上。

按住Ctrl键的同时将修改器拖曳到其他对象上时，可以将该修改器作为实例进行粘贴，也就相当于关联复制；按住Shift键的同时将修改器拖曳到其他对象上时，可将源对象中的修改器剪切到其他对象上，如图5-12所示。

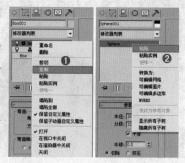

图5-11

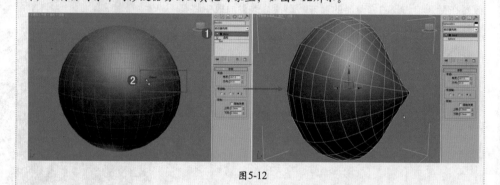

图5-12

5.1.5 塌陷修改器堆栈

使用【塌陷全部】或【塌陷到】命令可以将对象堆栈的全部或部分塌陷为可编辑的对象，该对象可以保留基础对象上塌陷的修改器的累加效果。通常塌陷修改器堆栈的原因有以下3种。

（1）简化场景几何体。

（2）丢弃应用的修改器，并将对象转化为可编辑网格，同时保留所有的应用修改器的结果。

（3）简化场景以节约内存。

技巧提示

多数情况下，塌陷所有或部分堆栈将保存内存。然而，塌陷一些修改器，例如塌陷【倒角】修改器将增加文件大小和内存。塌陷对象堆栈之后，不能再以参数方式调整其创建参数或受塌陷影响的单个修改器，指定给这些参数的动画堆栈将随之消失。塌陷堆栈并不影响对象的变换，它只在使用【塌陷到】命令时影响世界空间绑定。如果堆栈不包含修改器，塌陷堆栈将不保存内存。

1. 塌陷到

【塌陷到】命令可以将选择的修改器及其以下的修改器和基础物体进行塌陷。如图5-13所示为一个球体依次加载【Bend（弯曲）】修改器、【Noise（噪波）】修改器、【Twist（扭曲）】修改器和【网格平滑】修改器的【修改】面板。

选中【Noise（噪波）】修改器，并在该修改器上单击鼠标右键，接着在弹出的快捷菜单中选择【塌陷到】命令，此时会弹出一个警告对话框，提示是否继续应用【塌陷到】命令，这里单击【是】按钮，如图5-14所示。

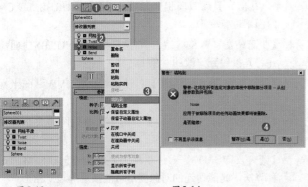

图5-13 　　　　　　　　　　图5-14

- **暂存(H)/是**按钮：单击该按钮可将当前对象的状态保存到【暂存】缓冲区，然后才应用【塌陷到】命令。如果要撤销刚才的操作，可执行【编辑】|【取回】命令，以恢复到塌陷前的状态。

- **是(Y)**按钮：单击该按钮可执行塌陷操作。

- **否(N)**按钮：单击该按钮可取消塌陷操作。

当执行塌陷操作后，在修改器堆栈中只剩下位于Noise（噪波）修改器上方的Twist（扭曲）修改器和【网格平滑】修改器，而下方的修改器已经全部消失，并且基础物体已经变成了【可编辑网格】物体，如图5-15所示。

图5-15

5.1.6 修改器的种类

选择三维模型对象，然后单击☑按钮进入【修改】面板，接着单击修改器列表下拉列表，此时会看到很多种修改器，如图5-18所示。

选择二维图形对象，此时【修改】面板中的修改器列表如图5-19所示。但是我们会发现这两者是有不同的，这是因为三维物体有相对应的修改器，而二维图像也有其相对应的修改器。

图5-18 　　图5-19

2. 塌陷全部

【塌陷全部】命令可以将所有的修改器和基础物体全部塌陷。

若要塌陷全部的修改器，可在其中的任意一个修改器上单击鼠标右键，然后在弹出的快捷菜单中选择【塌陷全部】命令，如图5-16所示。

图5-16

当执行【塌陷全部】命令后，修改器堆栈中没有任何修改器，只剩下【可编辑多边形】，因此该操作与直接在该模型上单击鼠标右键，在弹出的快捷菜单中选择【转换为可编辑多边形】命令的最终结果是一样的，如图5-17所示。

图5-17

修改器类型有很多，有几十种，若安装了插件，修改器可能会相应的增加。这些修改器被放置在几个不同类型的修改器集合中，分别为【转化修改器】、【世界空间修改器】和【对象空间修改器】，如图5-20所示。

图5-20

❶【转化修改器】

- 转化为多边形：该修改器允许在修改器堆栈中应用对象转化。
- 转化为面片：该修改器允许在修改器堆栈中应用对象转化。
- 转化为网格：该修改器允许在修改器堆栈中应用对象转化。

❷【世界空间修改器】

- 【Hair和Fur（WSM）】：用于为物体添加毛发。
- 【点缓存（WSM）】：使用该修改器可将修改器动画存储到磁盘中，然后使用磁盘文件中的信息来播放动画。
- 【路径变形（WSM）】：可根据图形、样条线或NURBS曲线路径将对象进行变形。
- 【面片变形（WSM）】：可根据面片将对象进行变形。
- 【曲面变形（WSM）】：其工作方式与【路径变形

（WSM）】修改器相同，只是它使用NURBS点或CV曲面来进行变形。

- 【曲面贴图（WSM）】：将贴图指定给NURBS曲面，并将其投射到修改的对象上。
- 【摄影机贴图（WSM）】：使摄影机将UVW贴图坐标应用于对象。
- 【贴图缩放器（WSM）】：用于调整贴图的大小并保持贴图的比例。
- 【细分（WSM）】：提供用于光能传递创建网格的一种算法，光能传递的对象要尽可能接近等边三角形。
- 【置换网格（WSM）】：用于查看置换贴图的效果。

技巧提示

【对象空间修改器】下面包含的修改器最多，也是应用最为广泛的，是应用于单独对象的修改器，在5.2小节中会进行细致的讲解。

5.2 常用修改器

❶【车削】修改器

【车削】修改器可以通过绕轴旋转一个图形或 NURBS 曲线来创建3D对象，其参数设置如图5-21所示。

- 度数：确定对象绕轴旋转多少度范围。
- 焊接内核：通过将旋转轴中的顶点焊接来简化网格。如果要创建一个变形目标，应取消选中该复选框。
- 翻转法线：依赖图形上顶点的方向和旋转方向，旋转对象可能会内部外翻。
- 分段：在起始点之间，确定在曲面上创建多少插补线段。
- 封口始端：封口设置的【度数】小于360的车削对象的始点，并形成闭合图形。
- 封口末端：封口设置的【度数】小于360的车削对象的终点，并形成闭合图形。
- 变形：按照创建变形目标所需的可预见且可重复的模式排列封口面。渐进封口可以产生细长的面，而不像栅格封口需要渲染或变形。如果要车削出多个变形目标，主要使用渐进封口的方法。

图5-21

- 栅格：在图形边界上的方形修剪栅格中安排封口面。此方法产生尺寸均匀的曲面，可使用其他修改器很容易将这些曲面变形。
- X/Y/Z：相对对象轴点，设置轴的旋转方向。
- 最小/中心/最大：将旋转轴与图形的最小、中心或最大范围对齐。
- 面片：产生一个可以折叠到面片对象中的对象。
- 网格：产生一个可以折叠到网格对象中的对象。
- NURBS：产生一个可以折叠到 NURBS 对象中的对象。

小实例：利用【车削】修改器制作台灯

场景文件	无
案例文件	小实例：利用车削修改器制作台灯.max
视频教学	DVD/多媒体教学/Chapter 05/小实例：利用【车削】修改器制作台灯.flv
难易指数	★★★★★
建模方式	修改器建模
技术掌握	掌握【车削】修改器的运用

实例介绍

本例主要使用【车削】修改器来完成模型的制作，最终渲染效果如图5-22所示。

图5-22

建模思路

01 使用样条线和【车削】修改器制作灯座模型。

02 使用样条线和【车削】修改器制作灯罩模型。
台灯建模流程如图5-23所示。

图5-23

操作步骤

Part 01 使用样条线和【车削】修改器制作灯座模型

❶ 单击 ▓ （创建） | ▓ （图形） | ▟ 线 按钮，在前视图中绘制如图5-24所示的样条线，具体的尺寸可以使用长方体作为参照。

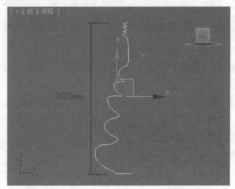

图5-24

技巧提示

在该步骤中使用【线】工具绘制了一条线，绘制完成后需要将线的转折强烈的位置调节平滑，这样在加载【车削】修改器后产生的模型才会更加真实。如图5-25（a）所示为选择转折强烈的点，并单击鼠标右键，可以选择4种点的方式，分别为【Bezier角点】、Bezier、【角点】和【平滑】。若要将顶点两侧的弧度分别进行修改，可以选择【Bezier角点】。若要将顶点的弧度整体进行修改，可以选择Bezier。若要将顶点两侧变为直线转折，可以选择【角点】。若要将顶点快速进行平滑，可以选择【平滑】，如图5-25（b）即为平滑后的效果。

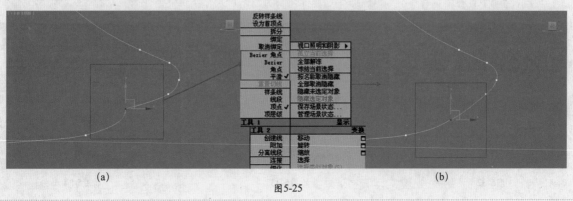

(a)　　　　　　　　　　　　　　　　　　　　(b)

图5-25

❷ 选择上一步创建的样条线，为其加载【车削】修改器，设置【度数】为360，【分段】为36，【方向】为Y轴，【对齐】方式为【最大】，如图5-26所示。

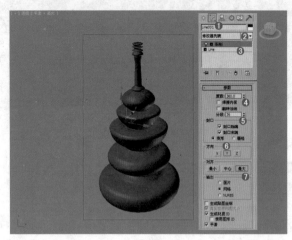

图5-26

Part 02 使用样条线和【车削】修改器制作灯罩模型

❶ 继续使用【线】工具在前视图中绘制一条线，如图5-27所示。

❷ 在【修改器列表】下拉列表中选择并加载【车削】修改器，设置【度数】为360，【分段】为36，【方向】为Y轴，【对齐】方式为【最大】，如图5-28所示。

图5-27   图5-28

❸ 选择上一步创建的模型，然后在修改器堆栈中单击【轴】级别，并使用【选择并移动】工具➕移动轴，此时模型效果如图5-29所示。台灯的最终模型效果如图5-30所示。

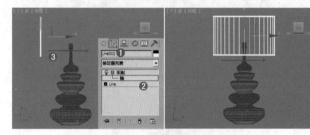

图5-29

图5-30

![技巧提示图标] **技巧提示**

　　由于物体具有两面性，对于没有厚度的物体，一面是显示正确的、另一面是显示错误的。而有时在使用【车削】修改器后，会发现物体出现黑色的错误效果或无高光的错误效果，如图5-31所示。

* 在【修改】面板中，选中【翻转法线】复选框，即可解决该问题，如图5-32所示。
* 为该物体添加【法线】修改器，同样可以解决该问题，如图5-33所示。
* 为物体添加【壳】修改器，通过为其增加厚度，使其显示正确，如图5-34所示。

图5-31

图5-32   图5-33   图5-34

❷【挤出】修改器

【挤出】修改器可以将深度添加到图形中，并使其成为一个参数对象，其参数设置面板如图5-35所示。

- 数量：设置挤出的深度。
- 分段：指定将要在挤出对象中创建线段的数目。

图5-35

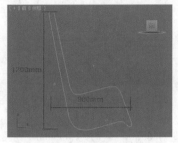
小实例：利用【挤出】修改器制作躺椅

场景文件	无
案例文件	小实例：利用【挤出】修改器制作躺椅.max
视频教学	DVD/多媒体教学/Chapter 05/小实例：利用【挤出】修改器制作躺椅.flv
难易指数	★★★★★
建模方式	修改器建模
技术掌握	掌握样条线的可渲染功能以及样条线加载【挤出】修改器工具的运用

实例介绍

本例主要通过为样条线加载【挤出】修改器来完成模型的制作，最终渲染效果如图5-36所示。

图5-36

建模思路

- 01 使用【线】工具和【挤出】修改器制作躺椅主体模型。
- 02 使用【线】工具和选中【在渲染中启用】、【在视口中启用】复选框制作躺椅椅子腿模型。

躺椅建模流程如图5-37所示。

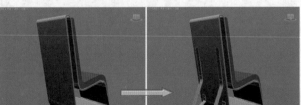

图5-37

操作步骤

Part 01 使用【线】工具和【挤出】修改器制作躺椅主体模型

❶ 单击 ▦（创建）| （图形）| ▦ 线 按钮，在前视

图中绘制出样条线，具体的尺寸可以使用长方体作为参照，如图5-38所示。

图5-38

❷ 进入【样条线】级别 ，并选择如图5-39所示的样条线，然后在 轮廓 按钮后面的数值框中输入 -15，并按Enter键结束，此时样条线效果如图5-40所示。

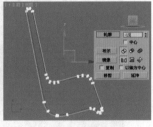

图5-39   图5-40

❸ 选择上一步创建的样条线，然后在【修改】面板中选择并加载【挤出】修改器，展开【参数】卷展栏，设置【数量】为600mm，如图5-41所示。

❹ 继续使用【线】工具在前视图中绘制如图5-42所示的线。

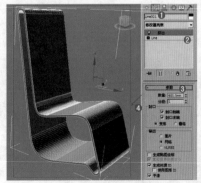

图5-41

图5-42

⑤ 选择上一步创建的线，然后在【修改】面板中选择并加载【挤出】修改器，展开【参数】卷展栏，设置【数量】为580mm，如图5-43所示。

图5-43

Part 02 使用【线】工具、选中【在渲染中启用】和【在视口中启用】复选框制作躺椅椅子腿模型

① 再次使用【线】工具在前视图中绘制如图5-44所示的线。

② 选择上一步创建的样条线，选中【在渲染中启用】和【在视口中启用】复选框，接着设置方式为【矩形】，设置【长度】为60mm，【宽度】为6mm，如图5-45所示。

③ 使用　油罐　工具在左视图中创建4个油罐模型，设置【半径】为4mm，【高度】为8mm，【封口高度】为2.54mm，此时场景效果如图5-46所示。

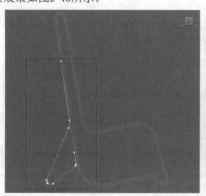
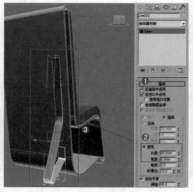

图5-44　　　　　　　　　　　图5-45　　　　　　　　　　　图5-46

 技巧提示

在这里特别需要注意，该案例中反复使用了"样条线+修改器"命令和"样条线+选中【在渲染中启用】和选中【在视口中启用】复选框"，读者在这里容易产生混淆。下面以修改器【挤出】为例，只需要记住以下几点，即可弄清两者区别：

"样条线（闭合）+【挤出】修改器"可以产生带有厚度的、封闭的模型，如图5-47所示。

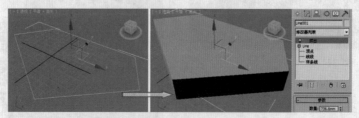

图5-47

"样条线（不闭合）+【挤出】修改器"可以产生向上【挤出】的不封闭的模型，如图5-48所示。

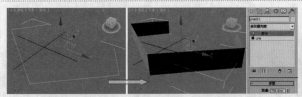

图5-48

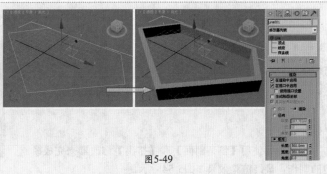

图5-49

"样条线（任意）+选中【在渲染中启用】和【选中在视口中启用】复选框"可以在样条线的四周产生出三维厚度，如图5-49所示。

④ 选择上面创建的躺椅腿和油罐部分模型，然后使用【选择并移动】工具，并按住Shift键将其复制一份，放置到如图5-50所示的位置。躺椅的最终模型效果如图5-51所示。

图5-50

图5-51

③ 【倒角】修改器

【倒角】修改器可以将图形挤出为3D对象，并在边缘应用平或圆的倒角，其参数设置面板如图5-52所示。

图5-52

【参数】卷展栏中的参数含义如下：

- ⊙ 始端：用对象的最低局部 Z 值（底部）对始端进行封口。取消选中该复选框后，底部为打开状态。

- ⊙ 末端：用对象的最高局部 Z 值（底部）对末端进行封口。取消选中该复选框后，底部不再打开。

- ⊙ 变形：为变形创建适合的封口曲面。

- ⊙ 栅格：在栅格图案中创建封口曲面。封装类型的变形和渲染变速比渐进变形封装效果好。

- ⊙ 线性侧面：选中该单选按钮后，级别之间会沿着一条直线进行分段插补。

- ⊙ 曲线侧面：选中该单选按钮后，级别之间会沿着一条

Bezier 曲线进行分段插补。对于可见曲率，则使用曲线侧面的多个分段。

- ⊙ 分段：在每个级别之间设置中级分段的数量。

- ⊙ 级间平滑：选中该复选框后，对侧面应用平滑组，侧面显示为弧状。取消选中该复选框后不应用平滑组，侧面显示为平面倒角。

- ⊙ 避免线相交：防止轮廓彼此相交。它通过在轮廓中插入额外的顶点并用一条平直的线段覆盖锐角来实现。

【倒角值】卷展栏中的参数含义如下：

- ⊙ 起始轮廓：设置轮廓从原始图形的偏移距离。非零设置会改变原始图形的大小。

- ⊙ 高度：设置级别 1 在起始级别之上的距离。

- ⊙ 轮廓：设置级别 1 的轮廓到起始轮廓的偏移距离。

④ 【倒角剖面】修改器

【倒角剖面】修改器使用另一个图形路径作为倒角剖面来挤出一个图形，它是【倒角】修改器的一种变量，其参数设置面板如图5-53所示。

图5-53

- ⊙ 拾取剖面：选中一个图形或 NURBS 曲线用于剖面路径。

- ⊙ 始端：对【挤出】图形的底部进行封口。

- ⊙ 末端：对【挤出】图形的顶部进行封口。

- ⊙ 变形：选中一个确定性的封口方法，它为对象间的变形提供相等数量的顶点。

- ⊙ 栅格：创建更适合封口变形的栅格封口。

- ⊙ 避免线相交：防止倒角曲面自相交。这需要更多的处理器计算，而且在复杂几何体中很消耗时间。

- ⊙ 分离：设定侧面为防止相交而分开的距离。

小实例：利用【倒角剖面】修改器制作公共椅子

场景文件	无
案例文件	小实例：利用【倒角剖面】修改器制作公共椅子.max
视频教学	DVD/多媒体教学/Chapter 05/小实例：利用【倒角剖面】修改器制作公共椅子.flv
难易指数	★★★★★
建模方式	修改器建模
技术掌握	掌握【倒角剖面】和【挤出】修改器的运用

实例介绍

本例主要使用【倒角剖面】和【挤出】修改器来完成模型的制作，最终渲染效果如图5-54所示。

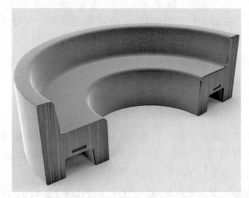

图5-54

建模思路

01 使用【线】、【弧】和【倒角剖面】修改器制作椅子主体部分。

02 使用【线】工具和【挤出】修改器制作椅子剩余部分。公共椅子建模流程如图5-55所示。

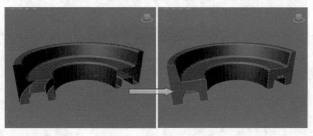

图5-55

操作步骤

Part 01 使用【线】工具、【弧】工具和【倒角剖面】修改器制作椅子主体部分

❶ 单击 ■（创建）| ◎ （图形）| 线 按钮，在前视图中绘制样条线，具体的尺寸可以使用长方体作为参照，如图5-56所示。

❷ 单击 ■（创建）| ◎ （图形）| 弧 按钮，在顶视图中创建一个弧形，接着在【修改】面板中展开【参数】卷展栏，设置【半径】为1400mm，【从】为0，【到】为180，如图5-57所示。

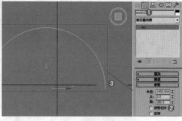

图5-56　　　　　　　　　图5-57

❸ 选择弧形，然后为其加载【倒角剖面】修改器，接着展开【参数】卷展栏，单击 拾取剖面 按钮，最后拾取场景中椅子的剖面图形，如图5-58所示。

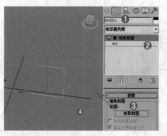

图5-58

❹ 此时模型效果如图5-59所示。

Part 02 使用【线】工具和【挤出】修改器制作椅子剩余部分

❶ 选择椅子的剖面图形，然后使用【选择并移动】工具 ✛ ，并按住Shift键复制一份，如图5-60所示。

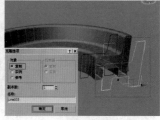

图5-59　　　　　　　　　图5-60

❷ 选择上一步复制出的图形，然后在【修改】面板中选择并加载【挤出】修改器，设置【数量】为20mm，接着将【挤出】后的模型拖曳到合适的位置，如图5-61所示，模型效果如图5-62所示。

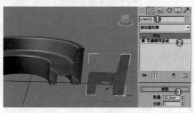

图5-61　　　　　　　　　图5-62

在这里特别需要注意，一定要将椅子的剖面图形复制出来，如果直接使用之前的椅子剖面图形，并加载【挤出】修改器，模型将会出现错误，如图5-63所示。

加载【挤出】修改器之前　　加载【挤出】修改器之后

图5-63

❸ 选择上一步创建的模型，使用【选择并移动】工具 ，并按住Shift键复制一份，将其放置到如图5-64所示的位置。最终模型效果如图5-65所示。

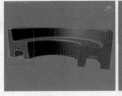 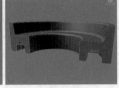

图5-64　　　　　　　图5-65

❺ 【Bend（弯曲）】修改器

【Bend（弯曲）】修改器可以将物体在任意3个轴上进行弯曲处理，可以调节弯曲的角度和方向，以及限制对象在一定区域内的弯曲程度。其参数设置面板如图5-66所示。

- ◉ 角度：设置围绕垂直于坐标轴方向的弯曲量。
- ◉ 方向：使弯曲物体的任意一端相互靠近。数值为负时，对象弯曲会与Gizmo中心相邻；数值为正时，对象弯曲会远离Gizmo中心；数值为0时，对象将进行均匀弯曲。
- ◉ 弯曲轴X/Y/Z：指定弯曲所沿的坐标轴。

- ◉ 限制效果：对弯曲效果应用限制约束。
- ◉ 上限：设置弯曲效果的上限。
- ◉ 下限：设置弯曲效果的下限。

图5-66

小实例：利用【Bend（弯曲）】修改器制作水龙头

场景文件	无
案例文件	小实例：利用【弯曲】修改器制作水龙头.max
视频教学	DVD/多媒体教学/Chapter 05/小实例：利用弯曲修改器制作水龙头.flv
难易指数	★★★★★
建模方式	扩展基本体建模、修改器建模
技术掌握	掌握Bend修改器的运用

实例介绍

本例通过制作一个弯曲的金属水龙头模型，主要用来讲解Bend修改器下的弯曲命令修改器的使用，最终渲染效果如图5-67所示。

图5-67

建模思路

01 使用【切角圆柱体】工具制作水龙头底座部分。

02 使用【管状体】工具和Bend修改器制作水龙头弯曲部分。

水龙头建模流程如图5-68所示。

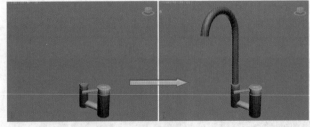

图5-68

操作步骤

Part 01 使用【切角圆柱体】工具制作水龙头底座部分

❶ 单击 （创建）｜ （几何体）｜ 切角圆柱体 按钮，在顶视图中创建一个切角圆柱体，设置【半径】为20mm，【高度】为80mm，【圆角】为1.5mm，【高度分段】为1，【圆角分段】为2，【边数】为24，如图5-69所示。

❷ 继续使用【切角圆柱体】工具在顶视图中创建一个切角圆柱体，设置【半径】为21mm，【高度】为20mm，【圆角】为1mm，【高度分段】为1，【圆角分段】为2，【边数】为24，如图5-70所示。

图5-69　　　　　　　　　　图5-70

❸ 再次使用【切角圆柱体】工具在场景中创建一个切角圆柱体，并将其放置到合适的位置，此时模型效果如图5-71所示。

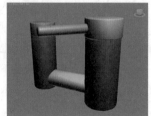

图5-71

Part 02 使用【管状体】工具和Bend修改器制作水龙头弯曲部分

❶ 使用【管状体】工具在顶视图中创建一个管状体，设置【半径1】为9mm，【半径2】为11mm，【高度】为380mm，【高度分段】为30，【端面分段】为1，【边数】为18，如图5-72所示。

❷ 选择上一步创建的管状体，然后在【修改】面板中选择并加载Bend修改器，展开【参数】卷展栏，设置【角度】为－420，如图5-73所示。

 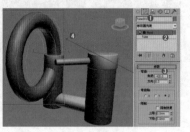

图5-72　　　　　　　　　　图5-73

❸ 接着在【修改】面板中选中【限制效果】复选框，设置【上限】为510mm，【下限】为0，如图5-74所示。

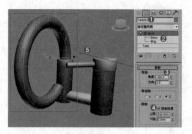

图5-74

技巧提示

在为物体加载Bend修改器、【Twist(扭曲)】修改器、FFD修改器时，很多读者会发现，加载修改器并设置了修改器的参数，但是物体仍然没有任何变化或发生严重错误，此时一定要注意一个问题，那就是必须设置一定的分段，这样在加载这些修改器时，才会得到好的效果。如图5-75所示为当管状体的【高度分段】设置为1时，加载Bend修改器时产生的严重错误。

如图5-76所示为当管状体的【高度分段】设置为30时，加载Bend修改器时产生正确的效果。

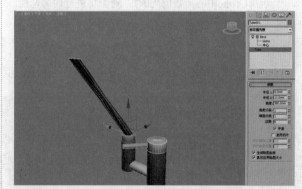

图5-75

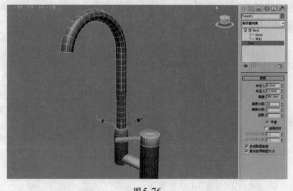

图5-76

 技巧提示

Bend修改器允许将当前选中对象围绕单独轴弯曲360°，在对象几何体中产生均匀弯曲，同时可以在任意三个轴上控制弯曲的角度和方向，而且也可以对几何体的某一段区域进行限制弯曲。

❹ 在修改器堆栈中单击Gizmo级别，并使用【选择并移动】工具██沿Z轴向上进行适当的移动，调节后的效果如图5-77所示。

❺ 模型最终效果如图5-78所示。

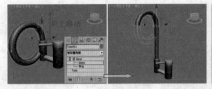 

图5-77   图5-78

❻【Twist（扭曲）】修改器

【Twist（扭曲）】修改器可在对象的几何体中心产生旋转效果（就像拧湿抹布），其参数设置面板与Bend修改器参数设置面板基本相同，如图5-79所示。

图5-79

- 角度：设置围绕垂直于坐标轴方向的扭曲量。
- 偏移：使扭曲物体的任意一端相互靠近。数值为负时，对象扭曲会与Gizmo中心相邻；数值为正时，对象扭曲会远离Gizmo中心；数值为0时，对象将进行均匀扭曲。
- 扭曲轴X/Y/Z轴：指定扭曲所沿的坐标轴。
- 限制效果：对扭曲效果应用限制约束。
- 上限：设置扭曲效果的上限。
- 下限：设置扭曲效果的下限。

小实例：利用【Twist（扭曲）】修改器制作书架

场景文件	无
案例文件	小实例：利用【扭曲】修改器制作书架.max
视频教学	DVD/多媒体教学/Chapter 05/小实例：利用【扭曲】修改器制作书架.flv
难易指数	★★★★★
建模方式	基本体建模、修改器建模
技术掌握	掌握【Twist(扭曲)】修改器的运用

实例介绍

本例主要使用【Twist（扭曲）】修改器来完成模型的制作，最终渲染效果如图5-80所示。

图5-80

建模思路

- 🔟 使用基本体制作直立的书架模型。
- 🔟 使用【Twist（扭曲）】修改器制作书架弯曲效果。书架建模流程如图5-81所示。

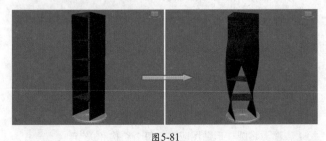

图5-81

操作步骤

Part 01 使用基本体制作直立的书架模型

❶ 单击██（创建）|██（几何体）|████扩展基本体 ▼ |████切角圆柱体 按钮，在顶视图中创建一个切角圆柱体，在【参数】卷展栏中设置【半径】为35mm，【高度】为4mm，【圆角】为2mm，【圆角分段】为5，【边数】为32，如图5-82所示。

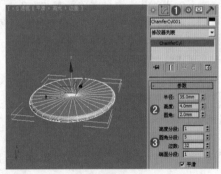

图5-82

❷ 使用【长方体】工具在顶视图中创建一个长方体，设置【长度】为1mm，【宽度】为50mm，【高度】为198mm，【高度分段】为50，如图5-83所示。

❸ 激活顶视图，确认上一步创建的长方体处于选择状态，使用【选择并移动】工具██，按住Shift键将长方体复制1份，并在弹出的【克隆选项】对话框中选中【实例】单选按钮，如图5-84所示。

❹ 复制之后的模型效果如图5-85所示。继续在顶视图创建长方体，设置【长度】为42mm，【宽度】为50mm，【高度】为1mm，使用【选择并移动】工具██，并按住Shift键将长方体复制4份，如图5-86所示。

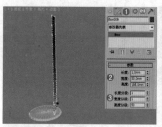
图5-83

图5-84

图5-85

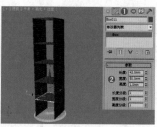
图5-86

Part 02 使用【Twist（扭曲）】修改器制作书架弯曲效果

❶ 选择场景中所有的模型，然后执行【组】|【成组】命令，将选择的模型成组，如图5-87所示。接着选择该组，并在【修改】面板中加载 Twist修改器，展开【参数】卷展栏，设置【角度】为115，【偏移】为－5，并选中【扭曲轴】为Z轴，此时场景效果如图5-88所示。

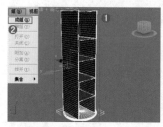
图5-87

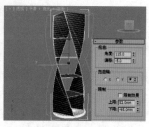
图5-88

❷ 接着在【参数】卷展栏中选中【限制效果】复选框，设置【上限】为52mm，【下限】为－95mm，如图5-89所示。书架最终建模效果如图5-90所示。

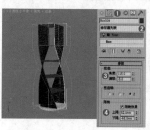
图5-89

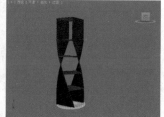
图5-90

技巧提示

【Twist（扭曲）】修改器在对象几何体中产生一个旋转效果（就像拧湿抹布）。可以控制任意3个轴上扭曲的角度，并设置偏移来压缩扭曲相对于轴点的效果。也可以对几何体的一段限制扭曲。

技巧提示

选中【限制效果】复选框可以设置【上限】和【下限】数值，因此可以调节几何体中某一部分的限制效果。

❼【晶格】修改器

【晶格】修改器可以将图形的线段或边转化为圆柱形结构，并在顶点上产生可选择的关节多面体，其参数设置面板如图5-91所示。

- 应用于整个对象：将【晶格】修改器应用到对象的所有边或线段上。
- 仅来自顶点的节点：仅显示由原始网格顶点产生的关节（多面体）。
- 仅来自边的支柱：仅显示由原始网格线段产生的支柱（多面体）。
- 二者：显示支柱和关节。
- 半径：指定结构半径。
- 分段：指定沿结构的分段数目。
- 边数：指定结构边界的边数目。
- 材质ID：指定用于结构的材质ID，使结构和关节具有不同的材质ID。
- 忽略隐藏边：仅生成可视边的结构。如果取消选中该复选框，将生成所有边的结构，包括不可见边。
- 末端封口：将末端封口应用于结构。

图5-91

- 平滑：将平滑应用于结构。
- 基点面类型：指定用于关节的多面体类型，包括【四面体】、【八面体】和【二十面体】3种类型。
- 半径：设置关节的半径。
- 分段：指定关节中的分段数目。分段数越多，关节形状越接近球形。
- 重用现有坐标：将当前贴图指定给对象。
- 新建：将圆柱形贴图应用于每个结构和关节。

小实例：利用【晶格】修改器制作水晶吊灯

场景文件	无
案例文件	小实例：利用【晶格】修改器制作水晶吊灯.max
视频教学	DVD/多媒体教学/Chapter 05/小实例：利用【晶格】修改器制作水晶吊灯.flv
难易指数	★★★★★
建模方式	修改器建模
技术掌握	掌握【晶格】修改器的运用

实例介绍

本例通过制作一个水晶吊灯模型，主要来讲解【晶格】修改器的使用，最终渲染效果如图5-92所示。

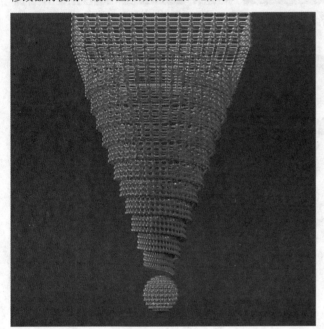

图5-92

建模思路

01 制作吊灯基础模型。

02 将吊灯基础模型调整为水晶效果。
水晶吊灯建模流程如图5-93所示。

图5-93

操作步骤

步骤01 使用【球体】工具在顶视图中创建一个球体，设置【半径】为8mm，【分段】为23，如图5-94所示。

步骤02 选择球体，然后在【修改】面板中选择并加载【晶格】修改器，设置【半径】为0.1mm，【分段】为1，【边数】为4，在【节点】选项组中选中【八面体】单选按钮，设置【半径】为0.8mm，【分段】为3，如图5-95所示。

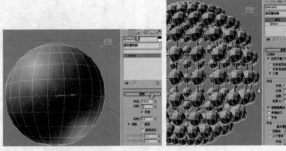

图5-94　　　　　　　　　　图5-95

步骤03 使用【螺旋线】工具在顶视图中创建一条螺旋线，然后设置【半径1】为6mm，【半径2】为38mm，【高度】为90mm，【圈数】为11，如图5-96所示。

步骤04 选择上一步创建的螺旋线，然后在【修改】面板中选择并加载【挤出】修改器，设置【数量】为13mm，【分段】为5，如图5-97所示。

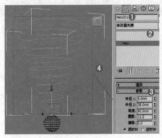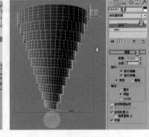

图5-96　　　　　　　　　　图5-97

步骤05 选择挤出后的螺旋线模型，然后在【修改】面板中选择并加载【晶格】修改器，设置【半径】为0.3mm，【分段】为1，【边数】为20，在【节点】选项组中选中【四面体】单选按钮，设置【半径】为1mm，【分段】为4，如图5-98所示。

步骤06 使用【长方体】工具在顶视图中创建一个长方体，设置【长度】为80mm，【宽度】为80mm，【高度】为15mm，【长度分段】为15，【宽度分段】为15，【高度分段】为6，如图5-99所示。

步骤07 选择上一步创建的长方体，然后在【修改】面板中选择并加载【晶格】修改器，在【支柱】选项组中设置【半径】为0.3mm，【分段】为1，【边数】为20。在【节点】选项组中选中【八面体】单选按钮，设置【半径】为1mm，【分段】为4，如图5-100所示。

第5章　修改器建模

113

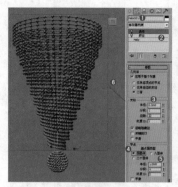
图5-98

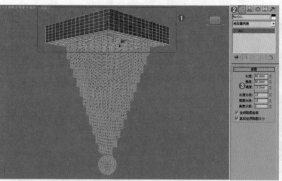
图5-99

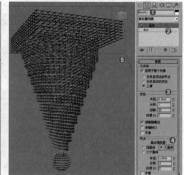
图5-100

步骤08 最终模型效果如图5-101所示。

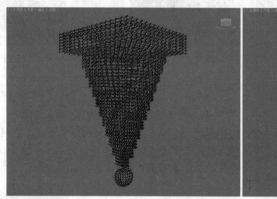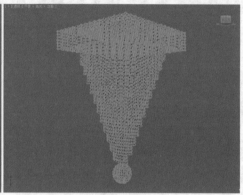
图5-101

 技巧提示

　　修改器建模的优势就在于可以将复杂的问题简单化，例如我们要制作上面案例中的吊灯，用其他任何一种方法都会非常复杂。因此在制作模型之前，读者最好养成多思考的习惯，确认好要使用哪种方法来操作，然后再开始制作模型，否则将会浪费太多时间。

⑧ 【壳】修改器

　　【壳】修改器通过添加一组朝向现有面相反方向的额外面而产生厚度，无论曲面在原始对象中的任何地方消失，边将连接内部和外部曲面。可以为内部和外部曲面、边的特性、材质 ID 以及边的贴图类型指定偏移距离。其参数设置面板如图5-102所示。

- 内部量/外部量：通过使用 3ds Max 通用单位的距离，将内部曲面从原始位置向内移动，将外曲面从原始位置向外移动。

- 分段：设置每一边的细分值。默认值为1。

- 倒角边：选中该复选框并指定【倒角样条线】后，3ds Max会使用样条线定义边的剖面和分辨率。默认设置为取消选中状态。

- 倒角样条线：单击此按钮，然后选择打开样条线定义边的形状和分辨率。对圆形或星形等闭合的形状将不起作用。
　　如图5-103所示为加载【壳】修改器前后的对比效果。

图5-102

❾ FFD修改器

FFD修改器即自由变形修改器。这种修改器使用晶格框包围住选中的几何体，然后通过调整晶格的控制点来改变封闭几何体的形状，其参数设置面板如图5-104所示。

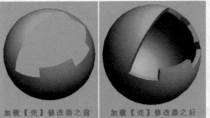

加载【壳】修改器之前　加载【壳】修改器之后

图5-103

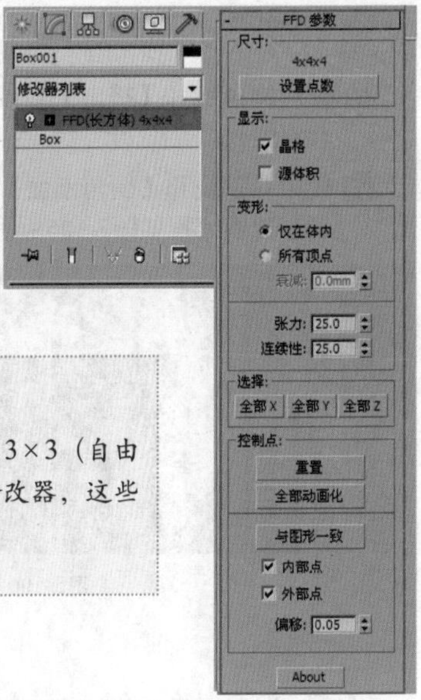

图5-104

 技巧提示

修改器列表中共有5个FFD修改器，分别为FFD 2×2×2（自由变形2×2×2）、FFD 3×3×3（自由变形3×3×3）、FFD 4×4×4（自由变形4×4×4）、FFD（长方体）和FFD（圆柱体）修改器，这些都是自由变形修改器，都可以通过调节晶格控制点的位置来改变几何体的形状。

- 晶格尺寸：显示晶格中当前的控制点数目，如4×4×4。
- **设置点数** 按钮：单击该按钮可打开【设置FFD尺寸】对话框，在该对话框中可以设置晶格中所需控制点的数目。
- 晶格：控制是否让连接控制点的线条形成栅格。
- 源体积：选中该复选框可将控制点和晶格以未修改的状态显示出来。
- 仅在体内：只有位于源体积内的顶点会变形。
- 所有顶点：所有顶点都会变形。
- 衰减：决定FFD的效果减为0时离晶格的距离。
- 张力/连续性：调整变形样条线的张力和连续性。
- **全部X**/**全部Y**/**全部Z**按钮：选中由这3个按钮指定轴向的所有控制点。
- **重置** 按钮：将所有控制点恢复到原始位置。
- **全部动画化**按钮：单击该按钮可将控制器指定给所有的控制点，使它们在轨迹视图中可见。
- **与图形一致**按钮：在对象中心控制点位置之间沿直线方向来延长线条，可将每一个FFD控制点移到修改对象的交叉点上。
- 内部点/外部点：仅控制受【与图形一致】影响的对象内部/外部的点。
- 偏移：设置控制点偏移对象曲面的距离。

小实例。利用FFD修改器制作窗帘

场景文件	无
案例文件	小实例：利用FFD修改器制作窗帘.max
视频教学	多媒体教学/Chapter 05/小实例：利用FFD修改器制作窗帘.flv
建模方式	修改器建模、样条线建模
难易指数	★★★★★
技术掌握	掌握放样线、【挤出】修改器、FFD修改器、【倒角剖面】修改器的使用方法

实例介绍

本例通过制作一个窗帘模型，主要用来讲解放样线、【挤出】修改器、FFD修改器、【倒角剖面】修改器的使用，如图5-105所示。

图5-105

建模思路

01 STEP 使用样条线和【挤出】修改器、FFD修改器制作窗帘和窗幔模型。

02 STEP 使用样条线和【倒角剖面】修改器制作窗帘盒模型。窗帘建模流程如图5-106所示。

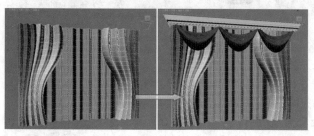

图5-106

操作步骤

Part 01 ▶ 使用样条线和【挤出】修改器、FFD修改器制作窗帘和窗幔模型

❶ 单击■（创建）|■（图形）| 样条线 ▼| 线 按钮，如图5-107所示。在顶视图中绘制3条样条线，如图5-108所示。

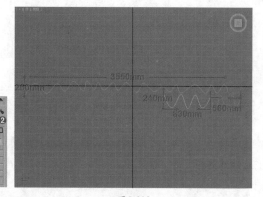

图5-107　　　　　　图5-108

❷ 对3条样条线分别加载【挤出】修改器，设置【数量】为3000mm，【分段】为15，如图5-109所示。

❸ 选择透视图中最右侧的窗帘模型，在【修改】面板中加载【FFD 4×4×4】修改器，进入【控制点】级别，然后调节控制点的位置，调节后的效果如图5-110所示。

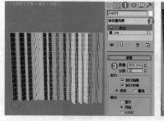

图5-109　　　　　　图5-110

❹ 使用同样的方法创建窗帘模型，此时场景效果如图5-111所示。

图5-111

技巧提示

为模型加载【FFD 4×4×4】修改器，进入【控制点】级别，然后调节控制点的位置时，可以使用下面两种方法来调整模型。

方法一：使用【选择并移动】工具■，通过移动控制点的位置来达到调整模型形状的效果，如图5-112所示。

图5-112

方法二：使用【选择并均匀缩放】工具■，通过沿某个轴向均匀缩放控制点来达到调整模型形状的效果，如图5-113所示。

图5-113

若读者通过调节控制点模型无法达到预期的效果，还可以再次添加一个FFD修改器，如图5-114所示，并再次调节控制点，以达到理想效果。

图5-114

❺ 选择场景中的两个窗帘模型，如图5-115所示。

❻ 单击【镜像】按钮■，在弹出的【镜像：世界坐标】对话框中设置【镜像轴】为X，【偏移】为-2630mm，设置【克隆当前选择】方式为【实例】，如图5-116所示。

❼ 继续使用【线】工具在左视图绘制如图5-117所示的样条线。

⑧ 选择上一步创建的线，并为其加载【挤出】修改器，然后设置【数量】为1500mm，【分段】为20，如图5-118所示。

 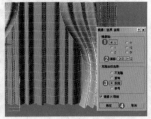 

图5-115　　　　图5-116　　　　　图5-117　　　　　图5-118

⑨ 继续为样条线加载【FFD3×3×3】修改器，然后进入
【控制点】级别，接着调节控制点的位置，调节后的效果如
图5-119所示。

⑩ 选择上一步创建的模型，使用【选择并移动】工具，
并按住Shift键将模型复制3份，分别摆放在窗帘的合适位
置，如图5-120所示。

图5-119　　　　图5-120

图5-121　　　　图5-122

② 选择线【Line012】，然后为其添加【倒角剖面】修改
器，并单击 拾取剖面 按钮，最后单击【Line013】，即可
创建出窗帘上面的窗帘盒模型，如图5-123所示。最终模型
效果如图5-124所示。

Part 02 使用样条线和【倒角剖面】修改器制
作窗帘盒模型

① 使用【线】工具在顶视图中绘制如图5-121所示的线，并
命名为【Line012】；再次使用【线】工具在左视图中绘制
如图5-122所示的线，并命名为【Line013】。

 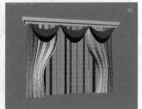

图5-123　　　　图5-124

⑩ 【编辑多边形】和【编辑网格】修改器

　　【编辑多边形】修改器为选定的对象（顶点、边、边界、多边形和元素）
提供显式编辑工具。【编辑多边形】修改器包括基础可编辑多边形对象的大多
数功能，但【顶点颜色】信息、【细分曲面】卷展栏、【权重和折缝】设置和
【细分置换】卷展栏除外。其参数设置面板如图5-125所示。

　　【编辑网格】修改器为选定的对象（顶点、边和面、多边形、元素）提
供显式编辑工具。【编辑网格】修改器与基础可编辑网格对象的所有功能相
匹配，只是不能在【编辑网格】修改器中设置子对象动画。其参数设置面板
如图5-126所示。

图5-125　　　　图5-126

 技巧提示

　　【编辑多边形】修改器、【编辑网格】修改器的参数与【可编辑多边形】、【可编辑网格】的参数基本一致，在后面
的章节中将会进行重点讲解。

　　使用【编辑多边形】修改器或【编辑网格】修改器，同样可以达到使用多边形建模或网格建模的作用，而且不会将原始
模型破坏，即使模型出现制作错误，也可以及时通过删除该修改器而返回到原始模型，因此习惯使用多边形建模或网格建模
的用户，不妨尝试一下使用【编辑多边形】修改器或【编辑网格】修改器。

❶ 如图5-127所示，在模型上单击鼠标右键选择【转换为】|【转换为可编辑多边形】命令，并进行【挤出】操作，此时会发现原始模型的信息在执行【转换为可编辑多边形】命令后都没有了，如图5-128所示。

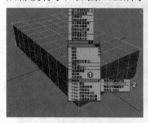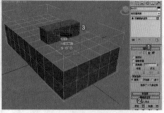

图5-127　　　　　　　　图5-128

❷ 下面我们使用另外一个方法为模型加载【编辑多边形】修改器，并进行【挤出】操作，此时会发现原始的模型信息都没有被破坏，如图5-129所示。

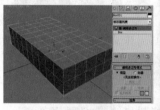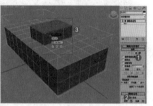

图5-129

❸ 而且在发现步骤有错误时还可以删除该修改器，原来的模型仍然存在，如图5-130所示。

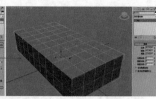

图5-130

技巧提示

制作模型时，为了避免因为误操作产生错误，应养成好的工作习惯，下面我们总结了4点供读者参考。

◉ 一定要记得保存正在使用的3ds Max文件。

◉ 当遇到突然停电、3ds Max严重出错等问题时，记得马上找到自动保存的文件，并将该文件复制出来。自动保存的文件路径为【我的文档\3dsMaxDesign\autoback】。

◉ 在制作模型时，要养成多复制的好习惯，即确认该步骤之前没有模型错误，最好将该文件复制，也可以在该文件中按住Shift键进行复制，这样我们可以随时找到正确的模型，而不用重新做。

◉ 可以使用【编辑多边形】修改器，而且要在确认该步骤之前没有模型错误后，再次添加该修改器，后面重复此操作，这样也可以随时找到正确的模型，而不用重新做。

综合实例：利用多种修改器综合制作水晶灯

场景文件	无
案例文件	综合实例：利用多种修改器综合制作水晶灯.max
视频教学	DVD/多媒体教学/Chapter 05/综合实例：利用多种修改器综合制作水晶灯.flv
难易指数	★★★★★
建模方式	修改器建模
技术掌握	掌握样条线的可渲染功能、【车削】修改器、【FFD 2×2×2】修改器的应用

实例介绍

本例主要使用样条线的可渲染功能和为样条线加载【车削】修改器来完成模型的制作，最终渲染效果如图5-131所示。

图5-131

建模思路

01 使用样条线和【车削】修改器制作其中一条完整的水晶灯结构。

02 使用旋转和复制制作模型剩余部分。
水晶灯建模流程如图5-132所示。

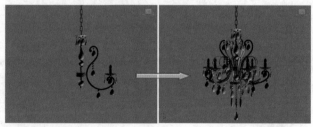

图5-132

操作步骤

Part 01 使用样条线和【车削】修改器制作其中一条完整的水晶灯结构

❶ 单击 ■（创建）|■（图形）|━━ 线 按钮，在前视图中绘制出水晶吊灯中间部分的剖面线，用户可以先绘制一个长方体作为尺寸参照，如图5-133所示。

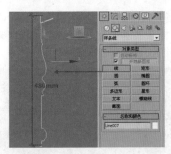

图5-133

② 确认上一步创建的样条线处于选择状态，然后在【修改器列表】下拉列表中加载【车削】修改器，设置【分段】为20，【方向】为Y轴，【对齐】方式为【最小】，如图5-134所示。

③ 单击 ■（创建）|◯（图形）| ▓▓▓ 线 按钮，在前视图中绘制出水晶吊灯支架部分的剖面线，如图5-135所示。

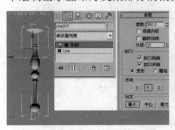
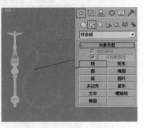

图5-134   图5-135

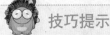

技巧提示

　　提高【分段】数值后加载【车削】修改器，表面会更加圆滑。当制作非常精细的模型时可以适当增大该数值。

④ 确认上一步创建的样条线处于选择状态，然后在【修改器列表】下拉列表中加载【挤出】修改器，设置【数量】为8mm，如图5-136所示。

⑤ 继续使用【线】工具在前视图中绘制一条线，如图5-137所示。

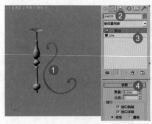
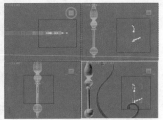

图5-136   图5-137

⑥ 选择上一步中创建的线，然后为其加载【车削】修改器，并设置【分段】为22，【方向】为Y轴，【对齐】为【最小】，如图5-138所示。

⑦ 单击 ■（创建）|◯（图形）| ▓矩形▓ 按钮，在前视图中创建一个矩形，然后展开【渲染】卷展栏，选中【在渲染中启用】和【在视口中启用】复选框，接着选中【径向】单选按钮，设置【厚度】为4mm，如图5-139所示。

⑧ 使用【选择并移动】工具 ✛ 和【选择并旋转】工具 ↻ 复制上一步创建的模型，此时场景效果如图5-140所示。

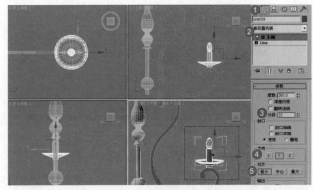

图5-138

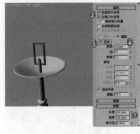
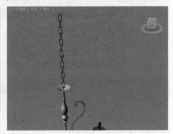

图5-139   图5-140

⑨ 使用【切角圆柱体】工具创建一个切角圆柱体，并修改其参数，此时模型效果如图5-141所示。

⑩ 使用【几何球体】工具创建一个几何球体，并修改其参数，此时模型效果如图5-142所示。

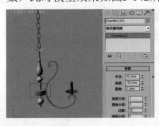
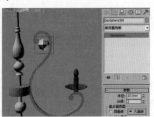

图5-141   图5-142

⑪ 选择几何球体，并为其添加【FFD 2×2×2】修改器，然后进入【控制点】级别，使用【选择并移动】工具 ✛ 和【选择并均匀缩放】工具 ▣ 将控制点进行适当调节，如图5-143所示。继续进行创建，此时场景效果如图5-144所示。

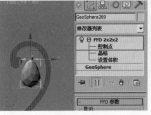

图5-143   图5-144

⑫ 选择上一步创建的两个水晶吊灯装饰部分，使用【选择并移动】工具 ✛，并按住Shift键将其复制，此时场景效果如图5-145所示。

⓭ 选择如图5-146所示的模型，并选择【组】|【成组】命令，将其进行成组。

 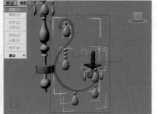

图5-145　　　　　　　图5-146

Part 02 使用旋转和复制制作模型剩余部分

❶ 选择上一步中成组的物体，单击 ▦（层级）| 轴 | ▭仅影响轴 按钮并将坐标轴移动到水晶吊灯的中间位置，最后再次单击 ▭仅影响轴 按钮将其取消，如图5-147所示。

❷ 使用【选择并旋转】工具 ⟲，并按住Shift键在顶视图中旋转60°，在弹出的【克隆选项】对话框中设置【对象】为【实例】，【副本数】为5，如图5-148所示。

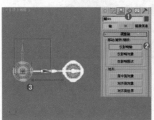 

图5-147　　　　　　　图5-148

❸ 复制后的场景效果如图5-149所示。

❹ 继续使用样条线和几何球体创建水晶灯装饰部分的模型，如图5-150所示。

 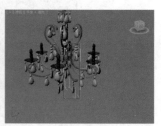

图5-149　　　　　　　图5-150

❺ 将上一步创建的装饰部分模型旋转复制，最终水晶灯模型效果如图5-151所示。

图5-151

⓫【UVW贴图】修改器

【UVW 贴图】修改器可以修正贴图在模型上的显示效果，其参数设置面板如图5-152所示。

⬭ 贴图：确定所使用的贴图坐标的类型。通过贴图在几何上投影到对象上的方式以及投影与对象表面交互的方式，来区分不同种类的贴图，其中包括【平面】、【柱形】、【球形】、【收缩包裹】、【长方体】、【面】和【XYZ到UVW】等类型，如图5-153所示。

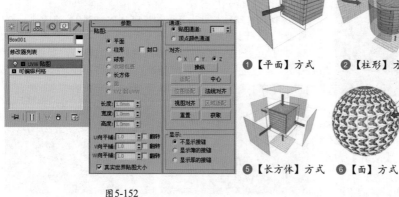

❶【平面】方式　❷【柱形】方式　❸【球形】方式　❹【收缩包裹】方式

❺【长方体】方式　❻【面】方式　❼【XYZ到UVW】方式

图5-152　　　　　　　　　　　图5-153

⬭ 长度/宽度/高度：指定UVW贴图Gizmo的尺寸。在应用修改器时，贴图图标的默认缩放由对象的最大尺寸定义。

⬭ U向平铺、V向平铺、W向平铺：用于指定 UVW 贴图的尺寸以便平铺图像。

- 翻转：绕给定轴来反转图像。
- X/Y/Z：选择其中之一，可翻转贴图 Gizmo 的对齐。各选项用于指定 Gizmo 的哪个轴与对象的局部 Z 轴对齐。
- 操纵：启用时，Gizmo 出现在能让用户改变视口中的参数的对象上。
- 适配：将 Gizmo 适配到对象的范围并使其居中，以使其锁定到对象的范围。
- 中心：移动 Gizmo，使其中心与对象的中心一致。
- 位图适配：显示标准的位图文件浏览器，可以拾取图像。在选中【真实世界贴图大小】复选框时不可用。
- 法线对齐：单击并在要应用修改器的对象曲面上拖动。
- 视图对齐：将贴图 Gizmo 重定向为面向活动视口。图标大小不变。
- 区域适配：激活一个模式，从中可在视口中拖动以定义贴图 Gizmo 的区域。
- 重置：删除控制 Gizmo 的当前控制器，并插入使用拟合功能初始化的新控制器。
- 获取：在拾取对象以从中获得 UVW 时，从其他对象有效复制 UVW 坐标，会回弹出一个对话框提示选择是以绝对方式还是相对方式完成获得。
- 不显示接缝：视口中不显示贴图边界。这是默认选择。
- 显示薄的接缝：在视口中使用相对细的线条，显示对象曲面上的贴图边界。
- 显示厚的接缝：在视口中使用相对粗的线条，显示对象曲面上的贴图边界。

通过变换UVW贴图的Gizmo，可以产生不同的贴图效果，如图5-154所示。

图5-154

未添加【UVW贴图】修改器和正确添加【UVW贴图】修改器的对比效果如图5-155（a）和图5-155（b）所示。

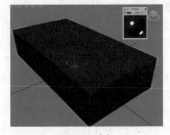

图5-155（a）

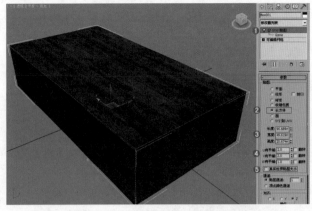

图5-155（b）

⑫【平滑】、【网格平滑】和【涡轮平滑】修改器

平滑修改器主要包括【平滑】修改器、【网格平滑】修改器和【涡轮平滑】修改器。这3个修改器都可以用于平滑几何体，但是在平滑效果和可调性上有所差别。对于相同物体来说，【平滑】修改器的参数比较简单，但是平滑的程度不强；【网格平滑】修改器与【涡轮平滑】修改器的使用方法比较相似，但是后者能够更快并更有效率地利用内存。其参数设置面板如图5-156所示。

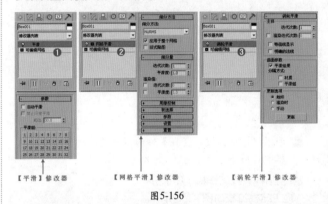

【平滑】修改器　　　【网格平滑】修改器　　　【涡轮平滑】修改器

图5-156

- 【平滑】修改器：【平滑】修改器基于相邻面的角提供自动平滑，可以将新的平滑效果应用到对象上。
- 【网格平滑】修改器：使用【网格平滑】修改器会使对象的角和边变得圆滑，变圆滑后的角和边就像被锉平或刨平一样。
- 【涡轮平滑】修改器：【涡轮平滑】修改器是一种使用高分辨率模式来提高性能的极端优化平滑算法，可以大大提升高精度模型的平滑效果。

小实例：利用【网格平滑】修改器制作椅子

场景文件	无
案例文件	小实例：利用【网格平滑】修改器制作椅子.max
视频教学	DVD/多媒体教学/Chapter 05/小实例：利用【网格平滑】修改器制作椅子.flv
难易指数	★★★★★
建模方式	样条线建模、修改器建模
技术掌握	掌握样条线的可渲染功能和【网格平滑】修改器的运用

实例介绍

本例主要使用样条线的可渲染功能和【网格平滑】修改器完成模型的制作，最终渲染效果如图5-157所示。

图5-157

建模思路

01 使用多边形建模、【壳】修改器和【网格平滑】修改器制作椅子主体部分。

02 使用样条线制作椅子腿部分。

椅子建模流程如图5-158所示。

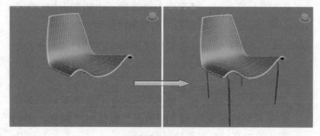

图5-158

操作步骤

Part 01 使用多边形建模、【壳】修改器和【网格平滑】修改器制作椅子主体部分

❶ 使用【平面】工具在顶视图中创建一个平面，设置【长

度】为600mm，【宽度】为1400mm，【长度分段】为4，【宽度分段】为4，如图5-159所示。

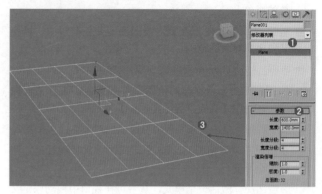

图5-159

❷ 选择平面，并为其添加【编辑多边形】修改器，然后进入【顶点】级别，将顶点进行位置调节，此时模型效果如图5-160所示。

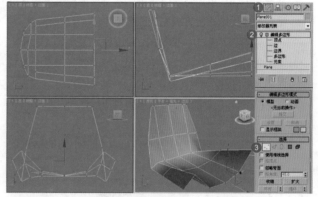

图5-160

 技巧提示

在调整顶点时，读者需要在4个视图中进行观看和调节，一定不要只在一个视图中进行调节，否则会造成一个视图正确，而其他视图错误的问题。

❸ 选择平面模型，然后在【修改】面板中加载【网格平滑】修改器，设置【迭代次数】为2，如图5-161所示。

❹ 选择上一步中的模型，然后在【修改】面板中加载【壳】修改器，设置【外部量】为8mm，如图5-162所示。

❺ 选择上一步中的模型，为其添加【编辑多边形】修改器，然后进入【边】级别，选择如图5-163所示的边，然后单击 [创建图形] 按钮后的【设置】按钮，在弹出的【创建图形】对话框中选择【图形类型】为【线性】，如图5-164所示。

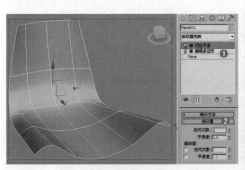

图5-161

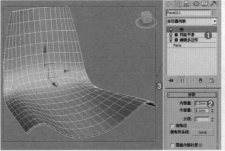

图5-162

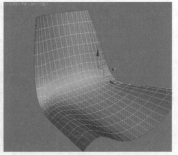

图5-163

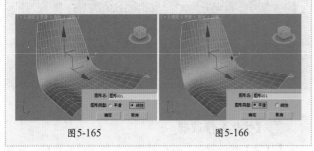

图5-164

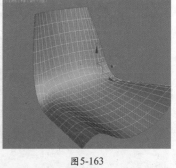

图5-167

 技巧提示

　　在这里选择【图形类型】的方式为【线性】，这样新创建出的图形会与之前选择的边完全吻合，如图5-165所示。而当选择【图形类型】的方式为【平滑】时，新创建出的图形会自动产生平滑效果，从而与之前选择的边不会完全吻合，如图5-166所示。因此我们需要按照自己的要求进行选择。

图5-165　　　　　　　图5-166

⑥ 选择上一步中新创建出的图形，选中【在渲染中启用】和【在视口中启用】复选框，设置【厚度】为14mm，如图5-167所示。

 技巧提示

　　在这里一定要确定选择的是新创建出的图形后，再去设置后面的参数，这样才可以达到正确的效果。因为在选择线并单击 创建图形 按钮后的【设置】按钮后，虽然已经创建出新的图形，但是现在默认选择的还是之前的图形，因此必须首先要切换到【线】级别，将其取消，然后再去选择新的图形，就没有问题了。

Part 02 使用样条线制作椅子腿部分

① 使用样条线继续进行创建，选中【在渲染中启用】和【在视口中启用】复选框，设置【厚度】为18mm，如图5-168所示。

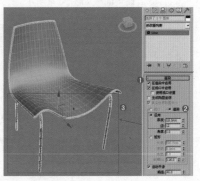

图5-168

第5章 修改器建模

123

❷ 椅子最终模型效果
如图5-169所示。

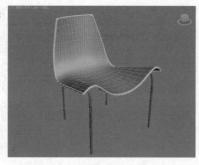

图5-169

⑬【对称】修改器

【对称】修改器可以快速创建出模型的另外一部分，因此在制作角色模型、人物模型、家具模型等对称模型时，可以先制作出模型的一半，然后使用【对称】修改器制作另外一半。其参数设置面板如图5-170所示。

图5-170

- ⊙ X/Y/Z：指定执行对称所围绕的轴。可以在选中轴的同时在视口中观察效果。
- ⊙ 翻转：如果想要翻转对称效果的方向，可以选中该复选框。默认设置为取消选中状态。
- ⊙ 沿镜像轴切片：选中该复选框，将使镜像 Gizmo 在定位于网格边界内部时作为一个切片平面。当 Gizmo 位于网格边界外部时，对称反射仍然作为原始网格的一部分来处理。
- ⊙ 焊接缝：选中该复选框，将确保沿镜像轴的顶点在阈值以内时会自动焊接。
- ⊙ 阈值：该值代表顶点在自动焊接起来之前的接近程度。

⑭【细化】修改器

【细化】修改器会对当前选择的曲面进行细分。它在渲染曲面时特别有用，并为其他修改器创建附加的网格分辨率，其参数设置面板如图5-171所示。

图5-171

- ⊙ 操作于：指定是否将细化操作于三角形面或操作于多边形面（可见边包围的区域）。
- ⊙ 边：对从多边形或曲面的中心到每条边的中点进行细分。
- ⊙ 面中心：对从中心到顶点角的曲面进行细分。
- ⊙ 张力：决定新曲面在经过边缘细化后是平面、凹面或凸面。
- ⊙ 迭代次数：指定应用细化的次数，数值越大，模型面数越多，但是会占用较大的内存。
- ⊙ 始终：无论何时改变了基本几何体都对细化进行更新。
- ⊙ 渲染时：仅在对象渲染后进行细化的更新。

为模型添加【细化】修改器后，也就是为模型增加了网格的面数，使得模型可以进行更加细致地调节，如图5-172所示。

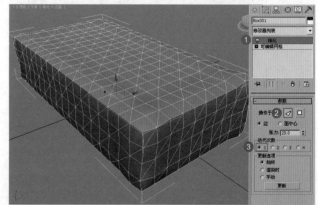

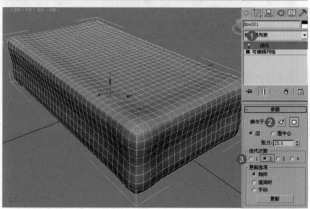

图5-172

⑮【优化】修改器

【优化】修改器可以减少对象的面和顶点的数目，其参数设置面板如图5-173所示。

- ⊙ 渲染器：设置默认扫描线渲染器的显示级别。
- ⊙ 视口：同时为视口和渲染器设置优化级别。
- ⊙ 面阈值：设置用于决定哪些面会塌陷的阈值角度。

3ds Max 2016 中文版+VRay效果图制作从入门到精通

- 边阈值：为开放边（只绑定了一个面的边）设置不同的阈值角度。
- 偏移：帮助减少优化过程中产生的三角形，从而避免模型产生错误。
- 最大边长度：指定边的最大长度。
- 自动边：控制是否启用任何开放边。
- 材质边界：保留跨越材质边界的面塌陷。
- 平滑边界：优化对象并保持平滑效果。

图5-173

16 【Noise（噪波）】修改器

【噪波】修改器可以使对象表面的顶点进行随机变动，从而让表面变得起伏不规则，常用于制作复杂的地形、地面和水面效果，其参数设置面板如图5-174所示。

图5-174

- 种子：从设置的数值中生成一个随机起始点。
- 比例：设置噪波影响（不是强度）的大小。较大的值可产生平滑的噪波，较小的值可产生锯齿现象非常严重的噪波。
- 分形：控制是否产生分形效果。
- 粗糙度：决定分形变化的程度。
- 迭代次数：控制分形功能所使用的迭代数目。
- X/Y/Z轴：设置噪波在X/Y/Z坐标轴上的强度。
- 动画噪波：调节噪波和强度参数的组合效果。
- 频率：调节噪波效果的速度。
- 相位：移动基本波形的开始和结束点。

读书笔记

Chapter 6
第6章

多边形建模

多边形建模就是Polygon建模，是目前三维软件两大流行建模方法之一（另一个是曲面建模）。用这种方法创建的物体表面由直线组成。其在建筑方面应用较多，例如室内设计、环境艺术设计等。

本章学习要点：

- 多边形建模的常用思路
- 将模型转换为多边形对象
- 编辑多边形对象
- 使用多边形建模方法创建模型

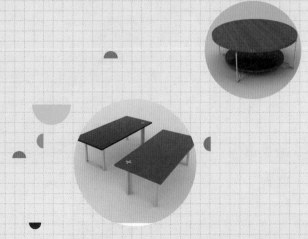

6.1 多边形建模的常用思路

多边形建模就是Polygon建模，是目前三维软件两大流行建模方法之一（另一个是曲面建模）。用这种方法创建的物体表面由直线组成。其在建筑方面应用较多，例如室内设计、环境艺术设计等。如图6-1所示为优秀的多边形建模作品。

图6-1

6.2 将模型转换为多边形对象

在编辑多边形对象之前首先要明确多边形物体不是创建出来的，而是塌陷出来的。将物体塌陷为多边形的方法主要有以下4种。

- 在物体上单击鼠标右键，然后在弹出的快捷菜单中选择【转换为/转换为可编辑多边形】命令，如图6-2所示。
- 选中物体，然后在【石墨建模】工具栏中单击【多边形建模】按钮 多边形建模 ，最后单击【转化为多边形】，如图6-3所示。
- 为物体加载【编辑多边形】修改器，如图6-4所示。
- 在修改器堆栈中选中物体，然后单击鼠标右键，接着在弹出的快捷菜单中选择【可编辑多边形】命令，如图6-5所示。

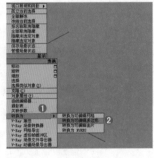

图6-2

图6-3

图6-4

图6-5

6.3 编辑多边形对象

当物体变成可编辑多边形对象后，可以观察到可编辑多边形对象有【顶点】、【边】、【边界】、【多边形】和【元素】5种子对象，如图6-6所示。

多边形参数设置包括6个卷展栏，分别是【选择】卷展栏、【软选择】卷展栏、【编辑几何体】卷展栏、【细分曲面】卷展栏、【细分置换】卷展栏和【绘制变形】卷展栏，如图6-7所示。

图6-6

图6-7

1. 选择

【选择】卷展栏中的参数主要用来选择对象和子对象，如图6-8所示。

- 次物体级别：包括【顶点】、【边】、【边界】、【多边形】和【元素】5种级别。

图6-8

● 按顶点：除了【顶点】级别外，该选项可以在其他4种级别中使用。选中该复选框后，只有选择所用的顶点才能选择子对象。

● 忽略背面：选中该复选框后，只能选中法线指向当前视图的子对象。

● 按角度：选中该复选框后，可以根据面的转折度数来选择子对象。

● 收缩 按钮：单击该按钮可以在当前选择范围中向内减少一圈对象。

● 扩大 按钮：与 收缩 按钮相反，单击该按钮可以在当前选择范围中向外增加一圈对象。

● 环形 按钮：该按钮只能在【边】和【边界】级别中使用。在选中一部分子对象后单击该按钮可以自动选择平行于当前对象的其他对象。

● 循环 按钮：该按钮只能在【边】和【边界】级别中使用。在选中一部分子对象后单击该按钮可以自动选择与当前对象在同一曲线上的其他对象。

● 预览选择：选择对象之前，通过这里的选项可以预览光标滑过位置的子对象，有【禁用】、【子对象】和【多个】3个选项可供选择。

2. 软选择

软选择是以选中的子对象为中心向四周扩散，可以通过【软选择】卷展栏中的【衰减】、【收缩】和【膨胀】参数来控制所选子对象区域的大小及对子对象控制力的强弱，并且【软选择】卷展栏中还包括了绘制软选择的工具，这一部分与【绘制变形】卷展栏的用法很接近，如图6-9所示。

3. 编辑几何体

【编辑几何体】卷展栏中提供了多种用于编辑多边形的工具，这些工具在所有次物体级别下都可用，如图6-10所示。

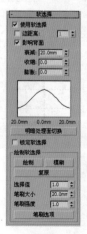
图6-9

图6-10

● 重复上一个 按钮：单击该按钮可以重复使用上一次使用的命令。

● 约束：使用现有的几何体来约束子对象的变换效果，共有【无】、【边】、【面】和【法线】4种方式可供选择。

● 保持UV：选中该复选框后，可以在编辑子对象的同时不影响该对象的UV贴图。

● 创建 按钮：创建新的几何体。

● 塌陷 按钮：该按钮类似于 焊接 按钮，但是不需要设置【阈值】参数就可以直接塌陷在一起。

● 附加 按钮：单击该按钮可以将场景中的其他对象附加到选定的可编辑多边形中。

● 分离 按钮：将选定的子对象作为单独的对象或元素分离出来。

● 切片平面 按钮：单击该按钮可以沿某一平面分开网格对象。

● 分割：选中该复选框后，可以通过单击 快速切片 按钮和 切割 按钮在划分边的位置处创建出两个顶点集合。

● 切片 按钮：可以在切片平面位置处执行切割操作。

● 重置平面 按钮：将执行过切片的平面恢复到之前的状态。

● 快速切片 按钮：可以将对象进行快速切片，切片线沿着对象表面，所以可以更加准确地进行切片。

● 切割 按钮：可以在一个或多个多边形上创建出新的边。

● 网格平滑 按钮：使选定的对象产生平滑效果。

● 细化 按钮：增加局部网格的密度，从而方便处理对象的细节。

● 平面化 按钮：强制所有选定的子对象成为共面。

● 视图对齐 按钮：使对象中的所有顶点与活动视图所在的平面对齐。

● 栅格对齐 按钮：使选定对象中的所有顶点与活动视图所在的平面对齐。

● 松弛 按钮：使当前选定的对象产生松弛现象。

● 隐藏选定对象 按钮：隐藏所选定的子对象。

● 全部取消隐藏 按钮：将所有的隐藏对象还原为可见对象。

● 隐藏未选定对象 按钮：隐藏未选定的任何子对象。

● 命名选择：用于复制和粘贴子对象的命名选择集。

● 删除孤立顶点：选中该复选框后，选择连续子对象时会删除孤立顶点。

● 完全交互：选中该复选框后，如果更改数值，将直接在视图中显示最终的结果。

4. 细分曲面

【细分曲面】卷展栏中的参数可以将细分效果应用于多边形对象，以便可以对分辨率较低的框架网格进行操作，同时还可以查看更为平滑的细分结果，如图6-11所示。

- 平滑结果：对所有的多边形应用相同的平滑组。
- 使用NURMS细分：通过NURMS方法应用平滑效果。
- 等值线显示：选中该复选框后，只显示等值线。
- 显示框架：在修改或细分之前，切换可编辑多边形对象的两种颜色线框的显示方式。
- 显示：包含【迭代次数】和【平滑度】两个选项。
  - 迭代次数：用于控制平滑多边形对象时所用的迭代次数。
  - 平滑度：用于控制多边形的平滑程度。
- 渲染：用于控制渲染时的迭代次数与平滑度。
- 分隔方式：包括【平滑组】与【材质】两个复选框。
- 更新选项：设置手动或渲染时的更新选项。

5. 细分置换

【细分置换】卷展栏中的参数主要用于细分可编辑的多边形，其中包括【细分预设】和【细分方法】等，如图6-12所示。

6. 绘制变形

【绘制变形】卷展栏可以对物体上的子对象进行推、拉操作，或者在对象曲面上拖曳光标来影响顶点，如图6-13所示。在对象层级中，【绘制变形】可以影响选定对象中的所有顶点；在子对象层级中，【绘制变形】仅影响所选定的顶点。

图6-11　　　图6-12　　　图6-13

 技巧提示

上面所讲的6个卷展栏在任何子对象级别中都存在，而选择任何一个次物体级别后都会增加相应的卷展栏，如选择【顶点】级别会出现【编辑顶点】卷展栏和【顶点属性】卷展栏，如图6-14所示为切换到【顶点】和【多边形】级别的效果。

图6-14

小实例：多边形建模制作餐桌

场景文件	无
案例文件	小实例：多边形建模制作餐桌.max
视频教学	DVD/多媒体教学/Chapter 06/小实例：多边形建模制作餐桌.flv
难易指数	★★★★★
建模方式	多边形建模、修改器建模
技术掌握	掌握多边形建模下的【切角】工具、【挤出】修改器以及【涡轮平滑】修改器的运用

实例介绍

本例是一个餐桌模型，主要使用多边形建模下的【切角】、【挤出】工具以及【涡轮平滑】修改器来完成模型的制作，最终渲染效果如图6-15所示。

图6-15

建模思路

01 使用样条线加载【挤出】修改器和多边形调节点制作餐桌主体部分。

02 使用多边形建模下的【切角】工具和加载【涡轮平滑】修改器制作餐桌布。

餐桌的建模流程如图6-16所示。

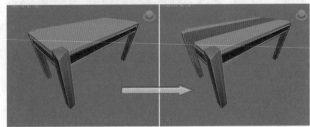

图6-16

操作步骤

Part 01 ▶ 使用样条线加载【挤出】修改器和多边形调节点制作餐桌主体部分

❶ 使用【线】工具在顶视图中绘制一条如图6-17所示的封闭样条线。

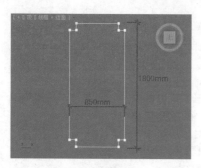

图6-17

② 选择刚创建的样条线,然后在【修改】面板中加载【挤出】修改器命令,设置【数量】为40mm,如图6-18所示。

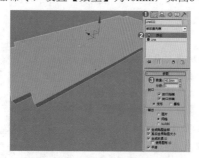

图6-18

③ 选择上一步中的模型,然后为其添加【编辑多边形】修改器,如图6-19所示。接着在【边】级别 下选择所有的边,如图6-20所示。

图6-19

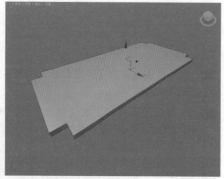

图6-20

④ 单击 切角 按钮后面的【设置】按钮 ,并设置【切角数量】为1.5mm,【分段】为3,如图6-21所示。

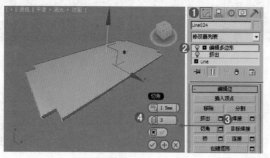

图6-21

⑤ 使用同样的方法创建样条线,然后在【修改】面板中加载【挤出】修改器,设置【数量】为20mm,如图6-22所示。

⑥ 使用【长方体】工具在顶视图中创建一个长方体,设置【长度】为100mm,【宽度】为100mm,【高度】为860mm,【长度分段】为2,【宽度分段】为2,如图6-23所示。

图6-22

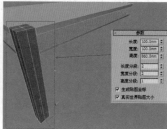

图6-23

⑦ 选择上一步中的长方体,然后为其添加【编辑多边形】修改器,如图6-24所示。接着在【顶点】级别 下调整如图6-25所示的顶点。

图6-24

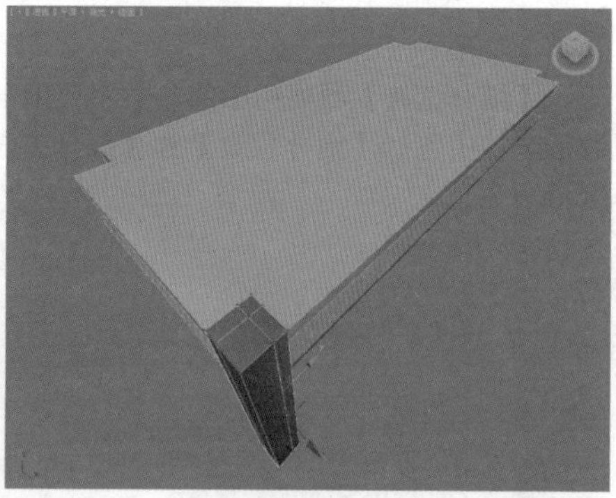

图6-25

⑧ 继续对顶点的位置进行调节,调节后的效果如图6-26所示。

⑨ 在【边】级别 下选择如图6-27所示的边,然后单击 切角 按钮后面的【设置】按钮 ,并设置【切角数量】为1.5mm,【分段】为3,如图6-28所示。

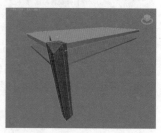

图6-26

图6-27

图6-28

⑩ 再次单击【边】级别◁按钮，将其取消选择。选择刚创建的餐桌腿模型，然后单击【镜像】按钮⚏，并在弹出的【镜像：世界坐标】对话框中设置【偏移】为－750mm，在【克隆当前选择】选项组中选中【实例】单选按钮，如图6-29所示。继续单击【镜像】按钮⚏克隆出其他的两个桌腿，此时模型效果如图6-30所示。

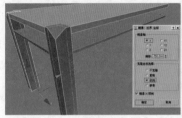 

图6-29　　　　　　　　　　图6-30

⑪ 使用【线】工具在前视图中绘制如图6-31所示的样条线，然后在【修改】面板中为其加载【挤出】修改器，并设置【数量】为1600mm，如图6-32所示。

图6-31　　　　　　　　　　图6-32

⑫ 使用与上一步中相同的方法，绘制线并加载【挤出】修改器，创建出剩余部分的模型，此时餐桌主体部分模型效果如图6-33所示。

图6-33

Part 02 使用多边形下的【切角】和加载【涡轮平滑】命令制作餐桌布

❶ 使用【平面】工具在顶视图中创建一个平面，设置【长度】为2500mm，【宽度】为350mm，【长度分段】为8，【宽度分段】为4，如图6-34所示。

❷ 选择平面，并为其添加【编辑多边形】修改器，然后在【顶点】级别下选择两侧部分的顶点并使用【选择并移动】工具沿Z轴向下拖曳，调节后的效果如图6-35所示。

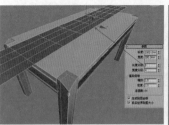 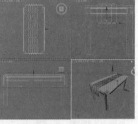

图6-34　　　　　　　　　　图6-35

❸ 在【边】级别下选择如图6-36所示的边，然后单击 切角 按钮后面的【设置】按钮□，并设置【切角数量】为10mm，如图6-37所示。

 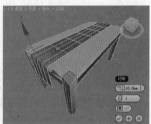

图6-36　　　　　　　　　　图6-37

❹ 选择切角后的模型，然后在【修改】面板中为其加载【涡轮平滑】修改器，展开【涡轮平滑】卷展栏，设置【迭代次数】为3，如图6-38所示。

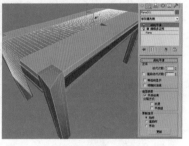

图6-38

技巧提示

　　在设置【迭代次数】参数时一定要慎重，因为当【迭代次数】数值大于3时，运行3ds Max会感到有卡的现象，因此一般将数值设置为1、2或3。若设置该数值为1、2或3，还感觉有卡的现象时，可以单击【关闭】按钮，将该修改器暂时关闭，这样操作起来就非常流畅了。在需要打开该按钮时，再次单击该按钮即可，如图6-39所示。

图6-39

❺ 选择涡轮平滑后的模型，然后在【修改】面板中加载【壳】修改器，并设置【外部量】为1mm，如图6-40所示。

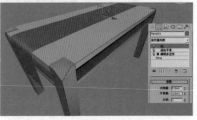

图6-40

⑥ 餐桌最终模型效果如图6-41所示。

图6-41

技巧提示

这里加载【壳】修改器是为了让平面模型产生厚度的效果，使其产生更加真实的三维效果。

小实例：多边形建模制作中式茶几

场景文件	无
案例文件	小实例：多边形建模制作中式茶几.max
视频教学	DVD/多媒体教学/Chapter 06/小实例：多边形建模制作中式茶几.flv
难易指数	★★★★★
建模方式	多边形建模
技术掌握	掌握多边形建模下的【插入】、【挤出】、【切角】、【连接】、【倒角】和【桥】工具的运用

实例介绍

本例是一个中式茶几模型，主要使用多边形建模下的【插入】、【挤出】、【切角】、【连接】、【倒角】和【桥】工具来完成模型的制作，最终渲染效果如图6-42所示。

图6-42

建模思路

使用多边形建模下的【插入】、【连接】、【切角】和【桥】等工具制作中式茶几模型。

中式茶几最终模型效果如图6-43所示。

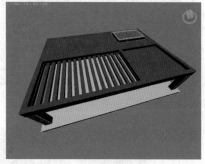

图6-43

操作步骤

步骤01 使用【切角长方体】工具在顶视图中创建一个切角长方体，在【修改】面板中展开【参数】卷展栏，设置【长度】为1250mm，【宽度】为950mm，【高度】为30mm，【圆角】为1mm，设置【圆角分段】为3，取消选中【平滑】复选框，如图6-44所示。

步骤02 继续使用【切角长方体】工具在顶视图中创建一个切角长方体，设置【长度】为48mm，【宽度】为48mm，【高度】为200mm，【圆角】为1mm，【圆角分段】为3，取消选中【平滑】复选框，如图6-45所示。

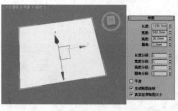

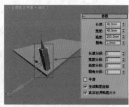

图6-44   图6-45

步骤03 选择上一步创建的切角长方体，使用【选择并移动】工具，并按下Shift键复制3份，此时模型效果如图6-46所示。

步骤04 使用【长方体】工具在顶视图中创建一个长方体，设置【长度】为1250mm，【宽度】为900mm，【高度】为50mm，如图6-47所示。

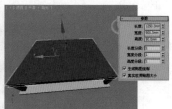

图6-46   图6-47

步骤05 选择上一步中刚创建的长方体，然后为其添加【编辑多边形】修改器，接着在【多边形】级别下选择如图6-48所示的多边形，然后单击 插入 按钮后面的【设置】按钮，并设置【插入数量】为40mm，如图6-49所示。

图6-48   图6-49

步骤06 接着选择如图6-50所示的多边形，然后单击 挤出 按钮后面的【设置】按钮◻，并设置【挤出数量】为 - 2mm，如图6-51所示。

步骤07 在【边】级别⬦下选择如图6-52所示的边，然后单击 连接 按钮后面的【设置】按钮◻，并设置【分段】为1，如图6-53所示。

图6-50

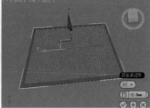

图6-51

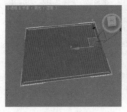

图6-52

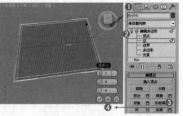

图6-53

技巧提示

在这里为了操作方便，可以将其他物体隐藏，方法主要有两种：

方法1：选择物体，单击鼠标右键，在弹出的快捷菜单选择【隐藏未选定对象】命令，此时会发现只有选择的物体存在，而其他物体被隐藏了，如图6-54所示。

若要将其他物体再次显示出来，只需要在视图的空白处单击鼠标右键，在弹出的快捷菜单选择【全部取消隐藏】命令即可，如图6-55所示。

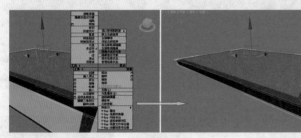

图6-54

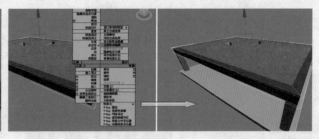

图6-55

方法2：选择物体，并按快捷键Alt+Q，即可进入到孤立模式，如图6-56所示。

若要退出孤立模式，只需要单击【已孤立的当前选择】窗口右上方的【关闭】按钮✕即可，如图6-57所示。

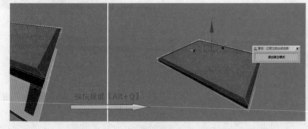

图6-56

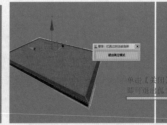

图6-57

步骤08 在【多边形】级别◻下选择如图6-58所示的多边形，接着单击 倒角 按钮后面的【设置】按钮◻，并设置【挤出数量】为1.5mm，【轮廓量】为 - 1mm，如图6-59所示。

步骤09 在【边】级别⬦下选择如图6-60所示的边，然后单击 连接 按钮后面的【设置】按钮◻，并设置【分段】为1，【滑块】为25，如图6-61所示。

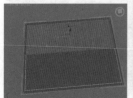

图6-58

图6-59

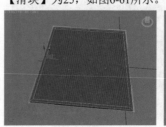

图6-60

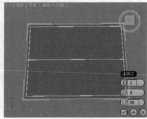

图6-61

步骤10 在【边】级别下保持对上一步中边的选择,然后单击 切角 按钮后面的【设置】按钮,并设置【数量】为10mm,如图6-62所示。

图6-62

步骤11 在【多边形】级别下选择如图6-63所示的多边形,然后单击 挤出 按钮后面的【设置】按钮,设置【挤出数量】为-25mm,如图6-64所示。

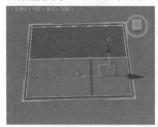 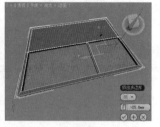

图6-63　　　　　　　图6-64

步骤12 在【边】级别下选择如图6-65所示的两条边,然后单击 连接 按钮后面的【设置】按钮,并设置【分段】为30,如图6-66所示。

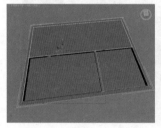 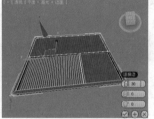

图6-65　　　　　　　图6-66

步骤13 在【多边形】级别下在顶面选择如图6-67所示的多边形,底面同样要选择相应的多边形,如图6-68所示。

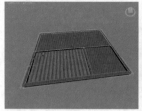 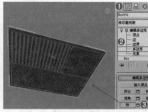

图6-67　　　　　　　图6-68

步骤14 最后单击 桥 按钮,效果如图6-69所示。

图6-69

步骤15 在【边】级别下选择如图6-70所示的边。然后单击 切角 按钮后面的【设置】按钮,并设置【数量】为2mm,【分段】为2,如图6-71所示。

图6-70　　　　　　　图6-71

步骤16 继续使用多边形建模创建出另外一个模型,模型最终效果如图6-72所示。

图6-72

小实例：多边形建模制作沙发

场景文件	无
案例文件	小实例：多边形建模制作沙发.max
视频教学	DVD/多媒体教学/Chapter 06/小实例：多边形建模制作沙发.flv
难易指数	★★★★★
建模方式	多边形建模
技术掌握	掌握多边形建模下的【挤出】、【切角】、【分离】工具以及FFD修改器和【壳】修改器的运用

实例介绍

本例主要使用多边形建模下的【挤出】、【切角】、【分离】工具以及FFD修改器和【壳】修改器来完成模型的制作,最终渲染效果如图6-73所示。

图6-73

建模思路

01 使用【切角长方体】工具和【FFD 4×4×4】修改器制作沙发模型的坐垫和靠垫。

02 使用【长方体】工具和【编辑多边形】修改器制作沙发扶手模型,并使用【镜像】工具复制另外一个扶手模型。

沙发的建模流程如图6-74所示。

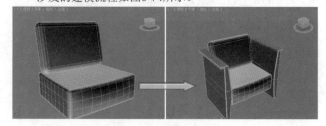

图6-74

操作步骤

Part 01 制作沙发坐垫及靠垫模型

❶ 单击 ▦（创建）| ◯（几何体）| 扩展基本体 ▼ | 切角长方体 按钮，在顶视图中创建一个切角长方体，修改参数，设置【长度】为500mm，【宽度】为600mm，【高度】为200mm，【圆角】为20mm，【长度分段】为8，【宽度分段】为8、【高度分段】为3，【圆角分段】为5，如图6-75所示。

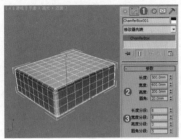

图6-75

❷ 选择上一步创建的切角长方体，然后在【修改】面板中选择并加载【FFD4×4×4】修改器，如图6-76所示。

❸ 进入【控制点】级别，使用【选择并移动】工具❖，调节控制点的位置，效果如图6-77所示。

 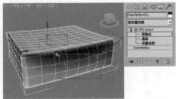

图6-76   图6-77

❹ 继续在顶视图创建切角长方体，作为沙发靠垫，设置【长度】为100mm，【宽度】为600mm，【高度】为400mm，【圆角】为70mm，【长度分段】、【高度分段】、【宽度分段】均为1，【圆角分段】为4，如图6-78所示。

❺ 使用【选择并旋转】工具◑将靠垫旋转一定角度，并使用【选择并移动】工具❖将其移动到坐垫的上方，此时沙发靠垫和坐垫模型效果如图6-79所示。

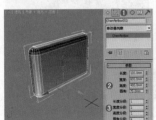 

图6-78   图6-79

Part 02 创建沙发扶手模型

❶ 在左视图创建一个长方体，设置【长度】为650mm，

【宽度】为520mm，【高度】为45mm，【长度分段】为4，如图6-80所示。

❷ 为长方体加载【编辑多边形】修改器，接着进入【边】级别 ◢，选择如图6-81所示的边，并使用【选择并移动】工具❖进行位置的调节。

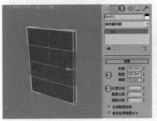 

图6-80   图6-81

❸ 继续在【边】级别 ◢下选择如图6-82所示的边，使用【选择并移动】工具❖在透视图中沿X轴方向拖曳，如图6-83所示。

 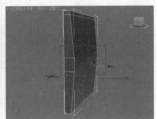

图6-82   图6-83

❹ 在【多边形】级别 ■下选择如图6-84所示的多边形，接着单击 挤出 按钮后面的【设置】按钮 ■，并设置【数量】为40mm，如图6-85所示。

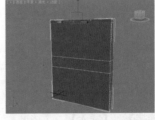 

图6-84   图6-85

❺ 在【边】级别 ◢下选择如图6-86所示的边，接着单击 切角 按钮后面的【设置】按钮 ■，并设置【高度】为6mm，【分段】为5，如图6-87所示。

图6-86   图6-87

❻ 在【多边形】级别 ■下选择如图6-88所示的多边形。接着单击 分离 按钮后面的【设置】按钮 ■，在弹出的【分离】对

话框中选中【分离为克隆】复选框，这样可以在不破坏原模型的情况下单独将选择的面进行分离，如图6-89所示。

图6-88   图6-89

⑦ 选择上一步中分离出来的对象，对其加载【壳】修改器，并设置【外部量】为3mm，如图6-90所示。

⑧ 将创建的沙发扶手与上一步分离出来的对象成组，然后单击【镜像】按钮■，并设置【镜像轴】为X，设置【克隆当前选择】为【复制】，最后单击【确定】按钮，如图6-91所示。

⑨ 模型最终效果如图6-92所示。

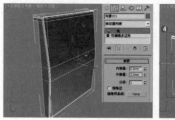 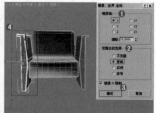

图6-90   图6-91

图6-92

小实例：多边形建模制作床头柜

场景文件	无
案例文件	小实例：多边形建模制作床头柜.max
视频教学	DVD/多媒体教学/Chapter 06/小实例：多边形建模制作床头柜.flv
难易指数	★★★★★
建模方式	多边形建模
技术掌握	掌握多边形建模下的【连接】、【插入】、【挤出】和【切角】工具的运用

实例介绍

本例主要使用多边形建模下的【连接】、【插入】、【挤出】和【切角】工具来完成模型的制作，最终渲染效果如图6-93所示。

图6-93

建模思路

① 使用多边形建模下的【连接】、【插入】、【挤出】和【切角】等工具制作柜体模型。

② 使用【长方体】和【球体】工具制作床头柜把手和支架。

床头柜的建模流程如图6-94所示。

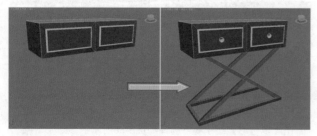

图6-94

操作步骤

Part 01 使用多边形建模下的【连接】、【插入】、【挤出】和【切角】等工具制作柜体模型

① 单击■（创建）|■（几何体）| 标准基本体 ▼ | 长方体 按钮，在顶视图中创建一个长方体，修改参数，设置【长度】为1000mm，【宽度】为400mm，【高度】为260mm，如图6-95所示。

② 选择长方体，并在【修改器列表】下拉列表中加载【编辑多边形】修改器，进入【边】级别■，选择如图6-96所示的边。

③ 保持选择的边不变，然后单击 连接 按钮，此时在中间位置出现了一条边，如图6-97所示。

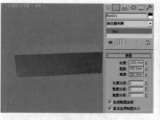 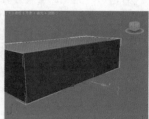

图6-95   图6-96

④ 进入【多边形】级别■，在透视图中选择如图6-98所示的多边形，接着单击 插入 按钮后面的【设置】按钮■，并设置【插入类型】为【按多边形】，【数量】为42mm，如图6-99所示。

⑤ 保持选择的多边形不变，然后单击 挤出 按钮后面的【设置】按钮■，并设置【挤出数量】为10mm，如图6-100所示。

3ds Max 2016 中文版+VRay效果图制作从入门到精通

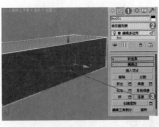
图6-97

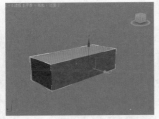
图6-98

图6-99

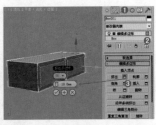
图6-100

❻ 进入【边】级别 ，选择如图6-101所示的边，然后单击 切角 按钮后面的【设置】按钮 ，并设置【数量】为10mm，【分段】为22，如图6-102所示。

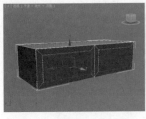
图6-101

图6-102

❼ 进入【多边形】级别 ，在透视图中选择如图6-103所示的多边形，然后单击 挤出 按钮后面的【设置】按钮 ，并设置【高度】为﹣5mm，如图6-104所示。

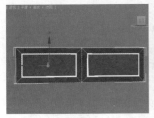
图6-103

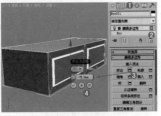
图6-104

❽ 此时床头柜柜体的模型效果如图6-105所示。

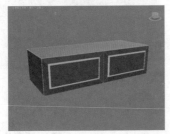
图6-105

Part 02 使用【长方体】和【球体】工具制作床头柜把手和支架

❶ 在视图中创建一个球体，设置【半径】为20mm，如图6-106所示。

❷ 选择上一步创建的球体，使用【选择并移动】工具 ，并按住Shift键将球体复制一份，将其放置到合适的位置，如图6-107所示。

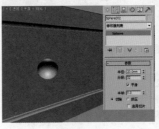
图6-106

图6-107

❸ 激活顶视图，创建一个矩形，在【渲染】选项组中选中【在渲染中启用】和【在视口中启用】复选框，再选中【矩形】单选按钮，设置【长度】为35mm，【宽度】为30mm，在【参数】选项组中设置【长度】为360mm，【宽度】为960mm，如图6-108所示。

❹ 在前视图创建一个长方体，修改参数，设置【长度】为36mm，【宽度】为1000mm，【高度】为30mm，并使用【选择并旋转】工具 将其沿Y轴顺时针旋转﹣50°，如图6-109所示。

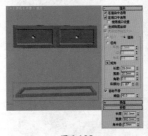
图6-108

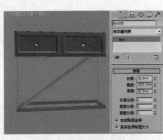
图6-109

❺ 为上一步创建的长方体加载【编辑多边形】修改器，进入【顶点】级别 ，选择长方体一侧的顶点，使用【选择并移动】工具 将其移至与矩形的顶点重合，如图6-110所示。

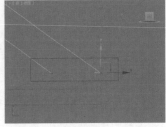
图6-110

❻ 选择上一步中的模型，单击【镜像】按钮 ，镜像复制出另外一部分，如图6-111所示。

❼ 最终床头柜建模效果如图6-112所示。

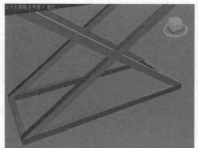

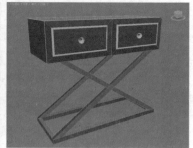

图6-111　　　　　　　　　　　　图6-112

小实例：多边形建模制作橱柜

场景文件	无
案例文件	小实例：多边形建模制作橱柜.max
视频教学	DVD/多媒体教学/Chapter 06/小实例：多边形建模制作橱柜.flv
难易指数	★★★★★
建模方式	多边形建模、修改器建模、样条线建模
技术掌握	掌握多边形建模下的【倒角】、【插入】、【切角】、【连接】和【使用软选择】等工具以及【倒角剖面】修改器的运用

实例介绍

　　本例主要使用多边形建模下的【倒角】、【插入】、【切角】、【连接】和【使用软选择】等工具以及【倒角剖面】修改器来完成模型的制作，最终渲染效果如图6-113所示。

图6-113

建模思路

01 使用多边形建模下【挤出】、【插入】和【切角】工具制作橱柜矮柜的模型。

02 使用样条线加载【倒角剖面】修改器和使用多边形制作橱柜高柜的模型。

03 使用样条线的可渲染功能和多边形建模下的【使用软选择】工具制作橱柜把手模型。

　　橱柜建模流程如图6-114所示。

图6-114

操作步骤

Part 01 制作橱柜矮柜的模型

❶ 单击 ■（创建）｜ ⊙（几何体）｜ ▏长方体 ▏按钮，在顶视图中创建一个长方体，并设置【长度】为550mm，【宽度】为3000mm，【高度】为650mm，【宽度分段】为6，如图6-115所示。

❷ 确认长方体处于选择状态，为长方体加载【编辑多边形】修改器，如图6-116所示。

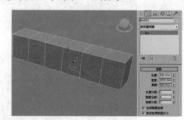

图6-115　　　　　　　　图6-116

 技巧提示

　　将对象转换为可编辑多边形，还可以单击鼠标右键并在弹出的快捷菜单中选择【转换为】｜【转换为可编辑多边形】命令，如图6-117所示。

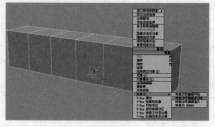

图6-117

③ 进入【多边形】级别■，在透视图中选择如图6-118所示的多边形，然后单击 插入 按钮后面的【设置】按钮■，并设置【插入类型】为【按多边形】，【数量】为50mm，如图6-119所示。

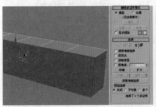 

图6-118　　　　　　　　图6-119

④ 保持选择的多边形不变，然后单击 倒角 按钮后面的【设置】按钮■，并设置【倒角高度】为－8mm，【轮廓高度】为－8mm，如图6-120所示。接着再次使用【插入】工具进行操作，并设置【数量】为15，如图6-121所示。

 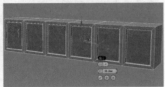

图6-120　　　　　　　　图6-121

⑤ 继续使用【倒角】工具，同样设置【倒角高度】为－8mm，【轮廓高度】为－8mm，如图6-122所示。此时模型效果如图6-123所示。

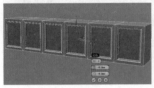 

图6-122　　　　　　　　图6-123

⑥ 再次使用【倒角】工具进行制作，让模型产生凸起的效果，此时效果如图6-124所示。

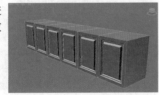

图6-124

⑦ 进入【边】级别■，选择如图6-125所示的边。保持选择的边不变，然后单击 切角 按钮后面的【设置】按钮■，并设置【数量】为4mm，如图6-126所示。

图6-125　　　　　　　　图6-126

⑧ 进入【多边形】级别■，在透视图中选择如图6-127所示的多边形，接着单击 挤出 按钮后面的【设置】按钮■，并设置【数量】为－50mm，如图6-128所示。

图6-127　　　　　　　　图6-128

⑨ 进入【边】级别■，选择如图6-129所示的边，接着单击 切角 按钮后面的【设置】按钮■，设置【切角数量】为1.5mm，【分段】为3，如图6-130所示。

图6-129　　　　　　　　图6-130

⑩ 此时场景效果如图6-131所示。使用【切角长方体】工具在顶视图中创建一个切角长方体，并在【修改】面板中修改其参数，如图6-132所示。

图6-131　　　　　　　　图6-132

Part 02 制作高柜部分的模型

① 在顶视图中创建一个长方体，然后在设置【长度】为550mm，【宽度】为1200mm，【高度】为2000mm，【长度分段】为1，【宽度分段】为2，【高度分段】为2，如图6-133所示。

② 将长方体转换为可编辑多边形，进入【边】级别■，在透视图中选择如图6-134所示的边，并使用【选择并移动】工具■进行调节。

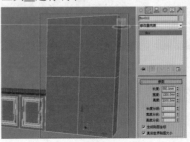 

图6-133　　　　　　　　图6-134

③ 进入【多边形】级别■，在透视图中选择如图6-135所示的多边形。保持选择的多边形不变，然后单击 插入 按钮后面的【设置】按钮■，设置【插入类型】为【按多边形】，设置【插入数量】为55mm，如图6-136所示。

图6-135　　　　　　　　　　图6-136

④ 使用【插入】和【倒角】工具继续进行制作，具体的制作方法不再详述，如图6-137所示。此时场景效果如图6-138所示。

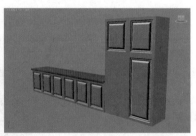

图6-137　　　　　　　　　　图6-138

⑤ 进入【边】级别，在透视图中选择如图6-139所示的边，接着单击 连接 按钮后面的【设置】按钮，并设置【分段】为4，如图6-140所示。

图6-139　　　　　　　　　　图6-140

⑥ 继续使用【插入】和【倒角】工具进行制作。然后进入【边】级别，在透视图中选择如图6-141所示的边，然后单击 切角 按钮后面的【设置】按钮，并设置【数量】为3mm，如图6-142所示。

⑦ 进入【边】级别，在透视图中选择如图6-143所示的边。然后单击 切角 按钮后面的【设置】按钮，并设置【数量】为1mm，【分段】为2，如图6-144所示。

图6-141　　　　　　　　　　图6-142

图6-143　　　　　　　　　　图6-144

⑧ 此时场景效果如图6-145所示。使用【线】工具在前视图中绘制出橱柜上方剖面，接着使用【矩形】工具在顶视图中绘制矩形，如图6-146所示。

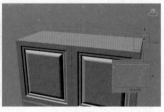

图6-145　　　　　　　　　　图6-146

技巧提示

　　【倒角剖面】修改器使用另一个图形路径作为倒角截剖面来挤出一个图形。在这里可以继续使用【倒角】工具来进行创建，但是可能会比较麻烦一些。

⑨ 选择矩形，然后在【修改】面板中加载【倒角剖面】修改器，接着单击 拾取剖面 按钮拾取剖面，如图6-147所示。

⑩ 使用【切角长方体】工具在顶视图中创建一个切角长方体，将其作为橱柜最低部分的模型，在【修改】面板中调整其参数，如图6-148所示。

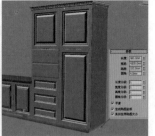

图6-147　　　　　　　　　图6-148

⑪ 此时高柜模型部分效果如图6-149所示。

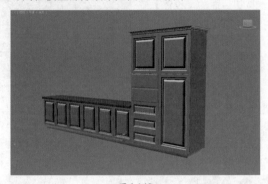

图6-149

Part 03 制作吊柜和把手部分的模型

① 使用【长方体】工具在前视图中创建吊柜部分模型，并在【修改】面板中调整其参数，如图6-150所示。

② 选择上一步创建的长方体，然后将其转换为可编辑多边形，接着使用【插入】和【倒角】工具进行创建，具体的制作方法在这里就不再详述，如图6-151所示。

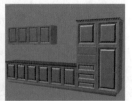

图6-150　　　　　　　　　图6-151

小实例：多边形建模制作浴缸

场景文件	无
案例文件	小实例：多边形建模制作浴缸.max
视频教学	DVD/多媒体教学/Chapter 06/小实例：多边形建模制作浴缸.flv
难易指数	★★★★★
建模方式	多边形建模
技术掌握	掌握多边形建模下的【插入】、【挤出】、【切角】等工具和【网格平滑】修改器的运用

实例介绍

本例是一个贵妃浴缸模型，主要使用【插入】、【挤出】、【切角】等工具和【网格平滑】修改器来制作，如图6-157所示。

③ 接着使用【线】工具并加载【倒角剖面】修改器创建吊柜剩余部分的模型，此时场景效果如图6-152所示。

④ 使用样条线的可渲染功能创建把手部分模型，并在【修改】面板中选中【在渲染中启用】和【在视口中启用】复选框，接着选中【径向】单选按钮，设置一定的厚度，如图6-153所示。

⑤ 将样条线转换为可编辑多边形，然后调节其大体的形状，如图6-154所示。

⑥ 将把手部分模型复制几份拖曳到合适的位置。橱柜的最终模型效果如图6-155所示。

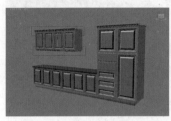
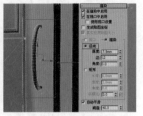

图6-152　　　　　　　　　图6-153

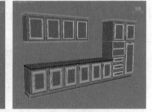

图6-154　　　　　　　　　图6-155

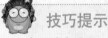 **技巧提示**

在调节点时可以选中【使用软选择】复选框，这样调节会更加方便，如图6-156所示。

图6-156

图6-157

建模思路

01 STEP 使用【插入】工具、【挤出】工具、【切角】工具和【网格平滑】修改器制作缸体。

02 STEP 使用【切角】工具和【网格平滑】修改器制作底座。浴缸的建模流程如图6-158所示。

图6-158

操作步骤

Part 01 使用【插入】工具、【挤出】工具、【切角】工具和【网格平滑】修改器制作缸体

① 使用【长方体】工具在场景中创建一个长方体，设置【长度】为40mm、【宽度】为120mm、【高度】为55mm、【长度分段】为3、【宽度分段】为4、【高度分段】为4，如图6-159所示。

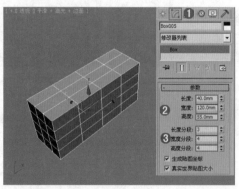

图6-159

② 将长方体转换为可编辑多边形，然后进入【顶点】级别，接着将模型调整成如图6-160所示的效果。

③ 继续调整顶点的位置，调节后的效果如图6-161所示。

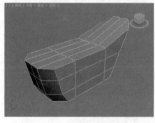

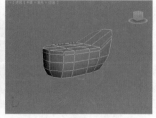

图6-160　　　　　　图6-161

④ 进入【多边形】级别，然后选择如图6-162所示的多边形，接着在【编辑多边形】卷展栏中单击 插入 按钮后面的【设置】按钮，最后在弹出的对话框中设置【插入量】为2mm，如图6-163所示。

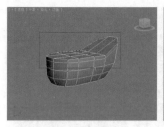

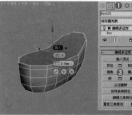

图6-162　　　　　　图6-163

⑤ 保持对多边形的选择，在【编辑多边形】卷展栏中单击 挤出 按钮后面的【设置】按钮，然后在弹出的对话框中设置【挤出高度】为 - 17mm，如图6-164所示。

图6-164

⑥ 此时通过透视图的效果来看模型的点出现交叉问题，需要进行下面步骤的操作。使用【选择并均匀缩放】工具将多边形进行缩放，如图6-165所示。进入【顶点】级别，然后调整好各个顶点的位置，如图6-166所示。

图6-165　　　　　　图6-166

⑦ 进入【多边形】级别，然后选择如图6-167所示的多边形，接着在【编辑多边形】卷展栏中单击 挤出 按钮后面的【设置】按钮，最后在弹出的对话框中设置【挤出类型】为【局部法线】、【挤出高度】为5mm，模型效果如图6-168所示。

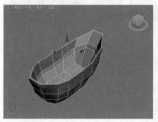

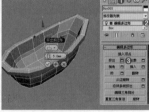

图6-167　　　　　　图6-168

⑧ 进入【边】级别，然后选择如图6-169所示的边，接着在【编辑边】卷展栏中单击 切角 按钮后面的【设置】按钮，最后在弹出的对话框中设置【切角量】为0.6mm，如图6-170所示。

⑨ 为模型加载一个【网格平滑】修改器，然后在【细分量】卷展栏中设置【迭代次数】为2，模型效果如图6-171所示。

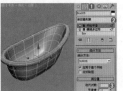

图6-169　　　　　图6-170　　　　　图6-171

技巧提示

【网格平滑】修改器通过多种不同方法平滑场景中的几何体。它允许细分几何体，同时在角和边插补新面的角度以及将单个平滑组应用于对象中的所有面。网格平滑的效果是使角和边变圆，就像它们被锉平或刨平一样。使用【网格平滑】修改器参数可控制新面的大小和数量，以及它们如何影响对象曲面。

Part 02　使用【切角】工具和【网格平滑】修改器制作底座

❶ 使用【长方体】工具在场景中创建一个长方体，设置【长度】为11mm，【宽度】为8mm，【高度】为6.06mm，【高度分段】为3，如图6-172所示。

❷ 将长方体转换为可编辑多边形，然后进入【顶点】级别，接着将模型调整成如图6-173所示的效果。

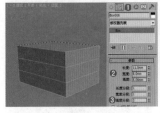

图6-172　　　　　　　　图6-173

❸ 进入【边】级别，然后选择如图6-174所示的边，接着在【编辑边】卷展栏中单击 切角 按钮后面的【设置】按钮，最后在弹出的对话框中设置【切角量】为0.3mm，如图6-175所示。

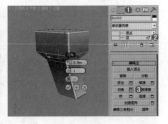

图6-174　　　　　　　　图6-175

综合实例：多边形建模制作书桌

场景文件	无
案例文件	综合实例：多边形建模制作书桌.max
视频教学	DVD/多媒体教学/Chapter 06/综合实例：多边形建模制作书桌.flv
难易指数	★★★★★
建模方式	修改器建模、多边形建模
技术掌握	掌握【倒角剖面】修改器、【车削】修改器、多边形建模下的【挤出】工具的运用

❹ 为模型加载一个【网格平滑】修改器，然后在【细分量】卷展栏中设置【迭代次数】为2，模型效果如图6-176所示。

❺ 使用【选择并移动】工具选择底座模型，然后按住Shift键的同时移动复制出3个模型，并放置到合适的位置，如图6-177所示。

图6-176　　　　　　　　图6-177

❻ 使用【圆柱体】工具、多边形建模方法以及【网格平滑】修改器制作出如图6-178所示的开关模型。

图6-178

❼ 使用【线】工具在开关上创建一条如图6-179所示的水管模型，浴缸模型最终效果如图6-180所示。

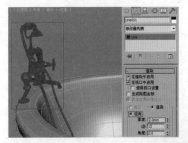

图6-179

图6-180

实例介绍

本例主要使用【倒角剖面】修改器、【车削】修改器、多边形建模下的【挤出】工具来完成模型的制作，最终渲染效果如图6-181所示。

图6-181

建模思路

01 使用样条线和【倒角剖面】修改器以及多边形建模下的【挤出】、【倒角】工具制作书桌主体模型。

02 使用【车削】修改器和多边形建模制作书桌桌腿、把手和装饰部分的模型。

书桌建模流程如图6-182所示。

图6-182

操作步骤

Part 01 使用样条线和【倒角剖面】修改器以及使用多边形建模下的【挤出】、【倒角】工具制作书桌主体模型

❶ 使用【线】工具在顶视图中绘制出如图6-183所示的图形，接着使用【线】工具在前视图中绘制出如图6-184所示的样条线。

❷ 选择在顶视图中创建的样条线，然后在【修改】面板中加载【倒角剖面】修改器，接着单击【拾取剖面】按钮并拾取场景中的样条线，如图6-185所示。

❸ 选择场景中的模型，然后将其转换为可编辑多边形，接着在【多边形】级别 ▣ 下选择如图6-186所示的多边形。

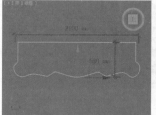
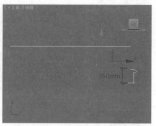

图6-183　　　　　　　　图6-184

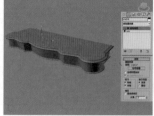
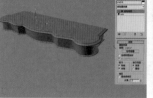
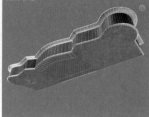

图6-185　　　　　　　　图6-186

❹ 保持对多边形的选择不变，然后单击 挤出 按钮后面的【设置】按钮 ▣，并设置【挤出数量】为400mm，如图6-187所示。

❺ 保持对多边形的选择不变，然后继续使用【挤出】工具，设置【挤出数量】为40mm，如图6-188所示。

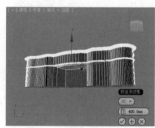

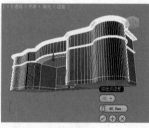

图6-187　　　　　　　　图6-188

❻ 在【多边形】级别 ▣ 下选择如图6-189所示的多边形，然后单击 倒角 按钮后面的【设置】按钮 ▣，并设置【挤出数量】为20mm，【轮廓】为－5mm，如图6-190所示。

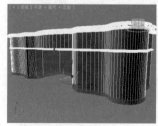

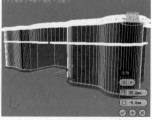

图6-189　　　　　　　　图6-190

❼ 继续使用【倒角】工具进行创建，设置【挤出数量】为10mm，【轮廓】为－9mm，如图6-191所示。

❽ 此时的场景效果如图6-192所示。

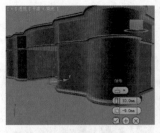

图6-191   图6-192

Part 02

使用【车削】修改器和多边形建模制作书桌桌腿、把手和装饰部分的模型

❶ 使用【线】工具在前视图中绘制出如图6-193所示的样条线，接着在【修改】面板中加载【车削】修改器，展开【参数】卷展栏，设置【度数】为360，【分段】为16，设置【方向】为Y轴，【对齐】为【最小】，如图6-194所示。

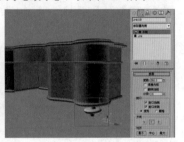

图6-193   图6-194

项目实例：多边形建模制作简约别墅

场景文件	无
案例文件	项目实例：多边形建模制作简约别墅.max
视频教学	DVD/多媒体教学/Chapter 06/项目实例：多边形建模制作简约别墅.flv
难易指数	★★★★★
建模方式	样条线建模、多边形建模
技术掌握	掌握【编辑多边形】修改器、【选择并移动】工具以及【线】工具的运用

实例介绍

本例主要使用【线】工具来完成模型的制作，最终渲染效果如图6-197所示。

图6-197

❷ 选择刚车削后的模型，然后使用【选择并移动】工具，并按下Shift键复制3份，最后将其分别拖曳到合适的位置，如图6-195所示。

❸ 最后使用编辑多边形建模创建剩余部分的模型，此时写字台最终模型效果如图6-196所示。

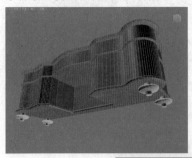

图6-195

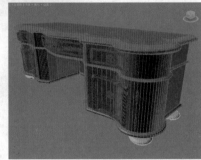

图6-196

建模思路

01 使用【长方体】工具和【编辑多边形】修改器以及【线】工具制作别墅的框架。

02 使用【平面】工具和【编辑多边形】修改器制作别墅窗户。

简约别墅的建模流程如图6-198所示。

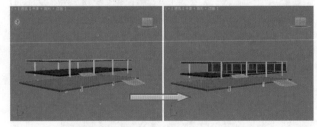

图6-198

操作步骤

Part 01

使用【长方体】工具、【编辑多边形】修改器以及【线】工具制作别墅的框架

❶ 单击 （创建）｜ （几何体）｜ 标准基本体 ｜

第 6 章 多边形建模

145

长方体 按钮，在顶视图中创建一个长方体，修改参数，设置【长度】为14000mm，【宽度】为28000mm，【高度】为50mm，如图6-199所示。

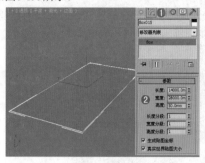

图6-199

❷ 确认长方体处于选择状态，为长方体加载【编辑多边形】修改器，如图6-200所示。进入【多边形】级别◨，在透视图中选择如图6-201所示的多边形。

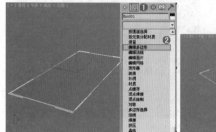

图6-200　　　　　　　　图6-201

❸ 单击 插入 按钮后面的【设置】按钮◨，并设置【插入数量】为80mm，如图6-202所示。继续使用 挤出 按钮后面的【设置】按钮◨，并设置【挤出高度】为50mm，如图6-203所示。

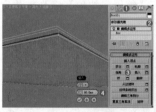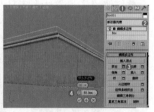

图6-202　　　　　　　　图6-203

❹ 保持上一步选择的多边形不变，再次单击 插入 按钮后面的【设置】按钮◨，并设置【插入数量】为80mm，如图6-204所示。接着单击 挤出 按钮后面的【设置】按钮◨，并设置【挤出高度】为400mm，如图6-205所示。

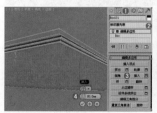

图6-204　　　　　　　　图6-205

❺ 使用【线】工具在顶视图绘制柱子的截面图形，如图6-206所示。

❻ 选择上一步中创建的线，并添加【挤出】修改器，设置【数量】为4000mm，如图6-207所示。

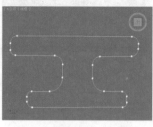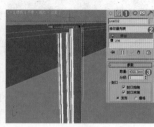

图6-206　　　　　　　　图6-207

❼ 激活顶视图，确认上一步创建的柱子处于选择状态，使用【选择并移动】工具，按住Shift键，用鼠标左键对柱子进行移动复制，释放鼠标后，在弹出的【克隆选项】对话框中设置【对象】为【实例】，【副本数】为3，如图6-208所示。

❽ 继续使用【选择并移动】工具，并按住Shift键再次复制4个柱子，此时出现了8个柱子模型，效果如图6-209所示。

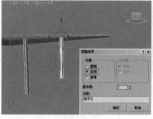

图6-208　　　　　　　　图6-209

❾ 在顶视图创建一个长方体，修改参数，设置【长度】为13700mm，【宽度】为28000mm，【高度】为300mm，并将其放置在合适的位置，如图6-210所示。

❿ 在顶视图创建一个长方体，设置【长度】为11000mm，【宽度】为20000mm，【高度】为300mm，将其放置在合适的位置，如图6-211所示。

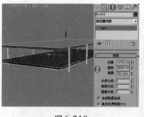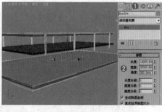

图6-210　　　　　　　　图6-211

⓫ 选择一个柱子模型，将其复制一份，并更改其【数量】为－650mm，最后再次将其复制6份，作为上一步创建的长方体下方的支撑柱子，如图6-212所示。

⓬ 在顶视图创建一个长方体，作为楼梯台阶，设置【长度】为1400mm，【宽度】为3500mm，【高度】为40mm，并复制若干个，放置在如图6-213所示位置。

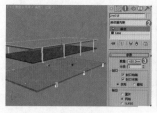

图6-212 　　　　　　　　图6-213

Part 02 使用【平面】工具和【编辑多边形】修改器命令制作别墅窗户

① 激活左视图，在左视图放置窗户的位置创建一个平面，设置【长度】为2390mm，【宽度】为13600mm，【长度分段】为1，【宽度分段】为4，如图6-214所示。

② 为上一步创建的平面加载【编辑多边形】修改器，进入【边】级别，在左视图中使用【选择并移动】工具，将边移动至如图6-215所示位置。

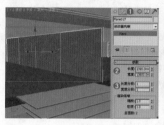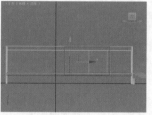

图6-214 　　　　　　　　图6-215

③ 接着进入【多边形】级别，在透视图中选择如图6-216所示的多边形，然后单击 插入 按钮后面的【设置】按钮，并设置【插入类型】为【按多边形】，【插入数量】为80mm，如图6-217所示。

图6-216 　　　　　　　　图6-217

④ 继续选择如图6-218所示多边形，然后单击 挤出 按钮后面的【设置】按钮，并设置【挤出高度】为60mm，如图6-219所示。

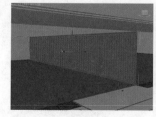

图6-218 　　　　　　　　图6-219

⑤ 选择如图6-220所示的多边形，并单击 分离 按钮将其分

离，作为玻璃部分。

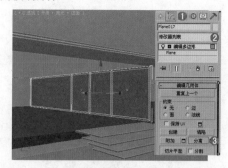

图6-220

⑥ 选择玻璃部分，并单击鼠标右键，选择【对象属性】命令，并在弹出的【显示属性】对话框中选中【透明】复选框，如图6-221所示。此时的模型效果如图6-222所示。

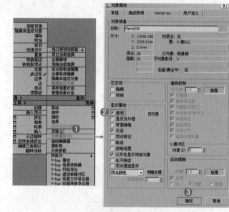

图6-221

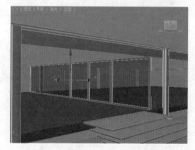

图6-222

⑦ 重复上面的操作，将其他玻璃调整为透明显示效果，如图6-223所示。简约别墅最终建模效果如图6-224所示。

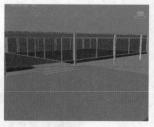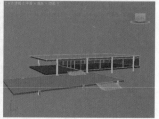

图6-223 　　　　　　　　图6-224

第6章 多边形建模

147

Chapter 7
第7章

灯光技术

　　光是我们能看见绚丽世界的前提条件，假若没有光的存在，一切将不再美好，而在摄影中最难把握的也是光的表现。在现在的设计工程中，常常发现各式各样的灯光主题贯穿于其中，光影交集处处皆是，缔造出不同的气氛及多重的意境。灯光可以说是一个较灵活及富有趣味的设计元素，可以成为气氛的催化剂，也能加强现有装潢的层次感。

本章学习要点：
- 效果图常用灯光的类型
- 常用灯光的使用方法
- 灯光的高级综合运用

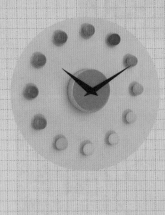

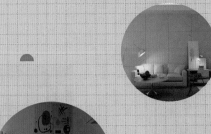

7.1 灯光常识

光是我们能看见绚丽世界的前提条件，假若没有光的存在，一切将不再美好，而在摄影中最难把握的也是光的表现。在现在的设计工程中，常常发现各式各样的灯光主题贯穿于其中，光影交集处处皆是，缔造出不同的气氛及多重的意境。灯光可以说是一个较灵活及富有趣味的设计元素，可以成为气氛的催化剂，也能加强现有装潢的层次感。如图7-1所示。

图7-1

7.1.1 什么是灯光

灯光主要分为两种，直接灯光和间接灯光。

直接灯光泛指那些直射式的光线，如太阳光等，光线直接散落在指定的位置上，并产生投射，直接、简单，如图7-2所示。

间接灯光在气氛营造上则能发挥独特的功能性，营造出不同的意境。它的光线不会直射至地面，而是被置于灯罩、天花板背后，光线被投射至墙上再反射至沙发和地面，柔和的灯光仿佛轻轻地洗刷整个空间，温柔而浪漫，如图7-3所示。

只有直接灯光和间接灯光的适当配合，才能缔造出完美的空间意境。有一些明亮活泼，有一些柔和蕴藉，才能透过当中的对比表现出灯光的特殊魅力，散发出不凡的意韵，如图7-4所示。

图7-2   图7-3   图7-4

所有的光，无论是自然光或人工室内光，都有其共同特点。

- 强度：强度表示光的强弱。它随光源能量和距离的变化而变化。
- 方向：光的方向决定着物体的受光、背光以及阴影的效果。
- 色彩：灯光由不同的颜色组成，多种灯光搭配在一起会产生多种变化和气氛。

7.1.2 为什么要使用灯光

❶ 渲染环境气氛。在3ds Max中使用灯光不仅是为了照明，更多的是为了渲染环境气氛，如图7-5所示。

❷ 刻画主体物形象。使用合理的灯光搭配和设置可以将灯光锁定到某个主体物上，起到凸显主体物的作用，如图7-6所示。

❸ 表达作品的情感。作品的最高境界，不是技术多么娴熟，而是通过技术和手法去传达作品的情感，如图7-7所示。

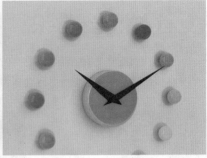

| 图7-5 | 图7-6 | 图7-7 |

7.1.3　灯光的常用思路

　　3ds Max灯光的设置需要有合理的步骤，这样才会节省时间、提高效率。经验告诉我们，灯光的设置步骤主要分为以下3点。

❶ 首先确定主体光的位置与强度，如图7-8所示。

❷ 接着决定辅助光的强度与角度，如图7-9所示。

❸ 最后分配背景光与装饰光。这样产生的布光能达到主次分明、互相补充，如图7-10所示。

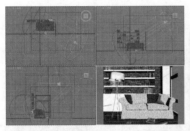

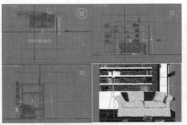

| 图7-8 | 图7-9 |

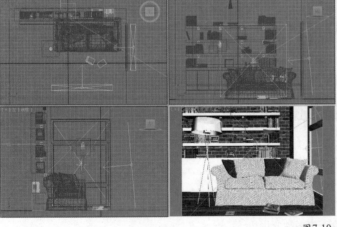

图7-10

7.1.4　效果图常用灯光类型

　　在【创建】面板中单击【灯光】按钮，在其下拉列表中可以选择灯光的类型。3ds Max 2016包含3种灯光类型，分别是【光度学】灯光、【标准】灯光和VRay灯光，如图7-11所示。

图7-11

3ds Max 2016 中文版+VRay 效果图制作从入门到精通

若没有安装VRay渲染器，3ds Max中只有【光度学】灯光和【标准】灯光两种类型。

对于效果图制作领域而言，其中【光度学】灯光下的【目标灯光】使用最为广泛，【标准】灯光下的【目标聚光灯】、【自由平行光】、【泛光灯】使用最为广泛，VRay灯光下的【VR-灯光】、【VR-太阳】使用最为广泛。

7.2 光度学灯光

【光度学】灯光是系统默认的灯光，共有 3 种类型，分别是【目标灯光】、【自由灯光】和【mr Sky门户】，下面分别进行介绍。

7.2.1 目标灯光

目标灯光具有可以用于指向灯光的目标子对象的作用。如图7-12所示为使用目标灯光制作的作品。

图7-12

单击 目标灯光 按钮，即可在视图中创建一盏目标灯光，其参数设置面板如图7-13所示。

图7-13

 技巧提示

【光度学】灯光在第一次使用时，会自动弹出【创建光度学灯光】对话框，此时直接单击【否】按钮即可，如图7-14所示。因为在效果图制作中，我们使用最多的是VRay渲染器，所以不需要设置关于mr渲染器的选项。

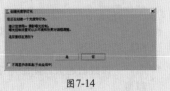

图7-14

 技巧提示

目标灯光是3ds Max灯光中最为常用的灯光类型之一，主要用来模拟室内外的光照效果。我们经常会听到一些名词，如光域网、射灯等，就是描述该灯光的。

当我们将【阴影】类型和【灯光分布（类型）】进行修改时，会发现参数面板也发生了相应的变化，如图7-15所示。

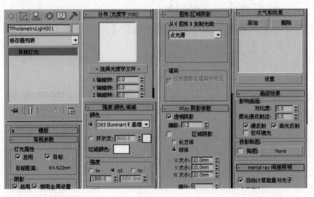

图7-15

1. 常规参数

展开【常规参数】卷展栏，如图7-16所示。

① 灯光属性

● 启用：控制是否开启灯光。

● 目标：选中该复选框后，目标灯光才有目标点，如图7-17所示。如果取消选中该复选框，目标灯光将变成自由灯光，如图7-18所示。

图7-16

● 目标距离：用来显示目标的距离。

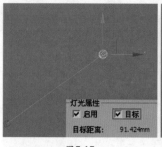
图7-17

图7-18

② 阴影

● 启用：控制是否开启灯光的阴影效果。

● 使用全局设置：如果选中该复选框后，该灯光投射的阴影将影响整个场景的阴影效果；如果取消选中该复选框，则必须选择渲染器使用哪种方式来生成特定的灯光阴影。

● 阴影类型：设置渲染器渲染场景时使用的阴影类型包括【mental ray阴影贴图】、【高级光线跟踪】、【区域阴影】、【阴影贴图】、【光线跟踪阴影】、【VRay阴影】和【VRay阴影贴图】等，如图7-19所示。

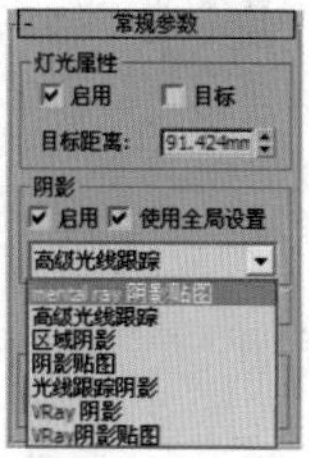

● 排除 按钮：将选定的对象排除于灯光效果之外。

图7-19

③ 灯光分布（类型）

用于设置灯光的分布类型，包含【光度学Web】、【聚光灯】、【统一漫反射】和【统一球形】4种类型。

2．强度/颜色/衰减

展开【强度/颜色/衰减】卷展栏，如图7-20所示。

● 灯光：挑选公用灯光，以近似灯光的光谱特征。

● 开尔文：通过调整色温微调器来设置灯光的颜色。

● 过滤颜色：使用颜色过滤器来模拟置于光源上的过滤色效果。

● 强度：控制灯光的强弱程度。

● 结果强度：用于显示暗淡所产生的强度。

● 暗淡百分比：选中该复选框后，该值会指定用于降低灯光强度的【倍增】。

● 光线暗淡时白炽灯颜色会切换：选中该复选框后，灯光可以在暗淡时通过产生更多的黄色来模拟白炽灯。

● 使用：启用灯光的远距衰减。

图7-20

● 显示：在视口中显示远距衰减的范围设置。

● 开始：设置灯光开始淡出的距离。

● 结束：设置灯光减为0时的距离。

3．图形/区域阴影

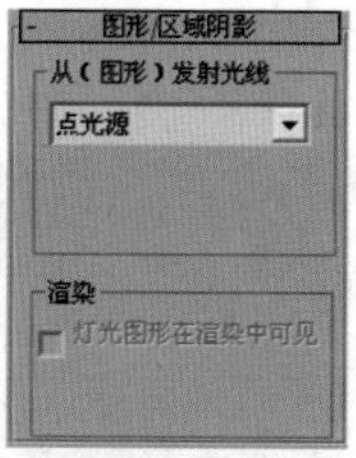

展开【图形/区域阴影】卷展栏，如图7-21所示。

● 从（图形）发射光线：选择阴影生成的图形类型，包括【点光源】、【线】、【矩形】、【圆形】、【球体】和【圆柱体】6种类型。

图7-21

● 灯光图形在渲染中可见：选中该复选框后，如果灯光对象位于视野之内，那么灯光图形在渲染中会显示为自供照明（发光）的图形。

4．阴影贴图参数

展开【阴影贴图参数】卷展栏，如图7-22所示。

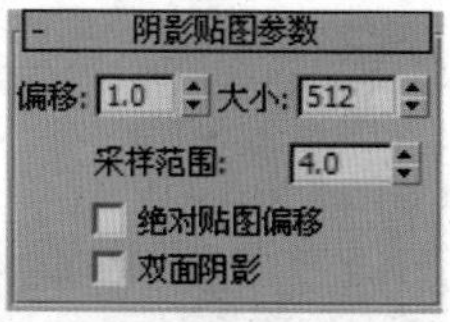

● 偏移：将阴影移向或移离投射阴影的对象。

● 大小：设置用于计算灯光的阴影贴图的大小。

图7-22

● 采样范围：决定阴影内平均有多少个区域。

● 绝对贴图偏移：选中该复选框后，阴影贴图的偏移是不标准化的，但是该偏移在固定比例的基础上会以3ds Max中的单位来表示。

● 双面阴影：选中该复选框后，计算阴影时物体的背面也将产生阴影。

5．VRay阴影参数

展开【VRay阴影参数】卷展栏，如图7-23所示。

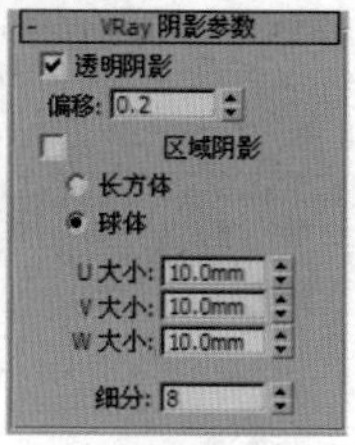

● 透明阴影：控制透明物体的阴影，必须使用VRay材质并选中【透明阴影】复选框才能产生效果。

● 偏移：控制阴影与物体的偏移距离，一般可保持默认值。

图7-23

● 区域阴影：控制物体阴影效果，使用时会降低渲染速度，有【长方体】和【球体】两种模式。

● 长方体/球体：用来控制阴影的方式，一般默认设置为球体即可。

● U/V/W大小：值越大阴影越模糊，并且还会产生杂点，降低渲染速度。

● 细分：该数值越大，阴影越细腻，噪点越少，渲染速度越慢。

技术专题——光域网（射灯或筒灯）的高级设置方法

(1) 创建灯光，并调节灯光的位置，如图7-24所示。

(2) 选择灯光，并进入【修改】面板。设置【阴影】方式为【VRay阴影】，设置【灯光分布（类型）】为【光度学Web】方式，最后在【分布（光度学）Web】卷展栏中添加一个.ies光域网文件，如图7-25所示。

(3) 设置【过滤颜色】，并设置【强度】，然后选中【区域阴影】复选框，最后设置【U/V/W大小】和【细分】参数，如图7-26所示。

(4) 此时得到最终效果如图7-27所示。

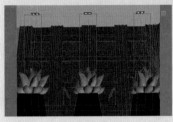

图7-24

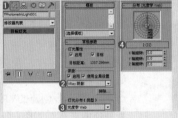

图7-25

图7-26

图7-27

综合实例：利用目标灯光综合制作休闲室灯光

场景文件	01.max
案例文件	综合实例：利用目标灯光综合制作休闲室灯光.max
视频教学	DVD/多媒体教学/Chapter 07/综合实例：利用目标灯光综合制作休闲室灯光.flv
难易指数	★★★★★
灯光方式	目标灯光、VR-灯光
技术掌握	掌握光度学下的目标灯光和VR-灯光的运用

实例介绍

在该休闲室场景中，主要使用目标灯光模拟射灯的光源，接着使用VR-灯光创建窗口处天光的光源，最后使用目标灯光和VR-灯光制作落地灯的光源，最终渲染效果如图7-28所示。

图7-28

操作步骤

Part 01 创建休闲室射灯的光源

❶ 打开本书配套光盘中的【场景文件/Chapter 07/01.max】文件，如图7-29所示。

❷ 依次单击 （创建）| （灯光）| 光度学 |目标灯光 按钮，如图7-30所示。

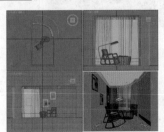

图7-29

图7-30

❸ 在前视图中拖曳鼠标创建一盏目标灯光，使用【选择并移动】工具 ，并按住Shift键进行复制，设置【对象】为【实例】，【副本数】为7，如图7-31所示。调节这8盏目标灯光的位置，如图7-32所示。

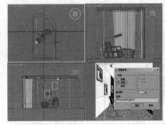

图7-31

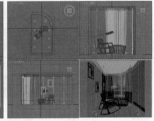

图7-32

 技巧提示

很多读者朋友经常会遇到下面两个非常烦恼的问题，那就是关于灯光的显示。

(1) 在创建灯光之前，我们会发现视图一切显示得非常正常，而当创建了灯光后，有时会发现透视图或摄影机视图会变得非常亮，如图7-33所示。

这并没有错误，只是显示的方式对于我们不合适，此时可以使用快捷键Ctrl+L解决此问题，若视图还是非常亮，可以先按快捷键Alt+W（最大化视口切换），然后再按快捷键Ctrl+L，即可解决此问题，如图7-34所示。

(2) 在操作时，灯光一旦被更改或移动位置，对于场景的渲染效果会产生巨大的影响，而且修改起来非常麻烦，因此我们可以单击鼠标右键，将灯光进行隐藏，但是这种方法比较麻烦。另外一个较好的方法是直接按快捷键Shift+L即可隐藏所有灯光，但是渲染效果不会受到任何影响，如图7-35所示。若想显示所有灯光，再次按快捷键Shift+L即可。

图7-33

图7-34

图7-35

④ 选择上一步创建的目标灯光，然后在【修改】面板中设置其具体的参数，如图7-36所示。

● 展开【常规参数】卷展栏，选中【启用】复选框，设置【阴影类型】为【VRay阴影】，设置【灯光分布（类型）】为【光度学Web】，接着展开【分布（光度学Web）】卷展栏，并在通道上加载16.ies。

● 设置【强度】为3000，选中【区域阴影】复选框，设置【U/V/W大小】为50mm，【细分】为15。

⑤ 按Shift+Q组合键，快速渲染摄影机视图，其渲染的效果如图7-37所示。

图7-36

图7-37

 技巧提示

按下数字键8，打开【环境和效果】对话框，调节【颜色】为深蓝色，如图7-38所示。按下F10键打开【渲染设置】面板，展开【VRay::环境】卷展栏，选中【开】复选框，调节【颜色】为深蓝色，设置【倍增器】为3，如图7-39所示。

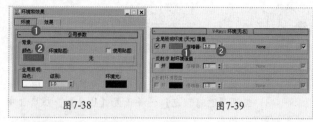
图7-38　　　　　　　　　　图7-39

通过上面步骤设置射灯的光照效果还可以，但是整体的光感还不够理想，需要创建室外天光的光源。

Part 02 创建休闲室窗户外的光源

❶ 依次单击■（创建）｜ ⑤（灯光）｜（VR-灯光）｜ VR灯光 按钮，在左视图中创建一盏灯光，放置在窗户处，如图7-40所示。

❷ 选择上一步创建的VR-灯光，然后在【修改】面板中设置其具体的参数，如图7-41所示。

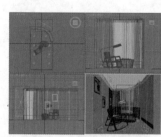
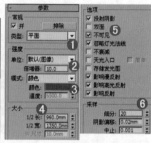
图7-40　　　　　　　　　　图7-41

● 设置【类型】为【平面】，调节【倍增器】为10，调节【颜色】为深蓝色，在【大小】选项组中设置【1/2长】为960mm，【1/2宽】为1350mm。

● 选中【不可见】复选框，设置【细分】为20。

❸ 按Shift+Q组合键，快速渲染摄影机视图，其渲染的效果如图7-42所示。

图7-42

Part 03 创建落地灯的光源

❶ 使用【目标灯光】工具在前视图中拖曳鼠标创建一盏目标灯光，并将其调整到落地灯灯罩中，如图7-43所示。

❷ 选择上一步创建的目标灯光，然后在【修改】面板中设置其具体的参数，如图7-44所示。

3ds Max 2016 中文版+VRay 效果图制作从入门到精通

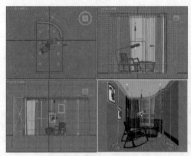
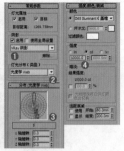

图7-43　　　　　　　　　　　　　图7-44

- 展开【常规参数】卷展栏，选中【启用】复选框，设置【阴影类型】为【VRay阴影】，设置【灯光分布（类型）】为【光度学Web】，接着展开【分布（光度学Web）】卷展栏，并在通道上加载5.ies。
- 设置【强度】为10000。

❸ 在顶视图中创建一盏VR-灯光，放置在落地灯灯罩中，具体位置如图7-45所示。

❹ 选择上一步创建的VR-灯光，然后在【修改】面板中设置其具体的参数，如图7-46所示。

- 在【常规】选项组中设置【类型】为【平面】，调节【倍增器】为80，调节【颜色】为浅黄色，在【大小】选项组中设置【1/2长】为150mm，【1/2宽】为180mm。
- 选中【不可见】复选框，设置【细分】为20。

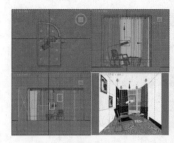

图7-45　　　　　　　　　　　　　图7-46

❺ 按Shift+Q组合键，快速渲染摄影机视图，其渲染的效果如图7-47所示。

图7-47

小实例。利用目标灯光制作射灯

场景文件	02.Max
案例文件	小实例：利用目标灯光制作射灯.max
视频教学	DVD/多媒体教学/Chapter 07/小实例：利用目标灯光制作射灯.flv
难易指数	★★★★★
灯光方式	目标灯光、VR-灯光（球体）
技术掌握	掌握光度学灯光中目标灯光和VR-灯光（球体）的运用

实例介绍

在这个中式场景中，主要使用目标灯光模拟射灯的光源，使用VR-灯光（球体）制作灯罩灯光，最终渲染效果如图7-48所示。

图7-48

操作步骤

Part 01 使用目标灯光模拟射灯的光源

❶ 打开本书配套光盘中的【场景文件/Chapter 07/02.max】文件，如图7-49所示。

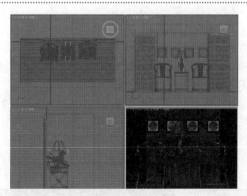

图7-49

❷ 依次单击 （创建）｜ （灯光）｜ 光度学 ｜ 目标灯光 按钮，如图7-50所示。

图7-50

❸ 在前视图中拖曳鼠标创建7盏目标灯光，如图7-51所示。

图7-51

技巧提示

在这里我们首先创建了一盏目标灯光，然后按住Shift键复制出6盏。在复制时一定要注意，考虑好要选择哪种方式。当选择【实例】时，对复制后的任意一盏灯光修改参数时，所有被复制的灯光的参数都会跟随变化，如图7-52所示。

图7-52

而当选择【复制】时，对复制后的任意一盏灯光修改参数时，所有被复制的灯光的参数都不会跟随变化，如图7-53所示。

图7-53

在本例中建议大家选择【实例】，因为我们创建的目标灯光是作为场景四周的射灯，因此这些灯光的参数应该是一致的，若需要调整射灯的整体明暗、颜色时，我们只需要修改其中一盏，所有被复制的目标灯光参数都会跟随变化，非常方便。

❹ 选择上一步创建的目标灯光，然后在【修改】面板中设置其具体的参数，如图7-54所示。

⚫ 选中【启用】复选框，设置【阴影类型】为【VRay阴影】，设置【灯光分布（类型）】为【光度学Web】，接着展开【分布（光度学Web）】卷展栏，并在通道上加载21.ies。

⚫ 设置【强度】为10000，展开【VRay阴影参数】卷展栏，选中【区域阴影】复选框，设置【U/V/W大小】为50mm。

❺ 按Shift+Q组合键，快速渲染摄影机视图，其渲染的效果如图7-55所示。

图7-54

图7-55

技巧提示
按F10键打开【渲染设置】面板，展开【VRay::环境】卷展栏，选中【开】复选框，调节【颜色】为浅黄色，设置【倍增器】为0.5，如图7-56所示。

图7-56

Part 02 使用VR-灯光（球体）制作灯罩灯光

❶ 在视图中拖曳创建一盏VR-灯光，放置在灯罩内，如图7-57所示。

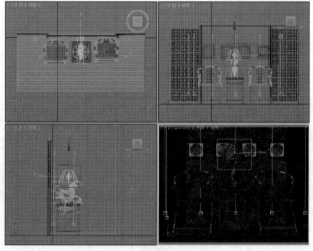

图7-57

❷ 选择上一步创建的VR-灯光，然后在【修改】面板中设置其具体的参数，如图7-58所示。

⚫ 设置【类型】为【球体】，在【强度】选项组中调节【倍增器】为100，调节【颜色】为浅黄色，在【大小】选项组中设置【半径】为80mm。

⚫ 在【选项】选项组中选中【不可见】复选框。

❸ 按Shift+Q组合键，快速渲染摄影机视图，其渲染的效果如图7-59所示。

图7-58

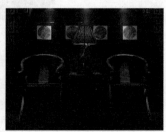

图7-59

7.2.2 自由灯光

自由灯光没有目标对象，其参数与目标灯光基本一致，如图7-60所示。

图7-60

技巧提示

默认创建的自由灯光没有照明方向，但是可以指定照明方向，其操作方法是：在【修改】面板的【常规参数】卷展栏中选中【目标】复选框，开启照明方向，然后便可以通过目标点来调节灯光的照明方向，如图7-61所示。

如果自由灯光没有目标点，可以使用【选择并移动】工具和【选择并旋转】工具将其进行任意移动或旋转，如图7-62所示。

图7-61

图7-62

7.3 标准灯光

将【灯光类型】切换为【标准】，可以观察到标准灯光一共有8种类型，分别是【目标聚光灯】、【自由聚光灯】、【目标平行光】、【自由平行光】、【泛光灯】、【天光】、【mr区域泛光灯】和【mr区域聚光灯】，如图7-63所示。

图7-63

7.3.1 目标聚光灯

目标聚光灯可以产生一个锥形的照射区域，区域以外的对象不会受到灯光的影响，如图7-64所示。目标聚光灯由透射点和目标点组成，其方向性非常好，对阴影的塑造能力也很强，是标准灯光中最为常用的一种。

图7-64

 1. 常规参数

进入【修改】面板，首先讲解【常规参数】卷展栏的参数，如图7-65所示。

- 灯光类型：设置灯光的类型，共有3种类型可供选择，分别是【聚光灯】、【平行光】和【泛光灯】，如图7-66所示。

技巧提示

切换不同的灯光类型可以很直接地观察灯光外观的变化，但是切换灯光类型后，场景中的灯光就会变成当前所选择的灯光类型。

- 启用：控制是否开启灯光。
- 目标：选中该复选框后，灯光将成为目标灯光，取消选中则成为自由灯光。

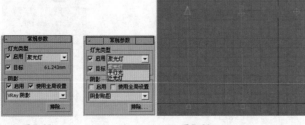

图7-65   图7-66

技巧提示

当启用【目标】选项后，灯光为目标聚光灯，而关闭该选项后，原来创建的目标聚光灯会变成自由聚光灯。

- 启用：控制是否开启灯光阴影以及设置阴影的相关参数。
- 使用全局设置：选中该复选框后，可以使用灯光投射阴影的全局设置。如果未使用全局设置，则必须选择渲染器使用哪种方式来生成特定的灯光阴影。
- 阴影贴图：切换阴影的方式来得到不同的阴影效果。
- 排除... 按钮：可以将选定的对象排除于灯光效果之外。

2. 强度/颜色/衰减

下面讲解【强度/颜色/衰减】卷展栏中的参数，如图7-67所示。

- 倍增：控制灯光的强弱程度。
- 颜色：用来设置灯光的颜色，如图7-68所示。

 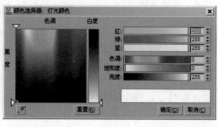

图7-67　　　　　图7-68

- 衰退：该选项组中的参数用来设置灯光衰退的类型和起始距离。
  - 类型：指定灯光的衰退方式。【无】为不衰退；【倒数】为反向衰退；【平方反比】以平方反比的方式进行衰退。

技巧提示

如果【平方反比】衰退方式使场景太暗，可以尝试在【环境和效果】对话框中增加【全局照明级别】数值。

- 开始：设置灯光开始衰减的距离。
- 显示：在视图中显示灯光衰减的效果。
- 近距衰减：该选项组用来设置灯光近距离衰退的参数。
  - 使用：启用灯光近距离衰减。
  - 显示：在视图中显示近距离衰减的范围。
  - 开始：设置灯光开始淡出的距离。
  - 结束：设置灯光达到衰减最远处的距离。

- 远距衰减：该选项组用来设置灯光远距离衰退的参数。
  - 使用：启用灯光远距离衰减。
  - 显示：在视图中显示远距离衰减的范围。
  - 开始：设置灯光开始淡出的距离。
  - 结束：设置灯光衰减为0时的距离。

3. 聚光灯参数

下面讲解【聚光灯参数】卷展栏中的参数，如图7-69所示。

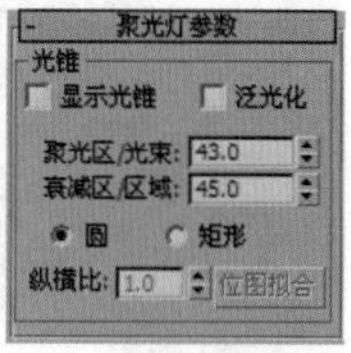

- 显示光锥：控制是否开启圆锥体显示效果。
- 泛光化：选中该复选框时，灯光将在各个方向投射光线。

图7-69

- 聚光区/光束：设置圆锥体灯光的角度。
- 衰减区/区域：设置灯光衰减区的角度。
- 圆/矩形：指定聚光区和衰减区的形状。
- 纵横比：设置矩形光束的纵横比。
- 位图拟合 按钮：若灯光阴影的纵横比为矩形，可以单击该按钮来设置纵横比，以匹配特定的位图。

4. 高级效果

下面讲解【高级效果】卷展栏中的参数，如图7-70所示。

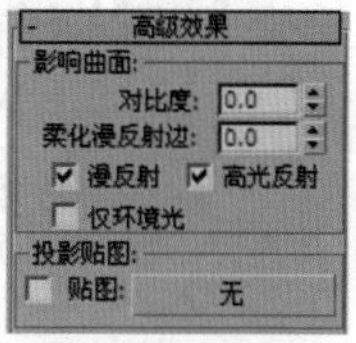

- 对比度：调整漫反射区域和环境光区域的对比度。
- 柔化漫反射边：增加该数值可以柔化曲面的漫反射区域和环境光区域的边缘。

图7-70

- 漫反射：选中该复选框后，灯光将影响曲面的漫反射属性。
- 高光反射：选中该复选框后，灯光将影响曲面的高光反射属性。
- 仅环境光：选中该复选框后，灯光只影响照明的环境光。
- 贴图：为阴影添加贴图。

5. 阴影参数

下面讲解【阴影参数】卷展栏中的参数，如图7-71所示。

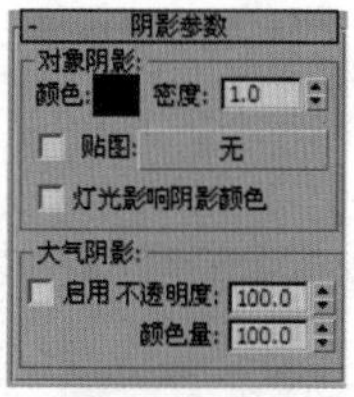

- 颜色：设置阴影的颜色，默认为黑色。
- 密度：设置阴影的密度。
- 贴图：为阴影指定贴图。

图7-71

- 灯光影响阴影颜色：选中该复选框后，灯光颜色将与阴影颜色混合在一起。

3ds Max 2016 中文版+VRay 效果图制作从入门到精通

● 启用：选中该复选框后，大气可以穿过灯光投射阴影。

● 不透明度：调节大气阴影的不透明度。

● 颜色量：调整大气颜色和阴影颜色的混合量。

6．VRay阴影参数

下面讲解【VRay阴影参数】卷展栏中的参数，如图7-72所示。

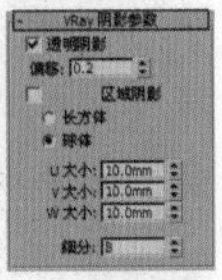

● 透明阴影：控制透明物体的阴影，必须使用VRay材质并选中【影响阴影】复选框才能产生效果。

图7-72

● 偏移：控制阴影与物体的偏移距离，一般可保持默认值。

● 区域阴影：控制物体阴影效果，使用时会降低渲染速度，有【长方体】和【球体】两种模式。

● 长方体/球体：用来控制阴影的方式，一般默认设置为【球体】即可。

● U/V/W大小：值越大阴影越模糊，并且还会产生杂点，

降低渲染速度。

● 细分：该数值越大，阴影越细腻，噪点越少，渲染速度越慢。

7．大气和效果

下面讲解【大气和效果】卷展栏中的参数，如图7-73所示。

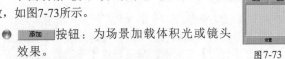

● 添加 按钮：为场景加载体积光或镜头效果。

图7-73

● 删除 按钮：删除加载的特效。

● 设置 按钮：创建特效后，单击该按钮可以在弹出的对话框中设置特效的特性。

技巧提示

体积光和镜头效果也可以在【环境和效果】对话框中进行添加，按8键可以打开【环境和效果】对话框。

小实例：测试目标聚光灯的阴影

场景文件	03.max
案例文件	小实例：测试目标聚光灯的阴影.max
视频教学	多媒体教学/Chapter 07/小实例：使用目标聚光灯测试阴影效果.flv
难易指数	★★★★★
技术掌握	掌握目标聚光灯的6种阴影类型

实例介绍

本例是一个客厅的一角场景，主要使用该场景来测试目标聚光灯的6种阴影效果，如图7-74所示。

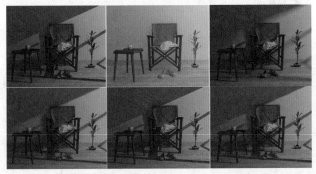

图7-74

操作步骤

步骤01 打开本书配套光盘中的【场景文件/Chapter 07/03.max】文件，如图7-75所示。

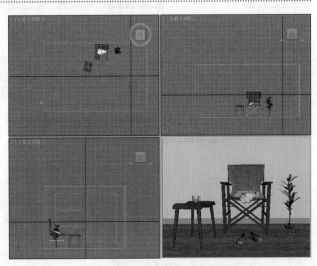

图7-75

步骤02 单击 ■ （创建）｜ ■ （灯光）｜ 标准 ｜ 目标聚光灯 按钮，如图7-76所示。然后在场景中拖曳创建1盏目标聚光灯，如图7-77所示。

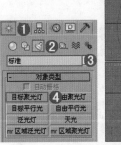

图7-76 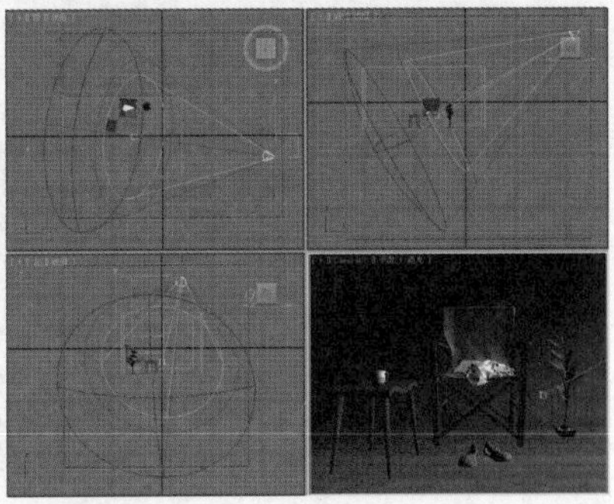   图7-77

步骤03 选择上一步创建的目标聚光灯，然后进入【修改】面板，具体参数设置如图7-78所示。

- 展开【常规参数】卷展栏，然后在【灯光类型】选项组中选中【启用】复选框，接着在【阴影】选项组中选中【启用】复选框，最后设置【阴影类型】为【高级光线跟踪】。

- 展开【强度/颜色/衰减】卷展栏，设置【倍增】为8，调节【颜色】为浅黄色，接着在【远距衰减】选项组中选中【使用】复选框，最后设置【开始】为200mm，【结束】为12000mm。

- 展开【聚光灯参数】卷展栏，设置【聚光区/光束】为40，【衰减区/区域】为50。

步骤04 按F9键测试并渲染当前场景，效果如图7-79所示。

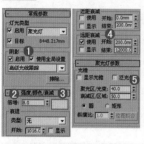

图7-78   图7-79

步骤05 修改【阴影类型】为【mental ray阴影贴图】，按F9键测试渲染当前场景，效果如图7-80所示。

步骤06 修改【阴影类型】为【区域阴影】，按F9键测试渲染当前场景，效果如图7-81所示。

图7-80   图7-81

步骤07 修改【阴影类型】为【阴影贴图】，按F9键测试渲染当前场景，效果如图7-82所示。

步骤08 修改【阴影类型】为【VRay阴影】，按F9键测试渲染当前场景，效果如图7-83所示。

图7-82   图7-83

步骤09 修改【阴影类型】为【VRay阴影贴图】，按F9键测试渲染当前场景，效果如图7-84所示。

图7-84

 技巧提示

通过渲染可以发现，当使用VRay渲染器时，在【阴影类型】的选择上使用【VRay阴影】类型，会得到一个非常好的效果。使用其他类型时，效果相对一般。而使用【mental ray阴影贴图】类型时，不会出现阴影。

小实例：利用目标聚光灯制作落地灯

场景文件	04.max
案例文件	小实例：利用目标聚光灯制作落地灯.max
视频教学	DVD/多媒体教学/Chapter 07/小实例：利用目标聚光灯制作落地灯.flv
难易指数	★★★★★
灯光方式	目标聚光灯、VR-灯光
技术掌握	掌握目标聚光灯、VR-灯光的运用

实例介绍

由于夜间没有阳光的照射，所以主光源一定是非自然光，例如室内的台灯、落地灯、吊灯、蜡烛等，如图7-85所示。

图7-85

在下面的露天阳台场景中，主要使用了目标聚光灯模拟落地灯的灯光，其次使用VR-灯光创建辅助光源，落地灯灯光效果如图7-86所示。

3ds Max 2016 中文版+VRay 效果图制作从入门到精通

操作步骤

Part 01 ▶ 创建落地灯的光源

❶ 打开本书配套光盘中的【场景文件/Chapter 07/04.max】文件，如图7-87所示。

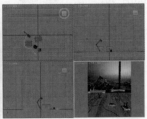

图7-86　　　　　　　　　图7-87

❷ 依次单击 ■（创建）｜ ⬚（灯光）｜ 标准 ▼｜ 目标聚光灯 按钮，如图7-88所示。

图7-88

❸ 在前视图中拖曳创建1盏目标聚光灯，其具体位置如图7-89所示。

❹ 选择上一步创建的目标聚光灯，然后在【修改】面板中设置其具体的参数，如图7-90所示。

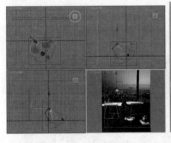

图7-89　　　　　　　　　图7-90

● 选中【启用】复选框，设置【阴影类型】为【VRay阴影】，设置【倍增】为12，调节【颜色】为浅黄色，在【远距衰减】选项组中选中【使用】复选框，设置【开始】为75.2mm，【结束】为1500mm。

● 设置【聚光区/光束】为31.2，【衰减区/区域】为68。

 技巧提示

按8键打开【环境和效果】对话框，并在【环境贴图】选项下面的通道上加载【Map#（VRayHDRI）】程序贴图，如图7-91所示。接着按下F10键，打开【渲染设置】面板，选中【开】复选框，调节颜色为浅蓝色，并在【反射/折射环境覆盖】通道上加载【Map#（VRayHDRI）】程序贴图，如图7-92所示。这些参数在以后的章节中会详细讲解到。

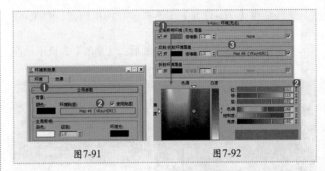

图7-91　　　　　　　　　图7-92

❺ 按Shift+Q组合键，快速渲染摄影机视图，其渲染的效果如图7-93所示。

从上面测试的效果来看，落地灯处的效果还比较理想，但是周围整体的亮度还不够，需要接着创建辅助光源。

图7-93

Part 02 ▶ 创建辅助光源

❶ 在前视图中单击并拖曳鼠标创建一盏VR-灯光，如图7-94所示。

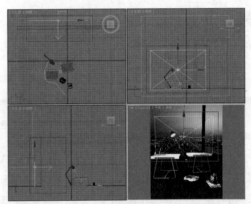

图7-94

❷ 选择上一步创建的VR-灯光，然后在【修改】面板中设置其具体的参数，如图7-95所示。

● 设置【类型】为【平面】，调节【倍增器】为1.5，调节【颜色】为浅蓝色，在【大小】选项组中设置【1/2长】为1350mm，【1/2宽】为930mm。

● 在【选项】选项组中选中【不可见】复选框，在【采样】选项组中设置【细分】为15。

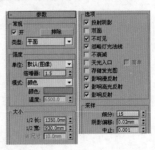

图7-95

第 7 章　灯光技术

❸ 继续使用【VR-灯光】工具在前视图中创建1盏VR-灯光，具体位置如图7-96所示。

❹ 选择上一步创建的VR-灯光，然后在【修改】面板中设置其具体的参数，如图7-97所示。

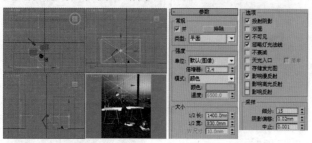

图7-96　　　　　　　　　　　图7-97

○ 设置【类型】为【平面】，调节【倍增器】为2.4，调节【颜色】为浅黄色，在【大小】选项组中设置【1/2

长】为1400mm，【1/2宽】为830mm。

○ 在【选项】选项组中选中【不可见】复选框，取消选中【影响高光反射】和【影响反射】复选框，在【采样】选项组中设置【细分】为15。

❺ 按Shift+Q组合键，快速渲染摄影机视图，其渲染的效果如图7-98所示。

图7-98

7.3.2　自由聚光灯

自由聚光灯与目标聚光灯基本一样，只是它无法对发射点和目标点分别进行调节，如图7-99所示。自由聚光灯特别适合于模仿一些动画灯光，如舞台上的射灯等。

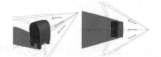

图7-99

技巧提示

自由聚光灯的参数和目标聚光灯的参数差不多，只是自由聚光灯没有目标点，如图7-100所示。

可以使用【选择并移动】工具和【选择并旋转】工具对自由聚光灯进行移动和旋转操作，如图7-101所示。

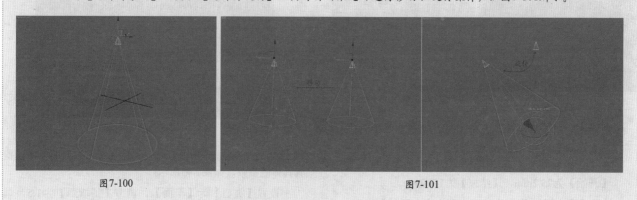

图7-100　　　　　　　　　　　　　　　　　图7-101

7.3.3　目标平行光

目标平行光可以产生一个照射区域，主要用来模拟自然光线的照射效果，常用该灯光模拟室内外的日光效果，如图7-102所示。

虽然目标平行光可以用来模拟太阳光，但是它与目标聚光灯的灯光类型却不相同。目标聚光灯的灯光类型是【聚光灯】，而目标平行光的灯光类型是【平行光】，从外形上看，目标聚光灯更像锥形，而目标平行光更像筒形，如图7-103所示。

目标平行光的参数如图7-104所示。

3ds Max 2016 中文版+VRay 效果图制作从入门到精通

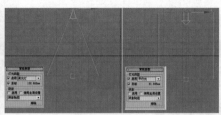

图7-102 图7-103 图7-104

小实例：利用目标平行光制作阴影场景

场景文件	05.max
案例文件	小实例：利用目标平行光制作阴影场景.max
视频教学	DVD/多媒体教学/Chapter 07/小实例：利用目标平行光制作阴影场景.flv
难易指数	★★★★★
灯光方式	目标平行光
技术掌握	掌握目标平行光中投影贴图的使用

实例介绍

使用灯光的阴影贴图技术可以制作特殊的阴影光照效果，通常用来制作室外阴影、KTV射灯、舞台灯光等场景，当然也可以用在带有特殊阴影的场景中，如图7-105所示。

图7-105

在下面的室外别墅场景中，使用两部分灯光照明来表现，一部分是目标平行光模拟的太阳光，另外是天空光（环境贴图），最终渲染效果如图7-106所示。

图7-106

操作步骤

步骤01 打开本书配套光盘中的【场景文件/Chapter 07/05.max】文件，此时场景效果如图7-107所示。

步骤02 单击 （创建）| （灯光）| 标准 ▼ | 目标平行光 按钮，如图7-108所示。在顶视图中按住并拖曳鼠标，创建一盏目标平行光，如图7-109所示。

图7-107 图7-108 图7-109

步骤03 选择刚创建的目标平行光，然后在【修改】面板中设置其参数，如图7-110所示。

● 选中【启用】复选框，并设置【阴影类型】为【VRay阴影】，设置【倍增】为6，调节【颜色】为浅黄色。

● 设置【聚光区/光束】为1100mm，【衰减区/区域】为38846.8mm，最后设置【U大小】|【V大小】|【W大小】为254mm，【细分】为20。

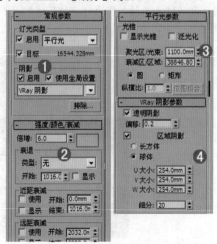

图7-110

步骤04 按下8键，打开【环境和效果】对话框，在【环境贴图】选项下面的通道上加载环境贴图，如图7-111所示。

图7-111

 技巧提示

　　按下F10键，打开【渲染设置】面板，选中【开】复选框，设置【倍增器】为1，如图7-112所示。这些参数在以后的章节中会详细讲解到。

图7-112

步骤05 按Shift+Q组合键，快速渲染摄影机视图，其渲染的效果如图7-113所示。

步骤06 从图中可以看出这并不是我们需要的效果，接着在【修改】面板中展开【高级效果】卷展栏，选中【贴图】复选框，并在后面的通道上加载本书配套光盘中的【阴影贴图.jpg】，如图7-114所示。

图7-113　　　　　　　　图7-114

 技巧提示

　　通过步骤05渲染出来的效果并不是我们想要的效果，这样渲染出来的场景太孤立。为了更好地融合整个场景，需要创建很多模型来制作真实的光影效果，但加载多个模型后渲染起来会消耗大量的时间。这里为目标平行光加载一个投影贴图从而产生阴影，投影贴图可以在后期软件（Photoshop CS5）中根据需要进行调节。

步骤07 按Shift+Q组合键，快速渲染摄影机视图，其渲染的效果如图7-115所示。

图7-115

 技巧提示

　　从最终渲染的效果来看，发现别墅墙面上出现了大树的投影，这就是使用投影贴图以后渲染出来的效果。

小实例：利用目标平行光制作日光

场景文件	06.max
案例文件	小实例：利用目标平行光制作日光.max
视频教学	DVD/多媒体教学/Chapter 07/小实例：利用目标平行光制作日光.flv
难易指数	★★★★★
灯光方式	目标平行光、VR-灯光
技术掌握	掌握目标平行光、VR-灯光的参数

实例介绍

　　在下面的休息室场景中，主要使用目标平行光模拟太阳光光照，其次使用VR-灯光（平面）创建辅助光源，最后使用VR-灯光（球体）创建落地灯的光源，最终渲染效果如图7-116所示。

图7-116

操作步骤

Part 01 创建VR-太阳光

❶ 打开本书配套光盘中的【场景文件/Chapter 07/06.max】文件，此时场景效果如图7-117所示。

❷ 在左视图中按住并拖曳鼠标，创建一盏目标平行光，如图7-118所示。

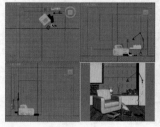
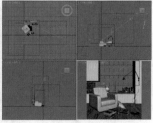

图7-117　　　　　　　　图7-118

❸ 选择上一步创建的目标平行光，然后在【修改】面板中设置其参数，如图7-119所示。

● 在【阴影】选项组中选中【启用】复选框，设置【阴影类型】为【VRay阴影】。设置【倍增】为15，并调节【颜色】为浅黄色，在【远距衰减】选项组中选中【使用】复选框，设置【开始】为80mm，【结束】为6184.17mm。

● 设置【聚光区/光束】为1524mm，【衰减区/区域】为1658mm。展开【VRay阴影参数】卷展栏，选中【区域阴影】复选框，选中【球体】单选按钮，设置【U/V/W大小】为30mm，【细分】为20。

❹ 按Shift+Q组合键，快速渲染摄影机视图，其渲染的效果如图7-120所示。

图7-119

图7-120

从上面的渲染效果来看，整体光感不够理想，此时就需要使用VR-灯光作为辅助光源来提亮整体空间。

Part 02 创建辅助光源

❶ 在左视图中创建1盏VR-灯光，将其拖曳到窗口处，如图7-121所示。

❷ 选择上一步创建的VR-灯光，然后在【修改】面板中设置其参数，如图7-122所示。

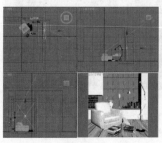

图7-121

图7-122

● 设置【类型】为【平面】，设置【倍增器】为3.5，设置【颜色】为浅黄色，设置【1/2长】为970mm，【1/2宽】为680mm。选中【不可见】复选框。最后设置【细分】为20。

❸ 继续在前视图中创建1盏VR-灯光，如图7-123所示。

❹ 选择上一步创建的VR-灯光，然后在【修改】面板中调节其参数，如图7-124所示。

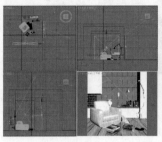

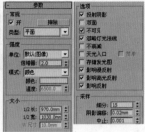

图7-123   图7-124

● 设置【类型】为【平面】，设置【倍增器】为2，设置【颜色】为浅黄色，设置【1/2长】为970mm，【1/2宽】为1030mm，选中【不可见】复选框，最后设置【细分】为15。

❺ 按Shift+Q组合键，快速渲染摄影机视图，其渲染的效果如图7-125所示。

图7-125

Part 03 创建落地灯的光源

❶ 继续使用【VR-灯光】工具在前视图中创建1盏VR-灯光，具体位置如图7-126所示。

❷ 选择上一步创建的VR-灯光，然后在【修改】面板中调节其参数，如图7-127所示。

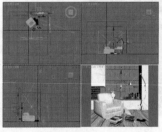

图7-126   图7-127

● 设置【类型】为【球体】，设置【倍增器】为10，设置【颜色】为浅黄色，设置【半径】为30mm，选中【不可见】复选框。

❸ 继续在前视图中创建一盏VR-灯光，如图7-128所示。

❹ 选择上一步创建的VR-灯光，然后在【修改】面板中调节其参数，如图7-129所示。

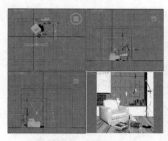

图7-128   图7-129

● 设置【类型】为【平面】，设置【倍增器】为40，设置【颜色】为浅黄色，设置【1/2长】为35mm，【1/2宽】为15mm，选中【不可见】复选框。

 技巧提示

在选择VR-灯光并进行复制时，如果选择方式为【实例】，我们会发现在修改其参数时，所有被复制的VR-灯光都会产生变化。如果要将其中一个【实例】的VR-灯光的大小进行调整，此时在【修改】面板中修改参数显然是不合理的，此时我们可以使用【选择并均匀缩放】工具□进行缩放来单独调节。

⑤ 按Shift+Q组合键，快速渲染摄影机视图，其渲染的效果如图7-130所示。

图7-130

小实例：利用目标平行光制作日光

场景文件	07.max
案例文件	小实例：利用目标平行光制作日光.max
视频教学	DVD/多媒体教学/Chapter 07/小实例：利用目标平行光制作日光.flv
难易指数	
灯光方式	目标平行光、VR-灯光
技术掌握	掌握目标平行光、VR-灯光的运用

实例介绍

在下面的书房场景中，主要使用目标平行光和VR-灯光模拟日光和窗口处光源，使用VR-灯光制作室内辅助光源，最后使用VR-灯光制作灯罩灯光和书架处灯光，灯光效果如图7-131所示。

图7-131

操作步骤

Part 01 使用目标平行光和VR-灯光模拟日光和窗口处光源

❶ 打开本书配套光盘中的【场景文件/Chapter 07/07.max】文件，如图7-132所示。

❷ 依次单击■（创建）│⑤（灯光）│标准 ▼│目标平行光 按钮，如图7-133所示。

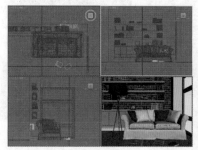

图7-132   图7-133

❸ 在前视图中按住并拖曳鼠标，创建一盏目标平行光，位置如图7-134所示。

❹ 选择上一步创建的目标平行光，然后在【修改】面板中设置其具体的参数，如图7-135所示。

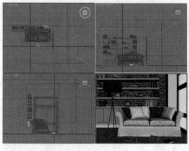

图7-134   图7-135

● 选中【启用】复选框，设置【阴影类型】为VR-阴影。

● 调节【倍增器】为20，选中【远距衰减】选项组中的【使用】复选框，并设置【开始】为80mm，【结束】为6200mm。

● 在【平行光参数】卷展栏中设置【聚光区/光束】为1060mm，【衰减区/区域】为2000mm。

3ds Max 2016 中文版+VRay 效果图制作从入门到精通

● 在【VRay shadows params】卷展栏中选中【区域阴影】复选框,设置【U向尺寸】/【V向尺寸】/【W向尺寸】为100mm,设置【细分】为20。

❺ 按Shift+Q组合键,快速渲染摄影机视图,其渲染的效果如图7-136所示。

❻ 接着在左视图创建1盏VR-灯光,并放置到窗户外面,方向为从窗外向窗内照射,如图7-137所示。

图7-136　　　　　　　图7-137

❼ 选择上一步创建的VR-灯光,在【修改】面板中设置其具体参数,如图7-138所示。

● 设置【类型】为【平面】,调节【倍增器】为4,调节【颜色】为浅黄色,在【大小】选项组中设置【1/2长】为970mm,【1/2宽】为680mm。

● 选中【不可见】复选框,在【采样】选项组中设置【细分】为20。

❽ 按Shift+Q组合键,快速渲染摄影机视图,其渲染的效果如图7-139所示。

图7-138　　　　　　　图7-139

Part 02 使用VR-灯光制作室内辅助光源

❶ 在前视图创建1盏VR-灯光,如图7-140所示。在【修改】面板中设置其具体参数,如图7-141所示。

 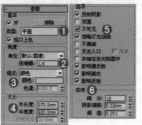

图7-140　　　　　　　图7-141

● 设置【类型】为【平面】,在【亮度】选项组中调节【倍增器】为1.6,调节【颜色】为浅蓝色,在【大

小】选项组中设置【半长度】为970mm,【半宽度】为920mm。

● 在【选项】选项组中选中【不可见】复选框,在【采样】选项组中设置【细分】为15。

❷ 按Shift+Q组合键,快速渲染摄影机视图,其渲染的效果如图7-142所示。

图7-142

Part 03 使用VR-灯光制作灯罩灯光和书架处灯光

❶ 在前视图中创建1盏VR-灯光,并使用【选择并移动】工具将其放置到灯罩里面,此时VR-灯光的位置如图7-143所示。

❷ 选择上一步创建的VR-灯光,然后在【修改】面板中设置其具体的参数,如图7-144所示。

图7-143　　　　　　　图7-144

● 设置【类型】为【球体】,调节【倍增器】为1200,调节【颜色】为浅黄色,在【大小】选项组中设置【半径】为38mm。

● 在【选项】选项组中选中【不可见】复选框,在【采样】选项组中设置【细分】为15。

❸ 按Shift+Q组合键,快速渲染摄影机视图,其渲染效果如图7-145所示。

❹ 在书架隔断上方创建12盏VR-灯光,如图7-146所示。

图7-145　　　　　　　图7-146

❺ 选择上一步创建的VR-灯光，然后在【修改】面板中设置其具体的参数，如图7-147所示。

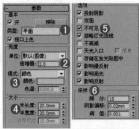

- 设置【类型】为【平面】，调节【倍增器】为2，调节【颜色】为浅黄色，在【大小】选项组中设置【半长度】为20mm，【半宽度】为20mm。

- 选中【不可见】复选框，设置【细分】为15。

❻ 按Shift+Q组合键，快速渲染摄影机视图，其渲染效果如图7-148所示。

图7-147   图7-148

7.3.4 自由平行光

自由平行光没有目标点，其参数与目标平行光的参数基本一致，如图7-149所示。

 技巧提示

当选中【目标】复选框时，自由平行光会自动切换为目标平行光，因此这两种灯光之间是相关联的。

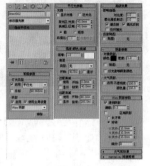

图7-149

7.3.5 泛光灯

泛光灯可以向周围发散光线，它的光线可以到达场景中无限远的地方，如图7-150所示。泛光灯比较容易创建和调节，能够均匀地照射场景，但是在一个场景中如果使用太多泛光灯可能会导致场景变暗，缺乏明暗对比。

图7-150

小实例：利用泛光灯制作吊灯

场景文件	08.max
案例文件	小实例：利用泛光灯制作吊灯.max
视频教学	DVD/多媒体教学/Chapter 07/小实例：利用泛光灯制作吊灯.flv
难易指数	★★★★★
灯光方式	VR-灯光、泛光灯、目标灯光
技术掌握	掌握VR-灯光、泛光灯、目标灯光的运用

实例介绍

在该场景中，主要使用目标灯光模拟射灯的光源，接着使用泛光灯创建吊灯的光源，最后使用VR-灯光制作辅助的光源，最终渲染效果如图7-151所示。

操作步骤

Part 01 使用目标灯光模拟射灯的光源

❶ 打开本书配套光盘中的【场景文件/Chapter 07/08.max】文件，如图7-152所示。

图7-151   图7-152

❷ 依次单击 ■（创建）| ▨（灯光）| 光度学 ▾ | 目标灯光 按钮，在前视图中按住并拖曳鼠标创建3盏目标灯光，如图7-153所示。

❸ 选择上一步创建的目标灯光，然后在【修改】面板中设置其具体参数，如图7-154所示。

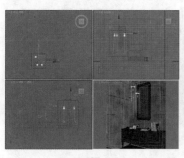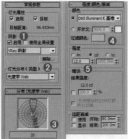

图7-153   图7-154

- 选中【启用】复选框，设置【阴影类型】为【VRay阴影】，设置【灯光分布（类型）】为【光度学Web】，接着展开【分布（光度学Web）】卷展栏，并在通道上加载20.ies。

- 展开【强度/颜色/衰减】卷展栏，调节【颜色】为浅黄色，设置【强度】为12。

❹ 按Shift+Q组合键，快速渲染摄影机视图，其渲染效果如图7-155所示。

通过上面效果来看，已经产生了射灯的光照效果，但是整体的光感太弱，需要创建吊灯的光源。

图7-155

Part 02 使用泛光灯创建吊灯的光源

❶ 单击 （创建）｜ （灯光）｜ 标准 ｜ 泛光灯 按钮，如图7-156所示。

❷ 在顶视图中创建一盏泛光灯，如图7-157所示。

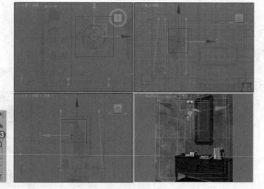

图7-156   图7-157

❸ 使用【选择并移动】工具 ，并按住Shift键将泛光灯实例复制5盏，如图7-158所示。

❹ 选择上一步创建的泛光灯，然后在【修改】面板中设置其具体的参数，如图7-159所示。

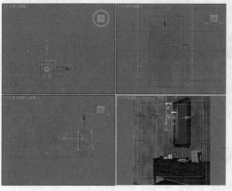

图7-158   图7-159

- 在【阴影】选项组中选中【启用】复选框，设置【阴影类型】为【VRay阴影】，调节【倍增】为80，调节【颜色】为浅黄色，在【远距衰减】选项组中选中【使用】复选框，设置【开始】为2.5mm，【结束】为10mm。

- 在【选项】选项组中选中【不可见】复选框。

❺ 按Shift+Q组合键，快速渲染摄影机视图，其渲染效果如图7-160所示。

图7-160

Part 03 使用VR-灯光制作辅助的光源

❶ 在前视图中按住并拖曳鼠标，创建24盏VR-灯光，如图7-161所示。

❷ 选择上一步创建的VR-灯光，然后在【修改】面板中设置其具体的参数，如图7-162所示。

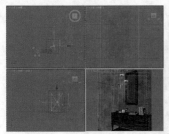

图7-161　　　　　　　　　　　　图7-162

在【选项】选项组中选中【不可见】复选框，取消选中【影响高光反射】和【影响反射】复选框。

❸ 按Shift+Q组合键，快速渲染摄影机视图，其渲染效果如图7-163所示。

图7-163

● 设置【类型】为【平面】，调节【倍增器】为20，调节【颜色】为白色，在【大小】选项组中设置【1/2长】为60mm，【1/2宽】为40mm。

7.3.6　天光

天光用于模拟天空光，它以穹顶方式发光，如图7-164所示。天光可以作为场景唯一的光源，也可以与其他灯光配合使用，实现高光和投射锐边阴影。

天光的参数比较简单，只有一个【天光参数】卷展栏，如图7-165所示。

图7-164　　　　　　　　　　　图7-165

● 启用：控制是否开启天光。

● 倍增：控制天光的强弱程度。

● 使用场景环境：使用【环境与特效】对话框中设置的灯光颜色。

● 天空颜色：设置天光的颜色。

● 贴图：指定贴图来影响天光颜色。

● 投影阴影：控制天光是否投影阴影。

● 每采样光线数：计算落在场景中每个点的光子数目。

● 光线偏移：设置光线产生的偏移距离。

7.4　VRay灯光

安装好VRay渲染器后，在【创建】面板中就可以选择VRay灯光。VRay灯光包含4种类型，分别是【VR-灯光】、VRayIES、【VR-环境灯光】和【VR-太阳】，如图7-166所示。

图7-166

● VR-灯光：主要用来模拟室内光源。

● VRayIES：VRayIES是一个V型的射线光源插件，可以用来加载IES灯光，能使现实中的灯光分布更加逼真。

● VR-环境灯光：主要用来控制整体环境的效果。

● VR-太阳：主要用来模拟真实的室外太阳光。

 技巧提示

要想正常使用VR-灯光，需要设置渲染器为VRay渲染器。具体设置方法如图7-167所示。

具体参数会在后面渲染章节中详细进行讲解，在这里不做过多介绍。

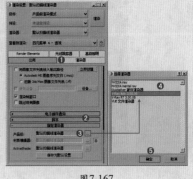

图7-167

7.4.1 VR-灯光

VR-灯光是最常用的灯光之一，参数比较简单，但是效果非常真实。常用来模拟柔和的灯光、灯带、台灯灯光、补光灯，具体参数如图7-168所示。

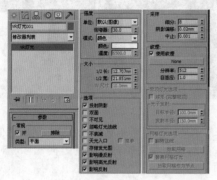

图7-168

❶ 常规

- 开：控制是否开启VR-灯光。

- 排除 按钮：用来排除灯光对物体的影响。

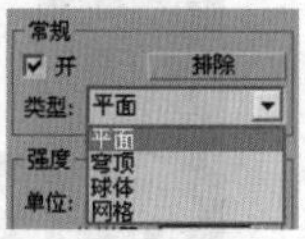

- 类型：指定VR-灯光的类型，共有【平面】、【穹顶】、【球体】和【网格】4种类型，如图7-169所示。
  - 平面：将VR-灯光设置成平面形状。
  - 穹顶：将VR-灯光设置成穹顶状，类似于3ds Max的天光物体，光线来自于位于光源Z轴的半球体状圆顶。
  - 球体：将VR-灯光设置成球体形状。
  - 网格：是一种以网格为基础的灯光。

图7-169

> **技巧提示**
>
> 设置类型为【平面】时比较适合于室内灯带等光照效果，设置类型为【球体】时比较适合于灯罩内的光照效果，如图7-170所示。

图7-170

❷ 强度

- 单位：指定VR-灯光的发光单位，共有【默认】、【发光率】、【亮度】、【辐射功率】和【辐射】5种，如图7-171所示。

图7-171

- 默认：VRay默认单位，依靠灯光的颜色和亮度来控制灯光的强弱，如果忽略曝光类型的因素，灯光色彩将是物体表面受光的最终色彩。
- 发光率：当选择这个单位时，灯光的亮度将和灯光的大小无关。
- 亮度：当选择这个单位时，灯光的亮度和灯光的大小有关。
- 辐射功率：当选择这个单位时，灯光的亮度和灯光的大小无关。
- 辐射：当选择这个单位时，灯光亮度和灯光的大小有关系。

- 颜色：指定灯光的颜色。
- 倍增器：设置灯光的强度。

❸ 大小

- 1/2长：设置灯光的长度。
- 1/2宽：设置灯光的宽度。
- W尺寸：当前这个参数还没有被激活。

❹ 选项

- 投射阴影：控制是否对物体的光照产生阴影，如图7-172所示。

图7-172

- 双面：用来控制灯光的双面都产生照明效果，对比效果如图7-173所示。

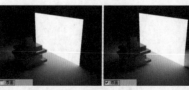

图7-173

- 不可见：用来控制最终渲染时是否显示VR-灯光的形状，对比效果如图7-174所示。

图7-174

● 忽略灯光法线：控制灯光是否按照光源的法线进行发射。

● 不衰减：在物理世界中，所有的光线都是有衰减的。如果选中该复选框，VRay将不计算灯光的衰减效果，对比效果如图7-175所示。

图7-175

● 天光入口：该选项是把VRay灯光转换为天光，这时的VR-灯光就变成了间接照明（GI）。当选中该复选框时，【投射阴影】、【双面】、【不可见】等参数将不可用，这些参数将被VRay的天光参数所取代。

● 存储发光图：选中该复选框，同时间接照明（GI）里的【首次反弹】引擎选择【发光贴图】时，VR-灯光的光照信息将保存在发光贴图中。在渲染光子时将变得更慢，但是在渲染出图时，渲染速度会提高很多。当渲染完光子时，可以关闭或删除这个VR-灯光，它对最后的渲染效果没有影响，因为它的光照信息已经保存在【发光贴图】中。

● 影响漫反射：决定灯光是否影响物体材质属性的漫反射。

● 影响高光反射：决定灯光是否影响物体材质属性的高光反射。

● 影响反射：选中该复选框时，灯光将对物体的反射区进行光照，物体可以将光源进行反射，如图7-176所示。

图7-176

小实例：测试VR-灯光排除

场景文件	09.max
案例文件	小实例：测试VR-灯光排除.max
视频教学	DVD/多媒体教学/Chapter 07/小实例：测试VR-灯光排除.flv
难易指数	★★★★★
灯光类型	VR-灯光
技术掌握	掌握如何将物体排除于光照之外

实例介绍

灯光排除就是将选定的对象排除于灯光效果之外，使得某些物体不受到灯光的照射，因此可以方便地控制灯光的照射效果。这在现实中做不到，但是在3ds Max中可以轻易实现。

本例主要使用VR-灯光来测试灯光的排除效果，如图7-179所示。

⑤ 采样

● 细分：该参数控制VR-灯光的采样细分。数值越小，渲染杂点越多，渲染速度越快；数值越大，渲染杂点越少，渲染速度越慢，如图7-177所示。

图7-177

● 阴影偏移：该参数用来控制物体与阴影的偏移距离，较高的值会使阴影向灯光的方向偏移，对比效果如图7-178所示。

图7-178

● 中止：控制灯光中止的数值，一般情况下不用修改该参数。

⑥ 纹理

● 使用纹理：控制是否用纹理贴图作为半球光源。

● None（无）：选择贴图通道。

● 分辨率：设置纹理贴图的分辨率，最高为2048。

● 自适应：控制纹理的自适应数值，一般情况下数值默认即可。

图7-179

操作步骤

步骤01 打开本书配套光盘中的【场景文件/Chapter 07/09.max】文件，如图7-180所示。

3ds Max 2016 中文版+VRay 效果图制作从入门到精通

步骤02 单击 （创建）| （灯光）| VRay | VR灯光 按钮，在左视图中按住并拖曳鼠标，创建一盏VR-灯光，将其命名为VRayLight01，如图7-181所示。

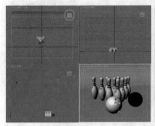 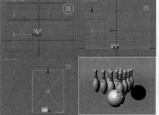

图7-180　　　　　　图7-181

步骤03 选择上一步创建的VRayLight01，然后进入【修改】面板，接着展开【参数】卷展栏，具体参数设置如图7-182所示。

- 在【常规】选项组中设置【类型】为【平面】。
- 设置【倍增器】为8，调节【颜色】为浅黄色。
- 在【大小】选项组中设置【1/2长】为245mm，【1/2宽】为320mm，选中【不可见】复选框。
- 在【采样】选项组中设置【细分】为25。

步骤04 继续在左视图中按住并拖曳鼠标，创建1盏VR-灯光，将其命名为VRayLight02，如图7-183所示。

 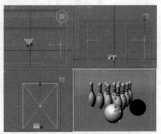

图7-182　　　　　　图7-183

步骤05 选择上一步创建的VRayLight02，然后进入【修改】面板，接着展开【参数】卷展栏，具体参数设置如图7-184所示。

图7-184

- 在【常规】选项组中设置【类型】为【平面】。
- 在【强度】选项组中设置【倍增器】为6，调节【颜色】为浅蓝色。
- 在【大小】选项组中设置【1/2长】为250mm，【1/2宽】为320mm，选中【不可见】复选框。
- 在【采样】选项组中设置【细分】为25。

步骤06 按Shift+Q组合键，快速渲染摄影机视图，其渲染效果如图7-185所示。

图7-185

 技巧提示

在这里将VRayLight01和VRayLight02的灯光颜色分别设置为浅黄色和浅蓝色，目的是产生出冷暖的对比色彩效果，会增加画面效果。

步骤07 在左视图中按住并拖曳鼠标创建1盏VR-灯光，将其命名为VRayLight03，如图7-186所示。

步骤08 选择上一步创建的VRayLight03，然后进入【修改】面板，具体参数设置如图7-187所示。

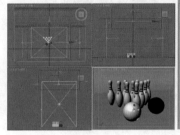 

图7-186　　　　　　图7-187

- 在【常规】选项组中设置【类型】为【平面】。
- 设置【倍增】为10，调节【颜色】为浅黄色。
- 在【大小】选项组中设置【1/2长】为250mm，【1/2宽】为300mm，选中【不可见】复选框。
- 在【采样】选项组中设置【细分】为25。

步骤09 按Shift+Q组合键，快速渲染摄影机视图，其渲染效果如图7-188所示。

图7-188

从步骤09的渲染效果可以观察到，VRayLight01、VRayLight02和VRayLight03对场景中的模型产生了光。

步骤10 选择VRayLight01，在【参数】卷展栏下单击 排除 按钮，然后在弹出对话框中的【场景对象】列表中选择【保龄球】和【保龄球001】，接着单击 >> 按钮，最后选中【排除】单选按钮，如图7-189所示，这样就将【保龄球】和【保龄球001】移动到了右侧的列表中，如图7-190所示。

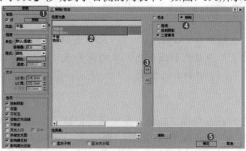

图7-189

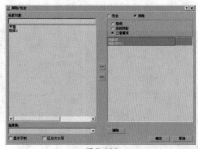

图7-190

步骤11 采用相同的方法将【保龄球】和【保龄球001】排除于VRayLight02的光照范围之外，如图7-191所示。

步骤12 按Shift+Q组合键，快速渲染摄影机视图，其渲染效果如图7-192所示。

图7-191　　　　　　　　　图7-192

从步骤12的渲染效果可以观察到，将【保龄球】和【保龄球001】排除于VRayLight01和VRayLight02的光照范围之外后，这两个对象就不会再接收VRayLight01和VRayLight02的光照。

步骤13 采用相同的方法将【保龄球】和【保龄球001】排除于VRayLight03的光照范围之外，如图7-193所示。

步骤14 按Shift+Q组合键，快速渲染摄影机视图，其渲染效果如图7-194所示。

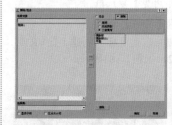
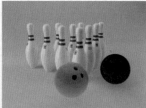

图7-193　　　　　　　　　图7-194

从步骤14的渲染效果可以观察到，场景中只有【物体1】接收到3盏灯光的光照，且只有【物体1】的光照效果最佳，而其他物体的光照效果比较差。

小实例：利用VR-灯光制作灯带

场景文件	10.max
案例文件	小实例：利用VR-灯光制作灯带.max
视频教学	DVD/多媒体教学/Chapter 07/小实例：利用VR-灯光制作灯带.flv
难易指数	★★★★☆
灯光方式	VR-灯光（平面）、VR-灯光（球体）、目标聚光灯
技术掌握	使用VR-灯光（平面）、VR-灯光（球体）制作灯带的方法

实例介绍

在下面的场景中，主要使用VR-灯光制作外侧、内侧灯带效果，使用VR-灯光（球体）制作灯泡灯光，使用目标平行光制作吊灯向下照射的光源，最终渲染效果如图7-195所示。

操作步骤

Part 01 使用VR-灯光制作外侧灯带效果

❶ 打开本书配套光盘中的【场景文件/Chapter 07/10.max】

文件，如图7-196所示。

图7-195　　　　　　　　　图7-196

❷ 在前视图中按住并拖曳鼠标创建30盏VR-灯光，位置如图7-197所示。

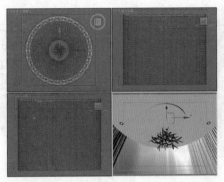

图7-197

 技巧提示

对于带有形状的灯光分布，需要考虑一些特殊的方法进行复制，否则既麻烦又不准确。下面给读者提供两个非常好的方法。

方法1：

（1）在顶视图中创建1盏VR-灯光，命名为【VR_光源】，并使用 圆 工具绘制1个圆，如图7-198所示。

（2）选择【VR_光源】，单击【层次】按钮，接着单击 仅影响轴 按钮，如图7-199所示。

图7-198 　　　　　　图7-199

（3）使用【选择并移动】工具 将轴移动到吊灯的中心位置，并再次单击 仅影响轴 按钮，如图7-200所示。

（4）单击【选择并旋转】工具 ，单击

图7-200

【角度捕捉切换】工具 ，接着按住Shift键进行复制，选中【实例】单选按钮，设置【副本数】为30，最后单击【确定】按钮，如图7-201所示。复制完成的效果如图7-202所示。

方法2：

（1）同样在顶视图中创建1盏VR-灯光，命名为【VR_光源】，并使用 圆 工具绘制1个圆。接着在主工具栏空白处单击鼠标右键，选择【附加】命令，如图7-203所示。

（2）选择【VR_光源】，并单击选择【间隔】工具 ，如图7-204所示。

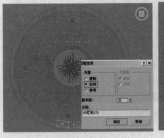 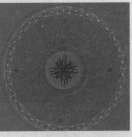

图7-201 　　　　　　图7-202

（3）单击 拾取路径 按钮，拾取场景中的圆，并设置【计数】为30，选中【跟随】复选框，单击 应用 按钮，最后单击 关闭 按钮，如图7-205所示。

图7-203 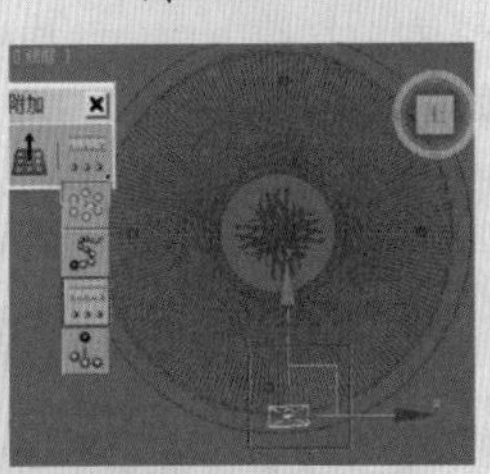 　　　　图7-204

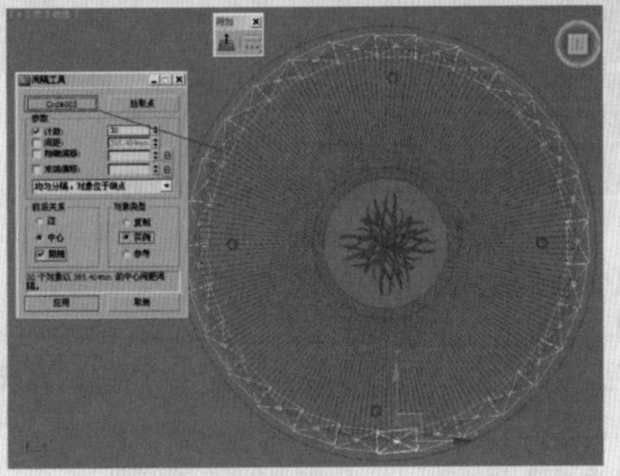

图7-205

❸ 选择上一步创建的VR-灯光，然后在【修改】面板中设置其具体的参数，如图7-206所示。

● 设置【类型】为【平面】，调节【倍增】为200，调节【颜色】为浅蓝色，在【大小】选项组中设置【1/2长】为200mm，【1/2宽】为100mm。

● 选中【不可见】复选框，在【采样】选项组中设置【细分】为30。

图7-206

④ 按Shift+Q组合键，快速渲染摄影机视图，其渲染效果如图7-207所示。

图7-207

Part 02 使用VR-灯光制作内侧灯带效果

❶ 在前视图中按住并拖曳鼠标创建12盏VR-灯光，此时位置如图7-208所示。

❷ 选择上一步创建的VR-灯光，然后在【修改】面板中设置其具体的参数，如图7-209所示。

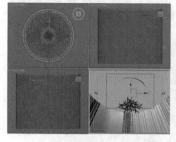

图7-208   图7-209

● 在【常规】选项组中设置【类型】为【平面】，在【强度】选项组中调节【倍增】为20，调节【颜色】为浅蓝色，在【大小】选项组中设置【1/2长】为20mm，【1/2宽】为200mm。

● 在【选项】选项组中选中【不可见】复选框。

❸ 按Shift+Q组合键，快速渲染摄影机视图，其渲染效果如图7-210所示。

图7-210

Part 03 使用VR-灯光（球体）制作灯泡灯光，使用目标平行光制作吊灯向下照射的光源

❶ 在前视图中按住并拖曳鼠标创建24盏VR-灯光，此时位置如图7-211所示。

❷ 选择上一步创建的目标灯光，然后在【修改】面板中设置其具体的参数，如图7-212所示。

● 在【常规】选项组中设置【类型】为【球体】，调节【倍增】为300，调节【颜色】为蓝色，在【大小】选项组中设置【半径】为11mm。

● 在【选项】选项组中选中【不可见】复选框，最后设置【细分】为20。

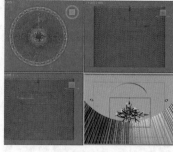

图7-211   图7-212

❸ 在【修改】面板中单击【灯光】按钮，并设置灯光类型为【标准灯光】，最后单击 目标聚光灯 按钮，在视图中按住并拖曳鼠标创建一盏目标聚光灯。

❹ 选择上一步创建的目标聚光灯，然后在【修改】面板中设置其具体的参数，如图7-213所示。

● 选中【启用】复选框，设置【阴影类型】为【VRay阴影】，设置【倍增】为0.8，展开【聚光灯参数】卷展栏，设置【聚光区/光束】为43，【衰减区/区域】为80。

● 展开【VRay阴影参数】卷展栏，选中【区域阴影】复选框，设置【U/V/W大小】为100mm。

图7-213

❺ 按Shift+Q组合键，快速渲染摄影机视图，其渲染效果如图7-214所示。

图7-214

小实例：利用VR灯光制作台灯

场景文件	11.max
案例文件	小实例：利用VR灯光制作台灯
视频教学	DVD/多媒体教学/Chapter 07/小实例：利用VR灯光制作台灯.flv
难易指数	
灯光方式	VR-灯光、目标灯光
技术掌握	掌握光度学灯光中目标灯光和VR-灯光的运用

实例介绍

在下面的卧室夜晚场景中，主要使用VR-灯光（球体）模拟灯罩内的光照，使用目标灯光模拟台灯向外照射的灯光，最终渲染效果如图7-215所示。

图7-215

操作步骤

Part 01 使用VR-灯光（球体）模拟灯罩内的光照

❶ 打开本书配套光盘中的【场景文件/Chapter 07/11.max】文件，如图7-216所示。

❷ 在顶视图中创建1盏VR-灯光，如图7-217所示。

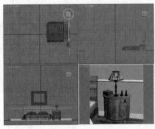

图7-216　　　　　　　图7-217

❸ 选择上一步创建的VR-灯光，然后在【修改】面板中设置其具体的参数，如图7-218所示。

● 设置【类型】为【球体】，设置【倍增器】为40，调节【颜色】为浅黄色，设置【半径】为50mm。

● 在【选项】选项组中选中【不可见】复选框，设置【细分】为20。

图7-218

❹ 按Shift+Q组合键，快速渲染摄影机视图，其渲染效果如图7-219所示。

Part 02 使用目标灯光模拟台灯向外照射的灯光

❶ 依次单击 ▦（创建）| ◁（灯光）| 光度学 ▾ |

目标灯光 按钮，在前视图中按住并拖曳鼠标创建1盏目标灯光，将其移动到台灯灯罩中，从下往上倾斜照射，如图7-220所示。

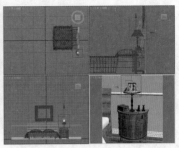

图7-219　　　　　　　图7-220

❷ 选择上一步创建的目标灯光，然后在【修改】面板中设置其具体的参数，如图7-221所示。

● 选中【启用】复选框，设置【阴影类型】为【VRay阴影】，设置【灯光分布（类型）】为【光度学Web】，接着展开【分布（光度学Web）】卷展栏，并在通道上加载20.ies。

● 调节【颜色】为浅黄色，设置【强度】为2000，展开【VRay阴影参数】卷展栏，选中【区域阴影】复选框，设置【UVW大小】为60mm。

❸ 在前视图中按住并拖曳鼠标创建1盏目标灯光，并将其拖曳到落地灯灯罩中，如图7-222所示。

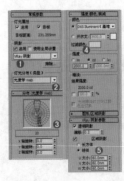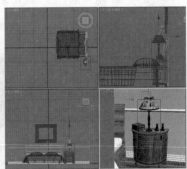

图7-221　　　　　　　图7-222

❹ 选择上一步创建的目标灯光，然后在【修改】面板中设置其具体的参数，如图7-223所示。

● 选中【启用】，设置【阴影类型】为【VRay阴影】，设置【灯光分布（类型）】为【光度学Web】，接着展开【分布（光度学Web）】卷展栏，并在通道上加载20.ies。

● 调节【颜色】为浅黄色，设置【强度】为1500，展开【VRay阴影参数】卷展栏，选中【区域阴影】复选框，设置【U/V/W大小】为20mm。

⑤ 按Shift+Q组合键，快速渲染摄影机视图，其渲染效果如图7-224所示。

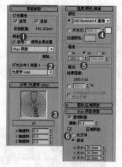

图7-223　　　　　　　　　　图7-224

7.4.2　VRayIES

VRayIES是一个V型射线特定光源插件，可用来加载IES灯光，能使现实世界的光分布更加逼真。VRayIES和光度学中的灯光类似，而专门优化的V型射线渲染比通常的要快，其参数面板如图7-225所示。

图7-225

● 激活：打开和关闭VRayIES光。

● 目标：使VRayIES有针对性。

● 【IES文件】按钮　　无　　：指定定义的光分布。

● 中止：该参数指定了一个光的强度，低于该强度将无法计算。

● 阴影偏移：偏向或远离阴影投射的对象的影子。

● 投射阴影：光投射阴影。取消选中该复选框将禁用光线

阴影投射。

● 使用灯光图形：选中此复选框，在IES光指定的光的形状将被考虑在计算阴影中。

● 图形细分：该值控制VRay需要计算照明的样本数量。

● 颜色模式：允许选择将取决于光色的模式。

● 颜色：【颜色模式】设置为【颜色】时可用，该参数决定了光的颜色。

● 色温：当【颜色模式】设置为【温度】时可用，该参数决定了光的颜色温度（开尔文）。

● 功率：确定流明光的强度。

● 区域高光：取消选中该复选框，特定的光将呈现为一个点光源在镜面反射。

●　　　　排除…　　　按钮：允许用户排除从照明和阴影投射的对象。

7.4.3　VR-环境灯光

VR-环境灯光与【标准】灯光中的【天光】类似，主要用来控制整体环境的效果，其参数面板如图7-226所示。

图7-226

● 激活：打开和关闭VR环境光。

● 颜色：指定哪些射线是受VR环境光影响。

● 强度：控制VR环境光的强度。

● 灯光贴图：指定VR环境光的贴图。

● 补偿曝光：VR环境光和VR物理摄影机一起使用时，该选项生效。

7.4.4　VR-太阳

VR-太阳是VR-灯光中非常重要的灯光类型，主要用来模拟日光的效果，参数较少、调节方便，但是效果非常逼真。在创建VR-太阳时会弹出【VR-太阳】对话框，直接单击【是】按钮即可，如图7-227所示。

VR-太阳具体参数如图7-228所示。

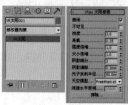

图7-227　　　　　　　　　　图7-228

⊙ 激活：控制灯光的开启与关闭。

⊙ 不可见：控制灯光的可见与不可见，对比效果如图7-229
所示。

图7-229

⊙ 浊度：控制空气中的清洁度，数值越大阳光就越暖，一
般情况下白天正午时数值为3到5，下午时为6到9，傍
晚时可以为15，如图7-230所示。当然阳光的冷暖也与
自身和地面的角度有关，角度越垂直越冷，角度越小
越暖。

浊度为2时效果   浊度为20时效果

图7-230

⊙ 臭氧：用来控制大气臭氧层的厚度，数值越大颜色越
浅，数值越小颜色越深，如图7-231所示。

臭氧为0时效果   臭氧为1时效果

图7-231

⊙ 强度倍增：用来控制灯光的强度，数值越大灯光越亮，
数值越小灯光越暗，如图7-232所示。

强度倍增为0.04   强度倍增为0.08

图7-232

⊙ 大小倍增：用来控制太阳的大小，数值越大太阳就越
大，就会产生越虚的阴影效果，如图7-233所示。

大小倍增为0   大小倍增为30

图7-233

⊙ 阴影细分：控制阴影的细腻程度，数值越大阴影噪点越
少，数值越小阴影噪点越多，如图7-234所示。

阴影细分为3   阴影细分为30

图7-234

⊙ 阴影偏移：用来控制阴影的偏移位置，如图7-235所示。

⊙ 光子发射半径：用来控制光子发射的半径大小。

阴影偏移为0.02   阴影偏移为50

图7-235

 技巧提示

在VR-太阳中会涉及一个知识点——【VR天空】贴图。在第一次创建VR-太阳时，会提醒我们是否添加VR天空环境
贴图，如图7-236所示。

当单击【是】按钮时，在改变VR-太阳中的参数时，
VR天空的参数会自动跟随发生变化。此时按8键，可以
打开【环境和效果】对话框，然后将【VR天空】贴图拖
曳到一个空白材质球上，并选中【实例】单选按钮，最
后单击【确定】按钮，如图7-237所示。

此时我们可以选中【手动太阳节点】
复选框，并设置相应的参数，如图7-238所
示，此时可以单独控制VR天空的效果。

图7-236

图7-237

图7-238

第7章 灯光技术

179

小实例：利用VR-太阳制作黄昏光照

场景文件	12.max
案例文件	小实例：利用VR-太阳制作黄昏光照.max
视频教学	DVD/多媒体教学/Chapter 07/小实例：利用VR-太阳制作黄昏光照.flv
难易指数	★★★★★
灯光方式	VR-太阳，VR-灯光
技术掌握	掌握VR-太阳、VR-灯光的运用

实例介绍

在这个休息室场景中，主要使用VR-太阳灯光模拟阳光效果，其次使用VR-灯光模拟辅助光源，灯光效果如图7-239所示。

图7-239

操作步骤

Part 01 使用VR-太阳灯光模拟阳光效果

❶ 打开本书配套光盘中的【场景文件/Chapter 07/12.max】文件，如图7-240所示。

❷ 单击 ■ （创建）| ☑ （灯光）| VRay ▾ | VR太阳 按钮，如图7-241所示。

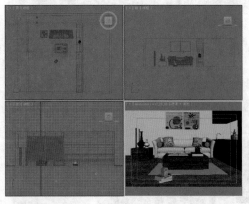

图7-240    图7-241

❸ 在视图中按住并拖曳鼠标创建1盏VR-太阳灯光，其位置如图7-242所示。此时会弹出【VR-太阳】对话框，单击【是】按钮即可，如图7-243所示。

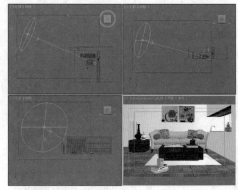

图7-242    图7-243

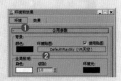

技巧提示

在创建VR-太阳灯光时，系统会弹出一个【VRay太阳】对话框，单击【是】按钮后，在【环境和效果】对话框中的【环境贴图】通道中会自动加载一个【VR天空】贴图，如图7-244所示，在渲染时会产生真实的天光效果。

图7-244

❹ 选择上一步创建的VR-太阳灯光，设置【强度倍增】为1.2，【大小倍增】为5，【阴影细分】为15，如图7-245所示。

❺ 按Shift+Q组合键，快速渲染摄影机视图，其渲染效果如图7-246所示。

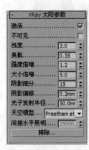

图7-245   图7-246

Part 02 使用VR-灯光模拟辅助光源

❶ 在左视图中按住并拖曳鼠标创建1盏VR-灯光，如图7-247所示。

❷ 选择上一步创建的VR-灯光，然后在【修改】面板中设置其具体的参数，如图7-248所示。

● 设置【类型】为【平面】，调节【倍增器】为22，调节【颜色】为浅黄色，在【大小】选项组中设置【1/2长】为95mm，【1/2宽】为45mm。

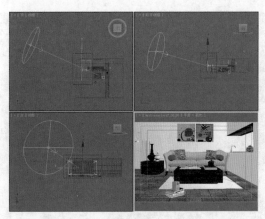

图7-247

● 在【选项】选项组中选中【不可见】复选框，设置【细
分】为15。

❸ 按Shift+Q组合键，快速渲染摄影机视图，其渲染效果如
图7-249所示。

图7-248

图7-249

Part 03 ▶ 继续创建辅助光源

❶ 在左视图中创建1盏VR-灯光，如图7-250所示。

❷ 选择上一步创建的VR-灯光，然后在【修改】面板中设置
其具体的参数，如图7-251所示。

● 设置【类型】为【平面】，调节【倍增器】为40，调
节【颜色】为浅黄色，在【大小】选项组中设置【1/2
长】为80mm，【1/2宽】为40mm。

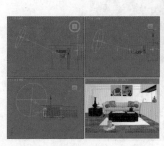

图7-250

图7-251

● 在【选项】选项组中选中【不可见】复选框，取消选
中【影响高光反射】和【影响反射】复选框，在【采
样】选项组中设置【细分】为15。

❸ 按Shift+Q组合键，快速渲染摄影机视图，其渲染效果如
图7-252所示。

图7-252

小实例：利用VR-太阳制作日光

场景文件	13.max
案例文件	小实例：利用VR-太阳制作日光.max
视频教学	DVD/多媒体教学/Chapter 07/小实例：利用VR-太阳制作日光.flv
难易指数	★★★★★
灯光方式	VR-太阳、VR-灯光
技术掌握	掌握VR-太阳、VR-灯光的运用

实例介绍

在该休息室场景中，主要使用VR-太阳灯光进行制作，
其次使用VR-灯光创建辅助光源，灯光效果如图7-253所示。

操作步骤

Part 01 ▶ 创建VR-太阳灯光

❶ 打开本书配套光盘中的【场景文件/Chapter 07/13.max】
文件，如图7-254所示。

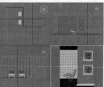

图7-253   图7-254

❷ 在视图中按住并拖曳鼠标创建一个【VR-太阳】灯光，如图7-255所示，并在弹出的【VR-太阳】对话框中单击【是】按钮，如图7-256所示。

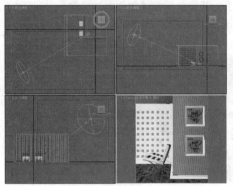

图7-255　　　　　　　　图7-256

❸ 选择上一步创建的【VR-太阳】灯光，然后设置【浊度】为4，【强度倍增】为0.08，【大小倍增】为3，【阴影细分】为15，如图7-257所示。

❹ 按Shift+Q组合键，快速渲染摄影机视图，其渲染效果如图7-258所示。

　　通过上面测试的VR-太阳效果基本可以，但是渲染图像偏灰、缺乏色彩和氛围。

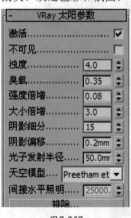 

图7-257　　　　　　　　图7-258

Part 02 创建辅助光源

❶ 在左视图中按住并拖曳鼠标创建1盏VR-灯光，如图7-259所示。

❷ 选择上一步创建的VR-灯光，然后在【修改】面板中设置其具体的参数，如图7-260所示。

● 设置【类型】为【平面】，调节【倍增器】为6，调节【颜色】为浅黄色，在【大小】选项组中设置【1/2长】为1300mm，【1/2宽】为2800mm。

● 在【选项】选项组中选中【不可见】复选框，设置【细分】为15。

❸ 继续在前视图中创建1盏VR-灯光，如图7-261所示。

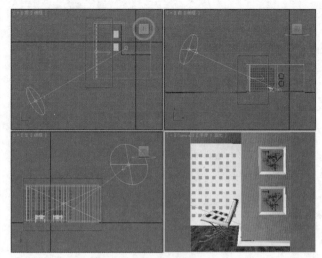

图7-259

 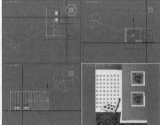

图7-260　　　　　　　　图7-261

❹ 选择上一步创建的VR-灯光，然后在【修改】面板中设置其具体的参数，如图7-262所示。

● 设置【类型】为【平面】，调节【倍增器】为3，调节【颜色】为浅黄色，在【大小】选项组中设置【1/2长】为1300mm，【1/2宽】为1650mm。

● 选中【不可见】复选框，取消选中【影响高光反射】和【影响反射】复选框，设置【细分】为15。

❺ 按Shift+Q组合键，快速渲染摄影机视图，其渲染效果如图7-263所示。

图7-262　　　　　　　　图7-263

3ds Max 2016 中文版+VRay 效果图制作从入门到精通

综合实例：利用VR-灯光综合制作客厅灯光

场景文件	14.max
案例文件	综合实例：利用VR-灯光综合制作客厅灯光.max
视频教学	DVD/多媒体教学/Chapter 07/综合实例：利用VR-灯光综合制作客厅灯光.flv
难易指数	★★★★★
灯光方式	VR-灯光
技术掌握	掌握VR-灯光的运用

实例介绍

在该客厅场景中，主要使用VR-灯光创建客厅整体光照，接着使用了VR-灯光模拟落地灯和台灯的光源，最终渲染效果如图7-264所示。

图7-264

操作步骤

Part 01 创建客厅整体的光照

❶ 打开本书配套光盘中的【场景文件/Chapter 07/14.max】文件，如图7-265所示。

❷ 在前视图中按住并拖曳鼠标创建1盏VR-灯光，如图7-266所示。

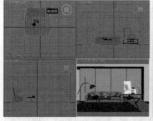

图7-265　　　　　　　　图7-266

❸ 选择上一步创建的VR-灯光，使用【选择并旋转】工具，并按住Shift键旋转90°复制1盏，如图7-267所示。重新调整这两盏灯光的位置，如图7-268所示。

图7-267　　　　　　　　图7-268

❹ 选择上一步复制出的VR-灯光，然后在【修改】面板中设置其具体的参数，如图7-269所示。

- 设置【类型】为【平面】，调节【倍增器】为1.6，调节【颜色】为浅黄色，在【大小】选项组中设置【1/2长】为880mm，【1/2宽】为1400mm。

- 选中【不可见】复选框，设置【细分】为20。

❺ 按Shift+Q组合键，快速渲染摄影机视图，其渲染效果如图7-270所示。

图7-269　　　　　　　　图7-270

从上面的效果来看，画面缺乏层次，需要再次创建落地灯和台灯的光源。下面创建落地灯的光源。

Part 02 创建落地灯的光源

❶ 在顶视图中创建1盏VR-灯光，如图7-271所示。

❷ 选择上一步创建的VR-灯光，然后在【修改】面板中设置其具体的参数，如图7-272所示。

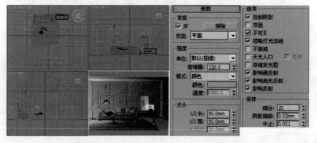

图7-271　　　　　　　　图7-272

- 设置【类型】为【平面】，调节【倍增器】为120，调节【颜色】为浅黄色，在【大小】选项组中设置【1/2长】为90mm，【1/2宽】为90mm。

- 在【选项】选项组中选中【不可见】复选框，设置【细分】为20。

❸ 继续在顶视图中创建1盏VR-灯光，具体位置如图7-273所示。

❹ 选择上一步创建的VR-灯光，然后在【修改】面板中设置其具体的参数，如图7-274所示。

- 设置【类型】为【球体】，调节【倍增器】为50，调节【颜色】为浅黄色，在【大小】选项组中设置【半径】为60mm。

⊙ 选中【不可见】复选框，设置【细分】为20。

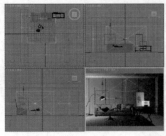

图7-273

图7-274

5 按Shift+Q组合键，快速渲染摄影机视图，其渲染效果如图7-275所示。

图7-275

Part 03 ▶ 创建柜子上的台灯光照

1 在视图中创建1盏VR-灯光，并将其放置到灯罩处，从上向下倾斜照射，如图7-276所示。

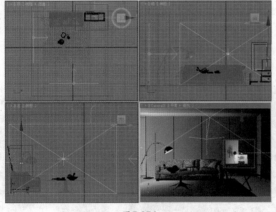

图7-276

2 选择上一步创建的VR-灯光，然后在【修改】面板中设置其具体的参数，如图7-277所示。

⊙ 设置【类型】为【平面】，调节【倍增器】为150，调节【颜色】为浅黄色，在【大小】选项组中设置【1/2长】为40mm，【1/2宽】为40mm。

⊙ 在【选项】选项组中选中【不可见】复选框，设置【细分】为20。

3 在视图中创建1盏VR-灯光，并将其放置到灯罩内，如图7-278所示。

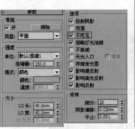

图7-277

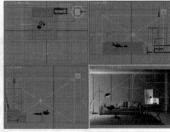

图7-278

4 选择上一步创建的VR-灯光，然后在【修改】面板中设置其具体的参数，如图7-279所示。

⊙ 设置【类型】为【球体】，调节【倍增器】为50，调节【颜色】为浅黄色，设置【半径】为60mm。

⊙ 在【选项】选项组中选中【不可见】复选框，设置【细分】为20。

5 按Shift+Q组合键，快速渲染摄影机视图，其渲染效果如图7-280所示。

图7-279

图7-280

综合实例：利用VR-太阳综合制作客厅一角灯光

场景文件	15.max
案例文件	综合实例：利用VR-太阳综合制作客厅一角灯光.max
视频教学	DVD/多媒体教学/Chapter 07/综合实例：利用VR-太阳综合制作客厅一角灯光.flv
难易指数	★★★★★
灯光方式	VR-太阳、VR-灯光
技术掌握	掌握VR-太阳、VR-灯光的运用

实例介绍

在该客厅一角场景中，主要使用了VR-太阳模拟正午阳光效果，其次使用VR-灯光创建辅助光源，最终灯光效果如图7-281所示。

操作步骤

Part 01 ▶ 创建VR-太阳灯光

1 打开本书配套光盘中的【场景文件/Chapter 07/15.max】文件，如图7-282所示。

3ds Max 2016 中文版+VRay 效果图制作从入门到精通

图7-281   图7-282

❷ 在视图中按住并拖曳鼠标创建1盏VR-太阳灯光，如图7-283所示。

❸ 选择上一步创建的VR-太阳灯光，设置【浊度】为3，【强度倍增】为0.15，【大小倍增】为10，【阴影细分】为20，如图7-284所示。

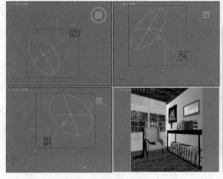

图7-283   图7-284

❹ 按Shift+Q组合键，快速渲染摄影机视图，其渲染效果如图7-285所示。

从上面测试的VR-太阳效果来看整体的亮度还不够，需要再次创建辅助光源。下面就来创建辅助光源。

图7-285   图7-286

Part 02 创建辅助光源

❶ 在左视图中创建1盏VR-灯光，如图7-286所示。

❷ 选择上一步创建的VR-灯光，然后在【修改】面板中设置其具体的参数，如图7-287所示。

● 设置【类型】为【平面】，调节【倍增器】为15，调节【颜色】为浅黄色，在【大小】选项组中设置【1/2长】为970mm，【1/2宽】为960mm。

● 在【选项】选项组中选中【不可见】复选框，设置【细分】为15。

❸ 按Shift+Q组合键，快速渲染摄影机视图，最终的渲染效果如图7-288所示。

图7-287   图7-288

综合实例：利用VR-灯光综合制作书房夜景效果

场景文件	16.max
案例文件	综合实例：利用VR-灯光综合制作书房夜景效果.max
视频教学	DVD/多媒体教学/Chapter07/综合实例：利用VR-灯光综合制作书房夜景效果.flv
难易指数	
灯光方式	目标平行光，VR-灯光
技术掌握	掌握目标平行光、VR-灯光的运用

实例介绍

在该书房场景中，主要使用目标平行光模拟夜晚的环境光，然后使用VR-灯光制作室内的灯光，灯光效果如图7-289所示。

图7-289

操作步骤

Part 01 ▶ 创建夜景灯光

❶ 打开本书配套光盘中的【场景文件/Chapter 07/16.max】文件，如图7-290所示。

❷ 依次单击 ▦ （创建）| ☀ （灯光）| 标准 ▾ | 目标平行光 按钮，如图7-291所示。

❸ 在前视图中创建1盏目标平行光，如图7-292所示。

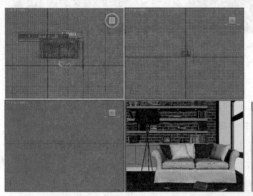

图7-290　　　　　　　图7-291

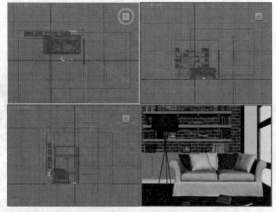

图7-292

❹ 选择上一步创建的目标平行光，然后在【修改】面板中设置其具体的参数，如图7-293所示。

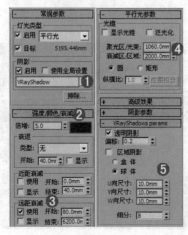

图7-293

○ 在【常规参数】卷展栏中设置【阴影】类型为【VRayShadow】。

○ 调节【倍增】为5，调节【颜色】为深蓝色，选中【远距衰减】卷展栏中的【使用】复选框，并设置【开始】为80mm，【结束】为6200mm。

○ 在【平行光参数】卷展栏中设置【聚光区/光束】为1060mm，【衰减区/区域】为2000mm。

○ 在【VRayShadows params】卷展栏中选中【透明阴影】复选框，设置【U向尺寸】/【V向尺寸】/【W向尺寸】为10mm，设置【细分】为8。

❺ 接着在左视图中创建1盏VR-灯光，并放置到窗户外面，方向为从窗外向窗内照射，具体灯光放置位置如图7-294所示。

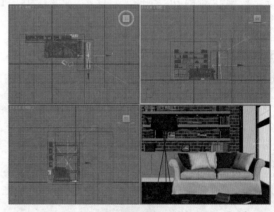

图7-294

❻ 选择上一步创建的VR-灯光，在【修改】面板中设置其具体参数，如图7-295所示。

○ 设置【类型】为【平面】，调节【倍增器】为4，调节【颜色】为深蓝色，在【大小】选项组中设置【半长度】为970mm，【半宽度】为680mm。

○ 在【选项】选项组中选中【不可见】复选框，在【采样】选项组中设置【细分】为20。

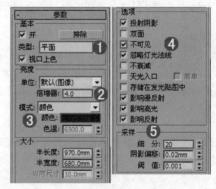

图7-295

❼ 按Shift+Q组合键，快速渲染摄影机视图，其渲染效果如图7-296所示。

3ds Max 2016中文版+VRay效果图制作从入门到精通

图7-296

Part 02 创建室内灯光

❶ 在前视图中创建1盏VR-灯光，并放置到合适位置，如图7-297所示。在【修改】面板中设置其具体参数，如图7-298所示。

● 设置【类型】为【平面】，调节【倍增器】为1.6，调节【颜色】为浅蓝色，在【大小】选项组中设置【半长度】为970mm，【半宽度】为920mm。

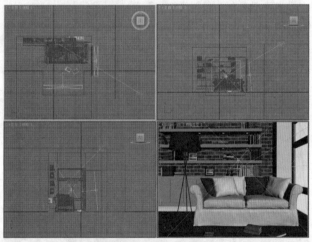

图7-297

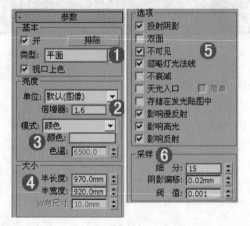

图7-298

● 在【选项】选项组中选中【不可见】复选框，在【采样】选项组中设置【细分】为15。

❷ 接着在前视图中创建1盏VR-灯光，并放置到灯罩里面，如图7-299所示。

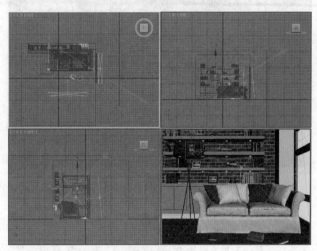

图7-299

❸ 选择上一步创建的VR-灯光，然后在【修改】面板中设置其具体的参数，如图7-300所示。

● 设置【类型】为【球体】，调节【倍增器】为1500，调节【颜色】为浅黄色，在【大小】选项组中设置【半径】为38mm。

● 在【选项】选项组中选中【不可见】复选框，设置【细分】为15。

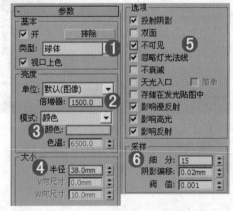

图7-300

❹ 按Shift+Q组合键，快速渲染摄影机视图，其渲染效果如图7-301所示。

图7-301

Part 03 创建书架光源

❶ 在书架位置按住并拖曳鼠标，创建1盏VR-灯光，最后使用【选择并移动】工具➕并按住Shift键将其复制11盏（复制时需要选中【实例】单选按钮），具体的位置如图7-302所示。

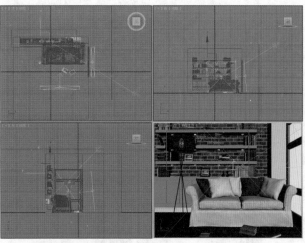

图7-302

❷ 选择上一步创建的VR-灯光，然后在【修改】面板中设置其具体的参数，如图7-303所示。

 读书笔记

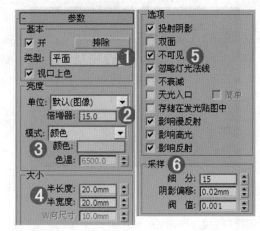

图7-303

◉ 设置【类型】为【平面】，调节【倍增器】为15，调节【颜色】为浅黄色，在【大小】选项组中设置【半长度】为20mm，【半宽度】为20mm。

◉ 在【选项】选项组中选中【不可见】复选框，在【采样】选项组中设置【细分】为15。

❸ 按Shift+Q组合键，快速渲染摄影机视图，其渲染效果如图7-304所示。

图7-304

Chapter 8

第8章

摄影机技术

相机的种类很多，如卡片相机、单反相机等。单反相机的构造比较复杂，适当地了解对我们要学习的摄影机内容有一定的帮助。

镜头的主要功能为收集被照物体反射光并将其聚焦于CCD上，其投影至CCD上的图像是倒立的，摄影机电路具有将其翻转的功能，其成像原理与人眼相同。

本章学习要点：

- 真实相机的结构
- 目标摄影机的参数
- 自由摄影机的参数
- VR穹顶摄影机
- VR物理摄影机

8.1.1 什么是相机

数码单反相机的构造比较复杂，适当的了解对我们要学习的摄影机内容有一定的帮助，如图8-1所示。其成像原理与人眼相同，如图8-2所示。

相机的镜头的种类有很多，包括标准镜头、长焦镜头、广角镜头、鱼眼镜头、微距镜头、增距镜头、变焦镜头、柔焦镜头、防抖镜头、折返镜头、移轴镜头、UV镜头、偏振镜头、滤色镜头等，如图8-3所示。

相机成像原理：在按下快门按钮之前，通过镜头的光线由反光镜反射至取景器内部。在按下快门按钮的同时，反光镜弹起，镜头所收集的光线通过快门帘幕到达图像感应器，如图8-4所示。

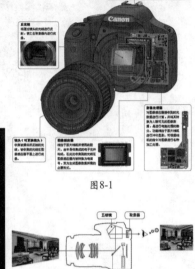

图8-1

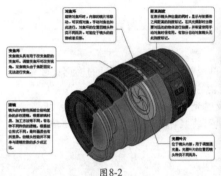

图8-2

图8-3

图8-4

关于相机的常用术语有以下几种。

● 焦距：从镜头的中心点到胶片平面（其他感光材料）上所形成的清晰影像之间的距离。焦距通常以毫米（mm）为单位，一般会标在镜头前面，例如，我们最常用的是27~30mm、50mm（也是我们所说的标准镜头）、70mm（长焦镜头）等。

● 光圈：控制镜头通光量大小的装置。开大一档光圈，进入相机的光量就会增加一倍，缩小一档光圈，则光量将减半。光圈大小用f值来表示，序列为f/1、f/1.4、f/2、f/2.8、f/4、f/5.6、f/8、f/11、f/16、f/22、f/32、f/44、f/64（f值越小，光圈越大）。

● 快门：控制曝光时间长短的装置。

● 快门速度：快门开启的时间。它是指光线扫过胶片（CCD）的时间（曝光时间）。例如，【1/30】是指曝光时间为1/30秒。

● 景深：影像相对清晰的范围。景深的长短取决于三个因素，即焦距、摄距和光圈大小。它们之间的关系是焦距越长，景深越短；焦距越短，景深越长；摄距越长，景深越长；光圈越大，景深越小。

● 景深预览：为了看到实际的景深，有的相机提供了景深预览按钮，按下该按钮，把光圈收缩到选定的大小，看到的场景就和拍摄后胶片（记忆卡）记录的场景一样。

● 感光度（ISO）：表示感光材料感光的快慢程度，单位用【度】或【定】来表示，如ISO100/21表示感光度为100度/21定的胶卷。感光度越高，胶片越灵敏。

● 色温：各种不同的光所含的不同色素称为色温，单位为K。我们通常所用的日光型彩色负片所能适应的色温为5400K~5600K；灯光型A型、B型所能适应的色温分别为3400K和3200K。所以，我们要根据拍摄对象、环境来选择不同类型的胶卷，否则就会出现偏色现象。

● 白平衡：由于不同的光照条件的光谱特性不同，拍出的照片常常会偏色，例如，在日光灯下会偏蓝、在白炽灯下会偏黄等。数码相机可根据不同的光线条件调节色彩设置，使照片颜色尽量不失真。

● **曝光**：光到达胶片表面使胶片感光的过程。它常取决于光圈和快门的组合，因此又有曝光组合一词。例如，用测光表测得快门为1/30秒时，光圈应用5.6，这样，f5.6、1/30秒就是一个曝光组合。

● **曝光补偿**：用于调节曝光不足或曝光过度。

8.1.2 为什么需要使用摄影机

现实中的照相机、摄影机都是为了将一些画面以当时的视角记录下来，方便我们以后观看。当然3ds Max中的摄影机也是一样的，创建摄影机后，我们可以快速切换到摄影机角度进行渲染，从而轻松地解决了每次渲染时都很难找到与上次渲染重合的角度的问题，如图8-5所示。

【透视图】效果 　　　　　　　　　　　【摄影机视图】效果 　　　　　　　　　　　【最终渲染】效果

图8-5

8.1.3 摄影机创建的思路

摄影机的创建大致有以下两种思路：

● 在【创建】面板中单击【摄影机】按钮，然后单击 目标 按钮，最后在视图中拖曳进行创建，如图8-6所示。

● 在透视图中选择好角度（可以按住Alt+鼠标中键旋转视图以选择合适的角度），然后在该角度按Ctrl+C快捷键创建该角度的摄影机，如图8-7所示。

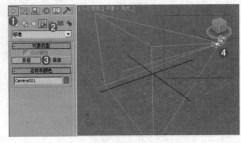

图8-6

使用以上两种方法都可以创建摄影机，此时在视图中按下快捷键C即可切换到摄影机视图，按下快捷键P即可切换到透视图，如图8-8所示。

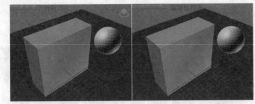

在透视图中按下快捷键Ctrl+C创建该角度的摄影机

图8-7

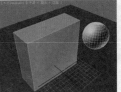

在视图中按下快捷键P即可切换　在视图中按下快捷键C即可切
到【透视图】　　　　　　换到【摄影机视图】

图8-8

在摄影机视图状态下，可以使用3ds Max界面右下方的6个按钮，进行推拉摄影机、透视、侧滚摄影机、视野、平移摄影机、环游摄影机等调节，如图8-9所示。

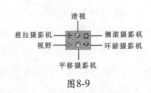

图8-9

3ds Max中的摄影机

8.2.1 目标摄影机

使用【目标】工具在场景中拖曳光标可以创建一台目标摄影机,可以观察到目标摄影机包含【目标点】和【摄影机】两个部件,如图8-10所示。

目标摄影机可以通过调节【目标点】和【摄影机】来控制角度,非常方便,如图8-11所示。

下面讲解目标摄影机的相关参数。

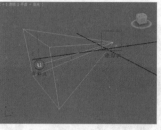

图8-10

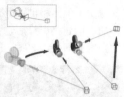

可以通过调节【目标点】和
【摄影机】控制角度

图8-11

1. 参数

展开【参数】卷展栏,如图8-12所示。

🔵 **镜头**:以mm为单位来设置摄影机的焦距。

🔵 **视野**:设置摄影机查看区域的宽度视野,有【水平】↔、【垂直】↕和【对角线】◢3种方式。

🔵 **正交投影**:选中该复选框后,摄影机视图为用户视图;取消选中该复制框后,摄影机视图为标准的透视图。

🔵 **备用镜头**:系统预置的摄影机镜头包括15mm、20mm、24mm、28mm、35mm、50mm、85mm、135mm和200mm 9种。如图8-13所示为设置35mm和15mm的对比效果。

图8-12

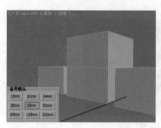

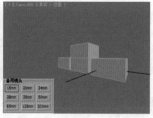

图8-13

🔵 **类型**:切换摄影机的类型,包含【目标摄影机】和【自由摄影机】两种。

🔵 **显示圆锥体**:显示摄影机视野定义的锥形光线。锥形光线出现在其他视口,但是显示在摄影机视口中。

🔵 **显示地平线**:在摄影机视图中的地平线上显示一条深灰色的线条。

🔵 **显示**:显示出在摄影机锥形光线内的矩形。

🔵 **近距范围/远距范围**:设置大气效果的近距范围和远距范围。

🔵 **手动剪切**:选中该复选框可定义剪切的平面。

🔵 **近距剪切/远距剪切**:设置近距和远距平面。

🔵 **多过程效果**:该选项组中的参数主要用来设置摄影机的景深和运动模糊效果。

● **启用**:选中该复选框后,可以预览渲染效果。

● **多过程效果类型**:共有【景深(mental ray)】、【景深】和【运动模糊】3个选项。

● **渲染每过程效果**:选中该复选框后,系统会将渲染效果应用于多重过滤效果的每个过程。

🔵 **目标距离**:当使用【目标摄影机】时,该选项用来设置摄影机与其目标之间的距离。

2. 景深参数

景深是摄影机的一个非常重要的功能,在实际工作中的使用频率也非常高,常用于表现画面的中心点,如图8-14所示。

图8-14

当设置多过程效果类型为【景深】方式时,系统会自动显示出【景深参数】卷展栏,如图8-15所示。

🔵 **使用目标距离**:选中该复选框后,系统将摄影机的目标距离用作每个过程偏移摄影机的点。

🔵 **焦点深度**:当取消选中【使用目标距离】复选框时,该选项可以用来设置摄影机的偏移深度。

● **显示过程**：选中该复选框后，【渲染帧窗口】对话框中将显示多个渲染通道。

● **使用初始位置**：选中该复选框后，第1个渲染过程将位于摄影机的初始位置。

● **过程总数**：设置生成景深效果的过程数。

● **采样半径**：设置场景生成的模糊半径。数值越大，模糊效果越明显。

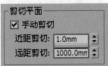

图8-15

● **采样偏移**：设置模糊靠近或远离采样半径的权重。

● **规格化权重**：选中该复选框后可以将权重规格化，以获得平滑的结果。

● **抖动强度**：设置应用于渲染通道的抖动程度。增大该值会增加抖动量，并且会生成颗粒状的效果，尤其在对象的边缘处最为明显。

● **平铺大小**：设置图案的大小。

● **禁用过滤**：选中该复选框后，系统将禁用过滤的整个过程。

● **禁用抗锯齿**：选中该复选框后，可以禁用抗锯齿功能。

3．运动模糊参数

运动模糊一般运用在动画中，常用于表现运动对象高速运动时产生的模糊效果，如图8-16所示。

图8-16

当设置多过程效果类型为【运动模糊】方式时，系统会自动显示出【运动模糊参数】卷展栏，如图8-17所示。

● **显示过程**：选中该复选框后，【渲染帧窗口】对话框中将显示多个渲染通道。

● **过程总数**：设置生成效果的过程数。增大该值可以提高效果的真实度，但是会增加渲染时间。

图8-17

● **持续时间（帧）**：在制作动画时，该选项用来设置应用运动模糊的帧数。

● **偏移**：设置模糊的偏移距离。

● **禁用过滤**：选中该复选框后，系统将禁用过滤的整个过程。

● **禁用抗锯齿**：选中该复制框后，系统将禁止使用抗锯齿功能。

4．剪切平面参数

使用剪切平面可以排除场景中的一些几何体，以只查看或渲染场景的某些部分。每部摄影机都具有近端和远端剪切平面。

每个剪切平面的位置是以场景的当前单位沿着摄影机的视线（其局部Z轴）测量的。剪切平面是摄影机常规参数的一部分，如图8-18所示。

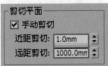

图8-18

5．摄影机校正

选择目标摄影机，然后单击鼠标右键并在弹出的快捷菜单中执行【应用摄影机校正修改器】命令，如图8-19所示，应用此修改器的前后对比效果如图8-20所示。

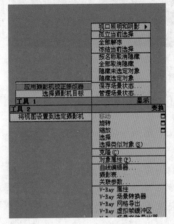

图8-19

图8-20

● **数量**：设置两点透视的校正数量。

● **方向**：偏移方向。大于90.0，则设置方向向左偏移校正；小于90.0，方向向右偏移校正。

● **推测**：单击以使【摄影机校正】修改器设置第一次推测数量值。

8.2.2　自由摄影机

使用【目标】工具在场景中拖曳光标可以创建一台自由摄影机，可以观察到自由摄影机只包含【摄影机】一个部件，如图8-21所示。

其具体的参数与目标摄影机一致，如图8-22所示，在此不再赘述。

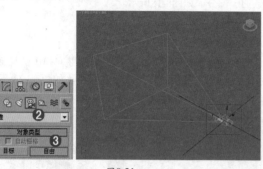

图8-21

图8-22

技巧提示

在目标摄影机和自由摄影机的参数中，可以在【类型】下拉列表中选择需要的摄影机类型，如图8-23所示。

图8-23

8.2.3　VR-穹顶摄影机

VR-穹顶摄影机常用于渲染半球圆顶效果，其参数如图8-24所示。

- 翻转 X：让渲染的图像在X轴上翻转，如图8-25所示。
- 翻转 Y：让渲染的图像在Y轴上翻转，如图8-26所示。
- fov：设置视角的大小。

图8-24

图8-25

图8-26

8.2.4　VR-物理摄影机

VR-物理摄影机的功能与现实中的相机功能相似，都有光圈、快门、曝光、ISO等调节功能，用户通过VR-物理摄影机能制作出更真实的效果图，其参数如图8-27所示。

1．基本参数

- 类型：VR-物理摄影机内置了以下3种类型的摄影机。
  - 照相机：用来模拟一台常规快门的静态画面照相机。
  - 摄影机（电影）：用来模拟一台圆形快门的电影摄影机。
  - 摄像机（DV）：用来模拟带CCD矩阵的快门摄像机。
- 目标：当选中该复选框时，摄影机的目标点将放在焦平面上；当取消选中该复选框时，可以通过下面的【目标距离】选项来控制摄影机到目标点的位置。
- 胶片规格（mm）：控制摄影机所看到的景色范围。值越大，看到的景越多。
- 焦距（mm）：控制摄影机的焦长。

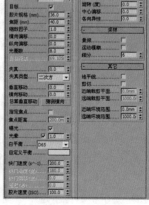

图8-27

- **缩放因子**：控制摄影机视图的缩放。值越大，摄影机视图拉得越近。
- **横向偏移**：该选项用来控制摄影机的横向偏移程度。
- **纵向偏移**：该选项用来控制摄影机的纵向偏移程度。
- **光圈数**：设置摄影机的光圈大小，主要用来控制最终渲染的亮度。数值越小，图像越亮；数值越大，图像越暗，如图8-28所示。

图8-28

- **目标距离**：摄影机到目标点的距离，默认情况下是关闭的。当取消选中【目标】复选框时，就可以用该选项来控制摄影机到目标点的距离。
- **失真**：控制摄影机的扭曲系数，如图8-29所示。

图8-29

- **垂直移动**：控制摄影机在垂直方向上的变形，主要用于纠正三点透视到两点透视。
- **横向移动**：控制摄影机在横向方向上的变形。
- **指定焦点**：选中该复选框后，可以手动控制焦点。
- **焦点距离**：控制焦距的大小。
- **曝光**：选中该复选框后，VR-物理摄影机中的【光圈数】、【快门速度】和【胶片感光度】设置才会起作用。
- **光晕**：模拟真实摄影机里的渐晕效果。选中该复选框可以模拟图像四周黑色渐晕效果，如图8-30所示。
- **白平衡**：控制图像的色偏。
- **快门速度（s⁻¹）**：控制光的进光时间。值越小，进光时间越长，图像就越亮；值越大，进光时间就越小，图像就越暗。
- **快门角度（度）**：当摄影机选择【摄影机（电影）】类型时，该选项才被激活，其作用和上面的【快门速度】选项的作用一样，主要用来控制图像的亮暗。

图8-30

- **快门偏移（度）**：当摄影机选择【摄影机（电影）】类型时，该选项才被激活，主要用来控制快门角度的偏移。
- **延迟（秒）**：当摄影机选择【摄像机（DV）】类型时，该选项才被激活，作用和上面的【快门速度】选项的作用一样，主要用来控制图像的亮暗。值越大，表示光越充足，图像也越亮。
- **胶片速度（ISO）**：控制图像的亮暗，值越大，表示ISO的感光系数越强，图像也越亮。

2．散景特效

【散景特效】卷展栏中的参数主要用于控制散景效果，当渲染景深时，或多或少都会产生一些散景效果，这主要和散景到摄影机的距离有关，如图8-31所示是使用真实摄影机拍摄的散景效果。

图8-31

- **叶片数**：控制散景产生的小圆圈的边数。默认值为5，表示散景的小圆圈为正五边形。
- **旋转（度）**：散景小圆圈的旋转角度。
- **中心偏移**：散景偏移源物体的距离。
- **各向异性**：控制散景的各向异性。值越大，散景的小圆圈拉得越长，即变成椭圆。

3．采样

- **景深**：控制是否产生景深。如果想要得到景深，就需要选中该复选框。
- **运动模糊**：控制是否产生动态模糊效果。
- **细分**：控制景深和动态模糊的采样细分。值越高，杂点越大，图的品质就越高，但是会增加渲染时间。

小实例：利用目标摄影机制作景深效果

场景文件	01.max
案例文件	小实例：利用目标摄影机制作景深效果.max
视频教学	DVD/多媒体教学/Chapter 08/小实例：利用目标摄影机制作景深效果.flv
难易指数	★★★★★
摄影机方式	目标摄影机
技术掌握	掌握目标摄影机景深参数的应用

实例介绍

在该场景中主要使用目标摄影机中景深的效果，最终渲染效果如图8-32所示。

图8-32

操作步骤

步骤01 打开本书配套光盘中的【场景文件/Chapter 08/01.max】文件，此时场景效果如图8-33所示。

步骤02 单击 (创建)｜ (摄影机)｜ 目标 按钮，在视图中按住并拖曳鼠标创建一个目标摄影机，如图8-34所示。

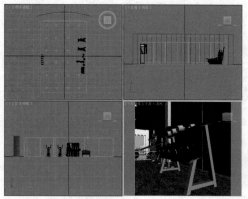

图8-33　　　　　　　　　　　图8-34

 技巧提示

可以激活透视图，然后按Ctrl+C组合键快速创建目标摄影机。

步骤03 此时摄影机的位置以及摄影机视图效果如图8-35所示。选择目标摄影机，在【修改】面板中展开【参数】卷展栏，设置【镜头】为32.652，【视野】为57.734，【目标距离】为880mm，如图8-36所示。

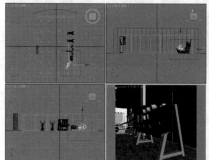

图8-35　　　　　　　　　　　图8-36

步骤04 按Shift+Q组合键，快速渲染摄影机视图，其渲染效果如图8-37所示。

图8-37

 技巧提示

从渲染的效果图来看并没有景深的效果，还需要在【渲染参数】对话框中调节摄影机的参数才能得到我们需要的景深效果。

步骤05 按F10键打开【渲染参数】对话框，然后展开【摄像机】卷展栏，在【景深】选项组选中【开】复选框和【从摄影机获取】复选框，其他参数保持不变，如图8-38所示。

步骤06 按Shift+Q组合键，快速渲染摄影机视图，其渲染效果如图8-39所示。

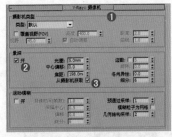

图8-38　　　　　　　　　　图8-39

小实例：修改场景透视角度

场景文件	02.max
案例文件	小实例：修改场景透视角度.max
视频教学	DVD/多媒体教学/Chapter 08/小实例：修改场景透视角度.flv
难易指数	★★★★★
技术掌握	掌握摄影机校正修改器的功能

实例介绍

摄影机透视效果对于场景物体的表现非常重要，可以夸大高度、长度等效果，如图8-40所示。

图8-40

操作步骤

步骤01 打开本书配套光盘中的【场景文件/Chapter 08/02.max】文件，如图8-41所示。

步骤02 单击 （创建）｜ （摄影机）｜ 目标 按钮，在视图中按住并拖曳鼠标创建一个目标摄影机，如图8-42所示。

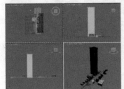

图8-41　　　　　　　　图8-42

步骤03 在透视图中按下快捷键C，此时会自动切换到摄影机视图，如图8-43所示。接着展开【参数】卷展栏，并设置【镜头】为25.707，【视野】为70，如图8-44所示。

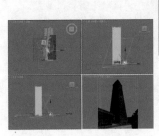

图8-43　　　　　　　　　　图8-44

步骤04 按下F9键渲染当前场景，渲染效果如图8-45所示。

步骤05 选择摄影机，然后单击鼠标右键，并在弹出的菜单中选择【应用摄影机校正修改器】命令，如图8-46所示，此时发现透视图中发生了很大的变化，如图8-47所示。

图8-45

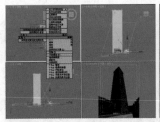

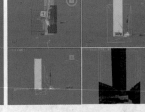

图8-46　　　　　　　　　　图8-47

步骤06 选择摄影机，然后在【修改】面板中展开【2点透视校正】卷展栏，设置【数量】为－15，如图8-48所示。

图8-48

技巧提示

如图8-49和图8-50所示分别为设置不同的数量从而得到不同的透视效果。

图8-49　　　　　　　　图8-50

步骤07 按下F9键渲染当前场景，渲染效果如图8-51所示。

步骤08 将渲染出来的图像合并到一起，可以清晰地看出应用摄影机校正对场景角度的影响，如图8-52所示。

图8-51　　　　　　　　图8-52

小实例：使用剪切设置渲染特殊视角

场景文件	03.max
案例文件	小实例：使用剪切设置渲染特殊视角.max
视频教学	DVD/多媒体教学/Chapter 08/小实例：使用剪切设置渲染特殊视角.flv
难易指数	☆☆☆☆☆
摄影机方式	目标摄影机
技术掌握	掌握剪切平面的应用，解决摄影机视图在墙外无法渲染室内的问题

实例介绍

本实例主要讲解了如何使用剪切平面设置渲染特殊视角，最终渲染效果如图8-53所示。

操作步骤

步骤01 打开本书配套光盘中的【场景文件/Chapter08/03.max】文件，此时场景效果如图8-54所示。

图8-53

步骤02 单击 ■（创建）| ■（摄影机）| ■目标■ 按钮，在视图中按住并拖曳鼠标，创建一个目标摄影机，如图8-55所示。

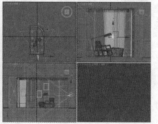

图8-54　　　　　　　　图8-55

步骤03 此时选择摄影机，然后单击修改，会发现在摄影机视图中，摄影机完全被墙体遮挡住了，室内的任何物体都无法看到，如图8-56所示。

图8-56

步骤04 选择摄影机，接着选中【剪切平面】选项组中的【手动剪切】复选框，并设置【近距剪切】为500mm，【远距剪切】为4500mm，如图8-57所示。此时的摄影机位置如图8-58所示。

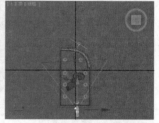

图8-57　　　　　　　　图8-58

技巧提示

很多情况下，由于制作的场景空间比较小，但是为了充分地夸大空间，必须将摄影机的角度拉得更广一些，但是摄影机很有可能被拉到墙体以外，因此在切换到摄影机角度后，会发现空间不但没变大，反而只剩一个墙体。在不删除墙体的前提下，可以使用剪切平面并对其正确设置来使空间变大，而且也不会有墙体遮挡视线。因此摄影机恰巧被墙体或家具遮挡时，首先要记得【剪切平面】这个选项。

3ds Max 2016 中文版+VRay 效果图制作从入门到精通

技巧提示

此时，我们会发现摄影机视图中最远位置处，仍然有部分没显示正确，因此需要将【远距剪切】的数值设置得更大一些。

步骤05 选择摄影机，接着选中【剪切平面】选项组中的【手动剪切】复选框，并设置【近距剪切】为500mm，【远距剪切】为9000mm，如图8-59所示，摄影机角度如图8-60所示。

图8-59

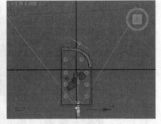
图8-60

步骤06 此时，在摄影机视图中显示的空间已经完全正确，因此可以得出一张理论性的参考图，如图8-61所示。在图

中，斜线所组成的区域中，任何物体都会在摄影机视图中显示出来，而斜线组成的区域以外的部分，任何物体都不会在摄影机视图中显示出来。

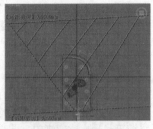
图8-61

步骤07 如图8-62所示为设置【近距剪切】为500mm、【远距剪切】为4500mm与设置【近距剪切】为500mm、【远距剪切】为9000mm的渲染对比效果。

图8-62

小实例：测试VR-物理摄影机的光圈数

场景文件	04.max
案例文件	小实例：测试VR-物理摄影机的光圈数.max
视频教学	DVD/多媒体教学/Chapter 08/小实例：测试VR-物理摄影机的光圈数.flv
难易指数	★★★☆☆
摄影机方式	VR-物理摄影机
技术掌握	掌握VR-物理摄影机的应用，掌握如何通过光圈数控制渲染的明暗效果

实例介绍

本实例主要讲解了如何通过设置不同的光圈数控制渲染的明暗效果，最终渲染效果如图8-63所示。

【光圈数】为1.6时的渲染效果　　【光圈数】为3.0时的渲染效果
图8-63

操作步骤

步骤01 打开本书配套光盘中的【场景文件/Chapter 08/04.max】文件，此时场景效果如图8-64所示。

步骤02 单击 ■（创建）｜ ■（摄影机）｜ **VR物理摄影机** 按钮，在视图中按住并拖曳鼠标创建一个摄影机，如图8-65所示。

图8-64　　　　　　　　图8-65

步骤03 选择【VR-物理摄影机001】，然后单击修改，设置【胶片规格】为54，【焦距】为40，【光圈数】为1.6，如图8-66所示。此时按C键切换到摄影机视图，并单击【渲染】按钮 ■，渲染效果如图8-67所示。

图8-66　　　　　　　　图8-67

步骤04 选择【VR-物理摄影机001】，然后单击修改，设置【胶片规格】为54，【焦距】为40，【光圈数】为3。此时按C键切换到摄影机视图，并单击【渲染】按钮，渲染效果如图8-68所示。

经过对比渲染效果，我们得出如下结论：使用VR-物理摄影机，并调节【光圈数】的数值可以有效地控制最终渲染场景的明暗程度，当设置【光圈数】为比较小的数值时，最终渲染呈现出比较亮的效果；当设置【光圈数】为比较大的数值时，最终渲染呈现出比较暗的效果。

图8-68

小实例：测试VR-物理摄影机的光晕

场景文件	05.max
案例文件	小实例：测试VR-物理摄影机的光晕.max
视频教学	DVD/多媒体教学/Chapter 08/小实例：测试VR-物理摄影机的光晕.flv
难易指数	★★★★★
摄影机方式	VR-物理摄影机
技术掌握	掌握VR-物理摄影机的应用，掌握如何控制渲染的光晕效果

实例介绍

本实例主要讲解了如何通过设置不同的光晕数值控制渲染的光晕效果，最终渲染效果如图8-69所示。

关闭【光晕】的效果 　【光晕】设置为1的效果 　【光晕】设置为3的效果

图8-69

操作步骤

步骤01 打开本书配套光盘中的【场景文件/Chapter 08/05.max】文件，此时场景效果如图8-70所示。

步骤02 单击（创建）|（摄影机）| **VR物理摄影机** 按钮，在视图中按住并拖曳鼠标创建一个VR-物理摄影机，如图8-71所示。

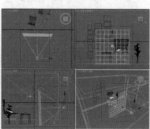

图8-70 　　　　　　　　图8-71

步骤03 选择【VR-物理摄影机001】，然后单击修改，设置【胶片规格】为54，【焦距】为40，【光圈数】为1.6。此时按C键切换到摄影机视图，并单击【渲染】按钮，渲染效果如图8-72所示。

图8-72

步骤04 选中【光晕】复选框，并将其设置为1，最后单击【渲染】按钮，效果如图8-73所示。

图8-73

步骤05 选中【光晕】复选框，并将其设置为3，最后单击【渲染】按钮，效果如图8-74所示。

图8-74

8.2.5　物理摄影机

【物理摄影机】是3ds Max 2016新增的一项功能，物理摄影机是Autodesk与VRay制造商Chaos Group共同开发的，为美工人员提供了一些新的选项，可以模拟用户更为熟悉的真实摄影机参数设置，例如快门速度、光圈、景深和曝光等。借助增强的控件和额外的视口内反馈，新的物理摄影机让创建逼真的图像和动画变得更加容易。

在【创建】面板下单击【摄影机】按钮 ，并设置【摄影机类型】为【标准】，然后单击【物理】按钮 物理 ，如图8-75所示。

图8-75

在视图中单击并拖曳即可创建一台物理摄影机，如图8-76所示。

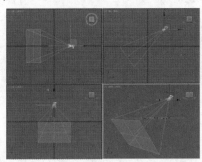

图8-76

【物理摄影机】的参数与【VRay物理摄影机】参数比较相似，其参数面板如图8-77所示。

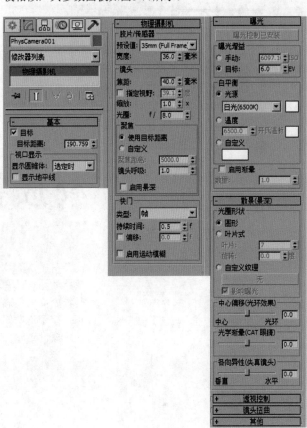

图8-77

📖 **读书笔记**

Chapter 9

第9章

材质技术

材质，简单地说就是物体看起来是什么质地。材质可以看成是材料和质感的结合。在渲染过程中，它是表面各可视属性的结合，这些可视属性是指表面的色彩、纹理、光滑度、透明度、反射率、折射率、发光度等。正是有了这些属性，才能使得模型更加真实，也正是有了这些属性，三维的虚拟世界才会和真实世界一样缤纷多彩。

本章学习要点：

- 材质的基本知识
- 各类材质的参数详解
- 室内效果图常用材质的设置方法

9.1 初识材质

材质，简单地说就是物体看起来是什么质地。材质可以看成是材料和质感的结合。在渲染过程中，它是表面各可视属性的结合，这些可视属性是指表面的色彩、纹理、光滑度、透明度、反射率、折射率、发光度等。正是有了这些属性，才能使得模型更加真实，也正是有了这些属性，三维的虚拟世界才会和真实世界一样缤纷多彩，如图9-1所示。

图9-1

9.1.1 什么是材质

在使用3ds Max制作效果图的过程中，常常会需要制作很多种材质，如玻璃材质、金属材质、地砖材质、木纹材质等。通过设置这些材质，可以完美地诠释空间的设计感、色彩感和质感，如图9-2所示。

图9-2

9.1.2 为什么要设置材质

（1）突出质感。这是材质最主要的用途，设置合适的材质，可以使我们一眼即可看出物体是什么材料制作的，如图9-3所示。

（2）用材质刻画模型细节。很多情况中材质可以使得最终渲染时模型看起来更有细节，如图9-4所示。

（3）表达作品的情感。作品的最高境界不是技术多么娴熟，而是可以通过技术和手法去传达作品的情感，如图9-5所示。

图9-3   图9-4   图9-5

9.1.3 材质的设置思路

3ds Max材质的设置需要有合理的步骤，这样才会节省时间、提高效率。

通常，在制作新材质并将其应用于对象时，应该遵循以下步骤。

❶ 指定材质的名称。

❷ 选择材质的类型。

❸ 对于标准或光线追踪材质，应选择着色类型。

❹ 设置漫反射颜色、光泽度和不透明度等各种参数。

❺ 将贴图指定给要设置贴图的材质通道，并调整参数。

❻ 将材质应用于对象。

❼ 应调整UV贴图坐标，以便正确定位对象的贴图。

9.1.4 效果图常用材质类型

在使用3ds Max制作效果图的过程中，常用的材质有很多种。按M键可以打开【材质编辑器】窗口，然后单击 Arch & Design 按钮，可以在弹出的【材质/贴图浏览器】对话框中选择需要的材质类型，如图9-6所示。

对于效果图制作领域而言，VR-灯光材质、标准材质、顶/底材质、多维子/对象材质、混合材质、VRayMtl材质、VR-材质包裹器、VR-混合材质等使用比较广泛，其中标准材质和VRayMtl材质使用最为广泛。

读书笔记

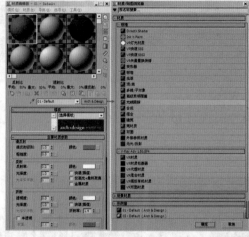

图9-6

9.2 材质编辑器

3ds Max中设置材质的过程都是在【材质编辑器】窗口中进行的，在该对话框中可以创建、改变和应用场景中的材质。

9.2.1 精简材质编辑器

1. 菜单栏

❶【模式】菜单

【模式】菜单用于切换材质编辑器的方式，包括【精简材质编辑器】和【石板精简材质编辑器】两种，如图9-7所示。

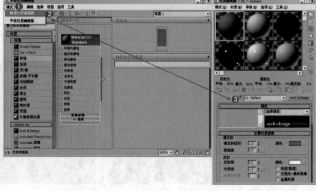

图9-7

技巧提示

　　【石板精简材质编辑器】是新增的一个材质编辑器工具，对于3ds Max的老用户来说，该工具不太方便，因为【石板精简材质编辑器】是一种节点式的调节方式，而之前版本中的材质编辑器都是层级式的调节方式。但是对于习惯节点式软件的用户来说则非常方便，因为节点式的方式调节速度较快，设置较为灵活。

❷【材质】菜单

　　展开【材质】菜单，如图9-8所示。

- 获取材质：执行该命令可打开【材质/贴图浏览器】对话框，在该对话框中可以选择材质或贴图。
- 从对象选取：执行该命令可以从场景对象中选择材质。
- 按材质选择：执行该命令可以基于【材质编辑器】窗口中的活动材质来选择对象。

图9-8

- 在ATS对话框中高亮显示资源：如果材质使用的是已跟踪资源的贴图，执行该命令可以打开【跟踪资源】对话框，同时资源会高亮显示。
- 指定给当前选择：执行该命令可将活动示例窗中的材质应用于场景中的选定对象。
- 放置到场景：在编辑完成材质后，执行该命令可以更新场景中的材质。
- 放置到库：该命令可将选定的材质添加到当前的库中。
- 更改材质/贴图类型：该命令可以更改材质/贴图的类型。
- 生成材质副本：通过复制自身的材质来生成材质副本。
- 启动放大窗口：将材质示例窗口放大并在一个单独的窗口中进行显示（双击材质球也可以放大窗口）。
- 另存为FX文件：将材质另存为FX文件。
- 生成预览：使用动画贴图为场景添加运动，并生成预览。
- 查看预览：使用动画贴图为场景添加运动，并查看预览。
- 保存预览：使用动画贴图为场景添加运动，并保存预览。
- 显示最终结果：查看所在级别的材质。
- 视口中的材质显示为：执行该命令可在视图中显示物体表面的材质效果。

- 重置示例窗旋转：使活动的示例窗对象恢复到默认方向。
- 更新活动材质：更新示例窗中的活动材质。

❸【导航】菜单

　　展开【导航】菜单，如图9-9所示。

- 转到父对象：在当前材质中向上移动一个层级。
- 前进到同级：移动到当前材质中相同层级中的一个贴图或材质。
- 后退到同级：与【前进到同级】命令类似，只是导航到前一个同级贴图，而不是导航到后一个同级贴图。

❹【选项】菜单

　　展开【选项】菜单，如图9-10所示。

- 将材质传播到实例：将指定的任何材质传播到场景对象中的所有实例。
- 手动更新切换：使用手动的方式进行更新切换。
- 复制/旋转阻力模式切换：切换复制/旋转阻力的模式。
- 背景：将多颜色的方格背景添加到活动示例窗中。
- 自定义背景切换：如果已指定了自定义背景，该命令可切换背景的显示效果。
- 背光：将背光添加到活动示例窗中。
- 循环3×2、5×3、6×4示例窗：切换材质球显示的3种方式。
- 选项：打开【材质编辑器】对话框。

❺【工具】菜单

　　展开【工具】菜单，如图9-11所示。

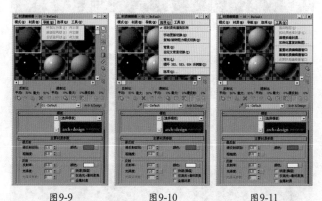

图9-9　　　　　图9-10　　　　　图9-11

- 渲染贴图：对贴图进行渲染。
- 按材质选择对象：可以基于【材质编辑器】窗口中的活动材质来选择对象。
- 清理多维材质：对【多维/子对象】材质进行分析，然后在场景中显示所有包含未分配任何材质ID的材质。
- 实例化重复的贴图：在整个场景中查找具有重复【位图】贴图的材质，并提供将它们关联化的选项。

- 重置材质编辑器窗口：用默认的材质类型替换【材质编辑器】窗口中的所有材质。
- 精简材质编辑器窗口：将【材质编辑器】窗口中所有未使用的材质设置为默认类型。
- 还原材质编辑器窗口：利用缓冲区的内容还原编辑器的状态。

2. 材质球示例窗

材质球示例窗用来显示材质效果，它可以很直观地显示出材质的基本属性，如反光、纹理和凹凸等，如图9-12所示。

图9-12

 技巧提示

双击材质球后会弹出一个独立的材质球显示窗口，可以将该窗口进行放大或缩小来观察当前设置的材质，如图9-13所示。同时也可以在材质球上单击鼠标右键，然后在弹出的快捷菜单中选择【放大】命令。

图9-13

材质球示例窗中一共有24个材质球，可以设置3种显示方式，但是无论哪种显示方式，材质球总数都为24个，如图9-14所示。

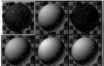
材质球显示方式1

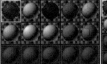
材质球显示方式2

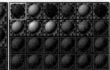
材质球显示方式3

图9-14

右键单击材质球，可以调节多种参数，如图9-15所示。

使用鼠标左键可以将材质球中的材质拖曳到场景中的物体上。当材质赋予物体后，材质球上会显示出4个缺角的符号，如图9-16所示。

图9-15

赋予材料之前　　　　赋予材料之后

图9-16

- 没有三角形：场景中没有使用的材质。
- 轮廓为白色三角形：此材质是热的。换句话说，它已经在场景中实例化。在示例窗中对材质进行更改，也会

更改场景中显示的材质。

- 实心白色三角形：材质不仅是热的，而且已经应用到当前选定的对象上。

 技巧提示

当示例窗中的材质指定给场景中的一个或多个曲面时，示例窗是【热】的。当使用【精简材质编辑器】调整热示例窗时，场景中的材质也会同时更改。

示例窗的拐角处表明材质是否是热材质，如图9-17所示。

图9-17

3. 工具按钮栏

下面讲解【材质编辑器】对话框中的两排材质工具按钮，如图9-18所示。

- 【获取材质】按钮：为选定的材质打开【材质/贴图浏览器】对话框。
- 【将材质放入场景】按钮：在编辑好材质后，单击该按钮可更新已应用于对象的材质。
- 【将材质指定给选定对象】按钮：将材质赋予选定的对象。

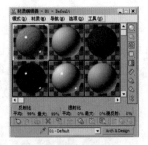

图9-18

- 【重置贴图/材质为默认设置】按钮：删除修改的所有属性，将材质属性恢复到默认值。
- 【复制材质】按钮：在选定的示例图中创建当前材质的副本。
- 【使唯一】按钮：将实例化的材质设置为独立的材质。
- 【放入库】按钮：重新命名材质并将其保存到当前打开的库中。
- 【材质ID通道】按钮：为应用后期制作效果设置唯一的通道ID。
- 【在视口中显示标准贴图】按钮：在视口的对象上显示2D材质贴图。
- 【显示最终结果】按钮：在实例图中显示材质以及应用的所有层次。
- 【转到父对象】按钮：将当前材质上移一级。
- 【转到下一个同级项】按钮：选定同一层级的下一贴图或材质。
- 【采样类型】按钮：控制示例窗显示的对象类型，默认为球体类型，还有圆柱体和立方体类型。

- 【背光】按钮■：打开或关闭选定示例窗中的背景灯光。
- 【背景】按钮■：在材质后面显示方格背景图像，在观察透明材质时非常有用。
- 【采样UV平铺】按钮■：为示例窗中的贴图设置UV平铺显示。
- 【视频颜色检查】按钮■：检查当前材质中NTSC和PAL制式不支持的颜色。
- 【生成预览】按钮■：用于产生、浏览和保存材质预览渲染。
- 【选项】按钮■：打开【材质编辑器选项】对话框，该对话框中包含启用材质动画、加载自定义背景、定义灯光亮度或颜色以及设置示例窗数目的一些参数。
- 【按材质选择】按钮■：选定使用当前材质的所有对象。
- 【材质/贴图导航器】按钮■：单击该按钮可以打开【材质/贴图导航器】对话框，在该对话框会显示当前材质的所有层级。

4. 参数控制区

① 明暗器基本参数

展开【明暗器基本参数】卷展栏，共有8种明暗器类型可以选择，还可以设置线框、双面、面贴图和面状等参数，如图9-19所示。

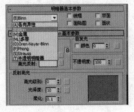

图9-19

🔘 明暗器下拉列表：明暗器包含8种类型。

- （A）各向异性：用于产生磨砂金属或头发的效果。可创建拉伸并成角的高光，而不是标准的圆形高光，如图9-20所示。
- （B）Blinn：这种明暗器以光滑的方式渲染物体表面，它是最常用的一种明暗器，如图9-21所示。
- （M）金属：这种明暗器适用于金属表面，它能提供金属所需的强烈反光，如图9-22所示。

图9-20

图9-21

- （ML）多层：【（ML）多层】明暗器与【（A）各向异性】明暗器很相似，但【（ML）多层】可以控制两个高亮区，因此【（ML）多层】明暗器拥有对材质更多的控制，第1高光反射层和第2高光反射层具有相同的参数控制，如图9-23所示。

图9-22　　　　　　　　图9-23

- （O）Oren-Nayar-Blinn：这种明暗器适用于无光表面（如纤维或陶土），与（B）Blinn明暗器几乎相同，通过它附加的【漫反射级别】和【粗糙度】两个参数可以实现无光效果，如图9-24所示。
- （P）Phong：这种明暗器可以平滑面与面之间的边缘，适用于具有强度很高的表面和具有圆形高光的表面，如图9-25所示。

图9-24　　　　　　　　图9-25

- （S）Strauss：这种明暗器适用于金属和非金属表面，与【（M）金属】明暗器十分相似，如图9-26所示。
- （T）半透明明暗器：这种明暗器与（B）Blinn明暗器类似，它与（B）Blinn明暗器相比较，最大的区别在于它能够设置半透明效果，使光线能够穿透这些半透明的物体，如图9-27所示。

图9-26　　　　　　　　图9-27

🔘 线框：以线框模式渲染材质，用户可以在扩展参数中设置线框的大小，如图9-28所示。

- 双面：将材质应用到选定的面，使材质成为双面。
- 面贴图：将材质应用到几何体的各个面。
- 面状：使对象产生不光滑的明暗效果，把对象的每个面作为平面来渲染，可以用于制作加工过的钻石、宝石或任何带有硬边的表面。

图9-28

② Blinn基本参数

下面以（B）Blinn明暗器来讲解明暗器的基本参数。展开【Blinn基本参数】卷展栏，在这里可以设置【环境光】、【漫反射】、【高光反射】、【自发光】、【不透明度】、【高光级别】、【光泽度】和【柔化】等属性，如图9-29所示。

图9-29

- 环境光：环境光用于模拟间接光，例如，室外场景的大气光线，也可以用于模拟光能传递。
- 漫反射：漫反射被称为物体的固有色，也就是物体本身的颜色。
- 高光反射：物体发光表面高亮显示部分的颜色。
- 自发光：使用【漫反射】颜色替换曲面上的任何阴影，从而创建出白炽效果。
- 不透明度：控制材质的不透明度。
- 高光级别：控制反射高光的强度。数值越大，反射强度越高。
- 光泽度：控制镜面高亮区域的大小，即反光区域的尺寸。数值越大，反光区域越小。
- 柔化：影响反光区和不反光区衔接的柔和度。

9.2.2　平板材质编辑器

平板材质编辑器是一个材质编辑器窗口，它在设计和编辑材质时使用节点和关联以图形方式显示材质的结构。

平板窗口是具有多个元素的图形界面。最突出的特点包括：材质/贴图浏览器，可以在其中浏览材质、贴图、基础材质和贴图类型；当前活动视图，可以在其中组合材质和贴图；参数编辑器，可以在其中更改材质和贴图设置。如图9-30所示为参数对话框。

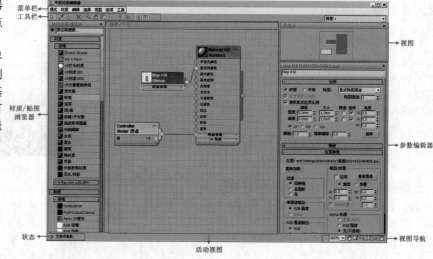

图9-30

技巧提示

平板材质编辑器的参数我们不详细进行讲解了，其参数与精简材质编辑器基本一致。

读书笔记

9.3 材质/贴图浏览器

　　【材质/贴图浏览器】窗口提供用于管理库、组和浏览器自身的多数选项。通过单击▼（【材质/贴图浏览器选项】）按钮或右键单击【材质/贴图浏览器选项】的一个空部分，即可访问【材质/贴图浏览器选项】窗口。在【材质/贴图浏览器】中右键单击组的标题栏时，即会显示该特定类型组的选项，如图9-31所示。

图9-31

9.4 材质管理器

　　【材质管理器】主要用来浏览和管理场景中的所有材质。选择【渲染】|【材质资源管理器】菜单命令即可打开【材质管理器】对话框，如图9-32所示。

　　【材质管理器】窗口分为【场景】面板和【材质】面板两大部分，如图9-33所示。【场景】面板主要用来显示场景对象的材质，而【材质】面板主要用来显示当前材质的属性和纹理大小。

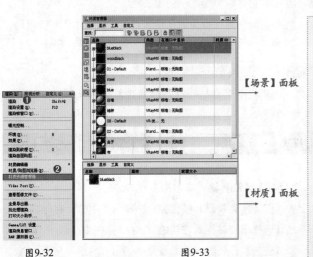

【场景】面板

【材质】面板

图9-32　　　　　图9-33

技巧提示

　　【材质管理器】窗口非常有用，使用它可以直观地观察到场景对象的所有材质，如在图9-34左图中，可以观察到场景中的对象包含两个材质。在【场景】面板中选择一个材质以后，在下面的【材质】面板中就会显示出该材质相关属性以及加载的外部纹理（即贴图）的大小，如图9-34右图所示。

图9-34

9.4.1 【场景】面板

　　【场景】面板包括菜单栏、工具栏、显示按钮和列4大部分，如图9-35所示。

 1. 菜单栏

❶【选择】菜单

展开【选择】菜单，如图9-36所示。

菜单栏

工具栏

显示按钮

列

图9-35　　　　　图9-36

- 全部选择：选择场景中的所有材质和贴图。
- 选定所有材质：选择场景中的所有材质。
- 选定所有贴图：选择场景中的所有贴图。
- 全部不选：取消选择的所有材质和贴图。
- 反选：颠倒当前选择，即取消当前选择的所有对象，而选择前面未选择的对象。
- 选择子对象：该命令只起到切换的作用。
- 查找区分大小写：通过搜索字符串的大小写来查处对象，如house与House。
- 使用通配符查找：通过搜索字符串中的字符来查找对象，如*和?等。
- 使用正则表达式查找：通过搜索正则表达式的方式来查找对象。

② 【显示】菜单

展开【显示】菜单，如图9-37所示。

- 显示缩略图：启用该选项后，【场景】面板中将显示出每个材质和贴图的缩略图。
- 显示材质：启用该选项后，【场景】面板中将显示出每个对象的材质。
- 显示贴图：启用该选项后，每个材质的层次下面都包括该材质所使用到的所有贴图。

图9-37

- 显示对象：启用该选项后，每个材质的层次下面都会显示出该材质所应用到的对象。
- 显示子材质/贴图：启用该选项后，每个材质的层次下面都会显示用于材质通道的子材质和贴图。
- 显示未使用的贴图通道：启用该选项后，每个材质的层次下面还会显示出未使用的贴图通道。
- 按材质排序：启用该选项后，层次将按材质名称进行排序。
- 按对象排序：启用该选项后，层次将按对象进行排序。
- 展开全部：展开层次以显示出所有的条目。
- 展开选定对象：展开包含所选条目的层次。
- 展开对象：展开包含所有对象的层次。
- 塌陷全部：折叠整个层次。
- 塌陷选定项：折叠包含所选条目的层次。
- 塌陷材质：折叠包含所有材质的层次。
- 塌陷对象：折叠包含所有对象的层次。

③ 【工具】菜单

展开【工具】菜单，如图9-38所示。

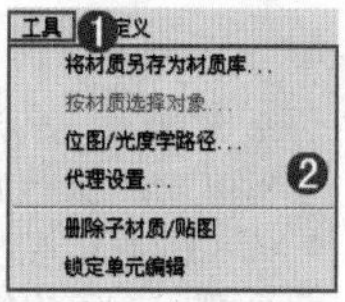

- 将材质另存为材质库：打开将材质另存为材质库（即

.mat文件）文件的文件对话框。

- 按材质选择对象：根据材质来选择场景中的对象。
- 位图/光度学路径：打开【位图/光度学路径编辑器】对话框，在该对话框中可以管理场景对象的位图的路径。

图9-38

- 代理设置：打开【全局设置和位图代理的默认】对话框，可以使用该对话框来管理3ds Max如何创建和并入到材质中的位图的代理版本。
- 删除子材质/贴图：删除所选材质的子材质或贴图。
- 锁定单元编辑：启用该选项后，可以禁止在【资源管理器】对话框中编辑单元。

④ 【自定义】菜单

展开【自定义】菜单，如图9-39所示。

- 配置行：打开【配置行】对话框，在该对话框中可以为【场景】面板添加队列。

图9-39

- 工具栏：选择要显示的工具栏。
- 将当前布局保存为默认设置：保存当前【资源管理器】对话框中的布局方式，并将其设置为默认设置。

2. 工具栏

工具栏中主要是一些对材质进行基本操作的工具，如图9-40所示。

图9-40

- 查找：输入文本来查找对象。
- 【选择所有材质】按钮：选择场景中的所有材质。
- 【选择所有贴图】按钮：选择场景中的所有贴图。
- 【全选】按钮：选择场景中的所有材质和贴图。
- 【全部不选】按钮：取消选择场景中的所有材质和贴图。
- 【反选】按钮：颠倒当前选择。
- 【锁定单元编辑】按钮：激活该按钮之后，可以禁止在【资源管理器】对话框中编辑单元。
- 【同步到材质资源管理器】按钮：激活该按钮之后，【材质】面板中的所有材质操作将与【场景】面板保持同步。
- 【同步到材质级别】按钮：激活该按钮之后，【材质】面板中的所有子材质操作将与【场景】面板保持同步。

3ds Max 2016 中文版+VRay 效果图制作从入门到精通

3. 显示按钮

显示按钮主要用来控制材质和贴图的显示方法，如图9-41所示。

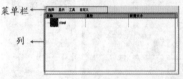

- 【显示缩略图】按钮▦：激活该按钮后，【场景】面板中将显示出每个材质和贴图的缩略图。

图9-41

- 【显示材质】按钮◎：【场景】面板中将显示出每个对象的材质。

- 【显示贴图】按钮▦：激活该按钮后，每个材质的层次下面都包括该材质所使用到的所有贴图。

- 【显示对象】按钮⬜：激活该按钮后，每个材质的层次下面都会显示出该材质所应用到的对象。

- 【显示子材质/贴图】按钮▧：激活该按钮后，每个材质的层次下面都会显示用于材质通道的子材质和贴图。

- 【显示未使用的贴图通道】按钮▦：激活该按钮后，每

个材质的层次下面还会显示出未使用的贴图通道。

- 【按对象排序】按钮⬜/【按材质排序】按钮◎：让层次以对象或材质的方式来进行排序。

4. 列

列主要用来显示场景材质的名称、类型、在视口中的显示方式以及材质的ID号，如图9-42所示。

- 名称：显示材质、对象、贴图和子材质的名称。

名称	类型	在视口中显示	材质ID

图9-42

- 类型：显示材质、贴图或子材质的类型。

- 在视口中显示：注明材质和贴图在视口中的显示方式。

- 材质ID：显示材质的ID号。

9.4.2 【材质】面板

【材质】面板包括菜单栏和列两大部分，如图9-43所示。

菜单栏

列

图9-43

技巧提示

【材质】面板中的命令含义可以参考【场景】面板中的命令。

9.5 材质类型

材质将使场景更加具有真实感。材质详细描述对象如何反射或透射灯光。可以将材质指定给单独的对象或者选择集；单独场景也能够包含很多不同材质。不同的材质有不同的用途。安装VRay渲染器后，材质类型大致可分为26种。单击【材质类型】按钮 Arch & Design ，然后在弹出的【材质/贴图浏览器】对话框中可以观察到这26种材质类型，如图9-44所示。

- DirectX Shader：该材质可以保存为FX文件，并且在启用了DirectX 3D显示驱动程序后才可用。

- Ink 'n Paint：通常用于制作卡通效果。

- VR-灯光材质：该材质可以模拟制作出类似发光发亮的材质效果。

- VR快速SSS：该材质可以模拟制作出物体表面带有真实透光性的效果，如皮肤、玉石等。

- VR-快速SSS2：该材质与VR快速SSS材质类似，也可以制作出皮肤、玉石等材质。

- VR矢量置换烘焙：该材质用来模拟制作矢量的材质效果。

- 变形器：配合【变形器】修改器一起使用，能产生材质融合的变形动画效果。

- 标准：系统默认的材质。

- 虫漆：用来控制两种材质混合的数量比例。

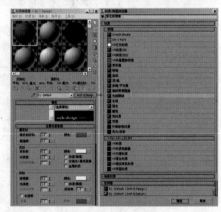

图9-44

- 顶/底：为一个物体指定不同的材质，一个在顶端，一个在底端，中间交互处可以产生过渡效果。
- 多维/子对象：将多个子材质应用到单个对象的子对象。
- 高级照明覆盖：配合光能传递使用的一种材质，能很好地控制光能传递和物体之间的反射比。
- 光线跟踪：可以创建真实的反射和折射效果，并且支持雾、颜色浓度、半透明和荧光等效果。
- 合成：将多个不同的材质叠加在一起，通过添加排除和混合能够创造出复杂多样的物体材质。
- 混合：将两个不同的材质融合在一起，根据融合度的不同来控制两种材质的显示程度。
- 建筑：主要用于表现建筑外观的材质。
- 壳材质：配合【渲染到贴图】命令一起使用，其作用是将【渲染到贴图】命令产生的贴图再贴回物体造型中。
- 双面：为物体内外或正反表面分别指定两种不同的材质。

- 外部参照材质：参考外部对象或参考场景相关运用资料。
- 无光/投影：渲染时观察不到，不会对背景进行遮挡，但可遮挡其他物体，并且能产生自身投影和接受投影的效果。
- VRayMtl材质：该材质是使用范围最广的一种材质，常用于制作室内外效果图。其中制作反射和折射的材质非常出色。
- VR-材质包裹器：该材质可以有效地避免色溢现象。
- VR-混合材质：常用来制作两种材质混合在一起的效果，如带有花纹的玻璃。
- VR-模拟有机材质：该材质可以用来模拟制作有机材质效果。
- VRay2SidedMtl（VR双面）材质：可以模拟带有双面属性的材质效果。

9.5.1　【标准】材质

　　【标准】材质是材质类型中比较基础的一种，在3ds Max 2009版本之前是作为默认的材质类型出现的。单击【材质类型】按钮 Arch & Design，然后选择【标准】，最后单击【确定】即可，如图9-45所示。

　　切换到【标准】材质，我们会发现该材质球发生了变化，其参数也发生了变化，如图9-46所示。

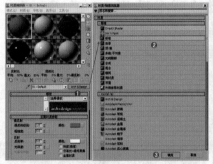

图9-45　　　　　　　　　　图9-46

小实例：利用标准材质制作墙面材质

场景文件	01.max
案例文件	小实例：利用标准材质制作墙面材质.max
视频教学	DVD/多媒体教学/Chapter 09/小实例：利用标准材质制作墙面材质.flv
难易指数	★★★★★
材质类型	【标准】材质
贴图类型	【Noise（噪波）】程序贴图
技术掌握	掌握【标准】材质的运用

实例介绍

　　在该场景中，主要使用【标准】材质制作墙面，最终渲染效果如图9-47所示。

图9-47

墙面乳胶漆的材质模拟效果如图9-48所示。
其基本属性主要为：漫反射颜色是白色。

图9-48

操作步骤

步骤01 打开本书配套光盘中的【场景文件/Chapter 09/01.max】文件，此时场景效果如图9-49所示。

步骤02 按M键，打开【材质编辑器】窗口，选择第一个材质球，单击 Arch & Design 按钮，在弹出的【材质/贴图浏览器】对话框中选择【标准】材质，如图9-50所示。

步骤03 将材质命名为【乳胶漆】，具体参数设置如下。

3ds Max 2016 中文版+VRay 效果图制作从入门到精通

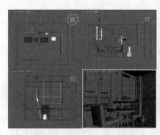

图9-49 图9-50

- 展开【Blinn基本参数】卷展栏，调节【漫反射】颜色为浅黄色，在【反射高光】选项组中设置【高光级别】为13，【光泽度】为10，如图9-51所示。

图9-51

- 展开【贴图】卷展栏，在【凹凸】通道上加载Noise（噪波）程序贴图，设置凹凸【数量】为20，如图9-52所示。

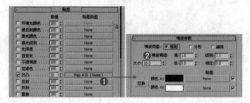

图9-52

技巧提示

对于乳胶漆材质而言，制作方法是非常简单的。在上面的步骤中，我们使用【标准】材质进行制作，当然也可以使用【VRayMtl材质】进行制作，得到的效果是一样的。其参数设置如图9-53所示。

图9-53

步骤04 双击查看此时的材质球效果，如图9-54所示。

步骤05 选择墙面的模型，并单击 （将材质指定给选定对象）按钮，将制作完毕的【乳胶漆】材质赋给墙面模型。接着制作出剩余部分模型的材质，效果如图9-55所示。

步骤06 最终的渲染效果如图9-56所示。

图9-54

图9-55

图9-56

第9章 材质技术

技术专题——如何保存材质和调用材质

在材质制作过程中，有时需要将制作好的材质保存出来，等下一次用到该材质时，直接调用即可。这在3ds Max中完全可以实现，下面开始讲解。

1. 如何保存材质

（1）单击制作好的材质球，并命名为【红漆】，如图9-57所示。

（2）选择【材质】|【获取材质】命令，此时会弹出【材质/贴图浏览器】对话框，如图9-58所示。

（3）单击▼图标，然后选择【新材质库】命令，并将其命名为【新库.mat】，最后单击【保存】按钮，如图9-59所示。

（4）单击该材质球，并使用鼠标左键将其拖曳到【新库】下方，如图9-60所示。

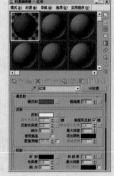

图9-57

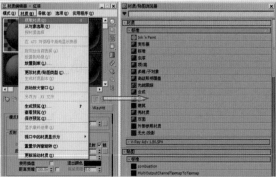

图9-58

213

(5) 此时【新库】下方便出现了【红漆】材质，如图9-61所示。

  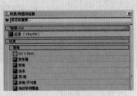

图9-59　　　　　　　　　　　图9-60　　　　　　　　　　　图9-61

(6) 在【新库】上单击鼠标右键，并选择【保存】命令，如图9-62所示。

(7) 此时材质球的文件被保存成功，如图9-63所示。

(3) 单击❤图标，然后选择【打开材质库】命令，并选择刚才保存的【新库.mat】文件，最后单击【打开】按钮，如图9-66所示。

 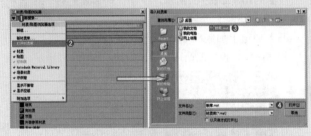

图9-62　　　　　　　图9-63

图9-66

2．如何调用材质

(1) 当需要使用刚才保存的材质文件时，单击一个空白的材质球，如图9-64所示。

(2) 选择【材质】|【获取材质】命令，如图9-65所示。

(4) 此时【新库】中出现了【红漆】选项，接着将其拖曳到一个空白的材质球上，如图9-67所示。

(5) 此时该材质球便成为我们调用的材质，如图9-68所示。

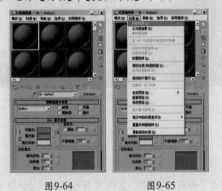 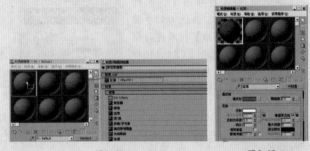

图9-64　　　　　　图9-65　　　　　　　　　　图9-67　　　　　　　　图9-68

9.5.2　VRayMtl材质

VRayMtl材质是使用范围最广泛的一种材质，常用于制作室内外效果图。VRayMtl材质除了能完成一些反射和折射效果外，还能出色地表现出SSS以及BRDF等效果，其参数如图9-69所示。

1．基本参数

展开【基本参数】卷展栏，如图9-70所示。

图9-69　　　　　　　　　图9-70

① 漫反射

- 漫反射：物体的漫反射用来决定物体的表面颜色。通过单击它的色块，可以调整自身的颜色。单击右边的■通道可以选择不同的贴图类型。

- 粗糙度：数值越大，粗糙效果越明显。可以用该选项来模拟绒布的效果。

技巧提示

　　漫反射被称为固有色，用来控制物体的基本颜色，当在【漫反射】右边的■通道上添加贴图时，漫反射颜色不再起作用。

② 反射

- 反射：反射是靠颜色的灰度来控制，颜色越白反射越亮，越黑反射越弱。单击旁边的■按钮，可以使用贴图的灰度来控制反射的强弱。

- 菲涅耳反射：选中该复选框后，反射强度会与物体的入射角度有关系，入射角度越小，反射越强烈。同时，菲涅耳反射的效果也和下面的【菲涅耳折射率】有关。当【菲涅耳折射率】为0或100时，将产生完全反射；而当【菲涅耳折射率】从1变化到0时，反射越强烈；同样，当菲涅耳折射率从1变化到100时，反射也越强烈。

技巧提示

　　菲涅耳反射是模拟真实世界中的一种反射现象，反射的强度与摄影机的视点和具有反射功能的物体的角度有关。角度值接近0时，反射最强；当光线垂直于表面时，反射功能最弱，这也是物理世界中的现象。

- 菲涅耳折射率：在菲涅耳反射中，菲涅耳现象的强弱衰减率可以用该选项来调节。

- 高光光泽度：控制材质的高光大小，可以通过单击旁边的【锁】按钮■来解除锁定，从而可以单独调整高光的大小。

- 反射光泽度：通常也被称为反射模糊。默认值1表示没有模糊效果，而越小的值表示模糊效果越强烈。

- 细分：较高的值可以取得较平滑的效果，而较低的值可以让模糊区域产生颗粒效果。

- 使用插值：当选中该复选框时，VRay能够使用类似于发光贴图的缓存方式来加快反射模糊的计算。

- 最大深度：是指反射的次数，数值越高效果越真实，但渲染时间也更长。

- 退出颜色：当物体的反射次数达到最大时就会停止计算反射，这时由于反射次数不够造成的反射区域的颜色就用退出颜色来代替。

③ 折射

- 折射：和反射的原理一样，颜色越白，越透明；颜色越黑，越不透明。

- 折射率：设置透明物体的折射率。

技巧提示

　　真空的折射率是1，水的折射率是1.33，玻璃的折射率是1.5，水晶的折射率是2，钻石的折射率是2.4，这些都是制作效果图时常用的折射率。

- 光泽度：用来控制物体的折射模糊程度。值越小，模糊程度越明显；默认值1不产生折射模糊。

- 细分：较高的值可以得到比较光滑的效果，但是渲染速度会变慢。

- 使用插值：当选中该复选框时，VRay能够使用类似于发光贴图的缓存方式来加快光泽度的计算。

- 影响阴影：用来控制透明物体产生的阴影。选中该复选框时，透明物体将产生真实的阴影。

- 烟雾颜色：控制产生折射的颜色。

- 烟雾倍增：可以理解为烟雾的浓度。值越大，雾越浓。

- 烟雾偏移：控制烟雾的偏移。

④ 半透明

- 类型：半透明效果（也叫3S效果）的类型有3种，一种是【硬（蜡）模型】，如蜡烛；一种是【软（水）模型】，如海水；还有一种是【混合模型】。

- 背面颜色：用来控制半透明效果的颜色。

- 厚度：用来控制光线在物体内部被追踪的深度。较大的值，会让整个物体都被光线穿透；较小的值，可以让物体比较薄的地方产生半透明效果。

- 散布系数：物体内部的散射总量。

- 正/背面系数：控制光线在物体内部的散射方向。0表示光线沿着灯光发射的方向向前散射；1表示光线沿着灯光发射的方向向后散射；0.5表示这两种情况各占一半。

- 灯光倍增：设置光线穿透能力的倍增值。值越大，散射效果越强。

2. 双向反射分布函数

　　展开【双向反射分布函数】卷展栏，如图9-71所示。

图 9-71

- 明暗器下拉列表：包含3种明暗器类型，分别是多面、反射和沃德。多面类型的高光区很小；反射类型的高光区适中；沃德类型的高光区最大。
- 各向异性：控制高光区域的形状，可以用该参数来设置拉丝效果。
- 旋转：控制高光区的旋转方向。
- UV矢量源：控制高光形状的轴向，也可以通过贴图通道来设置。
  - 局部轴：有X、Y、Z 3个轴可供选择。
  - 贴图通道：可以使用不同的贴图通道与UVW贴图进行关联，从而实现一个物体在多个贴图通道中使用不同的UVW贴图，这样可以得到各自相应的贴图坐标。

技巧提示

关于双向反射现象，在物理世界中随处可见。双向反射分布函数主要可以控制高光的形状和方向，常在金属、玻璃、陶瓷等制品中看到。如图9-72所示为设置不同参数的对比效果。

图 9-72

3．选项

展开【选项】卷展栏，如图9-73所示。

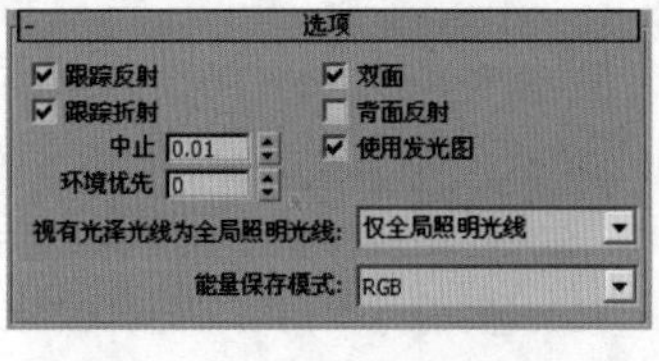

- 跟踪反射：控制光线是否追踪反射。如果取消选中该复选框，VRay将不渲染反射效果。

图 9-73

- 跟踪折射：控制光线是否追踪折射。如果取消选中该复选框，VRay将不渲染折射效果。
- 中止：中止选定材质的反射和折射的最小阈值。
- 环境优先：控制环境优先的数值。

- 双面：控制VRay渲染的面是否为双面。
- 背面反射：选中该复选框时，将强制VRay计算反射物体的背面产生反射效果。
- 使用发光图：控制选定的材质是否使用发光贴图。
- 视有光泽光线为全局照明光线：该选项在效果图制作中一般都默认设置为【仅全局照明光线】。
- 能量保存模式：该选项在效果图制作中一般都默认设置为RGB模式，因为这样可以得到彩色效果。

4．贴图

展开【贴图】卷展栏中，如图9-74所示。

- 凹凸：主要用于制作物体的凹凸效果，在后面的通道中可以加载凹凸贴图。
- 置换：主要用于制作物体的置换效果，在后面的通道中可以加载置换贴图。
- 不透明度：主要用于制作透明物体，如窗帘、灯罩等。

图 9-74

- 环境：主要是针对上面的一些贴图而设定的，如反射、折射等，只是在其贴图的效果上加入了环境贴图效果。

5．反射插值和折射插值

展开【反射插值】卷展栏，如图9-75所示。该卷展栏中的参数只有在【基本参数】卷展栏中的【反射】选项组中选中【使用插值】复选框时才起作用。

图 9-75

- 最小比率：在反射对象不丰富（颜色单一）的区域使用该参数所设置的数值进行插补。数值越高，精度就越高，反之精度就越低。
- 最大比率：在反射对象比较丰富（图像复杂）的区域使用该参数所设置的数值进行插补。数值越高，精度就越高，反之精度就越低。
- 颜色阈值：指的是插值算法的颜色敏感度。值越大，敏感度就越低。
- 法线阈值：指的是物体的交接面或细小的表面的敏感度。值越大，敏感度就越低。
- 插值采样：用于设置反射插值时所用的样本数量。值越大，效果越平滑。

技巧提示

由于【折射插值】卷展栏中的参数与【反射插值】卷展栏中的参数相似，因此这里不再进行讲解。【折射插值】卷展栏中的参数只有在【基本参数】卷展栏中的【折射】选项组中选中【使用插值】复选框时才起作用。

小实例：利用VRayMtl材质制作大理石材质

场景文件	02.max
案例文件	小实例：利用VRayMtl材质制作大理石材质.max
视频教学	DVD/多媒体教学/Chapter 09/小实例：利用VRayMtl材质制作大理石材质.flv
难易指数	★★★★★
材质类型	VRayMtl材质、多维/子对象材质
技术掌握	掌握VRayMtl材质、多维/子对象材质的运用

实例介绍

在这个售楼大厅的空间中，主要讲解了使用【VRayMtl材质】制作大理石材质，接着讲解了使用【多维/子对象】材质制作大理石拼花部分的材质。本案例中【多维/子对象】材质是难点。最终渲染的效果如图9-76所示。

图9-76

大理石拼贴在大型的公共空间中经常使用到，能够使得空间更有意境。大理石的材质模拟效果如图9-77所示。

图9-77

其基本属性主要有以下两点：

- 理石贴图纹理。
- 一定的模糊反射效果。

操作步骤

Part 01 【理石地面】材质的制作

1 打开本书配套光盘中的【场景文件/Chapter 09/02.max】文件，此时场景效果如图9-78所示。

2 按M键，打开【材质编辑器】窗口，选择第一个材质球，单击 Standard 按钮，在弹出的【材质/贴图浏览器】对话框中选择【VRayMtl材质】，如图9-79所示。

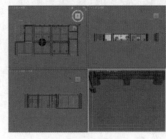

图9-78   图9-79

3 将材质命名为【理石地面】，下面设置其具体的参数，如图9-80所示。

- 在【漫反射】选项组中的通道上加载【理石地面.jpg】贴图文件，接着在【反射】选项组中调节颜色为深灰色，设置【高光光泽度】为0.95，【反射光泽度】为0.95，【细分】为12。

图9-80

4 选择【理石地面】模型，然后为其加载【UVW贴图】修改器，并设置【贴图】方式为【长方体】，【长度】、【宽度】、【高度】均为2200mm，最后设置【对齐】为Z，如图9-81所示。

5 双击查看此时的材质球效果，如图9-82所示。

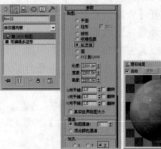

图9-81   图9-82

⑥ 将调节好的【理石地面】材质赋给场景中大面积的地面模型，如图9-83所示。

图9-83

Part 02 【大理石拼花】材质的制作

① 选择一个空白材质球，然后将材质类型设置【多维/子对象】材质，接着将材质命名为【大理石拼花】，下面设置其具体的参数，如图9-84所示。

🔘 展开【多维/子对象基本参数】卷展栏，并设置【设置数量】为3。

🔘 在ID1、ID2、ID3通道上分别加载VRayMtl材质。

图9-84

② 单击进入ID1的通道中，并进行详细的调节，具体参数设置如图9-85所示。

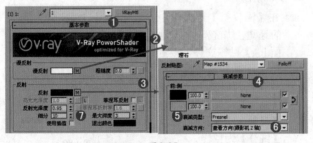

图9-85

🔘 在【漫反射】选项组中的通道上加载【理石.jpg】贴图文件。

🔘 在【反射】选项组中的通道上加载【衰减】程序贴图，展开【衰减参数】卷展栏，并将两个颜色分别设置为黑色和蓝色，设置【衰减类型】为Fresnel。设置【反射光泽度】为0.95，【细分】为10，【最大深度】为3。

③ 单击进入ID2的通道中，并进行详细的调节，具体参数设置如图9-86所示。

🔘 在【漫反射】选项组中的通道上加载【黑色理石.jpg】贴图文件，展开【坐标】卷展栏，设置【瓷砖】的U和V分别为5。

🔘 在【反射】选项组中的通道上加载【衰减】程序贴图，

展开【衰减参数】卷展栏，并将两个颜色分别设置为黑色和蓝色，设置【衰减类型】为Fresnel。设置【反射光泽度】为0.9，【细分】为10，【最大深度】为3。

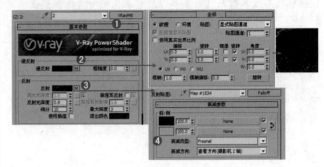

图9-86

④ 单击进入ID3的通道中，并进行详细的调节，具体参数设置如图9-87所示。

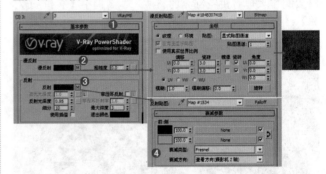

图9-87

🔘 在【漫反射】选项组中的通道上加载【咖啡纹理石.jpg】贴图文件，展开【坐标】卷展栏，设置【瓷砖】的U和V分别为3。

🔘 在【反射】选项组中的通道上加载【衰减】程序贴图，展开【衰减参数】卷展栏，并将两个颜色分别设置为黑色和蓝色，设置【衰减类型】为Fresnel。设置【反射光泽度】为0.95，【细分】为10，【最大深度】为3。

⑤ 双击查看此时的材质球效果，如图9-88所示。

⑥ 将调节制作完毕的【大理石拼花】材质赋给场景中的拼花部分的模型，如图9-89所示。最终的渲染效果如图9-90所示。

图9-88

图9-89

图9-90

小实例：利用VRayMtl材质制作地板材质

场景文件	03.max
案例文件	小实例：利用VRayMtl材质制作地板材质.max
视频教学	DVD/多媒体教学/Chapter 09/小实例：利用VRayMtl材质制作地板材质.flv
难易指数	★★★★★
材质类型	VRayMtl材质
贴图类型	【衰减】程序贴图、【输出】程序贴图
技术掌握	掌握VRayMtl材质的运用

实例介绍

在该客厅场景中，主要讲解了使用VRayMtl材质制作地板的材质，最终渲染效果如图9-91所示。

木材是天然的，其年轮、纹理往往能够构成一幅美丽画面，给人一种回归自然、返璞归真的感觉，广受人们喜爱。木材是最典型的双绿色产品，本身没有污染，有的木材有芳香酊，能发出有益健康、安神的香气。木材不易导热，而混凝土的导热率非常高。木材还可以吸湿和蒸发。木地板的材质模拟效果如图9-92所示。

  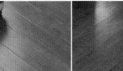

图9-91　　　　　　　　图9-92

其基本属性主要有以下3点：

- 木纹纹理贴图。
- 菲涅耳反射效果。
- 很小的凹凸效果。

操作步骤

步骤01 打开本书配套光盘中的【场景文件/Chapter 09/03.max】文件，此时场景效果如图9-93所示。选择一个材质球，设置材质类型为VRayMtl材质，如图9-94所示。

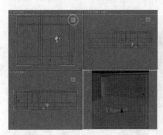 

图9-93　　　　　　　　图9-94

步骤02 将材质命名为【地板】，并进行详细的调节，具体参数设置如图9-95所示。

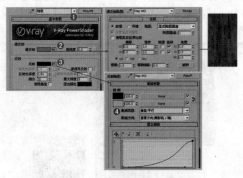

图9-95

- 在【漫反射】选项组中的通道上加载【地板.jpg】贴图文件，并设置【瓷砖】的U为3、V为2。
- 在【反射】选项组中的通道上加载【衰减】程序贴图，并调节两个颜色分别为黑色和浅蓝色，设置【衰减类型】为【垂直/平行】。展开【混合曲线】卷展栏，并调节曲线为如图9-95所示的样式。最后设置【反射光泽度】为0.84，【细分】为20。
- 展开【贴图】卷展栏，单击【漫反射】通道上的贴图文件，并将其拖曳到【凹凸】通道上，设置【凹凸数量】为20。最后在【环境】通道上加载Output（输出）程序贴图，如图9-96所示。

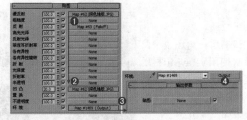

图9-96

技巧提示

制作木地板的方法很多，我们也可以在【反射】选项组中调节反射颜色为浅灰色，设置【高光光泽度】为0.85，【反射光泽度】为0.84，【细分】为20，选中【菲涅耳反射】复选框，同样也能得到较好的木地板材质，如图9-97所示。

图9-97

步骤03 选择地面模型，然后为其加载【UVW贴图】修改器，并设置【贴图】方式为【平面】，设置【长度】为411.445，【宽度】为356.34，最后设置【对齐】为Z，如图9-98所示。

步骤04 双击查看此时的材质球效果，如图9-99所示。

图9-98　　　　　　图9-99

步骤05 将制作完毕的【地板】材质赋给场景中地板的模型，接着制作出剩余部分模型的材质，最终场景效果如图9-100所示。

图9-100

步骤06 最终的渲染效果如图9-101所示。

读书笔记

图9-101

小实例：利用VRayMtl材质制作皮革

场景文件	04.max
案例文件	小实例：利用VRayMtl材质制作皮革.max
视频教学	DVD/多媒体教学/Chapter 09/小实例：利用VRayMtl材质制作皮革.flv
难易指数	★★★★★
材质类型	【VRayMtl材质】、【VR-材质包裹器】材质
技术掌握	掌握【VRayMtl材质】、【VR-材质包裹器】材质的运用

实例介绍

在该书房一角场景中，主要讲解使用VRayMtl材质制作座椅皮革的材质，以及制作座椅木纹的材质，最终渲染效果如图9-102所示。

皮革是经脱毛和鞣制等物理、化学加工所得到的已经变性、不易腐烂的动物皮。革是由天然蛋白

图9-102

质纤维三维空间紧密编织构成的，其表面有一种特殊的粒面层，具有自然的粒纹和光泽，手感舒适。皮革的材质模拟效果如图9-103所示。

其基本属性主要有以下两点：

- 一定的模糊反射效果。
- 很小的凹凸效果。

图9-103

操作步骤

Part 01 【皮革】材质的制作

① 打开本书配套光盘中的【场景文件/Chapter09/04.max】文件，此时场景效果如图9-104所示。

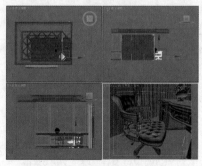

图9-104

技巧提示

当在使用VRayMtl材质时，需要将渲染器设置为VRay渲染器。如图9-105所示说明了如何将渲染器设置为VRay渲染器。

图9-105

❷ 按M键，打开【材质编辑器】窗口，选择一个材质球，设置材质类型为【VRayMtl材质】。将材质命名为【皮革】，下面设置其具体的参数，如图9-106所示。

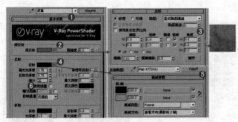

图9-106

◎ 在【漫反射】选项组中的通道上加载【皮革材质.jpg】贴图文件，并设置【模糊】为0.01。

◎ 在【反射】后面的通道上加载【衰减】程序贴图，调节两个颜色分别为深灰色和浅蓝色，设置【衰减类型】为Fresnel，设置【高光光泽度】为0.78，【反射光泽度】为0.75，【细分】为20。

 技巧提示

设置贴图【模糊】数值越小，贴图在渲染时越精细，最小数值为0.01，渲染速度越慢。【模糊】数值越大，贴图在渲染时越模糊，渲染速度越快。一般来说，默认设置为1即可，而当为了重点表现某个贴图，需要让该贴图足够清晰的情况下，可以将【模糊】设置为0.01。

◎ 展开【贴图】卷展栏，在【凹凸】通道上加载Noise（噪波）程序贴图，设置【大小】为1，最后设置凹凸数量为100，如图9-107所示。

❸ 选择沙发模型，然后为其加载【UVW贴图】修改器，并设置【贴图】方式为【长方体】，设置【长度】、【宽度】、【高度】均为120mm，最后设置【对齐】为Z，如图9-108所示。

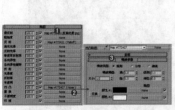

图9-107

图9-108

 技巧提示

在这里由于沙发的皮革部分很多，而沙发物体被成组，因此需要首先将组打开或解组后，单独为每一个皮革部分分别加载【UVW贴图】修改器，并设置相应的参数。在这里我们只讲解为其中一个部分加载【UVW贴

图】修改器，剩余的部分操作也是一样的。图9-109说明了如何将沙发组打开。

图9-109

❹ 双击查看此时的材质球效果，如图9-110所示。

❺ 将调节好的材质赋给场景中座椅皮革部分的模型，此时场景效果如图9-111所示。

图9-110　　　　　　　　　　图9-111

Part 02 木纹材质的制作

❶ 选择一个材质球，将材质类型设置为【VR-材质包裹器】，展开【VR-材质包裹器参数】卷展栏，并在【基本材质】通道上加载【VRayMtl材质】，设置【生成全局照明】为0.3，如图9-112所示。

❷ 单击进入【基本材质】通道，并进行详细地调节，具体参数设置如图9-113所示。

图9-112　　　　　　　　　　图9-113

◎ 在【漫反射】选项组中的通道上加载【木纹.jpg】贴图文件，设置【模糊】为0.01。

◎ 在【反射】选项组中的通道上加载【衰减】贴图文件，并设置【衰减类型】为Fresnel，设置【高光光泽度】为0.9，【反射光泽度】为0.92，【细分】为15。

❸ 双击查看此时的材质球效果，如图9-114所示。

❹ 将调节好的材质赋给场景中木纹材质的模型部分，此时场景效果如图9-115所示。

图9-114　　　　　　　　　图9-115

❺ 选择木纹材质模型，然后为其加载【UVW贴图】修改器，并设置【贴图】方式为【长方体】，设置【长度】为200mm，【宽度】为200mm，【高度】为150mm，最后设置【对齐】为Z，如图9-116所示。

❻ 继续制作出剩余部分模型的材质，最终的渲染效果如图9-117所示。

图9-116　　　　　　　　图9-117

小实例：利用VRayMtl材质制作食物

场景文件	05.max
案例文件	小实例：利用VRayMtl材质制作食物.max
视频教学	DVD/多媒体教学/Chapter 09/小实例：利用VRayMtl材质制作食物.flv
难易指数	★★★★★
材质类型	【VRayMtl材质】、【VR-混合材质】、【多维/子对象】材质
技术掌握	掌握【VRayMtl材质】、【VR-混合材质】、【多维/子对象】材质的运用

实例介绍

在该厨房空间中，主要讲解使用【VRayMtl材质】制作猕猴桃和番茄酱的材质，接着讲解使用【多维/子对象】材质制作樱桃的材质，最后使用【VR-混合材质】制作糕点的材质。【VR-混合材质】和【多维/子对象】材质是本例的重点和难点。最终食物渲染效果如图9-118所示。

图9-118

食物材质的应用比较广泛，尤其在厨房或是餐厅空间中出现的频率比较多，当然调节好食物材质也是整个空间的亮点，如图9-118所示是食物材质在现实中的效果。食物的材质模拟效果如图9-119所示。

其基本属性主要有以下两点：

🍒 多种材质。

🍒 带有一定的透明属性。

图9-119

操作步骤

Part 01 【猕猴桃】材质的制作

❶ 打开本书配套光盘中的【场景文件/Chapter 09/05.max】文件，此时场景效果如图9-120所示。

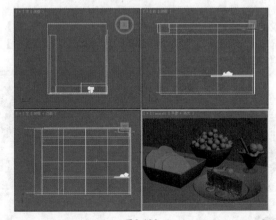

图9-120

❷ 按M键，打开【材质编辑器】窗口，选择一个材质球，设置材质类型为【VRayMtl材质】，将材质命名为【猕猴桃】，下面设置其具体的参数，如图9-121所示。

🍒 在【漫反射】选项组中通道上加载【猕猴桃.jpg】贴图。

🍒 在【反射】选项组中的通道上加载【衰减】程序贴图，并在第二个颜色通道上加载【猕猴桃黑白.jpg】贴图，设置【衰减类型】为Fresnel，设置【反射光泽度】为0.8，【细分】为20。

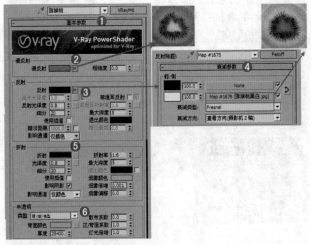

图9-121

○ 在【折射】选项组中调节颜色为深灰色，设置【光泽度】为0.8，【细分】为20，选中【影响阴影】复选框，调节【烟雾颜色】为绿色，设置【烟雾倍增】为0.001。

○ 在【半透明】选项组中设置【类型】为【硬（蜡）模型】，调节【背面颜色】为绿色。

 技巧提示

上面我们设置了折射颜色，使得材质有了透明的效果，并设置了【烟雾颜色】和【烟雾倍增】，这两个参数可以控制物体的折射的色彩，其中【烟雾颜色】控制折射的颜色，而【烟雾倍增】控制折射颜色的深浅，数值越小，颜色越浅。

❸ 展开【贴图】卷展栏，在【凹凸】通道上加载【法线凹凸】程序贴图，并在通道上加载【猕猴桃法线凹凸.jpg】贴图文件，最后设置凹凸数量为50，如图9-122所示。

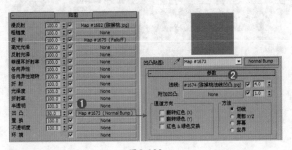

图9-122

❹ 双击查看此时的材质球效果，如图9-123所示。
❺ 将调节制作完毕的【猕猴桃】材质赋给场景中的猕猴桃的模型，如图9-124所示。

图9-123 　　　　　　　　图9-124

Part 02 【樱桃】材质的制作

❶ 选择一个材质球，将材质类型设置为【多维/子对象】材质，然后命名为【樱桃】，下面设置其具体的参数，如图9-125所示。

图9-125

○ 展开【多维/子对象基本参数】卷展栏，并设置【设置数量】为2。

○ 在ID号为1和2的通道上分别加载【VRayMtl材质】。

❷ 进入ID1通道，并设置其参数，如图9-126所示。

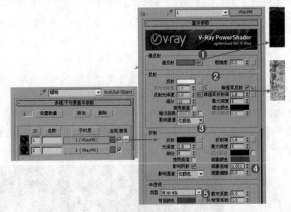

图9-126

○ 在【漫反射】选项组中的通道上加载【樱桃.jpg】贴图文件，接着在【反射】选项组中调节颜色为白色，在【反射光泽度】后面的通道上加载【樱桃黑白.jpg】贴

 技巧提示

上面我们在【凹凸】通道上加载了【法线凹凸】贴图，并添加了一张蓝紫色的特殊的贴图，目的是产生出超级真实的凹凸效果。这种方法常用在次世代游戏模型的制作中，会在低模的情况下渲染出高模的效果。

图文件，选中【菲涅耳反射】复选框，设置【菲涅耳折射率】为1.8，设置【细分】为12。

- 在【折射】选项组中调节颜色为深灰色，设置【光泽度】为0.8，选中【影响阴影】复选框，调节【烟雾颜色】为深红色，设置【烟雾倍增】为0.001。

- 在【半透明】选项组中设置【类型】为【硬（蜡）模型】，调节【背面颜色】为红色。

③ 进入ID2通道，并设置其参数，如图9-127所示。

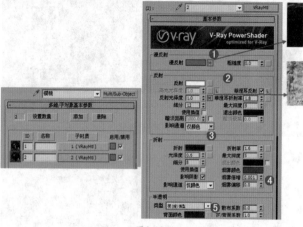

图9-127

- 在【漫反射】选项组中的通道上加载【樱桃.jpg】贴图文件，接着在【反射】选项组中调节颜色为白色，在【反射光泽度】后面的通道上加载【樱桃黑白.jpg】贴图文件，选中【菲涅耳反射】复选框，设置【菲涅耳折射率】为1.8，设置【细分】为12。

- 在【折射】选项组中调节颜色为深灰色，设置【光泽度】为0.6，选中【影响阴影】复选框，调节【烟雾颜色】为深红色，设置【烟雾倍增】为0.001。

- 在【半透明】选项组中设置【类型】为【硬（蜡）模型】，调节【背面颜色】为深红色。

④ 双击查看此时的材质球效果，如图9-128所示。
⑤ 将调节制作完毕的【樱桃】材质赋给场景中的樱桃模型，如图9-129所示。

图9-128　　　　　　图9-129

Part 03 【糕点】材质的制作

① 选择一个材质球，将材质类型设置为【VR-混合材质】，命名为【糕点】，设置其具体的参数，如图9-130所示。

图9-130

- 在【基本材质】通道上加载【VRayMtl材质】。

② 单击进入VRayMtl材质的通道中，设置其参数，如图9-131所示。

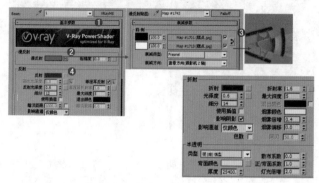

图9-131

- 在【漫反射】选项组中的通道上加载【衰减】程序贴图，并在两个颜色后面的通道上分别加载【糕点.jpg】贴图文件，设置【衰减类型】为Fresnel。

- 在【反射】选项组中调节颜色为深灰色，设置【反射光泽度】为0.6，【细分】为12，选中【菲涅耳反射】复选框。

- 在【折射】选项组中调节颜色为深灰色，设置【光泽度】为0.6，【细分】为14，选中【影响阴影】复选框，调节【烟雾颜色】为浅黄色，设置【烟雾倍增】为0.4，在【半透明】选项组中设置【类型】为【硬（蜡）模型】，调节【背面颜色】为浅黄色。

③ 在【镀膜材质】下面的通道上加载【VRayMtl材质】，并进行调节，如图9-132所示。

- 在【漫反射】选项组中调节漫反射的颜色为黄色。

图9-132

④ 在【混合数量】下面的通道上加载【VRay污垢】程序贴图，并进行调节，如图9-133所示。

- 展开【VRay污垢（AO）参数】卷展栏，设置【半径】为5mm。

⑤ 双击查看此时的材质球效果，如图9-134所示。

图9-133　　　　　　　　　　　　　图9-134

6 将调节制作完毕的【糕点】材质赋给场景中的糕点的模型，如图9-135所示。

Part 04 【番茄酱】材质的制作

1 选择一个材质球，将材质类型设置为【VRayMtl材质】，并命名为【番茄酱】，下面设置其具体的参数，如图9-136所示。

图9-135

图9-136

- 在【漫反射】选项组中调节颜色为橙红色。
- 在【反射】选项组的通道上加载【衰减】程序贴图，设置【衰减类型】为Fresnel，设置【反射光泽度】为0.88，【细分】为12。
- 在【折射】选项组中调节颜色为白色，设置【光泽度】为0.8，【细分】为12，选中【影响阴影】复选框，设置【折射率】为1.2，调节【烟雾颜色】为深灰色，设置

【烟雾倍增】为0.75，【烟雾偏移】为2。

- 在【半透明】选项组中设置【类型】为【软（水）模型】，调节【背面颜色】为橙色。

2 展开【贴图】卷展栏，在【凹凸】通道上加载Noise（噪波）程序贴图，设置【瓷砖】的X、Y、Z为0.039，设置【大小】为0.5，最后设置【凹凸】数量为30，如图9-137所示。

3 双击查看此时的材质球效果，如图9-138所示。

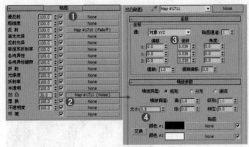

图9-137　　　　　　　　　　　　图9-138

4 将调节制作完毕的【番茄酱】材质赋给场景中的糕点的模型，如图9-139所示。

5 继续制作出剩余部分模型的材质，最后的渲染效果如图9-140所示。

图9-139

图9-140

小实例：利用VRayMtl材质制作水材质

场景文件	06.max
案例文件	小实例：利用VRayMtl材质制作水材质.max
视频教学	DVD/多媒体教学/Chapter 09/小实例：利用VRayMtl材质制作水材质.flv
难易指数	★★★★★
材质类型	VRayMtl材质
程序贴图	噪波程序贴图
技术掌握	掌握VRayMtl材质的运用

实例介绍

在该场景中，主要应用VRayMtl材质制作游泳池内的水材质，最终渲染效果如图9-141所示。

水材质模拟效果如图9-142所示。

图9-141

图9-142

其基本属性主要有以下两点：

- 一定的菲涅耳反射效果。
- 很强的折射效果。

操作步骤

步骤01 打开本书配套光盘中的【场景文件/Chapter 09/06.max】文件，此时场景效果如图9-143所示。

步骤02 按M键，打开【材质编辑器】窗口，选择一个

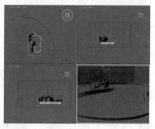

图9-143

材质球，设置材质类型为【VRayMtl材质】。将材质命名为【水】，下面设置其具体的参数，如图9-144所示。

- 在【漫反射】选项组中调节颜色为深灰色。
- 在【反射】选项组中调节颜色为白色，设置【细分】为15，选中【菲涅尔反射】复选框。
- 在【折射】选项组中调节折射颜色为白色，设置【折射率】为1.33，设置【细分】为15，选中【影响阴影】复选框，调节【烟雾颜色】为浅绿色，设置【烟雾倍增】为0.4。

图9-144

步骤03 展开【贴图】卷展栏，在【凹凸】通道上加载【噪波】程序贴图，并设置【凹凸】数量为40，设置【噪波类型】为【分形】，设置【大小】为30.0，如图9-145所示。

步骤04 双击查看此时的材质球效果，如图9-146所示。

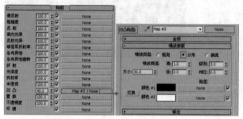

图9-145　　　　　　　　　　图9-146

步骤05 将制作完毕的【水】材质赋给场景中水的模型，如图9-147所示。最终渲染效果如图9-148所示。

图9-147　　　　　　图9-148

小实例：利用VRayMtl材质制作陶瓷材质

场景文件	07.max
案例文件	小实例：利用VRayMtl材质制作陶瓷材质.max
视频教学	DVD/多媒体教学/Chapter 09/小实例：利用VRayMtl材质制作陶瓷材质.flv
难易指数	★★★★★
材质类型	【VRayMtl材质】、【混合】材质
贴图类型	衰减程序贴图
技术掌握	掌握【VRayMtl材质】和【混合】材质的运用

实例介绍

在该场景中，主要有两种材质，一种是使用【VRayMtl材质】制作陶瓷1、陶瓷2、陶瓷3的材质；另一种是使用【混合】材质制作花纹陶瓷材质，最终渲染效果如图9-149所示。

陶瓷材料大多是氧化物、氮化物、硼化物和碳化物等。常见的陶瓷材料有粘土、氧化铝、高岭土等。陶瓷材料一般硬度较高，但可塑造性较差。其除了在食器、装饰的使用上，在科学、技术的发展中亦扮演重要角色，如图9-150所示为现实中的陶瓷产品。

图9-149

图9-150

其基本属性主要有以下两点：

◎ 带有颜色。

◎ 反射无模糊、较光滑。

操作步骤

Part 01 【陶瓷1】材质的制作

❶ 打开本书配套光盘中的【场景文件/Chapter 09/07.max】文件，此时场景效果如图9-151所示。

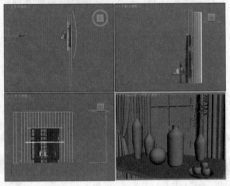

图9-151

❷ 按M键，打开【材质编辑器】窗口，选择一个材质球，设置材质类型为【VRayMtl材质】。将材质命名为【陶瓷1】，具体参数设置如图9-152所示。

◎ 设置【漫反射】选项组中调节颜色为白色。

◎ 在【反射】选项组加载【衰减】程序贴图，并在【衰减参数】卷展栏中设置【衰减类型】为Fresnel，最后设置【反射光泽度】为0.98，【细分】为15。

图9-152

技巧提示

　　陶瓷材质的制作方法很多，制作难点主要是反射的参数。在这里我们为大家拓展一下思路，使用以下方法制作陶瓷材质，同样可以达到非常真实的材质质感，调节方法如图9-153所示。

　　需要特别注意的是，一定要选中【菲涅耳反射】复选框，否则反射会非常强烈，材质质感会像镜子，而选中【菲涅耳反射】复选框后，反射效果会变得比较柔和、真实。

图9-153

❸ 双击查看此时的材质球效果，如图9-154所示。

❹ 将调制好的【陶瓷1】材质赋给场景中的陶瓷造型，如图9-155所示。

图9-154　　　　　　　　图9-155

Part 02 【陶瓷2】材质的制作

❶ 选择一个空白材质球，然后设置材质类型为【VRayMtl材质】，将材质命名为【陶瓷2】，具体的参数设置如图9-156所示。

◎ 在【漫反射】选项组中调节颜色为深蓝色。

◎ 在【反射】选项组中调节颜色为白色，设置【反射光泽度】为0.98，【细分】为15，选中【菲涅耳反射】复选框。

图9-156

❷ 双击查看此时的材质球效果，如图9-157所示。

❸ 将调制好的【陶瓷2】材质赋给场景中的陶瓷造型，如图9-158所示。

图9-157　　　　　　　图9-158

Part 03 ▶ 【陶瓷3】材质的制作

❶ 选择一个空白材质球，然后设置材质类型为【VRayMtl材质】，将材质命名为【陶瓷3】，具体参数设置如图9-159所示。

○ 在【漫反射】选项组中的通道上加载【陶瓷3.jpg】贴图。

○ 在【反射】选项组中调节颜色为白色，最后选中【菲涅耳反射】复选框。

图9-159

❷ 双击查看此时的材质球效果，如图9-160所示。

❸ 将调制好的【陶瓷3】材质赋给场景中的陶瓷造型，如图9-161所示。

图9-160　　　　　　　图9-161

Part 04 ▶ 【花纹陶瓷】材质的制作

❶ 单击一个材质球，设置材质类型为【混合】，如图9-162所示，将材质命名为【花纹陶瓷】，具体参数设置如图9-163所示。

○ 在【材质1】通道上加载【VRayMtl材质】，调节【漫反射】颜色为绿色，接着在【反射】选项组中调节颜色为白色，设置【细分】为15，最后选中【菲涅耳反射】复选框。

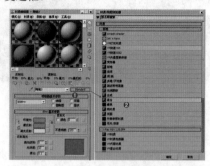

图9-162

图9-163

○ 在【材质2】通道上加载【VRayMtl材质】，调节【漫反射】颜色为白色，接着在【反射】选项组中调节颜色为白色，设置【细分】为15，最后选中【菲涅耳反射】复选框，如图9-164所示。

○ 在【遮罩】通道上加载【花纹遮罩.jpg】贴图，如图9-165所示。

图9-164　　　　　　　图9-165

技巧提示

【混合】材质可以制作出带有花纹的复杂材质效果。在【遮罩】通道上加载黑白贴图，贴图中黑色部分显示材质1，白色部分显示材质2，这样就可以调节出更复杂的材质，如图9-166所示为该材质的理论图。

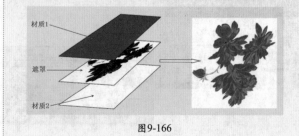

图9-166

❷双击查看此时的材质球效果，如图9-167所示。

❸将调制好的【花纹陶瓷】材质赋给场景中的陶瓷造型，如图9-168所示。使用同样的方法创建出其他部分的材质，如图9-169所示。

❹最终的渲染效果如图9-170所示。

图9-167　　　　　　图9-168　　　　　　　　图9-169　　　　　　　　图9-170

小实例：利用VRayMtl材质制作金属材质

场景文件	08.max
案例文件	小实例：利用VRayMtl材质制作金属材质.max
视频教学	DVD/多媒体教学/Chapter 09/小实例：利用VRayMtl材质制作金属材质.flv
难易指数	★★★★★
材质类型	VRayMtl材质
程序贴图	无
技术掌握	掌握【VRayMtl材质】的运用

实例介绍

在该厨房场景中，主要有两种材质，一种是使用【VRayMtl材质】制作的金属、金属2、磨砂金属、水池金属的材质；另一种是理石台面和理石墙的材质，最终渲染效果如图9-171所示。

图9-171

不锈钢不会产生腐蚀、点蚀、锈蚀或磨损。不锈钢还是建筑用金属材料中强度最高的材料之一。由于不锈钢具有良好的耐腐蚀性，所以它能使结构部件永久地保持工程设计的完整性。含铬不锈钢还集机械强度和高延伸性于一身，易于部件的加工制造，可满足建筑师和结构设计人员的需要。金属的材质模拟效果如图9-172所示。

图9-172

其基本属性主要为：强烈的反射效果。

操作步骤

Part 01　【金属】材质的制作

❶打开本书配套光盘中的【场景文件/Chapter 09/08.max】文件，此时场景效果如图9-173所示。

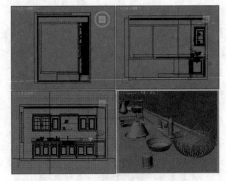

图9-173

❷按M键，打开【材质编辑器】窗口，选择一个材质球，设置材质类型为【VRayMtl材质】。将材质命名为【金属】，下面设置其具体的参数，如图9-174所示。

　在【漫反射】选项组中调节颜色为深灰色。

○ 在【反射】选项组中调节颜色为浅灰色，设置【反射光泽度】为0.95。

❸ 展开【双向反射分布函数】卷展栏，设置【各向异性】为0.7，如图9-175所示。

图9-174   图9-175

❹ 双击查看此时的材质球效果，如图9-176所示。

❺ 将制作完毕的材质赋给场景中金属器皿的模型，如图9-177所示。

图9-176   图9-177

Part 02 【金属2】材质的制作

❶ 选择一个材质球，将材质类型设置为【VRayMtl材质】，然后将材质命名为【金属2】，下面设置其具体的参数，如图9-178所示。

○ 在【漫反射】选项组中调节颜色为深灰色。

○ 在【反射】选项组中调节颜色为灰色，设置【高光光泽度】为0.82，【反射光泽度】为0.98，【细分】为12。

图9-178

❷ 双击查看此时的材质球效果，如图9-179所示。

❸ 将制作完毕的材质赋给场景中茶壶模型，如图9-180所示。

图9-179   图9-180

Part 03 【磨砂金属】材质的制作

❶ 选择一个材质球，将材质类型设置为VRayMtl材质，然后将材质命名为【磨砂金属】，下面设置其具体的参数，如图9-181所示。

○ 在【漫反射】选项组中调节颜色为深灰色。

○ 在【反射】选项组中调节颜色为浅灰色，设置【高光光泽度】为0.82，【反射光泽度】为0.98，【细分】为12，【最大深度】为8。

图9-181

❷ 双击查看此时的材质球效果，如图9-182所示。

❸ 将制作完毕的材质赋给场景中金属盘子的模型，如图9-183所示。

图9-182   图9-183

3ds Max 2016 中文版+VRay 效果图制作从入门到精通

Part 04 【水池金属】材质的制作

❶ 将材质类型设置为【VRayMtl材质】，然后将材质命名为【水池金属】，下面设置其具体的参数，如图9-184所示。

　　● 在【漫反射】选项组中调节颜色为深灰色。

　　● 在【反射】选项组中调节颜色为浅灰色，设置【高光光泽度】为0.85，【反射光泽度】为0.88，【细分】为20。

图9-184

❷ 双击查看此时的材质球效果，如图9-185所示。

❸ 将制作完毕的材质赋给场景中水池的模型，如图9-186所示。

 技巧提示

　　在【反射】选项组中设置【高光光泽度】和【反射光泽度】数值小于0.9时，材质的反射产生模糊反射效果。

图9-185　　　　　　　　　图9-186

❹ 接下来制作出其他模型的材质，最终场景效果如图9-187所示。最终渲染效果如图9-188所示。

图9-187　　　　　　　　　图9-188

小实例：利用VRayMtl材质制作玻璃材质

场景文件	09.max
案例文件	小实例：利用VRayMtl材质制作玻璃材质.max
视频教学	DVD/多媒体教学/Chapter 09/小实例：利用VRayMtl材质制作玻璃材质.flv
难易指数	★★★☆☆
材质类型	VRayMtl材质
技术掌握	掌握【VRayMtl材质】的运用

实例介绍

　　在该餐厅空间中，主要使用【VRayMtl材质】制作各种玻璃器皿的材质，最终渲染的效果如图9-189所示。

图9-189

　　玻璃广泛应用于建筑物，用来隔风透光，属于混合物。玻璃的材质模拟效果如图9-190所示。

图9-190

　　其基本属性主要有以下两点：

　　● 很小的反射效果。

　　● 强烈的折射效果。

操作步骤

Part 01 【玻璃1】材质的制作

❶ 打开本书配套光盘中的【场景文件/Chapter 09/09.max】文件，此时场景效果如图9-191所示。

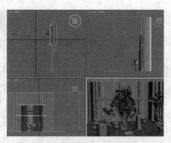

图9-191

② 选择一个材质球，设置材质类型为【VRayMtl】材质。将材质命名为【玻璃1】，下面设置其具体的参数，如图9-192所示。

- 在【漫反射】选项组中调节颜色为红色。
- 在【反射】选项组中调节颜色为深灰色。
- 在【折射】选项组中调节颜色为浅灰色，设置【细分】为15，选中【影响阴影】复选框。

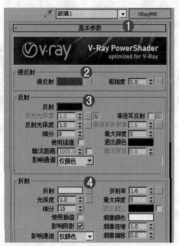

图9-192

③ 双击查看此时的材质球效果，如图9-193所示。

④ 将制作完毕的【玻璃1】材质赋给场景中的玻璃杯模型，如图9-194所示。

图9-193   图9-194

技巧提示

在【VRayMtl材质】中的漫反射颜色代表的是固有色，而反射颜色和折射颜色则代表反射的强度，颜色越深，反射和折射越弱，颜色越浅，反射和折射越强。

Part 02 【玻璃2】材质的制作

① 选择一个材质球，将材质类型设置为【VRayMtl材质】，然后命名为【玻璃2】，下面设置其具体的参数，如图9-195所示。

- 在【漫反射】选项组中调节颜色为深绿色。
- 在【反射】选项组中调节颜色为浅灰色。
- 在【折射】选项组中调节颜色为白色，设置【细分】为15，选中【影响阴影】复选框，调节【烟雾颜色】为黄褐色，设置【烟雾倍增】为0.15。

图9-195

② 双击查看此时的材质球效果，如图9-196所示。

③ 将调节制作完毕的【玻璃2】材质赋给场景中的玻璃花瓶的模型，如图9-197所示。

图9-196   图9-197

技巧提示

在【折射】选项组中调节【烟雾颜色】以后渲染出的效果会与烟雾颜色中调节的颜色一致。如图9-198所示，左图为没有调节【烟雾颜色】的效果，右图为调节【烟雾颜色】的效果。

图9-198

Part 03 【玻璃3】材质的制作

❶ 选择一个材质球，将材质类型设置为【VRayMtl材质】，然后命名为【玻璃3】，下面设置其具体的参数，如图9-199所示。

🔵 在【漫反射】选项组中调节颜色为浅灰色。

🔵 在【反射】选项组中调节颜色为白色，并选中【菲涅耳反射】复选框。

🔵 在【折射】选项组中调节颜色为白色，选中【影响阴影】复选框，调节【烟雾颜色】为白色。

图9-199

❷ 双击查看此时的材质球效果，如图9-200所示。

❸ 将调节制作完毕的【玻璃3】材质赋给场景中的玻璃花瓶的模型，如图9-201所示。

图9-200　　　　　　　　图9-201

Part 04 【玻璃4】材质的制作

❶ 选择一个材质球并将材质类型设置为【VRayMtl材质】，然后命名为【玻璃4】，下面设置其具体的参数，如图9-202所示。

🔵 在【漫反射】选项组中调节颜色为黑色。

🔵 在【反射】选项组中的通道上加载【衰减】程序贴图，接着调节【侧】颜色为白色，设置【衰减类型】为Fresnel，设置【反射光泽度】为0.98，【细分】为15。

🔵 在【折射】选项组中调节颜色为白色，【细分】为20，选中【影响阴影】复选框，设置【折射率】为1.517，调节【烟雾颜色】为白色，设置【烟雾倍增】为0.1。

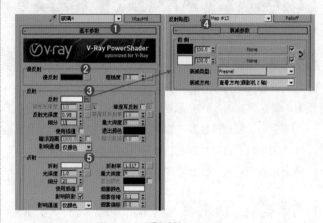

图9-202

❷ 双击查看此时的材质球效果，如图9-203所示。

❸ 将制作完毕的【玻璃4】材质赋给场景中的玻璃花瓶的模型，如图9-204所示。

图9-203　　　　　　　　图9-204

❹ 继续制作出剩余部分模型的材质，如图9-205所示。最终渲染效果如图9-206所示。

第9章 材质技术

图9-205

图9-206

9.5.3 VR-灯光材质

当设置渲染器为VRay渲染器后，在【材质/贴图浏览器】对话框中可以找到【VR-灯光材质】，其参数如图9-207所示。

- 颜色：设置对象自发光的颜色，后面的数值框用于设置自发光的强度。

- 不透明度：可以在后面的通道中加载贴图。

- 背面发光：选中该复选框后，物体会双面发光。

图9-207

小实例：利用【VR-灯光材质】制作灯带材质

场景文件	10.max
案例文件	小实例：利用【VR-灯光材质】制作灯带材质.max
视频教学	DVD/多媒体教学/Chapter 09/小实例：利用【VR-灯光材质】制作灯带材质.flv
难易指数	★★★☆☆
材质类型	VR-灯光材质
技术掌握	掌握【VR-灯光材质】的运用

实例介绍

在这个书房空间中，使用【VR-灯光材质】模拟灯带的效果。本案例中【VR-灯光材质】的使用是重点。最终渲染效果如图9-208所示。

灯带的材质模拟效果如图9-209所示。

其基本属性主要为：自发光效果。

图9-208

图9-209

操作步骤

Part 01 蓝色灯光的制作

❶ 打开本书配套光盘中的【场景文件/Chapter 09/10.max】文件，此时场景效果如图9-210所示。

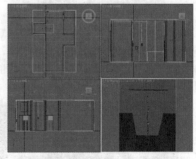

图9-210

❷ 按M键，打开【材质编辑器】窗口，选择一个材质球，设置材质类型为【VR-灯光材质】。将材质命名为【蓝色灯管】，下面设置其具体的参数，如图9-211所示。

图9-211

- 展开【参数】卷展栏，调节颜色为蓝色。

設置【数値】为32。

❸ 双击查看此时的材质球效果，如图9-212所示。

❹ 将调节好的材质赋给场景中蓝色灯管的模型，此时场景效果如图9-213所示。

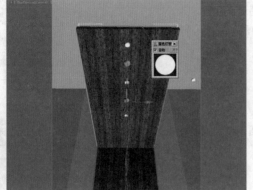

图9-212　　　　　　　　　　图9-213

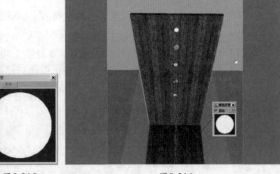

图9-215　　　　　　　　　　图9-216

技巧提示

　　调节颜色可以控制【VR-灯光】材质渲染出的颜色效果。

Part 02　紫色灯光的制作

❶ 选择一个材质球，将材质命名为【紫色灯管】，下面设置其具体的参数，如图9-214所示。

　　展开【参数】卷展栏，并调节颜色为紫色。

　　设置【数值】为33。

❷ 双击查看此时的材质球效果，如图9-215所示。

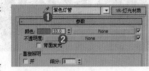

图9-214

❸ 将调节好的材质赋给场景中紫色灯管的模型，此时场景效果如图9-216所示。

❹ 将调节好的材质赋给场景中座椅皮革部分的模型，此时场景效果如图9-217所示。

图9-217

9.5.4　【VR-覆盖】材质

　　【VR-覆盖】材质可以让用户更广泛地去控制场景的色彩融合、反射、折射等，它主要包括5种材质，分别是【基本】材质、【全局照明（GI）】材质、【反射】材质、【折射】材质和【阴影】材质，其参数如图9-218所示。

图9-218

　　基本材质：这个是物体的基础材质。

　　全局照明材质：这个是物体的全局照明材质，当使用该参数时，灯光的反弹将依照该材质的灰度来进行控制，而不是基础材质。

　　反射材质：物体的反射材质，即在反射里看到的物体的材质。

　　折射材质：物体的折射材质，即在折射里看到的物体的材质。

　　阴影材质：基本材质的阴影将用该参数中的材质来进行控制，而基本材质的阴影将无效。

9.5.5　VR-混合材质

　　【VR-混合】材质可以让多个材质以层的方式混合来模拟物理世界中的复杂材质。【VRay混合】材质和3ds Max中的【混合】材质的效果比较类似，但是其渲染速度要快很多，其参数如图9-219所示。

- 基本材质：可以理解为最基础的材质。
- 镀膜材质：表面材质，可以理解为基本材质上面的材质。
- 混合数量：表示【镀膜材质】混合多少到【基本材质】上面，如果颜色为白色，那么【镀膜材质】将全部混合上去，而下面的【基本材质】将不起作用；如果颜色为黑色，那么【镀膜材质】自身就没什么效果。混合数量也可以由后面的贴图通道来代替。
- 相加（虫漆）模式：选中该复选框，【VRay混合材质】将和3ds Max中的【虫漆】材质效果类似，一般情况下不选中该复选框。

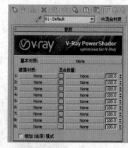

图9-219

9.5.6 【顶/底】材质

【顶/底】材质可以为对象的顶部和底部指定两个不同的材质，常用来制作带有上下两种不同效果的材质，其参数如图9-220所示。

- 顶材质/底材质：设置顶部与底部材质。
- 交换：交换【顶材质】与【底材质】的位置。
- 世界：按照场景的世界坐标让各个面朝上或朝下。旋转对象时，顶面和底面之间的边界仍然保持不变。

图9-220

- 局部：按照场景的局部坐标让各个面朝上或朝下。旋转对象时，材质将随着对象旋转。
- 混合：混合顶部子材质和底部子材质之间的边缘。
- 位置：设置两种材质在对象上划分的位置。

如图9-221所示为使用【顶/底】材质制作的效果。

图9-221

9.5.7 【混合】材质

【混合】材质可以在模型的单个面上将两种材质通过一定的百分比进行混合，其材质参数如图9-222所示。

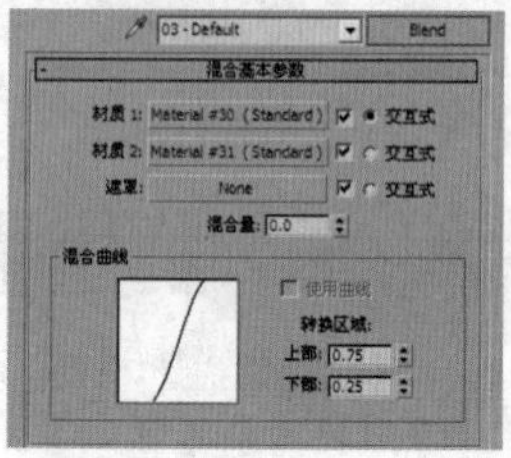

- 材质1/材质2：可在其后面的材质通道中对两种材质分别进行设置。
- 遮罩：可以选择一张贴图作为遮罩。利用贴图的灰度值可以决定【材质1】和【材质2】的混合情况。
- 混合量：控制两种材质混合百分比。如果使用遮罩，则【混合量】选项将不起作用。
- 交互式：用来选择哪种材质在视图中以实体着色方式显示在物体的表面。
- 混合曲线：对遮罩贴图中的黑白色过渡区进行调节。
- 使用曲线：控制是否使用【混合曲线】来调节混合效果。
- 上部：用于调节【混合曲线】的上部。
- 下部：用于调节【混合曲线】的下部。

小实例：利用混合材质制作窗帘材质

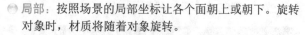

场景文件	11.max
案例文件	小实例：利用混合材质制作窗帘材质.max
视频教学	DVD/多媒体教学/Chapter 09/小实例：利用混合材质制作窗帘材质.flv
难易指数	★★★★★
材质类型	混合材质、VRayMtl材质、VRay2SidedMtl(VR双面)材质
技术掌握	掌握混合材质、VRayMtl材质、VRay2SidedMtl(VR双面)材质的运用

实例介绍

在该窗口处场景中，主要有两种材质，一种是使用【混合】材质制作的花纹窗帘材质，另一种是使用【VR双面】

材质制作的窗纱材质，最终渲染效果如图9-223所示。

窗帘不但可以挡住强光，也有装饰功能，美化家居环境。窗帘可分为：布窗帘、纱窗帘、无缝纱帘、直立帘、罗马帘、木竹帘、铝百叶、卷帘。与窗帘布相伴的窗纱不仅给居室增添柔和、温馨、浪漫的氛围，而且具有采光柔和、透气通风的特性，可调节心情，给人一种若隐若现的朦胧感。窗帘的材质模拟效果如图9-224所示。

其基本属性主要有以下两点：

- 带有花纹。
- 带有凹凸。

图9-223

图9-224

操作步骤

Part 01 【花纹窗帘】材质的制作

❶ 打开本书配套光盘中的【场景文件/Chapter 09/11.max】文件，此时场景效果如图9-225所示。

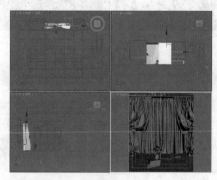

图9-225

❷ 按M键，打开【材质编辑器】窗口，选择一个材质球，设置材质类型为【VRayMtl材质】。将材质命名为【花纹窗帘】，下面设置其具体的参数，如图9-226所示。

- 展开【混合基本参数】卷展栏，在【材质1】和【材质2】通道上分别加载【VRayMtl材质】。

❸ 单击进入【材质1】的通道中并进行调节，如图9-227所示。

❸ 在【漫反射】选项组中的通道上加载【窗帘.jpg】贴图文件。

图9-226　　　　　　　　　图9-227

 技巧提示

当【混合】材质的颜色为黑色时，会完全显示基础材质的漫反射颜色；当颜色为白色时，会完全显示镀膜材质的漫反射颜色；也可以利用贴图通道来进行控制。

❹ 单击进入【材质2】通道中并进行调节，如图9-228所示。

- 在【漫反射】选项组中调节颜色为褐色。
- 在【反射】选项组中的通道上加载【衰减】程序贴图，并调节其颜色为褐色和黄色，设置【衰减类型】为【垂直/平行】。在【混合曲线】选项组中调节曲线为如图9-229所示的样式。最后设置【反射光泽度】为0.78，【细分】为6。
- 展开【贴图】卷展栏，在【凹凸】通道上加载【窗帘凹凸.jpg】贴图文件，最后设置【凹凸】数量为66。

图9-228

❺ 在【混合基本参数】卷展栏中的【遮罩】通道上加载【窗帘遮罩.jpg】贴图，如图9-229所示。

❻ 双击查看此时的材质球效果，如图9-230所示。

图9-229　　　　　　　　　图9-230

❼ 将调节制作完毕的【花纹窗帘】材质赋给场景中的花纹窗帘的模型，如图9-231所示。

Part 02 【窗纱】材质的制作

❶ 选择一个材质球，将材质类型设置为【VRay2SidedMtl(VR双面)材质】，然后命名为【窗纱】，下面设置其具体的参数，如图9-232所示。

　　◉ 在【正面材质】通道上加载【VRayMtl材质】。

❷ 单击进入【正面材质】通道中，如图9-233所示。

　　◉ 在【漫反射】选项组中调节颜色为白色。

　　◉ 在【折射】选项组中调节颜色为深灰色，设置【细分】为25，选中【影响阴影】复选框。

❸ 单击【正面材质】通道上的材质并将其拖曳到【背面材质】通道上，并在弹出的【实例（副本）材质】对话框中选中【实例】单选按钮，如图9-234所示。

图9-231

图9-232

图9-233

图9-234

❹ 双击查看此时的材质球效果，如图9-235所示。

❺ 将调节制作完毕的【窗纱】材质赋给场景中的窗纱的模型，如图9-236所示。

❻ 制作出场景中其他的材质，如图9-237所示。最终渲染效果如图9-238所示。

图9-235

图9-236

图9-237

图9-238

9.5.8 【双面】材质

　　【双面】材质可以使对象的外表面和内表面同时被渲染，并且可以使内外表面有不同的纹理贴图，其参数如图9-239所示。

图9-239

　　◉ 半透明：用来设置【正面材质】和【背面材质】的混合程度。值为0时，【正面材质】在外表面，【背面材质】在内表面；值在0~100之间时，两面材质可以相互混合；值为100时，【背面材质】在外表面，【正面材质】在内表面。

　　◉ 正面材质：用来设置物体外表面的材质。

　　◉ 背面材质：用来设置物体内表面的材质。

9.5.9 VR-材质包裹器

　　【VR-材质包裹器】主要用来控制材质的全局光照、焦散和物体的不可见等特殊属性。通过【VR-材质包裹器】的设定，可以控制所有赋有该材质物体的全局光照、焦散和不可见等属性，其参数如图9-240所示。

图9-240

- 基本材质：用来设置【VR-材质包裹器】中使用的基础材质参数，此材质必须是VRay渲染器支持的材质类型。

- 附加曲面属性：这里的参数主要用来控制赋有【VR-材质包裹器】物体的接收、生成GI属性以及接收、生成焦散属性。
  - 生成全局照明：控制当前赋予【VR-材质包裹器】的物体是否计算GI光照的生成，后面的数值框用来控制GI的倍增数量。
  - 接收全局照明：控制当前赋予【VR-材质包裹器】的物体是否计算GI光照的接收，后面的数值框用来控制GI的倍增数量。
  - 生成焦散：控制当前赋予【VR-材质包裹器】的物体是否生成焦散。
  - 接收焦散：控制当前赋予【VR-材质包裹器】的物体是否接收焦散，后面的数值框用于控制当前赋予【VR-材质包裹器】的物体的焦散倍增值。

- 无光属性：目前VRay还没有独立的【不可见/阴影】材质，但【VR-材质包裹器】里的这个不可见选项可以模拟【不可见/阴影】材质效果。

- 无光曲面：控制当前赋予【VR-材质包裹器】的物体是否可见，选中该复选框后，物体将不可见。

- Alpha基值：控制当前赋予【VR-材质包裹器】的物体在Alpha通道的状态。1表示物体产生Alpha通道；0表示物体不产生Alpha通道；-1将表示会影响其他物体的Alpha通道。

- 阴影：控制当前赋予【VR-材质包裹器】的物体是否产生阴影效果。选中该复选框后，物体将产生阴影。

- 影响Alpha：选中该复选框后，渲染出来的阴影将带Alpha通道。

- 颜色：用来设置赋予【VR-材质包裹器】的物体产生的阴影颜色。

- 亮度：控制阴影的亮度。

- 反射值：控制当前赋予【VR-材质包裹器】的物体的反射数量。

- 折射值：控制当前赋予【VR-材质包裹器】的物体的折射数量。

- 全局照明值：控制当前赋予【VR-材质包裹器】的物体的间接照明总量。

小实例：利用【VR-材质包裹器】制作耳机材质

场景文件	12.max
案例文件	小实例：利用【VR-材质包裹器】制作耳机材质.max
视频教学	DVD/多媒体教学/Chapter 09/小实例：利用【VR-材质包裹器】制作耳机材质.flv
难易指数	★★★★★
材质类型	VRayMtl材质、VR-材质包裹器
技术掌握	掌握【VRayMtl材质】【VR-材质包裹器】的运用

实例介绍

在该场景中，主要有两种材质，一种是使用【VR-材质包裹器】材质制作耳机的材质，另一种是使用【VR-材质包裹器材质】制作耳机软包的材质，如图9-241所示。耳机的塑料材质模拟效果如图9-242所示。

图9-241

图9-242

其基本属性主要有以下两点：

- 带有颜色。
- 带有一定的反射模糊。

操作步骤

Part 01 【耳机】材质的制作

❶ 打开本书配套光盘中的【场景文件/Chapter 09/12.max】文件，此时场景效果如图9-243所示。

❷ 按M键，打开【材质编辑器】对话框，选择一个材质球，设置材质类型为【VR-材质包裹器】材质，如图9-244所示。

❸ 将材质命名为【耳机】，下面设置其具体的参数，如图9-245所示。

- 展开【VR-材质包裹器参数】卷展栏，并在【基本材质】通道上加载【VRayMtl材质】。

❹ 单击进入【基本材质】的通道中，并进行调节，如图9-246所示。

◯ 在【漫反射】选项组中的通道上加载【耳机.jpg】贴图文件。

◯ 在【反射】选项组中调节颜色为深灰色，设置【高光光泽度】为0.8，【反射光泽度】为0.82，【细分】为20。

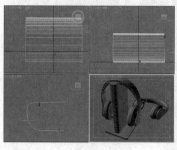
图9-243

图9-244

图9-245

图9-246

❺ 双击查看此时的材质球效果，如图9-247所示。

❻ 将调节好的材质赋给场景中耳机部分的模型，此时场景效果如图9-248所示。

图9-247　　　　　图9-248

Part 02 【耳机软包】材质的制作

❶ 单击一个空白材质球，将材质类型设置为【VR-材质包裹器】，并将材质命名为【耳机软包】。

❷ 展开【VR-材质包裹器参数】卷展栏，并在【基本材质】通道上加载【VRayMtl材质】，如图9-249所示。

图9-249

❸ 单击进入【基本材质】通道中，并进行调节，如图9-250所示。

◯ 在【漫反射】选项组中调节颜色为红色。

◯ 在【反射】选项组中调节颜色为深灰色，设置【高光光泽度】为0.7，【反射光泽度】为0.6，【细分】为20。

❹ 展开【贴图】卷展栏，并在【凹凸】通道上加载【凹凸.jpg】贴图文件，并设置【凹凸】数量为200，如图9-251所示。

图9-250

图9-251

❺ 双击查看此时的材质球效果，如图9-252所示。

❻ 将调节好的材质赋给场景中耳机软包部分的模型，此时场景效果如图9-253所示。继续制作出剩余部分模型的材质，最终渲染效果如图9-254所示。

图9-252

图9-253

图9-254

9.5.10 【多维/子对象】材质

【多维/子对象】材质可以采用几何体的子对象级别分配不同的材质，其参数如图9-255所示。

图9-255

综合实例：利用多种材质制作餐桌上的材质

场景文件	13.max
案例文件	综合实例：利用多种材质制作餐桌上的材质.max
视频教学	DVD/多媒体教学/Chapter 09/综合实例：利用多种材质制作餐桌上的材质.flv
难易指数	★★★★★
材质类型	【多维/子对象】材质、【VRayMtl材质】、【VR-灯光材质】、【标准】材质
程序贴图	【衰减】程序贴图
技术掌握	掌握【多维/子对象】材质、【VRayMtl材质】、【VR-灯光材质】、【标准】材质的运用

实例介绍

在该场景中，主要有4种材质类型，一种是使用【VRayMtl材质】制作布纹、窗纱、面包、椅子材质；一种是使用【多维/子对象】材质制作玻璃杯子材质；接着使用【标准】材质制作墙面乳胶漆的材质；最后使用【VR-灯光材质】制作环境材质，最终渲染效果如图9-256所示。

图9-256

操作步骤

Part 01 【布纹】材质的制作

❶ 打开本书配套光盘中的【场景文件/Chapter 09/13.max】文件，此时场景效果如图9-257所示。

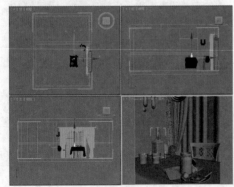

图9-257

❷ 按M键，打开【材质编辑器】窗口，选择一个材质球，设置材质类型为【VRayMtl材质】。将材质命名为【布纹】，下面设置其具体的参数，如图9-258所示。

○ 在【漫反射】选项组中的通道上加载【衰减】程序贴图，展开【衰减参数】卷展栏，并在第一个颜色通道上加载【布纹.jpg】贴图文件，设置第二个颜色为浅灰色，设置【衰减类型】为Fresnel。

○ 在【反射】选项组中调节颜色为深灰色，设置【高光光泽度】为0.15，【细分】为12。

❸ 展开【贴图】卷展栏，并在【凹凸】通道上加载【布纹凹凸.jpg】贴图文件，最后设置【凹凸】数量为80，如图9-259所示。

图9-258　　　　　　　　图9-259

❹ 双击查看此时的材质球效果，如图9-260所示。

❺ 将制作完毕的【布纹】材质赋给场景中的餐桌布纹的模型，如图9-261所示。

图9-260　　　　　　　　图9-261

Part 02 【玻璃杯】材质的制作

❶ 选择一个空白材质球，然后将材质类型设置为【多维/子对象】材质，并命名为【玻璃杯】，如图9-262所示。

❷ 展开【多维/子对象基本参数】卷展栏，设置【设置数量】为3，分别在通道上加载【VRayMtl材质】，如图9-263所示。

❸ 单击进入ID号为1的通道中，并进行调节【杯子】材质，具体参数设置如图9-264所示。

○ 在【漫反射】选项组中调节颜色为灰色。

○ 在【反射】选项组中的通道上加载【衰减】程序贴图，并设置两个颜色分别为黑色和灰色，设置【衰减类型】为【垂直/平行】。

⬤ 在【折射】选项组中调节颜色为白色，设置【细分】为15，选中【影响阴影】复选框，调节【烟雾颜色】为灰色。

图9-262 图9-263 图9-264

❹ 单击进入ID号为2的通道中，并进行调节【冰块】材质，具体参数设置如图9-265所示。

⬤ 在【漫反射】选项组中调节颜色为灰色。

⬤ 在【反射】选项组中调节颜色为深灰色。

⬤ 在【折射】选项组中调节颜色为白色，选中【影响阴影】复选框，设置【折射率】为1.25。

图9-266

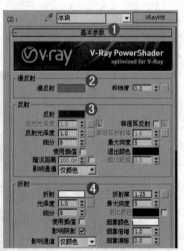

图9-265

❺ 单击进入ID号为3的通道，并进行调节【酒水】材质，具体参数设置如图9-266所示。

⬤ 在【漫反射】选项组中调节颜色为咖啡色。

⬤ 在【反射】选项组中加载【衰减】程序贴图，并设置两个颜色分别为黑色和灰色，设置【衰减类型】为【垂直/平行】。

⬤ 在【折射】选项组中调节颜色为白色，【细分】为24，选中【影响阴影】复选框，设置【最大深度】为10，调节【烟雾颜色】为黄色，【烟雾倍增】为0.1。

❻ 双击查看此时的材质球效果，如图9-267所示。

❼ 将制作完毕的【玻璃杯】材质赋给场景中玻璃杯的模型，如图9-268所示。

图9-267 图9-268

Part 03 【窗纱】材质的制作

❶ 选择一个空白材质球，然后将材质类型设置为【VRayMtl材质】，并命名为【窗纱】，具体参数设置如图9-269所示。

⬤ 在【漫反射】选项组中的通道上加载【衰减】程序贴图，并设置两个颜色分别为白色和浅灰色，设置【衰减类型】为【垂直/平行】。

⬤ 在【反射】选项组中调节颜色为深灰色，设置【反射光泽度】为0.65，【细分】为12，选中【菲涅耳反射】复选框。

⬤ 在【折射】选项组中调节颜色为深灰色，选中【影响阴影】复选框。

❷ 展开【贴图】卷展栏，并在【不透明度】通道上加载【窗纱.jpg】贴图文件。

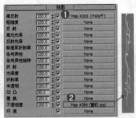

图9-269

❸ 双击查看此时的材质球效果，如图9-270所示。

❹ 将制作完毕的【窗纱】材质赋给场景中窗帘的模型，如图9-271所示。

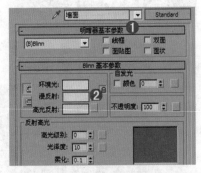

图9-270　　　　　　图9-271

Part 04 【墙面】材质的制作

❶ 选择一个空白材质球，然后将材质类型设置为【标准】材质，并命名为【墙面】，设置具体的参数，如图9-272所示。

　　◯ 展开【Blinn基本参数】卷展栏，调节【漫反射】颜色为浅黄色。

图9-272

❷ 双击查看此时的材质球效果，如图9-273所示。

❸ 将制作完毕的【墙面】材质赋给场景中墙面乳胶漆的模型，如图9-274所示。

图9-273

Part 05 【椅子】材质的制作

❶ 选择一个空白材质球，将材质类型设置为【VRayMtl材

质】，并命名为【椅子】，具体的参数设置如图9-275所示。

　　◯ 在【漫反射】选项组中的通道上加载【椅子.jpg】贴图文件。

　　◯ 在【反射】选项组中的通道上加载【椅子黑白.jpg】贴图文件，设置【高光光泽度】为0.65，【反射光泽度】为0.88，【细分】为20。

图9-274　　　　　　图9-275

❷ 展开【贴图】卷展栏，并在【凹凸】通道上加载【椅子黑白.jpg】贴图文件，最后设置【凹凸】数量为40，如图9-276所示。

❸ 双击查看此时的材质球效果，如图9-277所示。

❹ 将制作完毕的【椅子】
材质赋给场景中椅子的模型，如图9-278所示。

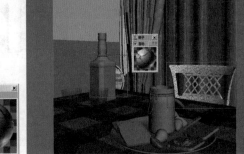

图9-276

图9-277　　　　　　图9-278

Part 06 【面包】材质的制作

❶ 选择一个空白材质球，然后将材质类型设置为【VRayMtl材质】，并命名为【面包】，具体参数设置如图9-279所示。

　　◯ 在【漫反射】选项组中的通道上加载【面包.jpg】贴图文件。

❷ 展开【贴图】卷展栏，在【凹凸】通道上加载【面包黑白.jpg】贴图文件，并设置【模糊】为0.01，最后设置【凹凸】数量为30。

❸ 双击查看此时的材质球效果，如图9-280所示。

❹ 将制作完毕的【面包】材质赋给场景中面包片的模型，如图9-281所示。

第9章　材质技术

243

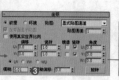
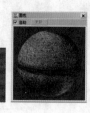

图9-279   图9-280   图9-281

Part 07 【环境】材质的制作

❶ 选择一个空白材质球，然后将材质类型设置为【VR-灯光材质】，并命名为【环境】，设置具体的参数，如图9-282所示。

   ◎ 展开【参数】卷展栏，在通道上加载【环境.jpg】贴图文件，最后设置【数值】为4。

图9-282

❷ 选择【环境】模型，然后为其加载【UVW贴图】修改器，并设置【贴图】方式为【长方体】，【长度】为1948，【宽度】为2105，【高度】为1mm，最后设置【对齐】为Z，如图9-283所示。

❸ 双击查看此时的材质球效果，如图9-284所示。

图9-283   图9-284

9.5.11 VR-快速SSS2

【VR-快速SSS2】是用来计算次表面散射效果的材质，这是一个内部计算简化了的材质，它比用【VRayMtl材质】中的【半透明】参数的渲染速度更快，其参数面板如图9-288所示。

◎ 常规参数：控制该材质的综合参数，如预置、预通过比率等。

◎ 漫反射和子曲面散射层：控制该材质的基本参数，如整体颜色、漫反射颜色等。

◎ 高光反射层：控制该材质的关于高光的参数。

◎ 选项：控制该材质的散射、折射等参数。

◎ 贴图：可以在该卷展栏中的通道上加载贴图。

   如图9-289所示为使用【VR-快速SSS2】材质制作的效果。

❹ 将制作完毕的【环境】材质赋给场景中窗户外平面模型，如图9-285所示。继续创建出其他部分的材质，最终场景效果如图9-286所示。

图9-285   图9-286

❺ 最终渲染效果，如图9-287所示。

图9-287

图9-288

图9-289

小实例：利用【VR-快速SSS2】材质制作玉石材质

场景文件	14.max
案例文件	小实例：利用【VR-快速SSS2】材质制作玉石材质.max
视频教学	DVD/多媒体教学/Chapter 09/小实例：利用VR-快速SSS2材质制作玉石材质.flv
难易指数	★★★★★
材质类型	VR-快速SSS2
程序贴图	Noise（噪波）程序贴图
技术掌握	掌握【VR-快速SSS2】材质的运用

实例介绍

在该窗口处场景中，主要是利用【VR-快速SSS2】材质制作玉石，最终渲染效果如图9-290所示。

图9-290

操作步骤

步骤01 打开本书配套光盘中的【场景文件/Chapter 09/14. max】文件，此时场景效果如图9-291所示。

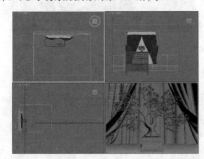

图9-291

步骤02 按M键，打开【材质编辑器】窗口，选择一个材质球，设置材质类型为【VR-快速SSS2】材质，将材质命名为【玉石】，下面设置其具体的参数，如图9-292所示。

- 打开【漫反射和子曲面散射层】卷展栏，调节【整体颜色】为绿色，【漫反射颜色】为绿色，设置【漫反射量】为0.3，【相位函数】为0.1。

- 打开【高光反射层】卷展栏，调节【高光颜色】为浅绿色，设置【高光光泽度】为1，【高光细分】为10，选中【跟踪反射】复选框，设置【反射深度】为30。

- 打开【选项】卷展栏，设置【单个散射】为【光线跟踪（实体）】，设置【折射深度】为30。

- 展开【贴图】卷展栏，在【凹凸】通道上加载Noise（噪波）程序贴图，设置【大小】为60，调节【颜色#1】为绿色，【颜色#2】为浅绿色，接着在【全局颜色】通道上加载（噪波）程序贴图，设置【大小】为20，调节【颜色#1】为绿色，【颜色#2】为浅绿色。

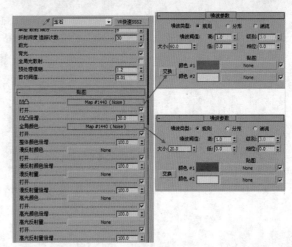

图9-292

步骤03 将制作完毕的【玉石】材质赋给场景中的模型，如图9-293所示。

图9-293

Chapter 10
第10章

贴图技术

　　贴图在3ds Max制作效果图中应用非常广泛，合理地应用贴图技术可以制作出真实的贴图，使得材质质感更加突出。

　　在3ds Max制作效果图的过程中，经常需要制作多种贴图，如木纹、花纹、壁纸等，这些贴图可以用来呈现物体的纹理效果。

本章学习要点：

- 贴图的基本知识
- 各类贴图的参数详解
- 室内外效果图常用贴图的设置方法

10.1 初识贴图

贴图在3ds Max制作效果图中应用非常广泛，合理地应用贴图技术可以制作出真实的贴图，使得材质质感更加突出，如图10-1所示。

图10-1

10.1.1 什么是贴图

在3ds Max制作效果图的过程中，经常需要制作多种贴图，如木纹、花纹、壁纸等，这些贴图可以用来呈现物体的纹理效果。设置贴图前后的对比效果如图10-2所示。

图10-2

10.1.2 贴图与材质的区别

在第9章中重点讲解了材质技术的应用，当然读者会发现，为什么材质章节中出现了大量的贴图知识，这是因为贴图和材质是密不可分的，虽然是不同的概念，但是却息息相关。

1. 什么是贴图

贴图是指在某一个材质中，如该材质的【漫反射】通道上用了哪些贴图，例如【位图】贴图、【噪波】贴图、【衰减】贴图等，或是在【凹凸】通道上应用了哪些贴图。

2. 什么是材质

材质在3ds Max中代表某个物体应用了什么类型的质地，如标准材质、VRayMtl材质、混合材质等。

3. 贴图和材质的关系

很简单，我们可以通俗地理解为材质的级别要比贴图大，也就是说先有材质，才会出现贴图。例如，我们需要设置一个木纹材质，此时便需要首先设置材质类型为【VRayMtl】材质，并设置其【反射】等参数，最后需要在【漫反射】通道上加载【位图】贴图，如图10-3所示。

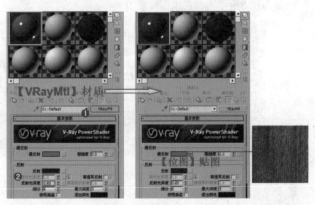

图10-3

因此我们可以得到一个概念：材质>贴图，即贴图需要在材质下面的某一个通道上加载。

10.1.3 为什么要设置贴图

（1）在效果图制作中，一般情况下设置贴图是为了让材质出现贴图纹理效果。如图10-4所示为没有加载贴图的金属材质和加载贴图的材质对比效果。

很明显未加载贴图的金属材质非常干净，但是缺少变化。当然我们也可以在【反射】、【折射】等通道上加载贴图，也会产生相应的效果。读者可以尝试在任何通道上加载贴图，并测试产生的效果。

（2）为了产生真实的凹凸纹理效果。如图10-5所示为加载【凹凸】贴图和未加载【凹凸】贴图的对比效果。

未加载任何贴图的金属效果　　　加载【位图】的金属效果　　　　加载【凹凸】贴图的木纹效果加载　　　未加载【凹凸】贴图的车漆效果

图10-4　　　　　　　　　　　　　　　　　　　　　　　图10-5

10.1.4　贴图的设置思路

贴图的设置思路相对材质而言要简单一些。具体设置思路如下：

在确认设置哪种材质，并设置完成材质类型的情况下，考虑【漫反射】通道是否需要加载贴图。

❶ 考虑【反射】、【折射】等通道是否需要加载贴图，常用的如【衰减】贴图、【位图】贴图等。

❷ 考虑【凹凸】通道上是否需要加载贴图，常用的如【位图】贴图、【噪波】贴图、【凹痕】贴图等。

10.2　贴图面板

贴图面板是贴图通道的大合集，包括了所有的贴图通道，比如漫反射、反射、凹凸、不透明度等。贴图通道面板如图10-6所示。

当需要为模型制作凹凸纹理效果时，可以在【凹凸】通道上添加贴图。如图10-7所示为平静水面材质的制作。

如图10-8所示为波纹水面材质的制作。

图10-6　　　　　　　　　　　图10-7　　　　　　　　　　　图10-8

技巧提示

对于通道知识理解不完全，在这里是非常易错的。如误把Noise（噪波）贴图加载到【漫反射】通道上，会发现制作出来的结果并没有凹凸效果，如图10-9所示。

图10-9

10.3　常用贴图类型

展开【贴图】卷展栏，这里有很多贴图通道，在这些通道中可以添加贴图来表现物体的属性，如图10-10所示。

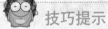

3ds Max 2016 中文版+VRay 效果图制作从入门到精通

随意单击一个通道,在弹出的【材质/贴图浏览器】对话框中可以观察到很多贴图类型,主要包括【2D贴图】、【3D贴图】、【合成器】贴图、【颜色修改器】贴图以及【其他】贴图,如图10-11所示。

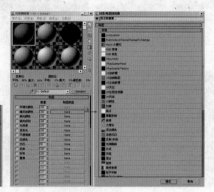

图10-10　　　　　图10-11

- 位图:通常在这里加载【位图】贴图。
- 合成:将多个贴图组合在一起。
- 大理石:产生岩石断层效果。
- 棋盘格:产生黑白交错的棋盘格图案。
- 渐变:使用3种颜色创建渐变图像。
- 渐变坡度:可以产生多色渐变效果。
- 旋涡:可以创建两种颜色的旋涡形图形。
- 细胞:可以模拟细胞形状的图案。
- 凹痕:可以作为凹凸贴图,产生一种风化和腐蚀的效果。
- 衰减:产生两色过渡效果。
- 噪波:两种颜色或贴图的随机混合,产生杂点效果。
- 粒子年龄:专用于粒子系统,通常用来制作彩色粒子流动的效果。
- 粒子运动模糊:根据粒子速度产生模糊效果。
- Prelim大理石:通过两种颜色混合,产生类似于珍珠岩纹理的效果。
- 行星:产生类似于地球的效果。
- 烟雾:产生丝状、雾状或絮状等无序的纹理效果。
- 斑点:产生两色杂斑纹理效果。
- 泼溅:产生类似于油彩飞溅的效果。
- 灰泥:用于制作腐蚀生锈的金属和物体破败的效果。
- 波浪:可创建波状的、类似于水纹的贴图效果。

- 木材:用于制作木头效果。
- 合成:可以将两个或两个以上的子材质叠加在一起。
- 遮罩:使用一张贴图作为遮罩。
- 混合:将两种贴图混合在一起,通常用来制作一些多个材质渐变融合或覆盖的效果。
- RGB相乘:配合【凹凸】贴图一起使用,允许将两种颜色或贴图的颜色进行相乘处理,从而增加图像的对比度。
- 输出:专门用来弥补某些无输出设置的贴图类型。
- 颜色修正:可以调节材质的色调、饱和度、亮度和对比度。
- RGB染色:通过3个颜色通道来调整贴图的色调。
- 顶点颜色:根据材质或原始顶点颜色来调整RGB或RGBA纹理。
- 每像素的摄影机贴图:将渲染后的图像作为物体的纹理贴图,以当前摄影机的方向贴在物体上,可以进行快速渲染。
- 平面镜:使共平面的表面产生类似于镜面反射的效果。
- 法线凹凸:可以改变曲面上的细节和外观。
- 光线跟踪:可模拟真实的完全反射与折射效果。
- 反射/折射:可产生反射与折射效果。
- 薄壁折射:配合折射贴图一起使用,能产生透镜变形的折射效果。
- VRayHDRI:VRayHDRI可以翻译为高动态范围贴图,主要用来设置场景的环境贴图,即把HDRI当作光源来使用。
- VR-边纹理:是一个非常简单的材质,效果和3ds Max里的线框材质类似。
- VR合成纹理:可以通过两个通道中贴图色度、灰度的不同来进行减、乘、除等操作。
- VR天空:可以调节出场景背景环境天空的贴图效果。
- VR位图过滤器:是一个非常简单的程序贴图,它可以编辑贴图纹理的X、Y轴向。
- VR污垢:贴图用来模拟真实物理世界中的物体上的污垢效果。
- VR颜色:可以用来设定任何颜色。
- VR贴图:因为VRay不支持3ds Max中的光线追踪贴图类型,所以在使用3ds Max标准材质时,反射和折射就用【VR贴图】来代替。

10.3.1 【位图】贴图

【位图】是由彩色像素的固定矩阵生成的图像,如马赛克,是最常用的贴图,可以添加图片。可以使用一张位图图像来作为贴图，【位图】贴图支持很多种格式，包括FLC、AVI、BMP、GIF、JPEG、PNG、PSD和TIFF等主流图像格式，如图10-12所示是效果图制作中经常使用到几种位图贴图。

图10-12

图10-14

【位图】贴图的参数面板，如图10-13所示。

图10-13

- 偏移：用来控制贴图的偏移效果，如图10-14所示。
- 大小：用来控制贴图平铺重复的程度，如图10-15所示。
- 角度：用来控制贴图的角度旋转效果，如图10-16所示。
- 模糊：用来控制贴图的模糊程度，数值越大，贴图越模糊，渲染速度越快。

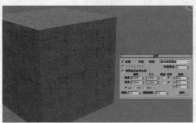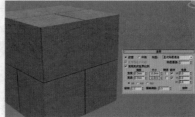

图10-15

图10-16

- 剪裁/放置：在【位图参数】卷展栏选中【应用】复选框，然后单击 查看图像 按钮，接着在弹出的对话框中可以框选出一个区域，该区域表示贴图只应用框选的这部分区域，如图10-17所示。

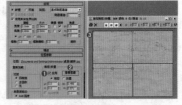

图10-17

小实例：利用位图贴图制作布效果

场景文件	01.max
案例文件	小实例：利用位图贴图制作布效果.max
视频教学	DVD/多媒体教学/Chapter 10/小实例：利用位图贴图制作布效果.flv
难易指数	★★★★★
材质类型	标准材质、VRayMtl材质
程序贴图	衰减程序贴图
技术掌握	掌握【(O) Oren-Nayar-Blinn】明暗器的运用

实例介绍

在该场景中，主要有3种材质，分别为布纹1、布纹2、布纹3，最终渲染效果如图10-18所示。

图10-18

布纹的材质模拟效果如图10-19所示。

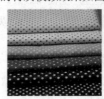

图10-19

其基本属性主要为：有布纹的花纹纹理。

操作步骤

Part 01 【布纹1】材质的制作

① 打开本书配套光盘中的【场景文件/Chapter 10/01.max】文件，此时场景效果如图10-20所示。

② 按M键，打开【材质编辑器】窗口，选择一个材质球，设置材质类型为【标准】材质。将其命名为【布纹1】，具

体的参数设置如图10-21所示。

○ 展开【明暗器基本参数】卷展栏，并选择【（O）Oren-Nayar-Blinn】，在【漫反射】通道上加载【布纹1.jpg】贴图文件，选中【颜色】复选框，在后面通道上加载【遮罩】程序贴图，在【贴图】和【遮罩】通道上加载【衰减】程序贴图，最后设置【高光级别】为75，【光泽度】为30。

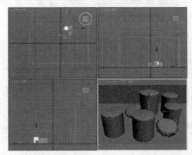
图10-20

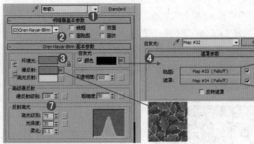
图10-21

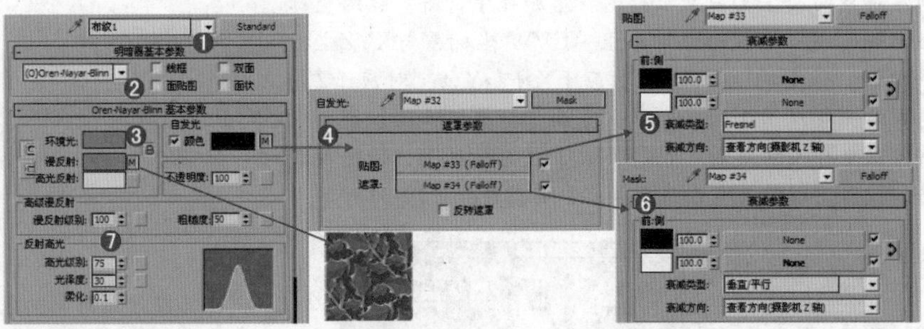

③ 将制作完毕的【布纹1】材质赋给场景中的模型，如图10-22所示。

图10-22

技巧提示

选择场景中的模型，然后在【修改】面板中加载【UVW贴图】修改器，选中【长方体】单选按钮，并设置【长度】、【宽度】、【高度】为13mm，如图10-23所示。

图10-23

Part 02 【布纹2】材质的制作

① 选择一个空白材质球，然后将材质类型设置为【VRayMtl】材质，并命名为【布纹2】，下面设置其具体的参数，如图10-24所示。

图10-24

○ 在【漫反射】选项组中通道上加载【布纹2.jpg】贴图文件，在【反射】选项组中调节颜色为深灰色，设置【反射光泽度】为0.8。

② 展开【贴图】卷展栏，单击【漫反射】通道上的贴图文件并将其拖曳到【凹凸】通道上，最后设置【凹凸】数量为20，如图10-25所示。

③ 将制作完毕的【布纹2】材质赋给场景中的模型，如图10-26所示。

图10-25

图10-26

Part 03 【布纹3】材质的制作

① 继续使用VRayMtl材质制作【布纹3】材质，具体的参数设置如图10-27所示。

○ 在【漫反射】选项组中通道上加载【布纹3.jpg】贴图文件。

② 将制作完毕的【布纹3】材质赋给场景中的模型，如图10-28所示。

③ 为场景中的其他模型赋予材质，如图10-29所示。最终渲染效果如图10-30所示。

图10-27

图10-28

图10-29
图10-30

技术专题 —— 【UVW贴图】修改器

【UVW贴图】修改器有什么作用？

通过将贴图坐标应用于对象，【UVW贴图】修改器控制在对象曲面上如何显示贴图材质和程序材质。贴图坐标指定如何将位图投影到对象上。UVW坐标系与XYZ坐标系相似。位图的U轴和V轴对应于X轴和Y轴。对应于Z轴的W轴一般仅用于程序贴图。可在【材质编辑器】窗口中将位图坐标切换到VW或WU，在这些情况下，位图被旋转和投影，以使其与该曲面垂直，其参数如图10-31所示。

图10-31

1.【贴图】选项组

🔘 贴图方式：确定所使用的贴图坐标的类型。通过贴图在几何体上投影到对象上的方式以及投影与对象表面交互的方式来区分不同种类的贴图，其中包括【平面】、【柱形】、【球形】、【收缩包裹】、【长方体】、【面】、【XYZ到UVW】，如图10-32所示。

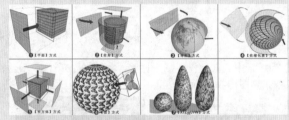

图10-32

🔘 长度、宽度、高度：指定【UVW贴图】Gizmo的尺寸。在应用修改器时，贴图图标的默认缩放由对象的最大尺寸定义。

🔘 U向平铺、V向平铺、W向平铺：用于指定UVW贴图的尺寸以便平铺图像。这些是浮点值，可设置动画以便随时间移动贴图的平铺。

🔘 翻转：绕给定轴翻转图像。

🔘 真实世界贴图大小：选中后，对应用于对象上的纹理贴图材质使用真实世界贴图。

2.【通道】选项组

🔘 贴图通道：设置贴图通道。

🔘 顶点颜色通道：通过选中该选框，可将通道定义为顶点颜色通道。

3.【对齐】选项组

🔘 X/Y/Z：选择其中之一，可翻转贴图Gizmo的对齐。

🔘 操纵：启用时，Gizmo出现在能让用户改变视口中的参数的对象上。

🔘 适配：将Gizmo适配到对象的范围并使其居中，以使其锁定到对象的范围。

🔘 中心：移动Gizmo，使其中心与对象的中心一致。

🔘 位图适配：显示标准的位图文件浏览器，可以拾取图像。

🔘 法线对齐：单击并在要应用修改器的对象曲面上拖动。

🔘 视图对齐：将贴图Gizmo重定向为面向活动视口，图标大小不变。

🔘 区域适配：激活一个模式，从中可在视口中拖动以定义贴图Gizmo的区域。

🔘 重置：删除控制Gizmo的当前控制器，并插入使用拟合功能初始化的新控制器。

🔘 获取：在拾取对象以从中获得UVW时，从其他对象有效复制UVW坐标，一个对话框会提示选择是以绝对方式还是相对方式完成获得。

4.【显示】组

🔘 不显示接缝：视口中不显示贴图边界。这是默认选择。

🔘 显示薄的接缝：使用相对细的线条在视口中显示对象曲面上的贴图边界。

🔘 显示厚的接缝：使用相对粗的线条在视口中显示对象曲面上的贴图边界。

通过变换UVW贴图Gizmo可以产生不同的贴图效果，如图10-33所示。

未添加【UVW贴图】修改器和正确添加【UVW贴图】修改器的对比效果如图10-34所示。

图10-33

而在该例中，材质和贴图设置完成后，肯定会遇到一个烦恼的问题，那就是贴图贴到物体上后感觉很奇怪，可能会出现拉伸等错误现象，如图10-35所示。

3ds Max 2016 中文版+VRay 效果图制作从入门到精通

出现上面问题的原因就是贴图方式出现了错误，此时只需要为模型加载【UVW贴图】修改器并选择正确的方式即可恢复正常，如图10-36所示。

未添加【UVW贴图】
修改器的贴图效果
图10-34

正确添加【UVW贴图】
修改器的贴图效果

图10-35

图10-36

10.3.2 【不透明度】贴图

不透明度贴图通道主要用于控制材质的透明属性，并根据黑白贴图（黑透白不透原理）来计算具体的透明、半透明、不透明效果，其原理图如图10-37所示。

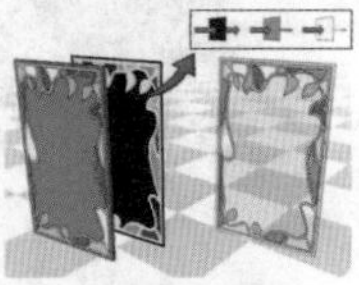

图10-37

 技术专题——不透明度贴图的原理

不透明度贴图通道利用图像的明暗度在物体表面产生透明效果，纯黑色的区域完全透明，纯白色的区域完全不透明，这是一种非常重要的贴图方式，如果配合漫反射颜色贴图，可以产生镂空的纹理，这种技巧常被利用制作一些遮挡物体。例如，将一个人物的彩色图转化为黑白剪影图，将彩色图用作漫反射颜色通道贴图，而剪影图用作不透明度贴图，在三维空间中将它指定给一个薄片物体，从而产生一个立体的镂空的人像，将其放置于室内外建筑的地面上，可以产生真实的反射与投影效果，这种方法在建筑效果图中应用非常广泛，如图10-38所示。

图10-39

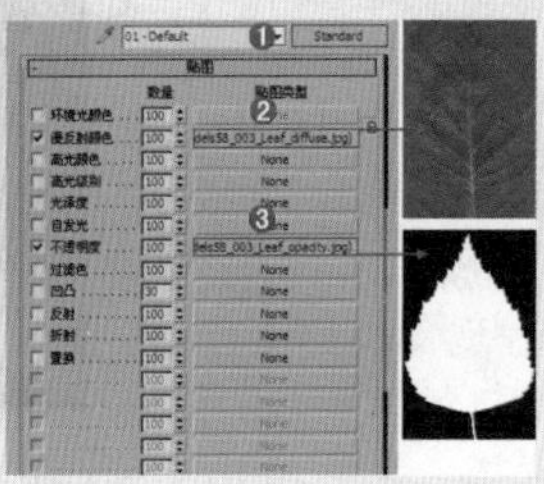

图10-40

第3步：将制作好的材质赋给平面，如图10-41所示。
第4步：将制作好的树叶进行复制，如图10-42所示。
第5步：最终渲染效果如图10-43所示。

图10-41

图10-42

图10-38

下面详细讲解使用不透明度贴图制作树叶的流程。
第1步：在场景中创建一个平面，如图10-39所示。
第2步：打开【材质编辑器】对话框，然后设置材质类型为【标准】材质，接着在【贴图】卷展栏中的【漫反射颜色】贴图通道中加载一张树叶的彩色贴图，最后在【不透明度】贴图通道中加载一张树的黑白贴图，如图10-40所示。

图10-43

小实例：利用不透明度贴图制作火焰

场景文件	02.max
案例文件	小实例：利用不透明度贴图制作火焰.max
视频教学	DVD/多媒体教学/Chapter 10/小实例：利用不透明度贴图制作火焰.flv
难易指数	★★★★★
材质类型	标准材质
程序贴图	无
技术掌握	掌握不透明度贴图的使用方法

实例介绍

在该壁炉场景中，主要使用了不透明度贴图制作壁炉中的火焰效果，最终渲染效果如图10-44所示。

图10-44

火焰是燃料和空气混合后迅速转变为燃烧产物的化学过程中出现的可见光或其他的物理表现形式，也就是一种物理现象，如图10-45所示为真实火焰的模拟效果。

图10-45

其基本属性主要有以下两点：

- 带有火焰的贴图纹理。
- 带有不透明属性。

操作步骤

Part 01 【火01】材质

❶ 打开本书配套光盘中的【场景文件/Chapter 10/02.max】文件，此时场景效果如图10-46所示。

❷ 按M键，打开【材质编辑器】窗口，选择一个材质球，设置材质类型为【标准材质】。将材质命名为【火01】，下面设置其具体的参数，如图10-47所示。

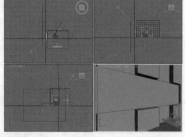

图10-46

展开【贴图】卷展栏，并在【漫反射颜色】通道上加载ArchInteriors_14_06_flame2.jpg贴图文件，最后在【不透明度】通道上加载ArchInteriors_14_06_flame2 alfa.jpg贴图文件。

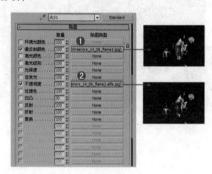

图10-47

❸ 双击此时的材质球，如图10-48所示。

❹ 将制作完毕的【火01】材质赋给场景中的部分模型，如图10-49所示。

 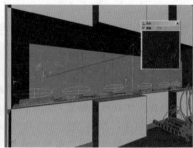

图10-48　　　　　　　　图10-49

Part 02 【火02】材质

❶ 单击一个空白材质球，并将其设置为【标准】材质，接着将材质命名为【火02】，下面设置其具体的参数，如图10-50所示。

展开【贴图】卷展栏，并在【漫反射颜色】通道上加载ArchInteriors_14_06_flame1.jpg贴图文件，最后在【不透明度】通道上加载ArchInteriors_14_06_flame1 alfa.jpg贴图文件。

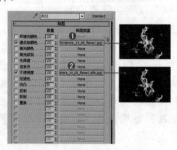

图10-50

❷ 双击此时的材质球，如图10-51所示。

❸ 将制作完毕的【火02】材质赋给场景中的部分模型，如图10-52所示。

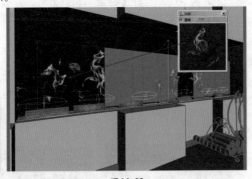

图10-51　　　　　　　　图10-52

Part 03 【火03】材质

❶ 单击一个空白材质球，并将其设置为【标准】材质，接着将材质命名为【火03】，下面设置其具体的参数，如图10-53所示。

◉ 展开【贴图】卷展栏，并在【漫反射颜色】通道上加载ArchInteriors_14_06_flame3.jpg贴图文件，最后在【不透明度】通道上加载ArchInteriors_14_06_flame3 alfa.jpg贴图文件。

❷ 双击此时的材质球，如图10-54所示。

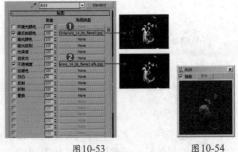

图10-53　　　　　　　　图10-54

❸ 将制作完毕的【火03】材质赋给场景中的部分模型，如图10-55所示。

❹ 最终渲染效果如图10-56所示。

图10-55　　　　　　　　图10-56

10.3.3　VRayHDRI贴图

VRayHDRI可以翻译为高动态范围贴图，主要用来设置场景的环境贴图，即把HDRI当作光源来使用，其参数如图10-57所示。

◉ HDR贴图：单击后面的【浏览】按钮可以指定一张HDR贴图。

◉ 全局多维：用来控制HDRI的亮度。

◉ 渲染多维：设置渲染时的光强度倍增。

◉ 水平旋转：控制HDRI在水平方向的旋转角度。

◉ 水平翻转：让HDRI在水平方向上翻转。

◉ 垂直旋转：控制HDRI在垂直方向的旋转角度。

◉ 垂直翻转：让HDRI在垂直方向上翻转。

◉ 伽玛值：设置贴图的伽玛值。

◉ 贴图类型：控制HDRI的贴图方式，主要分为以下5类。

图10-57

● 成角贴图：主要用于使用了对角拉伸坐标方式的HDRI。

● 立方环境：主要用于使用了立方体坐标方式的HDRI。

● 球面环境：主要用于使用了球形坐标方式的HDRI。

● 球状镜像：主要用于使用了镜像球形坐标方式的HDRI。

● 外部贴图通道：主要用于对单个物体指定环境贴图。

10.3.4　【VR-边纹理】贴图

【VR-边纹理】贴图是一个非常简单的材质，效果和3ds Max中的线框材质类似，其参数如图10-58所示。

◉ 颜色：设置边线的颜色。

◉ 隐藏边：当选中该复选框时，物体背面的边线也将被渲染出来。

◉ 厚度：决定边线的厚度，主要分为以下两个单位。

● 世界单位：厚度单位为场景尺寸单位。

● 像素：厚度单位为像素。

图10-58

小实例：利用【VR-边纹理】贴图制作线框效果

场景文件	03.max
案例文件	小实例：利用【VR-边纹理】贴图制作线框效果.max
视频教学	DVD/多媒体教学/Chapter 10/小实例：利用【VR-边纹理】贴图制作线框效果.flv
难易指数	★★★★★
材质类型	VRayMtl材质
程序贴图	【VR-边纹理】贴图
技术掌握	掌握【VR-边纹理】贴图的使用方法

实例介绍

在该休息室场景中，主要使用了【VR-边纹理】贴图制作所有物体的边纹理效果，最终渲染效果如图10-59所示。

【VR-边纹理】贴图在现实中是不存在的，而在3ds Max中，很多时候我们在制作完成模型和灯光后，需要测试模型和灯光的效果，而使用边纹理贴图进行渲染，可以达到一个清晰的效果。而进行正式材质制作时，再去重新设置材质即可。如图10-60所示为边纹理贴图渲染的模拟效果。

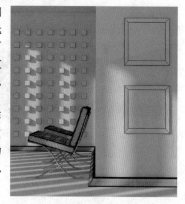

图10-59

图10-60

其基本属性主要有以下两点：
- 带有单一的颜色。
- 物体的表面有边纹理的效果。

操作步骤

步骤01 打开本书配套光盘中的【场景文件/Chapter 10/03.max】文件，此时场景效果如图10-61所示。

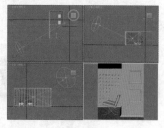

图10-61

步骤02 按M键，打开【材质编辑器】窗口，选择一个材质球，设置材质类型为【VRayMtl】材质。将材质命名为【线框】，下面设置其具体的参数，如图10-62所示。

- 在【漫反射】选项组中调节颜色为浅灰色，在后面的通道上加载【VR-边纹理】贴图，设置【颜色】为黑色，最后设置【像素】为0.7。

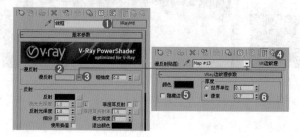

图10-62

技巧提示

一般情况下，在漫反射、反射、折射等通道上加载贴图后，漫反射颜色、反射颜色、折射颜色将会失去作用，而【VR-边纹理】贴图则不然，在使用【VR-边纹理】贴图后，漫反射颜色作为基本的固有色，而【VR-边纹理】贴图中的颜色则作为边框的颜色。当漫反射颜色为浅黄色，【VR-边纹理】贴图中的颜色为红色时，其材质球效果如图10-63所示，渲染的效果如图10-64所示。

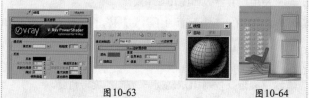

图10-63　　　　　　　图10-64

步骤03 双击此时的材质球，如图10-65所示。

步骤04 将制作完毕的【线框】材质赋给场景所有的模型，如图10-66所示。

步骤05 最终渲染效果，如图10-67所示。

图10-65

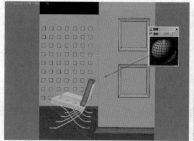 

图10-66　　　　　　　图10-67

10.3.5 【VR-天空】贴图

【VR-天空】贴图用来控制场景背景的天空贴图效果，用来模拟真实的天空效果。其参数面板如图10-68所示。

図10-68

- 手动太阳节点：当取消选中该复制框时，【VR-天空】的参数将从场景中的【VR-太阳】的参数里自动匹配；当选中该复选框时，用户就可以从场景中选择不同的光源，在这种情况下，【VR-太阳】将不再控制【VR-天空】的效果，【VR-天空】将用它自身的参数来改变天光的效果。
- 太阳节点：单击后面的按钮可以选择太阳光源，这里除了可以选择【VR-太阳】之外，还可以选择其他的光源。

10.3.6 【衰减】贴图

【衰减】贴图基于几何体曲面上面法线的角度衰减来生成从白到黑的值。其参数设置如图10-69所示。

図10-69

- 前：侧：用来设置【衰减】贴图的【前】和【侧】通道参数。
- 衰减类型：设置衰减的方式，共有以下5个选项。
  - 垂直/平行：在与衰减方向相垂直的面法线和与衰减方向相平行的法线之间设置角度衰减的范围。
  - 朝向/背离：在面向衰减方向的面法线和背离衰减方向的法线之间设置角度衰减的范围。
  - Fresnel：基于【折射率】在面向视图的曲面上产生暗淡反射，而在有角的面上产生较明亮的反射。
  - 阴影/灯光：基于落在对象上的灯光，在两个子纹理之间进行调节。
  - 距离混合：基于【近端距离】值和【远端距离】值，在两个子纹理之间进行调节。
- 衰减方向：设置衰减的方向，包括【查看方向（摄影机 Z 轴）】、【摄影机 X/Y 轴】、【对象】、【局部 X/Y/Z 轴】、【世界 X/Y/Z 轴】几个选项。

小实例：利用【衰减】贴图制作沙发

场景文件	04.max
案例文件	小实例：利用【衰减】贴图制作沙发.max
视频教学	DVD/多媒体教学/Chapter 10/小实例：利用【衰减】贴图制作沙发.flv
难易指数	★★★★★
材质类型	VRayMtl材质
程序贴图	衰减程序贴图
技术掌握	掌握衰减程序贴图的使用方法

实例介绍

在该休息室场景中，主要使用了【衰减】程序贴图制作绒布沙发材质，最终渲染效果如图10-70所示。

沙发布是制造各种沙发所用到的纺织布料的统称或者说是简称，一般来说分为绒布、皮质、麻布等材料。

図10-70

如图10-71所示为沙发的模拟效果。

其基本属性主要有以下两点：

- 带有衰减特性。
- 带有凹凸。

図10-71

操作步骤

Part 01 【沙发】材质

❶ 打开本书配套光盘中的【场景文件/Chapter 10/04.max】文件，此时场景效果如图10-72所示。

❷ 按M键，打开【材质编辑器】窗口，选择一个材质球，设置材质类型为【VRayMtl】材质。将材质命名为【沙发】，下面设置其具体的参数。

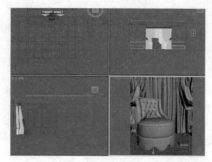

图10-72

○ 在【漫反射】通道上加载【衰减】程序贴图，设置两个
颜色分别为黄色和浅黄色，最后设置【衰减类型】为
Fresnel，如图10-73所示。

图10-73

○ 展开【贴图】卷展栏，并在【凹凸】通道上加载【沙发
凹凸.tif】贴图文件，最后设置【凹凸】数量为30，如
图10-74所示。

图10-74

❸ 双击此时的材质球，如图10-75所示。

❹ 将制作完毕的【沙发】材质赋给场景中的沙发模型，如
图10-76所示。

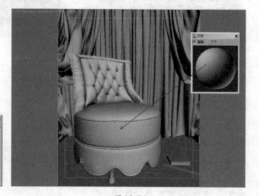

图10-75   图10-76

Part 02 ▶【金属】材质

❶ 单击一个空白材质球，并将其设置为【VRayMtl】材
质，接着将材质命名为【金属】，下面设置其具体的参
数，如图10-77所示。

○ 在【漫反射】通道上加载【衰减】程序贴图，设置两个
颜色分别为深灰色和浅灰色，最后设置【衰减类型】
为Fresnel。

○ 设置【反射】颜色为白色，设置【高光光泽度】为
0.81，【反射光泽度】为0.95，选中【菲涅耳反射】复
选框，最后设置【细分】为24。

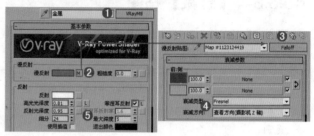

图10-77

❷ 双击此时的材质球，如图10-78所示。

❸ 将制作完毕的【金属】材质赋给场景中的沙发腿模型，
如图10-79所示。

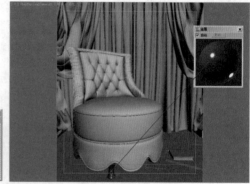

图10-78   图10-79

❹ 最终渲染效果如图10-80所示。

图10-80

10.3.7 【混合】贴图

【混合】贴图可以用来制作材质之间的混合效果，其参数设置如图10-81所示。

- 交换：交换两个颜色或贴图的位置。
- 颜色 #1/颜色#2：设置混合的两种颜色。
- 混合量：设置混合的比例。
- 混合曲线：调整曲线可以控制混合的效果。
- 转换区域：调整【上部】和【下部】的级别。

图10-81

10.3.8 【渐变】贴图

使用【渐变】贴图可以设置3种颜色的渐变效果，如图10-82所示。

渐变颜色可以任意修改，修改后的物体的材质颜色也会随之而发生改变，如图10-83所示。

图10-82

图10-83

10.3.9 【渐变坡度】贴图

【渐变坡度】贴图是与【渐变】贴图相似的2D贴图，它从一种颜色到另一种颜色进行着色，如图10-84所示。

- 渐变栏：展示正被创建的渐变的可编辑表示。
- 渐变类型：选择渐变的类型。
- 插值：选择插值的类型。这些类型影响整个渐变。
- 数量：当为非0值时，将基于渐变坡度颜色的交互，而将随机噪波效果应用于渐变。该数值越大，效果越明显。
- 规则：生成普通噪波。
- 分形：使用分形算法生成噪波。

图10-84

- 湍流：生成应用绝对值函数来制作故障线条的分形噪波。注意，要查看湍流效果，噪波量必须要大于 0。
- 大小：设置噪波功能的比例。
- 相位：控制噪波函数的动画速度。
- 级别：设置湍流的分形迭代次数。
- 低：设置低阈值。

- 高：设置高阈值。
- 平滑：用以生成从阈值到噪波值较为平滑的变换。

10.3.10 【平铺】贴图

使用【平铺】贴图，可以创建砖、彩色瓷砖或材质贴图。通常，有很多定义的建筑砖块图案可以使用，但也可以设计一些自定义的图案，如图10-85所示。

1.【标准控制】卷展栏

- 在【预设类型】下拉列表框中列出了定义的建筑瓷砖砌合、图案、自定义图案，这样可以通过选择【高级控制】和【堆垛布局】卷展栏中的选项来设计自定义的图案。如图10-86所示列出了几种不同的砌合。

2.【高级控制】卷展栏

- 显示纹理样例：更新并显示贴图指定给【瓷砖】或【砖缝】的纹理。
- 平铺设置：包括以下选项。
  - 纹理：控制用于瓷砖的当前纹理贴图的显示。
  - 无：充当一个目标，可以为瓷砖拖放贴图。
  - 水平数：控制行的瓷砖数。
  - 垂直数：控制列的瓷砖数。
  - 颜色变化：控制瓷砖的颜色变化。
  - 淡出变化：控制瓷砖的淡出变化。
- 砖缝设置：包括以下选项。
  - 纹理：控制砖缝的当前纹理贴图的显示。
  - 无：充当一个目标，可以为砖缝拖放贴图。
  - 水平间距：控制瓷砖间的水平砖缝的大小。
  - 垂直间距：控制瓷砖间的垂直砖缝的大小。
  - %孔：设置由丢失的瓷砖所形成的孔占瓷砖表面的百分比。
  - 粗糙度：控制砖缝边缘的粗糙度。

图10-85

常见的荷兰式砌合　堆栈砌合（顺砌）　连续砌合

连续砌合（粗糙）　1/2连续砌合　堆栈砌合

图10-86

- 杂项：包括以下选项。
  - 随机种子：对瓷砖应用颜色变化的随机图案。不用进行其他设置就能创建完全不同的图案。
  - 交换纹理条目：在瓷砖间和砖缝间交换纹理贴图或颜色。
- 堆垛布局：包括以下选项。
  - 线性移动：每隔两行将瓷砖移动一个单位。
  - 随机移动：将瓷砖的所有行随机移动一个单位。
- 行和列编辑：包括以下选项。
  - 行修改：选中该复选框后，将根据每行的值和改变值，为行创建一个自定义的图案。
  - 列修改：选中该复选框后，将根据每列的值和更改值，为列创建一个自定义的图案。

小实例：利用【平铺】贴图制作地砖效果

场景文件	05.max
案例文件	小实例：利用【平铺】贴图制作地砖效果.max
视频教学	DVD/多媒体教学/Chapter 10/小实例：利用【平铺】贴图制作地砖效果.flv
难易指数	★★★★★
材质类型	VRayMtl材质
程序贴图	平铺程序贴图
技术掌握	掌握VRayMtl材质的运用

实例介绍

在该厨房场景中，主要有两种材质，一部分是使用VRayMtl材质制作的金属、金属2、磨砂金属、水池金属的材质，另一部分是理石台面和理石墙的材质，最终渲染效果

如图10-87所示。

地砖作为一种大面积铺设的地面材料，利用自身的颜色、质地营造出风格迥异的居室环境。有的经上釉处理，具有装饰作用。多用于公共建筑和民用建筑的地面和楼面。地砖花色品种非常多，可供选择的余地很大，按材质可分为釉面砖、通体砖（防滑砖）、抛光砖、玻化砖等。本例的材质模拟效果如图10-88所示。

其基本属性主要为：强烈的反射效果。

图10-87　　　　　　　　图10-88

操作步骤

步骤01 打开本书配套光盘中的【场景文件/Chapter10/05. max】文件，此时场景效果如图10-89所示。

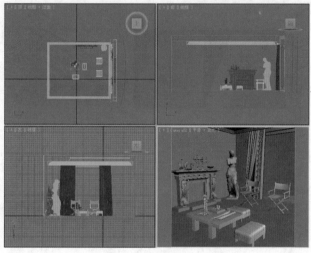

图10-89

步骤02 按M键，打开【材质编辑器】窗口，选择一个材质球，设置材质类型为VRayMtl材质。将材质命名为【墙砖】，下面设置其具体的参数，如图10-90所示。

● 在【漫反射】选项组中的通道上加载【平铺】程序贴图，展开【坐标】卷展栏，设置【模糊】为0.01，展开【标准控制】卷展栏，设置【预设类型】为【常见的荷兰式砌合】。

● 展开【高级控制】卷展栏，在【平铺设置】选项组中的【纹理】通道上加载【理石.jpg】贴图文件，设置【水平数】和【垂直数】为4，在【砖缝设置】选项组中设置【水平间距】和【垂直间距】为0.2。

10.3.11 【棋盘格】贴图

【棋盘格】贴图将两色的棋盘图案应用于材质。默认棋盘格贴图是黑白方块图案为2D程序贴图。组件棋盘格既可以是颜色，也可以是贴图，其参数如图10-95所示。

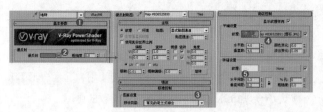

图10-90

● 在【反射】选项组下调节颜色为深灰色，设置【高光光泽度】为0.72，【反射光泽度】为0.65，【细分】为18，如图10-91所示。

步骤03 展开【贴图】卷展栏，选择【漫反射】通道上的贴图文件并将其拖曳到【凹凸】通道上，设置【凹凸】数量为90，在【环境】通道上加载【输出】程序贴图，如图10-92所示。

图10-91　　　　　　　　图10-92

步骤04 将制作完毕的【地砖】材质赋给场景中地面的模型，如图10-93所示。

图10-93

步骤05 接下来制作出其他模型的材质，最终渲染效果如图10-94所示。

图10-94

图10-95

10.3.12 【噪波】贴图

【噪波】贴图基于两种颜色或材质的交互创建曲面的随机扰动,其参数如图10-96所示。

● 噪波类型:共有3种类型,分别是【规则】、【分形】和【湍流】。

● 大小:以3ds Max为单位设置噪波函数的比例。

● 噪波阈值:控制噪波的效果,取值范围为0~1。

● 级别:决定有多少分形能量用于【分形】和【湍流】噪波函数。

● 相位:控制噪波函数的动画速度。

● 交换:交换两个颜色或贴图的位置。

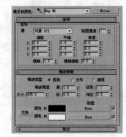
图10-96

● 颜色#1/颜色#2:可以从这两个主要噪波颜色中进行选择,并通过所选的两种颜色来生成中间颜色值。

小实例:利用【噪波】贴图制作拉丝金属

场景文件	06.max
案例文件	小实例:利用【噪波】贴图制作拉丝金属.max
	DVD/多媒体教学/Chapter 10/小实例:利用【噪波】贴图制作拉丝金属.flv
难易指数	★★★★★
材质类型	标准材质
程序贴图	【噪波】程序贴图
技术掌握	掌握【噪波】程序贴图的使用方法

实例介绍

在该音乐厅场景中,主要使用了噪波程序贴图制作拉丝金属材质,最终渲染效果如图10-97所示。

图10-97

金属拉丝是反复用砂纸将铝板刮出线条的制造过程,其工艺主要流程分为脱酯、沙磨机、水洗3个部分。在拉丝制程中,阳极处理之后的特殊的皮膜技术,可以使金属表面生成一种含有该金属成分的皮膜层,清晰显现每一根细微丝痕,从而使金属哑光中泛出细密的发丝光泽。近年来,越来越多的产品的金属外壳都使用了金属拉丝工艺,以起到美观、抗侵蚀的作用,使产品兼备时尚和科技的元素。这也是该工艺备受欢迎的原因之一。如图10-98所示为拉丝金属的模拟效果。

图10-98

其基本属性主要有以下两点:

● 较强的反射。

● 带有拉丝的凹凸纹理。

操作步骤

步骤01 打开本书配套光盘中的【场景文件/Chapter 10/06.max】文件,此时场景效果如图10-99所示。

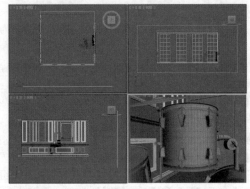
图10-99

步骤02 按M键,打开【材质编辑器】窗口,选择一个材质球,设置材质类型为VRayMtl材质。将材质命名为【拉丝金属】,下面设置其具体的参数,如图10-100所示。

● 设置【漫反射】颜色为灰色,在【反射】通道上加载【噪波】程序贴图,并设置【瓷砖】的X为1,Y为1,Z为200,设置噪波的【大小】为30。最后设置【反射光泽度】为0.98,【细分】为15。

展开【贴图】卷展栏，拖曳【反射】通道上的贴图文件到【凹凸】通道上，并在打开的【复制（实例）贴图】对话框中选中【实例】单选按钮，最后设置【凹凸】数量为8。

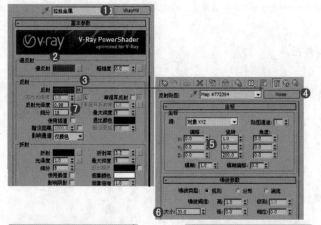

图10-100

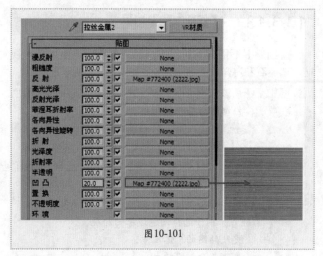

图10-101

步骤03 双击此时的材质球，如图10-102所示。

步骤04 将制作完毕的【拉丝金属】材质赋给场景中的乐器模型，如图10-103所示。

图10-102   图10-103

步骤05 最终渲染效果如图10-104所示。

图10-104

10.3.13　【细胞】贴图

【细胞】贴图是一种程序贴图，主要用于生成各种视觉效果的细胞图案，包括马赛克、瓷砖、鹅卵石和海洋表面等，其参数如图10-105所示。

- ● 细胞颜色：该选项组中的参数主要用来设置细胞的颜色。
  - ● 颜色：为细胞选择一种颜色。
  - ● ▨▨▨ None ▨▨▨ 按钮：将贴图指定给细胞，而不使用实心颜色。
  - ● 变化：【变化】值越大，随机效果越明显。
- ● 分界颜色：显示【颜色选择器】对话框，选择一种细胞分界颜色，也可以利用贴图来设置分界的颜色。
- ● 细胞特性：主要用来设置细胞的一些特征属性。
  - ● 圆形/碎片：用于选择细胞边缘的外观。
  - ● 大小：更改贴图的总体尺寸。
  - ● 扩散：更改单个细胞的大小。
  - ● 凹凸平滑：将【细胞】贴图用作【凹凸】贴图时，在细胞边界处可能会出现锯齿效果。
  - ● 分形：将细胞图案定义为不规则的碎片图案。
  - ● 迭代次数：设置应用分形函数的次数。
  - ● 自适应：选中该复选框后，【迭代次数】将自适应地进行设置。
  - ● 粗糙度：将【细胞】贴图用作【凹凸】贴图时，该参数用来控制凹凸的粗糙程度。
- ● 阈值：该选项组中的参数用来限制细胞和分解颜色的大小。
  - ● 低：调整细胞最低大小。
  - ● 中：相对于第2分界颜色，调整最初分界颜色的大小。
  - ● 高：调整分界的总体大小。

图10-105

10.3.14　【凹痕】贴图

【凹痕】贴图是3D程序贴图。扫描线渲染过程中，凹痕根据分形噪波产生随机图案。图案的效果取决于贴图类型，其参数如图10-106所示。

- ● 大小：设置凹痕的相对大小。随着大小的增大，其他设置不变时凹痕的数量将减少。
- ● 强度：决定两种颜色的相对覆盖范围。值越大，【颜色 #2】的覆盖范围越大；而值越小，【颜色 #1】的覆盖范围越大。
- ● 迭代次数：设置用来创建凹痕的计算次数。默认设置为2。
- ● 交换：反转颜色或贴图的位置。
- ● 颜色：在相应的颜色组件（如【漫反射】）中允许选择两种颜色。
- ● 贴图：在凹痕图案中用贴图替换颜色。使用复选框可启用或禁用相关贴图。

图10-106

Chapter 11
第11章

效果图渲染利器完全解析
——VRay渲染器设置

渲染器是3D引擎的核心部分，它完成将3D物体绘制到屏幕上的任务。根据3D硬件使用方法的不同，可以分为DirectX和OpenGL两种渲染器。OpenGL渲染器通过OpenGL图形库来使用3D硬件，多数3D卡支持这种方法。而DirectX渲染器使用微软的DirectX库——归并到Windows操作系统中。在老的3D卡上面，OpenGL一般绘制速度较快一些，而在现代的3D卡上面，DirectX表现则更加出色。

本章学习要点：

渲染器的基本常识
各种渲染器的参数设置
各种渲染器的应用

11.1 初识渲染器

11.1.1 渲染器是什么

渲染器是3D引擎的核心部分,它完成将3D物体绘制到屏幕上的任务。根据3D硬件使用方法的不同,可以分为DirectX和OpenGL两种渲染器。OpenGL渲染器通过OpenGL图形库来使用3D硬件,多数3D卡支持这种方法。而DirectX渲染器使用微软的DirectX库——归并到Windows操作系统中。在老的3D卡上面,OpenGL一般绘制速度较快一些,而在现代的3D卡上面,DirectX表现则更加出色。如图11-1所示为使用3ds Max制作模型—摄影机—灯光—材质—渲染的优秀作品。

图11-1

11.1.2 扫描线渲染器和VRay渲染器的区别

默认扫描线渲染器是一行一行,而不是根据多边形到多边形或者点到点方式渲染的一项技术和算法集。所有待渲染的多边形首先按照顶点Y 坐标出现的顺序排序,然后使用扫描线与列表中前面多边形的交点计算图像的每行或者每条扫描线,在活动扫描线逐步沿图像向下计算时更新列表,丢弃不可见的多边形。

这种方法的一个优点就是没有必要将主内存中的所有顶点都转到工作内存,只有与当前扫描线相交边界的约束顶点才需要读到工作内存,并且每个顶点数据只需读取一次。主内存的速度通常远远低于中央处理单元或者高速缓存,避免多次访问主内存中的顶点数据就可以大幅度地提升运算速度。

默认扫描线渲染器渲染速度相对比较快,但是渲染效果相对较差,在需要快速模拟效果和快速渲染动画等情况中可以使用,但是如果需要模拟较为真实、复杂的效果时,推荐使用VRay渲染器。如图11-2所示为默认扫描线渲染器渲染时的效果。如图11-3所示为VRay渲染器渲染时的效果。如图11-4所示为默认扫描线渲染器的参数面板。

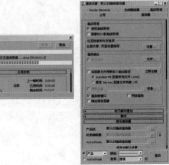

图11-2   图11-3   图11-4

3ds Max 2016 中文版+VRay 效果图制作从入门到精通

11.1.3 常用渲染器对比

1. Mental Ray（简称MR）

Mental Ray是早期出现的两个重量级的渲染器之一（另外一个是Renderman），为德国Mental Images公司的产品。在刚推出时，集成在著名的3D动画软件Softima-ge 3D中，作为其内置的渲染引擎。正是凭借着Mental Ray高效的速度和质量，Softima-ge 3D一直在好莱坞电影制作中作为首选的软件。

相对于另外一个高质量的渲染器Renderman来说，Mental Ray的渲染效果与其几乎不相上下，而且其操作比Renderman简单得多，效率非常高。因为Renderman渲染系统需要使用编程技术来渲染场景，而Mental Ray一般来说只需要在程序中设定好参数，然后"智能"地对需要渲染的场景自动计算，所以Mental Ray有了一个别名——"智能"渲染器。现在Mental Ray早已集成在3ds Max中，无须另外安装。如图11-5所示为Mental Ray渲染器的界面。

图11-5

2. Brazil（简称BR）

2001年，SplutterFish公司在其网站发布了3ds Max的渲染插件Brazil，在公开测试版时，该渲染器是完全免费的。作为一个免费的渲染插件，其渲染效果是非常惊人的，但目前的渲染速度相对来说比较慢。Brazil渲染器拥有强大的光线跟踪的折射和反射、全局光照、焦散等功能，渲染效果极其强大。

SplutterFish公司推出的Brazil渲染器虽然名气不大，但其前身却是大名鼎鼎的Ghost渲染器，经过了很多年的开发，已经非常成熟了。Brazil惊人的质量却是以非常慢的速度为代价的，用Brazil渲染图片可以说是非常慢的过程，以目前的计算机来说，用于渲染动画还是不太现实。如图11-6所示为Brazil渲染器的界面。

3. FinalRender（简称FR）

2001年渲染器市场的另一个亮点是德国Cebas公司出品的FinalRender渲染器。该渲染器可谓是当前最为红火的渲染器。其渲染效果虽然略逊色于Brazil，但由于其速度非常快，效果也很好，这对于商业市场来说是非常合适的。Cebas公司一直是3ds Max一个非常著名的插件开发商，很早就以Luma（光能传递）、Opic（光斑效果）、Bov（体积效果）几个插件而闻名。这次又融合了著名的三维软件Cinema 4D内部的快速光影渲染器的效

图11-6

果，把其Luma、Bov插件加入到FinalRender中，使得FinalRender渲染器达到前所未有的功能。相对其他渲染器来说，FinalRender还提供了3S（次表面散射）的功能和用于卡通渲染仿真的功能，可以说是全能的渲染器。如图11-7所示为FinalRender渲染器的界面。

图11-7

4. VRay（简称VR）

渲染器的大战打得越来越激烈，另外一个著名的3ds Max插件公司ChaosGroup又推出最新渲染器VRay。VRay相对其他渲染器来说是"业余级"的，这是因为其软件编程人员都是来自东欧的CG爱好者，而不像其他渲染器那样是有雄厚实力的大公司所支撑。但经过实践表明，VRay的渲染效果丝毫不逊色于其他大公司所推出的渲染器，反而大受用户欢迎，并逐渐成为效果图用户乃至3ds Max用户最喜欢的渲染器。如图11-8所示为VRay渲染器的界面。

图11-8

VRay渲染器

　　VRay渲染器是由ChaosGroup和ASGVIS公司出品,在中国由曼恒公司负责推广的一款高质量渲染软件。VRay是目前业界最受欢迎的渲染引擎。由于VRay渲染器可以真实地模拟现实光照,并且操作简单,可控性也很强,因此被广泛应用于建筑表现、工业设计和动画制作等领域。

　　VRay的渲染速度与渲染质量比较均衡,也就是说,在保证较高渲染质量的前提下也具有较快的渲染速度,所以它是目前效果图制作领域最为流行的渲染器。如图11-9所示即为使用VRay渲染器渲染的效果。

图11-9

　　安装好VRay渲染器之后,若想使用该渲染器来渲染场景,可以按F10键打开【渲染设置】窗口,然后在【公用】选项卡下展开【指定渲染器】卷展栏,接着单击【产品级】选项后面的【选择渲染器】按钮■,最后在弹出的【选择渲染器】对话框中选择VRay渲染器即可,如图11-10所示。

　　VRay渲染器参数主要包括【公用】、【V-Ray】、【GI】、【设置】和【Render Elements】5个选项卡,如图11-11所示。下面将重点讲解各个选项卡中的参数。

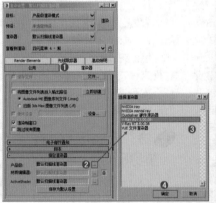

图11-10　　　　　　　　图11-11

11.2.1　公用

1．公用参数

　　【公用参数】卷展栏用来设置所有渲染器的公用参数,如图11-12所示。

● 时间输出:选择要渲染的帧。

　● 单帧:仅当前帧。

　● 活动时间段:活动时间段为显示在时间滑块内的当前帧范围。

　● 范围:指定两个数字之间(包括这两个数)的所有帧。

　● 帧:可以指定非连续帧,帧与帧之间用逗号隔开(如2,5);也可以指定连续的帧范围,用连字符相连(如0-5)。

● 输出大小:选择一个预定义的大小或在【宽度】和【高度】数值框(像素为单位)中输入另一个大小。这些参数影响图像的纵横比。

图11-12

- 下拉列表：【输出大小】下拉列表中可以选择几个标准的电影和视频分辨率以及纵横比。
- 光圈宽度（毫米）：指定用于创建渲染输出的摄影机光圈宽度。
- 宽度和高度：以像素为单位指定图像的宽度和高度，从而设置输出图像的分辨率。
- 预设分辨率按钮（320×240、640×480等）：选择一个预设分辨率。
- 图像纵横比：设置图像的纵横比。更改此值将改变高度值以保持活动的分辨率正确。
- 像素纵横比：设置显示在其他设备上的像素纵横比。
- 🔒按钮：可以锁定像素纵横比。
- 选项：可以控制大气、效果、置换等选项。
  - 大气：选中该复选框后，渲染任何应用的大气效果，如体积雾。
  - 效果：选中该复选框后，渲染任何应用的渲染效果，如模糊。
  - 置换：选中该复选框后，渲染任何应用的置换贴图。
  - 渲染为场：选中该复选框后，为视频创建动画时，将视频渲染为场，而不是渲染为帧。
  - 渲染隐藏几何体：选中该复选框后，渲染场景中所有的几何体对象，包括隐藏的对象。
  - 强制双面：选择该复选框后，可渲染所有曲面的两个面。
- 高级照明：可以控制高级照明的相关参数。
  - 使用高级照明：选中该复选框后，3ds Max在渲染过程中提供光能传递解决方案或光跟踪。
  - 需要时计算高级照明：选中该复选框后，当需要逐帧处理时，3ds Max计算光能传递。
- 位图性能和内存选项：可以控制位置图和内存的相关系数。
  - 设置：单击以打开【位图代理】对话框的全局设置和默认值。
- 渲染输出：可以控制渲染输出的参数。
  - 保存文件：选中该复选框后，进行渲染时3ds Max会将渲染后的图像或动画保存到磁盘。
  - 文件：打开【渲染输出文件】对话框，指定输出文件名、格式以及路径。
  - 将图像文件列表放置在输出路径中：选中该复选框后，可创建图像序列（IMSQ）文件，并将其保存在与渲染相同的目录中。
  - 立即创建：单击以手动创建图像序列文件。首先必须为渲染自身选择一个输出文件。
  - 使用设备：将渲染的输出发送到像录像机这样的设备上。首先单击【设备】按钮指定设备，设备上必须安装相应的驱动程序。
  - 渲染帧窗口：在渲染帧窗口中显示渲染输出。
  - 网络渲染：启用网络渲染。如果选中该复选框，在渲

染时将看到【网络作业分配】对话框。
- 跳过现有图像：选中该复选框且选中【保存文件】复选框后，渲染器将跳过序列中已经渲染到磁盘中的图像。

2. 电子邮件通知

使用此卷展栏可使渲染作业发送电子邮件通知，如网络渲染那样。如果启动冗长的渲染（如动画），并且不需要在系统上花费所有时间，这种通知非常有用，如图11-13所示。

- 启用通知：选中该复选框后，渲染器将在某些事件发生时发送电子邮件通知。默认设置为禁用状态。

图11-13

3. 脚本

使用【脚本】卷展栏可以指定在渲染之前和之后要运行的脚本，如图11-14所示。

图11-14

- 预渲染：渲染之前，指定要运行的脚本。
  - 启用：选中该复选框后，启用脚本。
  - 立即执行：单击可手动执行脚本。
  - 文件名字段：选定脚本之后，该字段显示其路径和名称。可以编辑该字段。
  - 文件：单击可打开【文件】对话框，选择要运行的预渲染脚本。
  - ✕：单击可删除脚本。
- 渲染后期：渲染之后，指定要运行的脚本。
  - 启用：选中该复选框后，启用脚本。
  - 立即执行：单击可手动执行脚本。
  - 文件名字段：选定脚本之后，该字段显示其路径和名称。可以编辑该字段。
  - 文件：单击可打开【文件】对话框，选择要运行的后期渲染脚本。
  - ✕：单击可删除脚本。

4. 指定渲染器

【指定渲染器】卷展栏显示指定给产品级和ActiveShade类别的渲染器，也显示材质编辑器中的示例窗，如图11-15所示。

- 产品级：选择用于渲染图形输出的渲染器。
- 材质编辑器：选择用于渲染材质编辑器中示例的渲染器。
- ActiveShade：选择用于预览场景中照明和材质更改效果的ActiveShade渲染器。

- 保存为默认设置：单击该按钮，可将当前渲染器指定保存为默认设置，以便下次重新启动3ds Max时它们处于活动状态。

图11-15

11.2.2 V-Ray

1. 帧缓冲区

【帧缓冲区】卷展栏中的参数可以代替3ds Max自身的帧缓冲窗口。这里可以设置渲染图像的大小，以及保存渲染图像等，其参数设置面板如图11-16所示。

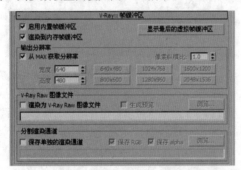

图11-16

- 启用内置帧缓冲区：选中该复选框，将使用VRay渲染器内置的帧缓冲器，VRay渲染器不会渲染任何数据到3ds Max自身的帧缓冲窗口，而且减少占用系统内存。取消选中该复选框则自动使用3ds Max自身的帧缓冲器。

 技巧提示

默认情况下进行渲染，使用的是3ds Max自身的帧缓冲窗口，如图11-17所示。而选中【启用内置帧缓冲区】复选框后，使用的是VRay渲染器内置的帧缓冲器，如图11-18所示。

图11-17　　　　　图11-18

- 【切换颜色显示模式】按钮 ⊡⬤⬤◯⊡：分别为【切换到RGB通道】、【查看红色通道】、【查看绿色通道】、【查看蓝色通道】、【切换到Alpha通道】和【单色模式】。
- 【保存图像】按钮 ⊟：将渲染后的图像保存到指定的路径中。
- 【清除图像】按钮 ×：清除帧缓冲区中的图像。
- 【复制到 3ds Max中的帧缓存】按钮 ⊡：单击该按钮可以将VRay帧缓冲区中的图像复制到3ds Max中的帧缓存中。
- 【跟踪鼠标渲染】按钮 ⊞：强制渲染鼠标所指定的区域，这样可以快速观察到指定的渲染区域。
- 【显示校正控制器】按钮 ⊡：单击该按钮会弹出【颜色校正】对话框，在该对话框中可以校正渲染图像的颜色。
- 【强制颜色箝位】按钮 ⊞：单击该按钮可以对渲染图像中超出显示范围的色彩不进行警告。
- 【查看钳制颜色】按钮 ⊠：单击该按钮可以查看钳制区域中的颜色。
- 【显示像素通知】按钮 i：单击该按钮会弹出一个与像素相关的信息通知对话框。
- 【使用色阶校正】按钮 ⊡：在【颜色校正】对话框中调整明度的阈值后，单击该按钮可以将最后调整的结果显示或不显示在渲染的图像中。
- 【使用颜色曲线校正】按钮 ⊠：在【颜色校正】对话框中调整好曲线的阈值后，单击该按钮可以将最后调整的结果显示或不显示在渲染的图像中。
- 【使用曝光校正】按钮 ⊙：控制是否对曝光进行修正。
- 【显示sRGB颜色空间】按钮 ⊡：sRGB是国际通用的一种RGB颜色模式，其他的还有Adobe RGB和ColorMatch RGB模式，这些RGB模式主要的区别就在于Gamma值的不同。

3ds Max 2016 中文版+VRay 效果图制作从入门到精通

- **渲染到内存帧缓冲区**：当选中该复选框时，可以将图像渲染到内存中，然后再由帧缓冲区窗口显示出来，这样可以方便用户观察渲染的过程。
- **从3ds Max获取分辨率**：选中时VRay将使用设置的3ds Max的分辨率。
- **像素纵横比**：控制渲染图像的长宽比。
- **宽度**：设置像素的宽度。
- **高度**：设置像素的高度。
- **渲染为V-Ray Raw图像文件**：控制是否将渲染后的文件保存到所指定的路径中，选中该复选框后渲染的图像将以.vrimg文件格式进行保存。
- **保存单独的渲染通道**：选中该复选框后允许将在缓冲区中指定的特殊通道作为一个单独的文件保存在指定的目录。
- **保存RGB**：控制是否保存RGB色彩。
- **保存Alpha**：控制是否保存Alpha通道。
- **浏览...按钮**：单击该按钮可以保存RGB和Alpha文件。

2．全局开关

【全局开关】卷展栏下的参数主要用来对场景中的灯光、材质、置换等进行全局设置，如是否使用默认灯光、是否开启阴影、是否开启模糊等，其参数面板如图11-19所示。

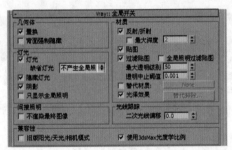

图11-19

❶ 几何体

- **置换**：决定是否使用VRay置换贴图，此选项不会影响3ds Max自身的置换贴图。在VRay的置换系统中，共有两种置换方式，分别是材质置换方式和VRay置换修改器方式，如图11-20所示。当取消选中该复选框时，场景中的两种置换都不会起作用。

图11-20

- **背面强制隐藏**：执行3ds Max中的【自定义】|【首选项】菜单命令，在弹出的对话框中的【视口】选项卡中有一个【创建对象时背面消隐】复选框，如图11-21所示。【背面强制隐藏】与【创建对象时背面消隐】

复选框相似，但【创建对象时背面消隐】复选框只用于视图，对渲染没有影响，而【强制背面隐藏】是针对渲染而言的，选中后反法线的物体将不可见。

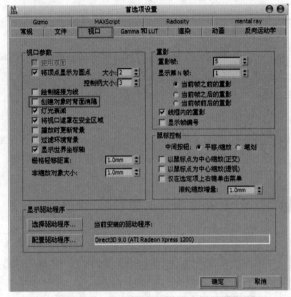

图11-21

❷ 灯光

- **灯光**：开启VR场景中的直接灯光，不包含3ds Max场景的默认灯光。如果不选中该复选框，系统自动使用场景中的默认灯光渲染场景。
- **缺省灯光**：指的是3ds Max的默认灯光。
- **隐藏灯光**：选中该复选框时隐藏的灯光也会被渲染。
- **阴影**：控制场景是否产生阴影。
- **只显示全局照明**：选中该复选框时直接光照不参与最终的图像渲染。GI在计算全局光时直接光照也会参与，但是最后只显示间接光照。

❸ 材质

- **反射/折射**：控制是否开启场景中材质的反射和折射效果。
- **最大深度**：控制整个场景中的反射/折射的最大深度，后面的数值框表示反射、折射的次数。
- **贴图**：控制是否让场景中的物体的程序贴图和纹理贴图渲染出来。如果取消选中该复选框，则渲染出来的图像就不会显示贴图，取而代之的是漫反射通道里的颜色。
- **过滤贴图**：该选项用来控制VRay渲染时是否使用贴图纹理过滤。
- **全局照明过滤贴图**：控制是否在全局照明中过滤贴图。
- **最大透明级别**：控制透明材质被光线追踪的最大深度。值越高，效果越好。
- **透明中止阈值**：控制VRay渲染器对透明材质的追踪终

止值。当光线透明度的累计比当前设定的阈值低时，将停止光线透明追踪。

- 替代材质：是否给场景赋予一个全局材质。
- 光泽效果：是否开启反射或折射模糊效果。

④ 间接照明

- 不渲染最终图像：控制是否渲染最终图像。如果选中该复选框，VRay将在计算完光子以后，不再渲染最终图像，这对跑小光子图非常方便。

⑤ 光线跟踪

- 二次光线偏移：主要用于检查建模时有无重面，并且纠正其反射出现的错误，在默认的情况中将产生黑斑，一般设为0.001。

3. 图像采样器（反锯齿）

抗锯齿在渲染设置中是一个必须调整的参数，其数值的大小决定了图像的渲染精度和渲染时间，但抗锯齿与全局照明精度的高低没有关系，只作用于场景物体的图像和物体的边缘精度，其参数设置面板如图11-22所示。

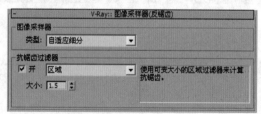

图11-22

- 类型：用来设置图像采样器的类型，包括【固定】、【自适应】和【自适应细分】3种类型。
  - 固定：VRay中最简单的采样器，对于每一个像素都使用一个固定数量的样本。
  - 自适应：自适应，是对确定性蒙特卡洛的改进，它具有了一定的智能性，能根据采样分区的复杂程度，来确定是否投放采样，从而减少不必要的采样的投放，从而提高采样的投放效率，加快计算速度。
  - 自适应细分：是用得最多的采样器，对于模糊和细节要求不太高的场景，它可以得到速度和质量的平衡。在室内效果图的制作中，该采样器几乎可以适用于所有场景。

> **技巧提示**
>
> 一般情况下，【固定】类型由于其速度较快而用于测试，细分值保持默认，在最终出图时选用【自适应】或者【自适应细分】类型。对于具有大量模糊特效（如运动模糊、景深模糊，反射模糊、折射模糊）或高细节的纹理贴图场景，使用【固定】类型是兼顾图像品质与渲染时间的最好选择。

- 开：当关闭抗锯齿过滤器时，常用于测试渲染，渲染速度非常快，但质量较差，如图11-23所示。

图11-23

- 抗锯齿过滤器：设置渲染场景的抗锯齿过滤器。当选中【开启】复选框以后，可以从后面的下拉列表中选择一个抗锯齿方式来对场景进行抗锯齿处理；如果取消选中【开启】复选框，那么渲染时将使用纹理抗锯齿过滤器。
- 区域：用区域大小来计算抗锯齿，如图11-24所示。
- 清晰四方形：来自Neslon Max算法的清晰9像素重组过滤器，如图11-25所示。

图11-24　　　　　　　　图11-25

- 四方形：和【清晰四方形】相似，能产生一定的模糊效果，如图11-26所示。
- 立方体：基于立方体的25像素过滤器，能产生一定的模糊效果，如图11-27所示。
- 视频：适合于制作视频动画的一种抗锯齿过滤器，如图11-28所示。
- 柔化：用于制作具有一定程度模糊效果的一种抗锯齿过滤器，如图11-29所示。

图11-26　　　　　　　　图11-27

图11-28　　　　　　　图11-29

- Cook变量：一种通用过滤器，较小的数值可以得到清晰的图像效果，如图11-30所示。
- 混合：一种用混合值来确定图像清晰或模糊的抗锯齿过滤器，如图11-31所示。

图11-30　　　　　　　图11-31

- Blackman：一种没有边缘增强效果的抗锯齿过滤器，如图11-32所示。
- Mitchell-Netravali：一种常用的过滤器，能产生微量模糊的图像效果，如图11-33所示。

图11-32　　　　　　　图11-33

- Catmull-Rom：一种具有边缘增强的过滤器，可以产生较清晰的图像效果，如图11-34所示。
- 图版匹配/3ds Max R2：使用3ds Max R2的方法（无贴图过滤）将摄影机和场景或【无光/投影】元素与未过滤的背景图像相匹配，如图11-35所示。

图11-34　　　　　　　图11-35

- VRay蓝佐斯过滤器/VR辛克过滤器：VRay新版本中的两个新抗锯齿过滤器，可以很好地平衡渲染速度和渲染质量，如图11-36所示。
- VR长方体过滤器/VRay三角形过滤器：这也是VRay新版本中的抗锯齿过滤器，它们以【盒子】和【三角形】的方式进行抗锯齿，如图11-37所示。

图11-36　　　　　　　图11-37

- 大小：设置过滤器的大小。

技巧提示

通常是测试时关闭抗锯齿过滤器，最终渲染时选用Mitchell-Netravali 或Catmull-Rom过滤器。

4．自适应细分图像采样器

【自适应细分图像采样器】是用得最多的采样器，对于模糊和细节要求不太高的场景，它可以得到速度和质量的平衡。在室内效果图制作中，该采样器几乎可以适用于所有场景，如图11-38所示。

V-Ray :: 自适应细分图像采样器
最小比率: -1　颜色阈值: 0.1　随机采样 ☑
最大比率: 2　对象轮廓 □　显示采样 □
法线阈值: □ 0.05

图11-38

- 最小比率：决定每个像素使用的样本的最小数量。值为0意味着一个像素使用一个样本，-1意味着每两个像素使用一个样本，-2则意味着每4个像素使用一个样本，采样值越大，效果越好。
- 最大比率：决定每个像素使用的样本的最大数量。值为0意味着一个像素使用一个样本，1意味着每个像素使用4个样本，2则意味着每个像素使用8个样本，采样值越大，效果越好。
- 颜色阈值：表示像素亮度对采样的敏感度的差异。值越小，效果越好，所花时间也会较长；值越高，效果越差，边缘颗粒感越重。一般设为0.1，可以得到清晰平滑的效果。这里的颜色指的是色彩的灰度。
- 对象轮廓：选中时表示采样器强制在物体的边进行高质量超级采样而不管它是否需要进行超级采样。注意，该选项在使用景深或运动模糊时会失效。
- 法线阈值：选中时将使超级采样取得好的效果。同样，在使用景深或运动模糊时该复选框会失效。此选项决定自适应细分在物体表面法线的采样程度，当达到此值以后就停止对物体表面进行判断，具体一点就是分辨哪些是交叉区域，哪些不是交叉区域，一般设为0.04即可。

- 随机采样：略微转移样本的位置以便在垂直线或水平线附近得到更好的效果。
- 显示采样：选中该复选框后，可以看到【自适应细分】样本的分布情况。

5．环境

【环境】卷展栏分为【全局照明（GI）环境】、【反射/折射环境覆盖】和【折射环境覆盖】3个选项组，如图11-39所示。

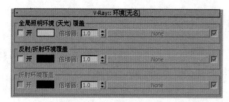

图11-39

❶ 全局照明（GI）环境

- 开：控制是否开启VRay的天光。当选中该复选框后，3ds Max默认的天光效果将不起光照作用。如图11-40所示为不选中【开】复选框和选中【开】复选框，并设置【倍增器】为1.5的对比效果。

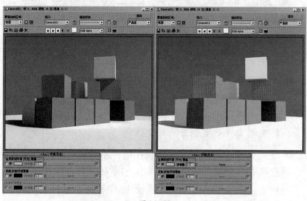

图11-40

- 颜色：设置天光的颜色。
- 倍增器：设置天光亮度的倍增。值越大，天光的亮度越高。
- None 按钮：选择贴图来作为天光的光照。

❷ 反射/折射环境覆盖

- 开：当选中该复选框后，当前场景中的反射环境将由它来控制。

- 颜色：设置反射环境的颜色。
- 倍增器：设置折射环境亮度的倍增。值越大，反射环境的亮度越高。
- None 按钮：选择贴图来作为反射环境。

❸ 折射环境覆盖

- 开启：当选中该复选框后，当前场景中的折射环境由它来控制。
- 颜色：设置折射环境的颜色。
- 倍增器：设置折射环境亮度的倍增。值越大，折射环境的亮度越高。
- None 按钮：选择贴图来作为折射环境。

6．颜色贴图

【颜色贴图】卷展栏中的参数用来控制整个场景的色彩和曝光方式，其参数设置面板如图11-41所示。

图11-41

- 类型：提供不同的曝光模式，包括【线性倍增】、【指数】、【HSV指数】、【强度指数】、【伽玛校正】、【亮度伽玛】和【莱因哈德】7种模式。
  - 线性倍增：这种模式将基于最终色彩亮度来进行线性的倍增，可能会导致靠近光源的点过分明亮，容易产生曝光效果，如图11-42所示。增大【暗度倍增】的值可以提高暗部的亮度；增大【明亮倍增】的值可以提高亮部的亮度；【伽玛值】用来控制图像的灰度值。
  - 指数：这种曝光是采用指数模式，可以降低靠近光源处表面的曝光效果，同时场景颜色的饱和度会降低，易产生柔和效果，如图11-43所示。

图11-42　　　　　　　图11-43

  - HSV指数：与【指数】曝光比较相似，不同点在于，该方式可以保持场景物体的颜色饱和度，但是会取消高光的计算，如图11-44所示。

- 强度指数：这种模式是对上面两种指数曝光的结合，既抑制了光源附近的曝光效果，又保持了场景物体的颜色饱和度，如图11-45所示。

图11-44　　　　　　　图11-45

- 伽玛校正：采用伽玛来修正场景中的灯光衰减和贴图色彩，其效果和【线性倍增】曝光模式类似，如图11-46所示。
- 亮度伽玛：这种曝光模式不仅拥有【伽玛校正】的优点，同时还可以修正场景灯光的亮度，如图11-47所示。
- 莱因哈德：这种曝光模式可以把【线性倍增】和【指数】曝光混合起来，如图11-48所示。它包括一个【倍增值】局部参数，主要用来控制【线性倍增】和【指数】曝光的混合值，0表示【线性倍增】不参与混合；1表示【指数】不参与混合；0.5表示【线性倍增】和【指数】曝光效果各占一半。

图11-46　　　　图11-47　　　　图11-48

- 子像素贴图：在实际渲染时，物体的高光区与非高光区的界限处会有明显的黑边，而选中【子像素贴图】复选框项后就可以缓解这种现象，如图11-49所示是选中与不选中【子像素贴图】复选框时的对比。
- 钳制输出：当选中该复选框后，在渲染图中有些无法表现出来的色彩会通过限制来自动纠正。但是当使用HDRI（高动态范围贴图）时，如果限制了色彩的输出会出现一些问题。
- 影响背景：控制是否让曝光模式影响背景。当取消该复选框时，背景不受曝光模式的影响。

图11-49

- 不影响颜色（仅自适应）：在使用HDRI（高动态范围贴图）和【VRay发光材质】时，若取消该复选框，【颜色贴图】卷展栏下的参数将对这些具有发光功能的材质或贴图产生影响。
- 线性工作流：选择该选项后，渲染效果可以模拟真实眼睛看到四周的明暗效果，可以避免因光线不足引发的局部黑，用线性工作流程可以达到以最少的灯光达到最好的照明效果，唯一的问题是颜色会发灰，所以要用到颜色校正进行调节。

7. 摄影机

【摄影机】卷展栏中的参数用来控制摄影机类型、景深、运动模糊等参数，其参数设置面板如图11-50所示。

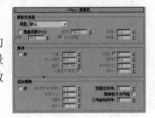

图11-50

❶ 摄影机类型

- 类型：VRay支持下列几种类型的摄影机，分别是默认、球形、圆柱（点）、圆柱（正交）、盒、鱼眼和变形球（旧式）。
- 覆盖视野（FOV）：该设定能够忽略MAX的FOV视场角。
- 高度：此处可以指定圆柱（正交）类型摄影机的高度。注意，只有当选用了圆柱（正交）类型的摄应机时才会有效。
- 距离：该设定只适用于鱼眼摄影机。
- 视野：此处可以指定视场角度。
- 自动调整：该设定用于控制鱼眼摄影机的自动适配功能。
- 曲线：该设定仅用于鱼眼摄影机。该设定决定图像的扭曲方式。

❷ 景深

- 开：打开和关闭运动景深。
- 光圈：使用世界单位定义虚拟摄影机的光圈尺寸。较小的光圈值将减小景深效果，大的光圈值将产生更多的模糊效果。
- 边数：该选项允许用户模拟真实世界摄影机的多边形形状的光圈。
- 中心偏移：该参数决定景深效果的一致性，值为0意味着光线均匀地通过光圈，正值意味着光线趋向于向光圈边缘集中，负值意味着向光圈中心集中。
- 旋转：指定光圈形状的方位。
- 焦距：确定从摄影机到物体被完全聚焦的距离。靠近或远离该距离的物体都将被模糊。
- 各向异性：这是一个新增功能，可以单独控制对水平方向或垂直方向的模糊效果。
- 从摄影机获取：当选中该复选框时，如果渲染的是摄影机视图，焦距由摄影机的目标点确定。
- 细分：该参数用于控制景深效果的品质。

❸ 运动模糊

- 开：打开和关闭运动模糊。
- 持续时间（帧数）：对当前帧进行运动模糊计算时，该值决定VRay进行模糊计算的帧数。
- 预通过采样：设定计算发光贴图的过程中，在时间段上使用的样本数量。
- 间隔中心：指定关于3ds Max的动画帧的运动模糊的时间间隔中心。
- 模糊粒子为网格：用于控制粒子系统的模糊效果，当选中该复选框时，粒子系统会被作为正常的网格物体来产生模糊效果，然而，有许多粒子系统在不同的动画帧中会改变粒子的数量。
- 偏移：控制运动模糊效果的偏移，值为0意味着灯光均匀通过全部运动模糊间隔。
- 几何结构采样：设置产生近似运动模糊的几何学片断的数量，物体被假设在两个几何学样本之间进行线性移动，对于快速旋转的物体，需要增加该参数值才能得到正确的运动模糊效果。一般设置为3。
- 细分：确定运动模糊的品质。

11.2.3　GI

🔵 1．全局照明

在VRay渲染器中，没有开启全局照明时的效果就是直接照明效果，开启后就可以得到全局照明效果。开启全局照明后，光线会在物体与物体间互相反弹，因此光线计算得会更准确，图像也更加真实。其参数设置面板如图11-51所示。

图11-51

- 启用全局照明：选中该复选框后，将打开间接照明效果。
- 全局照明（GI）焦散：控制GI产生的反射折射的现象。它可以由天光、自发光物体等产生。但是由直接光产生的焦散不受这里参数的控制，它是与【焦散】卷展栏的参数相关的。不过，焦散需要更多的样本，否则会在GI计算中产生噪波。
  - 反射：控制是否开启反射焦散效果。
  - 折射：控制是否开启折射焦散效果。
- 渲染后处理：主要是对间接光照明进行加工和补充，一般情况下使用默认参数值。
  - 饱和度：可以用来控制色溢，降低该数值可以降低色溢效果。
  - 对比度：可使明暗对比更为强烈。亮的地方更亮，暗的地方更暗。
  - 对比度基数：主要控制明暗对比的强弱，其值越接近对比度的值，对比越弱。通常设为0.5。
- 环境阻光（AO）：设置环境阻光能得到更加准确和平滑的阴影，所产生的结果类似于使用了全局光，合成环境阻光在最终渲染图片中能够在许多方面改进最终效果，使得场景产生深度，模型增加更多的细节。

首次反弹/二次反弹：在真实世界中，光线的反弹一次比一次减弱。【首次反弹】可以理解为直接照明的反弹，光线照射到A物体后反射到B物体，B物体所接收到的光就是【首次反弹】，B物体再将光线反射到D物体，D物体再将光线反射到E物体……D物体以后的物体所得到的光的反射就是【二次反弹】。

- 倍增：控制【首次反弹】和【二次反弹】的光的倍增值。值越高，【首次反弹】和【二次反弹】的光的能量越强，渲染场景越亮。
- 引擎：设置【首次反弹】和【二次反弹】的全局照明引擎。

2．发光贴图

发光贴图是一种常用的全局照明引擎，它只存在于【首次反弹】引擎中，其参数设置面板如图11-52所示。

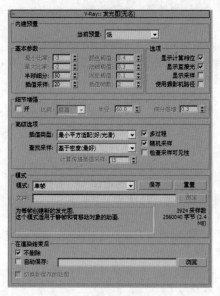

图11-52

❶ 内建预置

- 当前预设：设置发光贴图的预设类型。系统提供了8种模式供选择，如无特殊情况，这几种模式应该可以满足一般需要。【非常低】，该预设模式仅对预览目的有用，只表现场景中的普通照明；【低】，一种低品质的用于预览的预设模式；【中等】，一种中等品质的预设模式，如果场景中不需要太多的细节，大多数情况中可以产生好的效果；【中等品质动画】，一种中等品质的预设动画模式，目标就是减少动画中的闪烁；【高】，一种高品质的预设模式，可以应用在最多的情形中，即使是具有大量细节的动画；【高品质动画】，主要用于解决【高】预设模式中渲染动画闪烁的问题；【非常高】，一种极高品质的预设模式，一般用于有大量极细小的细节或极复杂的场景；

【自定义】，选择该模式用户可以根据自己需要设置不同的参数，这也是默认的选项。

❷ 基本参数

- 最小比率：控制场景中比较平坦、面积比较大的面的质量受光，该参数确定GI首次传递的分辨率。
- 最大比率：控制场景中细节比较多、弯曲较大的物体表面或物体交会处的质量。测试时可以设置为﹣5或﹣4，最终出图时可以设置为﹣2或﹣1或0，光子图可设为﹣1。
- 细分：该参数用来模拟光线的数量，值越大，表示光线越多，那么样本精度也就越高，渲染的品质也越好，同时渲染时间也会增加。
- 插值采样：该参数用来对样本进行模糊处理，较大的值可以得到比较模糊的效果，较小的值可以得到比较锐利的效果。
- 颜色阈值：该值主要是让渲染器分辨哪些是平坦区域，哪些不是平坦区域，它是按照颜色的灰度来区分的。值越小，对灰度的敏感度越高，区分能力越强。
- 法线阈值：该值主要是让渲染器分辨哪些是交叉区域，哪些不是交叉区域，它是按照法线的方向来区分的。值越小，对法线方向的敏感度越高，区分能力越强。
- 间距阈值：值越高，表示弯曲表面的样本越多，区分能力越强。

❸ 选项

- 显示计算相位：选中时，VRay 在计算发光贴图时将显示发光贴图，一般选中该复选框。
- 显示直接光：在预计算时显示直接照明，以方便用户观察直接光照的位置。
- 显示采样：显示采样的分布以及分布的密度，帮助用户分析GI的精度够不够。
- 使用摄影机路径：选择该选项后，VRay发光图会应用摄影机路径。

❹ 细节增强

- 开：控制是否开启【细节增强】功能。
- 比例：细分半径的单位依据，有【屏幕】和【世界】两个单位选项。
- 半径：表示细节部分有多大区域使用【细节增强】功能。【半径】值越大，使用【细节增强】功能的区域也就越大，同时渲染时间也越慢。
- 细分倍增：控制细节的细分，但是该值和【发光贴图】中的【细分】有关系，0.3代表细分是【细分】的30%；1代表和【细分】的值一样。值越小，细节就会产生杂点，渲染速度比较快。

❺ 高级选项

⦿ **插值类型**：VRay提供了4种样本插补方式为【发光贴图】样本的相似点进行插补。
 ● 加权平均值（好/穷尽计算）：一种简单的插补方法，可以将插补采样以一种平均值的方法进行计算，能得到较好的光滑效果。
 ● 最小平方适配（好/光滑）：默认的插补类型，可以对样本进行最适合的插补采样，能得到比【加权平均值（好/穷尽计算）】更光滑的效果。
 ● 三角测试法（好/精确）：最精确的插补算法，可以得到非常精确的效果，但是要有更多的【细分】才不会出现斑驳效果，且渲染时间较长。
 ● 最小平方加权测试法（测试）：结合了【加权平均值（好/穷尽计算）】和【最小平方适配（好/光滑）】两种类型的优点，但渲染时间较长。

⦿ **查找采样**：主要控制哪些位置的采样点适合作为基础插补的采样点。VRay内部提供了以下4种样本查找方式。
 ● 四采样点平衡方式（好）：它将插补点的空间划分为4个区域，然后尽量在它们中寻找相等数量的样本，它的渲染效果比【临近采样（草图）】效果好，但是渲染速度比【临近采样（草图）】慢。
 ● 临近采样（草图）：这种方式是一种草图方式，它简单地使用【发光贴图】中的最靠近的插补点样本来渲染图形，渲染速度比较快。
 ● 重叠（非常好/快）：这种查找方式需要对【发光贴图】进行预处理，然后对每个样本半径进行计算。低密度区域样本半径比较大，而高密度区域样本半径比较小。渲染速度比其他3种都快。
 ● 基于密度（最好）：它基于总体密度来进行样本查找，不但物体边缘处理非常好，而且在物体表面也处理得十分均匀。它的效果比【重叠（非常好/快）】更好，其速度也是4种查找方式中最慢的一种。

⦿ **计算传递插值采样**：用在计算【发光贴图】过程中，主要计算已经被查找后的插补样本的使用数量。较小的数值可以加速计算过程，但是会导致信息不足。

⦿ **多过程**：当选中该复选框时，VRay会根据【最大比率】和【最小比率】进行多次计算。如果取消选中该复选框，则强制一次性计算完。一般根据多次计算以后的样本分布会均匀合理一些。

⦿ **随机采样**：控制【发光贴图】的样本是否随机分配。

⦿ **检查采样可见性**：在灯光通过比较薄的物体时，很有可能会产生漏光现象，选中该复选框可以解决该问题，但是渲染时间就会长一些。如图11-53所示。

❻ 光子图使用模式

⦿ **模式**：一共有以下8种模式。

图11-53

 ● 单帧：一般用来渲染静帧图像。
 ● 多帧累加：该模式用于渲染仅有摄影机移动的动画。当VRay计算完第1帧的光子以后，在后面的帧里根据第1帧里没有的光子信息进行新计算，这样就减少了渲染时间。
 ● 从文件：当渲染完光子以后，可以将其保存起来，该选项即可调用保存的光子图进行计算。
 ● 添加到当前贴图：当渲染完一个角度时，可以把摄影机转一个角度再全新计算新角度的光子，最后把这两次的光子叠加起来，使光子信息更丰富、更准确，同时也可以进行多次叠加。
 ● 增量添加到当前贴图：该模式和【添加到当前贴图】相似，只不过它不是全新计算新角度的光子，而是只对没有计算过的区域进行新的计算。
 ● 块模式：把整个图分成块来计算，渲染完一个块再进行中一个块的计算，但是在低GI的情况中，渲染出来的块会出现错位的情况。它主要用于网络渲染，速度比其他方式快。
 ● 动画（预处理）：适合动画预览，使用该模式要预先保存好光子贴图。
 ● 动画（渲染）：适合最终动画渲染，使用该模式要预先保存好光子贴图。

⦿ **保存** 按钮：将光子图保存到硬盘。
⦿ **重置** 按钮：将光子图从内存中清除。
⦿ **文件**：设置光子图所保存的路径。
⦿ **浏览** 按钮：从硬盘中调用需要的光子图进行渲染。

❼ 渲染结束时光子图处理

⦿ **不删除**：当光子渲染完以后，不把光子从内存中删除。
⦿ **自动保存**：当光子渲染完以后，自动保存在硬盘中，单击 **浏览** 按钮就可以选择保存位置。
⦿ **切换到保存的贴图**：当选中【自动保存】复选框后，在渲染结束时会自动进入【从文件】模式并调用光子贴图。

3. 灯光缓存

【灯光缓存】与【发光贴图】比较相似，都是将最后的光发散到摄影机后得到最终图像，只是【灯光缓存】与【发光贴图】的光线路径是相反的，【发光贴图】的光线追踪方向是从光源发射到场景的模型中，最后再反弹到摄影机，而【灯光缓存】是从摄影机开始追踪光线到光源，摄影机追踪光线的数量就是【灯光缓存】的最后精度。由于【灯光缓存】是从摄影机方向开始追踪光线的，所以最后的渲染时间与渲染图像的像素没有关系，只与其中的参数有关，一般适用于【二次反弹】。其参数设置面板如图11-54所示。

图11-54

❶ 计算参数

● **细分**：用来决定【灯光缓存】的样本数量。值越大，样本总量越多，渲染效果越好，渲染时间越慢，如图11-55所示。

图11-55

● **采样大小**：用来控制【灯光缓存】的样本大小。比较小的样本可以得到更多的细节，但是同时需要更多的样本，如图11-56所示。

● **进程数**：该参数由CPU的个数来确定，如果是单CPU单核单线程，那么就可以设定为1；如果是双核，就可以设定为2。注意，此值设定得太大会让渲染的图像有点模糊。

图11-56

● **存储直接光**：选中该复选框以后，【灯光缓存】将保存直接光照信息。当场景中有很多灯光时，选中该复选框会提高渲染速度。因为它已经把直接光照信息保存到【灯光缓存】里，在渲染出图时，不需要对直接光照再进行采样计算。

● **显示计算相位**：选中该复选框后，可以显示【灯光缓存】的计算过程，方便观察。

● **自适应跟踪**：该选项的作用在于记录场景中的灯光位置，并在光的位置上采用更多的样本，同时模糊特效也会处理得更快，但是会占用更多的内存资源。

● **仅使用方向**：当选中【自适应跟踪】复选框后，该选项才被激活。它的作用在于只记录直接光照的信息，而不考虑间接照明，可以加快渲染速度。

❷ 重建参数

● **预滤器**：当选中该复选框后，可以对【灯光缓存】样本进行提前过滤。其主要作用是查找样本边界，然后对其进行模糊处理。

● **对光泽光线使用灯光缓存**：是否使用平滑的灯光缓存，选中该复选框后会使渲染效果更加平滑，但会影响到细节效果。

● **过滤器**：该选项是在渲染最后成图时，对样本进行过滤，其中下拉列表中共有以下3个选项。

　● 无：对样本不进行过滤。

　● 邻近：当使用该过滤方式时，过滤器会对样本的边界进行查找，然后对色彩进行均化处理，从而得到一个模糊效果。

　● 固定：该方式和【邻近】方式的不同点在于，它采用距离的判断来对样本进行模糊处理。

● **对光泽光线使用灯光缓存**：选中该复选框后，会提高对场景中反射和折射模糊效果的渲染速度。

❸ 光子图使用模式

● **模式**：设置光子图的使用模式，共有以下4种模式。

　● 单帧：一般用来渲染静帧图像。

　● 穿行：该模式用在动画方面，它把第1帧到最后1帧的所有样本都融合在一起。

- 从文件：使用该模式，VRay要导入一个预先渲染好的光子贴图，该功能只渲染光影追踪。

- 渐进路径跟踪：该模式就是常说的PPT，它是一种新的计算方式，和【自适应采样器】一样是一个精确的计算方式。不同的是，它不停地去计算样本，不对任何样本进行优化，直到样本计算完毕为止。

- 保存到文件 按钮：将保存在内存中的光子贴图再次进行保存。

- 浏览 按钮：从硬盘中浏览保存好的光子图。

❹ 渲染结束时光子图处理

- 不删除：当光子渲染完以后，不把光子从内存中删除。

- 自动保存：当光子渲染完以后，自动保存在硬盘中，单击 浏览 按钮可以选择保存位置。

- 切换到被保存的缓存：当选中该复选框后，系统会自动使用最新渲染的光子图来进行大图渲染。

11.2.4 设置

1. 默认置换

【默认置换】卷展栏中的参数是用灰度贴图来实现物体表面的凸凹效果，它对材质中的置换起作用，而不作用于物体表面，其参数设置面板如图11-57所示。

- 覆盖Max设置：控制是否用【默认置换】卷展栏中的参数来替3ds Max中的置换参数。

- 边长：设置3D置换中产生的最小三角面长度。数值越小，精度越高，渲染速度越慢。

- 依赖于视图：控制是否将渲染图像中的像素长度设置为【边长】的单位。若取消选中该复选框，系统将以3ds Max中的单位为准。

- 最大细分：设置物体表面置换后可产生的最大细分值。

- 数量：设置置换的强度总量。数值越大，置换效果越明显。

- 相对于边界框：控制是否在置换时关联（缝合）边界。若取消选中该复选框，在物体的转角处可能会产生裂面现象。

- 紧密边界：控制是否对置换进行预先计算。

图11-57

2. 系统

【系统】卷展栏中的参数不仅对渲染速度有影响，而且还会影响渲染的显示和提示功能，同时还可以完成联机渲染，其参数设置面板如图11-58所示。

❶ 光线计算参数

- 最大树形深度：控制根节点的最大分支数量。较高的值会加快渲染速度，同时会占用较多的内存。

- 最小叶片尺寸：控制叶节点的最小尺寸，当达到叶节点尺寸以后，系统停止计算场景。0表示考虑计算所有的叶节点，该参数对速度的影响不大。

- 面/级别系数：控制一个节点中的最大三角面数量，当未超过临近点时计算速度较快；当超过临近点以后，渲染速度会减慢。所以，该值要根据不同的场景来设定，进而提高渲染速度。

- 动态内存极限：控制动态内存的总量。注意，这里的动态内存被分配给每个线程，如果是双线程，那么每个线程各占一半的动态内存。如果该值较小，那么系统经常在内存中加载并释放一些信息，这样就减慢了渲染速度。用户应该根据自己的内存情况来确定该值。

图11-58

● **默认几何体**：控制内存的使用方式，共有以下3种方式。

- 自动：VRay会根据使用内存的情况自动调整使用静态或动态的方式。

- 静态：在渲染过程中采用静态内存会加快渲染速度，但在复杂场景中，由于需要的内存资源较多，经常会出现3ds Max跳出的情况。这是因为系统需要更多的内存资源，这时应该选择动态内存。

- 动态：使用内存资源交换技术，当渲染完一个块后就会释放占用的内存资源，同时开始下个块的计算。这样就有效地扩展了内存的使用。注意，动态内存的渲染速度比静态内存慢。

❷ 渲染区域分割

● **X**：当在后面的下拉列表框中选择【区域宽/高】时，它表示渲染块的像素宽度；当在后面的下拉列表框中选择【区域数量】时，它表示水平方向一共有多少个渲染块。

● **Y**：当在后面的下拉列表框中选择【区域宽/高】时，它表示渲染块的像素高度；当在后面的下拉列表框中选择【区域数量】时，它表示垂直方向一共有多少个渲染块。

● **锁**按钮：当单击该按钮使其凹陷后，将强制X和Y的值相同。

● **反向排序**：当选中该复选框后，渲染顺序将和设定的顺序相反。

● **区域排序**：控制渲染块的渲染顺序，共有以下6种方式。

- 上->下：渲染块将按照从上到中的顺序渲染。
- 左->右：渲染块将按照从左到右的顺序渲染。
- 棋盘格：渲染块将按照棋盘格方式的顺序渲染。
- 螺旋：渲染块将按照从里到外的顺序渲染。
- 三角剖分：这是VRay默认的渲染方式，它将图形分为两个三角形依次进行渲染。
- 希耳伯特曲线：渲染块将按照希耳伯特曲线方式渲染。

● **上次渲染**：该参数确定在渲染开始时，在3ds Max默认的帧缓冲区中以什么样的方式处理先前的渲染图像。该参数的设置不会影响最终渲染效果。系统提供了以下5种方式。

- 无变化：与前一次渲染的图像保持一致。
- 交叉：每隔两个像素图像被设置为黑色。
- 区域：每隔一条线设置为黑色。
- 暗色：图像的颜色设置为黑色。
- 蓝色：图像的颜色设置为蓝色。

❸ 帧标记

● ☑ V-Ray %vrayversion | 文件: %filename | 帧: %frame | 基面数: %pri ：当选中该复选框后，就可以显示水印。

● **字体**按钮：修改水印里的字体属性。

● **全宽度**：水印的最大宽度。当选中该复选框后，它的宽度和渲染图像的宽度相当。

● **对齐**：控制水印里的字体排列位置，有【左】、【中】、【右】3个选项。

❹ 分布式渲染

● **分布式渲染**：当选中该复选框后，可以开启分布式渲染功能。

● **设置...**按钮：控制网络中计算机的添加、删除等。

❺ VRay日志

● **显示消息日志窗口**：选中该复选框后，可以显示【VRay日志】窗口。

● **级别**：控制VRay日志的显示内容，一共分为4个级别。1表示仅显示错误信息；2表示显示错误和警告信息；3表示显示错误、警告和情报信息；4表示显示错误、警告、情报和调试信息。

● c:\VRayLog.txt ...：可以选择保存VRay日志文件的位置。

❻ 杂项选项

● **MAX-兼容着色关联**（配合摄影机空间）：有些3ds Max插件（例如大气等）是采用摄影机空间来进行计算的，因为它们都是针对默认的扫描线渲染器而开发。为了保持与这些插件的兼容性，VRay通过转换来自这些插件的点或向量的数据，模拟在摄影机空间计算。

● **检查缺少文件**：当选中该复选框时，VRay会自己寻找场景中丢失的文件，并将它们进行列表，然后保存到C:\VRayLog.txt文件中。

● **优化大气求值**：当场景中拥有大气效果，并且大气比较稀薄时，选中该复选框可以得到比较优秀的大气效果。

● **低线程优先权**：当选中该复选框时，VRay将使用低线程进行渲染。

● **对象设置...**按钮：单击该按钮会弹出【VRay对象属性】对话框，在该对话框中可以设置场景物体的局部参数。

● **灯光设置...**按钮：单击该按钮会弹出【VR-灯光属性】对

话框，在该对话框中可以设置场景灯光的一些参数。

● █████ 按钮：单击该按钮会打开【VRay预置】对话框，在该对话框中可以保持当前VRay渲染参数的各种属性，方便以后调用。

11.2.5 Render Elements（渲染元素）

通过添加渲染元素，可以针对某一级别单独进行渲染，并在后期进行调节、合成、处理，非常方便，如图11-59所示。

● 添加：单击该按钮可将新元素添加到列表中，并弹出【渲染元素】对话框。

● 合并：单击该按钮可合并来自其他 3ds Max 场景中的渲染元素。单击后会弹出【文件】对话框，可以从中选择要获取元素的场景文件，选定文件中的渲染元素列表将添加到当前的列表中。

● 删除：单击该按钮可从列表中删除选定对象。

● 激活元素：选中该复选框后，单击【渲染】按钮可分别对元素进行渲染。默认设置为选中状态。

● 显示元素：选中该复选框后，每个渲染元素会显示在各自的窗口中，并且其中的每个窗口都是渲染帧窗口的精简版。

● 元素渲染列表：该可滚动的列表用来显示要单独进行渲染的元素，以及它们的状态。要重新调整列表中列的大小，可拖动两列之间的边框。

● 选定元素参数：用来编辑列表中选定的元素。

  ● 启用：选中该复选框可启用对选定元素的渲染。

  ● 启用过滤：选中该复选框后，将活动抗锯齿过滤器应用于渲染元素。

  ● 名称：显示当前选定元素的名称。可以输入元素的自定义名称。

  ● █浏览█ 按钮：在文本框中输入元素的路径和文件名称，或单击该按钮进行选择。

图11-59

技术专题——VRayAlpha和VRayWireColor（VRay线框颜色）渲染元素的使用方法

1. VRayAlpha渲染元素的使用方法

（1）如图11-60所示为添加VRayAlpha渲染元素的方法。

（2）如图所示为添加VRayAlpha渲染元素后的渲染效果，我们会发现渲染出了一张黑白色的图像。如图11-61所示为使用通道合成背景后的效果。

图11-60

图11-61

2. 【VRayWireColor】渲染元素的使用方法

(1) 如图11-62所示为添加【VRayWireColor】渲染元素的方法。

(2) 如图11-63所示为添加【VRayWireColor】渲染元素后的渲染效果，我们会发现渲染出了一张彩色的图像。

(3) 如图11-64所示为使用【VRayWireColor】渲染元素调节背景颜色的效果。

图11-62   图11-63   图11-64

综合实例：使用VRay渲染器制作厨房效果

场景文件	01.max
案例文件	综合实例：使用VRay渲染器制作厨房效果.max
视频教学	DVD/多媒体教学/Chapter 11/综合实例：使用VRay渲染器制作厨房效果.flv
难易指数	★★★★★
灯光类型	目标平行光、VR-灯光
材质类型	VRayMtl材质、VR-灯光材质、多维/子对象材质、标准材质
程序贴图	无
技术掌握	掌握VRayMtl材质、VR-灯光材质、多维/子对象材质、标准材质、目标平行光、VR-灯光的使用方法

实例介绍

本例是一个厨房场景，室内明亮灯光表现主要使用目标平行光和VR-灯光制作，使用VRayMtl材质制作本案例的主要材质，制作完毕之后渲染的效果如图11-65所示。

图11-65

操作步骤

Part 01 设置VRay渲染器

❶ 打开本书配套光盘中的【场景文件/Chapter 11/01.max】文件，此时场景效果如图11-66所示。

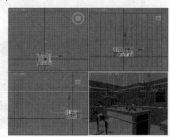

图11-66

❷ 按F10键，打开【渲染设置】窗口，选择【公用】选项卡，在【指定渲染器】卷展栏中单击━按钮，在弹出的【选择渲染器】对话框中选择V-Ray Adv 3.00.08，如图11-67所示。

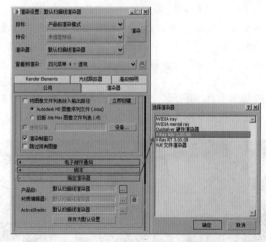

图11-67

❸ 此时在【指定渲染器】卷展栏中的【产品级】选项后面显示了V-Ray Adv 3.00.08，【渲染设置】对话框中出现了【V-Ray】、【GI】和【设置】选项卡，如图11-68所示。

图11-68

第11章 效果图渲染利器完全解析——VRay渲染器设置

283

下面就来讲述场景中主要材质的调制，包括理石地面、木质、不锈钢、台面、环境、陶瓷、乳胶漆材等。效果如图11-69所示。

图11-69

1. 【理石地面】材质的制作

所谓理石地面，是以耐火的金属氧化物及半金属氧化物，经由研磨、混合、压制、施釉、烧结等过程而形成的一种耐酸碱的瓷质或石质建筑或装饰材料，总称为瓷砖。其原材料多由黏土、石英砂等混合而成。本例的理石地面材质的模拟效果如图11-70所示，其基本属性主要包括3点：理石纹理、一定的模糊反射、很小的凹凸效果。

图11-70

❶ 按M键，打开【材质编辑器】窗口，选择一个材质球，设置材质类型为VRayMtl材质。将其命名为【理石地面】，设置其具体的参数，如图11-71和图11-72所示。

- 在【漫反射】选项组的通道上加载【理石地面.jpg】贴图文件，设置【瓷砖】的【U/V】为0.8，接着在【反射】选项组中调节颜色为深灰色，设置【反射光泽度】为0.85，【细分】为15。

- 展开【贴图】卷展栏，单击【漫反射】通道上的贴图文件，并将其拖曳到【凹凸】通道上，最后设置凹凸数量为12。

❷ 将制作好的理石地面材质赋给场景中地面的模型，如图11-73所示。

图11-71

图11-72

图11-73

2. 【木质】材质的制作

木质材质是由天然树木加工成的圆木、板材、枋材等建筑用材的总称。本例的木质材质的模拟效果如图11-74所示，其基本属性主要包括两点：木纹的纹理效果和一定的模糊反射。

图11-74

❶ 选择一个空白材质球，然后将材质类型设置为【VRayMtl】材质，并命名为【木质】，具体的参数设置如图11-75所示。

● 在【漫反射】选项组中的通道上加载【木纹.jpg】贴图文件，接着在【反射】选项组中调节颜色为深灰色，设置【反射光泽度】为0.85，【细分】为15。

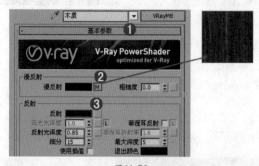

图11-75

❷ 将制作好的木质材质赋给场景中橱柜的模型，如图11-76所示。

图11-76

3．不锈钢材质的制作

不锈钢指耐空气、蒸汽、水等弱腐蚀介质和酸、碱、盐等化学浸蚀性介质腐蚀的钢，又称不锈耐酸钢。本例的不锈钢材质的模拟效果如图11-77所示，其基本属性主要有以下两点：

● 颜色为灰色。

● 带有一定的模糊反射。

图11-77

❶ 选择一个空白材质球，然后将材质类型设置为VRayMtl材质，并命名为【不锈钢】，具体的参数设置如图11-78所示。

● 在【漫反射】选项组中调节颜色为深灰色，接着在【反射】选项组中调节颜色为浅灰色，设置【反射光泽度】为0.85，【细分】为15。

图11-78

❷ 将制作好的不锈钢材质赋给场景中橱柜的金属模型，如图11-79所示。

图11-79

4．台面材质的制作

台面材质是大理石质地，大理石主要用于加工成各种型材、板材，作建筑物的墙面、地面、台、柱，还常用于纪念性建筑物如碑、塔、雕像等的材料。大理石还可以雕刻成工艺美术品、文具、灯具、器皿等实用艺术品。本例的台面材质的模拟效果如图11-80所示，其基本属性主要有以下两点：

● 带有理石纹理图案。

● 一定的模糊反射效果。

图11-80

❶ 选择一个空白材质球，然后将材质类型设置为VRayMtl材质，并命名为【台面】，具体的参数设置，如图11-81所示。

　　◉ 在【漫反射】选项组中的通道上加载【台面.jpg】贴图文件，设置【瓷砖】的U/V为2，接着在【反射】选项组中调节颜色为浅灰色，设置【反射光泽度】为0.82，【细分】为10。

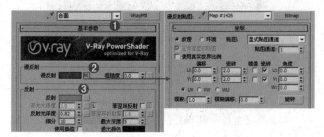

图11-81

❷ 将制作好的台面材质赋给场景中橱柜台面的模型，如图11-82所示。

图11-82

5．环境材质的制作

　　环境材质主要用来模拟场景的背景效果。本例的环境材质的模拟效果如图11-83所示，其基本属性主要有以下两点：

　　◉ 带有贴图。

　　◉ 带有一定的发光效果。

图11-83

❶ 选择一个空白材质球，然后将材质类型设置为【VR-灯光材质】，并命名为【环境】，具体的参数设置如图11-84所示。在【参数】卷展栏中设置数量为3，并在通道上加载【环境.jpg】贴图文件。

❷ 将制作好的环境材质赋给场景中的窗外背景模型，如图11-85所示。

图11-84　　　　　　　　　　　图11-85

6．【陶瓷】材质的制作

　　陶瓷是陶器和瓷器的总称。陶瓷材料大多是氧化物、氮化物、硼化物和碳化物等。常见的陶瓷材料有黏土、氧化铝、高岭土等。日用陶瓷有很多，如餐具、茶具、缸、坛、盆、罐、盘、碟、碗等。本例的陶瓷材质的模拟效果如图11-86所示，其基本属性是要具有一定的反射效果。

图11-86

❶ 选择一个空白材质球，然后将材质类型设置为VRayMtl材质，并命名为【陶瓷】，具体的参数设置，如图11-87所示。

　　◉ 在【漫反射】选项组中调节颜色为浅灰色，接着在【反射】选项组中调节颜色为深灰色，设置【反射光泽度】为0.87，【细分】为15。

❷ 将制作好的陶瓷材质赋给场景中盘子的模型，如图11-88所示。

图11-87　　　　　　　　　　　图11-88

7．【乳胶漆】材质的制作

　　乳胶漆又称为合成树脂乳液涂料，是有机涂料的一种，是以合成树脂乳液为基料加入颜料、填料及各种助剂配制而成的一类水性涂料。根据产品适用环境的不同，分为内墙乳胶漆和外墙乳胶漆两种；根据装饰的光泽效果又可分为无光、哑光、半光、丝光和有光等类型。本例的乳胶漆材质的模拟效果如图11-89所示，其基本属性主要有以下两点：

- 带有颜色。
- 无反射。

图11-89

❶ 选择一个空白材质球，然后将材质类型设置为VRayMtl材质，并命名为【乳胶漆】，具体的参数设置如图11-90所示。在【漫反射】选项组中调节颜色为白色。

❷ 将制作好的乳胶漆材质赋给场景中顶棚的模型，如图11-91所示。

图11-90　　　　　　图11-91

至此，场景中主要模型的材质已经制作完毕，其他材质的制作方法这里就不再详述了。

Part 03 设置灯光并进行草图渲染

在该厨房场景中，使用两部分灯光照明来表现，一部分使用了自然光效果，另一部分使用了室外灯光的照明。

1. 制作【VR-天空】贴图

❶ 按快捷键8，打开【环境和效果】对话框，然后在【环境贴图】通道上加载【VR-天空】程序贴图，并将其拖曳到一个空白的材质球上，选中【实例】单选按钮，最后单击【确定】按钮，如图11-92所示。

❷ 此时单击该材质球，会出现【VRay天空参数】卷卷栏，选中【手动太阳节点】复选框，如图11-93所示。

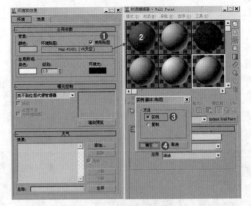

图11-92

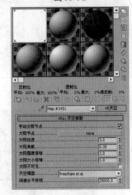

图11-93

2. 制作太阳光

❶ 创建一个目标平行光，如图11-94所示。

❷ 选择上一步创建的目标平行光，并在【修改】面板中设置具体参数，如图11-95所示。

- 展开【常规参数】卷展栏，在【阴影】选项组中选中【启用】复选框，并设置【阴影类型】为【VRay阴影】。

- 展开【强度/颜色/衰减】卷展栏，设置【倍增】为12，调节颜色为浅黄色。

图11-94　　　　　　图11-95

● 展开【平行光参数】卷展栏，设置【聚光区/光束】为319mm，【衰减区/区域】为328mm，展开【VRay阴影参数】卷展栏，选中【区域阴影】复选框，设置【U大小】、【V大小】和【W大小】均为10mm。

❸ 按F10键，打开【渲染设置】对话框。首先设置VRay和【间接照明】选项卡中的参数，刚开始是一个草图设置，目的是进行快速渲染以观看整体的效果，参数设置如图11-96所示。

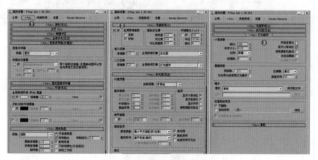
图11-96

❹ 按Shift+Q组合键，快速渲染摄影机视图，其渲染效果如图11-97所示。

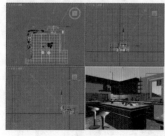
图11-97

从上面的渲染效果来看，对太阳光的位置基本满意。下面来创建VR-灯光，放在玻璃窗的位置，主要模拟天光的效果。使用VR-灯光的阴影及效果要比环境中的天光好一些。

3. 制作窗口处灯光和室内辅助灯光

❶ 在前视图中窗口的位置创建1盏VR-灯光，大小与窗口差不多，将它移动到右侧窗口的外面，如图11-98所示。

❷ 选择上一步创建的VR-灯光，然后在【修改】面板中设置具体的参数，如图11-99所示。

图11-98　　　　　　图11-99

● 设置【类型】为【平面】，设置【倍增器】为15，调节【颜色】为浅黄色，【1/2长】为35mm，【1/2宽】

为28mm，选中【不可见】复选框，最后设置【细分】为12。

❸ 在视图中的左侧创建2盏VR-灯光，如图11-100所示。

❹ 选择上一步创建的VR-灯光，然后在【修改】面板中设置具体的参数，如图11-101所示。

● 设置【类型】为【平面】，设置【倍增器】为4，调节【颜色】为浅黄色，【1/2长】为35mm，【1/2宽】为28mm，选中【不可见】复选框，最后设置【细分】为12。

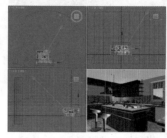 
图11-100　　　　　　图11-101

❺ 按Shift+Q组合键，快速渲染摄影机视图，其渲染效果如图11-102所示。

图11-102

4. 制作操作台顶部和橱柜中方灯光

❶ 在视图中创建6盏自由聚光灯，放置到操作台上方，如图11-103所示。

图11-103

❷ 选择上一步创建的自由聚光灯，并在【修改】面板中设置具体参数，如图11-104所示。

● 展开【常规参数】卷展栏，在【阴影】选项组中选中【启用】复选框，并设置【阴影类型】为【VRay阴影】。

● 展开【强度/颜色/衰减】卷展栏，设置【倍增】为1，调节颜色为浅黄色。

● 展开【聚光灯参数】卷展栏，设置【聚光区/光束】为43.5，【衰减区/区域】为66.5。

● 展开【VRay阴影参数】卷展栏，选中【区域阴影】复

3ds Max 2016 中文版+VRay 效果图制作从入门到精通

选框，设置【U大小】、【V大小】和【W大小】均为2mm。

❸ 在视图中创建2盏自由聚光灯，放置到橱柜中方，如图11-105所示。

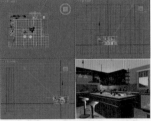

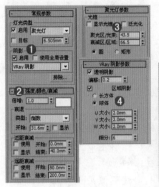

图11-104　　　　　图11-105

❹ 选择上一步创建的自由聚光灯，并在【修改】面板中设置具体参数，如图11-106所示。

● 展开【常规参数】卷展栏，在【阴影】选项组中选中【启用】复选框，并设置【阴影类型】为【VRay阴影】。

● 设置【倍增】为3，调节颜色为浅黄色。

● 展开【聚光灯参数】卷展栏，设置【聚光区/光束】为43.5，【衰减区/区域】为66.5。

● 展开【VRay阴影参数】卷展栏，选中【区域阴影】复选框，设置【U大小】、【V大小】和【W大小】均为2mm。

❺ 按Shift+Q组合键，快速渲染摄影机视图，其渲染效果如图11-107所示。

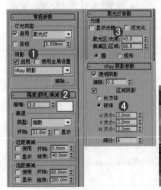

图11-106　　　　　图11-107

5．制作橱柜灯带

❶ 在橱柜下方创建4盏VR-灯光，作为灯带光源，如图11-108所示。

❷ 选择上一步创建的VR-灯光，然后在【修改】面板中设置具体的参数，如图11-109所示。

● 设置【类型】为【平面】，设置【倍增器】为100，调节【颜色】为浅黄色，【1/2长】为0.6mm，【1/2宽】

为6mm，选中【不可见】复选框，最后设置【细分】为12。

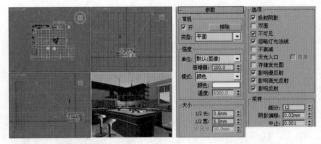

图11-108　　　　　图11-109

❸ 按Shift+Q组合键，快速渲染摄影机视图，其渲染效果如图11-110所示。

图11-110

Part 04

设置成图渲染参数

经过前面的操作，已经将大量烦琐的工作做完了，下面需要做的就是把渲染的参数设置高一些，再进行渲染输出。

❶ 按F10键，在打开的【渲染设置】对话框中重新设置渲染参数，如图11-111所示。

● 选择V-Ray选项卡，展开【图形采样器（抗锯齿）】卷展栏，设置【类型】为【自适应】，接着选中【图像过滤器】复选框，并选择Mitchell-Netravali过滤器；展开【自适应图像采样器】卷展栏，设置【最小细分】为1，【最大细分】为4。

● 展开【环境】卷展栏，在【全局照明（GI）环境】选项组中选中【开】复选框，设置【倍增器】为30；展开【颜色贴图】卷展栏，设置【类型】为【指数】，设置【暗度倍增】为1.5，【明亮倍增】为1.1，选中【子像素贴图】和【钳制输出】复选框。

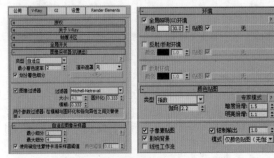

图11-111

❷ 选择【间接照明】选项卡，并进行调节，具体的设置参数如图11-112所示。

　　⬤ 进入GI选项卡，展开【发光图】卷展栏，设置【当前预设】为【低】，设置【细分】为50，【插值采样】为30，选中【显示计算相位】和【显示直接光】复选框。

❸ 选择【设置】选项卡，并进行调节，具体的参数设置如图11-113所示。

　　⬤ 展开【系统】卷展栏，设置【默认几何体】为【静态】，设置【最大树向深度】为90，设置【序列】为【上–>下】，最后取消选中【显示消息日志窗口】复选框。

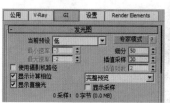

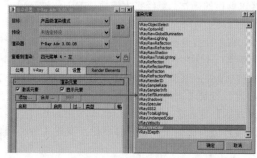

图11-112　　　　　　　図11-113

❹ 选择Render Elements选项卡，单击【添加】按钮并在弹出的【渲染元素】对话框中选择【VRayWireColor（VRay线框颜色）】选项，然后单击【确定】按钮，如图11-114所示。

图11-114

综合实例：使用VRay渲染器制作休息室

❺ 单击【公用】选项卡，展开【公用参数】卷展栏，设置输出的尺寸为1500×1000，如图11-115所示。

图11-115

❻ 设置完成后，即可开始渲染，渲染完成后的最终效果如图11-116所示。

图11-116

场景文件	02.max
案例文件	综合实例：使用VRay渲染器制作休息室.max
视频教学	DVD/多媒体教学/Chapter 11/综合实例：使用VRay渲染器制作休息室.flv
难易指数	★★★★★
灯光类型	目标平行光、VR-灯光
材质类型	VRayMtl材质、VR-灯光材质、多维/子对象材质、标准材质
程序贴图	无
技术掌握	掌握VRayMtl材质、VR-灯光材质、多维/子对象材质、标准材质、目标平行光、VR-灯光的使用方法

实例介绍

　　本例是一个休息室场景，室内明亮灯光表现主要使用了目标平行光和VR-灯光来制作，使用VRayMtl材质制作本案例的主要材质，制作完毕之后进行渲染，效果如图11-117所示。

图11-117

操作步骤

❶ 打开本书配套光盘中的【场景文件/Chapter 11/02.max】文件，此时场景效果如图11-118所示。

❷ 按F10键，打开【渲染设置】对话框，选择【公用】选项卡，在【指定渲染器】卷展栏中单击 ▦ 按钮，在弹出的【选择渲染器】对话框中选择V-Ray Adv 3.00.08，如图11-119所示。

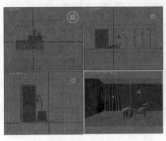
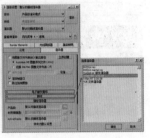

图11-118　　　　　图11-119

❸ 此时在【指定渲染器】卷展栏中的【产品级】选项后面显示了V-Ray Adv 3.00.08，【渲染设置】对话框中出现了V-Ray、【间接照明】和【设置】选项卡，如图11-120所示。

图11-120

下面就来讲述场景中主要材质的制作，包括木地板、地毯、黑色皮革、窗纱、窗户玻璃、木纹、环境、墙体和窗框材质等，效果如图11-121所示。

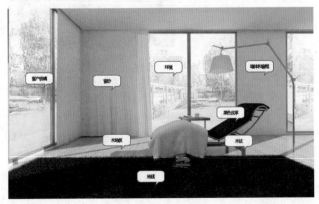

图11-121

1. 【木地板】材质的制作

如图11-122所示为现实中的木地板材质。本例木地板材质的基本属性主要有以下3点：

● 木纹的纹理效果。

● 一定的模糊反射。

● 很小的凹凸效果。

图11-122

❶ 按M键，打开【材质编辑器】窗口，选择一个材质球，设置材质类型为VRayMtl材质。将其命名为【木地板】，设置其具体的参数。

● 在【漫反射】选项组中的通道上加载【木地板.jpg】贴图文件，设置【模糊】为0.01，接着在【反射】选项组中调节颜色为深灰色，设置【高光光泽度】为0.8，【反射光泽度】为0.85，【细分】为20，如图11-123所示。

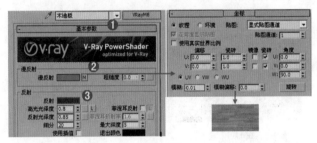

图11-123

● 展开【贴图】卷展栏，选择【漫反射】通道上的贴图文件，并将其拖曳到【凹凸】通道上，最后设置凹凸数量为30，如图11-124所示。

❷ 将制作好的【木地板】材质赋给场景中地面的模型，如图11-125所示。

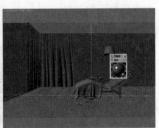

图11-124　　　　　图11-125

2. 【地毯】材质的制作

地毯以棉、麻、毛、丝、草等天然纤维或化学合成纤维为原料，如图11-126所示为现实中地毯的材质。本例地毯材质的基本属性主要有以下两点：

- 固有色为黑色。
- 很小的反射效果。

图11-126

① 选择一个空白材质球，然后将材质类型设置为VRayMtl材质，并命名为【地毯】，具体的参数设置如图11-127所示。

- 在【漫反射】选项组中调节颜色为深灰色，在【反射】选项组中调节颜色为深灰色，设置【反射光泽度】为0.953，【细分】为15。

② 将制作好的【地毯】材质赋给场景中地毯的模型，如图11-128所示。

图11-127　　　　　图11-128

3. 【黑色皮革】材质的制作

皮革是经脱毛和鞣制等物理、化学加工所得到的已经变性、不易腐烂的动物皮。革是由天然蛋白质纤维在三维空间紧密编织构成的，其表面有一种特殊的粒面层，具有自然的粒纹和光泽，手感舒适。本例的黑色皮革材质的模拟效果如图11-129所示，其基本属性主要有以下3点：

- 固有色为黑色。
- 模糊反射效果。
- 一定的凹凸效果。

图11-129

① 选择一个空白材质球，然后将材质类型设置为VRayMtl材质，并命名为【黑色皮革】，然后进行具体的参数设置。

- 在【漫反射】选项组中调节颜色为黑色，接着在【反射】选项组中调节颜色为深灰色，设置【反射光泽度】为0.75，【细分】为10。
- 展开【贴图】卷展栏，并在【凹凸】通道上加载【皮革凹凸.jpg】贴图文件，最后设置【凹凸数量】为20，如图11-130所示。

图11-130

② 将制作好的【黑色皮革】材质赋给场景中躺椅的模型，如图11-131所示。

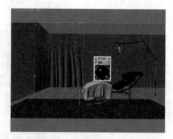

图11-131

4. 【窗纱】材质的制作

窗纱材质具有半透明的效果，可以为场景增加一定的氛围，如图11-132所示为现实中窗纱的材质。本例窗纱材质基本属性主要有以下两点：

- 很小的反射效果。
- 一定的折射效果。

图11-132

① 选择一个空白材质球，然后将材质类型设置为VRayMtl材质，并命名为【窗纱】，具体的参数设置如图11-133所示。

- 在【漫反射】选项组中调节颜色为白色，接着在【反射】选项组中调节颜色为深灰色，选中【菲涅耳反射】复制框，最后在【折射】选项组中调节颜色为深灰色，设置【光泽度】为0.95，选中【影响阴影】复选框。

② 将制作好的【窗纱】材质赋给场景中窗帘的模型，如图11-134所示。

图11-133　　　　　　　　　　图11-134

5．【窗户玻璃】材质的制作

如图11-135所示为现实中窗户玻璃的材质。本例窗户玻璃材质的基本属性主要有以下两点：

⬤ 菲涅耳反射效果。

⬤ 强烈的折射效果。

图11-135

❶ 选择一个空白材质球，然后将材质类型设置为VRayMtl材质，并命名为【窗户玻璃】，具体的参数设置如图11-136所示。

⬤ 在【漫反射】选项组中调节颜色为灰色，接着在【反射】选项组中调节颜色为浅灰色，最后在【折射】选项组中调节颜色为浅灰色，选中【影响阴影】复选框。

❷ 将制作好的【窗户玻璃】材质赋给场景中玻璃的模型，如图11-137所示。

图11-136　　　　　　　　　图11-137

6．【木纹】材质的制作

木纹材质是由天然树木加工成的圆木、板材、枋材等建筑用材的总称。本例的木纹材质的模拟效果如图11-138所示，其基本属性主要有以下两点：

⬤ 木纹纹理的效果。

⬤ 一定的模糊反射效果。

图11-138

❶ 选择一个空白材质球，然后将材质类型设置为VRayMtl材质，并命名为【木纹】，具体的参数设置如图11-139所示。

⬤ 在【漫反射】选项组中的通道上加载【木纹.jpg】贴图文件，接着在【反射】选项组中调节颜色为深灰色，设置【高光光泽度】为0.85，【反射光泽度】为0.8，【细分】为15。

❷ 将制作好的【木纹】材质赋给场景中的椅子腿模型，如图11-140所示。

图11-139　　　　　　　　　图11-140

7．【环境】材质的制作

环境材质可以发出亮光的效果，如图所示为现实中自发光材质。本例的自发光材质的模拟效果如图11-141所示，其基本属性主要有以下两点：

⬤ 环境纹理贴图。

⬤ 自发光效果。

图11-141

❶ 选择一个空白材质球，然后将材质类型设置为【VR-灯光材质】，命名为【环境】，具体的参数设置如图11-142所示。

⬤ 展开【参数】卷展栏，设置【数量】为4，并在通道上加载【环境.jpg】贴图文件。

❷ 将制作好的【环境】材质赋给场景中环境的模型，如图11-143所示。

图11-142　　　　　　　　　图11-143

8. 【墙体】和【窗框】材质的制作

墙体是建筑物的重要组成部分，其作用是承重、围护或分隔空间。墙体按墙体受力情况和材料分为承重墙和非承重墙，按墙体构造方式分为实心墙、烧结空心砖墙、空斗墙、复合墙。窗框是墙体与窗的过渡层，起固定及防止周围墙体坍塌的作用。本例的墙体和窗框材质的模拟效果如图11-144所示，其基本属性主要有以下两点：

⚫ 窗框材质带有一定的模糊反射。

⚫ 墙体材质为白色。

图11-144

❶ 选择一个空白材质球，然后将材质类型设置为【多维/子对象】材质，并命名为【墙体和窗框】，然后进行具体的参数设置，如图11-145所示。

⚫ 展开【多维/子对象基本参数】卷展栏，并设置【设置数量】为2。

⚫ 单击进入ID号为1的通道中，在【漫反射】选项组中调节颜色为深蓝色，接着在【反射】选项组中调节颜色为灰色，设置【高光光泽度】为0.95，【反射光泽度】为0.85，【细分】为15，如图11-146所示。

图11-145

图11-146

⚫ 单击进入ID号为2的通道中，调节【漫反射】颜色为白色。

❷ 将制作好的【墙体】和【窗框】材质赋给场景中墙体和窗框部分的模型，如图11-147所示。

至此，场景中主要模型的材质已经制作完毕，其他材质的制作方法就不再详述了。

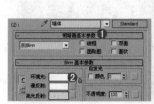

图11-147

Part 03 设置灯光并进行草图渲染

在该休息室场景中，使用两部分灯光照明来表现，一部分使用了自然光效果，一部分使用了室外灯光的照明。

1. 制作【VR-天空】贴图

❶ 按快捷键8，打开【环境和效果】对话框，然后在【环境贴图】通道上加载【VR-天空】程序贴图，并将其拖曳到一个空白的材质球上，选中【实例】单选按钮，最后单击【确定】按钮，如图11-148所示。

❷ 此时单击该材质球，会出现【VRay天空参数】卷展栏，选中【手动太阳节点】复选框，然后设置【太阳强度倍增】为0.06，如图11-149所示。

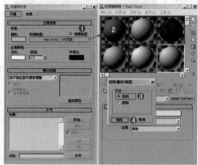

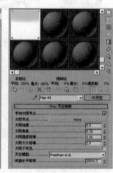

图11-148　　　　　　　图11-149

2. 制作正午太阳光的光照

❶ 创建一个【目标平行光】，位置如图11-150所示。

❷ 选择上一步创建的目标平行光，并在【修改】面板中设置具体参数，如图11-151所示。

⚫ 展开【常规参数】卷展栏，在【阴影】选项组中选中【启用】复选框，并设置【阴影类型】为【VRay阴影】。

⚫ 展开【强度/颜色/衰减】卷展栏，设置【倍增】为6，调节【颜色】为浅黄色。

⚫ 展开【平行光参数】卷展栏，设置【聚光区/光束】为4008mm，【衰减区/区域】为4010mm。

● 展开【VRay阴影参数】卷展栏，选中【区域阴影】复选框，设置【U大小】、【V大小】和【W大小】均为60mm。

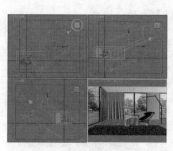 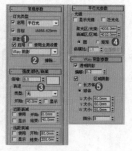

图11-150　　　　　　　　　　图11-151

❸ 按F10键，打开【渲染设置】对话框。首先设置VRay和【间接照明】选项卡中的参数，刚开始设置的是一个草图设置，目的是进行快速渲染以观看整体的效果，参数设置如图11-152所示。

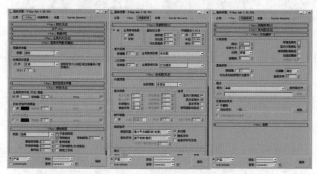

图11-152

❹ 按Shift+Q组合键，快速渲染摄影机视图，其渲染效果如图11-153所示。

通过上面的渲染效果来看，对太阳光的位置基本满意。下面来创建VR-灯光，放在玻璃窗的位置，主要模拟天光的效果。使用VR-灯光的阴影及效果要比环境中的天光好一些。

图11-153

3．制作室外天光的光照

❶ 在场景中创建1盏VR-灯光并将其移动到窗口外面，如图11-154所示。

❷ 选择上一步创建的VR-灯光，然后在【修改】面板中设置具体的参数，如图11-155所示。

● 设置【类型】为【平面】，设置【倍增器】为2.5，调节【颜色】为浅蓝色设置【1/2长】为2900mm，【1/2宽】为1400mm，选中【不可见】复选框，最后设置【细分】为15。

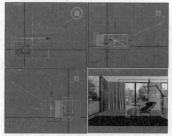 

图11-154　　　　　　　　　图11-155

4．制作室内辅助的光照

❶ 在室内创建1盏VR-灯光，如图11-156所示。

❷ 选择上一步创建的VR-灯光，然后在【修改】面板中设置具体的参数，如图11-157所示。

● 设置【类型】为【平面】，设置【倍增器】为2，调节【颜色】为浅蓝色，设置【1/2长】为1750mm，【1/2宽】为1300mm，选中【不可见】复选框，最后设置【细分】为15。

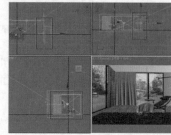

图11-156　　　　　　　　　图11-157

❸ 按Shift+Q组合键，快速渲染摄影机视图，其渲染效果如图11-158所示。

图11-158

Part 04　设置成图渲染参数

经过前面的操作，已经将大量烦琐的工作做完了，下面需要做的就是把渲染的参数设置高一些，再进行渲染输出。

❶ 按F10键，在打开的【渲染设置】对话框中重新设置渲染参数，如图11-159所示。

● 选择V-Ray选项卡，展开【图形采样器（抗锯齿）】卷展栏，设置【类型】为【自适应】，接着选中【图像过滤器】复选框，并选择Mitchell-Netravali过滤器，展开【自适应图像采样器】卷展栏，设置【最小细分】为2，【最大细分】为5。展开【全局确定性蒙特卡洛】卷展栏，设置【适应数量】为0.75，【最小采样值】为10。

● 展开【环境】卷展栏，在【全局照明（GI）环境】选项组中选中【开】复选框，设置【倍增器】为3；展开【颜色贴图】卷展栏，设置【类型】为【指数】，选中【子像素贴图】和【钳制输出】复选框。

❷ 选择【间接照明】选项卡，并进行调节，具体的参数设置如图11-160所示。

● 展开【发光图】卷展栏，设置【当前预设】为【低】，设置【细分】为50，【插值采样】为30。

❸ 选择【设置】选项卡，并进行调节，具体的参数设置如图11-161所示。

● 展开【系统】卷展栏，设置【默认几何体】为【静态】，设置【序列】为【上-->下】，最后取消选中【显示消息日志窗口】复选框。

  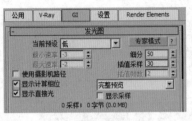 

图11-159   图11-160   图11-161

❹ 选择Render Elements选项卡，单击【添加】按钮并在弹出的【渲染元素】卷展栏中选择【VRayWireColor（VRay线框颜色）】选项，如图11-162所示。

❺ 选择【公用】选项卡，展开【公用参数】卷展栏，设置输出的尺寸为1500×909，如图11-163所示。

❻ 设置完成后即可开始渲染，渲染完成后的最终的效果如图11-164所示。

图11-162   图11-163   图11-164

综合实例：使用VRay渲染器制作休息室夜晚

场景文件	03.max
案例文件	综合实例：使用VRay渲染器制作休息室夜晚.max
视频教学	DVD/多媒体教学/Chapter 11/综合实例：使用VRay渲染器制作休息室夜晚.flv
难易指数	★★★★★
灯光类型	目标灯光、VR-灯光
材质类型	VRayMtl材质
程序贴图	混合程序贴图、噪波程序贴图、衰减程序贴图
技术掌握	掌握VRayMtl材质、目标灯光、VR-灯光的使用方法

实例介绍

本例是一个休息室场景，室内明亮灯光表现主要使用目标灯光、VR-灯光来制作，使用VRayMtl材质制作本例的主要材质，制作完毕之后进行渲染，效果如图11-165所示。

图11-165

操作步骤

Part 01 **设置VRay渲染器**

❶ 打开本书配套光盘中的【场景文件/Chapter 11/03.max】文件,此时场景效果如图11-166所示。

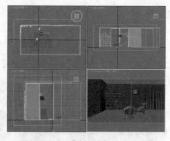

图11-166

❷ 按F10键,打开【渲染设置】对话框,选择【公用】选项卡,在【指定渲染器】卷展栏中单击▓按钮,在弹出的【选择渲染器】对话框中选择V-Ray Adv 3.00.08,如图11-167所示。

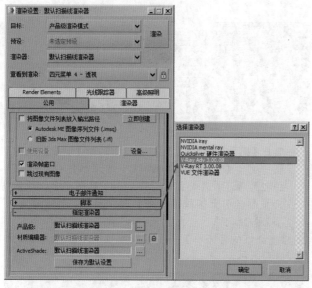

图11-167

❸ 此时在【指定渲染器】卷展栏中的【产品级】选项后面显示了V-Ray Adv 3.00.08,【渲染设置】对话框中出现了V-Ray、【间接照明】和【设置】选项卡,如图11-168所示。

图11-168

Part 02 **材质的制作**

下面就来讲述场景中的主要材质的调制,包括木地板、床单、灯罩、杂志、瓷杯、黑色金属材质等。效果如图11-169所示。

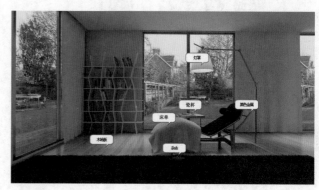

图11-169

1. 【木地板】材质的制作

木地板是指用木材制成的地板,中国生产的木地板主要分为实木地板、强化木地板、实木复合地板、竹材地板和软木地板五大类。本例的木地板材质的模拟效果如图11-170所示,其基本属性主要有以下3点:

🔘 木纹纹理。

🔘 一定的模糊反射。

🔘 很小的凹凸效果。

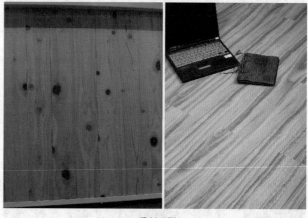

图11-170

❶ 按M键,打开【材质编辑器】窗口,选择一个材质球,设置材质类型为VRayMtl材质。将其命名为【木地板】,设置其具体的参数。

🔘 在【漫反射】选项组中的通道上加载【木地板.jpg】贴图文件,设置【模糊】为0.01,接着在【反射】选项组中调节颜色为深灰色,设置【高光光泽度】为0.8,【反射光泽度】为0.85,【细分】为20,如图11-171所示。

第11章 效果图渲染利器完全解析——VRay渲染器设置

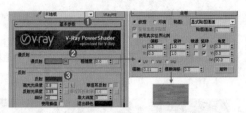

图11-171

● 展开【贴图】卷展栏，选择
【漫反射】通道上的贴图文
件，并将其拖曳到【凹凸】
通道上，最后设置凹凸数量
为30，如图11-172所示。

❷ 将制作好的【木地板】材质赋
给场景中地面的模型，如图11-173
所示。

图11-172

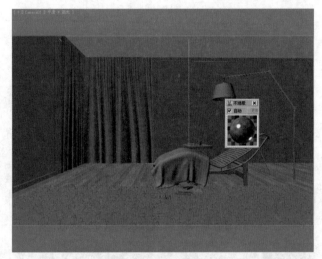

图11-173

2．【床单】材质的制作

如图所示为现实中的床单材质。本例的床单材质的模拟
效果如图11-174所示，其基本属性主要有以下两点。

● 很小的反射效果。

● 一定的凹凸效果。

图11-174

❶ 选择一个空白材质球，然后将材质类型设置为VRayMtl
材质，并命名为【床单】，然后进行具体的参数设置，如
图11-175和图11-176所示。

● 在【漫反射】选项组中的通道上加载【衰减】程序贴
图，并调节其具体的颜色，接着设置【衰减类型】为
【垂直/平行】；在【反射】选项组中调节【颜色】为
深灰色，设置【反射光泽度】为0.7。

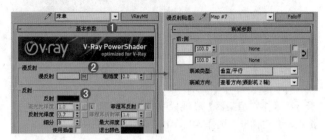

图11-175

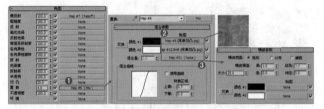

图11-176

● 展开【贴图】卷展栏，并在通道上加载【混合】程序贴
图；展开【混合参数】卷展栏，在【颜色#1】和【颜
色#2】通道上加载【床单凹凸.jpg】贴图文件，在【混
合量】通道上加载【噪波】程序贴图，并设置【大
小】为25。

❷ 将制作好的【床单】材质赋给场景中床单的模型，如
图11-177所示。

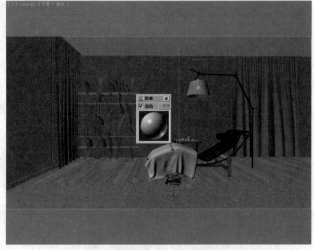

图11-177

3．【灯罩】材质的制作

落地灯的灯罩一般分为反射材料和无反射材料两种，并
且一般都有透光性。本例的灯罩材质的模拟效果如图11-178
所示，其基本属性主要有以下两点。

● 固有色为浅黄色。

● 很少的折射效果。

图11-178

❶ 选择一个空白材质球，然后将材质类型设置为VRayMtl材质，并命名为【灯罩】，具体的参数设置如图11-179所示。

● 在【漫反射】选项组中调节【颜色】为浅黄色；接着在【折射】选项组中调节颜色为深灰色，设置【光泽度】为0.7，【细分】为15，选中【影响阴影】复选框；在【半透明】选项组中设置【类型】为【硬（蜡）类型】。

❷ 将制作好的【灯罩】材质赋给场景中灯罩的模型，如图11-180所示。

图11-179　　　　　　　图11-180

4.【杂志】材质的制作

杂志的纸张主要分为两个部分，分别为封面和内页，如图11-181所示。本例杂志材质的基本属性主要有以下两点。

图11-181

● 带有杂志贴图。

● 带有一定的菲涅耳反射。

❶ 选择一个空白材质球，然后将材质类型设置为VRayMtl材质，并命名为【杂志】，具体的参数设置如图11-182所示。

● 在【漫反射】选项组中的通道上加载【杂志1.jpg】贴图文件，接着在【反射】选项组中调节【颜色】为浅灰色，选中【菲涅耳反射】复选框。

❷ 将制作好的杂志材质赋给场景中杂志的模型，如图11-183所示。

图11-182　　　　　　　图11-183

5.【瓷杯】材质的制作

瓷器材质的表面具有菲涅耳反射的效果。本例的瓷杯材质的模拟效果如图11-184所示，其基本属性主要有以下两点。

● 固有色为白色。

● 具有菲涅耳反射效果。

图11-184

❶ 选择一个空白材质球，然后将材质类型设置为VRayMtl材质，并命名为【瓷杯】，具体的参数设置如图11-185所示。

● 在【漫反射】选项组中调节颜色为白色，接着在【反射】选项组中调节【颜色】为浅灰色，选中【菲涅耳反射】复选框，设置【反射光泽度】为0.9，【细分】为30。

❷ 将制作好的【瓷杯】材质赋给场景中茶杯的模型，如图11-186所示。

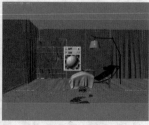

图11-185　　　　　　　图11-186

6.【黑色金属】材质的制作

黑色金属在效果图制作中经常使用到，如图11-187所示为现实中的黑色金属材质。本例黑色金属材质的基本属性主要有以下两点。

● 固有色为黑色。

● 一定的模糊反射效果。

图11-187

① 选择一个空白材质球，然后将材质类型设置为VRayMtl
材质，并命名为【黑色金属】，具体的参数设置如图11-188
所示。

● 在【漫反射】选项组中调节颜色为黑色，接着在【反
射】选项组中调节颜色为浅灰色，设置【反射光泽
度】为0.9，【细分】为20。

图11-188

② 将制作好的【黑色金属】材质赋给场景中椅子和落地灯
灯架的模型，如图11-189所示。

图11-189

至此，场景中主要模型的材质已经制作完毕，其他材质
的制作方法就不再详述了。

Part 03 ▶ 设置灯光并进行草图渲染

在该休息室场景中，使用3部分灯光照明来表现，一部
分使用目标灯光制作射灯的光源，一部分使用VR-灯光模拟
夜晚室外的光照，一部分使用VR-灯光和目标灯光制作落地
灯的光照。

1．制作室内射灯的光照

① 在前视图中按住并拖曳鼠标，创建8盏【目标灯光】，位
置如图11-190所示。

② 选择上一步创建的目标灯光，并在【修改】面板中设置
具体参数，如图11-191所示。

● 展开【常规参数】卷展栏，在【阴影】选项组中选中
【启用】复选框，并设置【阴影类型】为【VRay阴
影】，设置【灯光分布（类型）】为【光度学Web】。

● 展开【分布（光度学Web）】卷展栏，并在通道上加载
29.ies光域网文件。

● 展开【强度/颜色/衰减】卷展栏，设置【强度】为
20000；展开【VRay阴影参数】卷展栏，选中【区域阴
影】复选框，并设置【U大小】、【V大小】和【W大
小】均为30mm。

图11-190   图11-191

③ 按F10键，打开【渲染设置】对话框。首先设置VRay和
【间接照明】选项卡中的参数，刚开始设置的是一个草图，
目的是进行快速渲染以观看整体的效果，参数设置如图11-192
所示。

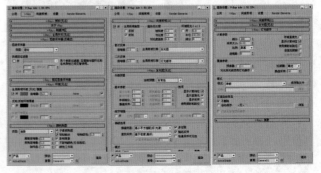

图11-192

④ 按Shift+Q组合键，快速渲染摄影机视图，其渲染效果如图11-193所示。

通过上面的渲染效果来看，射灯的效果和灯光的强度基本满意，接下来制作室外的灯光。

图11-193

2. 制作室外灯光的光照

① 在前视图中玻璃门的位置处创建1盏VR-灯光，大小与玻璃门差不多，并将它移动到玻璃门的外面，如图11-194所示。

② 选择上一步创建的VR-灯光，然后在【修改】面板中设置具体的参数，如图11-195所示。

● 设置【类型】为【平面】，设置【倍增器】为3，调节【颜色】为蓝色，设置【1/2长】为2850mm，【1/2宽】为1500mm，选中【不可见】复选框，最后设置【细分】为15。

图11-194　　　　　　　　　图11-195

③ 继续在场景左侧的窗外创建1盏灯光，位置如图11-196所示。

④ 选择上一步创建的VR-灯光，然后在【修改】面板中设置具体的参数，如图11-197所示。

● 设置【类型】为【平面】，设置【倍增器】为3，调节【颜色】为蓝色，设置【1/2长】为980mm，【1/2宽】为1300mm，选中【不可见】复选框，最后设置【细分】为15。

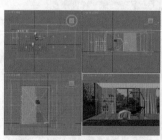 

图11-196　　　　　　　　　图11-197

⑤ 按Shift+Q组合键，快速渲染摄影机视图，其渲染效果如图11-198所示。

从上面的渲染效果来看，场景中整体的灯光效果还不错，但是还需要制作落地灯的光照。

图11-198

3. 制作落地灯的光照

① 在场景中的灯罩内创建1盏VR-灯光，如图11-199所示。

② 选择上一步创建的VR-灯光，然后在【修改】面板中设置具体的参数，如图11-200所示。

● 设置【类型】为【球体】，设置【倍增器】为8，调节【颜色】为浅蓝色，设置【半径】为100mm，选中【不可见】复选框，最后设置【细分】为15。

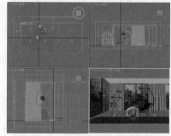 

图11-199　　　　　　　　　图11-200

③ 在场景中创建1盏目标灯光，并将其放置到灯罩的下方，具体的位置如图11-201所示。

④ 选择上一步创建的目标灯光，并在【修改】面板中设置具体参数，如图11-202所示。

● 展开【常规参数】卷展栏，在【阴影】选项组中选中【启用】复选框，并设置【阴影类型】为【VRay阴影】，设置【灯光分布（类型）】为【光度学Web】。

● 展开【分布（光度学Web）】卷展栏，并在通道上加载26.ies光域网文件。

● 展开【强度/颜色/衰减】卷展栏，调节颜色为浅黄色，设置【强度】为8000。

● 展开【VRay阴影参数】卷展栏，选中【区域阴影】复选框，并设置【U大小】、【V大小】和【W大小】均为100mm。

⑤ 按Shift+Q组合键，快速渲染摄影机视图，其渲染效果如图11-203所示。

此时整个场景中的灯光就设置完成了，从现在的效果来看，整体还是不错的，但是局部有点灰暗、曝光，该问题在渲染参数中就可以解决，用户不用担心。下面接着精细调整一下灯光细分参数及渲染参数，进行最终的渲染。

图11-201

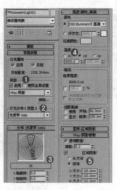
图11-202

图11-203

Part 04 设置成图渲染参数

经过前面的操作，已经将大量烦琐的工作做完了，下面需要做的就是把渲染的参数设置高一些，再进行渲染输出。

❶ 按F10键，在打开的【渲染设置】对话框中重新设置渲染参数，如图11-204所示。

- 选择V-Ray选项卡，展开【图形采样器（抗锯齿）】卷展栏，设置【类型】为【自适应】，接着选中【图像过滤器】复选框，并选择Mitchell-Netravali过滤器，展开【自适应图像采样器】卷展栏，设置【最小细分】为2，【最大细分】为5。展开【全局确定性蒙特卡洛】卷展栏，设置【适应数量】为0.75，【噪波阈值】为0.008。

- 展开【环境】卷展栏，在【全局照明（GI）环境】选项组选中【开】复选框，调节【颜色】为深蓝色，设置【倍增器】为8；展开【颜色贴图】卷展栏，设置【类型】为【指数】，选中【子像素贴图】和【钳制输出】复选框。

图11-204

❷ 选择【间接照明】选项卡，并进行调节，具体的参数设置如图11-205所示。

- 展开【发光图】卷展栏，设置【当前预设】为【低】，设置【细分】为50，【插值采样】为30。

❸ 选择【设置】选项卡，并进行调节，具体的参数设置如图11-206所示。

❹ 展开【系统】卷展栏，设置【最大树形深度】为100，设置【默认几何体】为【静态】，设置【序列】为【上–>中】，最后取消选中【显示消息日志窗口】复选框。

图11-205

图11-206

❹ 选择【Render Elements】选项卡，单击【添加】按钮，并在弹出的【渲染元素】对话框中选择【VRayWireColor（VRay线框颜色）】选项，如图11-207所示。

图11-207

❺ 选择【公用】选项卡，展开【公用参数】卷展栏，设置输出的尺寸为1500×825，如图11-208所示。

❻ 最终渲染效果如图11-209所示。

图11-208

图11-209

Chapter 12
第12章

效果图的魔术师——Photoshop后期处理

　　在使用3ds Max制作作品并进行渲染后，我们会发现图像可能会存在一定的问题，如色彩不饱和、锐利度不够、有瑕疵等。当然我们可以在3ds Max中重新进行更改，并改善这些问题，但是需要花费大量的时间进行操作和渲染，因此非常不合适。如何找到一种效果非常好，而且速度非常快的方法呢？毫无疑问那就是使用Photoshop进行后期处理。

　　室内效果图后期处理是室内设计师在制作完效果图之后进行的尾续处理，这其中包括整体画面的基调、亮度、对比度的调节及适当的绿化、植物配景、瑕疵的修缮，使整个画面整体色调和谐统一，营造出层次分明的空间，尽可能地给业主呈现出一幅合理、精美的室内效果图。

小实例：使用照片滤镜调整颜色

案例文件	小实例：使用照片滤镜调整颜色.psd
视频教学	DVD/多媒体教学/Chapter 12/小实例：使用照片滤镜调整颜色.flv
难易指数	★★★★★
知识掌握	照片滤镜

本例使用照片滤镜调整颜色，处理前后对比效果如图12-1所示。

图12-1

操作步骤

步骤01 打开素材文件，新建图层组，将图像切分为4个等大部分，分别放在每一个图层中，如图12-2所示。

步骤02 选择【背景】层，并执行【图像】|【调整】|【照片滤镜】命令，如图12-3所示。

步骤03 设置【颜色】为黄色，如图12-4所示。

步骤04 此时效果如图12-5所示。

图12-2

图12-3

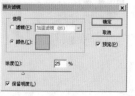

图12-4

图12-5

步骤05 选择【图层2】层，并执行【图像】|【调整】|【照片滤镜】命令，然后设置【颜色】为绿色，如图12-6所示。

图12-6

步骤06 此时效果如图12-7所示。

图12-7

步骤07 选择【图层1】层，并执行【图像】|【调整】|【照片滤镜】命令，然后设置【颜色】为红棕色，如图12-8所示。

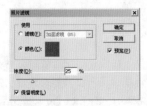

图12-8

步骤08 此时效果如图12-9所示。

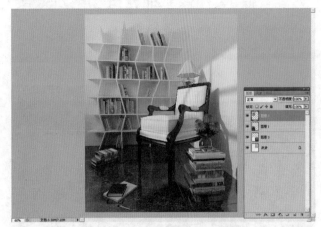

图12-9

步骤09 选择【图层3】层，并执行【图像】|【调整】|【照片滤镜】命令，然后设置【颜色】为蓝色，设置【浓度】为60%，如图12-10所示。

步骤10 此时效果如图12-11所示。

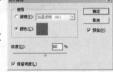

图12-10

图12-11

步骤11 最终效果如图12-12所示。

图12-12

小实例：为图像添加光斑和射灯效果

素例文件	小实例：为图像添加光斑和射灯效果.psd
视频教学	DVD/多媒体教学/Chapter 12/小实例：为图像添加光斑和射灯效果.flv
难易指数	★★★☆☆
知识掌握	画笔工具、橡皮擦工具

本例为图像添加光斑和射灯效果，处理前后对比效果如图12-13所示。

图12-13

操作步骤

步骤01 打开素材文件，新建图层组【星星1】和【图层1】图层，并单击工具箱中的【画笔工具】，适当调整画笔大小，设置前景色为白色，单击左键绘制白色圆点，如图12-14所示。

步骤02 按Ctrl+T组合键执行【自由变换】命令，将圆形拖曳为椭圆形，如图12-15所示。

图12-14　　　　　　　　图12-15

步骤03 复制【图层1】图层，按Ctrl+T组合键执行【自由变换】命令，再单击鼠标右键执行【旋转90度（顺时针）】命令，然后以同样的方法制作其他方向的椭圆形，并适当调整其大小，如图12-16所示。

步骤04 合并椭圆图形图层，命名为图层【1】，多次复制并调整大小，摆放在灯光处，如图12-17所示。

步骤05 新建图层组【星星2】，用同样的方法制作四角星，适当调整大小及不透明度，将其摆放在适当位置，如图12-18所示。

小实例：利用外挂滤镜调节图像颜色

素例文件	小实例：利用外挂滤镜调节图像颜色.psd
视频教学	DVD/多媒体教学/Chapter 12/小实例：利用外挂滤镜调节图像颜色.flv
难易指数	★★★☆☆
知识掌握	Nik Color Efex Pro 3.0外挂滤镜的使用

本例利用外挂滤镜调节图像颜色，处理前后对比效果如图12-22所示。

图12-16

图12-17　　　　　　　　图12-18

步骤06 新建图层组【光束】，新建图层【光1】，单击工具箱中的【画笔工具】，设置前景色为白色，在选项栏中设置其【不透明度】为30%，【流量】为30%，并在墙面灯光处进行绘制，如图12-19所示。

图12-19

步骤07 单击工具箱中的【橡皮擦工具】，在选项栏中设置其【不透明度】为50%，【流量】为50%，对灯光边缘处进行适当调整，在【图层】面板中设置其【不透明度】为50%，如图12-20所示。

步骤08 用同样的方法制作其他光束，最终效果如图12-21所示。

图12-20　　　　　　　　图12-21

操作步骤

步骤01 打开素材文件，从两张渲染的效果来看，图像比较发灰，色感不是很明确，所以需要对其对比度与色调进行调整。这里可以使用Nik Color Efex Pro 3.0外挂滤镜，如图12-23所示。

图12-22

图12-23

步骤02 执行【滤镜】| Nik Software | Color Efex Pro 3.0 Complete命令，打开Color Efex Pro 3.0对话框，如图12-24所示。

图12-24

 技巧提示：外挂滤镜的安装方法

外挂滤镜也就是通常所说的第三方滤镜，是由第三方厂商或个人开发的一类增效工具。外挂滤镜以其种类繁多，效果明显而备受Photoshop用户的喜爱。外挂滤镜与内置滤镜不同，它需要用户自己手动安装，根据外挂滤镜的不同类型可以选用下面两种方法中的一种来进行安装。

⊙ 如果是封装的外挂滤镜，可以直接按正常方法进行安装。

⊙ 如果是普通的外挂滤镜，需要将文件安装到Photoshop安装文件下的Plug-in目录下。

安装完成外挂滤镜后，在【滤镜】菜单的最底部就可以观察到外挂滤镜，如图12-25所示。

图12-25

步骤03 为了便于观察，首先需要设置一种双图预览的模式，单击顶部的 按钮，此时在预览区域出现调整前与调整后的对比效果，如图12-26所示。

步骤04 继续在左侧的滤镜组中选择【专业对比度】滤镜，然后设置右侧的【色偏校正】为60%，【对比度校正】为45%，此时可以在预览窗口中观察到最终效果，调整完成后单击【确定】按钮即可，如图12-27所示。

步骤05 由于这两张效果图的色调对比度比较接近，并且存在相同的问题，所以对于第二张效果图可以直接执行【重复上一次滤镜操作】命令或按Ctrl+F组合键，最终效果如图12-28所示。

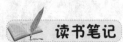

图12-26

图12-27   图12-28

 技巧提示

Nik Color Efex Pro 3.0滤镜是美国Nik Multimedia公司出品的基于Photoshop的一套滤镜插件。它的Complete版本包含75个不同效果的滤镜，Nik Color Efex Pro 3.0滤镜可以很轻松地制作出例如彩色转黑白效果、反转负冲效果以及各种暖调镜、颜色渐变镜、天空镜、日出日落镜等特殊效果，如图12-29所示。

如果要使用Nik Color Efex Pro 3.0滤镜制作各种特殊效果，只需在其左侧内置的滤镜库中选择相应的滤镜即可。同时，每一个滤镜都具有很强的可控性，可以任意调节方向、角度、强度、位置，从而得到更精确的效果，如图12-30所示。

图12-29   图12-30

从细微的图像修正到颠覆性的视觉效果，Nik Color Efex Pro 3.0滤镜都提供了一套相当完整的插件。Nik Color Efex Pro 3.0滤镜允许用户为照片加上原来所没有的东西，如【岱赭】滤镜可以将白天拍摄的照片变成夜晚背景，如图12-31所示。

图12-31

读书笔记

小实例：利用亮度/对比度调节夜晚效果

案例文件	小实例：利用亮度/对比度调节夜晚效果.psd
视频教学	DVD/多媒体教学/Chapter 12/小实例：利用亮度/对比度调节夜晚效果.flv
难易指数	★★★★★
知识掌握	调整图层、画笔工具

本例利用亮度/对比度调节夜晚效果，处理前后对比效果如图12-32所示。

图12-32

操作步骤

步骤01 打开素材文件，为了避免破坏原图像，按Ctrl+J组合键复制【背景】图层，作为【图层1】图层，如图12-33所示。

步骤02 单击【图层】面板中的【调整图层】按钮，执行【亮度/对比度】命令，如图12-34所示。

步骤03 在弹出的【亮度/对比度】调整图层面板中设置【亮度】为60，【对比度】为 - 14，如图12-35所示。

图12-33   图12-34   图12-35

步骤04 再次单击【调整图层】按钮，执行【曲线】命令，在弹出的【调整】面板中进行适当的调整，如图12-36所示。

步骤05 单击工具箱中的【画笔工具】 ✏️，适当调整画笔大小，设置前景色为黑色，在光亮处进行适当涂抹，最终效果如图12-37所示。

图12-36   图12-37

小实例：利用亮度/对比度调节白天效果

案例文件	小实例：利用亮度/对比度调节白天效果.psd
视频教学	DVD/多媒体教学/Chapter 12/小实例：利用亮度/对比度调节白天效果.flv
难易指数	★★★★★
知识掌握	调整图层

本例利用亮度/对比度调节白天效果，处理前后对比效果如图12-38所示。

图12-38

操作步骤

步骤01 打开素材文件，为了避免破坏原图像，按Ctrl+J组合键复制【背景】图层，作为【图层1】图层，如图12-39所示。

图12-39

步骤02 单击【图层】面板中的【调整图层】按钮，执行【亮度/对比度】命令，如图12-40所示。

步骤03 在弹出的【调整】面板中设置其【亮度】为18，【对比度】为50，如图12-41所示。

图12-40　　　　　　图12-41

步骤04 再次单击【调整图层】按钮，执行【曲线】命令，在弹出的【调整】面板中进行适当调整，最终效果如图12-42所示。

图12-42

小实例：在窗户处增加光

案例文件	小实例：在窗户处增加光.psd
视频教学	DVD/多媒体教学/Chapter 12/小实例：在窗户处增加光.flv
难易指数	★★★★★
知识掌握	钢笔工具、滤镜

本例在窗户处增加光，处理前后对比效果如图12-43所示。

图12-43

操作步骤

步骤01 打开素材文件，为了避免破坏原图像，按Ctrl+J组合键复制【背景】图层，作为【图层1】图层，如图12-44所示。

步骤02 单击工具箱中的【钢笔工具】，在画面窗户处绘制闭合路径，并单击鼠标右键执行【建立选区】命令，如图12-45所示。

步骤03 新建【图层2】图层，设置前景色为白色，按Alt+Delete组合键填充白色，单击【滤镜】按钮，执行【滤镜】|【模糊】|【高斯模糊】命令，设置其【半径】为60像素，单击【确定】按钮结束操作，如图12-46所示。

图12-44

图12-45   图12-46

步骤04 调整【图层】面板中的【不透明度】为20%，单击工具箱中的【橡皮擦工具】，设置选项中的【不透明度】为50%，【流量】为50%，在窗下对物体阴影部分进行涂抹，如图12-47所示。

步骤05 新建【图层3】图层并填充为黑色，单击【滤镜】按钮，执行【滤镜】|【渲染】|【镜头光晕】命令，设置其【亮度】为145%，选中【35毫米聚焦（K）】单选按钮，单击【确定】按钮，如图12-48所示。

步骤06 设置【图层】面板中的【混合模式】为变亮，按Ctr+T组合键执行【自由变换】命令，调整光照角度，最终效果如图12-49所示。

图12-47

图12-48   图12-49

小实例：锐化图像和增加光斑

案例文件	小实例：锐化图像和增加光斑.psd
视频教学	DVD/多媒体教学/Chapter 12/小实例：锐化图像和增加光斑.flv
难易指数	★★★★★
知识掌握	锐化、画笔工具

本例锐化图像和增加光斑，处理前后对比效果如图12-50所示。

图12-50

操作步骤

步骤01 打开素材文件，为了避免破坏原图像，按Ctrl+J组合键复制【背景】图层，作为【图层1】图层，如图12-51所示。

步骤02 单击【滤镜】按钮，执行【滤镜】|【锐化】|【智能锐化】命令，直接单击【确定】按钮结束操作，如图12-52所示。

图12-51　　　　　　　　　　　　　　　　　　　　　　　　　　　图12-52

步骤03 新建图层组【星星】并新建【图层1】图层，单击工具箱中的【画笔工具】，适当调整画笔大小，设置前景色为白色，单击鼠标左键绘制白色圆点，如图12-53所示。

步骤04 按Ctr+T组合键执行【自由变换】命令，将圆形拖曳为椭圆形，如图12-54所示。

步骤05 复制【图层1】图层，按Ctr+T组合键执行【自由变换】命令，再单击鼠标右键执行【旋转90度（顺时针）】命令，然后用同样的方法制作其他方向的椭圆形，并适当调整其大小，如图12-55所示。

步骤06 合并椭圆图形图层，命名为图层【1】，多次复制并调整大小及透明度，摆放在灯光处，最终效果如图12-56所示。

图12-53　　　　　　图12-54　　　　　　　　　　图12-55　　　　　　　　图12-56

案例文件	小实例：合成电视屏幕.psd
视频教学	DVD/多媒体教学/Chapter 12/小实例：合成电视屏幕.flv
难易指数	★★★★★
知识掌握	自由变换、仿制图章工具

本例合成电视屏幕效果，处理前后对比效果如图12-57所示。

图12-57

操作步骤

步骤01 打开原素材文件，并导入本书配套光盘中的素材文件（1）.jpg文件，如图12-58所示。

图12-58

步骤02 按Ctrl+T组合键，执行【自由变换】命令，按住Shift键将图片进行适当等比缩放并放在合适位置，按住Ctrl键并拖曳鼠标，按照电视屏幕的大小进行适当调整，如图12-59所示。

图12-59

步骤03 在【图层】面板中设置其【不透明度】为85%，设置【混合模式】为【强光】，如图12-60所示。

图12-60

步骤04 单击工具箱中的【套索工具】 ，在正对电视的墙面上绘制出反光区域，单击【仿制图章工具】 ，在选项栏中设置其【不透明度】为40%，【流量】为50%，适当调整图章大小，如图12-61所示。

图12-61

步骤05 按住Alt键，单击鼠标左键吸取电视屏幕，单击鼠标左键在选区中进行绘制，按Ctrl+D组合键取消选区，同样使用【仿制图章工具】 对反光边缘进行处理，使之更真实，如图12-62所示。

图12-62

步骤06 使用同样的方法制作床头部分的反光，最终效果如图12-63所示。

图12-63

小实例：校正偏灰效果图

案例文件	小实例：校正偏灰效果图.psd
视频教学	DVD/多媒体教学/Chapter 12/小实例：校正偏灰效果图.flv
难易指数	★★★★★
知识掌握	亮度/对比度

本例校正偏灰的效果图，处理前后对比效果如图12-64所示。

图12-64

步骤01 打开素材文件，为了避免破坏原图像，按Ctrl+J组合键复制【背景】图层，作为【图层1】图层，如图12-65所示。

步骤04 再次单击【调整图层】按钮，执行【亮度/对比度】命令，在弹出的【调整】面板中设置其【亮度】为50，【对比度】为20，最终效果如图12-68所示。

图12-65

步骤02 单击【图层】面板中的【调整图层】按钮，执行【自然饱和度】命令，如图12-66所示。

步骤03 在弹出的【调整】面板中设置其【自然饱和度】为100，【饱和度】为15，如图12-67所示。

图12-66   图12-67

图12-68

小实例：利用阴影/高光还原效果图暗部细节

案例文件	小实例：利用阴影/高光还原效果图暗部细节.psd
视频教学	DVD/多媒体教学/Chapter 12/小实例：利用阴影/高光还原效果图暗部细节.flv
难易指数	★★★★★
知识掌握	阴影/高光

本例利用阴影/高光还原效果图暗部细节，处理前后对比效果如图12-69所示。

图12-69

操作步骤

步骤01 打开素材文件，为了避免破坏原图像，按Ctrl+J组合键复制【背景】图层，作为【图层1】图层，如图12-70所示。

图12-70

步骤02 执行【图像】|【调整】|【阴影/高光】命令，打开【阴影/高光】对话框，选中【显示更多选项】复选框，然后设置各项参数，此时可以看到原图中暗部区域的细节明显少了很多，如图12-71所示。

图12-71

 读书笔记

步骤03 此时可以观察到暗部区域被提亮，而且细节更加丰富了，但是天花板显得比较脏，床品部分有些曝光，可以为【图层1】图层添加图层蒙版，使用黑色画笔工具涂抹天花板部分，如图12-72所示。

图12-72

步骤04 创建新的【曲线】调整图层，然后调整曲线形状，将图像整体提亮，最终效果如图12-73所示。

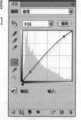

图12-73

小实例：增加图像饱和度

案例文件	小实例：增加图像饱和度.psd
视频教学	DVD/多媒体教学/Chapter 12/小实例：增加图像饱和度.flv
难易指数	★★★★★
知识掌握	色相/饱和度、自然饱和度

本例讲解增加图像饱和度，处理前后对比效果如图12-74所示。

图12-74

操作步骤

步骤01 打开素材文件，为了避免破坏原图像，按Ctrl+J组合键复制【背景】图层，作为【图层1】图层，如图12-75所示。

图12-75

步骤02 单击【图层】面板中的【调整图层】按钮，执行【色相/饱和度】命令，如图12-76所示。

步骤03 在弹出的【调整】面板中设置其【色相】为3，【饱和度】为55，【明度】为6，如图12-77所示。

图12-76

图12-77

步骤04 再次单击【调整图层】按钮，执行【自然饱和度】命令，在弹出的【调整】面板中设置其【自然饱和度】为20，【饱和度】为﹣7，最终效果如图12-78所示。

图12-78

小实例：合成窗外背景

案例文件	小实例：合成窗外背景.psd
视频教学	DVD/多媒体教学/Chapter 12/小实例：合成窗外背景.flv
难易指数	★★★★★
知识掌握	钢笔工具、图层蒙版

本例讲解合成窗外背景，处理前后对比效果如图12-79所示。

图12-79

操作步骤

步骤01 打开原素材文件，导入本书配套光盘中的素材文件（1）.jpg文件，如图12-80所示。

图12-80

步骤02 按Ctrl+T组合键执行【自由变换】命令，然后单击鼠标右键并执行【透视】命令，对图像进行适当的透视调整，摆放在右窗位置，如图12-81所示。

图12-81

步骤03 隐藏【素材1】图层，单击工具箱中的【钢笔工具】，绘制右边窗口部分的闭合路径，单击鼠标右键执行【建立选区】命令，设置【羽化半径】为0，单击【确定】按钮结束操作，如图12-82所示。

图12-82

步骤04 显示【素材1】图层，单击【图层】面板中的【图层蒙版】按钮，设置其【不透明度】为70%，按Ctrl+M组合键适当提高图像亮度，单击【确定】按钮结束操作，如图12-83所示。

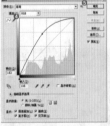

图12-83

步骤05 再次导入本书配套光盘中的素材文件（1）.jpg文件，使用同样的方法制作左边窗外背景，最终效果如图12-84所示。

图12-84

小实例：利用曲线调节图像亮度

案例文件	小实例：利用曲线调节图像亮度.psd
视频教学	DVD/多媒体教学/Chapter 12/小实例：利用曲线调节图像亮度.flv
难易指数	★★★★★
知识掌握	调整图层

本例利用曲线调节图像亮度，处理前后对比效果如图12-85所示。

图12-85

操作步骤

步骤01 打开素材文件，为了避免破坏原图像，按Ctrl+J组合键复制【背景】图层，作为【图层1】图层，如图12-86所示。

图12-86

步骤02 单击【图层】面板中的【调整图层】按钮，执行【曲线】命令，如图12-87所示。

步骤03 在弹出的【调整】面板中进行适当调整，如图12-88所示。

图12-87 图12-88

步骤04 再次单击【调整图层】按钮，执行【色相/饱和度】命令，在弹出的【调整】面板中设置【饱和度】为16，最终效果如图12-89所示。

图12-89

小实例：校正偏色图像

案例文件	小实例：校正偏色图像.psd
视频教学	DVD/多媒体教学/Chapter 12/小实例：校正偏色图像.flv
难易指数	★★★★★
知识掌握	色彩平衡

本例对偏色图像进行校正，处理前后对比效果如图12-90所示。

图12-90

操作步骤

步骤01 打开素材文件，为了避免破坏原图像，按Ctrl+J组合键复制【背景】图层，作为【图层1】图层，如图12-91所示。

图12-91

步骤02 单击【图层】面板中的【调整图层】按钮，执行【色彩平衡】命令，如图12-92所示。

图12-92

步骤03 在弹出的【调整】面板中设置【青色】为22，【洋红】为19，【黄色】为-41，最终效果如图12-93所示。

图12-93

📖 **读书笔记**

Chapter 13
└─ 第13章 ─┘

精致玲珑——时尚日景书房

场景文件	13.max
案例文件	精致玲珑——时尚日景书房.max
视频教学	DVD/多媒体教学/Chapter 13/精致玲珑——时尚日景书房.flv
难易指数	★★★★★
灯光类型	VR太阳、VR-灯光
材质类型	VRayMtl材质、多维/子对象材质
程序贴图	【平铺】程序贴图
技术掌握	掌握VRayMtl材质、VR太阳、VR-灯光的使用方法

风格解析

现代简约小户型是比较流行的一种风格，小户型就是浓缩版的大户型。这是一种方便、快捷、时尚、优雅的生活方式。小户型由于空间小，因此没必要墨守成规，客厅、餐厅、厨房、书房、卧室、卫生间，这些标准的空间划分需要按照自己的生活重新配置，它们或大或小，或疏朗或紧密，甚至空间重叠，一屋多用，你会发现，当你跳脱了固有的思路，打破条条框框，空间格局凭借想象可以创造出无数的可能性，家不再是高密度房子中固定的一个小单元，而是充满了灵性，如图13-1所示。

现代简约小户型风格要点：

- 空间较小，因此如何最大化地利用空间是最重要的，不要有浪费的空间。

- 鉴于空间限制，可以打破常规，装修风格可以略微灵活一些。

- 色彩设计在结合自己爱好的同时，一般可选择浅色调、中间色作为家具及床罩、沙发、窗帘的基调。这些色彩因有扩散和后退性，能延伸空间，让空间看起来更大，使居室能给人以清新开朗、明亮宽敞的感受。

- 在小空间中巧妙地运用隔断，不仅可以提高空间的利用率，还可以实现各个空间的互动和交流。

图13-1

实例介绍

本例是一个书房空间，室内明亮的灯光表现主要使用了VR太阳和VR-灯光来制作，使用VRayMtl材质制作本案例的主要材质，制作完毕之后渲染的效果如图13-2所示。

操作步骤

Part 01 设置VRay渲染器

❶ 打开本书配套光盘中的【场景文件/Chapter 13/13.max】文件，此时场景效果如图13-3所示。

❷ 按F10键，打开【渲染设置】对话框，选择【公用】选项卡，在【指定渲染器】卷展栏中单击 … 按钮，在弹出的【选择渲染器】对话框中选择V-Ray Adv 3.00.08，如图13-4所示。

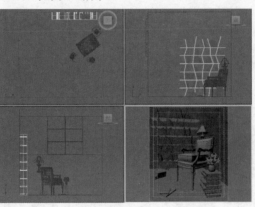
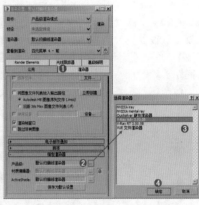

图13-2　　　　　　　　　　　　　　图13-3　　　　　　　　　　　　　　图13-4

❸ 此时在【指定渲染器】卷展栏中的【产品级】选项后面显示了V-Ray Adv 3.00.08，【渲染设置】对话框中出现了V-Ray、【GI】和【设置】选项卡，如图13-5所示。

Part 02 材质的制作

下面就来讲述场景中主要材质的调制方法，包括乳胶漆、地砖、灯罩、花瓶、黑漆、沙发、金属灯、书、植物等，效果如图13-6所示。

图13-5　　　　　图13-6

1. 【地砖】材质的制作

地砖是一种地面装饰材料，也称地板砖，用黏土烧制而成；规格多种；质坚、耐压耐磨，能防潮；有的经上釉处理，具有装饰作用；多用于公共建筑和民用建筑的地面和楼面。本例地砖材质的模拟效果如图13-7所示。其基本属性主要有以下两点：

◔ 带有较强的反射。

◔ 带有一定的凹凸。

图13-7

❶ 按M键，打开【材质编辑器】窗口，选择一个材质球，设置材质类型为【VRayMtl】材质。将其命名为【地砖】，在【漫反射】选项组中的通道上加载【平铺】程序贴图，展开【标准控制】卷展栏，设置【预设类型】为【堆栈砌合】，展开【高级控制】卷展栏，在【纹理】通道上加载【理石.jpg】贴图文件，设置【水平数】和【垂直数】为5，【淡出变化】为0.05，设置【水平间距】和【垂直间距】为0.05，调节【反射】颜色为深灰色，设置【高光光泽度】为0.92，【反射光泽度】为0.91，【细分】为20，如图13-8所示。

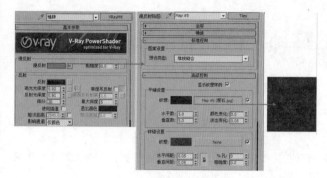

图13-8

❷ 展开【贴图】卷展栏，在通道上加载【平铺】程序贴图，设置【预设类型】为【堆栈砌合】，设置【水平数】和【垂直数】为5，【淡出变化】为0.05，设置【水平间距】和【垂直间距】为0.05。在【平铺设置】选项组中调节【纹理】颜色为浅灰色，在【砖缝设置】选项组中调节【纹理】颜色为深灰色，最后设置【凹凸】数量为2，如图13-9所示。

图13-9

❸ 将制作好的【地砖】材质赋给场景中的地砖模型，如图13-10所示。

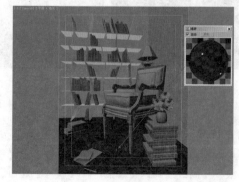

图13-10

2. 【乳胶漆】材质的制作

乳胶漆又称为合成树脂乳液涂料，是有机涂料的一种，是以合成树脂乳液为基料加入颜料、填料及各种助剂配制而成的一类水性涂料。本例的乳胶漆材质的模拟效果如图13-11所示。其基本属性主要有以下两点：

◐ 颜色为白色。

◑ 无反射效果。

图13-11

❶ 选择一个空白材质球，然后将材质类型设置为【VRayMtl】材质，接着将其命名为【乳胶漆】，在【漫反射】选项组中调节【漫反射】颜色为白色，如图13-12所示。

❷ 将制作好的【乳胶漆】材质赋给场景中的墙面模型，如图13-13所示。

图13-12   图13-13

3. 【灯罩】材质的制作

灯罩材质一般带有透光性，可以投射出朦胧柔和的效果，本例的灯罩材质的模拟效果如图13-14所示。其基本属性主要有以下两点：

◐ 颜色为浅灰色。

◑ 带有一定的折射效果。

图13-14

❶ 选择一个空白材质球，然后将材质类型设置为【VRayMtl】材质，接着将其命名为【灯罩】，在【漫反射】选项组中调节颜色为浅灰色，在【折射】选项组中调节颜色为深灰色，设置【光泽度】为0.8，【细分】为20，最后选中【影响阴影】复选框，如图13-15所示。

❷ 将制作好的【灯罩】材质赋给场景中灯罩的模型，如图13-16所示。

图13-15　　　　　　　图13-16

4.【花瓶】材质的制作

玻璃花瓶为一种较为透明的固体物质，在熔融时形成连续网络结构，冷却过程中黏度逐渐增大并硬化成不结晶的硅酸盐类非金属材料。本例的花瓶材质的模拟效果如图13-17所示。其基本属性主要有以下3点：

🖑 颜色为无色。

🖑 带有一定的反射。

🖑 带有强烈的折射。

图13-17

❶ 选择一个空白材质球，然后将材质类型设置为【VRayMtl】材质，接着将其命名为【花瓶】，在【漫反射】选项组中调节颜色为黑色，在【反射】选项组中调节颜色为深灰色，设置【高光光泽度】为0.85，【反射光泽度】为1，【细分】为15；在【折射】选项组中调节折射颜色为浅灰色，选中【影响阴影】复选框，如图13-18所示。

图13-18

❷ 将制作好的【花瓶】材质赋给场景中花瓶的模型，如图13-19所示。

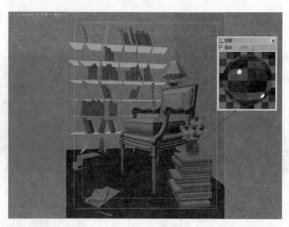

图13-19

5.【黑漆】材质的制作

黑漆材质带有强烈的反光，常用来制作椅子、茶几等部分模型。本例的黑漆材质的模拟效果如图13-20所示。其基本属性主要有以下两点：

🖑 颜色为黑色。

🖑 带有一定的反射模糊效果。

图13-20

❶ 选择一个空白材质球，然后将材质类型设置为【VRayMtl】材质，接着将其命名为【黑漆】，在【漫反射】选项组中调节颜色为黑色，在【反射】选项组中调节颜色为深灰色，设置【高光光泽度】为0.65，【反射光泽度】为0.8，【细分】为20，如图13-21所示。

❷ 将制作好的【黑漆】材质赋给场景中的黑漆模型，如图13-22所示。

图13-21　　　　　　　图13-22

6.【沙发】材质的制作

布艺沙发主要是指主料是布的沙发，其经过艺术加工，达到一定的艺术效果，满足人们的生活需求。本例的沙发材质的模拟效果如图13-23所示。其基本属性主要为：没有反射和折射效果。

图13-23

❶ 选择一个空白材质球，然后将材质类型设置为【VRayMtl】材质，并命名为【沙发】，具体的参数设置如图13-24所示。

　🌑 在【漫反射】选项组中调节颜色为浅黄色。

图13-24

❷ 将调节完毕的【沙发】材质赋给场景中沙发的模型，如图13-25所示。

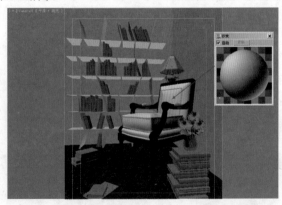

图13-25

7．【金属灯】材质的制作

　　金属是一种具有光泽（即对可见光强烈反射）、富有延展性、容易导电、导热等性质的物质，在装修中应用最为广泛。本例的金属灯材质的模拟效果如图13-26所示。其基本属性主要有以下两点：

　🌑 颜色为金色。

　🌑 带有一定的反射模糊效果。

图13-26

❶ 选择一个空白材质球，然后将材质类型设置为【VRayMtl】材质，并命名为【金属灯】，具体的参数设置如图13-27所示。

　🌑 在【漫反射】选项组中调节颜色为深灰色。

　🌑 在【反射】选项组中调节颜色为浅黄色，设置【高光光泽度】为0.65，【反射光泽度】为0.8。

图13-27

❷ 将调节完毕的【金属灯】材质赋给场景中金属灯座的模型，如图13-28所示。

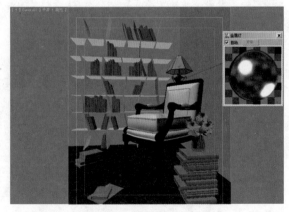

图13-28

8．【书】材质的制作

　　【书】材质用作包装材料，表面比较光滑。本例的【书】材质的模拟效果如图13-29所示，其基本属性主要为：带有纹理贴图。

3ds Max 2016 中文版+VRay 效果图制作从入门到精通

图13-29

❶ 选择一个空白材质球，然后将材质类型设置为【标准】材质，并命名为【书】，具体的参数设置如图13-30所示。

🔵 在【漫反射】选项组中的通道上加载【037.jpg】贴图文件，并设置【模糊】为0.01。

图13-30

❷ 将调节完毕的【书】材质赋给场景中书的模型，如图13-31所示。

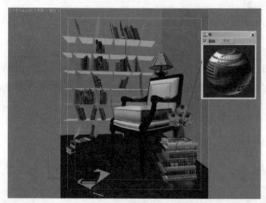

图13-31

9. 【植物】材质的制作

植物是装修中常用的点缀装饰，无论在家装还是工装中应用都非常广泛。本例的植物材质的模拟效果如图13-32所示。

图13-32

其基本属性主要有以下两点：

🔵 带有多种材质。

🔵 带有贴图纹理。

❶ 选择一个空白材质球，然后将材质类型设置为【多维/子对象】材质，命名为【植物】，并设置【设置数量】为5，如图13-33所示。

❷ 单击进入ID号为1的通道中，并将其设置为【VRayMtl】材质，然后在【漫反射】通道上加载Leaves0029_1_S.jpg贴图文件，如图13-34所示。

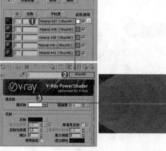

图13-33　　　　　　　　　　图13-34

❸ 单击进入ID号为2的通道中，并将其设置为【VRayMtl】材质，然后在【漫反射】通道上加载arch24_leaf-01-dark.jpg贴图文件，如图13-35所示。

❹ 单击进入ID号为3的通道中，并将其设置为【VRayMtl】材质，然后在【漫反射】通道上加载Arch41_053_flower.jpg贴图文件，如图13-36所示。

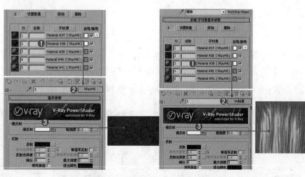

图13-35　　　　　　　　　　图13-36

❺ 单击进入ID号为4的通道中，并将其设置为【VRayMtl】材质，然后在【漫反射】通道上加载Leaves0029_1_S.jpg贴图文件，并设置【反射】颜色为深灰色，设置【反射光泽度】为0.9，如图13-37所示。

❻ 单击进入ID号为5的通道中，并将其设置为【VRayMtl】材质，然后在【漫反射】通道上加载Arch41_053_flower.jpg贴图文件，并设置【反射】颜色为深灰色，设置【高光光泽度】为0.5，【反射光泽度】为0.85，如图13-38所示。

❼ 将调节完毕的【植物】材质赋给场景中植物的模型，如图13-39所示。

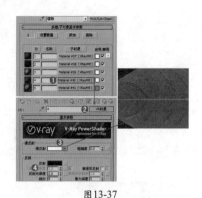
图13-37

图13-38

图13-39

Part 03 设置灯光并进行草图渲染

在该书房场景中，使用两部分灯光照明来表现，一部分使用了自然光效果，另一部分使用了室内灯光的照明。也就是说，想得到好的效果，必须配合室内的一些照明，最后设置一下辅助光源就可以了。

1. 设置阳光

❶ 单击 ■（创建）| ⑧（灯光）| VR_太阳 按钮，在顶视图中按住并拖曳鼠标，创建一盏【VR太阳】灯光，在各个视图中调整其位置，如图13-40所示。

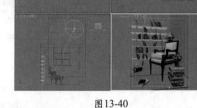
图13-40

❷ 选择VR太阳灯光，并设置灯光的【浊度】为5，【强度倍增】为0.04，【大小倍增】为2，【阴影细分】为3，目的是让阴影的边缘比较虚，如图13-41所示。

图13-41

> **技巧提示**
>
> 在为场景设置VR太阳灯光时，系统会弹出【VRay太阳】对话框，这是提示是否在场景中添加一幅天空的贴图，用户可以根据实际情况进行选择。在本场景中直接单击【是】按钮即可。

❸ 按F10键，打开【渲染设置】窗口，首先设置V-Ray和【GI】选项卡中的参数，如图13-42所示。刚开始设置的是一个草图，目的是进行快速渲染以观看整体的效果。

❹ 按Shift+Q组合键，快速渲染摄影机视图，其渲染效果如图13-43所示。

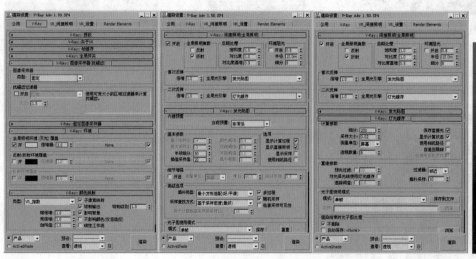
图13-42

图13-43

3ds Max 2016 中文版+VRay 效果图制作从入门到精通

从上面的渲染效果来看，对太阳光的位置基本满意。下面来创建VR-灯光，放在玻璃窗的位置，主要模拟天光的效果。用VR-灯光的阴影及效果要比环境中的天光好一些。

2．设置天光

❶ 在前视图中玻璃门的位置创建一盏【VR-灯光】，大小与玻璃门差不多，将它移动到玻璃门的外面，如图13-44所示。

❷ 选择上一步创建的【VR-灯光】，然后设置【类型】为【平面】，设置【倍增】为9，调节【颜色】为浅黄色，设置【1/2长】为60mm，【1/2宽】为70mm，选中【不可见】复选框，取消选中【影响高光反射】和【影响反射】复选框，最后设置【细分】为15，如图13-45所示。

❸ 按Shift+Q组合键，快速渲染摄影机视图，其渲染效果如图13-46所示。

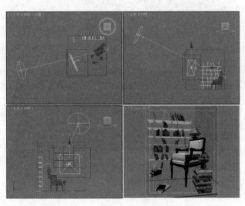
图13-44

图13-45

图13-46

Part 04 设置成图渲染参数

经过前面的操作，已经将大量繁琐的工作做完了，下面需要做的就是把渲染的参数设置高一些，再进行渲染输出。

❶ 重新设置渲染参数。按F10键，在打开的【渲染设置】窗口中选择V-Ray选项卡，展开【图形采样器（抗锯齿）】卷展栏，设置【类型】为【自适应】，接着在【抗锯齿过滤器】选项组中选中【开】复选框，并选择Mitchell-Netravali过滤器；展开【自适应图像采样器】卷展栏，设置【最小细分】为2，【最大细分】为5，设置【自适应数量】为0.75，【噪波阈值】为0.008，【最小采样】为10，如图13-47所示。

❷ 选择【GI】选项卡，展开【发光图】卷展栏，设置【当前预设】为【低】，设置【细分】为60，【插值采样】为30；展开【灯光缓存】卷展栏，设置【细分】为1000，选中【存储直接光】复选框，如图13-48所示。

❸ 选择【设置】选项卡，展开【系统】卷展栏，设置【序列】为【上->下】，最后取消选中【显示消息日志窗口】复选框，如图13-49所示。

❹ 选择【公用】选项卡，设置输出的尺寸为1200×1500，如图13-50所示。

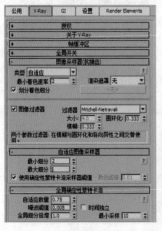
图13-47

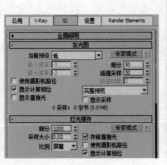
图13-48

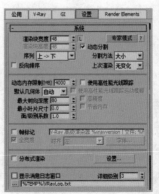
图13-49

图13-50

⑤ 等待一段时间后就渲染完成了，效果如图13-51所示。

⑥ 单击█按钮，在弹出的【保存图像】对话框中选择一个路径，在【保存类型】下拉列表框中选择【BMP图像文件（*.bmp）】格式，设置【文件名】为【Chapter 13精致玲珑——时尚日景书房】，如图13-52所示。

⑦ 最终渲染效果如图13-53所示。

图13-51　　　　　　　　　　图13-52

图13-53

技术专题——渲染速度的控制

一般来说，3ds Max渲染的速度是由多方面综合决定的，包括模型面数、灯光参数、材质参数、渲染器参数等。

在相同的灯光、材质、渲染器的参数下，场景中的模型面数越多，渲染速度越慢，因此需要在渲染之前对场景中部分复杂的模型进行优化处理，最简单的方法就是为模型加载【优化】修改器，这样模型的面数会大大减少，渲染速度自然会提升。如图13-54所示为未添加和添加【优化】修改器进行渲染的对比时间。

场景中的灯光细分参数设置得越低，渲染速度会越快，当然质量也越差。如图13-55所示为灯光细分较大和较小时渲染的对比时间。

图13-54　　　　　　　　　　　　　　　　　　　　　　图13-55

场景中的材质细分参数设置得越低，渲染速度会越快，当然质量也越差。如图13-56所示为材质细分较大和较小时渲染的对比时间。

场景中的渲染器参数设置得越低，渲染速度会越快，当然质量也越差。如图13-57所示为渲染器参数较高和较低时渲染的对比时间。

图13-56　　　　　　　　　　　　　　　　　　　　　　图13-57

Chapter 14
第14章

富丽堂皇——豪华欧式浴室

场景文件	14.max
案例文件	富丽堂皇——豪华欧式浴室.max
视频教学	DVD/多媒体教学/Chapter 14/富丽堂皇——豪华欧式浴室.flv
难易指数	★★★★★
灯光类型	目标灯光、VR-灯光（球体）
材质类型	标准材质、VRayMtl材质
程序贴图	【遮罩】程序贴图、【衰减】程序贴图
技术掌握	【置换】贴图通道的使用、 （O）Oren-Nayar-Blinn明暗器的使用、使用光子贴图快速渲染大尺寸图像

风格解析

豪华欧式风格17世纪盛行于欧洲，强调线形流动的变化，色彩华丽。它在形式上以浪漫主义为基础，装修材料常用大理石、多彩的织物、精美的地毯、精致的壁挂，整个风格充满了豪华、大气、奢侈、富丽，充满强烈的动感效果。如图14-1所示为豪华欧式风格的几个案例。

豪华欧式风格要点：

- 罗马柱：多力克柱式、爱奥尼克柱式、科林斯柱式是希腊建筑的基本柱子样式，也是欧式建筑及室内设计最显著的特色。
- 阴角线：墙面和天花板的交界线。
- 挂镜线：固定在室内四周墙壁上部的水平木条，用来悬挂镜框或画幅等。
- 腰线：建筑墙面上中部的水平横线，主要起装饰作用。
- 壁炉：在室内墙砌的生火取暖的设备。由于欧洲地处北半球偏北，气温较为寒冷，因此壁炉是欧式风格较为显著的特色。拱形或尖肋拱顶，在欧式的巴洛克和哥特风中较为常用。
- 梁托：梁与柱或墙的交接常用的构件。拱及拱券、门、门洞及窗经常会采用这种形式。
- 顶部灯盘或者壁画：中国也有顶部绘画的习惯，但不同的是，欧式风格中的绘画多为基督教内容，而中国更多的是祥云及吉祥图案，宗教色彩相对较少。顶部造型常用藻井、拱顶、尖肋拱顶、穹顶。与中式的藻井方式不同的是，欧式的藻井吊顶有更丰富的阴角线。
- 丰富的墙面装饰线条或护墙板：在现代的室内设计中，考虑更多的经济造价因素，所以常用墙纸代替。
- 地面：一般采用波打线及拼花进行丰富和美化，也常用实木地板拼花方式。
- 木材：常用胡桃木、樱桃木以及榉木为原料。

图14-1

实例介绍

本例是一个欧式浴室空间，浴室内明亮灯光表现主要使用VR-灯光和目标灯光来制作，使用标准材质、VRayMtl材质制作本例的主要材质，制作完毕之后渲染的效果如图14-2所示。

图14-2

操作步骤

Part 01 设置VRay渲染器

❶ 打开本书配套光盘中的【场景文件/Chapter 14/14.max】文件，此时场景效果如图14-3所示。

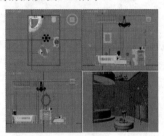

图14-3

❷ 按F10键，打开【渲染设置】窗口，选择【公用】选项卡，在【指定渲染器】卷展栏中单击—按钮，在弹出的【选择渲染器】对话框中选择V-Ray Adv 3.00.08，如图14-4所示。

❸ 此时在【指定渲染器】卷展栏中的【产品级】选项后面显示了V-Ray Adv 3.00.08，【渲染设置】对话框中出现了V-Ray、【间接照明】和【设置】选项卡，如图14-5所示。

图14-4　　　　　　图14-5

Part 02 材质的制作

下面就来讲解场景中的主要材质的调节方法，包括大理石、理石腰线、马赛克、金属、瓷器、地毯、绒布、木纹材质等，效果如图14-6所示。

图14-6

1. 【大理石】材质的制作

大理石材质经常使用到室内装修中，尤其用在卫生间中。如图14-7所示为现实中大理石材质的效果应用。其基本属性主要有以下两点：

◉ 大理石纹理图案。

◉ 一定的模糊反射效果。

图14-7

❶ 按M键，打开【材质编辑器】窗口，选择一个材质球，设置材质类型为【VRayMtl】材质，并将其命名为【大理石】，具体的参数调节如图14-8所示。

图14-8

◉ 在【漫反射】选项组中的通道上加载【大理石.jpg】贴图文件。

在【反射】选项组中调节
颜色为深灰色，设置【高
光光泽度】为0.9，【反
射光泽度】为0.88，【细
分】为15。

② 选中场景中墙面的模型，
在【修改】面板中为其添加
【UVW贴图】修改器，调节其
具体参数，如图14-9所示。其他
的大理石材质的模型，也需要使
用同样的方法进行操作。

● 在【参数】卷展栏中设置
【贴图】类型为【长方
体】，设置【长度】、
【宽度】和【高度】均为
800mm，设置【对齐】为Z。

图14-9

③ 将调节完毕的
【大理石】材质赋
给场景中的地面
和墙面的模型，
如图14-10所示。

图14-10

2．【理石腰线】材质的制作

在浴室场景中理石腰线作为一条长的横带，主要起装饰
作用。如图14-11所示为浴室场景中腰线材质的模拟效果。
其基本属性主要有以下两点：

● 理石纹理图案。

● 模糊反射效果。

图14-11

① 选择一个空白材质球，然后将材质类型设置为
【VRayMtl】材质，并命名为【理石腰线】，具体的参数调
节如图14-12所示。

● 在【漫反射】选项组中的通道上加载【理石腰线.jpg】
贴图文件。

● 在【反射】选项组中调节颜色为深灰色，设置【高光光泽
度】为0.9，【反射光泽度】为0.88，【细分】为20。

图14-12

② 选中场景中理石腰线的模型，在【修改】面板中为其添加
【UVW贴图】修改器，调节其具体参数，如图14-13所示。

● 在【参数】卷展栏中设置【贴图】类型为【长方体】，
设置【长度】、【宽度】和【高度】均为800mm，设
置【对齐】为Z。

③ 将调节完毕的【理石腰线】材质赋给场景中墙体腰线的
模型，如图14-14所示。

图14-13   图14-14

3．【马赛克】材质的制作

马赛克是一种装饰艺术，通常使用许多小石块或有色玻
璃碎片拼成图案。本例的马赛克材质的模拟效果如图14-15
所示。其基本属性主要有以下两点：

● 马赛克纹理图案。

● 一定的模糊反射效果。

图14-15

❶选择一个空白材质球，然后将材质类型设置为【VRayMtl】材质，并命名为【马赛克】，具体的参数调节如图14-16所示。

- 在【漫反射】选项组中的通道上加载【马赛克.jpg】贴图文件，并设置【模糊】为0.5。

- 在【反射】选项组中调节颜色为深灰色，设置【高光光泽度】为0.9，【反射光泽度】为0.88，【细分】为20。

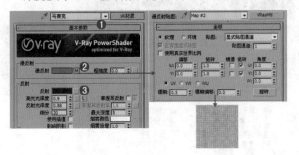

图14-16

❷选中场景中的主要墙面模型，在【修改】面板中为其添加【UVW贴图】修改器，调节其具体参数，如图14-17所示。场景中其他马赛克材质的模型，也需要使用同样的方法进行制作。

- 在【参数】卷展栏中设置【贴图】类型为【长方体】，设置【长度】、【宽度】和【高度】均为500mm，设置【对齐】为Z。

图14-17

❸将调节完毕的【马赛克】材质赋给场景中主要墙面的模型，如图14-18所示。

图14-18

4.【金属】材质的制作

本例的金属材质的模拟效果如图14-19所示，其基本属性主要为：强烈的反射效果。

图14-19

❶选择一个空白材质球，然后将材质类型设置为【VRayMtl】材质，并命名为【金属】，具体的参数调节如图14-20所示。

- 在【漫反射】选项组中调节颜色为金色。

- 在【反射】选项组中调节颜色为浅灰色，设置【反射光泽度】为0.95，【细分】为15。

❷将制作好的【金属】材质赋给场景中金属的模型，如图14-21所示。

图14-20   图14-21

5.【瓷器】材质的制作

如图14-22所示为现实中瓷器材质的应用。其基本属性主要有以下两点：

- 固有色为白色。

- 一定的菲涅耳反射效果。

❶选择一个空白材质球，然后将材质类型设置为【VRayMtl】材质，并命名为【瓷器】，具体的参数调节如图14-23所示。

- 在【漫反射】选项组中调节颜色为白色。

- 在【反射】选项组中调节颜色为白色，最后选中【菲涅耳反射】复选框。

❷将调节完毕的【瓷器】材质赋给场景中浴缸、马桶、浴盆的模型，如图14-24所示。

图14-22   图14-23   图14-24

技巧提示

在制作陶瓷材质时，难点在于设置【反射】的参数。当设置反射颜色为白色时，渲染会得到完全反射的效果，因此材质看起来是镜面，而不是陶瓷，因此此时必须选中【菲涅尔反射】复选框，以达到真实的反射效果。

6. 【地毯】材质的制作

地毯材质可以减少噪声，并可以起到隔热和装饰效果，本例的地毯材质的模拟效果如图14-25所示。

其基本属性主要有以下两点：

- 地毯的纹理图案。
- 很强的凹凸效果。

图14-25

❶选择一个空白材质球，然后将材质类型设置为VRayMtl材质，并命名为【地毯】，具体的参数调节如图14-26和图14-27所示。

- 在【漫反射】选项组中的通道上加载【地毯.jpg】贴图文件。
- 展开【贴图】卷展栏，选择【漫反射】通道上的贴图文件并将其拖曳到【凹凸】通道上，设置【凹凸】数量为30，继续将其拖曳到【置换】贴图通道上，最后设置【置换数量】为5。

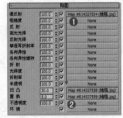

图14-26   图14-27

❷选中场景中地毯的模型，在【修改】面板中为其添加【UVW贴图】修改器，调节其具体参数，如图14-28所示。

- 在【参数】卷展栏中设置【贴图】类型为【长方体】，设置【长度】为680mm，【宽度】为424mm，【高度】为1mm，设置【对齐】为Z。
❸将调节完毕的【地毯】材质赋给场景中地毯的模型，如图14-29所示。

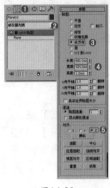

图14-28   图14-29

7. 【绒布】材质的制作

绒布是经过拉绒后表面呈现丰润绒毛状的棉织物。本例的绒布材质的模拟效果如图14-30所示。

其基本属性主要有以下两点：

- 有绒毛的质感。
- 很小的凹凸效果。

图14-30

❶选择一个空白材质球，然后将材质类型设置为【标准材质】，并命名为【绒布】，具体的参数调节如图14-31和图14-32所示。

- 展开【明暗器基本参数】卷展栏，选择（O）Oren-Nayar-Blinn明暗器，并展开【Oren-Nayar-Blinn基本参

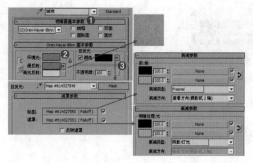

图14-31

数】卷展栏，在【漫反射】通道上加载【绒布.jpg】
贴图文件，在【自发光】选项组中的通道上加载【遮
罩】程序贴图，然后分别在【贴图】和【遮罩】通道上加
载【衰减】程序贴图，并分别设
置两个颜色为深灰色和浅灰色，
分别设置【衰减类型】为Fresnel
和【阴影/灯光】。

- 展开【贴图】卷展栏，拖曳
【漫反射颜色】通道上的贴图
到【凹凸】通道上，最后设置
【凹凸】数量为20。

图14-32

技巧提示

在设置绒布材质时，一般习惯在【自发光】通道
上加载【遮罩】贴图，分别在【贴图】和【遮罩】通道
上加载【衰减】贴图，并设置【衰减类型】为Fresnel和
【阴影/灯光】，这两者搭配起来在渲染时会得到真实的
绒布绒毛质感。

❷ 选中场景中沙发的模型，在【修改】面板中为其添加
【UVW贴图】修改器，调节其具体参数，如图14-33所示。

- 在【参数】卷展栏中设置【贴图】类型为【长方体】，
设置【长度】、【宽度】和【高度】均为100mm，设
置【对齐】为Z。

❸ 将制作好的【绒布】材质赋给场景中布沙发的模型，如
图14-34所示。

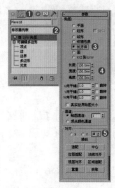

图14-33

图14-34

8.【木纹】材质的制作

如图14-35所示为现实中木纹材质的应用。木纹材质基
本属性主要有以下两点：

- 木纹纹理图案。
- 模糊反射效果。

图14-35

❶ 选择一个空白材质球，然后将材质类型设置为【VRayMtl】
材质，并命名为【木纹】，具体的参数调节如图14-36所示。

- 在【漫反射】选项组中的通道上加载【木纹.jpg】贴图
文件。

- 在【反射】选项组中调节颜色为深灰色，设置【高光光
泽度】为0.8，【反射光泽度】为0.8，【细分】为20。

图14-36

❷ 选中场景中洗脸盆下部分的模
型，在【修改】面板中为其添加
【UVW贴图】修改器，调节其具体
参数如图14-37所示。场景中其他木
纹材质的模型也需要使用同样的方
法进行制作。

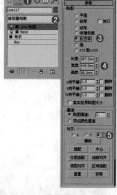

- 在【参数】卷展栏中设置【贴
图】类型为【长方体】，设
置【长度】为687mm，【宽
度】为645mm，【高度】为
88mm，设置【对齐】为Z。

图14-37

❸ 将调节完毕的【木纹】材质赋给场景中洗脸盆部分的模
型，如图14-38所示。

至此场景中主要模型的材质已经制作完毕，其他材质的
制作方法我们就不再详述了。

❶ 单击 ■（创建）| ■（摄影机）| **目标** 按钮，如图14-39所示。在视图中按住并拖曳鼠标创建一个目标摄影机，如图14-40所示。

图14-38

图14-39

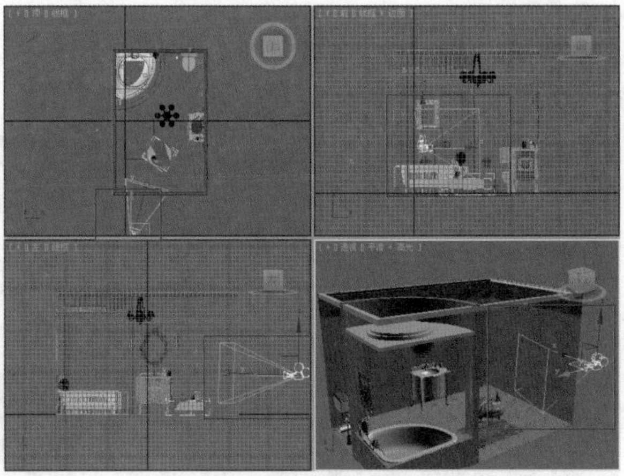

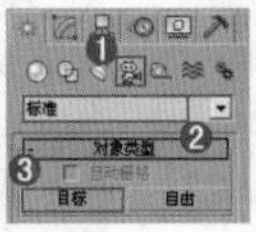

图14-40

❷ 此时按C键切换到摄影机角度，将会发现出现一定的问题，如图14-41所示。

❸ 选择刚创建的摄影机，并设置【镜头】为47.637，【视野】为41.399，最后选中【手动剪切】复选框，并设置【近距剪切】为1908.875mm，【远距剪切】为6900mm，如图14-42所示。

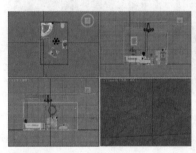
图14-41

图14-42

❹ 此时的摄影机视图效果如图14-44所示。

图14-44

技巧提示

为场景设置摄影机后，若摄影机在场景以外，那么在切换为摄影机视角时会有显示错误的可能，此时只需要选中【手动剪切】复选框，并设置合适的【近距剪切】和【远距剪切】数值即可，如图14-43所示。

未选中【手动剪切】复选框效果　　选中【手动剪切】复选框效果
图14-43

Part 04 设置灯光并进行草图渲染

在该欧式浴室场景中主要分为三种灯光，第一种是使用目标灯光模拟的射灯光源，第二种是使用目标灯光和VR-灯光模拟的吊灯光源，最后一种是使用目标灯光和VR-灯光模拟的壁灯光源。

1. 制作浴室中射灯的光源

❶ 在顶视图中按住并拖曳鼠标，创建15盏【目标灯光】，并在各个视图中调整其位置，如图14-45所示。

❷ 选择上一步创建的目标灯光，并在【修改】面板中调节具体参数，如图14-46所示。

　● 展开【常规参数】卷展栏，在【阴影】选项组中选中【启用】复选框，并设置阴影类型为【VRay阴影】，设置【灯光分布（类型）】为【光度学Web】。

- 展开【分布（光度学Web）】卷展栏，并在通道上加载5.ies光域网文件。
- 展开【强度/颜色/衰减】卷展栏，设置【强度】为6000cd。
- 展开【VRay阴影参数】卷展栏，选中【区域阴影】复选框，设置【U大小】、【V大小】和【W大小】均为50mm。

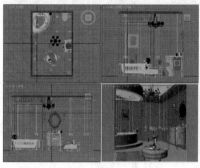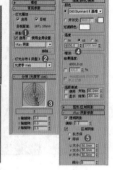

图14-45　　　　　　图14-46

③ 按F10键，打开【渲染设置】对话框，首先设置VRay和【间接照明】选项卡中的参数，如图14-47所示。刚开始设置的是一个草图设置，目的是进行快速渲染以观看整体的效果。

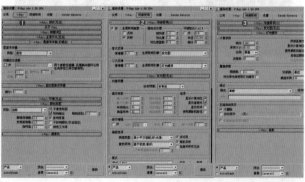

图14-47

④ 按Shift+Q组合键，快速渲染摄影机视图，其渲染效果如图14-48所示。

图14-48

　　通过上面的渲染效果来看，浴室场景的四周出现了射灯的效果，但是其他部分灯光没有制作，因此效果略显平淡、没有层次，接下来需要制作浴室场景中吊灯的光源。

2. 设置浴室中间吊灯的光源

① 在顶视图中创建6盏【VR-灯光】，然后分别拖曳到吊灯的灯罩中，如图14-49所示。

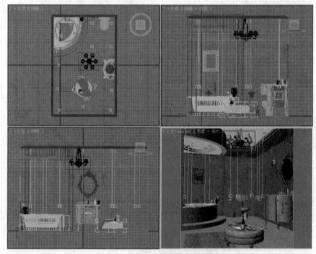

图14-49

② 选择上一步创建的VR-灯光，然后在【修改】面板中调节具体的参数，如图14-50所示。

- 设置【类型】为【球体】，设置【倍增】为40，调节【颜色】为黄色，设置【半径】为40mm，选中【不可见】复选框，取消选中【影响反射】复选框。

③ 继续在视图中创建一盏目标灯光，并在【修改】面板中调节具体参数，如图14-51和图14-52所示。

- 展开【常规参数】卷展栏，在【阴影】选项组中选中【启用】复选框，并设置阴影类型为【VRay阴影】，设置【灯光分布（类型）】为【光度学Web】。
- 展开【分布（光度学Web）】卷展栏，并在通道上加载5.ies光域网文件。
- 展开【强度/颜色/衰减】卷展栏，设置【强度】为3500cd。
- 展开【VRay阴影参数】卷展栏，选中【区域阴影】复选框，设置【U大小】、【V大小】和【W大小】均为60mm，设置【细分】为20。

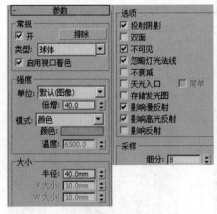

图14-50

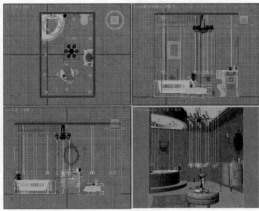

图14-51

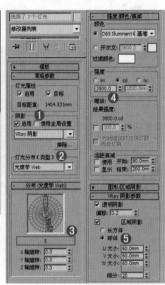

图14-52

④ 按Shift+Q组合键，快速渲染摄影机视图，其渲染效果如图14-53所示。

　　通过上面的渲染效果来看，中间吊灯的效果不错，接下来制作壁灯的光源。

图14-53

3．制作浴室壁灯的光源

❶ 在顶视图中创建两盏【VR-灯光】，并将其分别拖曳到壁灯的灯罩中，如图14-54所示。

❷ 选择上一步创建的VR-灯光，然后在【修改】面板中调节具体的参数，如图14-55所示。

● 设置【类型】为【球体】，设置【倍增】为30，调节【颜色】为黄色，设置【半径】为40mm，选中【不可见】复选框，取消选中【影响反射】复选框。

❸ 继续在视图中创建一盏目标灯光，如图14-56所示，并在【修改】面板中调节具体参数，如图14-57所示。

● 展开【常规参数】卷展栏，在【阴影】选项组中选中【启用】复选框，并设置阴影类型为【VRay阴影】，设置【灯光分布（类型）】为【光度学Web】。

● 展开【分布（光度学Web）】卷展栏，并在通道上加载5.ies光域网文件。

● 展开【强度/颜色/衰减】卷展栏，设置【强度】为3500cd。

● 展开【VRay阴影参数】卷展栏，选中【区域阴影】，设置【U大小】、【V大小】和【W大小】均为60mm，设置【细分】为20。

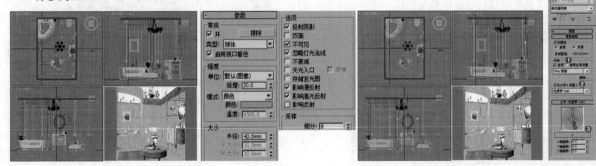

图14-54　　　　　　　　　图14-55　　　　　　　　　图14-56　　　　　　　　　图14-57

技巧提示

当选中【区域阴影】复选框时，该灯光的阴影会变得比较柔和，而将【U大小】、【V大小】和【W大小】数值增大时，该灯光的阴影会更加柔和。

❹ 按Shift+Q组合键，快速渲染摄影机视图，其渲染效果如图14-58所示。

图14-58

Part 05 设置成图渲染参数

经过前面的操作，已经将大量烦琐的工作做完了，下面需要做的就是把渲染的参数设置高一些，再进行渲染输出。

❶ 重新设置渲染参数。按F10键，在打开的【渲染设置】窗口中进行设置，如图14-59和图14-60所示。

- 选择V-Ray选项卡，展开【图形采样器（抗锯齿）】卷展栏，设置【类型】为【自适应】，接着选中【图形过滤器】复选框，并选择Mitchell-Netravali过滤器，展开【自适应图像采样器】卷展栏，设置【最小细分】为1，【最大细分】为4。

- 展开【颜色贴图】卷展栏，设置【类型】为【指数】，设置【明亮倍增】为0.9，最后分别选中【子像素贴图】和【钳制输出】复选框。

❹ 选中Render Elements选项卡，单击【添加】按钮，并在弹出的【渲染元素】对话框中选择【VRayWireColor（VRay线框颜色）】选项，如图14-63所示。

❺ 选中【公用】选项卡，展开【公用参数】卷展栏，设置输出的尺寸为1358×1400，如图14-64所示。

图14-59   图14-60

❷ 选择【间接照明】选项卡，具体的参数调节如图14-61所示。

- 展开【发光图】卷展栏，设置【当前预设】为【低】，设置【细分】为50，【插值采样】为30。选中【显示计算相位】和【显示直接光】复选框；展开【灯光缓存】卷展栏，设置【细分】为1000，取消选中【存储直接光】复制框。

❸ 选择【设置】选项卡，具体的参数调节如图14-62所示。

- 展开【系统】卷展栏，设置【序列】为【上->下】，最后取消选中【显示消息日志窗口】复选框。

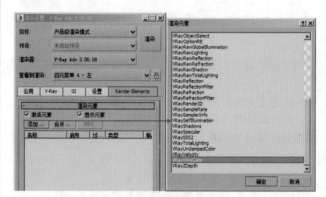

图14-63

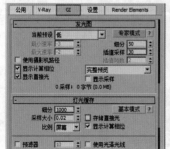

图14-61   图14-62

图14-64

技巧提示

在渲染出图时，可以根据不同的场景来选择不一样的渲染方式。对于较大的场景，可以采取先渲染尺寸稍小的光子图，然后通过载入渲染的光子图来渲染以加快速度。本案例中的场景比较小，就不渲染光子图了，直接渲染出图即可。

图14-65

⑥ 等待一段时间后就渲染完成了，最终效果如图14-65所示。

技术专题——使用光子图快速渲染大尺寸图像

在效果图制作过程中，如果遇到计算机配置较低、时间紧急等情况，但是又必须保存大尺寸高精度图像时，就可以使用下面讲解的光子图的方法快速渲染大尺寸高精度图像，即可以渲染小尺寸图像，并把其光子文件保存下来，然后利用该光子文件来进行大图的渲染。具体操作步骤如下：

（1）打开要渲染的场景文件，假设最终出图大小为1358×1400像素，那么一般可以先定义输出图的大小为最终出图大小的四分之一左右，即388×400像素，如图14-66所示。

（2）展开【全局开关】卷展栏，选中【不渲染最终的图像】复选框，如图14-67所示。

图14-66

（3）展开【发光图】卷展栏，设置【模式】为【单帧】，然后选中【自动保存】复选框，接着单击【浏览】按钮，在弹出的对话框中设置保存路径并输入光子图的名称为1.vrmap，再单击【保存】按钮，如图14-68所示。最后单击【渲染】按钮，渲染完成后，光子图就保存到指定目录中了。

（4）展开【灯光缓存】卷展栏，设置【模式】为【单帧】，然后选中【自动保存】复选框，接着单击【浏览】按

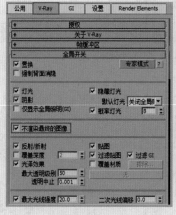

图14-67

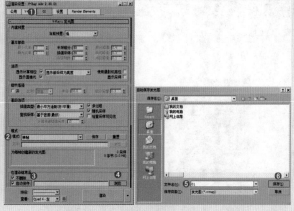

图14-68

钮，在弹出的对话框中设置保存路径并输入光子图的名称为2.vrlmap，再单击【保存】按钮，如图14-69所示。最后单击【渲染】按钮，渲染完成后，光子图就保存到指定目录中了。

（5）保存好光子图后，将最终渲染的尺寸重新设置回来，如图14-70所示。

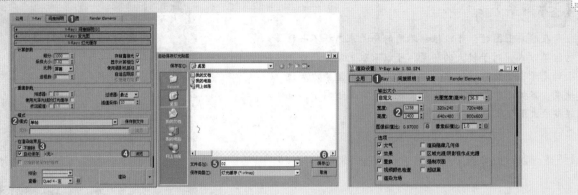

图14-69   图14-70

(6) 取消选中【不渲染最终的图像】复选框，如图14-71所示。

(7) 展开【发光图】卷展栏，将【模式】设置为【从文件】，然后单击【浏览】按钮，找到并选择前面保存的1.vrmap文件，最后单击【打开】按钮即可，如图14-72所示。

(8) 展开【灯光缓存】卷展栏，将【模式】设置为【从文件】，然后单击【浏览】按钮，找到并选择前面保存的2.vrlmap文件，最后单击【打开】按钮即可，如图14-73所示。

(9) 设置完成后，直接单击【渲染】按钮 进行最终渲染即可。需要特别注意的是，在使用光子图的方法渲染时，尽量不要在设置了光子图后再调整渲染的角度，否则将会出现错误的渲染效果。

读者可以尝试用光子图的方法进行渲染和直接进行渲染两种方法，并对比两者渲染所花费的时间。

图14-71

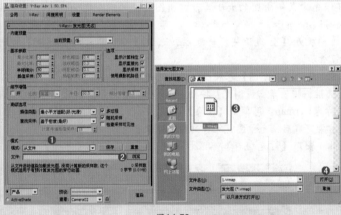

图14-72

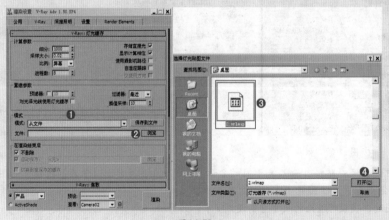

图14-73

Chapter 15
第15章

现代风格——卫生间夜景

场景文件	15.max
案例文件	现代风格——卫生间夜景.max
视频教学	DVD/多媒体教学/Chapter 15/现代风格——卫生间夜景.flv
难易指数	★★★★★
灯光类型	目标灯光、VR-灯光
材质类型	VR材质、VR-灯光材质、标准材质
程序贴图	【平铺】程序贴图、【衰减】程序贴图
技术掌握	掌握VR材质、VR-灯光的使用方法，检查模型是否有漏光和黑斑等问题

风格解析

现代风格是比较流行的一种风格，追求时尚与潮流，非常注重居室空间的布局与使用功能的完美结合。现代主义也称功能主义，是工业社会的产物，其最早的代表是建于德国魏玛的包豪斯学校。其主题是：要创造一个能使艺术家接受现代生产最省力的环境。如图15-1所示为现代风格的几个案例。

现代风格要点：

- 简约不等于简单，是深思熟虑后经过创新得出的设计和思路的延展，不是简单的堆砌和平淡的摆放。

- 金属是工业化社会的产物，也是体现简约风格最有力的手段。

- 空间简约，色彩就要跳跃出来。苹果绿、深蓝、大红、纯黄等高纯度色彩大量运用，大胆而灵活，不单是对简约风格的遵循，也是个性的展示。

- 强调功能性设计，线条简约流畅，色彩对比强烈，这是现代风格家居的特点。此外，大量使用钢化玻璃、不锈钢等新型材料作为辅材，也是现代风格家居的常见装饰手法，能给人带来前卫、不受拘束的感觉。由于线条简单、装饰元素少，现代风格家居需要完美的软装配合，才能显示出美感。

图15-1

实例介绍

　　本例是一个现代风格卫生间空间，室内明亮灯光表现主要使用目标灯光和VR-灯光来制作，使用VR材质、VR-灯光材质、标准材质制作本案例的主要材质，制作完毕之后渲染的效果如图15-2所示。

图15-2

操作步骤

Part 01 设置VRay渲染器

① 打开本书配套光盘中的【场景文件/Chapter15/15.max】文件，此时场景效果如图15-3所示。

② 按F10键，打开【渲染设置】窗口，选择【公用】选项卡，在【指定渲染器】卷展栏中单击 ▢ 按钮，在弹出的【选择渲染器】对话框中选择V-Ray Adv 3.00.08，如图15-4所示。

③ 此时在【指定渲染器】卷展栏中的【产品级】选项后面显示了V-Ray Adv 3.00.08，【渲染设置】对话框中出现了V-Ray、GI和【设置】选项卡，如图15-5所示。

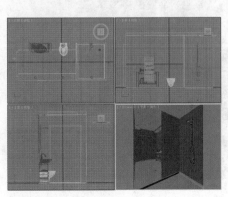

图15-3

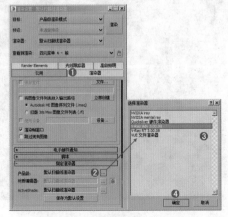

图15-4

图15-5

技术专题——检查模型是否有漏光、黑斑等问题

在模型最终完成后，由于疏忽、粗心等原因，可能使制作的模型存在一定的问题，这时我们可以通过测试渲染白模来查看是否有漏光、黑斑等问题。

（1）首先需要设置渲染器为测试渲染的参数。单击【渲染设置】按钮，打开【渲染设置】对话框，并设置为VRay渲染器，然后设定一个普通材质，并将其关联到全局材质中，关闭系统的默认灯光，如图15-6所示。

（2）展开【图像采样器（抗锯齿）】卷展栏，并在【图像采样器】选项组中设置【类型】为【固定】，同时在【抗锯齿过滤器】选项组中取消选中【开】复选框，这样可以节省很多渲染的时间，如图15-7所示。

（3）为了避免产生曝光现象而影响测试效果，这里选用了【指数】方式，这样在渲染时不易出现曝光问题，而且光线会比较柔和，如图15-8所示。

（4）展开【间接光照（GI）】卷展栏，将【首次反弹】和【二次反弹】分别设置为【发光图】和【灯光缓存】类型，如图15-9所示。

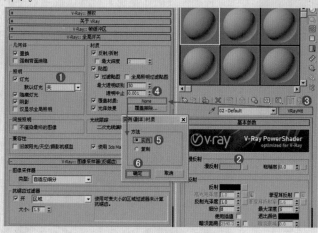

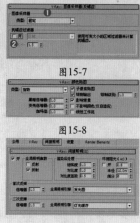

图15-6

图15-7

图15-8

图15-9

（5）展开【发光图】卷展栏，将【当前预设】设置为【非常低】，最后选中【显示计算相位】和【显示直接光】复选框，这样虽然渲染比较粗糙，但是渲染速度非常快，如图15-10所示。

（6）展开【灯光缓存】卷展栏，设置【细分】为200，这样可以加快渲染速度，最后选中【存储直接光】和【显示计算相位】复选框，如图15-11所示。

（7）由于场景是完全封闭空间，而且已经将场景默认灯光关闭了，因此一定要有其他光源才可以照亮场景，在这里暂时使用一盏泛光灯进行模拟（在测试完成后，可以将泛光灯删除），如图15-12所示。

（8）设置完成，单击【渲染】按钮，查看此时的测试渲染效果，如图15-13所示。

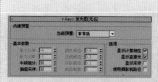

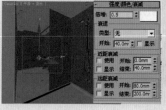

图15-10

图15-11

图15-12

图15-13

通过观察，场景没有出现任何黑斑问题，但是在玻璃门附近出现了漏光的问题，因此在后面我们需要将玻璃门适当放大，让玻璃门没有任何缝隙，避免在后面进行渲染时出现问题。下面就可以进行材质和灯光的设置了。

Part 02 材质的制作

下面就来讲解场景中的主要材质的调制，包括搪瓷、玻璃、镜子、理石墙砖、金属、乳胶漆、自发光、木质材质等，效果如图15-14所示。

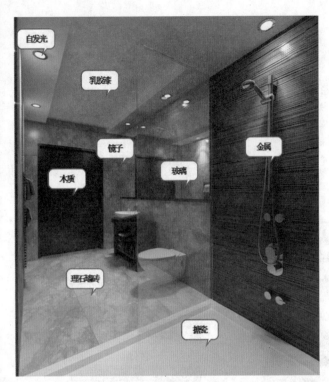

图15-14

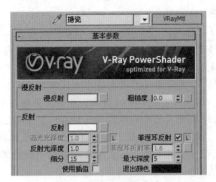

图15-16

❷ 将制作好的【搪瓷】材质赋给场景中浴盆、马桶的模型，如图15-17所示。

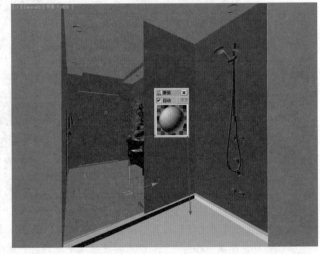

图15-17

1．【搪瓷】材质的制作

搪瓷其实是将无机玻璃材料通过熔融凝于基体金属上并与金属牢固结合在一起的一种复合材料。如图15-15所示为现实中搪瓷材质的应用。搪瓷材质的基本属性主要有以下两点：

　　● 固有色为白色。

　　● 一定的菲涅耳反射效果。

图15-15

❶ 按M键，打开【材质编辑器】窗口，选择一个材质球，设置材质类型为VRayMtl材质。将其命名为【搪瓷】，调节其具体的参数，如图15-16所示。

　　● 在【漫反射】选项组中调节颜色为白色。

　　● 在【反射】选项组中调节颜色为白色，设置【细分】为15，选中【菲涅耳反射】复选框。

2．【玻璃】材质的制作

玻璃材质具有良好的透视、透光性能。如图15-18所示为现实中玻璃材质的应用。玻璃材质的基本属性主要有以下两点：

　　● 很小的反射效果。

　　● 强烈的折射效果。

图15-18

❶ 选择一个空白材质球，然后将材质类型设置为VRayMtl材质，并命名为【玻璃】，具体的调节参数如图15-19所示。

- 在【漫反射】选项组中调节颜色为白色。
- 在【反射】选项组中调节颜色为深灰色。
- 在【折射】选项组中调节颜色为浅灰色，最后选中【影响阴影】复选框。

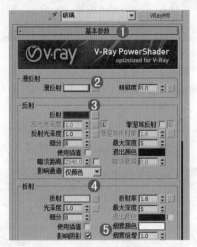

图15-19

❷ 将制作好的【玻璃】材质赋给场景中的玻璃幕墙模型，如图15-20所示。

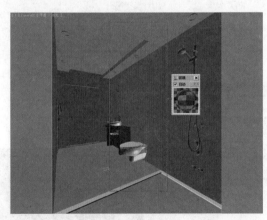

图15-20

3. 【镜子】材质的制作

镜子是一种表面光滑、具反射光线能力的物品。镜子分平面镜和曲面镜两类，曲面镜又有凹面镜、凸面镜之分。镜子主要用作衣妆镜、家居配件、建筑装饰件、光学仪器部件以及太阳灶、车灯与探照灯的反射镜、反射望远镜、汽车后视镜等。如图15-21所示为现实中镜子材质的应用。镜子材质的基本属性主要为：完全反射效果。

❶ 选择一个空白材质球，然后将材质类型设置为【VRayMtl】材质，并命名为【镜子】，具体的参数调节如图15-22所示。

- 在【漫反射】选项组中调节颜色为黑色。
- 在【反射】选项组中调节颜色为白色。

图15-21

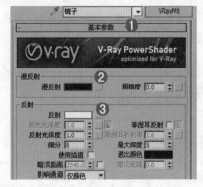

图15-22

❷ 将制作好的【镜子】材质赋给场景中的镜子模型，如图15-23所示。

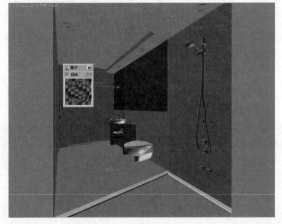

图15-23

 技巧提示

由于镜子为完全反射，因此需要将反射颜色设置为纯白色，但是一定不要选中【菲涅耳反射】复选框，否则将变成瓷器材质效果。

4. 【理石墙砖】材质的制作

人造理石墙砖使用性能高，综合起来讲就是：强度高、硬度高、耐磨性能好、厚度薄、重量轻、用途广泛、加工性能好。如图15-24所示为现实中人造理石材质的应用。人造理石材质的基本属性主要有以下3点：

　⬭ 有理石纹理图案。

　⬭ 一定的模糊反射。

　⬭ 很小的凹凸效果。

❶ 选择一个空白材质球，然后将材质类型设置为 VRayMtl材质，并命名为【理石墙砖】，具体的参数调节如图15-25所示。

图15-24

　⬭ 在【漫反射】选项组中的通道上加载【平铺】程序贴图，展开【标准控制】卷展栏，设置【预设类型】为【堆栈砌合】，展开【高级控制】卷展栏，在【纹理】通道上加载【理石墙砖.jpg】贴图文件，设置【水平间距】和【垂直间距】为0.1。

　⬭ 在【反射】选项组中调节颜色为深灰色，设置【高光光泽度】为0.95，【反射光泽度】为0.9，【细分】为20。

　⬭ 展开【贴图】卷展栏，在【凹凸】通道上再次加载【平铺】程序贴图，并进行调节，最后设置【凹凸】数量为30。

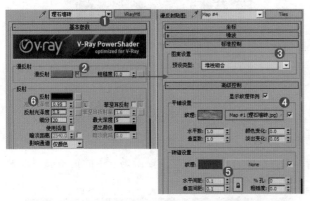

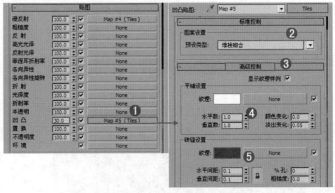

图15-25

❷ 选中场景中的地面和墙面模型，在【修改】面板中为其添加【UVW贴图】修改器，调节其具体参数，如图15-26所示。

　⬭ 在【参数】卷展栏中设置【贴图】类型为长方体，设置【长度】为925mm，【宽度】为1100mm，【高度】为1230mm，设置【对齐】为Z。

❸ 将制作好的【理石墙砖】材质赋给场景中的地面和墙面模型，如图15-27所示。

图15-26　　　　　图15-27

 技巧提示

　　在很多情况中，将材质赋给场景中的某个物体后，会发现该模型的贴图并不合适，可能会出现错误或者拉伸，因此需要将贴图进行调整。可以使用选择模型并加载【UVW贴图】修改器的方式，快速设置合适的贴图效果。如图15-28所示为未添加【UVW贴图】修改器和添加【UVW贴图】修改器的对比效果。

未添加【UVW贴图】修改器　　　添加【UVW贴图】修改器

图15-28

3ds Max 2016 中文版+VRay 效果图制作从入门到精通

5.【金属】材质的制作

● 金属是一种具有光泽、富有延展性、容易导电、导热等性质的物质。如图15-29所示为现实中金属的材质。金属材质的基本属性主要为：非常强烈的反射效果。

图15-29

❶ 选择一个空白材质球，然后将材质类型设置为VRayMtl材质，并命名为【金属】，具体的调节参数如图15-30所示。

● 在【漫反射】选项组中调节颜色为灰色。

● 在【反射】选项组中调节颜色为浅灰色，设置【反射光泽度】为0.908，【细分】为20。

❷ 将制作好的【金属】材质赋给场景中金属的模型，如图15-31所示。

图15-30

6.【乳胶漆】材质的制作

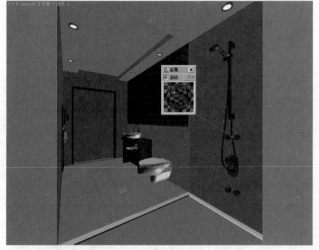

图15-31

乳胶漆无污染、无毒、无火灾隐患，易于涂刷、干燥迅速，漆膜耐水、耐擦洗性好，色彩柔和。本例的乳胶漆材质的模拟效果如图15-32所示，其基本属性主要为：固有色为白色。

❶ 选择一个空白材质球，然后将材质类型设置为【标准

图15-32

材质】，并命名为【乳胶漆】，具体的参数调节如图15-33所示。

● 展开【Blinn基本参数】卷展栏，调节【漫反射】颜色为白色。

图15-33

❷ 将制作好的【乳胶漆】材质赋给场景中顶棚的模型，如图15-34所示。

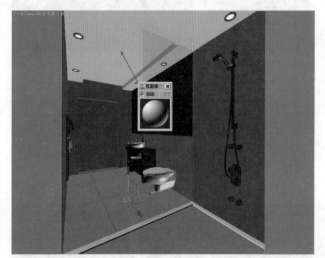

图15-34

 技巧提示

乳胶漆材质一般不需要设置反射效果，因为乳胶漆材质在室内应用的面积比较大，若设置反射，并设置一定的反射模糊，会使得整个图像渲染速度特别慢。

7.【自发光】材质的制作

自发光材质可以发出亮光的效果，如图15-35所示为现实中自发光材质的应用。自发光材质的基本属性主要有以下两点：

● 颜色为白色。

● 具有自发光的效果。

图15-35

❶ 选择一个空白材质球，然后将材质类型设置为【VR-灯光材质】，并命名为【自发光】，具体的参数调节如图15-36所示。

　　◉ 展开【参数】卷展栏，设置【颜色】数值为3。

❷ 将制作好的【自发光】材质赋给场景中自发光的模型，如图15-37所示。

图15-36　　　　　　图15-37

8. 【木质】材质的制作

　　如图15-38所示为现实木质材质的应用。本例的木质材质的模拟效果如图15-39所示，其基本属性主要有以下3点：

　　◉ 木纹纹理图案。
　　◉ 菲涅耳反射效果。
　　◉ 很小的凹凸效果。

图15-38　　　　　　图15-39

❶ 选择一个空白材质球，将材质类型设置为VRayMtl材质，并命名为【木质】，具体的参数调节如图15-40所示。

　　◉ 在【漫反射】选项组中的通道上加载【木纹.jpg】贴图文件，设置【模糊】为0.1。

　　◉ 在【反射】选项组中的通道上加载【衰减】程序贴图，展开【衰减参数】卷展栏，设置【衰减类型】为【垂直/平行】，展开【混合曲线】卷展栏，并调节其曲线，最后设置【反射光泽度】为0.85，【细分】为20。

◉ 展开【贴图】卷展栏，选择【漫反射】通道上的贴图文件，并将其拖曳到【凹凸】通道上，最后设置【凹凸】数量为12。

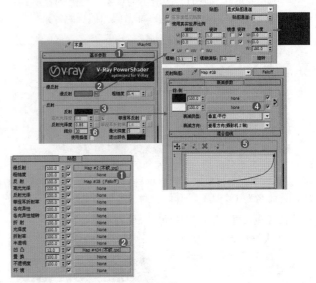

图15-40

❷ 选中场景中的门模型，在【修改】面板中为其添加【UVW贴图】修改器，调节其具体参数，如图15-41所示。场景中其他木质材质的模型也需要用同样的方法进行操作。

　　◉ 在【参数】卷展栏中设置【贴图】类型为【长方体】，设置【长度】为1480mm，【宽度】为0mm，【高度】为380mm，设置【对齐】为Z。

❸ 将制作好的【木质】材质赋给场景中门和柜子的模型，如图15-42所示。

　　至此，场景中主要模型的材质已经制作完毕，其他材质的制作方法就不再详述了。

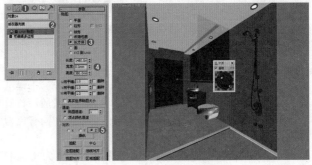

图15-41　　　　　　图15-42

Part 03 设置摄影机

❶ 单击 💠（创建）| 📷（摄影机）| 目标 按钮，如图15-43所示。在视图中按住并拖曳鼠标创建两盏目标摄影机，如图15-44所示。

图15-43   图15-44

❷ 按C键，会弹出【选择摄影机】对话框，在这里可以选择要切换的摄影机，首先选择Camera01，如图15-45所示。

❸ 进入【修改】面板，并设置【镜头】为24，【视野】为73.74，最后选中【手动剪切】复选框，并设置【近距剪切】为621.284mm，【远距剪切】为5198.6mm，如图15-46所示。

图15-45   图15-46

❹ 此时的摄影机视图效果如图15-47所示。

图15-47

 技巧提示

为了在视图中显示出最终渲染的尺寸比例效果，可以按Shift+F组合键打开安全框，在安全框以内的区域将是最终渲染的区域，如图15-48所示。

图15-48

❺ 选择摄影机Camera02，进入【修改】面板，并设置【镜头】为24，【视野】为73.74，最后选中【手动剪切】复选框，并设置【近距剪切】为498.75mm，【远距剪切】为5470mm，如图15-49所示。

❻ 接着选择摄影机Camera02，并单击鼠标右键，选择【应用摄影机校正修改器】命令，如图15-50所示。

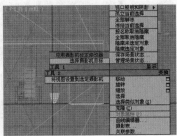

图15-49   图15-50

❼ 此时我们会发现摄影机Camera02变得非常水平和垂直，如图15-51所示。

未添加【摄影机校正】效果   添加【摄影机校正】效果

图15-51

Part 04 设置灯光并进行草图渲染

在该卫生间场景中，使用两部分灯光照明来表现，一部分使用了自然光效果，另一部分使用了室内灯光的照明。也就是说想得到好的效果，必须配合室内的一些照明，最后设置一下辅助光源就可以了。

1. 制作卫生间场景中射灯的光源

❶ 单击 💠（创建）| 💡（灯光）| 目标灯光 按钮，在顶视图中按住并拖曳鼠标，创建一盏目标灯光，接着使用【选择并移动】工具复制5盏目标灯光，并在各个视图中调整其位置，如图15-52所示。

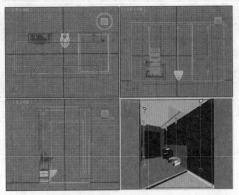

图15-52

❷选择上一步创建的目标灯光，并在【修改】面板中调节具体参数，如图15-53所示。

　　⦿展开【常规参数】卷展栏，在【阴影】选项组中选中【启用】复选框，并设置阴影类型为【VRay阴影】，设置【灯光分布（类型）】为【光度学Web】。

　　⦿展开【分布（光度学Web）】卷展栏，并在通道上加载20.ies光域网文件。

　　⦿展开【强度/颜色/衰减】卷展栏，设置【强度】为9000cd。

　　⦿展开【VRay阴影参数】卷展栏，选中【区域阴影】复选框，设置【U大小】、【V大小】和【W大小】均为100mm。

❸在前视图中玻璃门的位置创建一盏【VR-灯光】，大小与玻璃门差不多，并将其移动到玻璃门的外面，如图15-54所示。

❹选择上一步创建的VR-灯光，然后在【修改】面板中调节具体的参数，如图15-55所示。

　　⦿设置【类型】为【平面】，设置【倍增器】为60，调节【颜色】为白色，设置【1/2长】为60mm，【1/2宽】为55mm，选中【不可见】复选框，取消选中【影响高光反射】和【影响反射】复选框，最后设置【细分】为15。

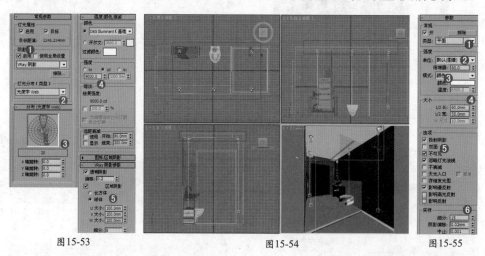

| 图15-53 | 图15-54 | 图15-55 |

❺按F10键，打开【渲染设置】对话框，首先设置VRay和【GI】选项卡中的参数，如图15-56所示。刚开始设置的是一个草图设置，目的是进行快速渲染以观看整体的效果。

❻按Shift+Q组合键，快速渲染摄影机视图，其渲染效果如图15-57所示。

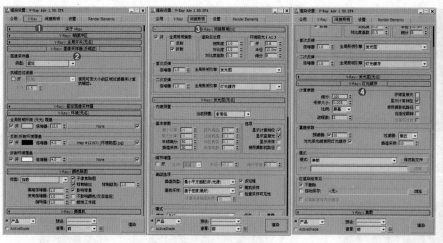

| 图15-56 | 图15-57 |

　　从上面的渲染效果来看，射灯的光照效果基本满意，但是整体的亮度还不够，下面需要使用VR-灯光制作辅助光源。

2．制作卫生间辅助光源

❶在前视图中玻璃门的位置创建一盏【VR-灯光】，大小与玻璃门差不多，如图15-58所示。

❷ 选择上一步创建的VR-灯光，然后在【修改】面板中调节具体的参数，如图15-59所示。

◉ 设置【类型】为【平面】，设置【倍增器】为0.5，调节【颜色】为白色，【1/2长】为1300mm，【1/2宽】为930mm，选中【不可见】复选框，取消选中【影响高光反射】和【影响反射】复选框，最后设置【细分】为15。

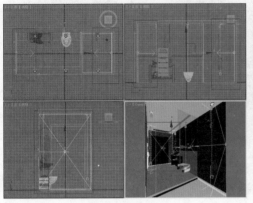

图15-58　　　　　　　　　图15-59

❸ 按Shift+Q组合键，快速渲染摄影机视图，其渲染效果如图15-60所示。

图15-60

从现在的效果来看，整体看来比较暗淡、饱和度较低，但是这些问题都可以在Photoshop中调节。至此，整个场景下的灯光就设置完成了，下面需要做的就是精细调整一下灯光细分参数及渲染参数，进行最终的渲染。

Part 05 设置成图渲染参数

经过前面的操作，已经将大量繁琐的工作做完了，下面需要做的就是把渲染的参数设置高一些，再进行渲染输出。

❶ 重新设置渲染参数。按F10键，在打开的【渲染设置】对话框中进行设置，如图15-61所示。

◉ 选择V-Ray选项卡，展开【图形采样器（抗锯齿）】卷展栏，设置【类型】为【自适应】，接着选中【图像过滤器】复选框，并选择Mitchell-Netravali过滤器；展开【自适应图像采样器】卷展栏，设置【最小细分】为1，【最大细分】为4；展开【全局确定性蒙特卡洛】卷展栏，设置【噪波阈值】为0.008，【最小采样值】为10。

◉ 展开【颜色贴图】卷展栏，设置【类型】为【指数】，设置【暗度倍增】为1.2，【明亮倍增】为1.2，选中【子像素贴图】和【钳制输出】复选框。

图15-61

❷ 选择【GI】选项卡，具体的参数调节如图15-62所示。

◉ 展开【发光图】卷展栏，设置【当前预设】为【低】，设置【细分】为50，【插值采样】为30。选中【显示计算相位】和【显示直接光】复选框，展开【灯光缓存】卷展栏，设置【细分】为1000，取消选中【存储直接光】复选框。

❸ 选择【设置】选项卡，具体的参数调节如图15-63所示。

◉ 展开【系统】卷展栏，设置【序列】为【上->下】，最后取消选中【显示消息日志窗口】复选框。

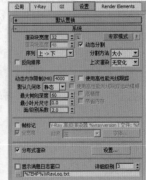

图15-62　　　　　　　　图15-63

④ 选择Render Elements选项卡,单击【添加】按钮,并在弹出的【渲染元素】对话框中选择【VRayWireColor(VRay线框颜色)】选项,如图15-64所示。

⑤ 选择【公用】选项卡,展开【公用参数】卷展栏,设置输出的尺寸为1218×1400,如图15-65所示。

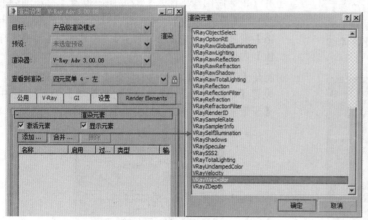

图15-64

图15-65

 技巧提示

在Render Elements(渲染元素)选项卡中添加【VRayWireColor(VRay线框颜色)】,在渲染时会得到两张图像,一张最终渲染图像和一张彩色图像,使用彩色图像可以在Photoshop等后期软件中单独对某一些部分进行调节,非常方便。

⑥ 等待一段时间后就渲染完成了,最终的效果如图15-66所示。

图15-66

第16章

简约复式——现代别墅日景和夜景

场景文件	16.max
案例文件	简约复式——现代别墅日景和夜景.max
视频教学	DVD/多媒体教学/Chapter 16/简约复式——现代别墅日景和夜景.flv
难易指数	★★★★★
灯光类型	目标平行光、目标灯光、VR-灯光
材质类型	VR材质、标准材质
程序贴图	【衰减】程序贴图
技术掌握	日景和夜景灯光的调节方法、灯光深度解析

简约复式风格要点：

- 平面利用系数高，通过夹层复合，可使住宅的使用面积提高50%~70%。

- 户内的隔层为木结构，将隔断、家具、装饰融为一体，既是墙又是楼板、床、柜，降低了综合造价。

- 上部夹层采用推拉窗及墙身多面窗户，通风采光良好，与一般层高和面积相同的住宅相比，土地利用率可提高40%。因此复式住宅同时具备了省地、省工、省料的特点。

风格解析

跃层在定义上是指一套房屋占用两个楼层，由内部楼梯连接。而复式是起源于跃层，又优于跃层，一般复式的房型是客厅或餐厅位置上下两层连通，其他位置上下两层区分，有内部楼梯。所以，跃层不一定是复式，而复式一定是跃层。如图16-1所示为简约复式的几个案例。

图16-1

实例介绍

本例是一个现代别墅，室内灯光表现主要使用目标平行光、目标灯光、VR-灯光来制作，使用VR材质制作本案例的主要材质，制作完毕之后渲染的效果如图16-2所示。

操作步骤

Part 01 设置VRay渲染器

❶ 打开本书配套光盘中的【场景文件/Chapter 16/16.max】文件，此时场景效果如图16-3所示。

❷ 按F10键，打开【渲染设置】对话框，选择【公用】选项卡，在【指定渲染器】卷展栏中单击██按钮，在弹出的【选择渲染器】对话框中选择V-Ray Adv 3.00.08，如图16-4所示。

图16-2

❸ 此时在【指定渲染器】卷展栏中的【产品级】选项后面显示了V-Ray Adv 3.00.08，【渲染设置】对话框中出现了V-Ray、【GI】和【设置】选项卡，如图16-5所示。

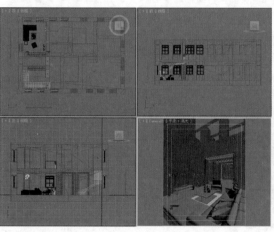
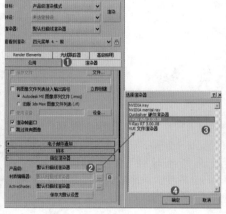

图16-3   图16-4   图16-5

Part 02 材质的制作

下面就来讲述场景中的主要材质的调制，包括木地板、沙发布纹、磨砂玻璃、乳胶漆、地毯、装饰画、金属、瓷器材质等，效果如图16-6所示。

1. 【木地板】材质的制作

木地板大致可分为五大类：实木地板、实木复合地板、负离子木地板、强化木地板以及液晶碳化木地板，其多用于室内家装空间中。如图16-7所示为现实中木地板材质的应用。

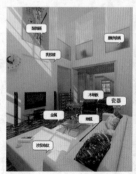

图16-6   图16-7

其基本属性主要有以下两点：

◉ 地板纹理图案效果。

◉ 一定的模糊反射效果。

① 按M键，打开【材质编辑器】窗口，选择一个材质球，设置材质类型为【VRayMtl】材质。将其命名为【木地板】，调节其具体的参数，如图16-8所示。

◉ 在【漫反射】选项组中的通道上加载【木地板.jpg】贴图文件，设置【模糊】为0.01。

◉ 在【反射】选项组中调节颜色为深灰色，设置【高光光泽度】为0.8，【反射光泽度】为0.85，【细分】为15。

◉ 展开【贴图】卷展栏，选择【漫反射】通道上的贴图文件并将其拖曳到【凹凸】通道上，最后设置【凹凸】数量为20。

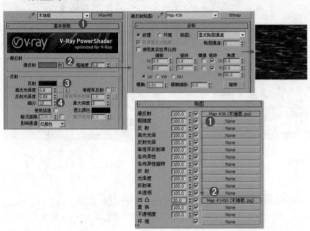

图16-8

② 选中场景中地面的模型，在【修改】面板中为其添加【UVW贴图】修改器，调节其具体参数，如图16-9所示。

◉ 在【参数】卷展栏中设置【贴图】类型为【平面】，设置【长度】为2840mm，【宽度】为4730mm，设置【U向平铺】为15，【V向平铺】为15，设置【对齐】为Z。

图16-9

③ 将制作好的【木地板】材质赋给场景中地面的模型，如图16-10所示。

2. 【沙发布纹】材质的制作

沙发布纹材质主要指包裹沙发框架的布料，以绒布、麻面等材质居多。本例的沙发布纹材质的模拟效果如图16-11所示，其基本属性主要有以下两点：

◉ 沙发布纹的纹理效果。

◉ 很小的凹凸效果。

图16-10

图16-11

① 选择一个空白材质球，然后将材质类型设置为【VRayMtl】材质，并命名为【沙发布纹】，具体的参数调节如图16-12所示。

◉ 在【漫反射】选项组中的通道上加载【衰减】程序贴图，展开【衰减参数】卷展栏，并在通道上加载【布纹.jpg】贴图文件，设置【衰减类型】为Fresnel。

◉ 展开【贴图】卷展栏，在【凹凸】通道上加载【布纹.jpg】贴图文件，最后设置【凹凸】数量为60。

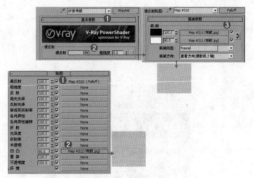

图16-12

② 选中场景中沙发的模型，在【修改】面板中为其添加【UVW贴图】修改器，调节其具体参数，如图16-13所示。

◉ 在【参数】卷展栏中设置【贴图】类型为【长方体】，设置【长度】、【宽度】和【高度】均为500mm，设置【对齐】为Z。

❸ 将制作好的【沙发布纹】材质赋给场景中沙发的模型，如图16-14所示。

图16-13   图16-14

3. 【磨砂玻璃】材质的制作

磨砂玻璃又叫毛玻璃、暗玻璃，是用普通平板玻璃经机械喷砂、手工研磨或氢氟酸溶蚀等方法将表面处理成均匀表面制成。由于其表面粗糙，使光线产生漫反射，透光而不透视，所以可以使室内光线柔和而不刺目。常用于需要隐蔽的浴室、卫生间、办公室的门窗及隔断，使用时应将毛面朝向窗外。本例的磨砂玻璃材质的模拟效果如图16-15所示。其基本属性主要有以下两点：

💧 很小的反射效果。

💧 模糊折射效果。

图16-15

❶ 选择一个空白材质球，然后将材质类型设置为VRayMtl材质，并命名为【磨砂玻璃】，具体的参数调节如图16-16所示。

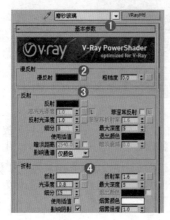

图16-16

💧 在【漫反射】选项组中调节颜色为黑色。

💧 在【反射】选项组中调节颜色为深灰色，选中【菲涅耳反射】复选框。

💧 在【折射】选项组中调节颜色为白色，设置【光泽度】为0.8，【细分】为15，最后选中【影响阴影】复选框。

❷ 将制作好的【磨砂玻璃】材质赋给场景中的磨砂玻璃的模型，如图16-17所示。

图16-17

4. 【乳胶漆】材质的制作

乳胶漆无污染、无毒、无火灾隐患，易于涂刷、干燥迅速，漆膜耐水、耐擦洗性好，色彩柔和。本例的乳胶漆材质的模拟效果如图16-18所示。其基本属性主要为：固有色为白色。

图16-18

❶ 选择一个空白材质球，然后将材质类型设置为VRayMtl材质，并命名为【乳胶漆】，具体的参数调节如图16-19所示。

💧 在【漫反射】选项组中调节颜色为白色。

❷ 将制作好的【乳胶漆】材质赋给场景中墙面的模型，如图16-20所示。

图16-19

图16-20

5．【地毯】材质的制作

　　地毯是以棉、麻、毛、丝、草等天然纤维或化学合成纤维类原料，经手工或机械工艺进行编结、裁绒或纺织而成的地面铺敷物。它是世界范围内具有悠久历史传统的工艺美术品类之一，覆盖于住宅、宾馆、体育馆、展览厅、车辆、船舶、飞机等的地面，有减小噪声、隔热和装饰的效果。本例的地毯材质的模拟效果如图16-21所示。其基本属性主要有以下两点：

　　● 地毯纹理效果。

　　● 强烈的凹凸效果。

图16-21

① 选择一个空白材质球，然后将材质类型设置为VRayMtl材质，并命名为【地毯】，具体的参数调节如图16-22所示。

　　● 在【漫反射】选项组中的通道上加载【地毯.jpg】贴图文件。

　　● 展开【贴图】卷展栏，单击【漫反射】通道的贴图文件并将其拖曳到【置换】通道上，设置【置换】数量为3。

图16-22

② 选中场景中地毯的模型，在【修改】面板中为其添加【UVW贴图】修改器，调节其具体参数，如图16-23所示。

　　● 在【参数】卷展栏中设置【贴图】类型为平面，设置【长度】为650mm，【宽度】为588mm，设置【对齐】为Z。

③ 将制作好的【地毯】材质赋给场景中地毯的模型，如图16-24所示。

图16-23　　　　　　　　图16-24

6．【装饰画】材质的制作

　　● 装饰画是一种起源于战国时期的帛画艺术，其并不强调很高的艺术性，但非常讲究与环境的协调和美化效果。装饰画分为具象题材、意象题材、抽象题材和综合题材等。本例的装饰画材质的模拟效果如图16-25所示。其基本属性主要为：装饰画的纹理图案。

图16-25

① 选择一个空白材质球，然后将材质类型设置为【标准】材质，并命名为【装饰画】，具体的参数调节如图16-26所示。

　　● 展开【Blinn基本参数】卷展栏，在【漫反射】后的通道上加载【装饰画.jpg】贴图文件。

图16-26

❷ 将制作好的【装饰画】材质赋给场景中装饰画的模型，如图16-27所示。

图16-27

7. 【金属】材质的制作

金属是一种具有光泽富有延展性、容易导电、导热的物质。本例的金属材质的模拟效果如图16-28所示。其基本属性主要为：强烈的反射效果。

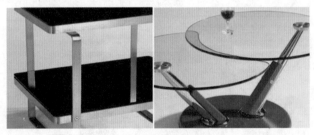

图16-28

❶ 选择一个空白材质球，然后将材质类型设置为VRayMtl材质，并命名为【金属】，具体的参数调节如图16-29所示。

🔘 在【漫反射】选项组中调节颜色为灰色。

🔘 在【反射】选项组中调节颜色为浅灰色，设置【反射光泽度】为0.93，【细分】为10。

图16-29

❷ 将制作好的【金属】材质赋给场景中金属的模型，如图16-30所示。

图16-30

8. 【瓷器】材质的制作

如图16-31所示为现实中瓷器材质的应用，其基本属性主要为：具有菲涅耳反射效果。

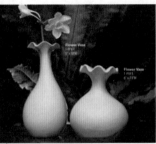

图16-31

❶ 选择一个空白材质球，然后将材质类型设置为VRayMtl材质，并命名为【瓷器】，具体的参数调节如图16-32所示。

🔘 在【漫反射】选项组中调节颜色为白色。

🔘 在【反射】选项组中调节颜色为白色，最后选中【菲涅耳反射】复选框。

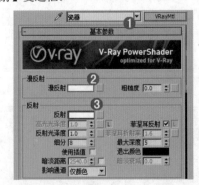

图16-32

❷ 将制作好的【瓷器】材质赋给场景中瓷瓶的模型，如图16-33所示。

3ds Max 2016 中文版+VRay 效果图制作从入门到精通

Part 03 设置摄影机

❶ 单击 ■（创建）| ■（摄影机）| ▭目标▭ 按钮，在视图中按住并拖曳鼠标创建一个目标摄影机，如图16-34所示。

图16-33

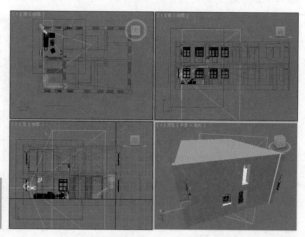

图16-34

❷ 选择刚创建的摄影机，进入【修改】面板，并设置【镜头】为24.825，【视野】为71.891，最后选中【手动剪切】复选框，并设置【近距剪切】为61.539mm，【远距剪切】为2510mm，如图16-35所示。

❸ 此时的摄影机视图效果如图16-36所示。

Part 04 设置灯光并进行草图渲染

在该场景中，使用两部分灯光照明来表现，一部分使用了自然光效果，另一部分使用了室内灯光的照明。也就是说，想得到好的效果，必须配合室内的一些照明，最后设置一下辅助光源就可以了。

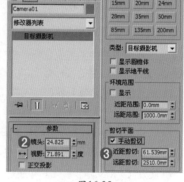

图16-35

1. 制作正午太阳光的光照

❶ 在顶视图中按住并拖曳鼠标，创建一盏目标平行光，如图16-37所示。

❷ 选择上一步创建的目标平行光，并在【修改】面板中调节具体参数，如图16-38所示。

◉ 展开【常规参数】卷展栏，在【阴影】选项组中选中【启用】复选框，并设置阴影类型为【VRay阴影】。

◉ 展开【强度/颜色/衰减】卷展栏，设置【倍增】为8，调节颜色为白色，在【远距衰减】选项组中选中【使用】复选框，设置【开始】为80mm，【结束】为7603.44mm。

◉ 展开【平行光参数】卷展栏，设置【聚光区/光束】为1614mm，【衰减区/区域】为1616mm。

◉ 展开【VRay阴影参数】卷展栏，选中【区域阴影】复选框，设置【U大小】、【V大小】和【W大小】均为30mm。

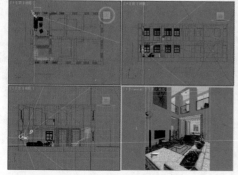

图16-36

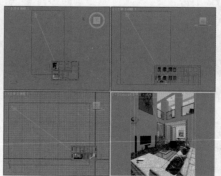

图16-37

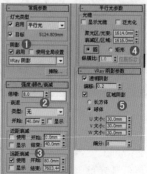

图16-38

❸ 按F10键，打开【渲染设置】对话框，首先设置VRay和GI选项卡中的参数，如图16-39所示。刚开始设置的是一个草图设置，目的是进行快速渲染，以观看整体的效果。

❹ 按Shift+Q组合键，快速渲染摄影机视图，其渲染效果如图16-40所示。

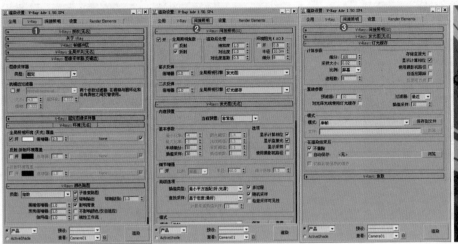

图16-39

图16-40

从上面的渲染效果来看，对太阳光的位置基本满意。下面来创建目标灯光，主要模拟室内射灯的效果。

2. 制作别墅室内射灯的光照

❶ 在顶视图中按住并拖曳鼠标，创建14盏【目标灯光】，并在各个视图中调整其位置，如图16-41所示。

❷ 选择上一步创建的目标灯光，并在【修改】面板中调节具体参数，如图16-42所示。

◉ 展开【常规参数】卷展栏，在【阴影】选项组中选中【启用】复选框，并设置阴影类型为【VRay阴影】，设置【灯光分布（类型）】为【光度学Web】。

◉ 展开【分布（光度学Web）】卷展栏，并在通道上加载20.ies光域网文件。

◉ 展开【强度/颜色/衰减】卷展栏，设置【强度】为150cd。

◉ 展开【VRay阴影参数】卷展栏，选中【区域阴影】复选框，设置【U大小】、【V大小】和【W大小】均为60mm。

❸ 创建4盏目标灯光，接着在各个视图中调整其位置，并在【修改】面板中调节具体参数，如图16-43所示。

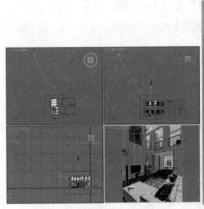

图16-41

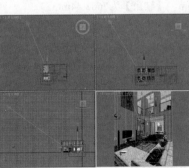

图16-42

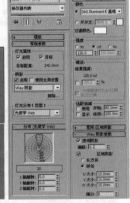

图16-43

◉ 展开【常规参数】卷展栏，在【阴影】选项组中选中【启用】复选框，并设置【阴影类型】为【VRay阴影】，设置【灯光分布（类型）】为【光度学Web】。

◉ 展开【分布（光度学Web）】卷展栏，并在通道上加载20.ies光域网文件。

◉ 展开【强度/颜色/衰减】卷展栏，设置【强度】为120cd。

● 展开【VRay阴影参数】卷展栏，选中【区域阴影】复
选框，设置【U大小】、【V大小】和【W大小】均为
10mm。

❹ 按Shift+Q组合键，快速渲染摄影机视图，其渲染效果如
图16-44所示。

图16-44

此时阳光效果非常真实，但是局部阴影会有噪点。至
此，整个场景中的灯光就设置完成了，下面需要做的就是精
细调整一下灯光细分参数及渲染参数，进行最终的渲染。

Part 05 设置成图渲染参数

经过前面的操作，已经将大量繁琐的工作做完了，下面
需要做的就是把渲染的参数设置高一些，再进行渲染输出。

❶ 重新设置渲染参数。按F10键，在打开的【渲染设置】对
话框中进行设置，如图16-45所示。

● 选择V-Ray选项卡，展开【图形采样器（抗锯齿）】卷
展栏，设置【类型】为【自适应】，接着选中【图像
过滤器】复选框，并选择Mitchell-Netravali过滤器，展
开【自适应图像采样器】卷展栏，设置【最小细分】
为2，【最大细分】为5。

● 展开【环境】卷展栏，在【全局照明（GI）环境】选
项组中选中【开】复选框，设置【倍增器】为2；展开
【颜色贴图】卷展栏，设置【类型】为【指数】，选
中【子像素贴图】和【钳制输出】复选框。

图16-45

❷ 选择【GI】选项卡，具体的参数调节如图16-46所示。

● 展开【发光图】卷展栏，设置【当前预设】为【低】，
设置【细分】为50，【插值采样】为30，选中【显示
计算相位】和【显示直接光】复选框。

● 展开【灯光缓存】卷展栏，设置【细分】为1000，取消
选中【存储直接光】复选框。

❸ 选择【设置】选项卡。具体的参数调节如图16-47所示。

● 展开【系统】卷展栏，设置【最大树向深度】为100，
【面/级别系数】为2，【默认几何体】为【静态】，设
置【序列】为【上->下】，最后取消选中【显示消息
日志窗口】复选框。

图16-46

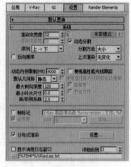

图16-47

❹ 选择Render Elements选项卡，单击【添加】按钮并在弹出
的【渲染元素】对话框中选择【VRayWireColor（VRay线框
颜色）】选项，如图16-48所示。

图16-48

❺ 选择【公用】选项卡，展开【公用】参数卷展栏，设置
输出的尺寸为1200×1500，如图16-49所示。

❻ 等待一段时间后就渲染完成了，最终效果如图16-50
所示。

图16-49

图16-50

在效果图制作过程中，灯光是最重要的一个环节。灯光若能运用适宜，可以改变气氛和情调，创造出戏剧性的效果。对于中小型居室来说，灯光照明更能发挥作用，因为在视觉上能将空间面积产生扩大或缩小的感觉。例如，将灯光照射在墙上，则会有空间被扩大的感觉。如果灯光照射不到天花板上，则会令天花板产生阴暗面，令天花板有降低的错觉。

灯光的色彩能表现人的感情。不同的色彩能引起人们情绪上不同的反应，大致如下：

红——热情、爱情、活力、积极。

橙——开朗、精神、无忧、高兴。

黄——快活、开阔、光明、智慧。

绿——平和、安息、健全、新鲜。

蓝——冷静、诚实、广泛、和谐。

紫——神秘、高尚、优雅、浪漫。

人们可以根据自己的性格爱好以及生活和工作的特点来选择灯具的色彩，但挑选时必须首先考虑要与居室的家具、墙面、地面的色彩基调相配合。

在本例中我们渲染了一个日景的别墅客厅效果，主要以目标平行光制作日光效果为主，以目标灯光制作室内射灯效果为辅。渲染的效果如图16-51所示。

若我们将其灯光进行更改，更改为夜晚效果，则需要重新设计和布置灯光。

图16-51

1.设置渲染器

在设置灯光之前，首先需要调整渲染器的参数，在【环境】卷展栏中【全局照明（GI）环境】选项组中取消选中【开】复选框，使场景变得比较昏暗，而这正是我们制作夜晚效果所需要的，如图16-52所示。

2.设置材质

材质基本可以保持日景时的参数，但有些材质还是需要进行相应调整，如作为背景的材质。选择背景的材质球，将其强度更改为0.2，这样在渲染时，会得到一个比较暗的背景效果，如图16-53所示。

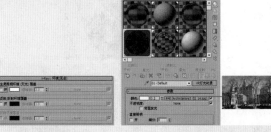

图16-52   图16-53

3.设置灯光

由于日景和夜晚的灯光差别非常大，因此灯光需要重新设置。

（1）首先创建夜景光斑效果的目标平行光，位置如图16-54所示。进入【修改】面板，选中【阴影】选项组中的【启用】复选框，设置阴影类型为【VRay阴影】，设置【倍增】为10，设置颜色为深蓝色，选中【远距衰减】选项组中的【使用】复选框，并设置【开始】为80，【结束】为7603，然后设置【聚光区/光束】为1614，【衰减区/区域】为1616，最后选中【区域阴影】，并设置【U大小】、【V大小】和【W大小】均为30mm，设置【细分】为20，如图16-55所示。

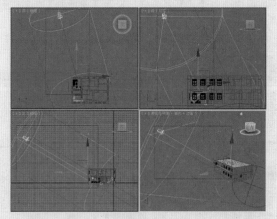

图16-54

单击【渲染】按钮，测试此时的效果，如图16-56所示。

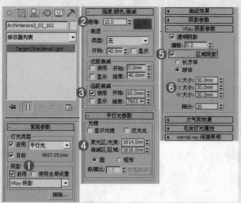 

图16-55   图16-56

（2）创建夜景柔和效果的
VR-灯光，位置如图16-57所示。
进入【修改】面板，设置【倍增
器】为6，【颜色】为深蓝色，
设置【1/2长】为1000mm，【1/2
宽】为500mm，并选中【不可
见】复选框，最后设置【细分】为
20，如图16-58所示。

单击【渲染】按钮，测试此时
的效果，如图16-59所示。

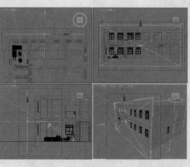  

图16-57   图16-58   图16-59

（3）最后创建室内射灯目标灯光，位置如图16-60所示。进入【修改】面板，选中【阴影】选项组中的【启用】
复选框，并设置阴影类型为【VRay阴影】，设置【灯光分布（类型）】为【光度学Web】。然后展开【分布（光度学
Web）】卷展栏，并在通道上加载20.ies光域网文件，接着设置【过滤颜色】为浅黄色，并设置【强度】为100cd。最后选
中【区域阴影】复选框，设置【U大小】、【V大小】和【W大小】均为10mm，设置【细分】为20，如图16-61所示。

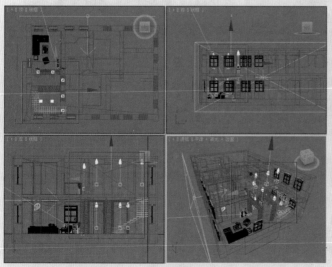 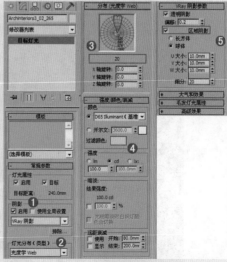

图16-60   图16-61

单击【渲染】按钮，测试此时的效果，如图16-62所示。

经过对本例中灯光部分的重点学习和研究，我们不难发现，在制作效果图时，灯光的种类主要分为日光、黄昏、夜景等，而决定最终为日光还是夜景效果是由很多因素共同决定的。主要有以下几个部分：

🖐 部分渲染器与材质等参数——可能存在一部分需要进行特殊调整的渲染器、材质、环境和效果控制面板等参数，修改后使得在渲染时场景的外面尽量昏暗一些。

🖐 灯光类型——灯光类型的选取比较重要，如夜晚投射到墙上的光斑建议使用目标平行光，夜晚窗口处的蓝色光效果建议使用VR-灯光，室内温馨的射灯建议使用目标灯光。

🖐 灯光强度——夜晚灯光的强度一般为室外较暗、室内较亮，把握住这一点，室内外的效果会很好地匹配在一起。

🖐 灯光颜色——把握好夜晚的偏蓝色、黄昏的偏橙色、日光的偏浅黄色的特点。

图16-62

3ds Max 2016 中文版+VRay 效果图制作从入门到精通

Chapter 17
第17章

室内综合——现代家居空间日景

场景文件	17.max
案例文件	室内综合——现代家居空间日景.max
视频教学	DVD/多媒体教学/Chapter 17/室内综合——现代家居空间日景.flv
难易指数	★★★★★
灯光类型	VR-太阳、VR-灯光
材质类型	VR材质、VR-灯光材质
程序贴图	【衰减】程序贴图、【输出】程序贴图
技术掌握	掌握VR材质、VR-太阳、VR-灯光的使用方法，摄影机高级应用

风格解析

现代风格大空间是近来比较流行的一种风格，是工业社会的产物，追求时尚与潮流，非常注重居室空间的布局与使用功能的完美结合。现代风格的居室注重个性和创造性的表现，不主张追求高档豪华，而着力表现区别于其他家庭独特、独有的东西。如图17-1所示为现代风格的几个案例。

现代风格要点：

　板式家具：板式家具造型简洁明快、朴实端庄、秩序井然、功能良好。通过立面的合理分割，优化比例，虚实对比，以及变换装饰方法，选择板块颜色、纹理、质感、图案等，使其造型千变万化、丰富多彩，以符合各种需求。

　弯曲胶合家具：用木单板经涂胶、组坯，在模具中弯曲胶合成型，线条优雅流畅，简洁明快，轻巧秀丽，变形小，可拆装，具有独特的工艺美。

　玻璃家具：有清澈透明、晶莹可爱、色彩艳丽的品质，具有浪漫梦幻情调，极富现代感。

　布艺家具：造型优雅、色彩丰富、图案多样，给居室带来自然、休闲、轻松、温馨的气氛。

　皮沙发家具：富丽堂皇、豪华气派、厚实稳重、结实耐用，长期以来为人们所喜爱。传统皮沙发色彩较单调深沉，以黑棕为主，造型端庄而活泼不够。现代皮沙发色彩鲜艳丰富、造型轻快、挺括柔软，富有时代感。

　金属家具：是以钢铁、铝合金、铜等管材、线材、板材为原料制作而成。金属强度高、弹性好、富韧性，可进行焊、锻、铸等加工，可任意弯成不同的形状，营造出曲直结合、刚柔相济、纤巧轻盈、简洁明快的造型风格。

图17-1

实例介绍

本例是一个现代家居空间，室内明亮，灯光表现主要使用VR-太阳和VR-灯光来制作，使用VR材质制作本例的主要材质，制作完毕之后渲染的效果如图17-2所示。

操作步骤

Part 01 设置VRay渲染器

❶ 打开本书配套光盘中的【场景文件/Chapter 17/17.max】文件，此时场景效果如图17-3所示。

❷ 按F10键，打开【渲染设置】窗口，选择【公用】选项卡，在【指定渲染器】卷展栏中单击■按钮，在弹出的【选择渲染器】对话框中选择V-Ray Adv 3.00.08，如图17-4所示。

❸ 此时在【指定渲染器】卷展栏中的【产品级】选项后面显示了V-Ray Adv 3.00.08，【渲染设置】对话框中出现了V-Ray、GI和【设置】选项卡，如图17-5所示。

图17-2

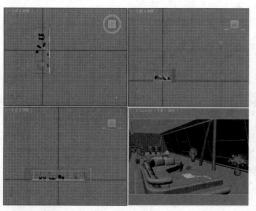

图17-3

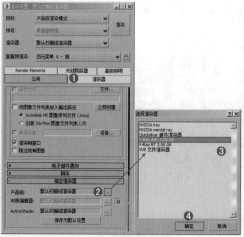

图17-4

图17-5

Part 02 材质的制作

下面就来讲解场景中的主要材质的调制，包括木地板、沙发、玻璃、环境、金属、浅色不锈钢、植物叶子、乳胶漆材质等，效果如图17-6所示。

1.【木地板】材质的制作

木地板材质美观自然、保温性好、质轻而强。如图17-7所示为现实中木地板材质的应用。木地板材质的基本属性主要有以下三点：

◉ 木地板纹理效果。

◉ 模糊反射效果。

◉ 很小的凹凸效果。

图17-6

图17-7

① 按M键，打开【材质编辑器】窗口，选择一个材质球，设置材质类型为VRayMtl材质，将其命名为【木地板】，调节其具体的参数，如图17-8和图17-9所示。

🔘 在【漫反射】选项组中的通道上加载【深色木地板.jpg】贴图文件。

🔘 在【反射】选项组中的通道上加载【衰减】程序贴图，设置两个颜色为黑色和蓝色，设置【衰减类型】为Fresnel，设置【高光光泽度】为0.85，【反射光泽度】为0.8，【细分】为15。

🔘 展开【贴图】卷展栏，选择【漫反射】通道上的贴图文件并将其拖曳到【凹凸】通道上，设置【凹凸】数量为10，最后在【环境】通道上加载【输出】程序贴图。

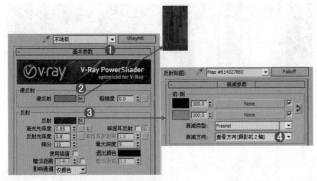

图17-8

图17-9

② 选中场景中地面的模型，在【修改】面板中为其添加【UVW贴图】修改器，调节其具体参数，如图17-10所示。

🔘 在【参数】卷展栏中设置【贴图】类型为【平面】，设

置【长度】为1600mm，【宽度】为900mm，设置【对齐】为Z。

图17-10

③ 将制作好的【木地板】材质赋给场景中地面的模型，如图17-11所示。

图17-11

2. 【沙发】材质的制作

其表面有一种特殊的粒面层，具有自然的粒纹和光泽，手感舒适。如图17-12所示为现实中沙发皮革的材质。沙发皮革材质的基本属性主要有以下两点：

🔘 模糊、反射效果。

🔘 一定的凹凸效果。

图17-12

❶ 选择一个空白材质球，然后将材质类型设置为VRayMtl材质，并命名为【沙发】，具体的参数调节如图17-13和图17-14所示。

　🔘 在【漫反射】选项组中的通道上加载【衰减】程序贴图，调节两个颜色为黄色和白色，设置【衰减类型】为Fresnel。

　🔘 在【反射】选项组中调节颜色为深灰色，设置【高光光泽度】为0.8，【反射光泽度】为0.75，【细分】为16，选中【菲涅耳反射】复选框，设置【菲涅耳折射率】为2。

　🔘 展开【贴图】卷展栏，在【凹凸】通道上加载【沙发凹凸.jpg】贴图文件，并设置【瓷砖】的U、V为2.5，设置【模糊】为0.6，最后设置【凹凸】数量为40。

图17-13

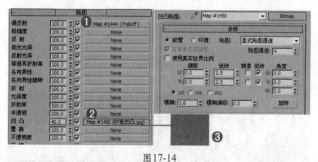

图17-14

❷ 将制作好的【沙发】材质赋给场景中沙发的模型，如图17-15所示。

图17-15

3. 【玻璃】材质的制作

　　玻璃是一种透明、强度及硬度颇高、不透气的材料。如图17-16所示为现实中玻璃的材质。玻璃材质的基本属性主要有以下两点：

　🔘 菲涅耳反射效果。

　🔘 很强的折射效果。

图17-16

❶ 选择一个空白材质球，然后将材质类型设置为VRayMtl材质，并命名为【玻璃】，具体的参数调节如图17-17所示。

　🔘 在【漫反射】选项组中调节颜色为浅蓝色。

　🔘 在【反射】选项组中调节颜色为白色，选中【菲涅耳反射】复选框。

　🔘 在【折射】选项组中调节颜色为白色，选中【影响阴影】复选框。

❷ 将制作好的【玻璃】材质赋给场景中玻璃的模型，如图17-18所示。

图17-17

图17-18

图17-21

4．【环境】材质的制作

如图17-19所示为现实中环境材质的应用。环境材质的基本属性主要有以下两点：

🔘 环境纹理贴图效果。

🔘 自发光效果。

图17-19

❶ 选择一个空白材质球，将材质类型设置为【VR-灯光材质】，并命名为【环境】，具体参数调节如图17-20所示。

🔘 展开【参数】卷展栏，并在通道上加载【环境贴图.jpg】贴图文件，设置数量为2.6，并设置【模糊】为0.5。

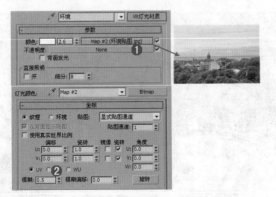

图17-20

❷ 将制作好的【环境】材质赋给场景中环境的模型，如图17-21所示。

5．【金属】材质的制作

金属是一种具有光泽（即对可见光强烈反射）、富有延展性、容易导电、导热的物质。如图17-22所示为现实中金属材质的应用。金属材质的基本属性主要为：强烈的反射效果。

图17-22

❶ 选择一个空白材质球，然后将材质类型设置为VRayMtl材质，并命名为【金属】，具体的参数调节如图17-23所示。

🔘 在【漫反射】选项组中调节颜色为深灰色。

🔘 在【反射】选项组中调节颜色为灰色。

图17-23

❷ 将制作好的【金属】材质赋给场景中的金属的模型。

6. 【浅色不锈钢】材质的制作

如图17-24所示为现实中浅色不锈钢材质的应用。本例的浅色不锈钢材质的基本属性主要有以下两点：

- 固有色为淡蓝色。
- 很小的反射效果。

图17-24

❶ 选择一个空白材质球，然后将材质类型设置为VRayMtl材质，并命名为【浅色不锈钢】，具体的参数调节如图17-25所示。

- 在【漫反射】选项组中调节颜色为浅蓝色。
- 在【反射】选项组中调节颜色为深灰色，设置【高光光泽度】为0.85，【反射光泽度】为0.95，【细分】为20。

图17-25

❷ 将制作好的【浅色不锈钢】材质赋给场景中柱子的模型，如图17-26所示。

图17-26

7. 【植物叶子】材质的制作

如图17-27所示为现实中植物的叶子材质。植物叶子材质的基本属性主要为：叶子的纹理图案。

图17-27

❶ 选择一个空白材质球，然后将材质类型设置为VRayMtl材质，并命名为【植物叶子】，具体的参数调节如图17-28所示。

- 在【漫反射】选项组中的通道上加载【植物叶子.jpg】贴图文件。
- 在【反射】选项组中调节颜色为深灰色，设置【反射光泽度】为0.6，【细分】为10。

图17-28

❷ 将制作好的【植物叶子】材质赋给场景中植物的模型，如图17-29所示。

图17-29

8．【乳胶漆】材质的制作

如图17-30所示为现实中乳胶漆材质的应用。乳胶漆材质的基本属性主要有以下两点：

- 固有色为橘色。
- 很小的模糊反射效果。

图17-30

❶ 选择一个空白材质球，然后将材质类型设置为VRayMtl材质，并命名为【乳胶漆】，具体的参数调节如图17-31所示。

- 在【漫反射】选项组中调节颜色为橙色。
- 在【反射】选项组中调节颜色为深灰色，设置【反射光泽度】为0.85，【细分】为15，选中【菲涅耳反射】复选框。

图17-31

❷ 将制作好的【乳胶漆】材质赋给场景中墙部分的模型，如图17-32所示。

图17-32

至此，场景中主要模型的材质已经制作完毕，其他材质的制作方法我们就不再详述了。

Part 03 ▶ 设置摄影机

❶ 单击 ⬦（创建）|⬚（摄影机）| ▨目标▨ 按钮，在视图中单击鼠标创建一个目标摄影机，如图17-33所示。

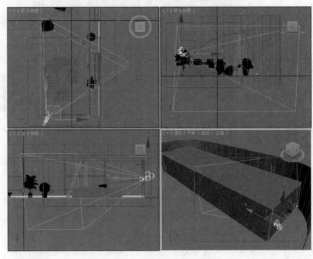

图17-33

❷ 选择刚创建的摄影机，设置【镜头】为32.021，【视野】为58.684，最后选中【手动剪切】复选框，并设置【近距剪切】为909.12mm，【远距剪切】为19800mm，如图17-34所示。

❸ 此时的摄影机视图效果如图17-35所示。

图17-34　　　　　　　　图17-35

 技术专题——摄影机高级应用

在现实生活中，摄影机、照相机的功能是将画面记录下来，而3ds Max中的摄影机是为了将角度进行固定，可以达到每次都可以快速切换并渲染同一个角度的目的。通常可以将整个3ds Max的制作效果图流程分为6个步骤：建模—摄影机—灯光—材质—渲染—后期处理。

在模型制作完成，灯光、材质还未制作时，可以先为场景创建一个摄影机，以便后面方便使用。在本案例中，将使用目标摄影机进行创建（也可以在透视图中按Ctrl+C组合键快速创建），如图17-36所示。摄影机位置如图17-37所示。

进入【修改】面板，并设置【镜头】为32.021，【视野】为58.684，如图17-38所示。此时可以按C键切换到摄影机视图，如图17-39所示。

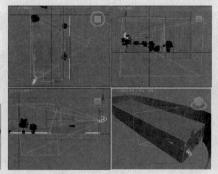  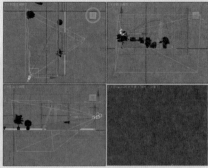

图17-36　　　　　　　　　图17-37　　　　　　　　　　图17-38　　　　　　　　　　图17-39

由于我们需要表现一个相对较大的空间，因此可以将摄影机向后移动，但是当移动到墙体附近时，摄影机会被墙体遮挡，因此无法看到室内的效果，下面解决该问题。再次进入【修改】面板，并选中【手动剪切】复选框，接着设置【近距剪切】为909.12mm，【远距剪切】为19800mm，如图17-40所示。

再次按C键切换到摄影机视图，此时看到遮挡的部分完全消失了，如图17-41所示。

此时可以通过使用3ds Max主界面右下角的几个按钮，进行推拉摄影机、透视、侧滚摄影机、视野、穿行、环游摄影机等操作，如图17-42所示。

一般来说，创建摄影机时角度肯定会有一定的倾斜，若要表现十分规整的视角，可以选择摄影机并单击鼠标右键，执行【应用摄影机校正修改器】命令，如图17-43所示。

此时会发现摄影机视图的视角变得绝对规整，没有出现倾斜的效果，如图17-44所示。当然这步操作并不是固定的，视要求而定。

一般情况下，可以使用目标摄影机和自由摄影机，但是这两种摄影机的参数相对比较单一，可控性不强。在安装VRay渲染器后，会增加两种类型的摄影机，分别为VR穹顶摄影机和VR物理摄影机。这类VRay摄影机可以控制最终渲染的光圈、白平衡、快门速度、光晕、曝光等参数，使用起来更像一个单反相机，如图17-45所示。

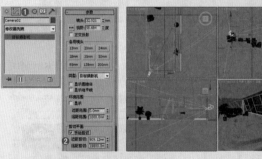

图17-40　　　　　　　　　　　图17-41

图17-43　　　　　　　　　　　图17-44

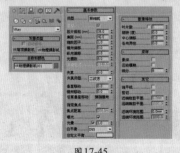

图17-42

图17-45

Part 04　设置灯光并进行草图渲染

在该家居空间场景中，使用两部分灯光照明来表现，一部分使用了阳光的效果，另一部分使用了室外天光的照明。也就是说，想得到好的效果，必须是不同类型的灯光相配合。

1. 制作阳光的光照

❶ 在顶视图中按住并拖曳鼠标，创建一盏【VR-太阳】灯光，如图17-46所示。

❷ 选择上一步创建的VR-太阳灯光，并在【修改】面板中调节具体参数，如图17-47所示。

3ds Max 2016 中文版+VRay 效果图制作从入门到精通

○ 展开【VR-太阳参数】卷展栏，设置【强度倍增】为0.04，【大小倍增】为5，【阴影细分】为10。

❸ 按F10键，打开【渲染设置】对话框，首先设置VRay和GI选项卡中的参数，如图17-48所示。刚开始设置的是一个草图，目的是进行快速渲染以观看整体的效果。

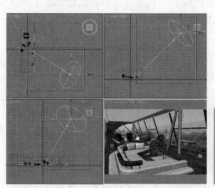

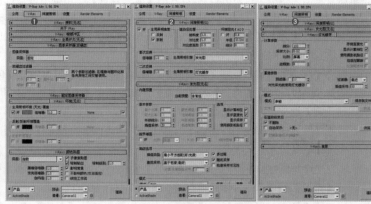

| 图17-46 | 图17-47 | 图17-48 |

❹ 按Shift+Q组合键，快速渲染摄影机视图，其渲染效果如图17-49所示。

从上面的渲染效果来看，对太阳光的位置基本满意。下面制作天光效果。

2. 制作天光的光照

❶ 在左视图中窗户的位置创建一盏VR-灯光，大小与玻璃窗差不多，将它移动到玻璃窗的外面，如图17-50所示。

❷ 选择上一步创建的VR-灯光，然后在【修改】面板中调节具体的参数，如图17-51所示。

图17-49

○ 设置【类型】为【平面】，设置【倍增器】为3，调节【颜色】为浅蓝色，设置【1/2长】为1500mm，【1/2宽】为9000mm，选中【不可见】复选框，最后设置【细分】为15。

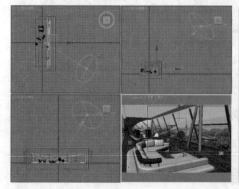 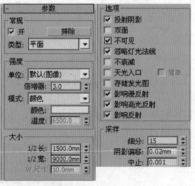

| 图17-50 | 图17-51 |

 技巧提示

一般来说，室外的光照会偏向于冷色，而室内会偏向于暖色，这样既符合正常的规律，又有颜色的冷暖对比。因此在这里将窗口处的VR-灯光颜色设置为浅蓝色。

❸ 按Shift+Q组合键，快速渲染摄影机视图，其渲染效果如图17-52所示。

从现在的效果来看，整体还是不错的，但是局部有点灰暗、曝光，该问题在渲染参数中就可以解决，用户不用担心。至此，整个场景中的灯光就设置完成了，下面需要做的就是精细调整一下灯光细分参数及渲染参数，进行最终的渲染。

图17-52

Part 05 设置成图渲染参数

经过前面的操作，已经将大量繁琐的工作做完了，下面需要做的就是把渲染的参数设置高一些，再进行渲染输出。

❶ 重新设置渲染参数。按F10键，在打开的【渲染设置】对话框中进行设置，如图17-53和图17-54所示。

　　○ 选择V-Ray选项卡，展开【图形采样器（抗锯齿）】卷展栏，设置【类型】为【自适应】，接着在【抗锯齿过滤器】选项组中选中【开】复选框，并选择Mitchell-Netravali过滤器。展开【自适应图像采样器】卷展栏，设置【最小细分】为1，【最大细分】为4。

　　○ 展开【环境】卷展栏，在【全局照明（GI）环境】选项组中调节颜色为蓝色，设置【倍增器】为5；接着展开【颜色贴图】卷展栏，设置【类型】为【指数】，最后选中【子像素贴图】和【钳制输出】复选框。

❷ 选择【GI】选项卡，具体的参数调节如图17-55所示。

　　○ 展开【发光图】卷展栏，设置【当前预设】为【低】，设置【细分】为50，【插值采样】为30，选中【显示计算相位】和【显示直接光】复选框。

　　○ 展开【灯光缓存】卷展栏，设置【细分】为1000，取消选中【存储直接光】复选框。

❸ 选择【设置】选项卡，具体的参数调节如图17-56所示。

　　○ 展开【系统】卷展栏，设置【最大树向深度】为60，【面/级别系数】为2，【默认几何体】为【静态】，设置【序列】为【上->下】，最后取消选中【显示消息日志窗口】复选框。

图17-53　　　　　　　　　　　图17-54　　　　　　　　　　　图17-55　　　　　　　　　　　图17-56

❹ 选择Render Elements选项卡，单击【添加】按钮并在弹出的【渲染元素】对话框中选择【VRayWireColor（VRay线框颜色）】选项，如图17-57所示。

❺ 选择【公用】选项卡，展开【公用参数】卷展栏，设置输出的尺寸为1500×909，如图17-58所示。

❻ 等待一段时间后就渲染完成了，最终效果如图17-59所示。

图17-57　　　　　　　　　　　图17-58　　　　　　　　　　　图17-59

欧陆风情——欧式客厅日景

场景文件	18.max
案例文件	欧陆风情——欧式客厅日景.max
视频教学	DVD/多媒体教学/Chapter 18/欧陆风情——欧式客厅日景.flv
难易指数	★★★★★
灯光类型	VR-太阳、VR-灯光
材质类型	VR材质、VR-灯光材质
程序贴图	【平铺】程序贴图
技术掌握	材质的高级运用、材质深度解析

风格解析

欧陆风情风格是自然浪漫的设计风格，彰显现代时尚的欧陆风情，是对个性自我的完美表达；在色彩搭配和装饰上相对简化，追求一种轻松、清新、典雅的视觉效果；将欧式古典主义艺术精髓和现代建筑的简约格调巧妙融合，为现代人注入一个新的理念，成就现代人家居生活理想。欧陆风情风格是一系列具有民族性和国际化的西方建筑与陈设风格，它的意义境域是广泛丰富的。其实质是西方的设计传统，包含法国、古希腊、罗马、德国、瑞典等多个民族的创造。欧陆风情风格之所以在国内流行，是以它多元化的形式、活泼的意义境域，体现出对大众的人文关怀，并吻合当今中国的国际化发展趋势。如图18-1所示为欧陆风情风格的示例。

欧陆风情风格要点：

- 欧陆家居从空间上讲是纵向发展的，层高比例差距大，偌大的落地窗、飘窗、弧形窗。

- 仿佛窗户就是门，以法式住宅为典型。而德式窗多为上开、平开之窗，玻璃不见得大但要完整。

- 于大处着眼，小处落实的欧陆风光浓郁、纯粹，时而泼墨夸张，时而简约明了。

- 例如罗马风格注重栏杆、外墙甚至内饰的色块大小，意大利风格强调石雕、形象融入建筑气质中去。

图18-1

实例介绍

本例是一个欧式客厅空间，室内明亮灯光表现主要使用了VR-太阳和VR-灯光来制作，使用VR材质制作本案例的主要材质，制作完毕之后渲染的效果如图18-2所示。

操作步骤

Part 01 ▶ 设置VRay渲染器

❶ 打开本书配套光盘中的【场景文件/Chapter 18/18.max】文件，此时场景效果如图18-3所示。

❷ 按F10键，打开【渲染设置】窗口，选择【公用】选项卡，在【指定渲染器】卷展栏中单击 按钮，在弹出的【选择渲染器】对话框中选择V-Ray Adv 3.00.08，如图18-4所示。

❸ 此时在【指定渲染器】卷展栏中的【产品级】选项后面显示了V-Ray Adv 3.00.08，【渲染设置】对话框中出现了V-Ray、GI、【设置】选项卡，如图18-5所示。

图18-2

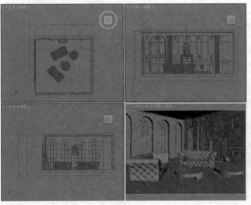

图18-3

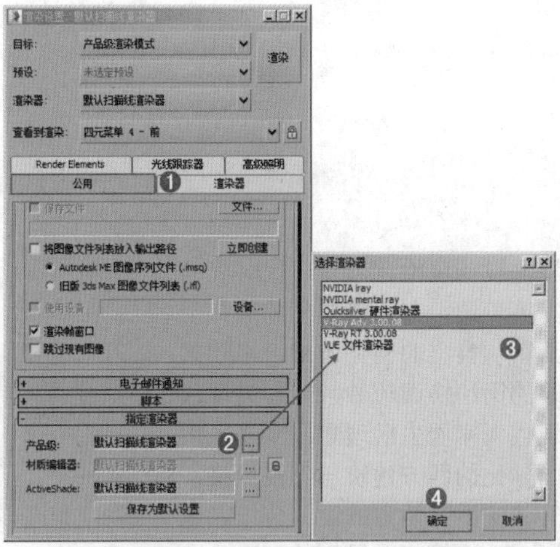

图18-4 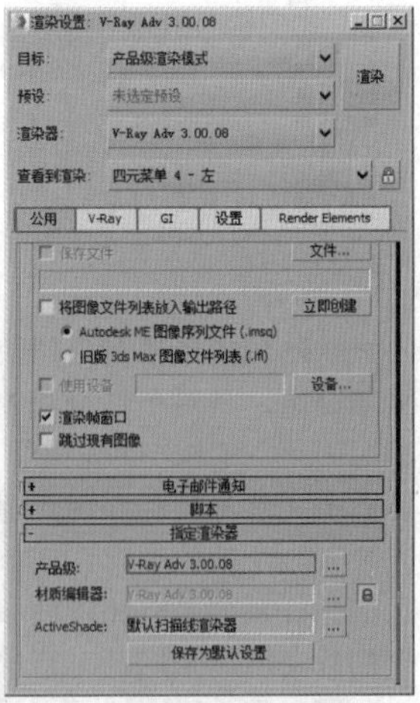　　　　　　　　　　图18-5

Part 02 ▶ 材质的制作

下面就来讲解场景中的主要材质的调制，包括地面砖、玻璃钢、环境、油画、画框金属、乳胶漆、皮革、金属材质等，效果如图18-6所示。

1. 【地面砖】材质的制作

地砖是一种地面装饰材料，也叫地板砖，用黏土烧制而成，规格多种，质坚、耐压耐磨，能防潮；有的经上釉处理，具有装饰作用。多用于公共建筑和民用建筑的地面和楼面。本例的地面砖材质的模拟效果如图18-7所示。其基本属性主要有以下3点。

● 地面砖纹理图案。

● 一定的模糊反射。

● 很小的凹凸效果。

图18-6

3ds Max 2016 中文版+VRay 效果图制作从入门到精通

图18-7

❶ 按M键，打开【材质编辑器】窗口，选择一个材质球，设置材质类型为VRayMtl材质。将其命名为【地面砖】，调节其具体的参数，如图18-8所示。

◉ 在【漫反射】选项组中调节颜色为黑色。

图18-8

◉ 在【反射】选项组中调节颜色为深灰色，设置【高光光泽度】为0.98，【反射光泽度】为0.96，【细分】为15。

◉ 展开【贴图】卷展栏，在【凹凸】通道上加载【平铺】程序贴图，展开【标准控制】卷展栏，并设置【预设类型】为【堆栈砌合】，设置【水平数】和【垂直数】为5，【淡出变化】为0.05，设置【水平间距】和【垂直间距】为0.001，最后设置【凹凸】数量为50。

❷ 将制作好的【地面砖】材质赋给场景中地面的模型，如图18-9所示。

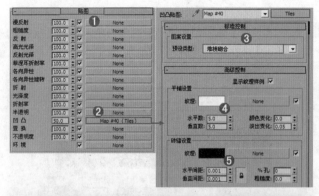

图18-9

2. 【玻璃钢】材质的制作

玻璃钢亦称作GRP，即纤维强化塑料，一般指用玻璃纤维增强不饱和聚酯、环氧树脂与酚醛树脂基体，以玻璃纤维或其制品作增强材料的增强塑料，称为玻璃纤维增强塑料，或称为玻璃钢。由于所使用的树脂品种不同，因此有聚酯玻璃钢、环氧玻璃钢、酚醛玻璃钢之称。其质轻而硬，不导电，机械强度高，回收利用少，耐腐蚀。可以代替钢材制造机器零件和汽车、船舶外壳等。本例的玻璃钢材质的模拟效果如图18-10所示。其基本属性主要为：具有菲涅尔反射效果。

图18-10

① 选择一个空白材质球，然后将材质类型设置为VRayMtl材质，并命名为【玻璃钢】，具体的参数调节如图18-11所示。

- 在【漫反射】选项组中调节颜色为白色。
- 在【反射】选项组中调节颜色为白色，设置【反射光泽度】为0.93，【细分】为15，选中【菲涅耳反射】复选框。

图18-11

② 将制作好的【玻璃钢】材质赋给场景中的玻璃幕墙的模型，如图18-12所示。

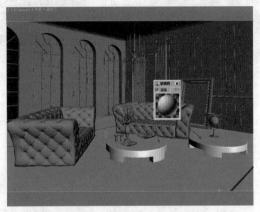

图18-12

3. 【环境】材质的制作

环境一般作为场景的背景。本例的环境材质的模拟效果如图18-13所示。其基本属性主要为：环境贴图纹理效果。

图18-13

① 选择一个空白材质球，然后将材质类型设置为【VR-灯光材质】，并命名为【环境】，具体的参数调节如图18-14所示。

- 展开【参数】卷展栏，设置【数量】为3，并在通道上加载【环境贴图.jpg】贴图文件。

图18-14

② 将制作好的【环境】材质赋给场景中的镜子的模型，如图18-15所示。

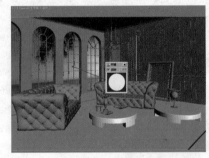

图18-15

4. 【油画】材质的制作

油画内框用于绷钉布作画。绷钉了油画布的油画内框又叫油画板、油画布框。现在已经有实心油画板为替代品。本例的油画材质的模拟效果如图18-16所示。其基本属性主要有以下两点。

- 油画纹理图案。
- 一定的凹凸效果。

图18-16

① 选择一个空白材质球，然后将材质类型设置为VRayMtl材质，并命名为【油画】，具体的参数调节如图18-17所示。

- 在【漫反射】选项组中的通道上加载【油画.jpg】贴图

文件。

- 在【反射】选项组中调节颜色为深灰色，设置【反射光泽度】为0.8。

- 展开【贴图】卷展栏，单击【漫反射】通道上的贴图并将其拖曳到【凹凸】通道上，最后设置【凹凸】数量为30。

图18-17

❷ 将制作好的【油画】材质赋给场景中油画的模型，如图18-18所示。

图18-18

5．【画框金属】材质的制作

画框金属材质一般采用旧金属材质制作。本例的画框金属材质的模拟效果如图18-19所示。其基本属性主要为：强烈的反射效果。

图18-19

❶ 选择一个空白材质球，然后将材质类型设置为VRayMtl材质，并命名为【画框金属】，具体的参数调节如图18-20所示。

- 在【漫反射】选项组中调节颜色为金属色。

- 在【反射】选项组中调节颜色为灰色，设置【高光光泽度】为0.85，【反射光泽度】为0.85，【细分】为15。

图18-20

❷ 将制作好的【画框金属】材质赋给场景中油画框的模型，如图18-21所示。

图18-21

6．【乳胶漆】材质的制作

乳胶漆无污染、无毒，易于涂刷，干燥迅速，色彩柔和。如图18-22所示为现实中乳胶漆的材质。乳胶漆材质的基本属性主要为：固有色的白色。

图18-22

① 选择一个空白材质球，然后将材质类型设置为VRayMtl材质，并命名为【乳胶漆】，具体的参数调节如图18-23所示。

　　⬤ 在【漫反射】选项组中调节颜色为白色。

　　⬤ 在【反射】选项组中调节颜色为深灰色，设置【反射光泽度】为0.5，【细分】为15。

② 将制作好的【乳胶漆】材质赋给场景中墙壁的模型，如图18-24所示。

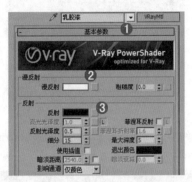

图18-23

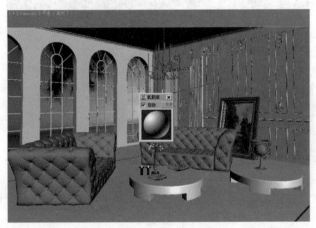

图18-24

7.【皮革】材质的制作

皮革是经脱毛和鞣制等物理、化学加工所得到的已经变性、不易腐烂的动物皮。革是由天然蛋白质纤维在三维空间紧密编织构成的，其表面有一种特殊的粒面层，具有自然的粒纹和光泽，手感舒适。本例的皮革材质的模拟效果如图18-25所示。其基本属性主要为：一定的模糊效果和反射效果。

图18-25

① 选择一个空白材质球，然后将材质类型设置为VRayMtl材质，并命名为【皮革】，具体的参数调节如图18-26所示。

　　⬤ 在【漫反射】选项组中调节颜色为浅黄色。

　　⬤ 在【反射】选项组中调节颜色为深灰色，设置【反射光泽度】为0.75，【细分】为20。

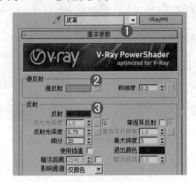

图18-26

② 将制作好的【皮革】材质赋给场景中沙发的模型，如图18-27所示。

图18-27

8.【金属】材质的制作

金属是一种具有光泽（即对可见光强烈反射）、富有延展性、容易导电、导热等性质的物质。本例的金属材质的模拟效果如图18-28所示。其基本属性主要为：一定的反射效果。

图18-28

❶ 选择一个空白材质球，然后将材质类型设置为VRayMtl材质，并命名为【金属】，具体的参数调节如图18-29所示。

　　● 在【漫反射】选项组中调节颜色为深灰色。

　　● 在【反射】选项组中调节颜色为灰色，设置【反射光泽度】为0.96，【细分】为25。

图18-29

❷ 将制作好的【金属】材质赋给场景中金属部分的模型，如图18-30所示。

图18-30

至此，场景中主要模型的材质已经制作完毕，其他材质的制作方法我们就不再详述了。

 技术专题——材质深度解析

　　在效果图制作过程中，材质和贴图是表现模型质感的必要手段。材质和贴图是完全不同的概念，读者一定要仔细区分，一般可以认为材质比贴图要大一个级别，也就是说，贴图是在材质中面的某个选项里的。

　　因此在设置某一个材质时，首先要考虑该材质应该使用哪种材质类型，之后再考虑用哪种贴图类型。

　　根据笔者的经验，这里为读者总结出效果图制作中常用的几种材质的规律及设置方法。

　　1. 无反射、无折射类

　　无反射、无折射类的材质比较简单，如墙体、乳胶漆、石膏、纸张等。这类材质的调节主要为【漫反射】颜色，如图18-31所示。

　　2. 有反射、无折射类

　　有反射、无折射类的材质是效果图最为常用的材质，如木地板、木纹、地砖、塑料、金属、陶瓷等。其中反射又分为完全反射和模糊反射。

　　（1）【漫反射】颜色设置为黑色，【反射】颜色设置为白色时，材质为镜子材质，如图18-32所示。

　　（2）【漫反射】颜色设置为白色，【反射】颜色设置为白色，选中【菲涅耳反射】复选框时，材质为陶瓷材质，如图18-33所示。

　　（3）【漫反射】颜色设置为灰色，【反射】颜色设置为灰色时，材质为不锈钢材质，如图18-34所示。

图18-31　　　　　　图18-32

　　（4）【漫反射】颜色设置为灰色，【反射】颜色设置为灰色，【反射光泽度】设置为小于1的数值时，材质为磨砂金属材质，如图18-35所示。

　　（5）【漫反射】通道上加载木地板贴图，【反射】颜色设置为深灰色，【反射光泽度】设置为小于1的数值时，材质为木地板材质，如图18-36所示。

　　其他的有反射、无折射类材质的调节方法可以根据实际情况，结合上面讲解的几种方法进行适当调节。

　　3. 有反射、有折射类

　　有反射、有折射类的材质主要为玻璃、液体、灯罩、透光窗帘等（灯罩和透光窗帘也有无折射的）。

　　（1）【漫反射】颜色设置为白色，【反射】颜色设置为深灰色，【折射】颜色为白色时，材质为【玻璃】材质，如图18-37所示。

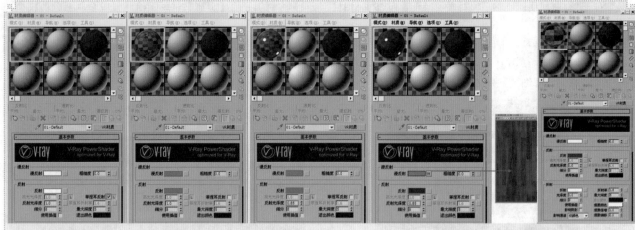

图18-33　　　　　　　图18-34　　　　　　　图18-35　　　　　　　　　图18-36　　　　　　　　图18-37

（2）【漫反射】颜色设置为白色，【反射】颜色设置为深灰色，【折射】颜色为浅灰色，并设置【烟雾颜色】和【烟雾倍增】时，材质为有色液体材质，如图18-38所示。

（3）【漫反射】颜色设置为浅黄色或添加贴图，【反射】颜色设置为深灰色，【折射】颜色为深灰，并适当设置【光泽度】时，材质为灯罩材质，如图18-39所示。

其他的有反射、有折射类材质的调节方法可以根据实际情况，结合上面讲解的几种方法进行适当调节。

（4）有凹凸属性、不透明度属性等特殊类

对于表面带有纹理或其他属性的，主要可以使用贴图进行实现。例如为材质设置凹凸效果，可以在设置完材质基本的参数后，在【凹凸】通道上加载位图贴图或程序贴图，材质将会出现凹凸纹理效果，如图18-40所示。

对于带有不透明度属性的材质，可以通过在【不透明度】通道上加载贴图的方法轻松实现，例如制作树叶、竹藤等，如图18-41所示。

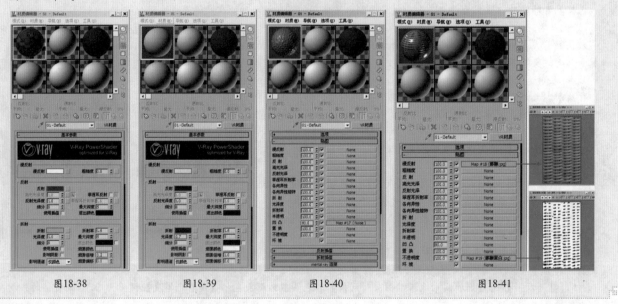

图18-38　　　　　　　图18-39　　　　　　　图18-40　　　　　　　图18-41

Part 03 设置摄影机

❶ 单击 ·（创建）|　　（摄影机）|　目标　按钮。在视图中按住并拖曳鼠标创建一个目标摄影机，如图18-42所示。

❷ 选择刚创建的摄影机，进入【修改】面板，设置【镜头】为29.485，【视野】为62.806，最后设置【目标距离】为3008.421，如图18-43所示。

❸ 选择设置参数的摄影机，并单击鼠标右键，选择【应用摄影机校正修改器】命令，如图18-44所示。

❹ 此时可以看到【摄影机校正】修改器被加载到了摄影机上，最后设置【数量】为4.951，【角度】为90，如图18-45所示。

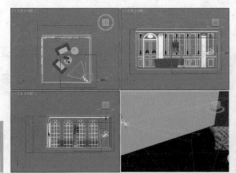

图18-42   图18-43   图18-44   图18-45

❺ 此时的摄影机视图
效果如图18-46所示。

图18-46

Part 04 设置灯光并进行草图渲染

在该场景中，使用两部分灯光照明来表现，一部分使用了自然光效果，另一部分使用了室内灯光的照明。也就是说，想得到好的效果，必须配合室内的一些照明，最后设置一下辅助光源就可以了。

1. 制作太阳的光照

❶ 在前视图中拖曳创建一盏【VR-太阳】灯光，如图18-47所示。

❷ 选择上一步创建的VR-太阳，并在【修改】面板中调节具体参数，如图18-48所示。

　🔘 展开【VR-太阳参数】卷展栏，设置【强度倍增】为0.09，【大小倍增】为8，【阴影细分】为10。

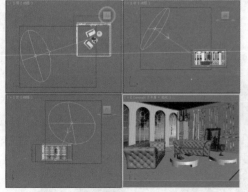

图18-47   图18-48

❸ 按F10键，打开【渲染设置】窗口。首先设置VRay和GI选项卡中的参数，如图18-49所示。刚开始设置的是一个草图，目的是进行快速渲染以观看整体的效果。

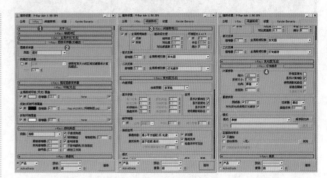

图18-49

❹ 按Shift+Q组合键，快速渲染摄影机视图，其渲染效果如图18-50所示。

图18-50

通过上面的渲染效果来看，对太阳光的位置基本满意。下面来创建VR-灯光，将其放在玻璃窗的位置，主要模拟天光的效果。用VR-灯光的阴影及效果要比【环境】中的天光好一些。

2. 制作天光的光照

❶ 在前视图中玻璃门的位置创建一盏【VR-灯光】，大小与玻璃门差不多，并将它移动到玻璃门的外面，如图18-51所示。

第18章　欧陆风情——欧式客厅日景

385

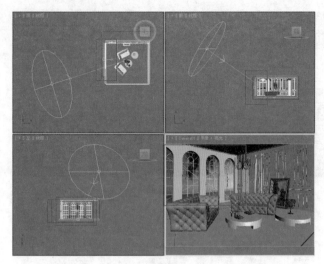

图18-51

❷ 选择上一步创建的VR-灯光，然后在【修改】面板中调节具体的参数，如图18-52所示。

● 设置【类型】为【平面】，设置【倍增器】为5，调节【颜色】为浅蓝色，设置【1/2长】为1800mm，【1/2宽】为3300mm，选中【不可见】复选框，取消选中【影响反射】复选框，最后设置【细分】为20。

图18-52

❸ 按Shift+Q组合键，快速渲染摄影机视图，其渲染效果如图18-53所示。

图18-53

❹ 在前视图中落地窗的位置创建一盏VR-灯光，大小与每一

个落地窗差不多，并将它移动到玻璃门的外面，从外向内进行照射，位置如图18-54所示。

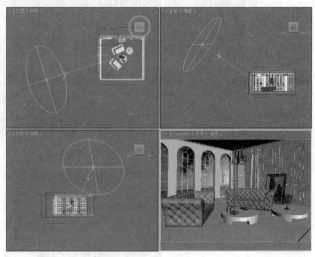

图18-54

❺ 选择上一步创建的VR-灯光，然后在【修改】面板中调节具体的参数，如图18-55所示。

● 设置【类型】为【平面】，设置【倍增器】为20，调节【颜色】为浅蓝色，【1/2长】为1760mm，【1/2宽】为350mm，选中【不可见】复选框，最后设置【细分】为20。

图18-55

❻ 按Shift+Q组合键，快速渲染摄影机视图，其渲染效果如图18-56所示。

图18-56

3. 制作室内的辅助光源

❶ 继续在顶视图中创建一盏VR-灯光，并将其拖曳到顶棚下方的位置，具体如图18-57所示。

❷ 选择上一步创建的VR-灯光，然后在【修改】面板中调节具体的参数，如图18-58所示。

● 设置【类型】为【平面】，设置【倍增器】为2，【1/2长】为2800mm，【1/2宽】为3000mm，选中【不可见】复选框，取消选中【影响高光反射】和【影响反射】复选框，最后设置【细分】为20。

❸ 继续在顶视图中创建一盏VR-灯光，并将其拖曳到顶棚下方的位置，具体如图18-59所示。

❹ 选择上一步创建的VR-灯光，然后在【修改】面板中调节具体的参数，如图18-60所示。

● 设置【类型】为【平面】，设置【倍增器】为0.4，【1/2长】为1760mm，【1/2宽】为3600mm，选中【不可见】复选框，取消选中【影响反射】复选框，最后设置【细分】为20。

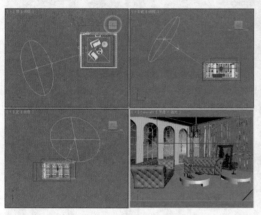

图18-57   图18-58   图18-59   图18-60

❺ 按Shift+Q组合键，快速渲染摄影机视图，其渲染效果如图18-61所示。

整个场景中的灯光就设置完成了，下面需要做的就是精细调整一下灯光细分参数及渲染参数，进行最终的渲染。

图18-61

Part 05 设置成图渲染参数

经过前面的操作，已经将大量繁琐的工作做完了，下面需要做的就是把渲染的参数设置高一些，再进行渲染输出。

❶ 重新设置渲染参数。按F10键，在打开的【渲染设置】窗口中进行设置，如图18-62所示。

● 选择V-Ray选项卡，展开【图形采样器（抗锯齿）】卷展栏，设置【类型】为【自适应】，接着在【抗锯齿过滤器】选项组中选中【开】复选框，并选择Mitchell-Netravali过滤器，展开【自适应图像采样器】卷展栏，设置【最小细分】为1，【最大细分】为4。

● 展开【环境】卷展栏，在【全局照明（GI）环境】选项组中选中【开】复选框，调节颜色为浅蓝色，设置【倍增器】为6；展开【颜色贴图】卷展栏，设置【类型】为【指数】，选中【子像素贴图】和【钳制输出】复选框，如图18-63所示。

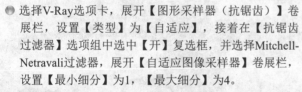

图18-62   图18-63

❷ 选择GI选项卡，并进行调节，具体的参数调节如图18-64所示。

● 展开【发光图】卷展栏，设置【当前预设】为【低】，设置【细分】为50，【插值采样】为30。

❸ 选择【设置】选项卡，并进行调节，具体的参数调节如图18-65所示。

● 展开【系统】卷展栏，设置【默认几何体】为【静态】，设置【序列】为【上->下】，最后取消选中【显示消息日志窗口】复选框。

❹ 选择Render Elements选项卡，单击【添加】按钮并在弹出的【渲染元素】对话框中选择【VRayWireColor（VRay线框颜色）】选项，如图18-66所示。

❺ 选择【公用】选项卡，展开【公用参数】卷展栏，设置输出的尺寸为1500×1000，如图18-67所示。

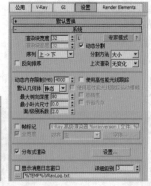

图18-64

图18-65

图18-66

图18-67

❻ 等待一段时间后就渲染完成了，最终效果如图18-68所示。

图18-68

3ds Max 2016 中文版+VRay 效果图制作从入门到精通

Chapter 19
第19章

美式田园——欧式卧室日景

场景文件	19.max
案例文件	美式田园——欧式卧室日景.max
视频教学	DVD/多媒体教学/Chapter 19/美式田园——欧式卧室日景.flv
难易指数	★★★★★
灯光类型	VR-灯光（平面）、VR-灯光（球体）
材质类型	VR材质、VR-灯光材质、混合材质
程序贴图	噪波程序贴图、输出程序贴图
技术掌握	掌握VR材质、VR-灯光的使用方法以及凹凸纹理类和毛发类物体效果表现的方法

风格解析

美式田园风格又称为美式乡村风格，属于自然风格的一种，倡导回归自然，在室内环境中力求表现悠闲、舒畅、自然的田园生活情趣，也常运用天然木、石、藤、竹等材质质朴的纹理。该风格巧于设置室内绿化，创造自然、简朴、高雅的氛围，如图19-1所示。

美式田园风格要点：

- 美式田园风格有务实、规范、成熟的特点。

- 美式田园风格就是要接近自然，植物是少不了的，一般装饰所用的植物有万年青、玉簪、非洲茉莉、丹药花、千叶木、地毯海棠、龙血树、绿萝、发财树、绿巨人、散尾葵、南天竹等。

- 美式田园风格突出格调清婉惬意，外观雅致休闲，色彩以淡雅的板岩色和古董白居多，以随意涂鸦的花卉图案为主流特色，线条随意但注重干净干练。

- 美式田园风格的家具通常具备简化的线条、粗犷的体积，其选材也十分广泛，包括实木、印花布、手工纺织的尼料、麻织物以及自然裁切的石材。

图19-1

实例介绍

本例是一个美式田园风格的卧室空间。美式田园风格的卧室布置较为温馨，作为主人的私密空间，主要以功能性和实用舒适为考虑的重点，多用温馨柔软的成套布艺来装点，同时在软装和用色上非常统一。室内日景柔和灯光效果主要使用了VR-灯光（平面）和VR-灯光（球体），使用VR材质制作本例的主要材质，制作完毕之后渲染的效果如图19-2所示。

图19-2

操作步骤

Part 01 ▶ 设置VRay渲染器

❶ 打开本书配套光盘中的【场景文件/Chapter 19/19.max】文件，此时场景效果如图19-3所示。

❷ 按F10键，打开【渲染设置】窗口，选择【公用】选项卡，在【指定渲染器】卷展栏中单击█按钮，在弹出的【选择渲染器】对话框中选择V-Ray Adv 3.00.08，如图19-4所示。

❸ 此时在【指定渲染器】卷展栏中的【产品级】选项后面显示了V-Ray Adv 3.00.08，【渲染设置】对话框中出现了V-Ray、【GI】和【设置】选项卡，如图19-5所示。

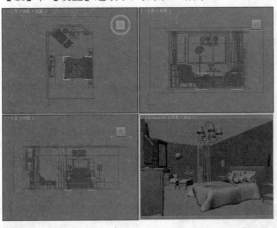

图19-3

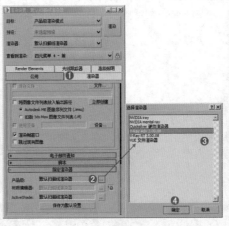

图19-4

图19-5

Part 02 ▶ 材质的制作

下面就来讲述场景中主要材质的调制，包括台灯灯罩、地毯、布纹、木地板、木纹、窗帘、金属、环境材质、装饰画材质等，效果如图19-6所示。

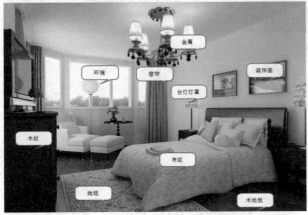

图19-6

1. 【台灯灯罩】材质的制作

台灯灯罩一般分为透光、不透光两种。本例的台灯灯罩材质的模拟效果如图19-7所示。

图19-7

其基本属性主要有以下两点。

- 花纹纹理效果。
- 半透明的效果。

❶ 按M键，打开【材质编辑器】窗口，选择一个材质球，设置材质类型为【混合】材质。将其命名为【台灯灯罩】，调节其具体的参数，如图19-8所示。

- 展开【混合基本参数】卷展栏，在【材质1】和【材质2】通道上加载【VRayMtl】材质。

图19-8

❷ 单击进入【材质1】通道中，并进行详细的调节，具体参数如图19-9所示。

- 在【漫反射】选项组中调节颜色为棕色。
- 在【折射】选项组中调节颜色为深灰色，选中【影响阴影】复选框。

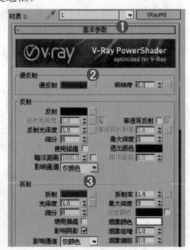

图19-9

❸ 单击进入【材质2】通道中，并进行详细的调节，具体参数如图19-10所示。

- 在【漫反射】选项组中调节颜色为浅黄色。
- 在【折射】选项组中调节颜色为灰色，设置【光泽度】为0.85，选中【影响阴影】复选框。
- 展开【混合基本参数】卷展栏，并在【遮罩】通道中加载【遮罩.jpg】贴图文件，如图19-11所示。

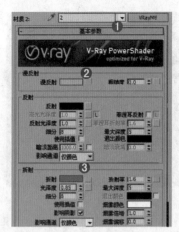

图19-10

图19-11

❹ 选中场景中台灯灯罩的模型，在【修改】面板中为其添加【UVW贴图】修改器，调节其具体参数，如图19-12所示。

- 在【参数】卷展栏中设置【贴图】类型为【长方体】，设置【长度】为360mm，【宽度】为360mm，【高度】为300mm，设置【对齐】为Z。

图19-12

❺ 将制作好的【台灯灯罩】材质赋给场景中台灯灯罩的模型，如图19-13所示。

2. 【地毯】材质的制作

地毯，是以棉、麻、毛、丝、草等天然纤维或化学合成纤维类原料，经手工或机械工艺进行编结、栽绒或纺织而成的地面铺敷物。本例的地毯材质的模拟效果如图19-14所示。

图19-13

图19-14

其基本属性主要有以下两点。

- 地毯纹理图案。
- 很强的凹凸效果。

❶ 选择一个空白材质球，然后将材质类型设置为VRayMtl材质，并命名为【地毯】，具体的参数调节如图19-15所示。

- 在【漫反射】选项组中的通道中加载【地毯.jpg】贴图文件。
- 展开【贴图】卷展栏，单击【漫反射】通道中的贴图并将其拖曳到【置换】后面的通道上，最后设置置换【数量】为8。

❷ 将制作好的【地毯】材质赋给场景中地毯的模型，如图19-16所示。

图19-15

示。

图19-16

3. 【布纹】材质的制作

被单是床上用的纺织品之一。一般采用阔幅、手感柔软、保暖性好的织物。本例的布纹材质的模拟效果如图19-17所示，其基本属性主要有以下两点。

- 布纹的纹理图案。
- 一定的凹凸效果。

图19-17

❶ 选择一个空白材质球，然后将材质类型设置为VRayMtl材质，并命名为【布纹】，具体的参数调节如图19-18所示。

- 在【漫反射】选项组中的通道中加载【布纹.jpg】贴图文件。
- 展开【贴图】卷展栏，在【凹凸】通道中加载【布纹凹凸.jpg】贴图文件，然后设置凹凸【数量】为350，最后在【环境】通道上加载【输出】程序贴图。

❷ 选中场景中的床单模型，在【修改】面板中为其添加

图19-18

【UVW贴图】修改器，调节其具体参数，如图19-19所示。场景中布纹的材质模型，也使用同样的方法进行制作。

- 在【参数】卷展栏中设置【贴图】类型为【长方体】，设置【长度】、【宽度】和【高度】均为900mm，设置【对齐】为Z。

❸ 将制作好的【布纹】材质赋给场景中床单的模型，如图19-20所示。

图19-19　　　　　　　　　图19-20

4.【木地板】材质的制作

木地板是指用木材制成的地板，中国生产的木地板主要分为实木地板、强化木地板、实木复合地板、竹材地板和软木地板五大类。本例的木地板材质的模拟效果如图19-21所示，其基本属性主要有以下3点。

- 木纹纹理效果。
- 一定的模糊反射效果。
- 很小的凹凸。

图19-21

❶ 选择一个空白材质球，然后将材质类型设置为VRayMtl材质，并命名为【木地板】，具体的参数调节如图19-22所示。

- 在【漫反射】选项组中的通道上加载【木地板.jpg】贴图文件。

图19-22

- 在【反射】选项组中调节颜色为深灰色，设置【高光光泽度】为0.75，【反射光泽度】为0.8，【细分】为15。
- 展开【贴图】卷展栏，选择【漫反射】通道上的贴图并将其拖曳到【凹凸】通道上，最后设置凹凸【数量】为50；在【环境】通道上加载【输出】程序贴图。

❷ 选中场景中的地板模型，在【修改】面板中为其添加【UVW贴图】修改器，调节其具体参数，如图19-23所示。

- 在【参数】卷展栏中设置【贴图】类型为【平面】，设置【长度】为754mm，【宽度】为2011mm，设置【对齐】为Z。

图19-23

❸ 将制作好的【木地板】材质赋给场景中地板的模型，如图19-24所示。

图19-24

5.【木纹】材质的制作

木纹在家具及装修中使用最为普遍，如衣柜、书桌等。本例的木纹材质的模拟效果如图19-25所示，其基本属性主要有以下3点。

- 木纹纹理效果。
- 一定的模糊反射效果。
- 一定的凹凸效果。

❶ 选择一个空白材质球，然后将材质类型设置为VRayMtl材质，并命名为【木纹】，具体的参数调节如图19-26所示。

- 在【漫反射】选项组中的通道上加载【木纹.jpg】贴图

文件。

- 在【反射】选项组中调节颜色为深灰色，设置【高光光泽度】为0.78，【反射光泽度】为0.7，【细分】为12。

- 展开【贴图】卷展栏，选择【漫反射】通道上的贴图并将其拖曳到【凹凸】通道上，最后设置凹凸【数量】为30；在【环境】通道上加载【输出】程序贴图。

图19-25

❷ 选中场景中电视柜的模型，在【修改】面板中为其添加【UVW贴图】修改器，调节其具体参数，如图19-27所示。场景中其他木纹材质模型，也需要使用同样的方法进行制作。

- 在【参数】卷展栏中设置【贴图】类型为【长方体】，设置【长度】为417mm，【宽度】为63mm，【高度】为1320mm，设置【对齐】为Z。

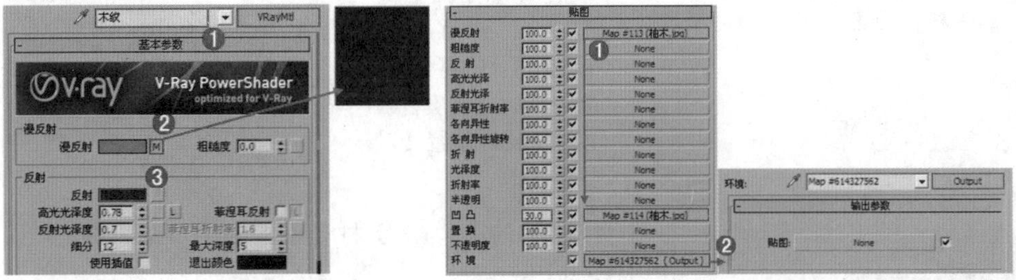

图19-27

图19-26

❸ 将制作好的【木纹】材质赋给场景中电视柜的模型，如图19-28所示。

图19-28

6．【窗帘】材质的制作

窗帘不但可以挡住肆无忌惮的强光，也有装饰功能，美化居家。窗帘可以分为布窗帘、纱窗帘、无缝纱帘、直立帘、罗马帘、木竹帘、铝百叶、卷帘等。本例窗帘材质的模拟效果如图19-29所示，其基本属性主要有以下两点。

- 很小的反射效果。

- 一定的凹凸效果。

❶ 选择一个空白材质球，然后将材质类型设置为VRayMtl材质，并命名为【窗帘】，具体的参数调节如图19-30和图19-31所示。

- 在【漫反射】选项组中调节颜色为土黄色。

- 在【反射】选项组中调节颜色为深灰色，设置【反射光泽度】为0.8。

图19-30

- 展开【贴图】卷展栏，在【凹凸】通道上加载Noise（噪波）程序贴图，展开【噪波参数】卷展栏，设置【噪波类型】为【规则】，设置【大小】为0.1，最后设置凹凸【数量】为50。

图19-29

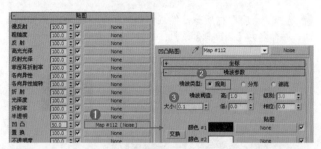

图19-31

图19-34

❷ 将制作好的窗帘材质赋给场景中窗帘的模型，如图19-32所示。

❷ 将制作好的【金属】材质赋给场景中吊灯金属部分的模型，如图19-35所示。

图19-32

图19-35

7.【金属】材质的制作

金属是一种具有光泽（即对可见光强烈反射）、富有延展性、容易导电、导热等性质的物质。本例的金属材质的模拟效果如图19-33所示。

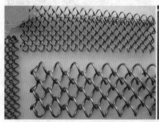

图19-33

其基本属性主要有以下两点。

◎ 颜色为银色。

◎ 有一定的模糊反射。

❶ 选择一个空白材质球，然后将材质类型设置为【VR-灯光材质】，并命名为【金属】，具体的参数调节如图19-34所示。

◎ 在【漫反射】选项组中调节颜色为深灰色。

◎ 在【反射】选项组中调节颜色为深灰色，设置【反射光泽度】为0.85，【细分】为20。

8.【环境】材质的制作

环境一般用作场景的背景。本例的环境材质的模拟效果如图19-36所示。其基本属性主要为环境贴图纹理效果。

图19-36

❶ 选择一个空白材质球，然后将材质类型设置为【VR-灯光材质】，并命名为【环境】，具体的参数调节如图19-37所示。

◎ 在展开的【参数】卷展栏中设置【数值】为5，并在后面的通道上加载【环境.jpg】贴图。

图19-37

❷ 将制作好的【环境】材质赋给场景中环境部分的模型，如图19-38所示。

图19-38

9.【装饰画】材质的制作

装饰画是一种起源于战国时期的帛画艺术，并不强调很高的艺术性，但非常讲究与环境的协调和美化效果的特殊艺术类型作品。装饰画分为具象题材、意象题材、抽象题材和综合题材等。本例的装饰画材质的模拟效果如图19-39所示。

图19-39

其基本属性主要有以下两点。

● 装饰画纹理。

● 很小的反射效果。

❶ 选择一个空白材质球，然后将材质类型设置为VRayMtl材质，并命名为【装饰画】，具体的参数调节如图19-40所示。

图19-40

● 在【漫反射】选项组中的通道上加载【装饰画.jpg】贴图文件。

● 在【反射】选项组中调节颜色为深灰色，设置【反射光泽度】为0.95，【细分】为10。

❷ 将制作好的环境材质赋给场景中环境部分的模型，如图19-41所示。

图19-41

至此，场景中主要模型的材质已经制作完毕，其他材质的制作方法我们就不再详述了。

技术专题——凹凸纹理类、毛发类物体效果表现的方法

凹凸纹理类、毛发类物体是表面带有纹理的效果。在设置这类效果时，方法主要有以下4种。

（1）普通凹凸效果，如木地板等。这类效果的制作相对简单，其凹凸效果比较一般，但是应用最为广泛，只需要在【凹凸】通道上加载贴图即可，如图19-42所示。其渲染效果如图19-43所示。

（2）较为强烈的凹凸效果，如地毯、石块等。此类效果的制作，与上面的方法类似，需要在【置换】通道上加载贴图，以达到置换的效果，如图19-44所示。其渲染效果如图19-45所示。

（3）较为真实的凹凸效果，如毛巾、浴巾等。其制作方法为：选择模型，并添加【VRay置换模式】修改器，

图19-42   图19-43

接着在【纹理贴图】通道上加载位图，最后设置【数量】即可，如图19-46所示。其渲染效果如图19-47所示。

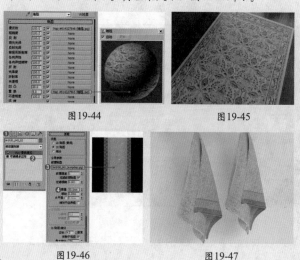

图19-44　　　　　　　　　图19-45

图19-46　　　　　　　　　图19-47

（4）毛发效果，如地毯、毛毯、皮草、草地等。此类效果一般可以使用VR毛发制作，效果非常逼真，但是渲染速度非常慢。选择模型，并单击 ■（创建）│ ◎（几何体）│VRay│VR毛发按钮，最后将其参数进行适当设置即可，如图19-48所示。

图19-48

Part 03 设置摄影机

❶ 单击 ■图标（创建）│ ■（摄影机）│ **目标** 按钮。在视图中按住并拖曳鼠标创建一台目标摄影机，如图19-49所示。

图19-49

❷ 选择刚创建的摄影机，设置【镜头】为25.055，【视野】为71.389，选中【手动剪切】复选框，并设置【近距剪切】为975.828，【远距剪切】为10625.9，最后设置【目标距离】为1768.365，如图19-50所示。

❸ 此时的摄影机视图效果如图19-51所示。

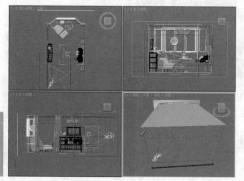

图19-50 　　　　　　　　　图19-51

Part 04 设置灯光并进行草图渲染

在该卧室场景中，使用两部分灯光照明来表现，一部分使用了自然光效果；另一部分使用了室内灯光的照明。也就是说想得到好的效果，必须配合室内外的一些照明，最后再设置一下辅助光源。

1. 制作室外天光的光照

❶ 在前视图中创建1盏VR-灯光，并将其拖曳到窗户的外面，具体的位置如图19-52所示。选择刚创建的VR-灯光，并在【修改】面板中调节具体参数，如图19-53所示。

● 设置【类型】为【平面】，设置【倍增器】为7，调节【颜色】为浅蓝色，设置【1/2长】为1800mm，【1/2宽】为1000mm，选中【不可见】复选框，最后设置【细分】为15。

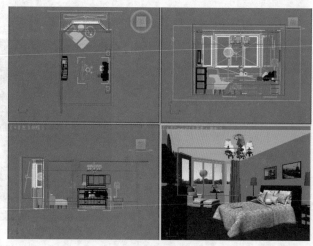

图19-52

❷ 继续创建一盏VR-灯光，放置到如图19-54所示的位置。然后在【修改】面板中调节具体的参数，如图19-55所示。

　● 设置【类型】为【平面】，设置【倍增器】为12，调节【颜色】为浅蓝色，【1/2长】为780mm，【1/2宽】为1000mm，选中【不可见】复选框，最后设置【细分】为15。

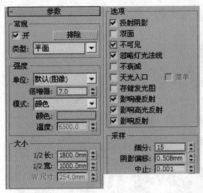
图19-53

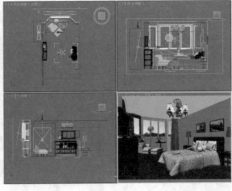
图19-54

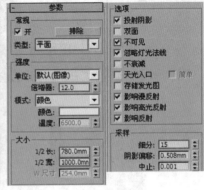
图19-55

❸ 按F10键，打开【渲染设置】对话框。首先设置V-Ray和【GI】选项卡中的参数，如图19-56所示。刚开始设置的是一个草图，目的是进行快速渲染以观看整体的效果。

❹ 按Shift+Q组合键，快速渲染摄影机视图，其渲染效果如图19-57所示。

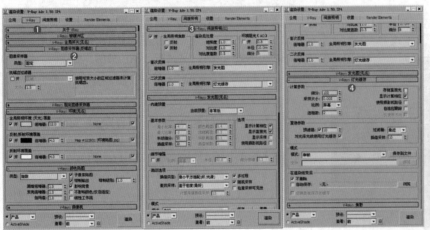
图19-56

图19-57

从上面的渲染效果来看，窗户处的灯光效果基本满意，接下来制作台灯的光照。

2. 制作台灯的光照

❶ 在顶视图中创建两盏【VR-灯光】，然后将其拖曳到台灯的灯罩中，如图19-58所示。

❷ 选择创建的VR-灯光，然后在【修改】面板中调节具体的参数，如图19-59所示。

　● 设置【类型】为【球体】，设置【倍增器】为12，调节【颜色】为浅黄色，【半径】为110mm，选中【不可见】复选框。

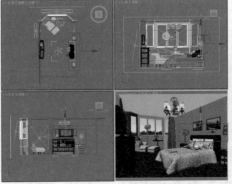
图19-58

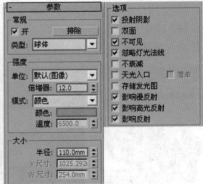
图19-59

❸ 按Shift+Q组合键，快速渲染摄影机视图，其渲染效果如图19-60所示。
从上面的渲染效果来看，卧室中间的亮度还不够，需要继续创建灯光。

3．制作吊灯的光照

❶ 在顶视图中创建5盏【VR-灯光】，接着分别将其拖曳到吊灯的灯罩中，如图19-61所示。选择创建的VR-灯光，然后在【修改】面板中调节具体的参数，如图19-62所示。

　　⬤ 设置【类型】为【球体】，设置【倍增器】为18，调节【颜色】为浅黄色，【半径】为100mm，选中【不可见】复选框。

❷ 继续在吊灯下方创建1盏VR-灯光，如图19-63所示。在【修改】面板中调节具体的参数，如图19-64所示。

图19-60

　　⬤ 设置【类型】为【平面】，设置【倍增器】为35，调节【颜色】为浅黄色，【1/2长】为150mm，【1/2宽】为150mm，选中【不可见】复选框。

❸ 按Shift+Q组合键，快速渲染摄影机视图，其渲染效果如图19-65所示。

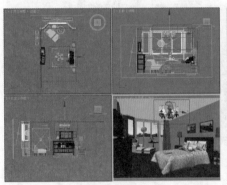

图19-61

图19-62

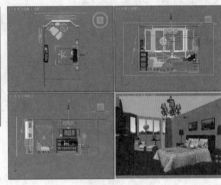

图19-63

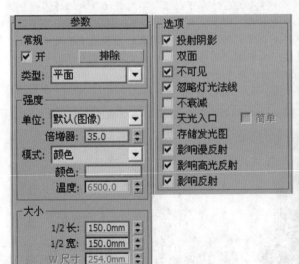

图19-64

图19-65

从现在的效果来看，窗口处光照还不错，但是室内光照相对较暗，因此可以在Photoshop后期处理时对该部分重点调节。至此，场景中的灯光就设置完成了，下面需要做的就是精细调整一下灯光细分参数及渲染参数，进行最终的渲染。

Part 05 设置成图渲染参数

经过前面的操作，主要工作做完了，下面需要做的就是把渲染的参数设置高一些，再进行渲染。

❶ 重新设置渲染参数。按F10键，在打开的【渲染设置】窗口中调节参数，如图19-66所示。

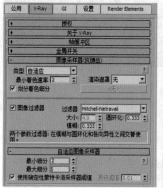

图19-66

● 选择V-Ray选项卡，展开【图形采样器（抗锯齿）】卷展栏，设置【类型】为【自适应】，接着在【抗锯齿过滤器】选项组中选中【开】复选框，并选择Mitchell-Netravali过滤器，展开【自适应图像采样器】卷展栏，设置【最小细分】为2，【最大细分】为5。

● 展开【环境】卷展栏，在【全局照明（GI）环境】选项组中选中【开】复选框，设置【倍增器】为1；展开【颜色贴图】卷展栏，设置【类型】为【指数】，选中【子像素贴图】和【钳制输出】复选框。

❷ 选择【GI】选项卡，具体的参数调节如图19-67所示。

● 展开【发光图】卷展栏，设置【当前预设】为【低】，设置【细分】为50，【插值采样】为30，选中【显示计算相位】和【显示直接光】复选框；展开【灯光缓存】卷展栏，设置【细分】为1000，取消选中【存储直接光】复选框。

❸ 选择【设置】选项卡，具体的参数调节如图19-68所示。

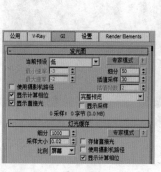

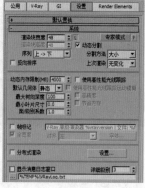

图19-67　　　　　　　图19-68

● 展开【系统】卷展栏，设置【最大树向深度】为100，设

置【序列】为【上->下】，设置【默认几何体】为【静态】，最后取消选中【显示消息日志窗口】复选框。

❹ 选择Render Elements选项卡，单击【添加】按钮并在弹出的【渲染元素】对话框中选择【VRayWireColor（VRay线框颜色）】选项，如图19-69所示。

图19-69

❺ 选择【公用】选项卡，展开【公用参数】卷展栏，设置输出的尺寸为1500×1095，如图19-70所示。

图19-70

 技巧提示

在渲染出图时，可以根据不同的场景来选择不一样的渲染方式。对于较大的场景，可以采取先渲染尺寸稍小的光子图，然后通过载入渲染的光子图来渲染以加快速度。本案例中的场景比较小，就不渲染光子图了，直接渲染出图即可。

❻ 等待一段时间后就渲染完成了，最终效果如图19-71所示。

图19-71

(左侧竖排) 3ds Max 2016 中文版+VRay 效果图制作从入门到精通

Chapter 20
第20章

现代主义 —— 简约风格厨房夜景

场景文件	20.max
案例文件	现代主义——简约风格厨房夜景.max
视频教学	DVD/多媒体教学/Chapter 20/现代主义——简约风格厨房夜景.flv
难易指数	★★★★★
灯光类型	目标灯光、VR-灯光
材质类型	VR材质
程序贴图	【衰减】程序贴图
技术掌握	掌握多角度批量渲染的高级技巧

风格解析

　　简约起源于现代派的极简主义。有人说起源于现代派大师——德国包豪斯学校的第三任校长米斯·凡德罗，他提倡LESS IS MORE，即在满足功能的基础上做到最大程度的简洁。这符合了当时社会各国经济萧条对人们生活的要求，得到人们的一致推崇。简约风格就是简单而有品位，这种品位体现在设计上的细节把握。每一个细小的局部和装饰都要深思熟虑，在施工上更要求精工细作，如图20-1所示。

简约风格要点：

● 空间结构简洁大方、以少胜多、以简胜繁，追求的是空间的实用性和灵活性。

● 尊重原有的空间结构，尽量保持原有的美，所以在设计手法上只是灵巧地运用不同材质、造型把整个空间有机地融为一体。现代室内家具、灯具和陈列品的选型要服从整体空间的设计主题。

● 从务实出发，切忌盲目跟风而不考虑其他因素。即注重生活品位、注重健康时尚、注重合理节约科学消费。

● 现代风格的居室重视个性和创造性的表现，即不主张追求高档豪华，而着力表现区别于其他住宅的东西。

图20-1

实例介绍

本例是一个厨房空间，室内明亮灯光表现是本例的学习难点，地面砖材质和不锈钢材质的制作方法是本例的学习重点，效果如图20-2所示。

图20-2

操作步骤

Part 01 ▶ 设置VRay渲染器

❶ 打开本书配套光盘中的【场景文件/Chapter 20/20.max】文件，此时场景效果如图20-3所示。

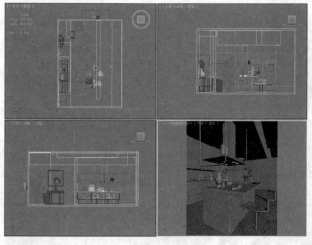

图20-3

❷ 按F10键，打开【渲染设置】窗口，选择【公用】选项卡，在【指定渲染器】卷展栏中单击按钮，在弹出的【选择渲染器】对话框中选择V-Ray Adv 3.00.08，如图20-4所示。

❸ 此时在【指定渲染器】卷展栏中的【产品级】选项后面显示了V-Ray Adv 3.00.08，【渲染设置】对话框中出现了V-Ray、GI和【设置】选项卡，如图20-5所示。

图20-4　　　　　　　　　　　图20-5

Part 02 ▶ 材质的制作

本例的场景对象材质主要包括不锈钢、地面砖、皮椅、理石台面、木纹、黑镜墙面、白色橱柜、植物、玻璃、蛋糕等，如图20-6所示。

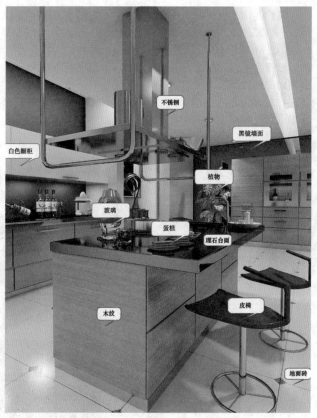

图20-6

1. 【地面砖】材质的制作

地面砖材质经常使用到室内装修中，尤其用在卫生间中。如图20-7所示为现实中地面砖材质的效果，其基本属性主要有以下两点。

- 一定的模糊反射。
- 地面砖纹理图案。

图20-7

① 按M键，打开【材质编辑器】窗口，选择一个材质球，设置材质类型为VRayMtl材质。将其命名为【地面砖】，具体的参数调节如图20-8所示。

- 在【漫反射】选项组中单击【通道】按钮，并加载贴图文件【地面砖.jpg】。
- 在【反射】选项组中调节颜色为深灰色，设置【反射光泽度】为0.9，【细分】为30。

图20-8

② 选择地面模型，在【修改】面板中为其加载【UVW贴图】修改器，具体参数调节如图20-9所示。

- 在【参数】卷展栏中，设置【贴图】类型为【长方体】，【长度】为7007mm，【宽度】为7070mm，【高度】为100mm，【U向平铺】为7.5，【V向平铺】为10，设置【对齐】为Z。

图20-9

③ 将调节完毕的【地面砖】材质赋给场景中地面的模型，如图20-10所示。

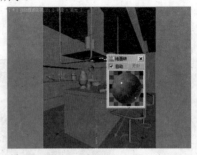

图20-10

2. 【木纹】材质的制作

如图20-11所示为现实木纹材质的应用。木纹材质的基本属性主要有以下两点。

- 木纹纹理图案。
- 模糊反射效果。

图20-11

① 选择一个空白材质球，然后将材质类型设置为VRayMtl材质，并命名为【木纹】，具体的参数调节如图20-12和图20-13所示。

- 在【漫反射】选项组中的通道上加载【木纹.jpg】贴图文件。
- 在【反射】选项组中调节颜色为深灰色，设置【反射光泽度】为0.84，【细分】为20。
- 展开【贴图】卷展栏，单击【漫反射】通道上的贴图文件，并将其拖曳到【凹凸】通道上，设置【凹凸】数量为40。

图20-12   图20-13

② 选择橱柜模型，在【修改】面板中为其加载【UVW贴图】修改器，具体参数调节如图20-14所示。其他木纹材质模型，也使用同样的方法制作。

● 在【参数】卷展栏中设置【贴图】类型为【长方体】，【长度】为4260mm，【宽度】为1496mm，【高度】为1048mm，设置【对齐】为Z。

❸ 将调节完毕的【木纹】材质赋给场景中橱柜的模型，如图20-15所示。

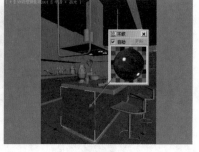

图20-14　　　　　　　　　　图20-15

3．【理石台面】材质的制作

如图20-16所示为现实中大理石台面的材质。大理石材质的基本属性主要有以下两点。

● 大理石图案。

● 一定的模糊反射效果。

图20-16

❶ 选择一个空白材质球，然后将材质类型设置为VRayMtl材质，并命名为【理石台面】，具体的参数调节如图20-17所示。

● 在【漫反射】选项组中的通道上加载【理石台面.jpg】贴图文件。

● 在【反射】选项组中调节颜色为灰色，设置【高光光泽度】为0.95，【反射光泽度】为0.95。

❷ 将调节完毕的【理石台面】材质赋给场景中橱柜台面的模型，如图20-18所示。

图20-17

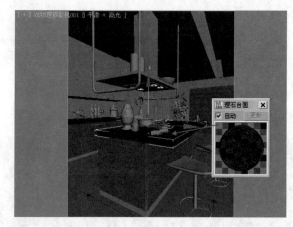

图20-18

4．【不锈钢】材质的制作

如图20-19所示为现实中不锈钢材质的应用。不锈钢材质的基本属性为：强烈的反射效果。

图20-19

❶ 选择一个空白材质球，然后将材质类型设置为VRayMtl材质，并命名为【不锈钢】，具体的参数调节如图20-20所示。

● 在【漫反射】选项组中调节颜色为黑色。

● 在【反射】选项组中调节颜色为灰色，设置【高光光泽度】为0.85，【反射光泽度】为0.95，【细分】为20。

图20-20

❷ 将制作好的【不锈钢】材质赋给场景中吸油烟机的模型，如图20-21所示。

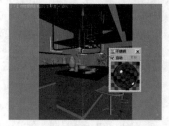

图20-21

5．【皮椅】材质的制作

如图20-22所示为现实中皮椅材质的应用。其基本属性主要有以下两点。

3ds Max 2016 中文版+VRay 效果图制作从入门到精通

● 一定的漫反射反射效果。

● 一定的菲涅耳反射效果。

图20-22

① 选择一个空白材质球，然后将材质类型设置为【VRayMtl】材质，并命名为【皮椅】，具体的参数调节如图20-23所示。

● 在【漫反射】选项组中调节颜色为深灰色。

● 在【反射】选项组中调节颜色为灰色，设置【反射光泽度】为0.8，【细分】为20，最后选中【菲涅耳反射】复选框。

图20-23

② 将调节完毕的【皮椅】材质赋给场景中椅子的模型，如图20-24所示。

图20-24

6. 【黑镜墙面】材质的制作

黑镜墙面的制作经常应用到厨房装修当中，使用黑镜材质进行装修有提高整体装修风格的作用。如图20-25所示为现实中黑镜墙面材质的应用。本例模拟的黑镜墙面基本属性主要为：一定的漫反射和模糊反射。

图20-25

① 选择一个空白材质球，然后将材质类型设置为VRayMtl材质，并命名为【黑镜墙面】，具体的参数调节如图20-26所示。

● 在【漫反射】选项组中调节颜色为黑色。

● 在【反射】选项组中调节颜色为深灰色，设置【细分】为20。

图20-26

② 将调节完毕的【黑镜墙面】材质赋给场景中的模型，如图20-27所示。

图20-27

7. 【白色橱柜】材质的制作

白色的橱柜在装修过程中应用非常广泛，特别是在厨房中的应用。如图20-28所示为白色橱柜在现实中的应用。本例所模拟的白色橱柜材质具有以下两点基本属性。

● 固有色为白色。

● 一定的反射效果。

图20-28

① 选择一个空白材质球，然后将材质类型设置为VRayMtl材质，并命名为【白色橱柜】，具体的参数调节如图20-29所示。

● 在【漫反射】选项组中调节颜色为白色。

● 在【反射】选项组中调节颜色为浅灰色，设置【细分】为20，选中【菲涅耳反射】复选框。

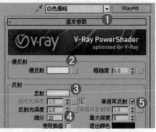

图20-29

❷ 将调节完毕的【白色橱柜】材质赋给场景中的模型,如图20-30所示。

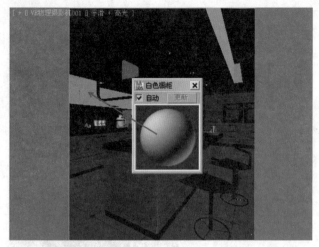

图20-30

8.【植物】材质的制作

植物是在装修过程中必不可少的装饰之一,植物有净化屋内空气的作用,非常适合摆放在刚刚装修完成的房间中。如图20-31所示为植物在现实中的应用。本例所模拟的植物材质具有以下3个基本属性。

● 绿叶图案贴图。
● 一定的凹凸效果。
● 一定的模糊反射。

图20-31

❶ 选择一个空白材质球,然后将材质类型设置为VRayMtl材质,并命名为【植物】,具体的参数调节如图20-32和图20-33所示。

● 在【漫反射】选项组中的通道上加载【绿叶.jpg】贴图文件。
● 在【反射】选项组中调节颜色为深灰色,设置【反射光泽度】为0.7。
● 在【折射】选项组中调节颜色为深灰色,设置【光泽度】为0.4。
● 展开【贴图】卷展栏,在【凹凸】通道上加载【绿叶凹凸.jpg】贴图文件。

❷ 将调节完毕的【植物】材质赋给场景中的模型,如图20-34所示。

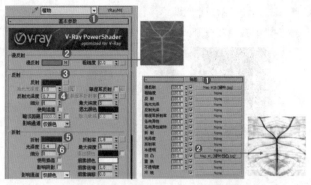

图20-32   图20-33

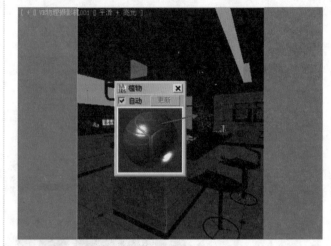

图20-34

9.【玻璃】材质的制作

如图20-35所示为现实中玻璃材质的应用。玻璃材质的基本属性主要有以下两点。

● 强烈的反射效果。
● 强烈的折射效果。

❶ 选择一个空白材质球,然后将材质类型设置为VRayMtl材质,并命名为【玻璃】,具体的参数调节如图20-36所示。

图20-35

图20-36

● 在【漫反射】选项组中调节颜色为白色。
● 在【反射】选项组中调节颜色为深灰色,设置【细分】为15,选中【菲涅耳反射】复选框。

● 在【折射】选项组中调节颜色为白色，设置【折射率】为1.14，【最大深度】为16，【细分】为15，选中【影响阴影】复选框。

❷ 将制作好的【玻璃】材质赋给场景中的玻璃模型，如图20-37所示。

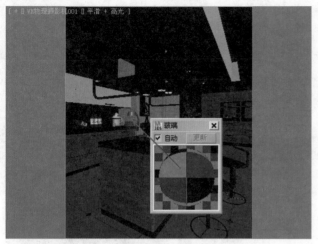

图20-37

10. 【蛋糕】材质的制作

如图20-38所示为现实中蛋糕材质的应用。本例所模拟的蛋糕材质具有的基本属性为：衰减程序贴图。

图20-38

❶ 选择一个空白材质球，然后将材质类型设置为VRayMtl材质，并命名为【蛋糕】，具体的参数调节如图20-39所示。

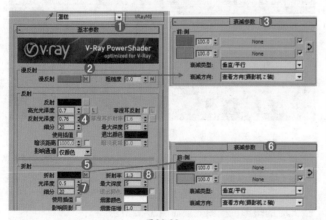

图20-39

● 在【漫反射】选项组中的通道上加载【衰减】程序贴图，在【衰减参数】卷展栏中调节【前】为浅褐色，调节【侧】为浅褐色，设置【衰减类型】为【垂直/平行】。单击【转到父对象】按钮，返回【基本参数】卷展栏，在【反射】选项组中设置【高光光泽度】为0.7，【反射光泽度】为0.76，【细分】为20。

● 在【折射】选项组中的通道上加载【衰减】程序贴图，在【衰减参数】卷展栏中调节【前】为深灰色，调节【侧】为浅灰色，设置【衰减类型】为【垂直/平行】。单击【转到父对象】按钮，返回【基本参数】卷展栏，继续在【折射】选项组中设置【光泽度】为0.5，【细分】为20。

❷ 将调节完毕的【蛋糕】材质赋给场景中的模型，如图20-40所示。

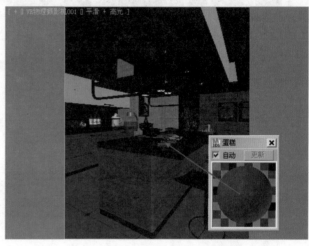

图20-40

Part 03 设置摄影机

1. 创建【VR物理摄影机001】

❶ 单击 （创建）| （摄影机）| VR物理摄影机 按钮，如图20-41所示。在视图中按住并拖曳鼠标创建一个VR物理摄影机，如图20-42所示。

图20-41

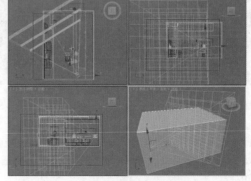

图20-42

② 选择刚创建的摄影机
【VR物理摄影机001】，进
入【修改】面板，并设置
【胶片规格】为45，【焦
距】为35，【光圈数】为
1.2，最后取消选中【光晕】
复选框，如图20-43所示。

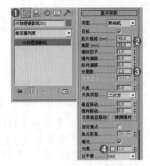

图20-43

③ 此时的摄影机视图效果如图20-44所示。

图20-44

2. 创建【VR物理摄影机002】

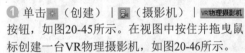

① 单击 （创建）| （摄影机）| VR物理摄影机
按钮，如图20-45所示。在视图中按住并拖曳鼠
标创建一台VR物理摄影机，如图20-46所示。

图20-45

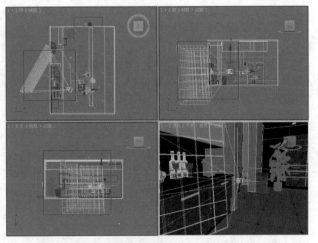

图20-46

② 选择刚创建的摄影机【VR物理摄影机002】，进入
【修改】面板，并设置【胶片规格】为45，【焦距】为
35，【光圈数】为1.2，最后取消选中【光晕】复选框，
如图20-47所示。

技巧提示

　　本例中我们使用了VR物理摄影机，该摄影机与目
标摄影机都可以为场景设置合适的渲染角度，但是VR物
理摄影机更加高级一些。VR物理摄影机类似于现实中的
单反相机，可以控制【光圈】、【白平衡】、【快门速
度】、【曝光】等数值，因此对渲染的效果起到不小的作
用。同时读者一定要注意，必须在设置了VR物理摄影机
后，在该摄影机视图中渲染才可以得出相应的效果，若直
接在透视图中渲染则不会出现需要的效果。

③ 此时的摄影机视图效果如图20-48所示。

图20-47 图20-48

3. 创建【VR物理摄影机003】

① 单击 （创建）| （摄影机）|
VR物理摄影机 按钮，如图20-49所示。在视图中
按住并拖曳鼠标创建一个VR物理摄影机，
如图20-50所示。

图20-49

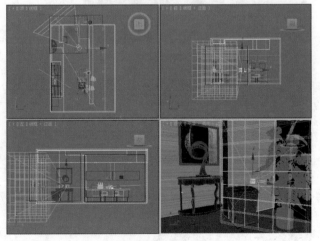

图20-50

② 选择刚创建的摄影机【VR物理摄影机003】，进入【修改】
面板，并设置【胶片规格】为45，【焦距】为35，【光圈数】
为1.2，最后取消选中【光晕】复选框，如图20-51所示。

③ 此时的摄影机视图效果如图20-52所示。

图20-51　　　　　　　　图20-52

在该简约厨房夜景场景中主要有三种灯光：第一种为使用目标灯光模拟的射灯光源；第二种是使用VR-灯光模拟的辅助光源；最后一种是使用VR-灯光模拟的光带效果。

1. 制作厨房中射灯的光源

❶ 在顶视图中按住并拖曳鼠标，创建8盏目标灯光，并在各个视图中调整其位置，具体的位置如图20-53所示。

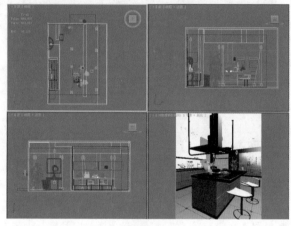

图20-53

❷ 选择上一步创建的目标灯光，并在【修改】面板中调节具体参数，如图20-54所示。

- 展开【常规参数】卷展栏，在【阴影】选项组中选中【启用】复选框，并设置阴影类型为【VRay阴影】，设置【灯光分布（类型）】为【光度学Web】。

- 展开【分布（光度学Web）】卷展栏，并在通道上加载【射灯.ies】光域网文件。

- 展开【强度/颜色/衰减】卷展栏，调节【过滤颜色】为浅黄色，设置【强度】为20000cd。

- 展开【VRay阴影参数】卷展栏，选中【区域阴影】复选框，设置【U大小】、【V大小】和【W大小】均为100mm。

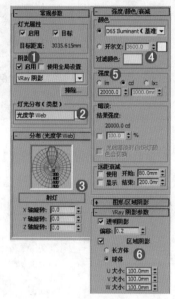

图20-54

❸ 按F10键，打开【渲染设置】窗口。首先设置V-Ray和【GI】选项卡中的参数，如图20-55所示。刚开始设置的是一个草图参数，目的是进行快速渲染以观看整体的效果。

❹ 按Shift+Q组合键，快速渲染摄影机视图，其渲染效果如图20-56所示。

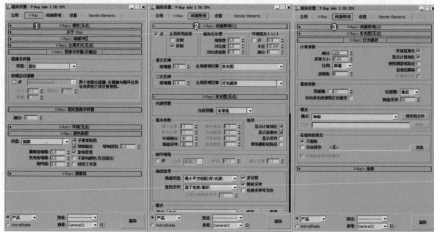

图20-55

图20-56

从上面的渲染效果来看，浴室场景中的基本亮度比较令人满意，接下来需要制作场景中吊灯的光源。

2．设置厨房的辅助光源

❶ 在顶视图中创建4盏【VR-灯光】，然后分别拖曳到厨房吊柜下方，如图20-57所示。

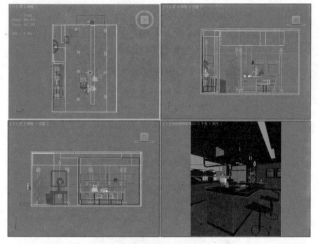

图20-57

❷ 选择上一步创建的VR-灯光，然后在【修改】面板中设置具体的参数，如图20-58所示。

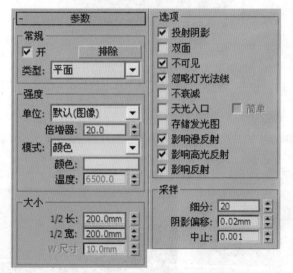

图20-58

○ 设置【类型】为【平面】，设置【倍增器】为20，调节【颜色】为浅黄色，设置【1/2长】为200mm，【1/2宽】为200mm，选中【不可见】复选框，设置【细分】为20。

❸ 继续在视图中创建1盏VR-灯光，并复制1盏，然后分别拖曳到酒架内部，如图20-59所示。在【修改】面板中调节具体参数，如图20-60所示。

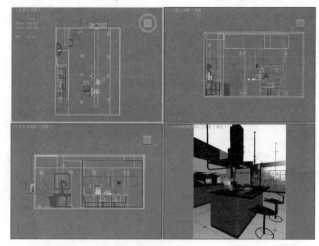

图20-59

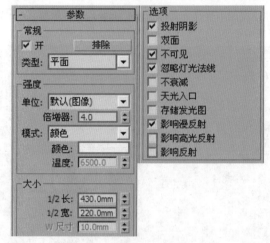

图20-60

○ 设置【类型】为【平面】，设置【倍增器】为4，调节【颜色】为浅黄色，设置【1/2长】为430mm，【1/2宽】为220mm，选中【不可见】复选框并且取消选中【影响高光反射】和【影响反射】复选框。

❹ 按Shift+Q组合键，快速渲染摄影机视图，其渲染效果如图20-61所示。

图20-61

3. 设置厨房的光带效果

① 在顶视图中创建两盏【VR-灯光】，并将其分别拖曳到壁灯的灯罩中，如图20-62所示。

② 选择上一步创建的VR-灯光，然后在【修改】面板中调节具体的参数，如图20-63所示。

● 设置【类型】为【平面】，设置【倍增器】为5，调节【颜色】为浅蓝色，设置【1/2长】为350mm，【1/2宽】为2000mm，选中【不可见】复选框。

③ 继续在顶视图中创建VR-灯光，具体位置如图20-64所示。然后选择创建的VR-灯光，并在【修改】面板中调节具体参数，如图20-65所示。

● 设置【类型】为【平面】，设置【倍增器】为4，调节【颜色】为浅黄色，设置【1/2长】为180mm，【1/2宽】为4000mm，选中【不可见】复选框，并且取消选中【影响高光反射】和【影响反射】复选框。

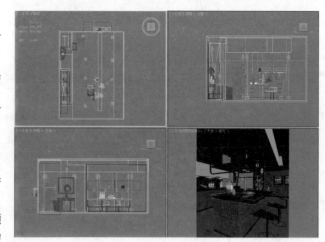

图20-62

图20-63

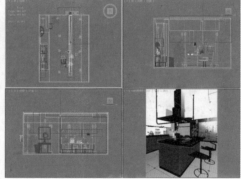

图20-64

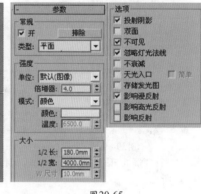

图20-65

④ 继续在顶视图中创建VR-灯光，如图20-66所示。在【修改】面板中调节具体参数，如图20-67所示。

● 设置【类型】为【平面】，设置【倍增器】为20，调节【颜色】为浅蓝色，设置【1/2长】为140mm，【1/2宽】为2890mm，选中【不可见】复选框。

⑤ 按Shift+Q组合键，快速渲染摄影机视图，其渲染效果如图20-68所示。

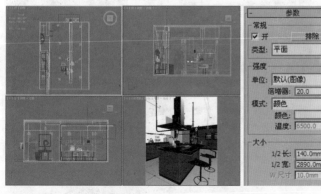

图20-66

图20-67

图20-68

从现在的效果来看，整体偏暗，显得画面有些脏，因此在后期处理时重点对这些问题进行调节。至此，整个场景中的灯光就设置完成了，下面需要做的就是精细调整一下灯光细分参数及渲染参数，进行最终的渲染。

Part 05 设置成图渲染参数

经过前面的操作，已经将大量烦琐的工作做完了，下面需要做的就是把渲染的参数设置得高一些，再进行渲染输出。

❶ 重新设置渲染参数。按F10键，在打开的【渲染设置】窗口中进行设置，如图20-69和图20-70所示。

- 选择V-Ray选项卡，展开【图形采样器（抗锯齿）】卷展栏，设置【类型】为【自适应】，接着选中【图像过滤器】复选框，并选择Mitchell-Netravali过滤器；展开【自适应图像采样器】卷展栏，设置【最小细分】为1，【最大细分】为4。

- 展开【颜色贴图】卷展栏，设置【类型】为【指数】，设置【明亮倍增】为0.9，最后选中【子像素贴图】和【钳制输出】复选框。

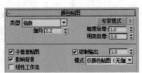

图20-69　　　　　　　图20-70

❷ 选择GI选项卡，并进行调节，具体的调节参数如图20-71所示。

- 展开【发光图】卷展栏，设置【当前预设】为【低】，设置【细分】为50，【插值采样】为30，选中【显示计算相位】和【显示直接光】复选框。

- 展开【灯光缓存】卷展栏，设置【细分】为1000，取消选中【存储直接光】复选框。

❸ 选择【设置】选项卡，并进行调节，具体的参数调节如图20-72所示。

- 展开【系统】卷展栏，设置【序列】为【上->下】，最后取消选中【显示消息日志窗口】复选框。

图20-71　　　　　　　图20-72

❹ 选择Render Elements选项卡，单击【添加】按钮并在弹出的【渲染元素】对话框中选择【VRayWireColor（VRay线框颜色）】选项，如图20-73所示。

❺ 选择【公用】选项卡，展开【公用参数】卷展栏，设置输出的尺寸为1358×1400，如图20-74所示。

图20-73　　　　　　　图20-74

> 🙂 **技巧提示**
>
> 在渲染出图时，可以根据不同的场景来选择不一样的渲染方式。对于较大的场景，可以采取先渲染尺寸稍小的光子图，然后通过载入渲染的光子图来渲染以加快速度。本案例中的场景比较小，就不再渲染光子图了，直接渲染出图即可。

❻ 等待一段时间后就渲染完成了，最终的效果如图20-75所示。

图20-75

3ds Max 2016 中文版+VRay 效果图制作从入门到精通

技术专题——多角度连续渲染的高级技巧

在效果图制作过程中，有些情况中要求渲染同一个场景的几个角度，以达到看清局部细节及各个视角的作用，我们可以依次进行渲染，并依次进行保存。但是这样的方法，需要我们在电脑前等待渲染完成，才可以切换视角渲染下一个图像，比较繁琐。而使用多角度连续渲染的方法可以一次设置完成，然后自动完成渲染。下面我们开始具体讲解。

（1）打开本章场景模型，切换到【VR物理摄影机001】，如图20-76所示。

图20-76

（2）由于前面已经对最终渲染参数做了设置，所以这里就不再重复设置。直接将设置好的参数进行保存，在【渲染设置】对话框下方的【预设】中选择【保存预设】，如图20-77所示。

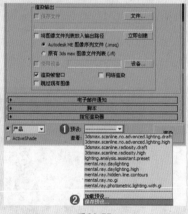

图20-77

（3）将该预设命名为001.rps，并设置路径，最后单击【保存】按钮，如图20-78所示。

图20-78

（4）使用相同的方法，分别切换到【VR物理摄影机002】和【VR物理摄影机003】，并保存预设值为002.rps和003.rps，如图20-79~图20-82所示。

图20-79

图20-80

图20-81

图20-82

（5）选择【渲染】菜单下的【批处理渲染】命令，如图20-83所示。

（6）此时会弹出【批处理渲染】对话框，然后单击3次 添加(A)... 按钮，此时View01、View02、View03将会被加载到列表中，如图20-84所示。

第20章 现代主义——简约风格厨房夜景

413

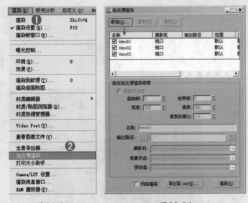

图20-83

图20-84

（7）此时单击View01，并设置【摄影机】为【VR物理摄影机001】，设置【预设值】为001，最后单击【输出路径】选项后的 ... 按钮，设置一个保存的路径，如图20-85所示。

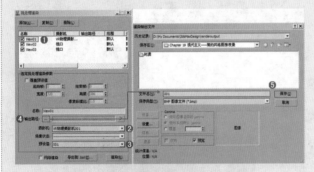

图20-85

（8）单击View02，并设置【摄影机】为【VR物理摄影机002】，设置【预设值】为002，最后单击【输出路径】选项后的 ... 按钮，设置一个保存的路径，如图20-86所示。单击View03，并设置【摄影机】为【VR物理摄影机003】，设置【预设值】为003，最后单击【输出路径】选项后的 ... 按钮，设置一个保存的路径，如图20-87所示。

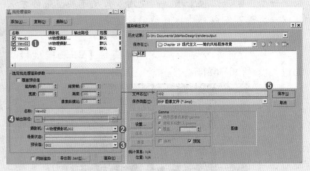

图20-86

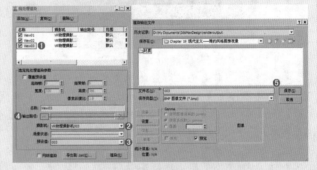

图20-87

（9）设置完成后，单击 渲染图 按钮，即可开始渲染，最终3个角度的渲染效果如图20-88所示。

图20-88

东方情怀——新中式卧室夜景

场景文件	21.max
案例文件	东方情怀——新中式卧室夜景.max
视频教学	DVD/多媒体教学/Chapter 21/东方情怀——新中式卧室夜景.flv
难易指数	★★★★★
灯光类型	目标灯光、VR-灯光（平面）、VR-灯光（球体）
材质类型	VR材质、VR代理材质、混合材质
程序贴图	【衰减】程序贴图
技术掌握	掌握VR材质、目标平行光、VR-灯光的使用方法以及图像精细程度的控制

风格解析

中国风并非完全意义上的复古，而是通过中式风格的特征，表达对清雅含蓄、端庄丰华的东方式精神境界的追求。新中式风格主要包括两方面的基本内容，一是中国传统文化风格意义在当前时代背景中的演绎；二是对中国当代文化充分理解基础上的当代设计。新中式风格不是纯粹的元素堆砌，而是通过对传统文化的认识，将现代元素和传统元素结合在一起，以现代人的审美需求来打造富有传统韵味的事物，让传统艺术在当今社会得到合适的体现，如图21-1所示。

中式风格要点：

- 中国风的构成主要体现在传统家具（多以明清家具为主）、装饰品及黑、红为主的装饰色彩上。

- 室内多采用对称式的布局方式，格调高雅，造型简朴优美，色彩浓重而成熟。

- 中国传统室内陈设包括字画、匾幅、挂屏、盆景、瓷器、古玩、屏风、博古架等，追求一种修身养性的生活境界。

- 中国传统室内装饰艺术的特点是总体布局对称均衡，端正稳健，而在装饰细节上崇尚自然情趣、花鸟、鱼虫等精雕细琢，富于变化，充分体现出中国传统美学精神。

图21-1

实例介绍

本例是一个中式风格夜晚卧室空间，室内灯光表现主要使用了目标灯光、VR-灯光（平面）、VR-灯光（球体）制作，使用VR材质制作本例的主要材质，制作完毕之后渲染的效果如图21-2所示。

图21-2

操作步骤

Part 01 设置VRay渲染器

❶ 打开本书配套光盘中的【场景文件/Chapter 21/21.max】文件，此时场景效果如图21-3所示。

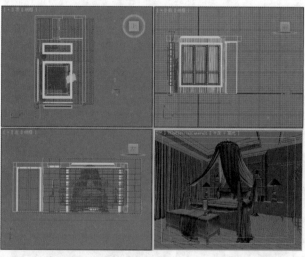

图21-3

❷ 按F10键，打开【渲染设置】窗口，选择【公用】选项卡，在【指定渲染器】卷展栏中单击▢按钮，在弹出的【选择渲染器】对话框中选择V-Ray Adv 3.00.08，如图21-4所示。

❸ 此时在【指定渲染器】卷展栏中的【产品级】选项后面显示了V-Ray Adv 3.00.08，【渲染设置】对话框中出现了

V-Ray、【GI】和【设置】选项卡，如图21-5所示。

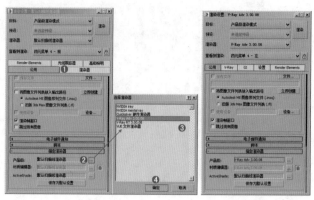

图21-4　　　　　　　　　　　图21-5

Part 02 材质的制作

下面就来讲述场景中主要材质的调制，包括纱布、木纹、窗纱、布纹、软包、地板、金属材质等，效果如图21-6所示。

图21-6

1. 【纱布】材质的制作

纱布是按照一定的图案用丝线或纱线编结而成。如图21-7所示为现实中纱布材质的应用，其基本属性主要有以下两点。

- 花纹纹理图案。
- 一定的透明效果。

图21-7

❶ 按M键，打开【材质编辑器】窗口，选择一个材质球，设置材质类型为【混合】材质。将其命名为【纱布】，调节其具体的参数，如图21-8所示。

- 展开【混合基本参数】卷展栏，在【材质1】和【材质2】通道上加载【VRayMtl】材质。

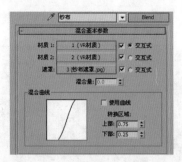

图21-8

❷ 单击进入【材质1】通道中，并进行详细的调节，具体参数如图21-9所示。

　　◎ 在【漫反射】通道上加载【纱布贴图.jpg】贴图文件；在【折射】通道上加载【衰减】程序贴图，调节两个颜色为深灰色和黑色，设置【衰减类型】为【垂直/平行】，【光泽度】为0.75。

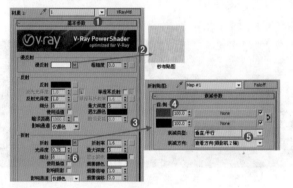

图21-9

❸ 单击进入【材质2】通道中，并进行详细的调节，具体参数如图21-10所示。

　　◎ 在【漫反射】通道上加载【纱布贴图.jpg】贴图文件，在【折射】通道上加载【衰减】程序贴图，调节两个颜色为浅灰色和黑色，设置【衰减类型】为【垂直/平行】，【光泽度】为0.75。

　　◎ 展开【混合基本参数】卷展栏，并在【遮罩】通道上加载【纱布遮罩.jpg】贴图文件，如图21-11所示。

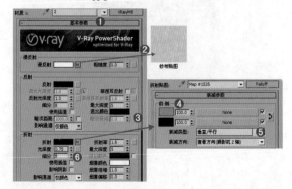

图21-10

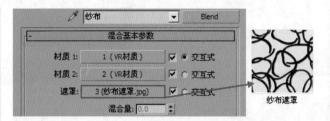

图21-11

❹ 选中场景中的纱帘模型，在【修改】面板中为其添加【UVW贴图】修改器，调节其具体参数，如图21-12所示。其他纱布材质的模型，也需要使用同样的方法进行操作。

　　◎ 在【参数】卷展栏中设置【贴图】类型为【长方体】，设置【长度】、【宽度】和【高度】均为300mm，设置【对齐】为Z。

❺ 将制作好的【纱布】材质赋给场景中的纱帘模型，如图21-13所示。

图21-12　　　　　　　　图21-13

2.【木纹】材质的制作

　　木纹材质被广泛地应用在建筑方面。如图21-14所示为现实中木纹材质的应用，其基本属性主要有以下两点。

　　◎ 木纹纹理图案。

　　◎ 模糊反射效果。

图21-14

❶ 选择一个空白材质球，然后将材质类型设置为【VR代理材质】，并命名为【木纹】，具体的参数调节如图21-15所示。

○ 展开【参数】卷展栏，在【基本材质】和【全局光材质】通道上加载VRayMtl材质。

图21-15

❷ 单击进入【基本材质】通道中，命名为1，具体参数调节如图21-16所示。

○ 在【漫反射】通道上加载【木纹.jpg】贴图文件，在【反射】通道上加载【衰减】程序贴图，设置【衰减类型】为Fresnel，设置【高光光泽度】为0.85，【反射光泽度】为0.75，【细分】为14，选中【菲涅耳反射】复选框。

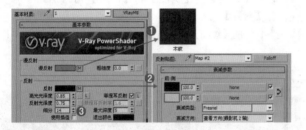

图21-16

❸ 单击进入【全局光材质】通道中，命名为2，具体参数调节如图21-17所示。

○ 在【漫反射】选项组中调节颜色为浅咖啡色。

❹ 选中场景中的墙面模型，在【修改】面板中为其添加【UVW贴图】修改器，调节其具体参数，如图21-18所示。其他的木纹材质的模型也需要使用同样的方法进行操作。

○ 在【参数】卷展栏中设置【贴图】类型为【长方体】，设置【长度】、【宽度】和【高度】均为800mm，设置【对齐】为Z。

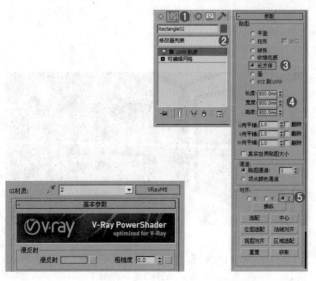

图21-17   图21-18

❺ 将制作好的【木纹】材质赋给场景中的模型，如图21-19所示。

图21-19

3. 【窗纱】材质的制作

窗纱经常与窗帘配套出现，质地较为透明，用于遮挡白天强烈的阳光。如图21-20所示为现实中窗纱材质的应用，其基本属性主要有以下两点。

○ 强烈的漫反射。

○ 模糊反射效果。

图21-20

❶ 选择一个空白材质球，然后将材质类型设置为VRayMtl材质，并命名为【窗纱】，具体的参数调节如图21-21所示。

图21-21

○ 在【漫反射】选项组中调节颜色为白色。

○ 在【折射】选项组中调节颜色为深灰色，设置【折射率】为1.2。

❷ 将制作好的【窗纱】材质赋给场景中窗纱模型，如图21-22所示。

3ds Max 2016 中文版+VRay 效果图制作从入门到精通

图21-22

4．【布纹】材质的制作

布纹材质在现代家居中得到了非常广泛的应用，如图21-23所示为现实中布纹材质的应用，其基本属性主要有以下两点。

- 布纹纹理贴图。
- 模糊反射效果。

图21-23

❶ 选择一个空白材质球，然后将材质类型设置为VRayMtl材质，并命名为【布纹】，具体参数调节如图21-24和图21-25所示。

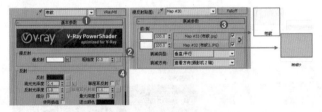

图21-24

图21-25

- 在【漫反射】通道上加载【衰减】程序贴图，在【贴图1】通道上加载【布纹.jpg】贴图文件，在【贴图2】通道上加载【布纹2.jpg】贴图文件，设置【衰减类型】为【垂直/平行】。在【反射】选项组中调节颜色为深灰色，设置【高光光泽度】为0.4。
- 在【双向反射分布函数】卷展栏中设置为【反射】。
- 展开【贴图】卷展栏，在【凹凸】通道上加载【布纹2.jpg】贴图文件，设置凹凸数量为44，如图21-26所示。

❷ 将制作好的【布纹】材质赋给场景中的模型，如图21-27所示。

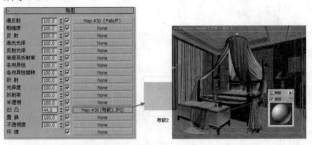

图21-26　　　　　　　　　　图21-27

5．【软包】材质的制作

软包使用的材料质地柔软，色彩柔和，能够柔化整体空间氛围，其纵深的立体感亦能提升家居档次。除了美化空间的作用外，更重要的是它具有吸音、隔音、防潮、防撞的功能。如图21-28所示为软包材质的应用，其基本属性主要有以下两点。

- 一定纹理贴图。
- 模糊漫反射效果。

图21-28

❶ 选择一个空白材质球，然后将材质类型设置为VRayMtl材质，并命名为【软包】，具体的参数调节如图21-29所示。

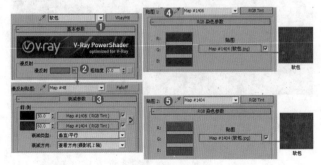

图21-29

- 在【漫反射】选项组中的通道上加载【衰减】程序贴图。
- 在【贴图1】通道上加载【RGB染色】程序贴图，调制RGB颜色为棕色，在【贴图】通道加载【软包.jpg】贴图文件。

在【贴图2】通道上加载【RGB染色】程序贴图，调节RGB颜色为土黄色，在【贴图】通道加载【软包.jpg】贴图文件。

❷ 选中场景中软包的模型，在【修改】面板中为其添加【UVW贴图】修改器，调节其具体参数，如图21-30所示。

在【参数】卷展栏中设置【贴图】类型为【长方体】，设置【长度】、【宽度】和【高度】均为1200mm，设置【对齐】为Z。

❸ 将制作好的【软包】材质赋给场景中的模型，如图21-31所示。

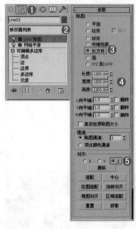
图21-30

图21-31

6.【地板】材质的制作

地板即房屋地面或楼面的表面层，由木料或其他材料做成。如图21-32所示为现实中地板材质的应用，其基本属性主要有以下两点。

一定的纹理贴图。

一定的反射效果。

图21-32

❶ 选择一个空白材质球，然后将材质类型设置为【VR覆盖材质】，并命名为【地板】，具体的参数调节如图21-33所示。

展开【参数】卷展栏，在【基本材质】和【全局光材质】通道上加载【VRayMtl】材质。

❷ 单击进入【基本材质】后面的通道中，并命名为1，具体参数调节如图21-34所示。

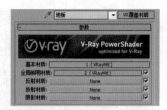
图21-33

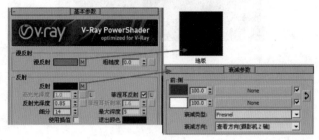
图21-34

在【漫反射】通道上加载【地板.jpg】贴图文件。

在【反射】通道上加载【衰减】程序贴图，调节两个颜色为深灰色和白色，设置【衰减类型】为Fresnel，【反射光泽度】为0.85，【细分】为14，选中【菲涅耳反射】复选框。

❸ 单击进入【全局光材质】通道中，并命名为2，具体参数调节如图21-35所示。

在【漫反射】选项组中调节颜色为浅褐色。

❹ 选中场景中的地板模型，在【修改】面板中为其添加【UVW贴图】修改器，调节其具体参数，如图21-36所示。

在【参数】卷展栏中设置【贴图】类型为【长方体】，设置【长度】为600mm，【宽度】为4000mm，【高度】为600mm，【对齐】为Z。

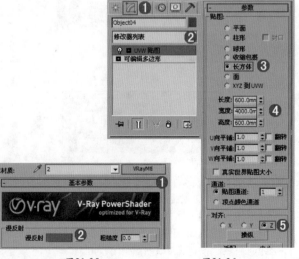
图21-35   图21-36

❺ 将制作好的【地板】材质赋给场景中的模型，如图21-37所示。

3ds Max 2016 中文版+VRay 效果图制作从入门到精通

图21-37

7．【金属】材质的制作

金属是一种具有光泽（即对可见光强烈反射）、富有延展性、容易导电、导热等性质的物质。如图21-38所示为现实中金属材质的应用，其基本属性主要有以下两点。

◎ 模糊漫反射和反射效果。

◎ 镀膜材质。

❶ 选择一个空白材质球，然后将材质类型设置为【VR混合材质】，并命名为【金属】，具体的参数调节如图21-39所示。

◎ 展开【参数】卷展栏，在【基本材质】通道上加载VRayMtl材质。

图21-38

图21-39

❷ 单击进入【基本材质】通道中，并命名为1，具体参数调节如图21-40所示。

◎ 在【漫反射】选项组中调节颜色为深灰色。

◎ 在【反射】选项组中调节颜色为浅黄色，设置【反射光泽度】为0.8，【细分】为30。

图21-40

❸ 单击进入【镀膜材质】通道中，并命名为2，具体参数设置如图21-41所示。

◎ 在【漫反射】选项组中调节颜色为浅灰色。

图21-41

◎ 在【反射】选项组中调节颜色为白色，设置【反射光泽度】为0.9。

❹ 将制作好的【金属】材质赋给场景中的模型，如图21-42所示。

至此，场景中主要模型的材质已经制作完毕，其他材质的制作方法我们就不再详述了。

图21-42

Part 03 ▶ 设置摄影机

❶ 单击 （创建）| （摄影机）| VR物理摄影机 按钮，如图21-43所示。在视图中按住并拖曳鼠标创建一个VR物理摄影机，如图21-44所示。

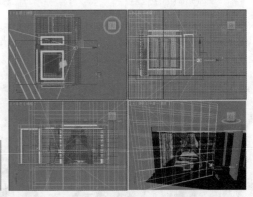

图21-43   图21-44

❷ 选择刚创建的摄影机，进入【修改】面板，设置【胶片规格】为36，【焦距】为40，【缩放因子】为0.5，【光圈数】为1.2，如图21-45所示。

图21-45

技巧提示

在VR物理摄影机中，【光圈数】是最为重要的参数之一，它可以快速地控制最终渲染图像的明暗。其数值越小，最终渲染越亮。

❸ 此时的摄影机视图效果如图21-46所示。

图21-46

Part 04 设置灯光并进行草图渲染

在该卧室场景中，使用两部分灯光照明来表现，一部分使用了自然光效果；另一部分使用了室内灯光的照明。也就是说，想得到好的效果，必须配合室内的一些照明。最后设置一下辅助光源就可以了。

1. 制作室内主要光照

❶ 在前视图中创建8盏【目标灯光】，如图21-47所示。

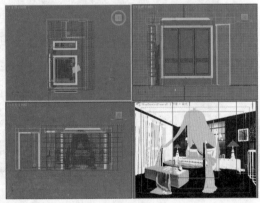

图21-47

❷ 选择上一步创建的目标灯光，然后在【修改】面板中设置其具体的参数，如图21-48所示。

　　◎ 展开【常规参数】卷展栏，选中【启用】复选框，设置阴影类型为【VRay阴影】，设置【灯光分布（类型）】为【光度学Web】；接着展开【分布（光度学Web）】卷展栏，并在通道上加载【射灯.ies】光域网文件。

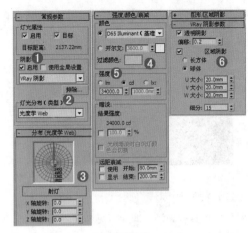

图21-48

　　◎ 展开【强度/颜色/衰减】卷展栏，调节颜色为浅黄色，设置【强度】为34000；展开【VRay阴影参数】卷展栏，选中【区域阴影】复选框，设置【U大小】、【V大小】和【W大小】均为20mm，【细分】为15。

❸ 继续在纱帘下方位置创建1盏VR-灯光，如图21-49所示。具体参数设置如图21-50所示。

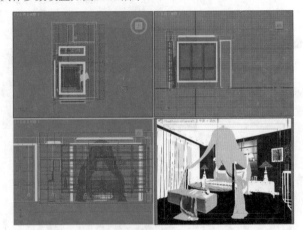

图21-49

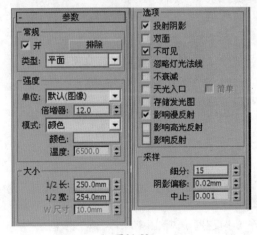

图21-50

○ 设置【类型】为【平面】，设置【倍增器】为12，调节【颜色】为浅黄色，设置【1/2长】为250mm，【1/2宽】为254mm，选中【不可见】复选框，并取消选中【影响高光反射】和【影响反射】复选框，最后设置【细分】为15。

④ 按8键，打开【环境和效果】窗口，然后在【背景】选项组中的【环境贴图】通道上加载【VR天空】程序贴图。接着按M键打开【材质编辑器】窗口，然后将【环境贴图】通道上的贴图拖曳到一个空白的材质球上，如图21-51所示。

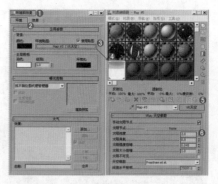

图21-51

⑤ 按F10键，打开【渲染设置】窗口，首先设置VRay和GI选项卡中的参数，如图21-52所示。刚开始设置的是一个草图，目的是进行快速渲染以观看整体的效果。

⑥ 按Shift+Q组合键，快速渲染摄影机视图，其渲染效果如图21-53所示。

　　从上面的渲染效果来看，室内的光照效果基本满意，接下来制作台灯的光照。

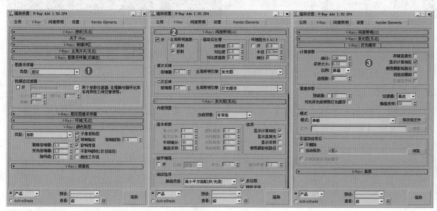

图21-52　　　　　　　　　　　　　　　　　　图21-53

2．制作台灯及壁灯的光照

① 在顶视图中创建两盏【VR-灯光】，然后将其拖曳到台灯的灯罩中，具体位置如图21-54所示。

② 选择刚创建的VR-灯光，然后在【修改】面板中调节具体的参数，如图21-55所示。

○ 设置【类型】为【球体】，设置【倍增器】为80，调节【颜色】为浅黄色，设置【半径】为50mm，选中【不可见】复选框，并取消选中【影响高光反射】和【影响反射】复选框，设置【细分】为12。

③ 按Shift+Q组合键，快速渲染摄影机视图，其渲染效果如图21-56所示。

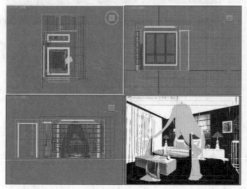

图21-54

图21-55　　　　　　　　　　　　　　　图21-56

④ 继续在顶视图中创建两盏【VR-灯光】，并将其拖曳到壁灯的灯罩中，具体位置如图21-57所示。选择刚创建的VR-灯光，然后在【修改】面板中调节具体的参数，如图21-58所示。

　　○ 设置【类型】为【球体】，设置【倍增器】为30，调节【颜色】为浅黄色，【半径】为40mm，选中【不可见】复选框，并取消选中【影响高光反射】和【影响反射】复选框，设置【细分】为12。

⑤ 按Shift+Q组合键，快速渲染摄影机视图，其渲染效果如图21-59所示。

　　从上面的渲染效果来看，卧室中间的亮度还不够，需要进行创建灯光。

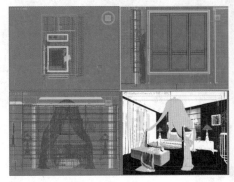

图21-57　　　　　　　　　　图21-58　　　　　　　　　　图21-59

3. 制作灯光带效果

① 在左视图中创建1盏VR-灯光，并将其复制两盏，分别拖曳到合适位置，具体位置如图21-60所示。

② 选择刚创建的VR-灯光，然后在【修改】面板中调节具体的参数，如图21-61所示。

　　○ 设置【类型】为【平面】，设置【倍增器】为22，调节【颜色】为浅黄色，设置【1/2长】为20mm，【1/2宽】为1500mm，选中【不可见】复选框，并取消选中【影响高光反射】及【影响反射】复选框，最后设置【细分】为12。

③ 按Shift+Q组合键，快速渲染摄影机视图，其渲染效果如图21-62所示。

　　从现在的效果来看，图像的亮部已经足够亮了，但是暗部非常暗，这样会损失大量暗部细节，因此在后期处理时应对该部分重点调节。至此，整个场景中的灯光就设置完成了，下面需要做的就是精细调整一下灯光细分参数及渲染参数，进行最终的渲染。

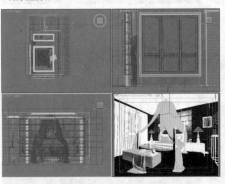

图21-60　　　　　　　　　　图21-61　　　　　　　　　　图21-62

Part 05　设置成图渲染参数

　　经过前面的操作，已经将大量繁琐的工作做完了，下面需要做的就是把渲染的参数设置高一些，再进行渲染输出。

① 重新设置渲染参数。按F10键，在打开的【渲染设置】窗口中选择V-Ray选项卡，展开【图形采样器（抗锯齿）】卷展栏，设置【类型】为【自适应】，接着选中【图像过滤器】复选框，并选择Mitchell-Netravali过滤器；展开【自适应图像采样器】卷展栏，设置【最小细分】为1，【最大细分】为4，如图21-63所示。

② 选择【GI】选项卡，并展开【发光图】卷展栏，设置【当前预设】为【低】，【细分】为50，【插值采样】为30；展开【灯光缓存】卷展栏，设置【细分】为1000，取消选中【存储直接光】复选框，如图21-64所示。

③ 选择【设置】选项卡，展开【系统】卷展栏，设置【最大树向深度】为100，【序列】为【上->下】，【默认几何体】为【静态】，最后取消选中【显示消息日志窗口】复选框，如图21-65所示。

④ 选择Render Elements选项卡，单击【添加】按钮并在弹出的【渲染元素】对话框中选择【VRayWireColor（VRay线框颜色）】选项，如图21-66所示。

⑤ 选择【公用】选项卡，展开【公用参数】卷展栏，设置输出的尺寸为1500×1095，如图21-67所示。

图21-63

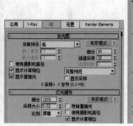
图21-64

图21-65

图21-66

图21-67

 技巧提示

　　在渲染出图时，可以根据不同的场景来选择不一样的渲染方式。对于较大的场景，可以采取先渲染尺寸稍小的光子图，然后通过载入渲染的光子图来渲染以加快速度。本案例中的场景比较小，就不渲染光子图了，直接渲染出图即可。

⑥ 等待一段时间后就渲染完成了，最终效果如图21-68所示。

图21-68

 技术专题——图像精细程度的控制

　　在使用3ds Max制作效果图的过程中，读者往往会遇到一个难以解答的问题，那就是为什么渲染的图像这么脏？为什么渲染速度这么慢，但是渲染质量还这么差？下面一一为大家解答。

　　说到图像的质量，不得不提的就是细分。在使用3ds Max制作效果图的过程中，细分主要存在于3个方面，分别为灯光细分、材质细分和渲染器细分。

　　灯光细分主要用来控制灯光和阴影的细分效果，通常数值越大，渲染越精细，渲染速度越慢。如图21-69所示为将【灯光细分】设置为2和20时的对比效果。

灯光细分为2的效果　　　　　　灯光细分为20的效果
图21-69

第21章　东方情怀——新中式卧室夜景

425

材质细分主要用来控制材质反射和折射等细分效果，通常数值越大，渲染越精细，渲染速度越慢。如图21-70所示为将【材质细分】分别设置为2和20时的对比效果。

　　渲染器细分主要用来控制最终渲染的细分效果，一般来说，最终渲染时参数可以设置得相对高一些，同时材质细分和灯光细分的参数也要适当高一些。如图21-71所示为低质量参数和高质量参数的渲染对比效果。

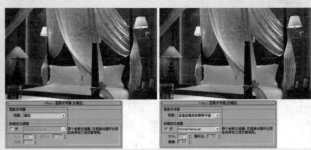

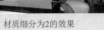

材质细分为2的效果　　　　　　　材质细分为20的效果

图21-70　　　　　　　　　　　　　　　　　　　　　图21-71

　　控制最终图像的质量是由灯光细分、材质细分和渲染器细分3方面共同决定的。若我们只将渲染器细分设置得非常高，而灯光细分和材质细分设置得比较低，渲染出的图像质量也不会特别好，因此把握好这三者间参数的平衡，显得尤为重要。

　　例如场景中反射和折射物体比较多，而我们也想将这些物体重点表现时，可以将材质细分参数适当地设置得高一些。而当场景中要重点表现色彩斑斓的灯光时，需要将灯光细分参数适当地设置得高一些。为了读者使用方便，在这里我们总结两种方法，供大家参考使用。

　　（1）测试渲染，低质量，高速度。灯光的细分可以保持默认数值8，或小于8；材质的反射和折射的细分可以保持默认数值8，或小于8；渲染器的细分要设置得尽量低一些，如图21-72~图21-74所示。

图21-72　　　　　　　　　图21-73　　　　　　　　　　　　　　　　　图21-74

　　（2）最终渲染，高质量，低速度。灯光的细分可以设置为20左右；材质的反射和折射的细分可以设置为20左右；渲染器的细分可以设置得尽量高一些，如图21-75~图21-77所示。

图21-75　　　　　　　　　图21-76　　　　　　　　　　　　　　　　　图21-77

Chapter 22
第22章

简约雅居——简约欧式客厅

场景文件	22.max
案例文件	简约雅居——简约欧式客厅.max
视频教学	DVD/多媒体教学/Chapter 22/简约雅居——简约欧式客厅.flv
难易指数	★★★★★
灯光类型	目标灯光、VR-灯光
材质类型	标准材质、VRayMtl材质
程序贴图	【衰减】程序贴图
技术掌握	掌握VRayMtl材质、目标灯光、VR-灯光的使用方法、联机渲染技术的使用

风格解析

简约欧式风格沿袭古典欧式风格的主元素,融入了现代的生活元素。欧式的居室有的不只是豪华大气,更多的是惬意和浪漫。通过完美的典线,精益求精的细节处理,带给家人无尽的舒服触感,实际上和谐是欧式风格的最高境界。同时,欧式装饰风格最适用于大面积房子,若空间太小,不但无法展现其风格气势,反而对生活在其间的人造成一种压迫感。当然,还要具有一定的美学素养,才能善用欧式风格,否则只会弄巧成拙。如图22-1所示为简约欧式风格的案例。

简约欧式风格要点:

- 简约欧式风格设计由曲线和非对称线条构成,如花梗、花蕾、葡萄藤、昆虫翅膀以及自然界各种优美、波状的形体图案等,体现在墙面、栏杆、窗棂和家具等装饰上。

- 大量使用铁制构件,将玻璃、瓷砖等新工艺,以及铁艺制品、陶艺制品等综合运用于室内。

- 几何线条修饰,色彩明快跳跃,外立面简洁流畅,以波浪、架廊式挑板或装饰线、带、块等异形屋顶为特征,立面立体层次感较强,外飘窗台、外挑阳台或内置阳台,合理运用色块色带处理。

- 在古典欧式风格的基础上,以简约的线条代替复杂的花纹,采用更为明快清新的颜色,既保留了古典欧式的典雅与豪华,又更适应现代生活的悠闲与舒适。

- 没有过分的装饰,一切从功能出发,讲究造型比例适度、空间结构图明确美观,强调外观的明快、简洁,体现了现代生活的快节奏、简约和实用,但又富有朝气的生活气息。

图22-1

实例介绍

本例是一个现代客厅表现，室内明亮的灯光表现主要使用VR-灯光和目标灯光来制作，使用VRayMtl材质制作本案例的主要材质，制作完毕之后渲染的效果如图22-2所示。

操作步骤

Part 01 设置VRay渲染器

① 打开本书配套光盘中的【场景文件/Chapter 22/22.max】文件，此时场景效果如图22-3所示。

② 按F10键，打开【渲染设置】窗口，选择【公用】选项卡，在【指定渲染器】卷展栏中单击…按钮，在弹出的【选择渲染器】对话框中选择V-Ray Adv 3.00.08，如图22-4所示。

③ 此时在【指定渲染器】卷展栏中的【产品级】选项后面显示了V-Ray Adv 3.00.08，【渲染设置】对话框中出现了V-Ray、GI和【设置】选项卡，如图22-5所示。

图22-2

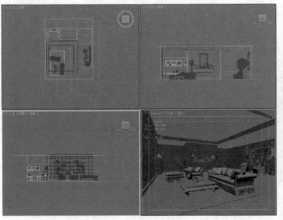

图22-3

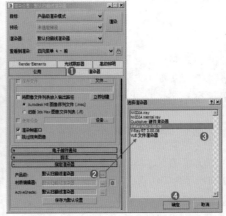

图22-4

图22-5

Part 02 材质的制作

下面就来讲述场景中的主要材质的调制，包括大理石地面、布艺沙发、金属茶几、玻璃、马赛克、电视、木质电视背景墙、灯罩等材质，如图22-6所示。

1. 【大理石地面】材质的制作

大理石地面是一种地面装饰材料，也叫地板砖，用黏土烧制而成，规格多种；质坚、耐压耐磨，能防潮；有的经上釉处理，具有装饰作用；多用于公共建筑和民用建筑的地面和楼面。本例的地面砖材质的模拟效果如图22-7所示，其基本属性主要有以下两点。

● 地面砖纹理图案。

● 一定的模糊反射。

① 按M键，打开【材质编辑器】窗口，选择一个材质球，设置材质类型为【VRayMtl】材质。将其命名为【地面】，具体的参数调节如图22-8所示。

图22-6

图22-7

● 在【漫反射】选项组中的通道上加载【地面.jpg】贴图文件。

● 在【反射】选项组中的通道上加载【衰减】程序贴图，调节两个颜色分别为黑色和浅灰色，设置【衰减类型】为【垂直/平行】，接着设置【反射光泽度】为0.9，【细分】为25。

❷ 将地面的模型选中，进入【修改】面板，为模型加载【UVW贴图】修改器，设置【贴图】类型为【平面】，【长度】为1163mm，【宽度】为1317mm，【U向平铺】为1.5，【V向平铺】为2.3，【对齐】为Z，如图22-9所示。

达到一定的艺术效果，满足人们的生活需求。布艺沙发按材料分为：纯布艺沙发和皮布结合沙发。按款式分为休闲布艺沙发和欧式布艺沙发。本例的布艺沙发材质的模拟效果如图22-11所示，其基本属性主要有以下两点。

● 有贴图纹理。

● 有凹凸纹理。

图22-9

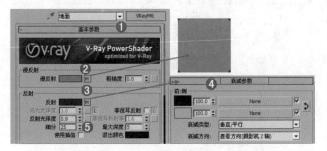

图22-8

❸ 将调节完毕的【大理石地面】材质赋给场景中地面的模型，如图22-10所示。

2.【布艺沙发】材质的制作

布艺沙发主要是指主料是布的沙发，其经过艺术加工，

图22-10

第22章 简约雅居——简约欧式客厅

429

图22-11

① 选择一个空白材质球，然后将材质类型设置为VRayMtl材质，并命名为【布艺沙发】，具体的参数调节如图22-12所示。

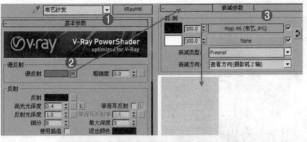

图22-12

- 在【漫反射】选项组中的通道上加载【衰减】程序贴图，在【贴图1】通道上加载【布艺.jpg】贴图文件，最后设置【衰减类型】为Fresnel。
- 在【贴图】卷展栏中设置凹凸数量为44，在【凹凸】通道上加载【靠垫at.jpg】贴图文件。

② 将沙发每一个部分的模型依次选中，进入【修改】面板，依次为模型加载【UVW贴图】修改器，设置【贴图】类型为【长方体】，并设置【长度】、【宽度】和【高度】的数值，最后设置【对齐】为Z，如图22-13所示。

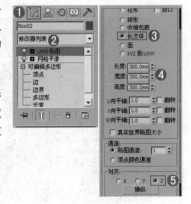

图22-13

③ 将调节完毕的【布艺沙发】材质赋给场景中沙发的模型，如图22-14所示。

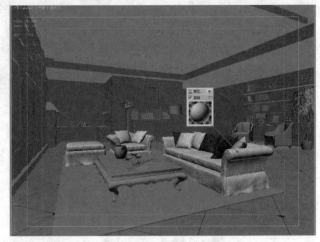

图22-14

3. 【木质电视背景墙】材质的制作

在家装设计中，电视背景墙早已成了设计的焦点，也是体现主人个性化的一个特殊空间，本例的木质电视背景墙材质的模拟效果如图22-15所示，其基本属性主要为：强烈的漫反射效果。

图22-15

① 选择一个空白材质球，然后将材质类型设置为【标准】，并命名为【木质电视背景墙】，具体的参数调节如图22-16所示。

- 在【Blinn基本参数】卷展栏中调节【环境光】和【漫反射】的颜色均为白色。

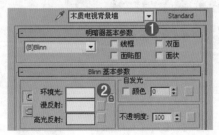

图22-16

② 将调节完毕的【木质电视背景墙】材质赋给场景中电视背景墙的模型，如图22-17所示。

图 22-17

4. 【金属茶几】材质的制作

金属因其强大的物理性能深受家居设计师的喜爱。本例的金属材质的模拟效果如图22-18所示，其基本属性主要为：模糊的反射和漫反射效果。

图 22-18

❶ 选择一个空白材质球，然后将材质类型设置为VRayMtl材质，并命名为【金属茶几】，具体的参数调节如图22-19所示。

◉ 在【漫反射】选项组中调节颜色为深灰色。

◉ 在【反射】选项组中调节颜色为浅灰色，设置【高光光泽度】为0.6，【反射光泽度】为0.9，【细分】为24。

图 22-19

❷ 将制作好的【金属茶几】材质赋给场景中茶几的模型，如图22-20所示。

图 22-20

5. 【玻璃】材质的制作

镜子是一种表面光滑，具反射光线能力的物品，常被人们利用来整理仪容，现在也在现代家居装饰中起着一定的作用。本例的玻璃材质的模拟效果如图22-21所示，其基本属性主要为：强烈的折射效果。

图 22-21

❶ 选择一个空白材质球，然后将材质类型设置为VRayMtl材质，并命名为【玻璃】，具体的参数调节如图22-22所示。

◉ 在【漫反射】选项组中调节颜色为浅绿色。

◉ 在【反射】选项组中设置【高光光泽度】为0.85，【反射光泽度】为1。

◉ 在【折射】选项组中调节颜色为白色，设置【折射率】为2.2，【影响通道】为【颜色+alpha】。

图 22-22

❷ 将调节完毕的【玻璃】材质赋给场景中玻璃的模型，如图22-23所示。

图22-23

6.【马赛克】材质的制作

马赛克，建筑专业名词为锦砖，分为陶瓷锦砖和玻璃锦砖两种；是一种装饰艺术，通常使用许多小石块或有色玻璃碎片拼成图案。现今马赛克泛指五彩斑斓的视觉效果。本例的马赛克材质的模拟效果如图22-24所示，其基本属性主要有以下两点。

◉ 马赛克纹理贴图。

◉ 模糊反射效果。

图22-24

❶ 选择一个空白材质球，然后将材质类型设置为VRayMtl材质，并命名为【马赛克】，具体的参数调节如图22-25所示。

◉ 在【漫反射】选项组中的通道上加载【马赛克.jpg】贴图文件。

◉ 在【反射】选项组中调节颜色为深灰色，设置【反射光泽度】为0.8，【细分】为15。

图22-25

❷ 将马赛克材质的模型选中，进入【修改】面板，为模型加载【UVW贴图】修改器，设置【贴图】类型为【长方体】，并设置【长度】为2076，【宽度】为2973，【高度】为1805，【U向平铺】为2，最后设置【对齐】为Z，如图22-26所示。

❸ 将调节完毕的【马赛克】材质赋给场景中马赛克墙面的模型，如图22-27所示。

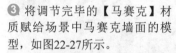
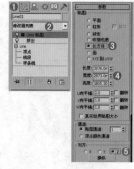

图22-26

图22-27

7.【灯罩】材质的制作

灯罩的作用不仅是罩在灯上为了使光聚集在一起，还可以防止触电，对保护眼睛也有作用，所以每个灯上都会有灯罩。本例的灯罩材质的模拟效果如图22-28所示，其基本属性主要有以下两点。

◉ 布艺纹理贴图。

◉ 轻微透明效果。

图22-28

❶ 选择一个空白材质球，然后将材质类型设置为VRayMtl材质，并命名为【灯罩】，具体的参数调节如图22-29和图22-30所示。

◉ 在【漫反射】通道上加载【布艺.jpg】贴图文件。

🌑 展开【贴图】卷展栏，在【不透明度】通道上加载【混合】程序贴图，在【混合参数】卷展栏中调节【颜色#1】为白色，【颜色#2】为浅灰色，在【混合量】通道上加载【布艺.jpg】贴图文件。

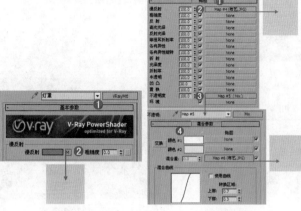

图22-29　　　　　　　　　图22-30

❷ 将制作好的【灯罩】材质赋给场景中台灯的模型，如图22-31所示。

图22-31

8.【电视】材质的制作

　　电视是现代家居生活中不可缺少的家用电器之一。本例的电视材质的模拟效果如图22-32所示，其基本属性主要有以下两点。

🌑 模糊漫反射和反射效果。

🌑 一定的折射效果。

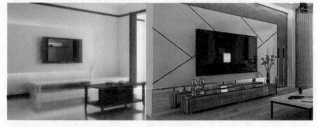

图22-32

❶ 选择一个空白材质球，然后将材质类型设置为【多维/子对象】材质，并命名为【电视】。展开【多维/子对象基本参数】卷展栏，设置【设置数量】为4，分别在通道上加载VRayMtl材质和【标准】材质，如图22-33所示。

❷ 单击进入ID号为1的通道中，并调节【电视-外壳】材质，具体参数如图22-34所示。

　🌑 在【漫反射】选项组中调节颜色为浅灰色，在【反射】选项组中调节颜色为灰色。

图22-33　　　　　　　　图22-34

❸ 单击进入ID号为2的通道中，并调节【电视屏幕】材质，具体参数如图22-35所示。

　🌑 在【Blinn基本参数】卷展栏中调节【环境光】和【漫反射】颜色均为深蓝色。

　🌑 在【贴图】卷展栏中选中【反射】复选框，设置数量为20，在【反射】通道上加载【VR贴图】程序贴图。

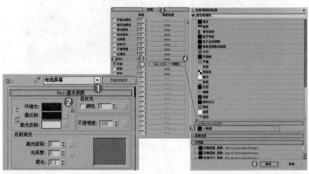

图22-35

❹ 单击进入ID号为3的通道中，并调节【电视黑边】材质，具体参数如图22-36所示。

　🌑 在【Blinn基本参数】卷展栏中调节【环境光】和【漫反射】颜色均为黑色，设置【高光级别】为116，【光泽度】为60。

图22-36

⑤ 单击进入ID号为4的通道中，并调节【音响布】材质，具体参数如图22-37所示。

⊙ 在【Blinn基本参数】卷展栏中调节【环境光】和【漫反射】颜色均为深灰色，设置【光泽度】为0。

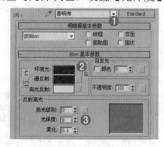

图22-37

⑥ 将制作好的【电视】材质赋给场景中电视的模型，如图22-38所示。

图22-38

至此，场景中主要模型的材质已经制作完毕，其他材质的制作方法我们就不再详述了。

Part 03 设置摄影机

① 单击 （创建）| （摄影机）| 目标 按钮，如图22-39所示。在视图中按住并拖曳鼠标创建一个目标摄影机，如图22-40所示。

图22-39

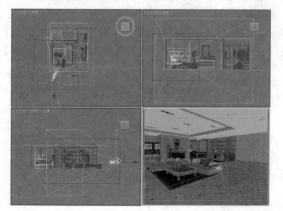

图22-40

② 选择刚创建的摄影机，进入【修改】面板，设置【镜头】为24，【视野】为73.74，最后设置【目标距离】为8948mm，如图22-41所示。

③ 此时选择刚设置好参数的摄影机，并单击鼠标右键，选择【应用摄影机校正修改器】命令，如图22-42所示。

图22-41

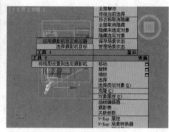

图22-42

④ 可以看到【摄影机校正】修改器被加载到了摄影机上，最后设置【数量】为－0.347，【角度】为90，如图22-43所示。

⑤ 此时的摄影机视图效果如图22-44所示。

图22-43

图22-44

Part 04 设置灯光并进行草图渲染

在该现代客厅场景中主要有三种灯光效果，第一种是使用目标灯光模拟的射灯光源；第二种是使用VR-灯光模拟的灯带效果；最后一种是使用VR光源制作的辅助室内光源的效果。

1. 制作客厅中射灯的光源

① 在顶视图中按住并拖曳鼠标，创建15盏目标灯光，接着在各个视图中调整它们的位置，如图22-45所示。

② 选择上一步创建的目标灯光，并在【修改】面板中调节具体参数，如图22-46所示。

⊙ 展开【常规参数】卷展栏，在【阴影】选项组中选中【启用】复选框，并设置阴影类型为【VRay阴影】，设置【灯光分布（类型）】为【光度学Web】。

- 展开【分布（光度学Web）】卷展栏，并在通道上加载【风的效果灯.ies】光域网文件。
- 展开【强度/颜色/衰减】卷展栏，设置【强度】为15000cd。
- 展开【VRay阴影参数】卷展栏，设置【细分】为20。

❸ 按F10键，打开【渲染设置】窗口，首先设置V-Ray和GI选项卡中的参数，如图22-47所示。刚开始设置的是一个草图，目的是进行快速渲染以观看整体的效果。

❹ 按Shift+Q组合键，快速渲染摄影机视图，其渲染效果如图22-48所示。

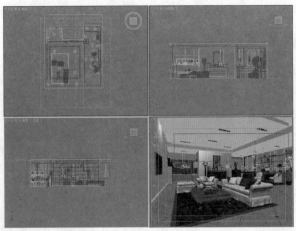

图22-45

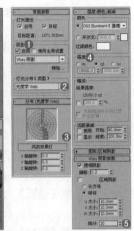

图22-46

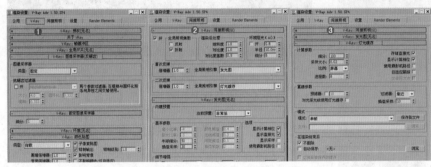

图22-47

图22-48

❺ 在视图中创建目标灯光，具体位置如图22-49所示。然后选择刚创建的目标灯光，并在【修改】面板中调节具体参数，如图22-50所示。

- 展开【常规参数】卷展栏，在【阴影】选项组中选中【启用】复选框，并设置阴影类型为【VRay阴影】，设置【灯光分布（类型）】为【光度学Web】。
- 展开【分布（光度学Web）】卷展栏，并在通道上加载【风的效果灯.ies】光域网文件。
- 展开【强度/颜色/衰减】卷展栏，设置【强度】为10000cd。

❻ 在视图中创建目标灯光，具体位置如图22-51所示。然后选择刚创建的目标灯光，并在【修改】面板中调节具体参数，如图22-52所示。

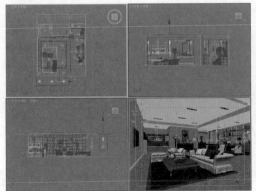

图22-49

图22-50

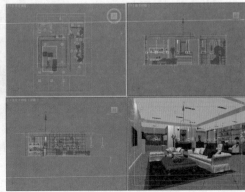

图22-51

- 展开【常规参数】卷展栏，在【阴影】选项组中选中【启用】复选框，并设置阴影类型为【VRay阴影】，设置【灯光分布（类型）】为【光度学Web】。

- 展开【分布（光度学Web）】卷展栏，并在通道上加载【风的效果灯.ies】光域网文件。

- 展开【强度/颜色/衰减】卷展栏，设置【强度】为4000cd。

- 展开【VRay阴影参数】卷展栏，设置【细分】为20。

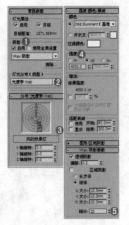

图22-52

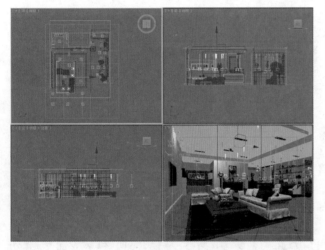

图22-53

7 在视图中创建目标灯光，具体位置如图22-53所示。然后在【修改】面板中调节具体参数，如图22-54所示。

- 展开【常规参数】卷展栏，在【阴影】选项组中选中【启用】复选框，并设置阴影类型为【VRay阴影】，设置【灯光分布（类型）】为【光度学Web】。

- 展开【分布（光度学Web）】卷展栏，并在通道上加载【风的效果灯.ies】光域网文件。

- 展开【强度/颜色/衰减】卷展栏，设置【强度】为16000cd。

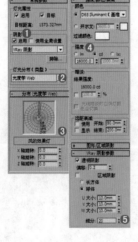

图22-54

- 展开【VRay阴影参数】卷展栏，设置【细分】为20。

8 在视图中创建目标灯光，具体位置如图22-55所示。然后选择刚创建的目标灯光，并在【修改】面板中调节具体参数，如图22-56所示。

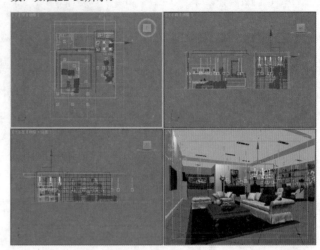

图22-55

- 展开【常规参数】卷展栏，在【阴影】选项组中选中启用，并设置阴影类型为【VRay阴影】，【灯光分布（类型）】为【光度学Web】。

- 展开【分布（光度学Web）】卷展栏，并在通道上加载【风的效果灯.ies】光域网文件。

- 展开【强度/颜色/衰减】卷展栏，调节【过滤颜色】为浅黄色，设置【强度】为2695.38cd。

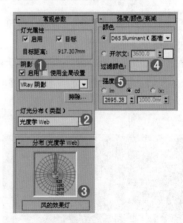

图22-56

9 在视图中创建目标灯光，具体位置如图22-57所示。在【修改】面板中调节具体参数，如图22-58所示。

- 展开【常规参数】卷展栏，在【阴影】选项组中选中【启用】复选框，并设置阴影类型为【VRay阴影】，设置【灯光分布（类型）】为【光度学Web】。

- 展开【分布（光度学Web）】卷展栏，并在通道上加载

【冷风小射灯.ies】光域网文件。

　　○ 展开【强度/颜色/衰减】卷展栏，调节【过滤颜色】为
　　　　浅黄色，设置【强度】为34000cd。

⑩ 按Shift+Q组合键，快速渲染摄影机视图，其渲染效果如
图22-59所示。

　　从上面的渲染效果来看，客厅场景中的基本亮度令人满
意，接下来需要制作客厅场景中的灯带。

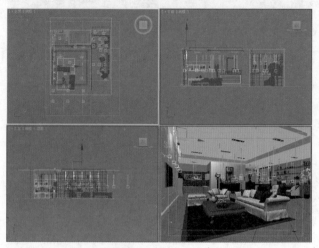

图22-57

图22-58　　　　　　图22-59

2．设置客厅的灯带

❶ 单击 ■（创建）｜ ☑（灯光）｜ VR灯光 按钮，在顶视图
中创建1盏VR-灯光，并复制3盏，然后分别拖曳到吊顶内
部，具体位置如图22-60所示。

❷ 选择上一步创建的VR-灯光，然后在【修改】面板中调节
具体的参数，如图22-61所示。

　　○ 设置【类型】为【平面】，【倍增器】为5，调节【颜
　　　　色】为黄色，设置【1/2长】为6830mm，【1/2宽】为
　　　　89mm，选中【不可见】复选框，取消选中【影响高光
　　　　反射】和【影响反射】复选框，设置【细分】为20。

❸ 按照同样的方法在厨房上方和摆设上方分别创建VR-灯
光，具体位置如图22-62所示。然后在【修改】面板中调节
具体参数，如图22-63所示。

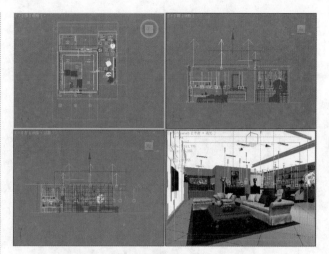

图22-60

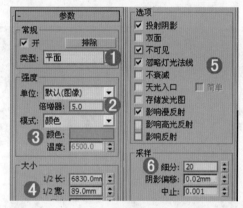

图22-61

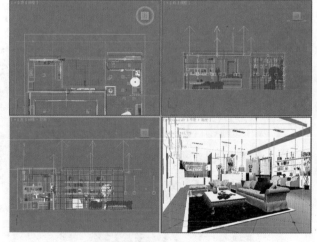

图22-62

　　○ 设置【类型】为【平面】，设置【倍增器】为5，调
　　　　节【颜色】为黄色，设置【1/2长】为2900mm，【1/2
　　　　宽】为70mm，选中【不可见】复选框，取消选中【影
　　　　响高光反射】和【影响反射】复选框，设置【细分】
　　　　为20。

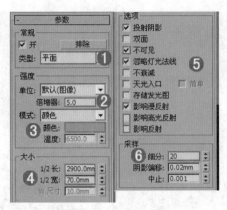

图22-63

④ 继续在顶视图创建VR-灯光，并复制3盏分别放置在书架隔板下方，如图22-64所示。然后在【修改】面板中调节具体的参数，如图22-65所示。

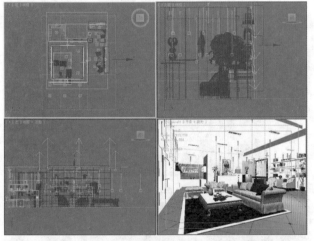

图22-64

● 设置【类型】为【平面】，设置【倍增器】为7，调节【颜色】为黄色（红：253，绿：143，蓝：70），设置【1/2长】为2260mm，【1/2宽】为18mm，选中【不可见】复选框，取消选中【影响高光反射】和【影响反射】复选框，设置【细分】为20。

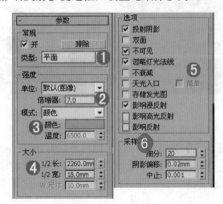

图22-65

⑤ 在顶视图创建VR-灯光，并复制两盏分别放置在镜子的周围，具体位置如图22-66所示。然后在【修改】面板中调节具体的参数，如图22-67所示。

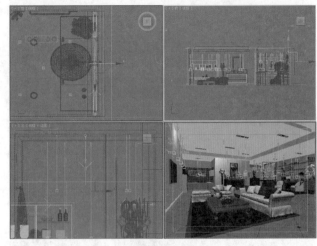

图22-66

● 设置【类型】为【平面】，设置【倍增器】为20，调节【颜色】为浅蓝色（红：141，绿：179，蓝：247），设置【1/2长】为25mm，【1/2宽】为777mm，选中【不可见】复选框，取消选中【影响反射】复选框。

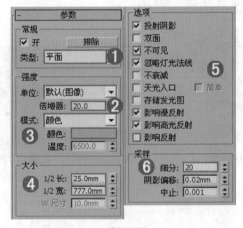

图22-67

⑥ 在顶视图创建VR-灯光，并复制3盏分别放置在厨房架子的隔板下方，具体放置位置如图22-68所示。然后在【修改】面板中调节具体的参数，如图22-69所示。

● 设置【类型】为【平面】，【倍增器】为5，【1/2长】为798mm，【1/2宽】为31mm；选中【不可见】复选框，取消选中【影响高光反射】和【影响反射】复选框，设置【细分】为20。

⑦ 按Shift+Q组合键，快速渲染摄影机视图，其渲染效果如图22-70所示。

从上面的渲染效果来看，中间吊灯的效果还可以，接下来制作壁灯的光源。

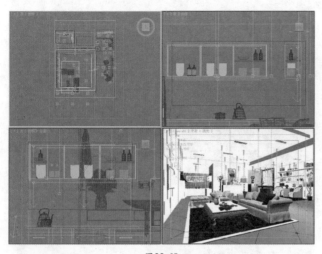

图22-68

图22-69　　　　　　　图22-70

3. 制作客厅的辅助光源

❶ 在顶视图中创建两盏【VR-灯光】，并将其分别拖曳到台灯灯罩中，如图22-71所示。

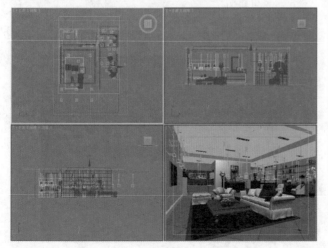

图22-71

❷ 选择上一步创建的VR-灯光，然后在【修改】面板中调节具体的参数，如图22-72所示。

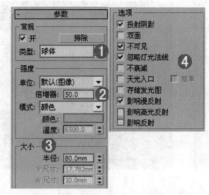

图22-72

● 设置【类型】为【球体】，【倍增器】为50，调节【颜色】为黄色，设置【半径】为80mm，选中【不可见】复选框，取消选中【影响高光反射】和【影响反射】复选框。

❸ 继续在顶视图创建VR-灯光，将其移动到油烟机下方，如图22-73所示。然后在【修改】面板中调节具体的参数，如图22-74所示。

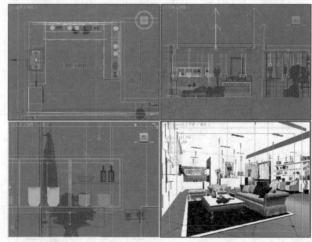

图22-73

● 设置【类型】为【平面】，【倍增器】为5，【1/2长】为273mm，【1/2宽】为105mm；选中【不可见】复选框，取消选中【影响高光反射】和【影响反射】复选框，设置【细分】为20。

❹ 按Shift+Q组合键，快速渲染摄影机视图，其渲染效果如图22-75所示。

从现在的这个效果来看，整体还是不错的，灯光层次非常丰富，唯一美中不足的就是渲染较暗，因此在后期处理时可以对这部分重点调节。至此，整个场景中的灯光就设置完成了，下面需要做的就是精细调整一下灯光细分参数及渲染参数，以进行最终的渲染。

图22-74   图22-75

Part 05 设置成图渲染参数

经过前面的操作，已经将大量繁琐的工作做完了，下面需要做的就是把渲染的参数设置高一些，再进行渲染输出。

❶ 重新设置渲染参数。按F10键，在打开的【渲染设置】对话框中进行设置，如图22-76和图22-77所示。

     ◎ 选择V-Ray选项卡，展开【图形采样器（抗锯齿）】卷展栏，设置【类型】为【自适应】，接着选中【图像过滤器】复选框，并选择Mitchell-Netravali过滤器；展开【自适应图像采样器】卷展栏，设置【最小细分】为1，【最大细分】为4。

     ◎ 展开【颜色贴图】卷展栏，设置【类型】为【指数】，【明亮倍增】为0.9，最后选中【子像素贴图】和【钳制输出】复选框。

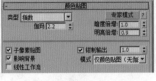

图22-76   图22-77

❷ 选择【GI】选项卡，具体的参数调节如图22-78所示。

     ◎ 展开【发光图】卷展栏，设置【当前预设】为【低】，【细分】为50，【插值采样】为30；展开【灯光缓存】卷展栏，设置【细分】为1000，取消选中【存储直接光】复选框。

❸ 选择【设置】选项卡，具体的参数调节如图22-79所示。

     ◎ 展开【系统】卷展栏，设置【序列】为【上->下】，最后取消选中【显示消息日志窗口】复选框。

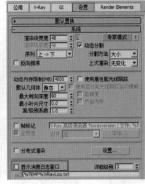

图22-78   图22-79

❹ 选择Render Elements选项卡，单击【添加】按钮并在弹出的【渲染元素】对话框中选择【VRayWireColor（VRay线框颜色）】选项，如图22-80所示。

❺ 选择【公用】选项卡，展开【公用参数】卷展栏，设置输出的尺寸为1358×1400，如图22-81所示。

图22-80   图22-81

 技巧提示

在渲染出图时，可以根据不同的场景来选择不一样的渲染方式。对于较大的场景，可以采取先渲染尺寸稍小的光子图，然后通过载入渲染的光子图来渲染以加快速度。本案例中的场景比较小，就不渲染光子图了，直接渲染出图即可。

❻ 等待一段时间后就渲染完成了，最终效果如图22-82所示。

图22-82

在效果图制作过程中，很多时候需要渲染非常大尺寸和高精度的图像、动画，因此会花费大量的渲染时间。此时我们可以考虑使用多台计算机联机进行渲染，这样会大大节省渲染的时间。该方法多用于渲染动画和大尺寸图像。下面开始介绍该方法。

（1）首先参与VRay网络渲染的计算机要在同一个局域网范围内，这是最基本的条件。首先设置主机，打开控制面板，双击【Windows防火墙】，并选中【关闭（不推荐）】单选按钮，如图22-83所示。

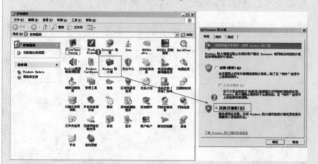

图22-83

（2）在计算机的某一个硬盘中新建一个文件夹，并将需要渲染的源文件、贴图等所有文件都放入该文件夹中，选择该文件夹并单击鼠标右键，选择【共享和安全】命令，在弹出的对话框中选中【在网络上共享这个文件夹】复选框，最后单击【确定】按钮，如图22-84所示。

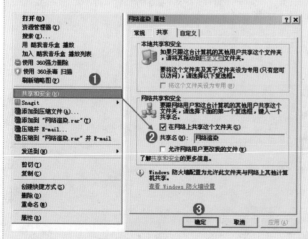

图22-84

（3）此时我们看到刚才设置的文件夹图标发生了变化，表明已经被更改为共享的状态，如图22-85所示。

（4）打开3ds Max的源文件，此时需要重新设置一下贴图、光域网、光子贴图、代理对象等文件的位置。为了操作方便，在这里可以单击 ✎ 按钮进入【工具】面板，并

单击【更多】按钮，在弹出的对话框中选择【位图/光度学路径】选项，然后把所有文件的路径重新指定到刚才新建的共享文件夹中，如图22-86所示。

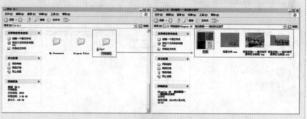

图22-85

图22-86

（5）此时打开【渲染设置】窗口，我们在源文件中设置的渲染器为VRay渲染器。选择【设置】选项卡，选中【分布式渲染】复选框，并单击【设置】按钮，此时可以在【V-Ray分布式渲染设置】对话框中添加网络中的IP，如图22-87所示。

图22-87

（6）接着在主机中启用Backburn中的【服务器】设置，然后将弹出的信息窗口直接最小化即可，如图22-88所示。

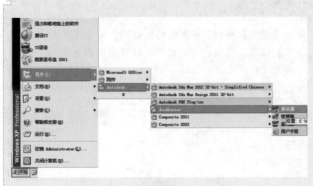

图22-88

（7）设置客户机。启用Backburn中的【管理器】设置，由于设置方法与【服务器】完全一样，这里就不再详细说明了。然后双击启用3ds Max中的根目录中的vrays-pawner2010.exe程序，如图22-89所示。

图22-89

（8）等待一会儿，会发现显示器右下角出现了■图标，并且在任务栏中出现了■项目实例■按钮，如图22-90所示。

图22-90

（9）待到网络连通之后即可联机渲染。最终等一切完备之后，回到主机，单击【渲染】按钮即可执行联机渲染操作，渲染块的数量等于联机的计算机的CPU总数。如果渲染时出现找不到贴图等问题，将所有贴图名称改为英文名即可。如图22-91所示为渲染效果。

图22-91

 读书笔记

Chapter 23
第23章

宽敞明亮——会议室日景表现

场景文件	23.max
案例文件	宽敞明亮——会议室日景表现.max
视频教学	DVD/多媒体教学/Chapter 23/宽敞明亮——会议室日景表现.flv
难易指数	■■■■■
灯光类型	目标平行光、VR-灯光
材质类型	VRayMtl材质、多维/子对象材质、VR-灯光材质
程序贴图	【衰减】程序贴图
技术掌握	掌握工装场景灯光的制作、VR代理的使用

风格解析

以简洁的表现形式来满足人们对空间环境那种感性的、本能的和理性的需求，这就是现代简约风格。现代简约风格强调少即是多，舍弃不必要的装饰元素，追求时尚和现代的简洁造型、愉悦色彩。与传统风格相比，现代简约风格用最直白的装饰语言体现空间和家居营造的氛围，进而赋予空间个性和宁静。现代简约风格强调功能第一，家居首先要实用，所以它没有太多纯装饰性的东西，而是把设计感融入功能性当中，这也契合了小户型重实用性的要求。在现代简约家居中，复杂的吊顶、繁冗造型的吊灯、大幅的装饰挂画都较少使用。如图23-1所示为现代简约风格的几个案例。

现代风格会议室要点：

- 现代风格会议室空间比较大，转折较少，一般为长方形结构空间，简洁明快、实用大方、干脆利落。

- 强调功能性设计，线条简约流畅，色彩对比强烈，这是现代风格家居的特点。此外，大量使用钢化玻璃、不锈钢等新型材料作为辅材，也是现代风格家居的常见装饰手法，能给人带来前卫、不受拘束的感觉。

- 对音视频高质量和网络化集成设计都提出了全新的概念。

- 一般在软装饰中使用吸音等材料，并常配以矿棉板和烤漆龙骨吊顶，以及植物等作为配饰。

图23-1

实例介绍

　　本例是一个会议室空间，室内明亮的灯光表现主要使用VR-太阳和VR-灯光来制作，使用VRayMtl材质制作本案例的主要材质，制作完毕之后渲染的效果如图23-2所示。

图23-2

操作步骤

Part 01　设置VRay渲染器

❶ 打开本书配套光盘中的【场景文件/Chapter 23/23.max】文件，此时场景效果如图23-3所示。

❷ 按F10键，打开【渲染设置】对话框，选择【公用】选项卡，在【指定渲染器】卷展栏中单击■按钮，在弹出的【选择渲染器】对话框中选择V-Ray Adv 3.00.08，如图23-4所示。

❸ 此时在【指定渲染器】卷展栏中的【产品级】选项后面显示了V-Ray Adv 3.00.08，【渲染设置】对话框中出现了V-Ray、GI和【设置】选项卡，如图23-5所示。

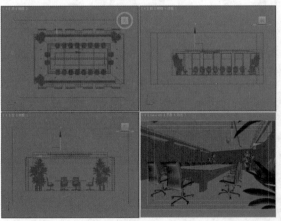

图23-3

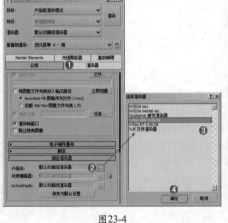

图23-4

图23-5

Part02　材质的制作

　　下面就来讲述场景中主要材质的调节方法，包括地面、桌子、桌子条纹板、椅子面、墙面、顶棚玻璃、顶棚木纹、室外环境材质等，效果如图23-6所示。

图23-6

1. 【地面】材质的制作

　　地毯，是以棉、麻、毛、丝、草等天然纤维或化学合成纤维类原料，经手工或机械工艺进行编结、裁绒或纺织而成的地面铺敷物。它是世界范围内具有悠久历史传统的工艺美术品类之一。本例的地面材质的模拟效果如图23-7所示，其基本属性主要有以下两点。

图23-7

⊜ 地毯纹理贴图。

⊜ 凹凸效果。

❶ 按M键，打开【材质编辑器】窗口，选择一个材质球，设置材质类型为【VRayMtl】材质。将其命名为【地面】，具体的参数调节如图23-8所示。

⊜ 在【漫反射】选项组中的通道上加载【暖调-丝绒银.jpg】贴图文件。

⊜ 展开【贴图】卷展栏，在【凹凸】通道上加载【暖调-丝绒银at.jpg】贴图文件，最后设置凹凸数量为30。

❷ 选中场景中地面的模型，在【修改】面板中为其添加【UVW贴图】修改器，调节其具体参数，如图23-9和图23-10所示。

⊜ 在【参数】卷展栏中设置【贴图】类型为【长方体】，设置【长度】、【宽度】和【高度】均为600mm，设置【对齐】为Z。

图23-8

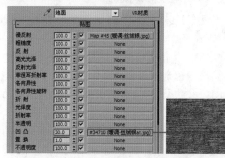

图23-9

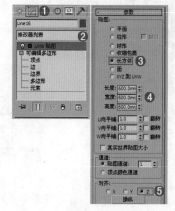

图23-10

❸ 将制作完毕的【地面】材质赋给场景中地面部分的模型，如图23-11所示。

图23-11

2．【桌子侧面条纹板】的制作

桌子侧面条纹板一般是由板材制成。本例的桌子侧面条纹板材质的模拟效果如图23-12所示，其基本属性主要有以下两点。

⊜ 木纹纹理贴图。

⊜ 模糊反射效果。

 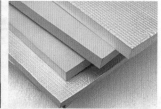

图23-12

❶ 按M键，打开【材质编辑器】窗口，选择一个材质球，设置材质类型为VRayMtl材质。将其命名为【桌子条纹板】，具体的参数调节如图23-13所示。

⊜ 在【漫反射】选项组中的通道上加载【条纹板.jpg】贴图文件。

⊜ 在【反射】选项组中调节颜色为灰色，【高光光泽度】为0.75，【反射光泽度】为0.85，【细分】为15。

❷ 选中场景中桌面侧板的模型，在【修改】面板中为其添加【UVW贴图】修改器，调节其具体参数，如图23-14所示。

⊜ 在【参数】卷展栏中设置【贴图】类型为【长方体】，设置【长度】为1336mm，【宽度】为414mm，【高度】为35mm，设置【对齐】为Z。

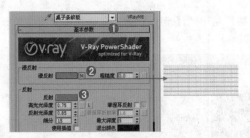

图23-13

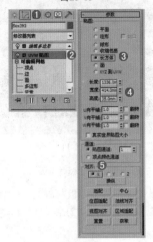

图23-14

❸ 将制作完毕的【桌子条纹板】材质赋给场景中桌子侧板的模型，如图23-15所示。

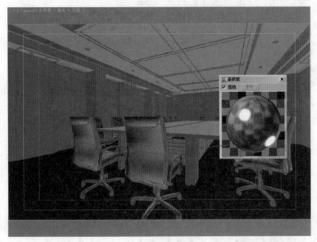

图23-15

3. 【桌子】材质的制作

会议桌是用作开会的必备办公用品之一，一个好的桌子可以避免工作人员因为桌子的功能而降低工作效率。本例的会议桌材质的模拟效果如图23-16所示，其基本属性主要有以下两点。

- 木纹纹理贴图。
- 模糊反射效果。

图23-16

❶ 选择一个空白材质球，然后将材质类型设置为【多维/子对象】材质，并命名为【桌子】，如图23-17所示。

❷ 展开【多维/子对象基本参数】卷展栏，设置【设置数量】为2，分别在通道上加载VRayMtl材质，如图23-18所示。

图23-17　　　　　　　图23-18

❸ 单击进入ID号为1的通道中，并调节【桌面】材质，具体参数如图23-19和图23-20所示。

- 在【漫反射】选项组中的通道上加载【桌子木纹.jpg】贴图文件。
- 在【反射】选项组中的通道上加载【衰减】程序贴图。调节两个颜色为黑色和浅蓝色，设置【衰减类型】为Fresnel，设置【高光光泽度】为0.85，【反射光泽度】为0.9，【细分】为15。
- 展开【贴图】卷展栏，选择【漫反射】通道上的贴图并将其拖曳到【凹凸】通道上，最后设置凹凸数量为30。

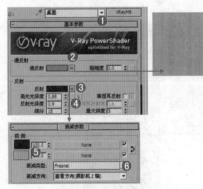

图23-19　　　　　　　图23-20

❹ 单击进入ID号为2的通道中，并调节【椅子】材质，具体参数如图23-21所示。

- 在【漫反射】选项组中，调节颜色为深灰色。

- 在【反射】选项组中，调节颜色为浅灰色，设置【高光光泽度】为0.85，【反射光泽度】为0.9，【细分】为15。

图23-21

⑤ 将制作完毕的【桌子】材质赋给场景中的模型，如图23-22所示。

图23-22

4．【墙面】材质的制作

乳胶漆相对墙纸更环保、适用，经济性要好，如果嫌墙面白色太单一可以配色。本例的墙面的模拟效果如图23-23所示，其基本属性主要为：纹理贴图。

图23-23

❶选择一个空白材质球，然后将材质类型设置为VRayMtl材质，并命名为【墙面】，具体的参数调节如图23-24所示。

- 在【漫反射】选项组中的通道上加载【墙面.jpg】贴图

文件。

❷ 选中场景中墙面的模型，在【修改】面板中为其添加【UVW贴图】修改器，调节其具体参数，如图23-25所示。

- 在【参数】卷展栏中设置【贴图】类型为【长方体】，设置【长度】、【宽度】和【高度】均为1400mm，设置【对齐】为Z。

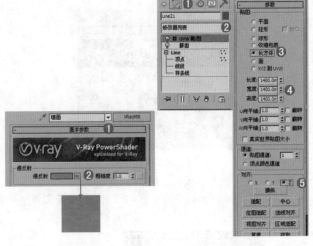

图23-24   图23-25

❸ 将制作完毕的【墙面】材质赋给场景中墙面的模型，如图23-26所示。

图23-26

5．【椅子面】材质的制作

皮质椅面是皮革的主要成分，是加工成革后保留下来的胶原纤维蛋白质。本例的皮质椅面的模拟效果如图23-27所示，其基本属性主要有以下两点。

- 模糊反射和漫反射。

- 凹凸纹理。

图23-27

❶ 选择一个空白材质球，然后将材质类型设置为【VRayMtl】材质，并命名为【椅子面】，具体的参数调节如图23-28所示。

　● 在【漫反射】选项组中调节颜色为深灰色。

　● 在【反射】选项组中调节颜色为深灰色，设置【高光光泽度】为0.7，【反射光泽度】为0.8，【细分】为12。

图23-28

　● 展开【贴图】卷展栏，将凹凸数量设置为60，并在后面的通道上加载【椅子面凹凸.jpg】贴图文件，如图23-29所示。

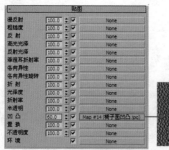

图23-29

❷ 将制作完毕的【椅子面】材质赋给场景中椅子的模型，如图23-30所示。

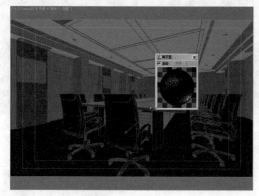

图23-30

6.【顶棚玻璃】材质的制作

　　玻璃因为其透明清澈的性质深受室内设计人士的喜爱。本例的玻璃顶棚的模拟效果如图23-31所示，其基本属性主要为：模糊反射和漫反射。

图23-31

❶ 选择一个空白材质球，然后将材质类型设置为VRayMtl材质，并命名为【顶棚玻璃】，调节的具体参数如图23-32和图23-33所示。

　● 在【漫反射】选项组的通道上加载【衰减】程序贴图。设置【前】颜色为浅蓝色，【侧】为浅绿色，设置【衰减类型】为Fresnel。

　● 在【折射】选项组中调节颜色为灰色，设置【光泽度】为0.84，【细分】为20，选中【影响阴影】复选框，设置【影响通道】为【颜色+alpha】。

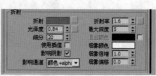

图23-32　　　　　　　　图23-33

❷ 选中场景中顶棚的模型，在【修改】面板中为其添加【UVW贴图】修改器，调节其具体参数，如图23-34所示。

　● 在【参数】卷展栏中设置【贴图】类型为【长方体】，设置【长度】、【宽度】和【高度】均为600mm，设置【对齐】为Z。

❸ 将制作完毕的【顶棚玻璃】材质赋给场景中的模型，如图23-35所示。

图23-34　　　　　　　　图23-35

7.【顶棚木纹】材质的制作

　　木质的装潢不仅给人高档的感觉，也增加装潢本身的品位。本例的木质顶棚的模拟效果如图23-36所示，其基本属性主要为：木纹纹理贴图。

图23-36

❶ 选择一个空白材质球，然后将材质类型设置为【VRayMtl】材质，并命名为【顶棚木纹】，具体的参数调节如图23-37所示。

- 在【漫反射】选项组中的通道上加载【顶棚木纹.jpg】贴图文件。
- 在【反射】选项组中调节颜色为白色，选中【菲涅耳反射】复选框，设置【高光光泽度】为0.7，【反射光泽度】为0.85。

❷ 选中场景中的顶棚模型，在【修改】面板中为其添加【UVW贴图】修改器，调其具体参数，如图23-38所示。

- 在【参数】卷展栏中设置【贴图】类型为【长方体】，设置【长度】、【宽度】和【高度】均为600mm，设置【对齐】为Z。

图23-37   图23-38

❸ 将制作完毕的【顶棚木纹】材质赋给场景中的模型，如图23-39所示。

图23-39

8. 【室外环境】材质的制作

如图23-40所示为现实中的环境效果。

图23-40

❶ 选择一个空白材质球，然后将材质类型设置为【VR-灯光材质】，并命名为【环境】，具体的参数调节如图23-41所示。

- 在【颜色】选项组中的通道上加载【室外环境.jpg】贴图文件，设置【颜色】为4。

图23-41

❷ 将制作完毕的【室外环境】材质赋给场景中的模型，如图23-42所示。

图23-42

Part03 设置摄影机

❶ 单击 ❖（创建）|　（摄影机）| 目标 按钮，如图23-43所示。在视图中按住并拖曳鼠标创建一个目标摄影机，如图23-44所示。

图23-43

❷ 选择刚创建的摄影机，进入【修改】面板，设置【镜头】为18，【视野】为90，最后设置【目标距离】为6980mm，如图23-45所示。

❸ 此时选择刚设置好参数的摄影机，并单击鼠标右键，选择【应用摄影机校正修改器】命令，如图23-46所示。

④ 此时可以看到【摄影机校正】修改器被加载到了摄影机上，最后设置【数量】为1.369，【角度】为90，如图23-47所示。

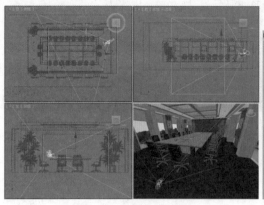 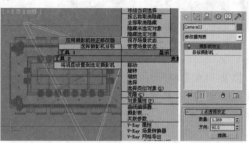

图23-44　　　　　　　　　　图23-45　　　　　　　　　　图23-46　　　　　　　图23-47

⑤ 此时的摄影机视图效果如图23-48所示。

图23-48

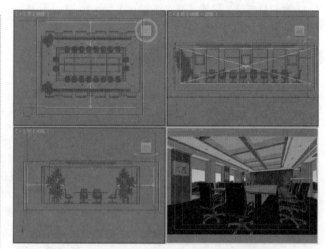

图23-49

Part 04 设置灯光并进行草图渲染

在该会议室场景中，使用两部分灯光照明来表现，一部分使用了自然光效果；另一部分使用了室内灯光的照明。也就是说，想得到好的效果，必须配合室内的一些照明，最后再设置一下辅助光源就可以了。

1. 设置阳光

① 在前视图中窗户的位置创建1盏VR-灯光，大小与窗户差不多，将它移动到窗户的外面，然后使用【镜像】工具 复制1盏灯光放置在相对的另一侧窗户外面，如图23-49所示。

② 选择上一步创建的VR-灯光，并在【修改】面板中调节具体参数，如图23-50所示。

- 设置【类型】为【平面】，【倍增器】为8，调节【颜色】为浅黄色，设置【1/2长】为5100mm，【1/2宽】为1300mm，选中【不可见】复选框，取消选中【影响反射】复选框，最后设置【细分】为20。

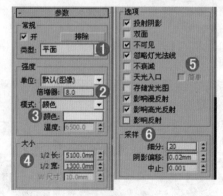

图23-50

③ 按F10键，打开【渲染设置】窗口，首先设置VRay和GI选项卡中的参数，如图23-51所示。刚开始设置的是一个草图设置，目的是进行快速渲染以观看整体的效果。

④ 按Shift+Q组合键，快速渲染摄影机视图，其渲染效果如图23-52所示。

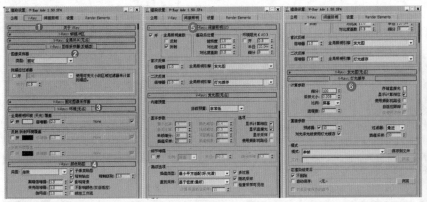

图23-51
图23-52

从上面的渲染效果来看，对太阳光的位置基本满意。下面来创建目标灯光，主要模拟室内射灯的效果。

2．设置室内射灯

❶ 在前视图中创建1盏目标灯光，接着使用【选择并移动】工具 ✛ 复制13盏目标灯光（复制时需要选中【实例】单选按钮），具体的位置如图23-53所示。

❷选择上一步创建的目标灯光，然后在【修改】面板中设置其具体的参数，如图23-54所示。

- ● 展开【常规参数】卷展栏，选中【启用】复选框，设置阴影类型为【VRay阴影】，设置【灯光分布（类型）】为【光度学Web】；接着展开【分布（光度学Web）】卷展栏，并在通道上加载【射灯.ies】光域网文件。

- ● 展开【强度/颜色/衰减】卷展栏，调节颜色为浅黄色，设置【强度】为7728cd；展开【VRay阴影参数】卷展栏，选中【区域阴影】复选框，设置【U大小】、【V大小】和【W大小】均为50mm。

❸继续在前视图创建14盏【目标灯光】，具体的位置如图23-55所示。

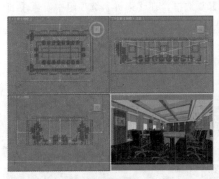

图23-53

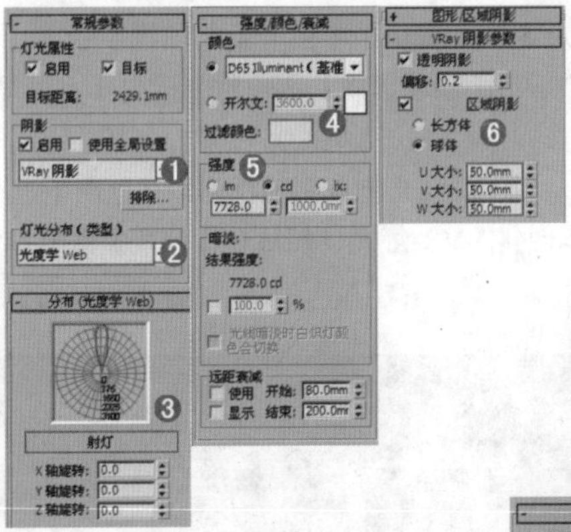

图23-54

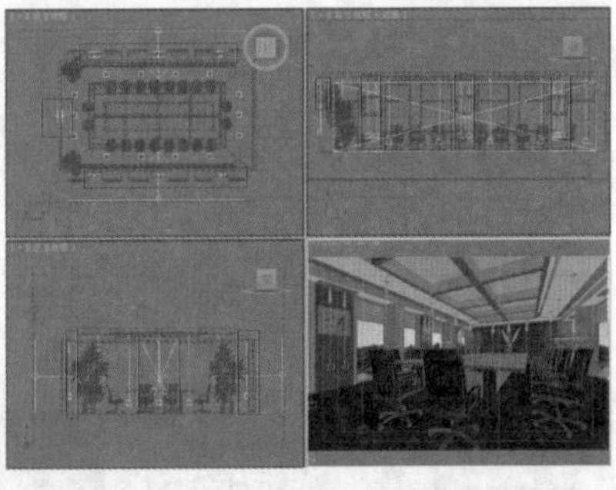

❹ 选择上一步创建的目标灯光，然后在【修改】面板中设置其具体的参数，如图23-56所示。

- ● 展开【常规参数】卷展栏，选中【启用】复选框，设置阴影类型为【VRay阴影】，设置【灯光分布（类型）】为【光度学Web】；接着展开【分布（光度学Web）】卷展栏，并在通道上加载【墙壁射灯.ies】光域网文件。

- ● 展开【强度/颜色/衰减】卷展栏，调节颜色为浅黄色（红：254，绿：245，蓝：216），设置【强度】为6526cd；展开【VRay阴影参数】卷展栏，设置【U大小】、【V大小】和【W大小】均为10mm。

❺ 按Shift+Q组合键，快速渲染摄影机视图，其渲染效果如图23-57所示。

图23-55

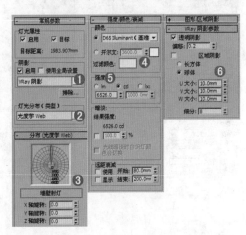

图23-56

3. 创建室内的辅助光照

❶ 在场景顶部的玻璃吊顶位置处拖曳创建8盏【VR-灯光】，具体位置如图23-58所示。

❷ 选择上一步创建的目标灯光，在【修改】面板中调节参数，具体的参数如图23-59所示。

● 设置【类型】为【平面】，【倍增器】为8，调节【颜色】为浅黄色，【1/2长】为850mm，【1/2宽】为700mm，选中【不可见】复选框，取消选中【影响反射】复选框，设置【细分】为10。

❸ 继续在顶视图中创建4盏【VR-灯光】，房子到顶棚处，从下向上进行照射，灯光具体放置位置如图23-60所示。

图23-57

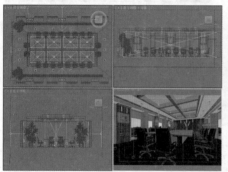

图23-58

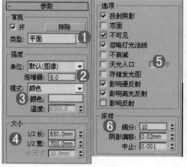

图23-59

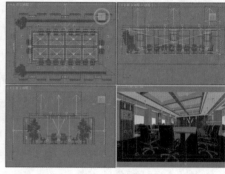

图23-60

❹ 使用【选择并移动】工具选择上一步创建的VR-灯光，然后在【修改】面板中设置其具体的参数，如图23-61所示。

● 在【常规】选项组中设置【类型】为【平面】，在【强度】选项组中调节【倍增器】为20，在【大小】选项组中设置【1/2长】为3900mm，【1/2宽】为20mm，在【选项】选项组中选中【不可见】复选框，在【采样】选项组中设置【细分】为20。

❺ 继续在顶视图中创建两盏【VR-灯光】，将VR-灯光拖曳到顶棚处，从上向下进行照射，具体放置位置如图23-62所示。

❻ 使用【选择并移动】工具 选择上一步创建的VR-灯光，然后在【修改】面板中设置其具体的参数，如图23-63所示。

图23-61

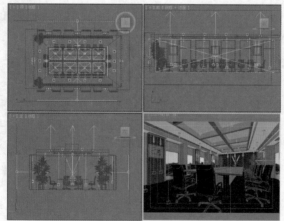

图23-62

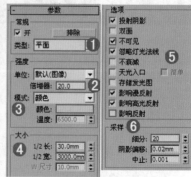

图23-63

● 在【常规】选项组中设置【类型】为【平面】，在【强度】选项组中调节【倍增器】为20，调节【颜色】为浅黄色，在【大小】选项组中设置【1/2长】为30mm，【1/2宽】为3000mm，在【选项】选项组中选中【不可见】复选框，取消选中【影响反射】，在【采样】选项组中设置【细分】为20。

7 按Shift+Q组合键，快速渲染摄影机视图，其渲染效果如图23-64所示。

图23-64

Part05 设置成图渲染参数

经过前面的操作，已经将大量繁琐的工作做完了，下面需要做的就是把渲染的参数设置高一些，再进行渲染输出。

1 重新设置渲染参数。按F10键，在打开的【渲染设置】对话框中进行设置，如图23-65和图23-66所示。

● 选择V-Ray选项卡，展开【图形采样器（抗锯齿）】卷展栏，设置【类型】为【自适应】；接着选中【图像过滤器】复选框，并选择Mitchell-Netravali过滤器，展开【自适应图像采样器】卷展栏，设置【最小细分】为1，【最大细分】为4；展开【环境】卷展栏，在【全局照明环境（天光）覆盖】选项卡中选中【开】复选框，设置【倍增器】为2。

● 展开【颜色贴图】卷展栏，设置【类型】为【指数】，选中【子像素贴图】和【钳制输出】复选框。

图23-65   图23-66

2 选择【GI】选项卡，具体的参数调节如图23-67所示。

● 展开【发光图】卷展栏，设置【当前预设】为【低】，【细分】为50，【插值采样】为30。

● 展开【灯光缓存】卷展栏，设置【细分】为1000，取消选中【存储直接光】复选框。

3 选择【设置】选项卡，并进行调节，具体的参数调节如图23-68所示。

● 展开【系统】卷展栏，设置【序列】为【上->下】，最后取消选中【显示消息日志窗口】复选框。

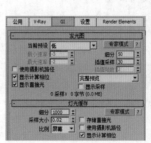
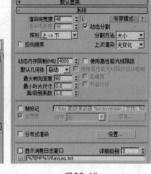

图23-67   图23-68

4 选择Render Elements选项卡，单击【添加】按钮，并在弹出的【渲染元素】对话框中选择【VRayWireColor（VRay线框颜色）】选项，如图23-69所示。

图23-69

5 选择【公用】选项卡，展开【公用参数】卷展栏，设置输出的尺寸为1500×941，如图23-70所示。

图23-70

在渲染出图时，可以根据不同的场景来选择不一样的渲染方式。对于较大的场景，可以采取先渲染尺寸稍小的光子图，然后通过载入渲染的光子图来渲染以加快速度。本案例中的场景比较小，就不渲染光子图了，直接渲染出图即可。

❻ 等待一段时间后就渲染完成了，最终效果如图23-71所示。

图23-71

技术专题——VR代理的使用

代理物体是能让用户仅在渲染时从外部文件导入网格的物体。这样可以在制作场景的工作中节省大量的内存。例如，在场景中使用了几十把椅子，会导致场景相当卡，这时可以使用VR代理，让这些椅子以一种特殊的方式在视图中显示，会丝毫感觉不到任何卡的迹象，而且在最终渲染时会和没使用VR代理的效果没有任何区别，因此这种方法非常适用于场景中大量重复的模型，并会加快工作流程，而且能够渲染更多的多边形。下面我们就开始讲解如何使用VR代理对象。

（1）选择一个椅子模型，单击鼠标右键并在弹出的菜单中选择【V-Ray网格导出】命令，如图23-72所示。

（2）此时会弹出【VRay网格导出】对话框，然后设置文件夹路径和文件的路径，最后单击【确定】按钮，如图23-73所示。

图23-76

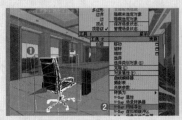

图23-72

图23-73

（3）此时在设置的文件夹路径中会看到出现了一个【椅子.vrmesh】文件，如图23-74所示。

（4）接着单击 ■（创建）| ○（几何体）| VRay | VR代理 按钮，如图23-75所示。

图23-74　图23-75

（5）在场景中单击弹出Choose external mesh file（选择外部网格文件）对话框，选择【椅子.vrmesh】文件，并单击【打开】按钮，如图23-76所示。

（6）此时会发现场景中已经出现了一个椅子，但是尺寸太大，需要将其修改，如图23-77所示。

（7）单击椅子进行修改，并设置【比例】为0.036，设置【显示】方式为【边界框】，如图23-78所示。

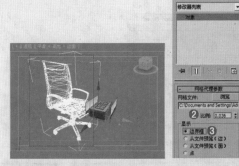

图23-77　　　　　图23-78

（8）使用【选择并移动】工具 ✛ 将椅子代理对象移动到合适的位置，如图23-79所示。

图23-79

(9) 此时渲染会发现椅子没有材质，如图23-80所示。

(10) 打开【材质编辑器】对话框，并将【椅子】材质赋给代理对象，如图23-81所示。

图23-80 图23-81

(11) 再次渲染时，将发现椅子已经有了材质，如图23-82所示。

(12) 此时将椅子代理对象进行复制，并放置到正确的位置，如图23-83所示。

(13) 再次渲染时，将发现椅子已经被非常正确地渲染出来了，如图23-84所示。

图23-82 图23-83 图23-84

 读书笔记

第24章

商业空间——中式古朴博物馆

场景文件	24.max
案例文件	商业空间——中式古朴博物馆.max
视频教学	DVD/多媒体教学/Chapter 24/商业空间——中式古朴博物馆.flv
难易指数	★★★★★
灯光类型	VR-灯光，目标灯光
材质类型	VR材质、标准材质、VR混合材质
程序贴图	【衰减】程序贴图、【法线凹凸】程序贴图
技术掌握	掌握封闭空间的灯光制作

风格解析

博物馆是展示、征集、典藏、陈列和研究代表自然和人类文化遗产的实物的场所，并对那些有科学性、历史性或者艺术价值的物品进行分类，为公众提供知识、教育和欣赏的文化教育机构、建筑物、地点或者社会公共机构。博物馆是非营利的永久性机构，对公众开放，为社会发展提供服务，以学习、教育、娱乐为目的。如图24-1所示为博物馆的几个案例。

博物馆风格要点：

- 各国的博物馆的装饰风格是不一样的，中式的一般以木材、砖石为主要材料，而欧式主要以罗马柱、大理石、壁画为主要材料。一般来说，博物馆的空间是相对比较大的，因为需要有承载很多游客的空间能力。

- 博物馆的装饰必须考虑到安全防范，为博物馆安防实行一体化、智能化的管理提供帮助。

- 博物馆都带有浓厚的独立风格，如汽车馆，主要的装饰都会涉及关于汽车的方方面面；如陶瓷馆，主要的装修会比较中式古朴，而且多会采用防弹玻璃等装修材料，以对藏品进行保护。

- 博物馆的灯光安排也是很有讲究的，不仅要提供照明，而且要对整体博物馆的风格和气氛的渲染起到重大的作用。

图24-1

实例介绍

本例是一个博物馆空间，封闭空间灯光的表现技巧是本例的学习难点，地面砖材质的制作方法是本例的学习重点，效果如图24-2所示。

图24-2

操作步骤

Part 01 设置VRay渲染器

❶ 打开本书配套光盘中的【场景文件/Chapter 24/24.max】文件，此时场景效果如图24-3所示。

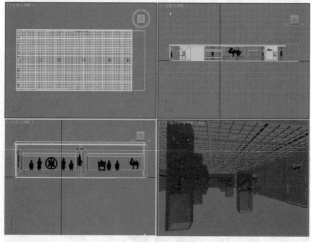

图24-3

❷ 按F10键，打开【渲染设置】窗口，选择【公用】选项卡，在【指定渲染器】卷展栏中单击█按钮，在弹出的【选择渲染器】对话框中选择V-Ray Adv 3.00.08，如图24-4所示。

❸ 此时在【指定渲染器】卷展栏中的【产品级】选择后面显示了V-Ray Adv 3.00.08，【渲染设置】对话框中出现了V-Ray、GI和【设置】选项卡，如图24-5所示。

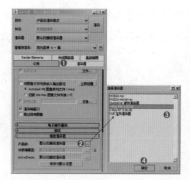

图24-4   图24-5

Part 02 材质的制作

下面就来讲述场景中的主要材质的调制，包括钢化玻璃、地面砖、顶棚、墙面、木质材质等，效果如图24-6所示。

图24-6

1.【钢化玻璃】材质的制作

通常钢化玻璃应用在家具制造方面，如制作玻璃茶几、家具配套等，如图24-7所示是钢化玻璃的应用。其基本属性主要为：很强的折射效果。

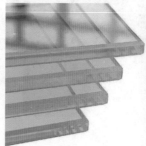

图24-7

❶ 按M键，打开【材质编辑器】窗口，选择一个材质球，设置材质类型为【VRayMtl】材质。将其命名为【钢化玻璃】，具体的参数调节如图24-8所示。

- 在【漫反射】选项组中调节颜色为浅绿色。

- 在【反射】选项组中调节颜色为深灰色。

- 在【折射】选项组中调节颜色为浅黄色。

❷ 将调节完毕的【钢化玻璃】材质赋给场景中的展示柜玻璃的模型，如图24-9所示。

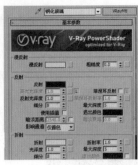

图24-8 　　　　　　　　　图24-9

2.【地面砖】材质的制作

地砖作为一种大面积铺设的地面材料，可以利用自身的颜色、质地营造出风格迥异的居室环境，如图24-10所示。其基本属性主要有以下两点。

- 一定的模糊反射。

- 一定的凹凸效果。

图24-10

❶ 选择一个空白材质球，然后将材质类型设置为【VRayMtl】材质，并命名为【地面砖】，具体的参数调节如图24-11和图24-12所示。

- 在【漫反射】选项组中的通道上加载【地面砖.jpg】贴图文件，并设置【瓷砖】的U、V分别为12.3和26.9。

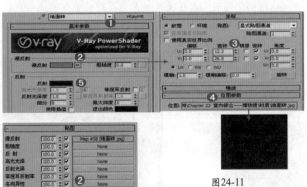

图24-12

- 在【反射】选项组中调节颜色为深灰色。

- 展开【贴图】卷展栏，选择【漫反射】通道上的贴图，并将其拖曳到【凹凸】通道上，然后设置凹凸数量为30。

❷ 将调节完毕的【地面砖】材质赋给场景中的地面的模型，如图24-13所示。

图24-13

3.【顶棚】材质的制作

木质的装潢不仅给人高档的感觉，也可以增加装潢本身的品味。本例的木质顶棚的模拟效果如图24-14所示，其基本属性主要为：木纹纹理贴图。

图24-14

❶ 选择一个空白材质球，然后将材质类型设置为VRayMtl材质，并命名为【顶棚】，具体的参数调节如图24-15所示。

图24-11

图24-15

- 在【漫反射】选项组中调节颜色为黑色。

- 在【反射】选项组中调节颜色为深灰色，设置【细分】为20。

2 将调节完毕的【顶棚】材质赋给场景中顶棚的模型，如图24-16所示。

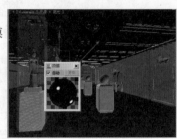

图24-16

4．【墙面】材质的制作

乳胶漆相对墙纸环保、适用、经济性要好，如果嫌墙面白色太单一可以配色。本例的墙面的模拟效果如图24-17所示，其基本属性主要为：具有一定的纹理图案。

图24-17

1 选择一个空白材质球，然后将材质类型设置为【标准】材质，并命名为【墙面】，具体的参数调节如图24-18所示。

- 展开【Blinn基本参数】卷展栏，在【漫反射】通道上加载贴图文件【墙面.jpg】。

图24-18

2 选中墙面模型，为其添加【UVW贴图】修改器，具体参数调节如图24-19所示。

- 设置【贴图】类型为【长方体】，设置【长度】为3.7mm，【宽度】为3.8mm，【高度】为3.7mm，设置【对齐】为Z。

3 将制作好的【墙面】材质赋给场景中墙面的模型，如图24-20所示。

图24-19

图24-20

5．【木质】材质的制作

如图24-21所示为现实中木质材质的应用。木质材质基本属性主要有以下两点。

- 一定的纹理图案。

- 一定的模糊反射。

图24-21

1 选择一个空白材质球，然后将材质类型设置为VRayMtl材质，并命名为【木质】，具体的参数调节如图24-22所示。

图24-22

- 在【漫反射】选项组中的通道上加载贴图文件【木质.jpg】，设置【模糊】为0.01。

- 在【反射】选项组中调节颜色为深灰色。

② 选中陈列柜模型，为其添加【UVW贴图】修改器，具体参数调节如图24-23所示。

　　● 设置【贴图】类型为【长方体】，设置【长度】为50mm，【宽度】为50mm，【高度】为20mm，设置【对齐】为Z。

③ 将调节完毕的【木质】材质赋给场景中陈列柜的模型，如图24-24所示。

图24-23　　　　　　　　　图24-24

6. 【青铜马】材质的制作

如图24-25所示为现实中青铜材质的应用。青铜材质的基本属性主要有以下两点。

　　● 一定的反射效果。

　　● 较高的光泽度。

图24-25

① 选择一个空白材质球，然后将材质类型设置为【标准】材质，并命名为【青铜马】，具体的参数调节如图24-26和图24-27所示。

　　● 在【Blinn基本参数】卷展栏中调节【环境光】颜色为深褐色，在【漫反射】通道上加载【衰减】程序贴图，调节【侧】颜色为深棕色，设置数量为68，调节【侧】颜色为孔雀绿，设置数量为0，设置【衰减类型】为【垂直/平行】。

　　● 在【反射高光】选项组中设置【高光级别】为9，【光泽度】为11，在【高光级别】后面的通道上加载【斑点】程序贴图，在【坐标】卷展栏中设置【瓷砖】为0.08，在【斑点】卷展栏中设置【大小】为0.01，调节【颜色1】为浅灰色。

● 展开【贴图】卷展栏，设置凹凸数量为200，在【凹凸】通道上加载【噪波】程序贴图；展开【坐标】卷展栏，设置【瓷砖】为0.08，在【噪波参数】卷展栏中设置【噪波类型】为【分形】，设置【大小】为0.01。

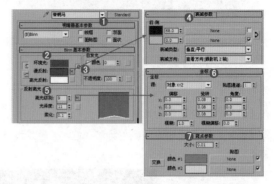

图24-26

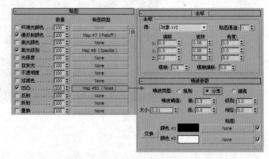

图24-27

② 将调节完毕的【青铜马】材质赋给场景中的青铜马模型，如图24-28所示。

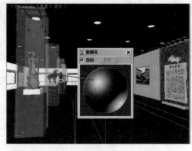

图24-28

7. 【仕女雕像】材质的制作

如图24-29所示为现实中仕女雕像材质的应用。仕女雕像材质的基本属性主要为：一定的反射和折射效果。

图24-29

3ds Max 2016 中文版+VRay 效果图制作从入门到精通

❶ 选择一个空白材质球，然后将材质类型设置为【VR混合材质】，并命名为【仕女雕像】，具体的参数调节如图24-30所示。

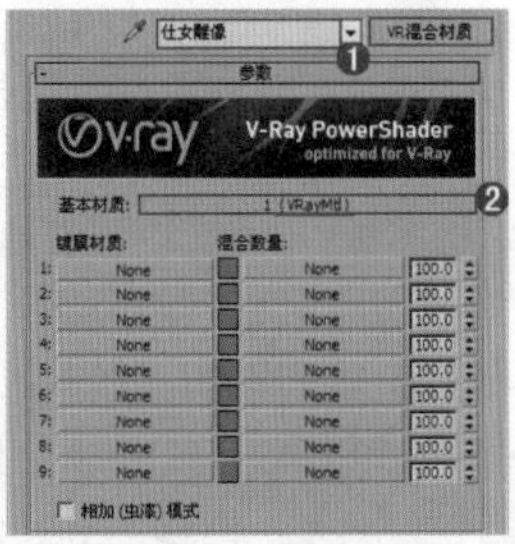

❷ 在【基本材质】通道上加载VRayMtl材质，并命名为1，然后单击进入【基本材质】通道，调节其具体参数，如图24-31所示。

图24-30

● 在【漫反射】通道上加载【衰减】程序贴图，分别在颜色后面的通道上加载color.jpg贴图文件；在【坐标】卷展栏中设置【模糊】为0.01，【衰减类型】为【垂直/平行】。

● 在【反射】通道上加载【衰减】程序贴图，分别在颜色后面的通道上加载reflect.jpg贴图文件；在【坐标】卷展栏中设置【模糊】为0.01，【衰减类型】为Fresnel。接着设置【高光光泽度】为0.6，【反射光泽度】为0.85，【细分】为20。

● 在【折射】通道上加载【衰减】程序贴图，分别调节颜色为黑色和灰色，设置【衰减类型】为Fresnel，接着设置【光泽度】为0.2，【细分】为16，【折射率】为1.33，调节【烟雾颜色】为浅黄色，设置【烟雾倍增】为0.02。

● 展开【贴图】卷展栏，在【凹凸】通道上加载【法线凹凸】程序贴图，在【法线】通道上加载normalbump.jpg贴图文件，设置【模糊】为0.01，接着设置数量为4；在【附加凹凸】通道上加载normalbump.jpg贴图文件，设置【模糊】为3，接着设置数量为﹣0.5。

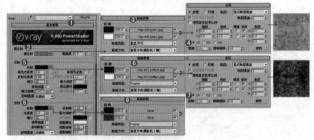

图24-31

❸ 在【镀膜材质】通道上加载VRayMtl材质，具体参数调节如图24-32所示。

● 在【漫反射】选项组中调节颜色为深灰色。

❹ 在【混合数量】通道上加载【VR污垢】程序贴图，具体参数调节如图24-33所示。

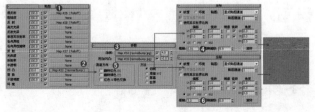

图24-32

❺ 在【VRay污垢（AO）参数】卷展栏中，设置【半径】为1.0cm，【阻光颜色】为白色，【非阻光颜色】为黑色，【分布】为0，【细分】为16。

图24-33

❺ 将调节完毕的【仕女雕像】材质赋给场景中仕女雕像的模型，如图24-34所示。

图24-34

8. 【石碑】材质的制作

如图24-35所示为现实中石碑材质的应用。其基本属性主要有以下两点。

● 一定的凹凸效果。

● 带有贴图效果。

图24-35

❶ 选择一个空白材质球，然后将材质类型设置为【VRayMtl】材质，并命名为【石碑】，具体的参数调节如图24-36和图24-37所示。

● 在【漫反射】通道上加载【石碑文字.jpg】贴图文件，在【坐标】卷展栏中设置【模糊】为0.01。

● 展开【贴图】卷展栏，将【漫反射】通道上的贴图拖曳到【凹凸】通道上。

❷ 将调节完毕的【石碑】材质赋给场景中的模型，如图24-38所示。

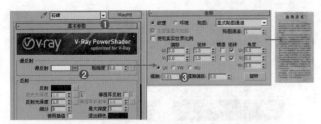

图24-36

图24-37

图24-38

9. 【电视屏幕】材质的制作

如图24-39所示为现实中电视材质的应用。其基本属性主要为：自发光效果。

❶ 选择一个空白材质球，然后将材质类型设置为【标准】材质，并命名为【电视屏幕】，具体的参数调节如图24-40所示。

图24-39

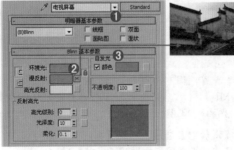

图24-40

- 在【漫反射】通道上加载【电视画面.jpg】贴图文件。

- 在【自发光】选项组中选中【颜色】复选框，调节颜色为蓝色。

❷ 将调节完毕的【电视屏幕】材质赋给场景中的模型，如图24-41所示。

至此，场景中主要模型的材质已经制作完毕，其他材质的制作方法我们就不再详述了。

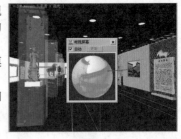

图24-41

Part 03 ▶ 设置摄影机

❶ 单击 （创建）｜ （摄影机）｜ 目标 按钮。在视图中按住并拖曳鼠标创建一个目标摄影机，如图24-42所示。

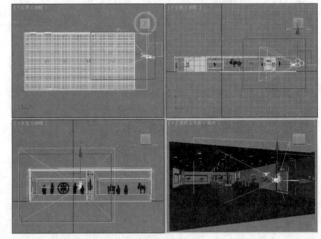

图24-42

❷ 选择刚创建的摄影机，进入【修改】面板，设置【镜头】为28.765，【视野】为64.074，最后设置【目标距离】为643mm，如图24-43所示。

❸ 此时的摄影机视图效果如图24-44所示。

图24-43

图24-44

Part 04 ▶ 设置灯光并进行草图渲染

在这个博物馆场景中主要分为四种灯光，第一种为使用VR-灯光模拟的主光源；第二种是使用目标灯光模拟的射灯光源；第三种是使用VR-灯光模拟的辅助和局部光源；第四种是使用VR-灯光模拟的墙壁光源和柜子内的光源。

1. 制作博物馆中的主光源

1 单击 ▓（创建）|◁（灯光）| VR灯光 按钮，在视图中创建1盏VR-灯光，具体的位置如图24-45所示。

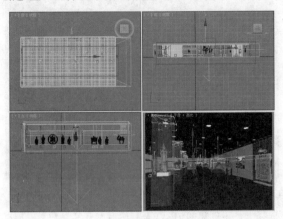

图24-45

2 选择上一步创建的VR-灯光，并在【修改】面板中调节具体参数，如图24-46所示。

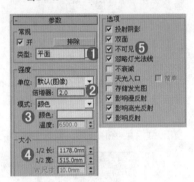

图24-46

- 在【常规】选项组中设置【类型】为【平面】，在【强度】选项组中设置【倍增器】为2，调节【颜色】为浅黄色。
- 在【大小】选项组中设置【1/2长】为1178mm，【1/2宽】为515mm，在【选项】选项组中选中【双面】和【不可见】复选框。

3 按F10键，打开【渲染设置】窗口，首先设置VRay和【GI】选项卡中的参数，如图24-47所示。刚开始设置的是一个草图，目的是进行快速渲染以观看整体的效果。

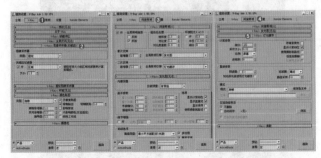

图24-47

4 按Shift+Q组合键，快速渲染摄影机视图，其渲染效果如图24-48所示。

通过上面的渲染效果来看，场景中的基本亮度比较令人满意，接下来需要制作场景中射灯的光源。

图24-48

2. 创建射灯光源

1 在前视图中创建35盏目标灯光，具体位置如图24-49所示。

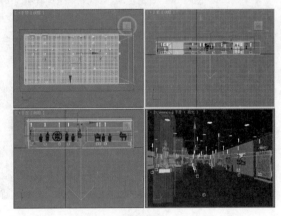

图24-49

2 选择上一步创建的目标灯光，然后在【修改】面板中调节具体的参数，如图24-50所示。

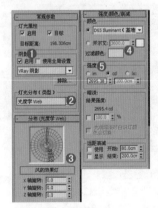

图24-50

- 在【阴影】选项组中选中【启用】复选框，设置阴影类型为【VRay阴影】，【灯光分布（类型）】为【光度学Web】，展开【分布（光度学web）】卷展栏，并在通道上加载【风的效果灯.ies】光域网文件。

● 展开【强度/颜色/衰减】，调节【过滤颜色】为浅黄色，设置【强度】为2695.38cd。

❸ 按Shift+Q组合键，快速渲染摄影机视图，其渲染效果如图24-51所示。

从上面的渲染效果来看，中间吊灯的效果还可以，接下来制作局部光源和辅助光源。

图24-51

3．创建局部光源和辅助光源

❶ 在左视图中创建10盏VR-灯光，具体位置如图24-52所示。

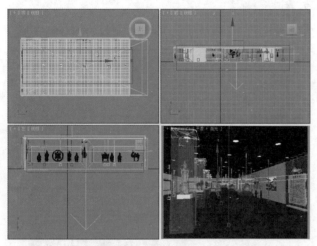

图24-52

❷ 选择上一步创建的VR-灯光，然后展开【参数】卷展栏，具体参数设置如图24-53所示。

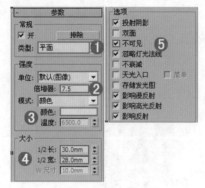

图24-53

● 在【常规】选项组中设置【类型】为【平面】，在【强度】选项组中设置【倍增器】为7.5，调节【颜色】为浅黄色。

● 在【大小】选项组中设置【1/2长】为30mm，【1/2宽】为28mm，在【选项】选项组中选中【不可见】复选框。

❸ 继续在左视图中创建一盏灯光，具体位置如图24-54所示。

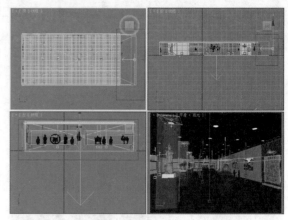

图24-54

❹ 选择上一步创建的VR-灯光，然后展开【参数】卷展栏，具体参数设置如图24-55所示。

● 在【常规】选项组中设置【类型】为【平面】，在【强度】选项组中设置【倍增器】为1.5，调节【颜色】为浅黄色。

● 在【大小】选项组中设置【1/2长】为500mm，【1/2宽】为130mm，在【选项】选项组中选中【不可见】复选框。

❺ 按F9键渲染当前场景，效果如图24-56所示。

图24-55

图24-56

3ds Max 2016 中文版+VRay 效果图制作从入门到精通

4. 创建墙壁光源和墙壁柜子内部的光源

① 在左视图中创建1盏VR-灯光，具体位置如图24-57所示。

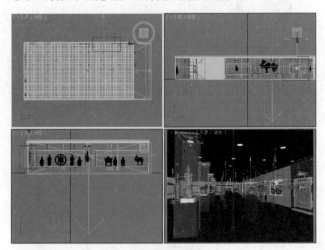

图24-57

② 选择上一步创建的VR-灯光，然后展开【参数】卷展栏，具体参数设置如图24-58所示。

● 在【常规】选项组中设置【类型】为【平面】，在【强度】选项组中设置【倍增器】为3，调节【颜色】为浅黄色。

● 在【大小】选项组中设置【1/2长】为70mm，【1/2宽】为15mm，在【选项】选项组中选中【不可见】复选框。

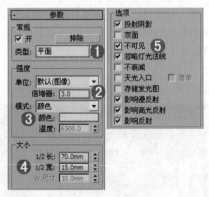

图24-58

③ 继续在左视图中创建两盏VR-灯光，位置如图24-59所示。

④ 选择上一步创建的VR-灯光，然后展开【参数】卷展栏，具体参数设置如图24-60所示。

● 在【常规】选项组中设置【类型】为【平面】，在【强度】选项组中设置【倍增器】为4，调节【颜色】为浅黄色。

● 在【大小】选项组中设置【1/2长】为44mm，【1/2宽】为66mm，在【选项】选项组中选中【双面】和【不可见】复选框。

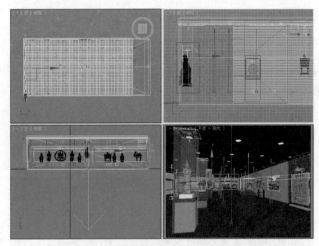

图24-59

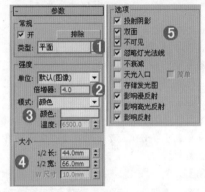

图24-60

⑤ 按F9键渲染当前场景，效果如图24-61所示。

图24-61

从现在的效果来看，整体还是不错的，在后期处理时可以对画面的颜色和曝光不足等问题进行解决。至此，整个场景中的灯光就设置完成了，下面需要做的就是精细调整一下灯光细分参数及渲染参数，进行最终的渲染。

经过前面的操作，已经将大量繁琐的工作做完了，下面需要做的就是把渲染的参数设置高一些，再进行渲染输出。

❶ 重新设置渲染参数。按F10键，在打开的【渲染设置】对话框中进行设置，如图24-62和图24-63所示。

图24-62　　　　　　　　　图24-63

○ 选择V-Ray选项卡，展开【图形采样器（抗锯齿）】卷展栏，设置【类型】为【自适应】；接着选中【图像过滤器】复选框，并选择Mitchell-Netravali过滤器，展开【自适应图像采样器】卷展栏，设置【最小细分】为1，【最大细分】为4。

○ 展开【颜色贴图】卷展栏，设置【类型】为【指数】，【明亮倍增】为0.9，最后选中【子像素贴图】和【钳制输出】复选框。

❷ 选择【GI】选项卡，具体参数调节如图24-64所示。

○ 展开【发光图】卷展栏，设置【当前预设】为【低】，【细分】为50，【插值采样】为30。

○ 展开【灯光缓存】卷展栏，设置【细分】为1000，取消选中【存储直接光】复选框。

图24-64

❸ 选择【设置】选项卡，具体的参数调节如图24-65所示。

○ 展开【系统】卷展栏，设置【序列】为【上->下】，最后取消选中【显示消息日志窗口】复选框。

❹ 选择Render Elements选项卡，单击【添加】按钮，并在弹出的【渲染元素】对话框中选择【VRayWireColor（VRay线框颜色）】选项，如图24-66所示。

图24-65

图24-66

❺ 选择【公用】选项卡，展开【公用参数】卷展栏，设置输出的尺寸为2667×2000，如图24-67所示。

图24-67

 技巧提示

在渲染出图时，可以根据不同的场景来选择不一样的渲染方式。对于较大的场景，可以采取先渲染尺寸稍小的光子图，然后通过载入渲染的光子图来渲染以加快速度。本案例中的场景比较小，就不渲染光子图了，直接渲染出图即可。

❻ 等待一段时间后就渲染完成了，最终效果如图24-68所示。

图24-68

技术专题——AO贴图

什么是AO贴图?

Ambient Occlusion, 简称AO, 当场景中所有的物体都是单一白色并且是由一个白色灯光来产生均匀的直接照明时, 那么结果就是得到一个苍白的图像。但是当某些物体阻挡了相当数量的本应投射到其他物体的光线时, 那将会发生什么呢? 这些光线没有到达那些物体, 结果就使被光线阻挡的地方变得较暗。越多光线被阻挡, 表面就越暗。所以基本上我们得到的是一个带有自身几何相交暗区的白色图像。

为什么要使用AO贴图?

具体来说, AO可以解决或改善漏光、飘和阴影不实等问题, 解决或改善场景中缝隙、褶皱与墙角、角线以及细小物体等的表现不清晰问题, 综合改善细节, 尤其是暗部阴影, 增强空间的层次感、真实感, 同时加强和改善画面明暗对比, 增强画面的艺术性。制作步骤如下。

(1) 选择V-Ray选项卡, 然后取消【照明】选项组中的【灯光】、【隐藏灯光】、【阴影】、【仅显示全局照明】复选框, 如图24-69所示。

(2) 选择GI选项卡, 并取消选中GI卷展栏中的【开】复选框, 如图24-70所示。

图24-69

图24-70

(3) 按快捷键M打开【材质编辑器】窗口, 单击一个材质球, 并设置材质类型为【VR-灯光材质】, 接着在【颜色】通道上加载【VR污垢】贴图, 如图24-71所示。

图24-71

(4) 将【VR-灯光材质】拖曳到【渲染设置】中V-Ray选项卡中的【覆盖材质】通道上, 并选中【实例】单选按钮, 最后单击【确定】按钮, 如图24-72所示。

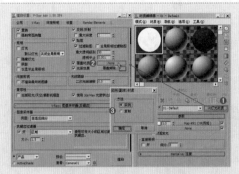
图24-72

(5) 单击【渲染】按钮, 此时会出现一张黑白的渲染图像, 如图24-73所示。

(6) 利用这张黑白图像, 可以在Photoshop后期处理时, 在【通道】面板中载入选区(按住Ctrl键并单击除了RGB通道外的任意一个通道), 如图24-74所示。

图24-73　　　　　　　图24-74

(7) 回到【图层】面板, 然后单击鼠标右键, 选择【选择反选】命令, 如图24-75所示。

(8) 隐藏【图层2】, 选择【背景】图层, 并按Ctrl+C快捷键(复制)和Ctrl+V快捷键(粘贴), 此时出现【图层1】图层, 最后设置【图层1】图层混合模式为【正片叠底】, 如图24-76所示。

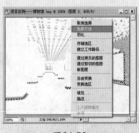
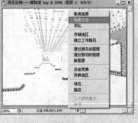

图24-75　　　　　　　图24-76

(9) 添加AO之前和之后的对比效果如图24-77所示。

添加AO之前　　　　　　添加AO之后
图24-77

Chapter 25

第25章

水岸豪庭——简约别墅夜景表现

场景文件	25.max
案例文件	水岸豪庭——简约别墅夜景表现.max
视频教学	DVD/多媒体教学/Chapter 25/水岸豪庭——简约别墅夜景表现.flv
难易指数	★★★★★
灯光类型	目标灯光、VR-灯光
材质类型	多维/子对象材质、VR材质、VR-灯光材质
程序贴图	【衰减】程序贴图、Noise（噪波）、程序贴图
技术掌握	夜晚灯光的制作、分层渲染的高级技巧

风格解析

　　别墅与普通住宅相比不只是居住面积的不同，更体现在生活方式的改变。别墅的生活方式又离不开房屋装饰风格的选择，简约别墅风格讲究时尚的生活方式。它源于20世纪初期的西方现代主义，其特色是将设计的元素、色彩、照明、原材料简化到最少的程度，但对色彩、材料的质感要求很高。因此，简约的别墅空间设计通常非常含蓄，往往能达到

以少胜多、以简胜繁的效果。如图25-1所示为简约别墅的几个案例。

　　简约风格别墅要点：

　　● 主要元素为金属材料、玻璃材质、高纯度色彩、线条简洁的家具等。

　　● 由曲线和非对称线条构成，如花梗、花蕾、葡萄藤、昆虫翅膀以及自然界各种优美、波状的形体图案等，简约的背后也体现出一种现代的消费观。

　　● 风格简洁、实用、美观，兼具个性化展现，以北欧的家具和设计为代表，强调功能。

　　● 搭配绿树、花卉和草地装点庭院，同时配以游泳池以方便日常使用。

图25-1

实例介绍

本例是一个简约别墅的夜景表现，室外的夜景灯光表现是本例的学习难点，游泳池内水材质的制作方法是本例的学习重点，效果如图25-2所示。

操作步骤

Part 01 设置VRay渲染器

❶ 打开本书配套光盘中的【场景文件/Chapter 25/25.max】文件，此时场景效果如图25-3所示。

❷ 按F10键，打开【渲染设置】对话框，选择【公用】选项卡，在【指定渲染器】卷展栏中单击■按钮，在弹出的【选择渲染器】对话框中选择V-Ray Adv 3.00.08，如图25-4所示。

图25-2

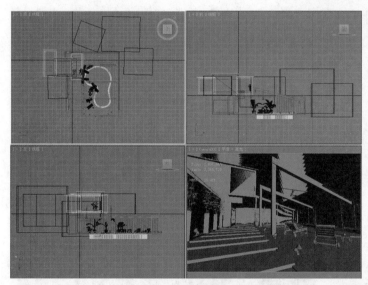

图25-3

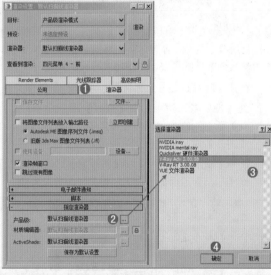

图25-4

❸ 此时在【指定渲染器】卷展栏中的【产品级】选项后面显示了V-Ray Adv 3.00.08，【渲染设置】对话框中出现了V-Ray、【GI】和【设置】选项卡，如图25-5所示。

Part 02 材质的制作

本例的场景对象材质主要包括木地板、鹅卵石地面、混凝土墙面、木纹、水、马赛克、玻璃和环境，如图25-6所示。

图25-5

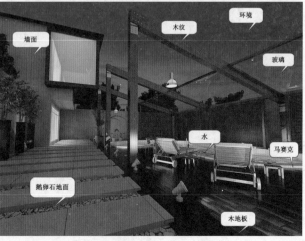

图25-6

1. 【木地板】材质的制作

木材是天然的，其年轮、纹理往往能够构成一幅美丽画面，给人一种回归自然、返璞归真的感觉。木地板通常应用在室内装修中，因其结实、美观而深受客户的喜爱。本例中木地板材质的模拟效果如图25-7所示，其基本属性主要有以下两点。

- 木地板纹理图案。
- 一定的模糊反射效果。

图25-7

❶ 按M键，打开【材质编辑器】窗口，选择一个材质球，设置材质类型为VRayMtl材质。将其命名为【木地板】，具体的参数调节，如图25-8和图25-9所示。

- 在【漫反射】通道上加载【木地板.jpg】贴图文件。
- 在【反射】通道上加载【衰减】程序贴图，设置【衰减类型】为Fresnel，接着设置【反射光泽度】为0.85，【细分】为20。
- 展开【贴图】卷展栏，将【漫反射】通道上的贴图拖曳到【凹凸】后面的通道上，设置凹凸数量为30。

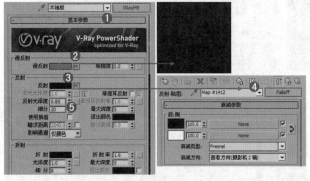

图25-8

图25-9

❷ 将调节完毕的【木地板】材质赋给场景中地面的模型，如图25-10所示。

图25-10

2. 【墙面】材质的制作

混凝土是当代最主要的土木工程材料之一，具有原料丰富、价格低廉、生产工艺简单的特点。本例中混凝土墙面材质的模拟效果如图25-11所示，其基本属性主要有以下3点。

- 混凝土纹理图案。
- 模糊反射效果。
- 一定的凹凸效果。

图25-11

❶ 选择一个空白材质球，然后将材质类型设置为VRayMtl材质，并命名为【墙面】，具体的参数调节如图25-12和图25-13所示。

- 在【漫反射】选项组中的通道上加载【墙面.jpg】贴图文件，展开【坐标】卷展栏，取消选中【使用真实世界比例】复选框，设置【瓷砖】分别为1、2。
- 在【反射】选项组中调节颜色为深灰色，设置【反射光泽度】为0.7，【细分】为20。
- 展开【贴图】卷展栏，设置凹凸数量为50，将【漫反射】通道上的贴图拖曳到【凹凸】通道上。

3ds Max 2016 中文版+VRay 效果图制作从入门到精通

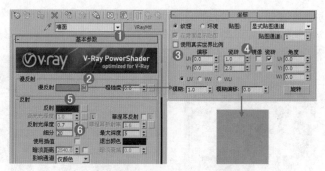

图25-12

图25-13

② 将墙面的模型选中，进入【修改】面板，为模型加载【UVW贴图】修改器，设置【贴图】类型为【长方体】，设置【长度】为45mm，【宽度】为37mm，【高度】为116mm，【对齐】为Z，如图25-14所示。

③ 将调节完毕的【墙面】材质赋给场景中墙面的模型，如图25-15所示。

图25-14

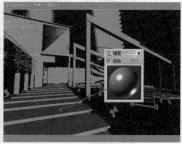

图25-15

3.【鹅卵石地面】材质的制作

鹅卵石是一种品质坚硬，色泽鲜明古朴，具有抗压、耐磨、耐腐蚀的天然石，是一种理想的绿色建筑材料。本例的鹅卵石地面材质的模拟效果如图25-16所示，其基本属性主要有以下3点。

鹅卵石纹理图案。

反射效果。

一定的凹凸效果。

图25-16

① 选择一个空白材质球，然后将材质类型设置为VRayMtl材质，并命名为【鹅卵石地面】，具体的参数调节如图25-17和图25-18所示。

图25-17   图25-18

在【漫反射】选项组中的通道上加载【鹅卵石.jpg】贴图文件。

在【反射】选项组中调节颜色为白色，设置【反射光泽度】为0.9，【细分】为15，选中【菲涅耳反射】复选框。

展开【贴图】卷展栏，选择【漫反射】通道上的贴图文件，并将其拖曳到【凹凸】通道上，设置凹凸数量为20，继续将其拖曳到【置换】通道，最后设置置换数量为1。

② 将调节完毕的【鹅卵石地面】材质赋给场景中地面的模型，如图25-19所示。

图25-19

4.【木纹】材质的制作

如图25-20所示为现实中木纹材质的应用。木纹材质的基本属性主要有以下两点。

- 木纹纹理图案。
- 模糊反射效果。

图25-20

❶ 选择一个空白材质球，然后将材质类型设置为【多维/子对象】材质，命名为【木纹】，设置【设置数量】为3，并分别在通道上加载VRayMtl材质，下面调节其具体的参数，如图25-21所示。

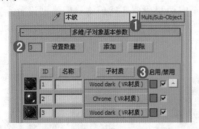

图25-21

❷ 单击进入ID号为1的通道中，并命名为Wood dark，具体的参数调节如图25-22和图25-23所示。

图25-22   图25-23

- 在【漫反射】选项组中的通道上加载【木纹.jpg】贴图文件。
- 在【反射】选项组中调节颜色为深灰色，设置【反射光泽度】为0.85。
- 展开【贴图】卷展栏，设置凹凸数量为40，并将【漫反射】通道上的贴图拖曳到【凹凸】通道上。

❸ 单击进入ID号为2的通道中，并命名为Chrome，具体的参数调节，如图25-24所示。

- 在【漫反射】选项组中调节颜色为灰色。
- 在【反射】选项组中调节颜色为浅灰色，设置【反射光泽度】为0.75。

图25-24

❹ 单击进入ID号为3的通道中，并命名为Wood dark，具体的参数调节如图25-25和图25-26所示。

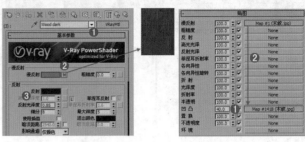

图25-25   图25-26

- 在【漫反射】选项组中的通道上加载【木纹.jpg】贴图文件。
- 在【反射】选项组中调节颜色为深灰色，设置【反射光泽度】为0.85。
- 展开【贴图】卷展栏，设置【凹凸】数量为40，并将【漫反射】通道上的贴图拖曳到【凹凸】通道上。

❺ 选择木纹材质的模型，进入【修改】面板，为模型加载【UVW贴图】修改器，设置【贴图】类型为【长方体】；设置【长度】为394mm，【宽度】为394mm，【高度】为394mm，设置【U向平铺】为20，【V向平铺】为20，【W向平铺】为1；设置【对齐】为Z，如图25-27所示。

❻ 将调节完毕的【木纹】材质赋给场景中的模型，如图25-28所示。

图25-27

图25-28

5.【水】材质的制作

本例中的水材质的模拟效果如图25-29所示，其基本属性主要有以下两点。

- 固有色为白色。
- 一定的菲涅耳反射效果。

图25-29

❶ 选择一个空白材质球，然后将材质类型设置为VRayMtl材质，并命名为【水】，具体的参数调节如图25-30~图25-32所示。

💧 在【漫反射】选项组中调节颜色为黑色。

图25-30

💧 在【反射】选项组中调节颜色为白色，设置【细分】为15，选中【菲涅耳反射】复选框。

图25-31

💧 在【折射】选项组中调节折射颜色为浅青色，设置【折射率】为1.33，设置【细分】为15，选中【影响阴影】复选框，调节【烟雾颜色】为白色，设置【烟雾倍增】为0.4，选中【影响阴影】复选框。

图25-32

❷ 展开【贴图】卷展栏，并设置【凹凸】数量为40，在【凹凸】通道上加载【Noise（噪波）】程序贴图，设置【噪波类型】为【分形】，设置【大小】为30，如图25-33所示。

图25-33

❸ 将调节完毕的【水】材质赋给场景中水的模型，如图25-34所示。

图25-34

6.【马赛克】材质的制作

马赛克是一种装饰艺术，通常使用许多小石块或有色玻璃碎片拼成图案。本例中马赛克材质的模拟效果如图25-35所示，其基本属性主要有以下两点。

💧 马赛克纹理图案。

💧 一定的模糊反射效果。

图25-35

❶ 选择一个空白材质球，然后将材质类型设置为VRayMtl材质，并命名为【马赛克】，具体的参数调节如图25-36和图25-37所示。

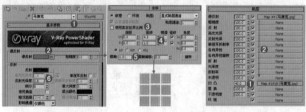

图25-36   图25-37

💧 在【漫反射】选项组中的通道上加载【马赛克.jpg】贴图文件，取消选中【使用真实世界比例】复选框，设置【瓷砖】分别为4.5和1，设置【模糊】为0.01。

💧 在【反射】选项组中调节颜色为深灰色，设置【反射光泽度】为0.8。

💧 展开【贴图】卷展栏，单击【漫反射】通道上的贴图文件，并将其拖曳到【凹凸】通道上，设置【凹凸】数量为40。

❷ 将调节完毕的【马赛克】材质赋给场景中的模型，如图25-38所示。

图25-38

7. 【玻璃】材质的制作

玻璃具有良好的透视、透光性能。本例中玻璃材质的模拟效果如图25-39所示，其基本属性主要有以下两点。

● 强烈的漫反射和折射效果。

● 一定的反射效果。

图25-39

❶ 选择一个空白材质球，然后将材质类型设置为【VRayMtl】材质，并命名为【玻璃】，具体的参数调节如图25-40所示。

● 在【漫反射】选项组中调节颜色为浅灰色。

● 在【反射】选项组中调节颜色为深灰色。

● 在【折射】选项组中调节颜色为浅灰色，接着调节【烟雾颜色】为浅蓝色。

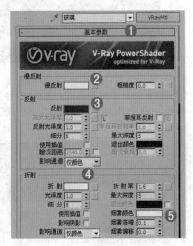

图25-40

❷ 将制作好的【玻璃】材质赋给场景中玻璃的模型，如图25-41所示。

图25-41

8. 【环境】材质的制作

环境可以充当场景的背景，本例中环境材质的模拟效果如图25-42所示，其基本属性主要为：VR-灯光材质。

图25-42

❶ 选择一个空白材质球，然后将材质类型设置为【VR-灯光材质】，并命名为【环境】，具体的参数调节如图25-43所示。

● 在【参数】选项组中的【颜色】通道上加载【环境.jpg】贴图文件，设置数量为0.6。

❷ 选择被赋予环境材质的模型，为其加载【UVW贴图】修改器，并设置【贴图】类型为【平面】，设置【长度】为20020mm，【宽度】为40090mm，设置【对齐】为Y，如图25-44所示。

图25-43

图25-44

❸ 将制作好的【环境】材质赋给场景中的模型，如图25-45所示。

图25-45

至此，场景中主要模型的材质已经制作完毕，其他材质的制作方法我们就不再详述了。

9．制作场景中的环境贴图

❶ 按8键打开【环境和效果】对话框，在【环境贴图】通道上加载【环境贴图.jpg】贴图文件，如图25-46所示。

❷ 按M键打开【材质编辑器】窗口，将【环境贴图】通道上的贴图拖曳到一个空白材质球上，如图25-47所示。

图25-46

图25-47

Part 03 设置摄影机

❶ 单击 （创建）｜ （摄影机）｜ 目标 按钮，如图25-48所示。在视图中按住并拖曳鼠标创建一个目标摄影机，如图25-49所示。

图25-48

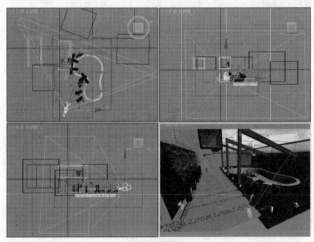

图25-49

❷ 选择刚创建的摄影机，进入【修改】面板，并设置【镜头】为15.857mm，【视野】为97.244度，最后设置【目标距离】为14755mm，如图25-50所示。

❸ 此时的摄影机视图效果如图25-51所示。

图25-50

图25-51

Part 04 设置灯光并进行草图渲染

在本例的简约别墅夜景表现场景中主要分为3种灯光，第1种是使用目标灯光模拟的别墅夜景中的射灯光源，第2种是使用VR-灯光模拟的别墅的室内光源，第3种是使用VR-灯光模拟的辅助吊灯光源。

1．制作别墅夜景中的射灯光源

❶ 单击 （创建）｜ （灯光）｜ 目标灯光 按钮，在顶视图中按住并拖曳鼠标，创建1盏目标灯光，接着使用【选择并移动】工具 复制23盏目标灯光，并在各个视图中调整其位置，如图25-52所示。

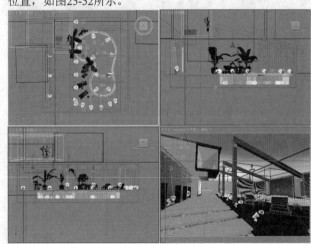

图25-52

❷ 选择上一步创建的目标灯光，并在【修改】面板中调节具体参数，如图25-53所示。

◉ 展开【常规参数】卷展栏，在【阴影】选项组中选中【启用】复选框，并设置阴影类型为【阴影贴图】，设置【灯光分布（类型）】为【光度学Web】。

◉ 展开【分布（光度学Web）】卷展栏，并在通道上加载16.ies光域网文件。

○ 展开【强度/颜色/衰减】卷展栏，调节【过滤颜色】为浅蓝色，设置【强度】为8500cd。

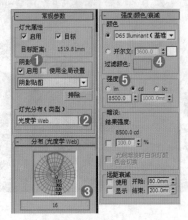

图25-53

❸ 继续在视图中创建6盏目标灯光，位置如图25-54所示。然后选择创建的目标灯光，并在【修改】面板中调节具体参数，如图25-55所示。

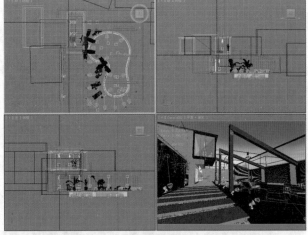

图25-54

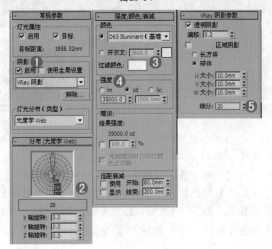

图25-55

○ 展开【常规参数】卷展栏，在【阴影】选项组中选中【启用】复选框，并设置阴影类型为【VRay阴影】，设置【灯光分布（类型）】为【光度学Web】。

○ 展开【分布（光度学Web）】卷展栏，并在通道上加载28.ies光域网文件。

○ 展开【强度/颜色/衰减】卷展栏，调节【过滤颜色】为白色，设置【强度】为35000cd。

○ 展开【VRay阴影参数】卷展栏，设置【细分】为20。

❹ 按F10键，打开【渲染设置】对话框，首先设置VRay和GI选项卡中的参数，如图25-56所示。刚开始设置的是一个草图，目的是进行快速渲染以观看整体的效果。

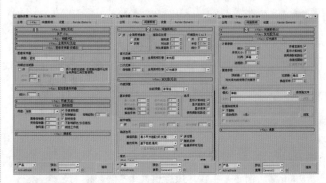

图25-56

❺ 按Shift+Q组合键，快速渲染摄影机视图，其渲染效果如图25-57所示。

图25-57

从上面的渲染效果来看，场景的部分位置灯光不真实，下面继续制作。

2．制作别墅室内的光源

❶ 单击 （创建）｜ （灯光）｜ VR灯光 按钮，在顶视图中创建1盏VR-灯光，然后使用【选择并移动】工具 将其移动到别墅室内，位置如图25-58所示。

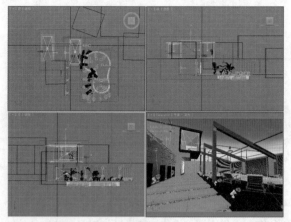

图25-58

② 选择上一步创建的VR-灯光，然后在【修改】面板中设置调节具体的参数，如图25-59所示。

图25-59

⚫ 设置【类型】为【平面】，设置【倍增】为30，调节【颜色】为浅黄色，设置【1/2长】为1130mm，【1/2宽】为2900mm，选中【不可见】复选框，取消选中【影响高光反射】和【影响反射】复选框，设置【细分】为15。

③ 接着再次创建3盏VR-灯光，根据实际情况设置灯光的【倍增器】、【颜色】以及【大小】等参数。

④ 按Shift+Q组合键，快速渲染摄影机视图，其渲染效果如图25-60所示。

图25-60

3．制作别墅室外的辅助光源

① 单击 ⬚（创建）| ⬚（灯光）| VR灯光 按钮，在顶视图中创建1盏VR-灯光，接着使用【选择并移动】工具⬚复制两盏并将其分别拖曳到吊灯的灯罩中，位置如图25-61所示。

图25-61

② 选择上一步创建的VR-灯光，然后在【修改】面板中设置调节具体的参数，如图25-62所示。

⚫ 设置【类型】为【球体】，【倍增】为40，调节【颜色】为浅黄色，设置【半径】为60mm，选中【不可见】复选框，取消选中【影响高光反射】和【影响反射】复选框，设置【细分】为15。

图25-62

③ 继续在顶视图中创建1盏VR-灯光，接着使用【选择并移动】工具⬚复制5盏并将其分别拖曳到游泳池周围的小灯罩中，位置如图25-63所示。

④ 选择上一步创建的VR-灯光，然后在【修改】面板中设置调节具体的参数，如图25-64所示。

⚫ 设置【类型】为【球体】，设置【倍增】为30，调节【颜色】为浅黄色，设置【半径】为100mm，选中【不可见】复选框，取消选中【影响高光反射】和【影响反射】复选框，设置【细分】为15。

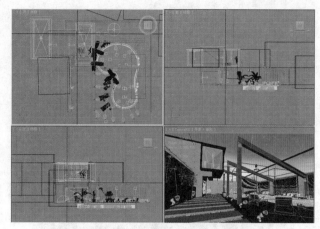

图25-63

图25-64

⑤ 继续在顶视图中创建1盏VR-灯光,放置位置如图25-65所示。

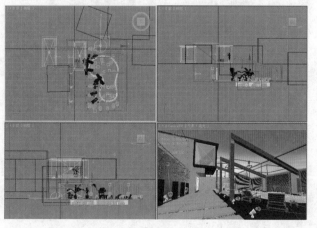

图25-65

⑥ 选择上一步创建的VR-灯光,并在【修改】面板中调节具体参数,如图25-66所示。

○ 设置【类型】为【穹顶】,设置【倍增】为2,调节【颜色】为蓝色,选中【不可见】复选框,取消选中【影响高光反射】和【影响反射】复选框,设置【细分】为15。

图25-66

⑦ 按Shift+Q组合键,快速渲染摄影机视图,其渲染效果如图25-67所示。

图25-67

从现在的效果来看,大致需要的效果已经出现,在后期处理时只需要把夜晚的灯光效果更好地凸显出来即可。至此,整个场景中的灯光就设置完成了,下面需要做的就是精细调整一下灯光细分参数及渲染参数,进行最终的渲染。

Part 05 ▶ 设置成图渲染参数

经过前面的操作,已经将大量繁琐的工作做完了,下面需要做的就是把渲染的参数设置高一些,再进行渲染输出。

① 重新设置渲染参数。按F10键,在打开的【渲染设置】对话框中进行设置,如图25-68和图25-69所示。

图25-68   图25-69

- 选择V-Ray选项卡，展开【图像采样器（抗锯齿）】卷展栏，设置【类型】为【自适应】；接着选中【图像过滤器】复选框，并选择Mitchell-Netravali过滤器；展开【自适应图像采样器】卷展栏，设置【最小细分】为1，【最大细分】为4。

- 展开【颜色贴图】卷展栏，设置【类型】为【指数】，【明亮倍增】为0.9，最后选中【子像素贴图】和【钳制输出】复选框。

❷ 选择【GI】选项卡，具体的参数调节如图25-70所示。

- 展开【发光图】卷展栏，设置【当前预设】为【低】，设置【细分】为50，【插值采样】为30，展开【灯光缓存】卷展栏，设置【细分】为1000，取消选中【存储直接光】复选框。

❸ 选择【设置】选项卡，具体的参数调节如图25-71所示。

- 展开【系统】卷展栏，设置【序列】为【上->下】，最后取消选中【显示消息日志窗口】复选框。

图25-70　　　　　　　图25-71

❹ 选择Render Elements选项卡，单击【添加】按钮并在弹出的【渲染元素】对话框中选择【VRayWireColor（VRay线框颜色）】选项，如图25-72所示。

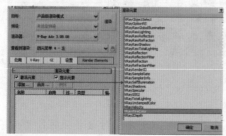

图25-72

❺ 选择【公用】选项卡，展开【公用参数】卷展栏，设置输出的尺寸为1500×1000，如图25-73所示。

图25-73

❻ 等待一段时间后就渲染完成了，最终效果如图25-74所示。

图25-74

技术专题——分层渲染的高级技巧

在使用3ds Max的过程中，经常需要改图，如换个材质，或在原有的基础上加个模型，或单独调节某类物体，或为图像添加合适的景深效果。如果我们为了修改一点点问题而重新渲染整个图像的话，会浪费太多时间，而掌握合理的分层渲染技巧，这些问题将变得非常容易解决。下面开始讲解如何进行分层渲染。

1. 单独渲染和调节某些物体

（1）选择除去躺椅模型外的所有模型，并单击鼠标右键，选择【V-Ray属性】命令，然后在弹出的对话框中选中【无光对象】复选框，设置【Alpha基值】为1，选中【阴影】和【影响Alpha】复选框，如图25-75所示。

图25-75

（2）单击【渲染】按钮，查看此时的渲染效果，将会发现只有躺椅模型渲染是正常的效果，如图25-76所示。

（3）而且我们会看到此时的图像中，只有躺椅为纯白色，如图25-77所示。

（4）这样我们就可以利用渲染出的这些图像，在Photoshop等后期软件中进行处理了，如图25-78所示。

图25-76

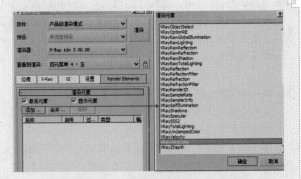

图25-79

图25-77

图25-80

（3）利用这张彩色图像，可以在使用Photoshop进行后期处理时，使用【魔棒工具】单独选择某一个颜色的区域，如图25-81所示。

图25-81

（4）此时就可以随意的对该部分进行调整了，如图25-82所示。

图25-78

2. 单独调节某类物体

（1）在Render Elements（渲染元素）选项卡中，单击【添加】按钮，在弹出的对话框中选择【VRayWireColor（VRay线框颜色）】选项。如图25-79所示。

（2）此时在渲染时，会出现一张彩色的图像，如图25-80所示。

图25-82

3. 渲染VR Z深度，制作景深效果

（1）在Render Elements（渲染元素）选项卡中，单击【添加】按钮，在弹出的对话框中选择【VR Z深度】选项，如图25-83所示。

（2）接着需要根据实际情况设置【Z深度最小】和【Z深度最大】参数的数值，如图25-84所示。

（3）此时在渲染时，会出现一张黑白灰色的图像，如图25-85所示。

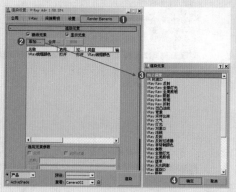

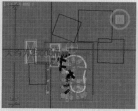

图25-83 　　　　　　　　　　　　　　　　　图25-84 　　　　　　　　　　图25-85

（4）这张图像在使用Photoshop进行后期处理时，可以在通道面板中载入选区（按住Ctrl键并单击除了RGB通道外的任意一个通道），如图25-86所示。

（5）接着进入【图层】面板，并取消显示【图层3】，最后单击【图层1】，如图25-87所示。

（6）接着单击鼠标右键，选择【选择反选】命令，如图25-88所示。

图25-86 　　　　　　　　　　　图25-87 　　　　　　　　　　图25-88

（7）最后执行【滤镜】|【模糊】|【高斯模糊】命令，将发现图像中远处的部分已经出现了明显的景深模糊效果，如图25-89所示。

（8）此时的效果如图25-90所示。

图25-89 　　　　　　　　　　　　　　　　　　图25-90

附　录

常用物体折射率表

材质折射率

物体	折射率	物体	折射率	物体	折射率
空气	1.0003	液体二氧化碳	1.200	冰	1.309
水（20°）	1.333	丙酮	1.360	30%的糖溶液	1.380
普通酒精	1.360	酒精	1.329	面粉	1.434
溶化的石英	1.460	Calspar2	1.486	80%的糖溶液	1.490
玻璃	1.500	氯化钠	1.530	聚苯乙烯	1.550
翡翠	1.570	天青石	1.610	黄晶	1.610
二硫化碳	1.630	石英	1.540	二碘甲烷	1.740
红宝石	1.770	蓝宝石	1.770	水晶	2.000
钻石	2.417	氧化铬	2.705	氧化铜	2.705
非晶硒	2.920	碘晶体	3.340		

液体折射率

物体	分子式	密度	温度	折射率
甲醇	CH_3OH	0.794	20	1.3290
乙醇	C_2H_5OH	0.800	20	1.3618
丙醇	CH_3COCH_3	0.791	20	1.3593
苯醇	C_6H_6	1.880	20	1.5012
二硫化碳	CS_2	1.263	20	1.6276
四氯化碳	CCl_4	1.591	20	1.4607
三氯甲烷	$CHCl_3$	1.489	20	1.4467
乙醚	$C_2H_5 \cdot O \cdot C_2H_5$	0.715	20	1.3538
甘油	$C_3H_8O_3$	1.260	20	1.4730
松节油		0.87	20.7	1.4721
橄榄油		0.92	0	1.4763
水	H_2O	1.00	20	1.3330

晶体折射率

物体	分子式	折射率no值	折射率ne值
冰	H_2O	1.313	1.309
氟化镁	MgF_2	1.378	1.390
石英	SiO_2	1.544	1.553
氯化镁	$MgO \cdot H_2O$	1.559	1.580
锆石	$ZrO_2 \cdot SiO_2$	1.923	1.968
硫化锌	ZnS	2.356	2.378
方解石	$CaO \cdot CO_2$	1.658	1.486
钙黄长石	$2CaO \cdot Al_2O_3 \cdot SiO_2$	1.669	1.658
菱镁矿	$ZnO \cdot CO_2$	1.700	1.509
刚石	Al_2O_3	1.768	1.760
淡红银矿	$3Ag_2S \cdot AS_2S_3$	2.979	2.711

注：no、ne分别是晶体双折射现象中的"寻常光"的折射率和"非常光"的折射率。

快捷键索引

1. 主界面快捷键

操作	快捷键
显示降级适配（开关）	O
适应透视图格点	Shift+Ctrl+A
排列	Alt+A
角度捕捉（开关）	A
动画模式（开关）	N
改变到后视图	K
背景锁定（开关）	Ctrl+Alt+B
前一时间单位	,
下一时间单位	.
改变到顶视图	T
改变到底视图	B
改变到摄影机视图	C
改变到前视图	F
改变到等用户视图	U
改变到右视图	R
改变到透视图	P
循环改变选择方式	Ctrl+F
默认灯光（开关）	Ctrl+L
删除物体	Delete
当前视图暂时失效	D
是否显示几何体内框（开关）	Ctrl+E
显示第一个工具条	Alt+1
专家模式，全屏（开关）	Ctrl+X
暂存场景	Ctrl+Alt+H
取回场景	Ctrl+Alt+F
冻结所选物体	6
跳到最后一帧	End
跳到第一帧	Home
显示/隐藏摄影机	Shift+C
显示/隐藏几何体	Shift+O
显示/隐藏网格	G

操作	快捷键
显示/隐藏帮助物体	Shift+H
显示/隐藏光源	Shift+L
显示/隐藏粒子系统	Shift+P

续表

操作	快捷键
显示/隐藏空间扭曲物体	Shift+W
锁定用户界面（开关）	Alt+0
匹配到摄像机视图	Ctrl+C
材质编辑器	M
最大化当前视图（开关）	W
脚本编辑器	F11
新建场景	Ctrl+N
法线对齐	Alt+N
向下轻推网格	小键盘-
向上轻推网格	小键盘+
NURBS表面显示方式	Alt+L或Ctrl+4
NURBS调整方格1	Ctrl+1
NURBS调整方格2	Ctrl+2
NURBS调整方格3	Ctrl+3
偏移捕捉	Ctrl+Alt+Space（Space键即空格键）
打开一个max文件	Ctrl+O
平移视图	Ctrl+P
交互式平移视图	I
放置高光	Ctrl+H
播放/停止动画	/
快速渲染	Shift+Q
回到上一场景操作	Ctrl+A
回到上一视图操作	Shift+A
撤销场景操作	Ctrl+Z
撤销视图操作	Shift+Z
刷新所有视图	1
用前一次的参数进行渲染	Shift+E或F9
渲染配置	Shift+R或F10
在XY/YZ/ZX锁定中循环改变	F8
约束到X轴	F5
约束到Y轴	F6
约束到Z轴	F7
旋转视图模式	Ctrl+R或V
保存文件	Ctrl+S
透明显示所选物体（开关）	Alt+X
选择父物体	PageUp
选择子物体	PageDown
根据名称选择物体	H
选择锁定（开关）	Space（Space键即空格键）
减淡所选物体的面（开关）	F2
显示所有视图网格（开关）	Shift+G
显示/隐藏命令面板	3
显示/隐藏浮动工具条	4
显示最后一次渲染的图像	Ctrl+I
显示/隐藏主要工具栏	Alt+6
显示/隐藏安全框	Shift+F
显示/隐藏所选物体的支架	J
百分比捕捉（开关）	Shift+Ctrl+P
打开/关闭捕捉	S
循环通过捕捉点	Alt+Space（Space键即空格键）
间隔放置物体	Shift+I
改变到光线视图	Shift+4
循环改变子物体层级	Ins
子物体选择（开关）	Ctrl+B
贴图材质修正	Ctrl+T
加大动态坐标	+
减小动态坐标	-
激活动态坐标（开关）	X
精确输入转变量	F12
全部解冻	7
根据名字显示隐藏的物体	5
刷新背景图像	Shift+Ctrl+Alt+B
显示几何体外框（开关）	F4
视图背景	Alt+B
根据方框快显几何体（开关）	Shift+B
打开虚拟现实	数字键盘1
虚拟视图向下移动	数字键盘2
虚拟视图向左移动	数字键盘4
虚拟视图向右移动	数字键盘6
虚拟视图向上移动	数字键盘8
虚拟视图放大	数字键盘7
虚拟视图缩小	数字键盘9
实色显示场景中的几何体（开关）	F3
全部视图显示所有物体	Shift+Ctrl+Z
视图窗缩放到选择物体范围	E
缩放范围	Ctrl+Alt+Z
视图窗放大一倍	Shift++（数字键盘）
放大镜工具	Z
视图缩小一半	Shift+-（数字键盘）
根据框选进行放大	Ctrl+W
视图交互式放大	[
视图交互式缩小	]

2. 轨迹视图快捷键

操作	快捷键
加入关键帧	A
前一时间单位	<
下一时间单位	>
编辑关键帧模式	E
编辑区域模式	F3
编辑时间模式	F2
展开对象切换	O
展开轨迹切换	T
函数曲线模式	F5或F

操作	快捷键
锁定所选物体	Space（Space键即空格键）
向上移动高亮显示	↑
向下移动高亮显示	↓
向左轻移关键帧	←
向右轻移关键帧	→
位置区域模式	F4
回到上一场景操作	Ctrl+A
向下收拢	Ctrl+↓
向上收拢	Ctrl+↑

3. 渲染器设置快捷键

操作	快捷键
用前一次的配置进行渲染	F9
渲染配置	F10

4. 示意视图快捷键

操作	快捷键
下一时间单位	>
前一时间单位	<
回到上一场景操作	Ctrl+A

5. Active Shade快捷键

操作	快捷键
绘制区域	D
渲染	R
锁定工具栏	Space（Space键即空格键）

6. 视频编辑快捷键

操作	快捷键
加入过滤器项目	Ctrl+F
加入输入项目	Ctrl+I
加入图层项目	Ctrl+L
加入输出项目	Ctrl+O
加入新的项目	Ctrl+A
加入场景事件	Ctrl+S
编辑当前事件	Ctrl+E
执行序列	Ctrl+R
新建序列	Ctrl+N

7. NURBS编辑快捷键

操作	快捷键
CV约束法线移动	Alt+N
CV约束到U向移动	Alt+U
CV约束到V向移动	Alt+V
显示曲线	Shift+Ctrl+C
显示控制点	Ctrl+D
显示格子	Ctrl+L
NURBS面显示方式切换	Alt+L
显示表面	Shift+Ctrl+S
显示工具箱	Ctrl+T
显示表面整齐	Shift+Ctrl+T
根据名字选择本物体的子层级	Ctrl+H
锁定2D所选物体	Space（Space键即空格键）
选择U向的下一点	Ctrl+→
选择V向的下一点	Ctrl+↑
选择U向的前一点	Ctrl+←
选择V向的前一点	Ctrl+↓
根据名字选择子物体	H
柔软所选物体	Ctrl+S
转换到CV曲线层级	Shift+Alt+Z
转换到曲线层级	Shift+Alt+C
转换到点层级	Shift+Alt+P
转换到CV曲面层级	Shift+Alt+V
转换到曲面层级	Shift+Alt+S
转换到上一层级	Shift+Alt+T
转换降级	Ctrl+X

8. FFD快捷键

操作	快捷键
转换到控制点层级	Shift+Alt+C

常用家具尺寸附表

单位：mm

家具	长度	宽度	高度	深度	直径
衣橱		700（推拉门）	400~650（衣橱门）	600~650	
推拉门		750~1500	1900~2400		
矮柜		300~600（柜门）		350~450	
电视柜			600~700	450~600	
单人床	1800、1806、2000、2100	900、1050、1200			
双人床	1800、1806、2000、210	1350、1500、1800			
圆床					1860、2125、2424
室内门		800~950、1200（医院）	1900、2000、2100、2200、2400		
厕所、厨房门		800、900	1900、2000、2100		
窗帘盒			120~180	120（单层布），160~180（双层布）	
单人式沙发	800~950		350~420（坐垫），700~900（背高）	850~900	
双人式沙发	1260~1500		800~900		
三人式沙发	1750~1960		800~900		
四人式沙发	2320~2520		800~900		
小型长方形茶几	600~750	450~600	380~500（380最佳）		
中型长方形茶几	1200~1350	380~500或600~750			
正方形茶几	750~900	430~500			
大型长方形茶几	1500~1800	600~800	330~420（330最佳）		
圆形茶几			330~420		750、900、1050、1200
方形茶几		900、1050、1200、1350、1500	330~420		
固定式书桌			750	450~700（600最佳）	
活动式书桌			750~780	650~800	
餐桌		1200、900、750（方桌）	75~780（中式），680~720（西式）		
长方桌宽度	1500、1650、1800、2100、2400	800、900、1050、1200			
圆桌					900、1200、1350、1500、1800
书架	600~1200	800~900		250~400（每一格）	

室内常用尺寸附表

墙面尺寸

单位：mm

物体	高度
踢脚板	80~200
墙裙	800~1500
挂镜线	1600~1800

餐厅

单位：mm

物体	高度	宽度	直径	间距
餐桌	750~790			>500（其中座椅占500）
餐椅	450~500			
二人圆桌			500或800	
四人圆桌			900	
五人圆桌			1100	
六人圆桌			1100~1250	
八人圆桌			1300	
十人圆桌			1500	
十二人圆桌			1800	
二人方餐桌		700×850		
四人方餐桌		1350×850		
八人方餐桌		2250×850		

物体	高度	宽度	直径	间距
餐桌转盘			700~800	
主通道		1200~1300		

内部工作道宽	600~900	
酒吧台	900~1050	500
酒吧凳	600~750	

商场营业厅

单位：mm

物体	长度	宽度	高度	厚度	直径
单边双人走道	1600				
双边双人走道	2000				
双边三人走道	2300				
双边四人走道	3000				

物体	长度	宽度	高度	厚度	直径
营业员柜台走道		800			
营业员货柜台			800~1000	600	
单靠背立货架			1800~2300	300~500	
双靠背立货架			1800~2300	600~800	
小商品橱窗			400~1200	500~800	
陈列地台			400~800		
敞开式货架			400~600		
放射式售货架					2000
收款台	1600	600			

饭店客房

单位：mm/m²

物体	长度	宽度	高度	面积	深度
标准间				25（大）、16~18（中）、16（小）	
床			400~450、850~950（床靠）		
床头柜		500~800	500~700		
写字台	1100~1500	450~600	700~750		
行李台	910~1070	500	400		
衣柜		800~1200	1600~2000		500
沙发		600~800	350~400、1000（靠背）		
衣架			1700~1900		

卫生间

单位：mm/m²

物体	长度	宽度	高度	面积
卫生间				3~5
浴缸	1220、1520、1680	720	450	
坐便器	750	350		
冲洗器	690	350		
盥洗盆	550	410		
淋浴器			2100	
化妆台	1350	450		

交通空间

单位：mm

物体	宽度	高度
楼梯间休息平台净空	≥2100	
楼梯跑道净空	≥2300	
客房走廊高		≥2400
两侧设座的综合式走廊	≥2500	
楼梯扶手高		850~1100
门	850~1000	≥1900
窗（不包含组合式窗子）	400~1800	
窗台		800~1200

灯具

单位：mm

物体	高度	直径
大吊灯	≥2400	
壁灯	1500~1800	
反光灯槽		≥2倍灯管直径
壁式床头灯	1200~1400	
照明开关	1000	

办公家具

单位：mm

物体	长度	宽度	高度	深度
办公桌	1200~1600	500~650	700~800	
办公椅	450	450	400~450	
沙发		600~800	350~450	
前置型茶几	900	400	400	
中心型茶几	900	900	400	
左右型茶几	600	400	400	
书柜	1200~1500	1800		450~500
书架	1000~1300	1800		350~450

上半部分（二维码标签，从左到右、从上到下）：

	02 小实例：在渲染前保存更改渲染的图像.flv	03 小实例：利用 ProBoolean制作电脑桌.flv	03 小实例：利用花瓶制作模型.flv	03 小实例：利用圆柱体制作茶几.flv	03 小实例：利用样条线制作创作薯酒果
	02 小实例：调出隐藏的工具栏.flv	03 小实例：创建多种室外植物.flv	03 小实例：利用布尔运算制作床帘异果.flv	03 小实例：利用异面体制作珠体.flv	04 小实例：利用样条线制作创茶几
	02 小实例：视口布局设置.flv	03 小实例：创建多种楼梯模型.flv	03 小实例：利用VR 毛皮制作地毯效果.flv	03 小实例：利用球体制作创意种表.flv	综合实例：利用标准基本体制作台灯.flv
	02 小实例：使用选择并移动工具制作彩色铅笔.flv	02 小实例：自定义界面颜色.flv	03 小实例：利用VR 代理制作简约会客室.flv	03 小实例：利用长方体制作简筒的书角餐桌.flv	03 小实例：利用长方体制作凳子.flv

132 节同步案例视频

下半部分（二维码标签，从左到右、从上到下）：

	02 小实例：打开场景文件.flv	02 小实例：合并场景文件.flv	02 小实例：使用对齐工具使花盆对齐到地面.flv	02 小实例：使用摄影机视图控件.flv	02 小实例：使用选择工具调整花瓶的形状.flv
	02 小实例：保存渲染图像.flv	02 小实例：归档场景.flv	02 小实例：使用按钮工具选择对象.flv	02 小实例：使用镜像工具镜像相框.flv	02 小实例：使用选择并正交视图控件.flv
	02 小实例：保存场景文件.flv	02 小实例：设置文件自动备份.flv	02 小实例：使用角度捕捉切换工具制作时针.flv	02 小实例：使用选择区域工具选择对象.flv
	二维码PDF手册下载	02 小实例：导出场景图像对象.flv	02 小实例：加载背景图像.flv	02 小实例：使用过滤器选择场景中的灯光.flv	02 小实例：使用视图中可用的所有控件的.flv

132 节同步案例视频

51 节 3ds Max 2016 实战精讲视频

132 节同步案例视频

51 节 3ds Max 2016 实战精讲视频

51 节 3ds Max 2016 实战精讲视频

104 打 Photoshop CC 新手学精讲视频

104 打 Photoshop CC 新手学精讲视频

104 扫 Photoshop CC 新手学精讲视频

104 扫 Photoshop CC 新手学精讲视频